AF618352

Chlorierte Kohlenwasserstoffe im Grundwasser

Hermann Josef Kirchholtes · Wolfgang Ufrecht
Herausgeber

Chlorierte Kohlenwasserstoffe im Grundwasser

Untersuchungsmethoden, Modelle und ein Managementplan für Stuttgart

Herausgeber

Hermann Josef Kirchholtes
Amt für Umweltschutz
Landeshauptstadt Stuttgart
Stuttgart, Deutschland

Wolfgang Ufrecht
Amt für Umweltschutz
Landeshauptstadt Stuttgart
Stuttgart, Deutschland

ISBN 978-3-658-09248-1 ISBN 978-3-658-09249-8 (eBook)
DOI 10.1007/978-3-658-09249-8

Die Deutsche Nationalbibliothek verzeichnet diese Publikation in der Deutschen Nationalbibliografie; detaillierte bibliografische Daten sind im Internet über http://dnb.d-nb.de abrufbar.

Springer Vieweg

Einbandabbildung: Amt für Umweltschutz der Landeshauptstadt Stuttgart
Lektorat: Dr. Daniel Fröhlich

Dieses Buch wurde klimaneutral produziert und auf 100% Recyclingpapier gedruckt.

Springer Fachmedien Wiesbaden GmbH ist Teil der Fachverlagsgruppe Springer Science+Business Media (www.springer.com)

Vorwort des Oberbürgermeisters Fritz Kuhn

Der städtische Umweltschutz dient dem Schutz der menschlichen Lebensbedingungen in einem Raum, der durch Verdichtung und Nutzungskonflikte geprägt ist. Die Konflikte spiegeln sich in den Medien Luft, Wasser und Boden, die als unsere Lebensgrundlagen besonders schützenswert sind. Das Grundwasser spielt als Schutzgut eine sehr wichtige Rolle.

Durch Überbeanspruchung und qualitative Beeinträchtigungen durch Schadstoffe sind die Schutzgüter gefährdet. Bei erhöhten Konzentrationen können die Schadstoffe Beeinträchtigungen des Wohlbefindens, Langzeitschäden oder auch akute Vergiftungen hervorrufen.

Die Chemie stellt dem Menschen eine Vielzahl nützlicher und hilfreicher Stoffe zur Verfügung. In manchen Fällen wurde erst spät festgestellt, dass von chemischen Verbindungen auch Umweltschäden ausgehen können. Dazu zählen die leichtflüchtigen chlorierten Kohlenwasserstoffe (LCKW), die schwere Schäden an den inneren Organen und am zentralen Nervensystem verursachen können. In den 1960er-Jahren haben die Behörden den Einsatz der LCKW als Ersatz für wässrige Lösungen empfohlen, um die offensichtlichen Verschmutzungen der Oberflächengewässer zu verringern. Ende der 1970er-Jahre stellte sich jedoch heraus, dass die LCKW selbst Betonwannen leicht durchdringen und sich in Boden und Grundwasser schnell ausbreiten. Erst durch Fortschritte bei der chemischen Analytik konnte nachgewiesen werden, dass die LCKW an vielen Stellen das Grundwasser verunreinigen.

In der Landeshauptstadt war diese Erkenntnis besonders bedrohlich, da sich die LCKW über weite Strecken und in große Tiefen ausgebreitet hatten. Selbst die große Überdeckung konnte die Muschelkalk-Wässer, welche die Mineral- und Heilquellen in Stuttgart-Bad Cannstatt und -Berg speisen, nicht schützen.

Seit der Entdeckung der Schäden im Grund- und Mineralwasser im Jahr 1983 bemüht sich die Landeshauptstadt intensiv, die Herkunft zu erkennen und die Ursachen zu beseitigen. Die Untersuchungen und Sanierungen konzentrierten sich naturgemäß auf die Umschlags- und Anwendungsbereiche der LCKW: den Chemikalienhandel, Betriebe der Metallverarbeitung und viele kleine Chemische Reinigungen. Diese hatten das zu den chlorierten Kohlenwasserstoffen gehörende Tetrachlorethen über lange Zeit und in großen Mengen eingesetzt.

Die Nutzung brachgefallener Gewerbeflächen wird infolge von Schadstoffen, auch durch LCKW, erschwert. Verunreinigtes Bodenmaterial wird bei den Altlastenflächen zu einem gefährlichen Abfall und bedarf einer gesonderten Entsorgung. Ein erhöhter Untersuchungs-, Sanierungs- und Kostenaufwand ist die Folge.

Nach drei Jahrzehnten der Untersuchung und Sanierung von Altlasten in Stuttgart sind zwischenzeitlich viele einzelne Standorte untersucht und Sanierungen im Gange. Ein nachhaltiger Rückgang der LCKW in den Mineral- und Heilquellen war bislang noch nicht festzustellen. Das war Anlass zu einer Bestandsaufnahme, Auswertung und zur Aufstellung eines „Managementplans zur Sicherstellung eines guten chemischen Grundwasserzustandes durch Vermeidung von Schadstoffeinträgen aus Altlasten (MAGPlan)“. Das vorliegende Buch schildert die Vorgehensweise, die Ergebnisse des Projektes, bilanziert den Status und zeigt Möglichkeiten auf, das große Ziel der LCKW-

Reinheit in den Mineral- und Heilquellen zu erreichen.

Die Projektergebnisse zeigen, dass die seit 1983 ergriffenen Untersuchungs- und Sanierungsmaßnahmen zu einer wesentlichen Verbesserung der Situation beigetragen haben. Sie zeigen aber auch, dass es Lücken im Verständnis gab, die nur durch eine integrale Untersuchung geschlossen werden konnten. Der MAGPlan-Ansatz ist deshalb ein wichtiger Baustein im städtischen Grundwasserschutz.

MAGPlan ist ein Projekt der Praxis und beruht auf den jahrzehntelangen Erkenntnissen im Umgang mit Altlasten in Boden und Grundwasser. Es will Handlungsanleitungen für die tägliche Arbeit „von der Praxis für die Praxis“ geben.

Mein Dank gilt der Europäischen Union, die mit ihrem LIFE-Programm 50 % der Kosten übernommen hat, und dem Land Baden-Württemberg für die fachliche und finanzielle Unterstützung.

Fritz Kuhn
Oberbürgermeister

Vorwort des Bürgermeisters für Städtebau und Umwelt Matthias Hahn

Der 1983 erfolgte erste Nachweis von leichtflüchtigen chlorierten Kohlenwasserstoffen (LCKW) im Grundwasser und auch in einigen der Mineral- und Heilquellen stellte die Landeshauptstadt vor ein Problem von bis dahin ungeahntem Ausmaß. Die damalige Situation löste vielschichtige Maßnahmen aus. Dies waren zum einen standortbezogene Untersuchungen und nachfolgende Sanierungen von LCKW-Schäden durch die Verursacher oder Grundstückseigentümer auf freiwilliger Basis oder aufgrund behördlicher Anordnungen, teilweise mit Verwaltungszwang. Zum anderen wurden darüber hinaus städtische Grundstücke saniert. Zur Gefahrerforschung wurden auch im öffentlichen Straßenraum Messstellen eingerichtet, Untersuchungen und Sanierungen durchgeführt. Darüber hinaus wurden gezielt Maßnahmen zur Sicherung der staatlich anerkannten Heilquellen eingeleitet. Ein Maßnahmenkatalog wurde erstellt, um das auf dem Mineralwassersystem lastende Gefährdungspotential zu reduzieren. Der Aufwand, der seitens der Stadt für Grundwassererkundung und Gefahrenabwehr sowie zur Untersuchung und Sanierung von Altlasten betrieben wurde, schlug mit mehr als 40 Mio. € an städtischen Mitteln zu Buche. Zusätzlich wurden 42 Mio. € an Fördermitteln aus dem Altlastenfonds des Landes eingesetzt. Allein im Stuttgarter Talkessel konnten mit Sanierungsmaßnahmen mehr als 25 Tonnen leichtflüchtiger chlorierter Kohlenwasserstoffe aus Boden und Grundwasser entfernt werden. Die Gewerbebetriebe wendeten hierfür zusätzlich rund 25 Mio. € auf.

Eine Erfolgsbilanz? Nur teilweise, denn die Mineral- und Heilquellen sind auch nach jahrzehntelanger Altlastenbearbeitung noch mit LCKW verunreinigt, auch wenn ein stetiger, aber langsamer Rückgang an einigen Quellen erkennbar ist. Das Ziel, die Heilquellen zum Status natürlicher Reinheit zurückzuführen, ist noch immer nicht erreicht.

Die noch vorhandenen LCKW-Gehalte zeigen, dass das Zusammenwirken der biologischen, chemischen und physikalischen Mechanismen in Raum und Zeit noch nicht umfassend verstanden wurde. Denn im Fokus des Handelns stand in der Vergangenheit überwiegend die grundstücks- bzw. störerbezogene Altlastenbearbeitung. Der großräumige Schadstofftransport innerhalb eines Raumes von mehr als 25 Quadratkilometern – nämlich im Stuttgarter Talkessel direkt oberstromig der Mineral- und Heilquellen – und vertikal über acht Grundwasserstockwerke wurde dabei nicht betrachtet.

Dies war der Ausgangspunkt und das Aufgabenfeld für MAGPlan: Bündeln und Bewerten der Erkenntnisse aus der jahrzehntelangen Altlastenbearbeitung, Aufspüren von Lücken, Durchführung von Erkundungsprogrammen und Darstellung der lateralen und vertikalen Ausbreitung der LCKW in den Grundwasserleitern unter der Stuttgarter Innenstadt. Um dieser schwierigen Aufgabenstellung gerecht zu werden, wurden innovative Untersuchungsmethoden im interdisziplinären Ansatz eingesetzt.

Auch wenn wir während der letzten fünf Jahre durch die intensive Bearbeitung tiefe Einblicke in das Projektgebiet gewonnen haben und das heutige Schadensbild besser verstehen, wissen wir doch, dass wir es vermutlich nie vollständig erfassen werden. Dazu ist es zu komplex. Trotzdem sind wir entscheidende Schritte vorangekommen. Wir haben alle vorliegenden Erkenntnisse in optimaler Weise ausgewertet und in numerischen Simulationsverfahren verarbeitet. Mit diesem Werkzeug lässt sich nicht nur die Vergangenheit nachbilden, sondern es lassen sich auch Prognosen der Schadstoffentwicklung für die Zukunft erstellen. Das hilft uns dabei, Risikoabschätzungen vorzunehmen, notwendige Maßnahmen zu priorisieren, laufende Sanierungsmaßnahmen an Standorten zu optimieren und damit die verfügbaren Mittel effizient einzusetzen. Diese Strategie der ganzheitlichen Schadensbearbeitung wird in einem Managementplan, dem „Herz“ und Namenspatron für das Projekt MAGPlan, zusammengefasst. In Abstimmung mit dem Gemeinderat werden die Inhalte von MAGPlan eine wichtige Grundlage für die grundwasserbezogene Umweltpolitik der Stadt in der nächsten Dekade.

Mein Dank gilt den Fachleuten des Amts für Umweltschutz und der beteiligten Ingenieurbüros, die mit großem Engagement das LCKW-Schadensbild im Stuttgarter Talkessel beleuchteten und dadurch eine wichtige Grundlage für das zukünftige Handeln geschaffen haben.

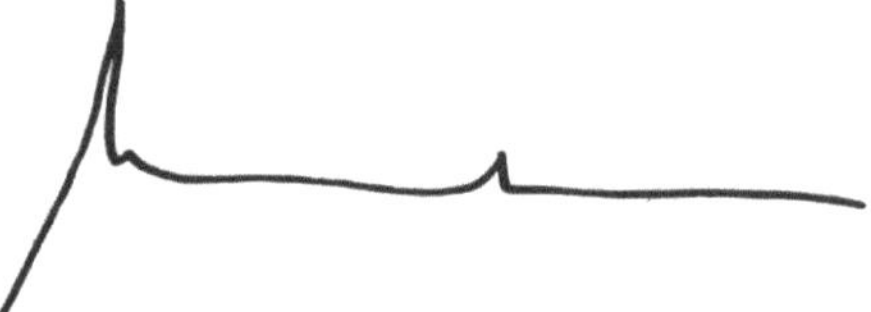

Matthias Hahn
Bürgermeister für Städtebau und Umwelt

Gestaltung Karten und Graphiken

Für die Aufbereitung der Untersuchungsergebnisse fertigte das Büro HAGELAUER+SCHEUERER GeoConsult GmbH (Herr Weiblen) einen Teil der GIS-basierten Karten und Graphiken.

Die topographischen Kartengrundlagen beruhen auf Geobasisdaten der Landesanstalt für Umwelt, Messungen und Naturschutz Baden-Württemberg (Räumliches Informations- und Planungssystem, RIPS) und des Stadtmessungsamts der Landeshauptstadt Stuttgart (digitale Stadtgrundkarte Stuttgart, DSK, und digitales Geländemodell).

Review:

- Prof. Dr. Randolf Rausch, Technische Universität Darmstadt
- Prof. Dr. Gerd Wolff, Landeshauptstadt Stuttgart, Amt für Umweltschutz

Projekt MAGPlan

www.magplan-life.eu

Das Projekt MAGPlan – „Management plan to prevent threats from point sources on the good chemical status of groundwater in urban areas" – wird im Programm LIFE+ 2008 Environment im Zeitraum 01.01.2010 bis 30.09.2015 gefördert. Beteiligt sind die Partner Landeshauptstadt Stuttgart, Amt für Umweltschutz und Landesanstalt für Umwelt, Messungen und Naturschutz Baden-Württemberg (LUBW). Die Federführung liegt beim Amt für Umweltschutz der Landeshauptstadt Stuttgart.

Inhaltsverzeichnis

Das Projekt MAGPlan – Anlass und Umsetzung

Hermann J. Kirchholtes und Wolfgang Ufrecht

Die Kenntnis der regionalen und lokalen Hydrogeologie ist für einen Siedlungsraum von großer Bedeutung. Aufgabenstellungen wie die Sicherstellung der Trinkwasserversorgung aus lokalen Grundwasservorkommen oder die Beurteilung größerer Bauvorhaben und Erdwärmeanlagen sind ohne fundierte Kenntnisse der lokalen Hydrogeologie nicht mehr möglich. Die Schäden beim Einsturz des Stadtarchivs beim U-Bahn-Bau in Köln oder die Bodenhebungen aufgrund der Erdwärmeerschließung in Stauffen sind prägnante Beispiele aus jüngster Zeit und verdeutlichen das große Schadenspotenzial unsachgemäßer Bauweisen im Grundwasser.

Auch bei der Untersuchung und Sanierung von Grundwasserschäden mit leichtflüchtigen chlorierten Kohlenwasserstoffen (LCKW, vielfach auch als „CKW" bezeichnet) ist das Verständnis der hydrogeologischen Verhältnisse unverzichtbar. In Stuttgart war die Bewertung des Grundwasserschadens von Anfang an durch die Situation geprägt, dass der Naturschatz der Mineral- und Heilquellen beeinträchtigt bzw. bedroht war. Alle ergriffenen Maßnahmen dienten dem Ziel, die natürliche Reinheit dieses Naturschatzes wieder herzustellen.

Die seit 1983 ergriffenen Sanierungsmaßnahmen haben in der Stuttgarter Innenstadt zu einem Austrag von rund 25.000 Kilogramm LCKW geführt. Dabei konnte nicht nur die Schadstoffmenge im Untergrund deutlich reduziert werden, die umfangreichen Untersuchungen haben auch die Datenlage zur Hydrogeologie, Standortgeschichte, Schadstoffgenese und zur Schadstoffmigration an den Standorten verbessert (Landeshauptstadt Stuttgart 2003a). Trotz vieler einzelner Maßnahmen ergab sich jedoch keine Möglichkeit zur Gesamtschau.

Die seit 1988 stagnierenden LCKW-Konzentrationen in den Mineral- und Heilquellen verdeutlichen, dass die umfangreichen standortbezogenen Maßnahmen allein nicht ausreichen, um die im Untergrund ablaufenden Prozesse in einem ausreichenden Maße nachvollziehen zu können. Denn diese Maßnahmen haben sich auf rund 30 Standorte konzentriert, die als Schwerpunkte des LCKW-Eintrags identifiziert worden waren. Ungeklärt blieb die Situation im Raum, sowohl zwischen den Standorten als auch in den komplex gegliederten grundwasserleitenden Schichten des Keupers bis hin zum mineralwasserführenden Oberen Muschelkalk. Welche Funktion hat dieser Raum? Werden Schadstoffe gespeichert, um- oder abgebaut oder freigesetzt? Welche Schadstoffmengen befinden sich noch im Untergrund unter den Standorten oder im Raum zwischen den Standorten und den Heil- und Mineralquellen? Welche Entwicklung der LCKW-Konzentrationen ist zu erwarten? Diese Fragen können nur dann beantwortet werden, wenn die Hydrogeologie und die im Untergrund des Stuttgarter Nesenbachtals ablaufenden Prozesse gesamtschaulich beschrieben und verstanden werden.

Nach nahezu 30-jähriger Untersuchung und Sanierung der LCKW-Verunreinigungen wird deutlich, dass sich die Untersuchung der Hydrogeologie und die Bearbeitung der Grundwasserschadensfälle gegenseitig ergänzen und zur Verbesserung der Kenntnisstände beitragen. Denn die Schadstoffe sind – neben ihrer ungewünschten Bedrohung der Naturgüter – auch Markierungsstoffe, die es ermöglichen, natürliche oder anthropogen beeinflusste Strömungsvorgänge nachzuvollziehen. Wenn beide, die hydrogeologische Modellierung wie auch die Schadenssanierung, gesamtschaulich ausgewertet werden, entsteht der optimale Nutzen.

Das Projekt MAGPlan wurde durchgeführt, um die bestehenden Lücken zu schließen. Es führte vom bisher praktizierten und dem Verursacherprinzip folgenden standortbezogenen Vorgehen hin zu einer integralen und gesamtschaulichen Untersuchung. Dabei stellen die standortbezogenen Erkenntnisse und die großräumlichen hydrogeologischen Untersuchungen notwendige Grundlagen dar, ohne die eine solche Arbeit weder technisch noch finanziell mit vertretbarem Aufwand möglich wäre.

Trotz der umfangreichen Vorkenntnisse bedeutet die gesamtschauliche Betrachtung in dem komplexen Stuttgarter Innenstadtgebiet technisch, organisatorisch und finanziell eine große Herausforderung. Einige der dabei einzusetzenden Strategien und Methoden wurden vom Amt für Umweltschutz für die großräumige Erforschung des Stuttgarter Heil- und Mineralwassersystems entwickelt (Ufrecht 1994). Parallel dazu wurde zunächst im Neckartal, ergänzt in Feuerbach die Strategie der integralen Grundwasseruntersuchung vorangetrieben (Landeshauptstadt Stuttgart 1999, Landeshauptstadt Stuttgart 2009 und Kirchholtes et al. 2012).

1.1 Projektorganisation

Auf diesen Grundlagen bauten im Dezember 2007 die ersten Konzepte für ein Projekt zur integralen Grundwasseruntersuchung im Nesenbachtal auf. Schon früh bestand die Absicht, für das in seiner Dimension und Aufgabenstellung bedeutende Projekt eine Förderung aus dem Umweltprogramm LIFE+ 2008 Environment der Europäischen Union zu beantragen.

Im August 2008 entstand eine Projektkonzeption, die dann bis Dezember 2008 zu einem LIFE-Antrag ausgearbeitet wurde. In diesem Antrag wurden neben der detaillierten Projektbeschreibung mit Zeit- und Budgetplan insbesondere die europäische Dimension und der innovative Charakter des Projektes dargelegt.

Im Dezember 2008 erklärte die Landesanstalt für Umwelt, Messungen und Naturschutz Baden-Württemberg (LUBW) ihre Bereitschaft zur Mitarbeit als assoziierter Projektpartner. Am 22. Dezember 2008 wurde der Antrag beim Umweltministerium Baden-Württemberg eingereicht. Die

Europäische Kommission teilte im August 2009 mit, dass der Antrag grundsätzlich als förderfähig bewertet wurde. Im Dezember 2009 schließlich ging der Bewilligungsbescheid der Kommission ein.

Wegen der Finanzkrise konnte der Antrag erst im April 2010 dem Stuttgarter Gemeinderat zur Beschlussfassung vorgelegt werden. Am 21. April 2010 stimmte der Gemeinderat der Beteiligung und Finanzierung des Projektes zu.

Bereits im Februar 2009 hat das Amt für Umweltschutz mit vorbereitenden Arbeiten begonnen. Dazu gehörten die Festlegung des Projektgebiets, eine Zusammenstellung aller Grundwassermessstellendaten und der Standortdaten für untersuchte Schadstoffeintragstellen im Projektgebiet sowie die Vorbereitung und Durchführung einer Stichtagsmessung in den Grundwassermessstellen im Zeitraum September bis Dezember 2009. Diese Maßnahmen erfolgten auf städtische Kosten. Die Datenauswertung folgte Anfang 2010. Unmittelbar nach Zustimmung des Gemeinderats zur Projektdurchführung wurde das Projektmanagement europaweit ausgeschrieben.

Obwohl zunächst in der speziellen hydrogeologischen Situation des Stuttgarter Nesenbachtals eingesetzt, wurde bei der Entwicklung des Untersuchungsansatzes von Anfang an auf eine Übertragbarkeit auf andere Standorte geachtet. Um die Übertragbarkeit zu fördern, wurde ein aus nationalen und europäischen Experten besetztes Beratungsgremium eingerichtet, das sogenannte „Transnational Science and Policy Panel". Die Landesanstalt für Umwelt, Messungen und Naturschutz Baden-Württemberg hat die Strategie und Methodik der Vorgehensweise unter Einbeziehung von Erfahrungen aus anderen Projekten, z. B. aus Ravensburg, in einem Leitfaden zusammengefasst, siehe LUBW (2014).

1.2 Projektgebiet und Betrachtungszeitraum

Das Projektgebiet umfasst die inneren Stadtbezirke Mitte, Nord, Süd, West und Teile von Ost sowie einen Teil von Bad Cannstatt und einen kleinen Teil von Degerloch (Abb. 1.1). Dieses Gebiet wird auch als der Stuttgart Talkessel oder als Nesenbachtal bezeichnet. In diesem Teil der Innenstadt siedelten sich vor allem im Umfeld der Eisenbahnanlagen seit 1846 viele kleine Industrie- und Gewerbebetriebe an (Kreuzberger 1993). Im Talgrund können LCKW mit dem aus Nie-

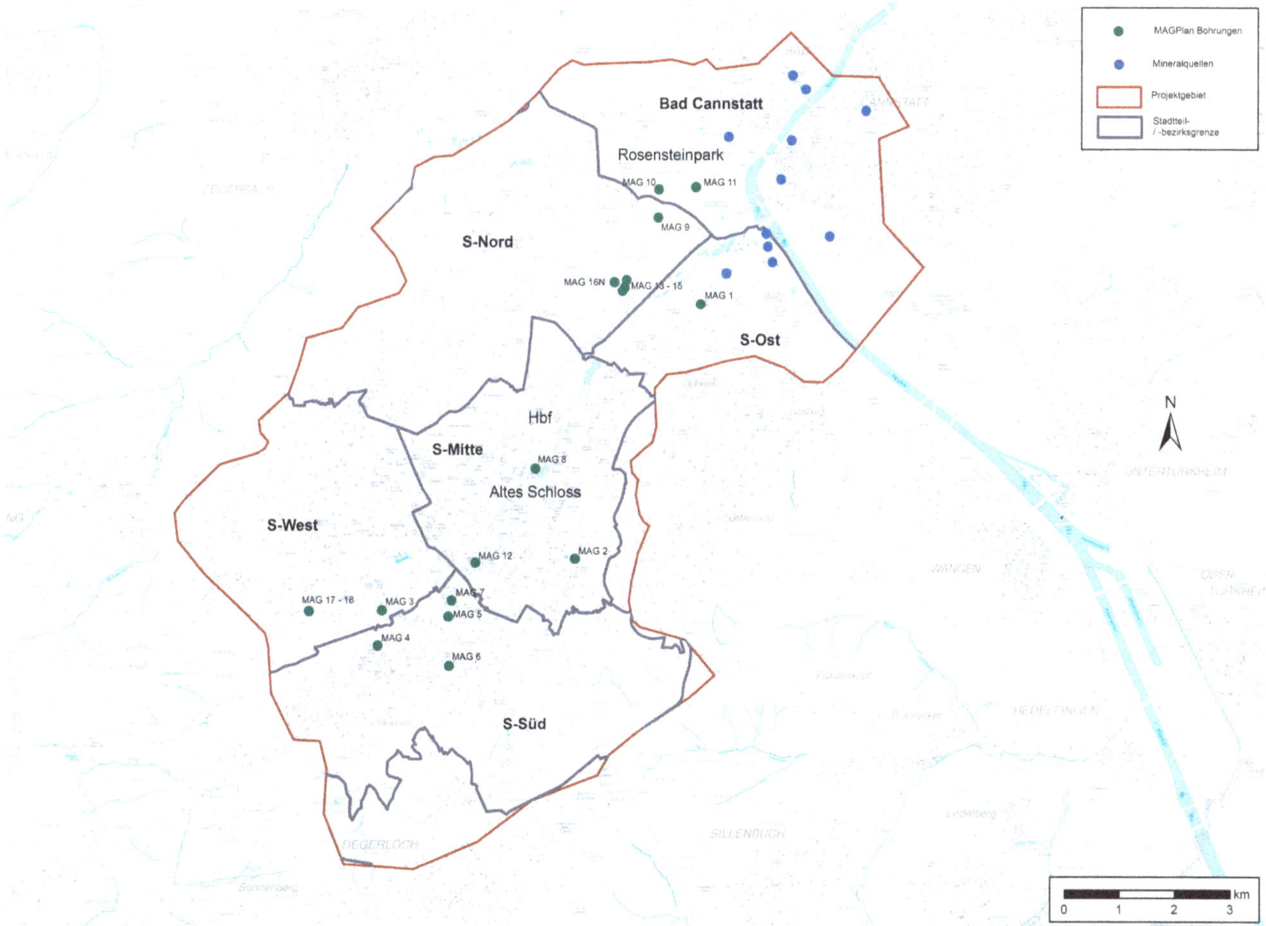

Abb. 1.1 Karte des Projektgebiets im Stuttgarter Nesenbachtal und Neckartal mit der Siedlungsstruktur der inneren Stadtbezirke Stuttgarts und Teilen von Bad Cannstatt und Degerloch sowie den Mineral- und Heilquellen und den MAGPlan-Bohrungen. Graphik S. Vasin.

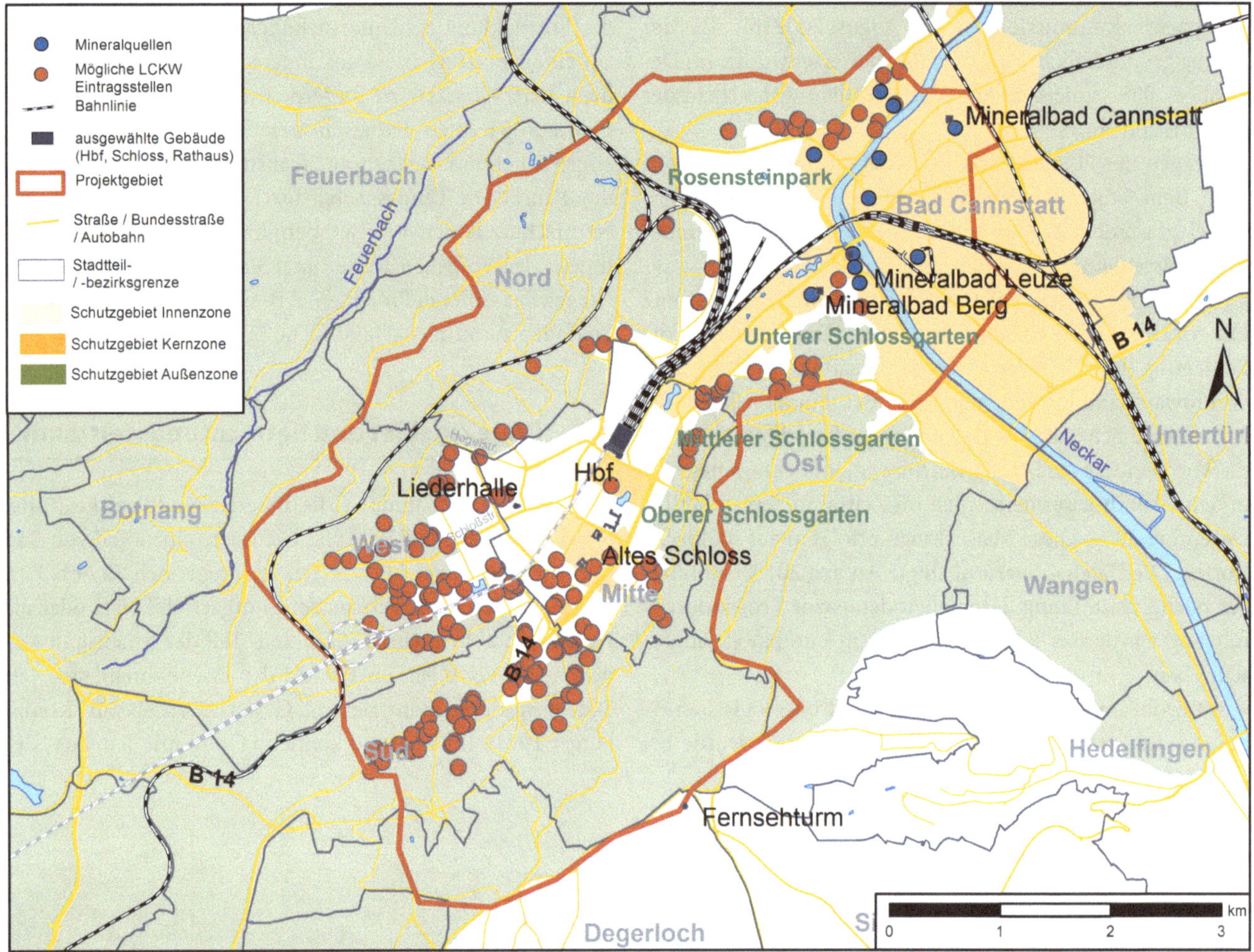

Abb. 1.2 Projektgebiet im Schutzgebiet der Heilquellen mit möglichen LCKW-Eintragsstellen und den hoch- und niederkonzentrierten Heil- und Mineralquellen. Graphik S. Vasin. Hbf: Hauptbahnhof.

derschlag neugebildeten Grundwasser ins Mineralwasser des Oberen Muschelkalks und damit in die Mineral- und Heilquellen gelangen. Im Neckartal (Ost und Bad Cannstatt) treten die Mineral- und Heilquellen zu Tage.

Eine wesentliche Grundlage bei der Festlegung des Projektgebietes bilden die großräumigen hydrogeologischen Erkenntnisse, die bei der Festlegung und Ausweisung des Quellschutzgebietes gewonnen wurden, und die auch der Verordnung des Regierungspräsidiums Stuttgart zum Schutz der staatlich anerkannten Heilquellen in Stuttgart-Bad Cannstatt und Stuttgart-Berg vom 11.06.2002 zugrunde liegen (Abb. 1.2 und Ufrecht 1994).

Die Festlegung des Betrachtungszeitraums erfolgte in der Kenntnis, dass LCKW seit den 1930er-Jahren kommerziell hergestellt und die Verwendung in Stuttgart seit 1939 dokumentiert ist. Von kriegsbedingten Havarien ist auszugehen. Insofern sind Einträge in den Untergrund vor 1960 wahrscheinlich. Die Fließzeit des Grundwassers vom Rand des Projektgebiets bis zu den Mineral- und Heilquellen beträgt mehrere Monate bis Jahre.

Die ersten Untersuchungen des Grundwassers auf LCKW erfolgten in Stuttgart im Juni 1983. Um alle Schadstoffeinträge bei der Transportsimulation zu erfassen, von denen seit Beginn der Messungen Auswirkungen auf die Mineral- und Heilquellen ausgehen können, beginnt der Betrachtungszeitraum bei der numerischen Grundwassermodellierung im Jahr 1960. Der Zeitraum erstreckt sich bis zum Jahr 2010, d. h. über 50 Jahre.

Die Stuttgarter Mineralquellen – Geologie und Hydrogeologie im Überblick

Wolfgang Ufrecht

Stuttgart gehört zu den wenigen Großstädten in Europa mit umfangreichen Mineralwasservorkommen. Zwölf Brunnen, die als Heilquelle staatlich anerkannt sind, fassen hochkonzentriertes und kohlensäurereiches Mineralwasser, das zu Kur-, Heil- und Badezwecken, in geringem Umfang auch zum Trinken genutzt wird. Das niederkonzentrierte Mineralwasser wird in den Bädern und im Zoologisch-Botanischen Garten Wilhelma als Brauchwasser genutzt. Die Badetradition im Mineralwasser geht bis auf die Römer zurück. Einige Bäder und Badestuben sind aus dem Mittelalter urkundlich belegt. Badekuren entwickelten sich ab dem frühen 19. Jahrhundert. Die Blüte des Cannstatter Badewesens fällt in die Zeit von 1840 bis 1870. Wenn auch die einsetzende Industrialisierung allmählich die Badegäste verdrängt hat und den kurörtlichen Glanz immer mehr verblassen ließ, ist das Mineralwasservorkommen aus dieser Tradition heraus für die Stadt bis heute ein wichtiges zu bewahrendes Kulturgut (von Zimmermann 2006) (◘ Abb. 2.1).

Heute genießen jährlich hunderttausende Menschen die unterschiedlichen Mineralwässer in den drei Mineralbädern Leuze, Berg und Cannstatt, welche die einstige Bädertradition fortsetzen. Durch ihren modernen Ausbau und ihre Attraktivität weit über die Stadtgrenzen hinaus sind die Quellen auch zu einem wichtigen Wirtschaftsgut geworden. Weiterhin haben die Bürger an 19 in der Stadt verteilten Trinkbrunnen öffentlichen Zugang zum Mineralwasser.

Morphologisch entspricht das Quellgebiet dem Cannstatter Becken, während sich der direkte Zustrombereich der Quellen nach Südwesten auf den Stuttgarter Talkessel erstreckt. Beide Hohlformen gehen auf die Abtragungsleistung des Neckars und seiner Zubringer, hier im Falle des Stuttgarter Talkessels der Nesenbach, zurück. Sie haben sich im Laufe des Pleistozäns am Ostrand des Fildergrabens tief in die Festgesteine des Keupers eingeschnitten. Der auf bis zu 1,5 km Breite ausgeräumte und als Cannstatter Becken bezeichnete Teil des Neckartals im Stadtteil Bad Cannstatt wird im NE durch die östliche Randverwerfung des Fildergrabens (Cannstatter Störung) begrenzt. Es ist im Nordosten und Süden durch den Neckar geöffnet, im Westen durch den Zulauf des Nesenbachs. Wie der Neckar selbst hat auch der Nesenbach im Gipskeuper stark in die Breite erodiert und dabei den Stuttgarter Talkessel geschaffen. Er reicht von der Mündung des Nesenbachtals in das Cannstatter Becken (der Nesenbach ist heute kanalisiert) etwa sechs Kilometer nach Südwesten bis zur Birkenkopf-Verwerfung, von wo ab sich der Talkessel weiter nach Südwesten in abtragungsresistenteren Gesteinen nur noch verengt fortsetzt. Insgesamt ist so eine typische Keupertraufbucht entstanden, wie sie für die stark gegliederte und zerlappte Keuperstufe im Raum Stuttgart typisch ist. Die oberirdischen Wasserscheiden auf den Höhenrücken um die Hohlformen – im Norden zwischen Nesenbach und Feuerbach, im Süden zwischen Nesenbach und Körsch-Zubringern – bilden zusammen mit den Verwerfungen die Grenze für den MAGPlan-Untersuchungsraum (◘ Abb. 2.2).

Das Wasser der Stuttgarter Mineralquellen wird im Oberen Gäu zwischen Sindelfingen und Renningen in den verkarsteten Kalksteinen des Oberen Muschelkalks neugebildet

◘ **Abb. 2.1** Mineralschwimmen im Mineralbad Leuze, eines der drei städtischen Mineralbäder. Aufn Bäderbetriebe Stuttgart.

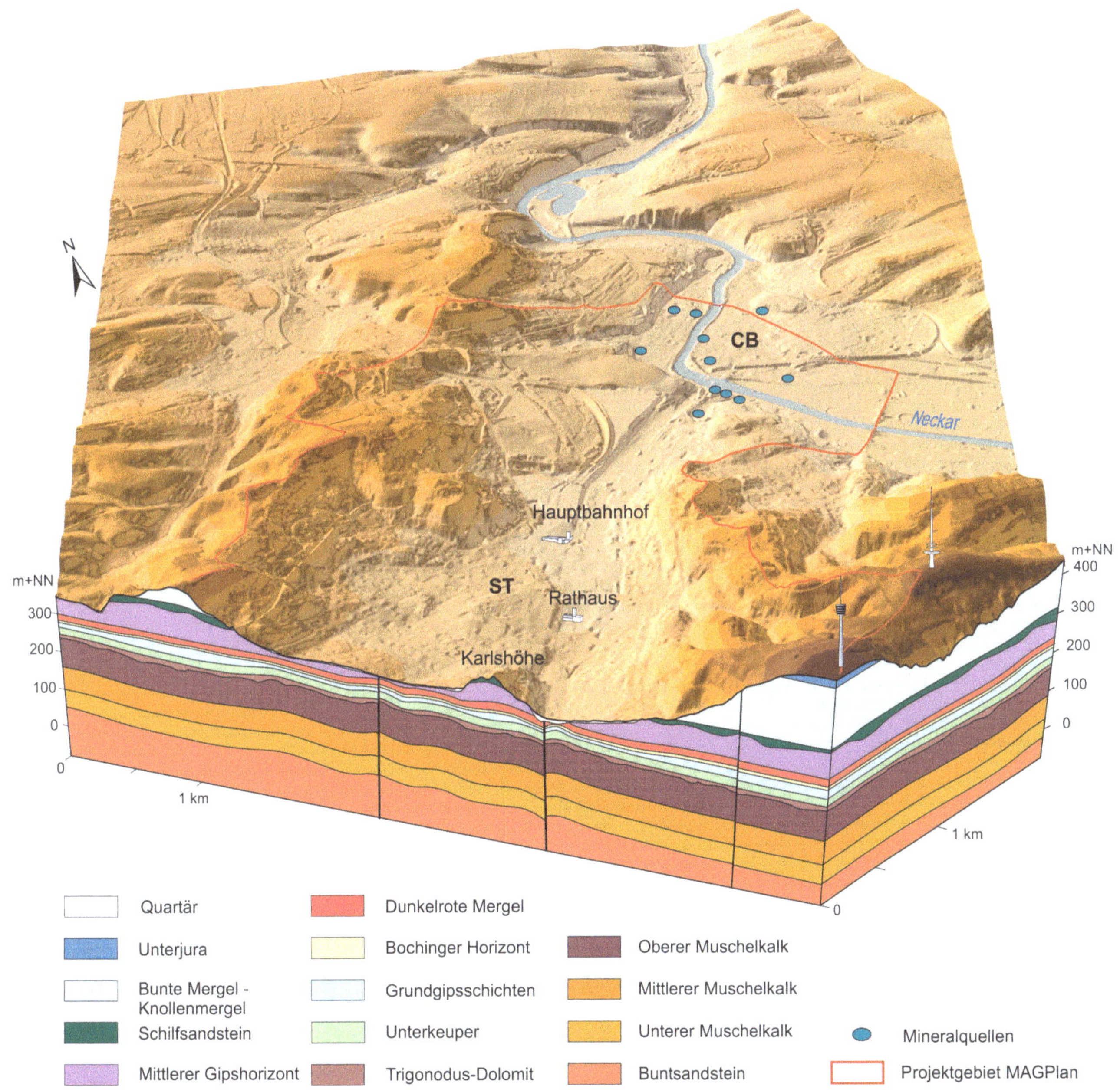

Abb. 2.2 Morphologie und Geologie im Bereich Stuttgarter Talkessel (ST) und Cannstatter Becken (CB). Blickrichtung von Südwesten. Die Grenzen des Modellraums (rote Linie) lehnen sich größtenteils an die oberirdische Wasserscheide des Nesenbachs an.

(Neeb & Wittkopp 1998, Villinger 1982). Es strömt von dort aus nach NE unter der Filderfläche (Überdeckung des Muschelkalks mehr als 300 m) und schließlich unter dem Stuttgarter Talkessel hindurch bis ins Cannstatter Becken (Abb. 3.8, ▶ Kap. 3), wo es noch vor der Cannstatter Störung als Teil der östlichen Fildergraben-Randverwerfung zum Aufstieg und Austritt gezwungen wird. Der Obere Muschelkalk entlastet mit etwa 525 l/s in die gefassten Mineralquellen, in die Kiese im Neckartal und in den Neckar selbst (Ufrecht 1994).

Im Cannstatter Becken und im unteren Nesenbachtal ist das Mineralwasser im Oberen Muschelkalk bis zu 10 m über dem Neckarstauspiegel artesisch gespannt. Entlang von Störungen und über die nur noch geringmächtigen Deckschichten im Bereich einer tektonischen Horststruktur fließt das Mineralwasser in die Talkiese des Neckars sowie in den Neckar selbst. In den Talkiesen sind hydrochemisch zahlreiche Mineralwasseraufbrüche nachgewiesen. Im Neckar selbst zeigen aufperlende Kohlensäure und Temperaturmessungen „wilde" Mineralwasseraufbrüche im Neckar an. Die natürlichen Austritte in der Talaue und im Neckar sowie die ab dem 19. Jahrhundert abgeteuften Brunnenfassungen (u. a. mit den heutigen Heilquellen) bilden ein hydraulisch korrespondierendes System, das als

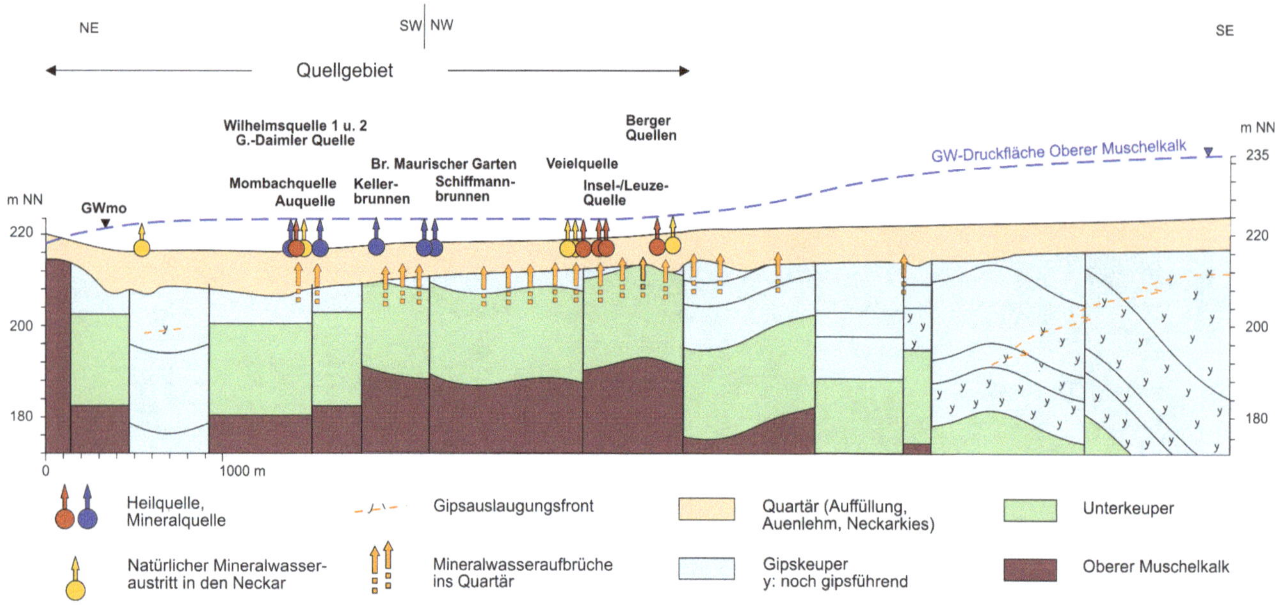

NE SW | NW SE

Quellgebiet

Wilhelmsquelle 1 u. 2
G.-Daimler Quelle
Berger Quellen
Br. Maurischer Garten
Veielquelle
Mombachquelle
Keller-brunnen
Schiffmann-brunnen
Insel-/Leuze-Quelle
Auquelle
GWmo
GW-Druckfläche Oberer Muschelkalk
m NN
235
220
200
180
0
1000 m

Heilquelle, Mineralquelle
Natürlicher Mineralwasser-austritt in den Neckar
Gipsauslaugungsfront
Mineralwasseraufbrüche ins Quartär
Quartär (Auffüllung, Auenlehm, Neckarkies)
Gipskeuper
y: noch gipsführend
Unterkeuper
Oberer Muschelkalk

Abb. 2.3 Geologischer Schnitt durch das Cannstatter Becken entlang des Neckars sowie Verlauf der Grundwasserdruckfläche im Oberen Muschelkalk. Durch die Entlastung von Mineralwasser ist im Cannstatter Becken eine Depression in der Grundwasserdruckfläche erkennbar. Die natürlichen Mineralwasseraustritte sind an eine tektonische Horststruktur im Zentrum des Cannstatter Beckens gebunden. Der Schnittverlauf ist aus der Lage der Mineral- und Heilquellen in Abb. 2.4 ersichtlich. Graphik aus Ufrecht (1999).

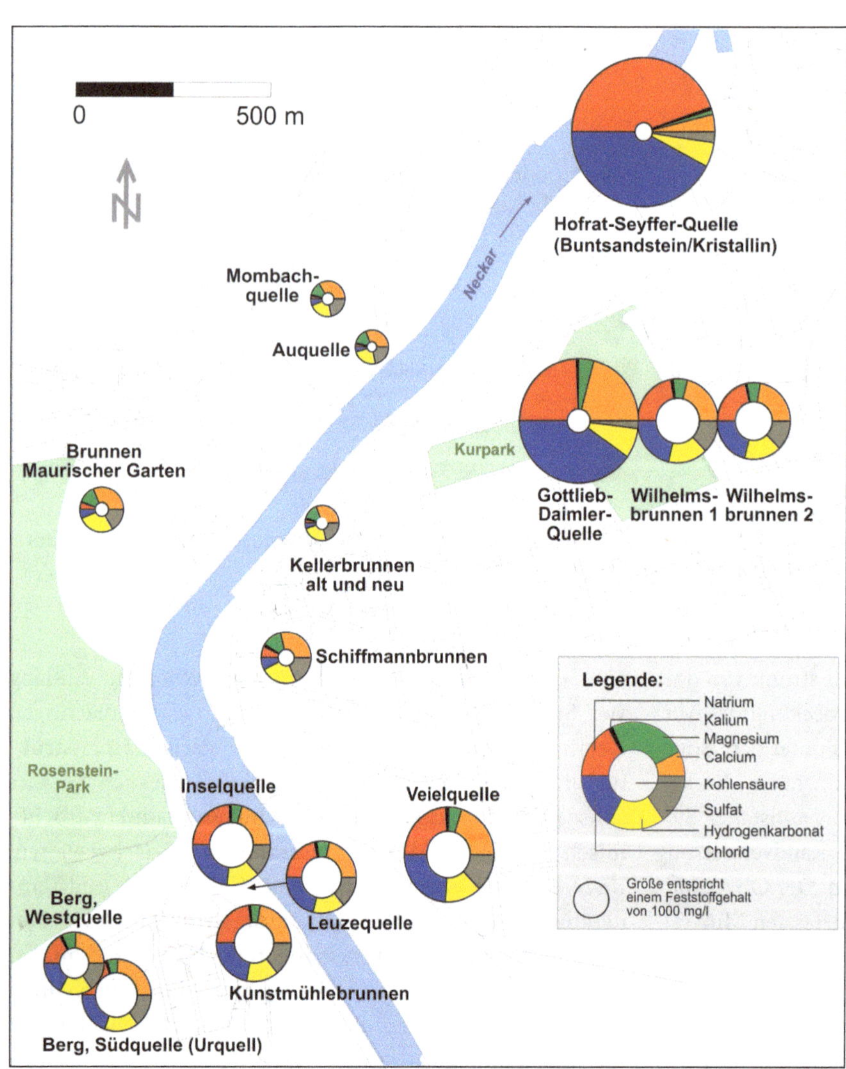

Abb. 2.4 Graphische Darstellung der hydrochemischen Charakteristik der Mineralwässer mittels Udluft-Diagrammen.

Tab. 2.1 Geochemische Charakterisierung der Fassungen mit niederkonzentriertem Mineralwasser

Name	Aquifer	Hydrochemische Charakteristik	Sulfat [mg/l]	Chlorid [mg/l]	Freies CO_2 [mg/l]	Feststoffgehalt [mg/l]
Brunnen Maurischer Garten	mo	Ca-Mg-SO_4-HCO_3	623	98	150	1.530
Schiffmannbrunnen	ku, mo	Ca-Mg-SO_4-HCO_3	383	73	116	1.080
Kellerbrunnen alt	mo	Ca-Mg-SO_4-HCO_3	338	56	98	957
Kellerbrunnen neu	mo	Ca-Mg-SO_4-HCO_3	339	55	94	958
Auquelle	ku, mo	Ca-Mg-SO_4-HCO_3	333	53	76	958
Mombachquelle	mo bis q	Ca-Mg-SO_4-HCO_3	361	66	74	1.020

q: Quartär, ku: Unterkeuper, mo: Oberer Muschelkalk, mm: Mittlerer Muschelkalk; Konzentrationen nach Analyse des SES-Zentrallabors der Landeshauptstadt Stuttgart vom 07. August 2007.

Stuttgart-Bad Cannstatter und -Berger Mineralquellen oder kurz Stuttgarter Mineralquellen oder Stuttgarter Mineralwassersystem bezeichnet wird. Sauerwasserkalke, die während verschiedener Interglaziale des Pleistozäns und im Holozän ausgefällt wurden (Reiff 1986), dokumentieren dessen Existenz seit mindestens einer halben Million Jahre (Abb. 2.3).

Die heute für den Kur- und Badebetrieb genutzten Fassungen gehen im Wesentlichen auf eine im 19. Jahrhundert begonnene Erschließungsaktivität zurück. Dabei stand zunächst eine industrielle Nutzung des artesisch gespannten Wassers zum Antrieb von Turbinen im Vordergrund. Die Gesamtschüttung der gefassten Quellen beläuft sich etwa auf 225 l/s. Dazu kommen noch 40 l/s für die Mombachquelle, dem einzigen noch weitgehend im ursprünglichen Zustand belassenen Quellaufbruch. „Wilde" Austritte in den Neckar oder in die Kiese der Neckartalaue machen etwa 260 l/s aus. Die Gesamtschüttung der Stuttgarter Mineralquellen beträgt etwa 525 l/s.

Im Stuttgarter Quellsystem treten entweder hochkonzentrierte und kohlensäurereiche Mineralwässer (Feststoffinhalte ca. 3.000 bis 6.000 mg/l, Kohlensäuregehalte bis 2.000 mg/l) und niederkonzentrierte Mineralwässer (Feststoffinhalte unter 1.600 mg/l, Kohlensäuregehalte unter 250 mg/l) auf. Ihre hydrochemische Charakterisierung ist Tab. 2.1 und Tab. 2.2 zu entnehmen. Die hochkonzentrierten Mineralwässer aus dem Oberen Muschelkalk sind aufgrund nachweislich therapeutischer Wirkung seit 1964/65 als Heilquellen staatlich anerkannt.

Ihren besonderen Charakter und ihre therapeutische Wirkung verdanken die Heilquellen vor allem der freien Kohlensäure, die Konzentrationen bis zu 2 g/l erreicht. Nach den Isotopenverhältnissen von Spurengasen, insbesondere dem Isotopenverhältnis $^3He/^4He$ des Heliums, ist die Kohlensäure magmatischen Ursprungs. Sie stammt größtenteils aus dem oberen Erdmantel, von wo aus sie über tektonische Schwächezonen bis in den Oberen Muschelkalk aufsteigt (Ufrecht 2006a).

Die Heilquellen und deren näherer Zustrombereich liegen inmitten des dicht bebauten und vielfach durch Industrie und Gewerbe geprägten Stuttgarter Stadtgebiets. Dadurch sind die Heilquellen den Aktivitäten des Menschen – dazu zählen bauliche Eingriffe in den Untergrund oder der Umgang mit wassergefährdenden Stoffen – ausgesetzt. Der Schutz der Quellen hat daher in Stuttgart schon seit langem eine hohe Bedeutung. Seit 2002 besteht ein rechtskräftiges Heilquellenschutzgebiet (Ufrecht & Wolff 2013). Dort werden qualitative Zonen zum Schutz vor Verunreinigungen und Veränderungen der chemischen, physikalischen und biologischen Beschaffenheit sowie quantitative Zonen zum Schutz gegen Druck- und Mengenverluste unterschieden. Die wichtigsten Regelungen zum Schutz der Heilquellen sind in der Rechtsverordnung (Regierungspräsidium Stuttgart 2002) verankert (Abb. 2.5).

Die 1983 begonnenen und bis heute fortgesetzten LCKW-Untersuchungen des Grundwassers im Muschelkalk zeigen für viele Brunnen und Grundwassermessstellen im Stadtgebiet eine Verunreinigung mit LCKW. Auch das nieder- und hochmineralisierte Bad Cannstatter und Berger Mineralwasser ist derzeit durch leichtflüchtige chlorierte Kohlenwasserstoffe betroffen. Nach bisherigem Kenntnisstand findet der LCKW-Eintrag in den Muschelkalk-Aquifer im Stuttgart Stadtgebiet selbst statt, weil das Grundwasser – wie zahlreiche Grundwasseraufschlüsse belegen – außerhalb Stuttgarts bzw. in den Stadtrandbereichen durchweg schadstofffrei ist bzw. LCKW nur in Spuren auftreten. Somit erfolgt großräumig kein LCKW-„Fern"transport nach Stuttgart (Abb. 3.8). In Zusammenhang mit der Frage der Schadstoffherkunft fokussiert sich die Betrachtung auf den Stuttgarter Talkessel als wasserwirtschaftlich sensibler Bereich. Hier sind einerseits die Gipskeuperschichten bis auf Restmächtigkeiten von örtlich unter 10 m abgetragen, die Sulfatgesteine im Gipskeuper großflächig abgelaugt und das Gebirge tektonisch stark beansprucht. Zudem herrscht in weiten Teilen ein nach unten gerichteter Druckgradient zwischen den Grundwasserstockwerken. Diese Kriterien begünstigen eine vertikale Verlage-

Tab. 2.2 Geochemische Charakterisierung der Brunnen mit hochkonzentriertem Mineralwasser

Name	Aquifer	Hydrochemische Charakteristik	Sulfat [mg/l]	Chlorid [mg/l]	Freies CO_2 [mg/l]	Feststoffgehalt [mg/l]
Berger Urquelle	mo	Ca-Na-Cl-SO_4-HCO_3	1.030	932	1.430	4.140
Berger Nordquelle	mo	Ca-Na-SO_4-HCO_3-Cl	768	497	806	2.790
Berger Westquelle	mo	Ca-Na-SO_4-Cl-HCO_3	860	625	953	3.160
Berger Südquelle	ku	Ca-Na-SO_4-Cl-HCO_3	879	687	1.050	3.360
Berger Ostquelle	mo	Ca-Na-SO_4-Cl-HCO_3	882	649	1.020	3.210
Berger Mittelquelle	mo	Ca-Na-SO_4-HCO_3-Cl	844	634	974	3.160
Inselquelle	mo	Na-Ca-Cl-SO_4-HCO_3	1.240	1.630	2.490	5.920
Leuzequelle	mo	Na-Ca-Cl-SO_4-HCO_3	940	970	1.410	4.040
Veielquelle	ku, mo	Na-Ca-Cl-SO_4-HCO_3	890	931	1.220	3.960
Wilhelmsbrunnen 1	mo	Na-Ca-Cl-SO_4-HCO_3	1.350	1.550	1.930	5.820
Wilhelmsbrunnen 2	ku	Ca-Na-Cl-SO_4-HCO_3	1.140	1.140	1.490	4.730
Gottlieb-Daimler-Quelle	mo, mm	Na-Ca-Cl	1.500	5.140	428	11.990
Kunstmühlebr. 1+2	mo bis q	Na-Ca-Cl-SO_4-HCO_3	1.241	1.224	1.528	5.215

q: Quartär, ku: Unterkeuper, mo: Oberer Muschelkalk, mm: Mittlerer Muschelkalk; Konzentrationen nach Analyse des SES-Zentrallabors der Landeshauptstadt Stuttgart vom 07. August 2007; dunkelblau hinterlegt: als Heilquelle staatlich anerkannt.

Abb. 2.5 Blick von Südwesten auf das Cannstatter Neckartal und die Bad Cannstatter und Berger Mineralquellen. Das Quellgebiet ist dicht bebaut. Bei den Berger Quellen mündet von Westen her das Nesenbachtal (Stuttgarter Talkessel) in das Neckartal ein.

rung von schadstoffhaltigem Grundwasser bis in den Muschelkalk, wogegen im Quellgebiet und engeren Umfeld, dem sogenannten Aufstiegsgebiet, ein direkter Eintrag aufgrund des gegenüber den Hangendstockwerken höheren, ja sogar artesischen Überdrucks im Muschelkalk unterbunden ist. Aufgrund der komplexen geologischen und hydrogeologischen Verhältnisse sind die Ausbreitungsmechanismen der LCKW im Stuttgarter Talkessel bislang nur schwer rekonstruierbar. Hierzu sind sowohl detaillierte Kenntnisse über die hydrogeologischen Zusammenhänge im mineralwasserführenden Grundwasserleiter als auch in den Deckschichten (Unter- und Gipskeuper, quartärer Neckarkies) samt den hydraulischen Wechselwirkungen nötig. Es ist daher eine wichtige Aufgabe im MAGPlan-Projekt, ein fundiertes System- und Prozessverständnis aufzubauen und dieses schrittweise mit den neuen Untersuchungsergebnissen fortzuentwickeln.

2.1 Schichtenfolge und großräumige Schichtlagerung

Die Festgesteine, die im Raum Stuttgart ausstreichen, umfassen einen etwa 500 m mächtigen Ausschnitt des Deckgebirges im Süddeutschen Schichtstufenland. Stratigraphisch reicht dieses Schichtpaket vom Mittleren Muschelkalk bis zum Unterjura. Die darunter liegenden Schichten sind durch einige wenige Bohrungen, wie z. B. in Stuttgart die 477 m tiefe Hofrat-Seyffer-Quelle, durchfahren worden.

Zur Benennung der Schichten werden im Projekt MAGPlan die herkömmlichen stratigraphischen Formationsbegriffe verwendet. Eine Übersicht der neu eingeführten Bezeichnungen geben Geyer et al. (2011) und ◘ Abb. 2.6.

Die Verbreitung der Schichten wird durch ein den gesamten Raum prägendes Bruchfeld bestimmt. Das markanteste übergeordnete tektonische Element ist der NW-SE streichende Fildergraben. Mehrere gleichsinnig streichende Störungen gliedern das Bruchsystem in eine Hoch-, Mittel- und Tiefscholle, die staffelbruchartig jeweils um ca. 50 bis 100 m nach Osten abgesetzt sind. Als Fildergraben im engeren Sinn wird die exzentrisch am Nordostrand der gesamten Grabenzone liegende Tiefscholle bezeichnet, die von Vaihinger- und Birkenkopf-Störung im Westen sowie Cannstatter- bzw. Schurwald-Störung im Osten begrenzt wird. Die einzelnen Schollen werden von zahlreichen, vorwiegend SSW-NNE bzw. W-E streichenden Störungen durchzogen.

Auf der westlichen Hochscholle im Raum Sindelfingen sind die Schichten bis auf den Unterkeuper und den Oberen Muschelkalk, örtlich sogar bis auf den Mittleren Muschelkalk abgetragen. In nördlicher Richtung weitet sich der zunächst noch schmale Muschelkalkausstrich im Oberen Gäu zur stark zergliederten flachwelligen Muschelkalk-Hochfläche des Neckarbeckens (Strohgäu, Langes Feld). Auf der Mittelscholle stehen in tektonischer Tieflage die Schichten bis zum höheren Mittelkeuper (Keuperbergland), auf der Tiefscholle sogar bis zum Unterjura (Filderfläche) an. Die im Wesentlichen von Schilfsandstein und Stubensandstein aufgebaute und morphologisch weithin sichtbare Keuperstufe ist dadurch beträchtlich nach Norden vorgelagert.

Der Mittlere Muschelkalk besteht jeweils aus 10 bis 12 m mächtigen Tonsteinen, plattigen bis bankigen Dolomitsteinen (Untere und Obere Dolomit-Formation) sowie im mittleren Teil aus Ton-, Sulfat- und Salinargesteinen (Salinar-Formation). Die primäre Mächtigkeit beträgt ca. 60 m. Sie kann durch Auslaugungsvorgänge in Bereichen geringer Überdeckung – wie etwa in Taleinschnitten – um bis zu 20 m reduziert sein.

Im etwa 80 m mächtigen Oberen Muschelkalk dominiert eine Abfolge von mikritischen Blaukalken und bioklastischen Schalentrümmerbänken, denen untergeordnet Tonsteine und Tonmergelsteine im Wechsel mit Kalksteinbänken (sog. Tonhorizonte im oberen Drittel und Haßmersheimer Schichten im unteren Drittel) zwischengeschaltet sind. Der oberste Bereich des Muschelkalks wird vom Trigonodusdolomit gebildet, der aus kavernösem Dolomitstein sowie aus massigen und grobkristallinen Dolomitlagen aufgebaut ist. Er erlangt im Stuttgarter Talkessel Mächtigkeiten von 8 bis 12 m (◘ Abb. 2.7).

Der etwa 20 m mächtige Unterkeuper besteht aus einer Wechselfolge von Dolomitstein und Tonstein. An der Basis des Unterkeupers beginnt mit den Estherienschichten und Dolomitischen Mergelschiefern eine 6 m mächtige Tonsteinserie. die von sandflaserigem Tonstein und nur gebietsweise von kompakten Sandsteinbänken (Hauptsandstein) überdeckt wird. Im mittleren Teil ist eine Wechselfolge von Tonsteinen und meist gut geklüfteten, teilweise über 1 m mächtigen Dolomitsteinbänken anzutreffen, die stratigraphisch weiter untergliedert werden (von unten nach oben) in Albertibank, Anthrakonitbank, Anoplophoradolomit und Linguladolomit. Die Dolomitsteinserie wird von dem 3 bis 3,5 m mächtigen Tonsteinpaket der Grünen Mergel überdeckt. Diese wird vom Grenzdolomit abgeschlossen. Die Mächtigkeit dieses gelblich-grauen bis ockergelben Dolomitsteins schwankt im Mittel zwischen 0,1 und 0,2 m und erreicht maximal bis zu 0,4 m. Im nördlichen Teil des Talkessels ist der Grenzdolomit häufig mit einem zellig-kavernösen Residualgebirge der basalen Grundgipsschichten in der Grenzdolomitzone (Zellenkalke) vereint, die lokal bis zu 2,5 m Mächtigkeit erreichen kann.

Der bis zu 110 m mächtige Gipskeuper setzt sich aus Tonsteinen mit einzelnen karbonatischen, zumeist dolomitischen Bänken (sog. Steinmergelbänke) sowie aus Sulfatgesteinen (Gips und Anhydrit) zusammen. Die Formationsunterglieder des Gipskeupers werden nachstehend von unten nach oben kurz beschrieben.

Die bis zu 22 m mächtigen Grundgipsschichten bestehen aus meist rotem, grünem sowie grauviolettem bis grauem

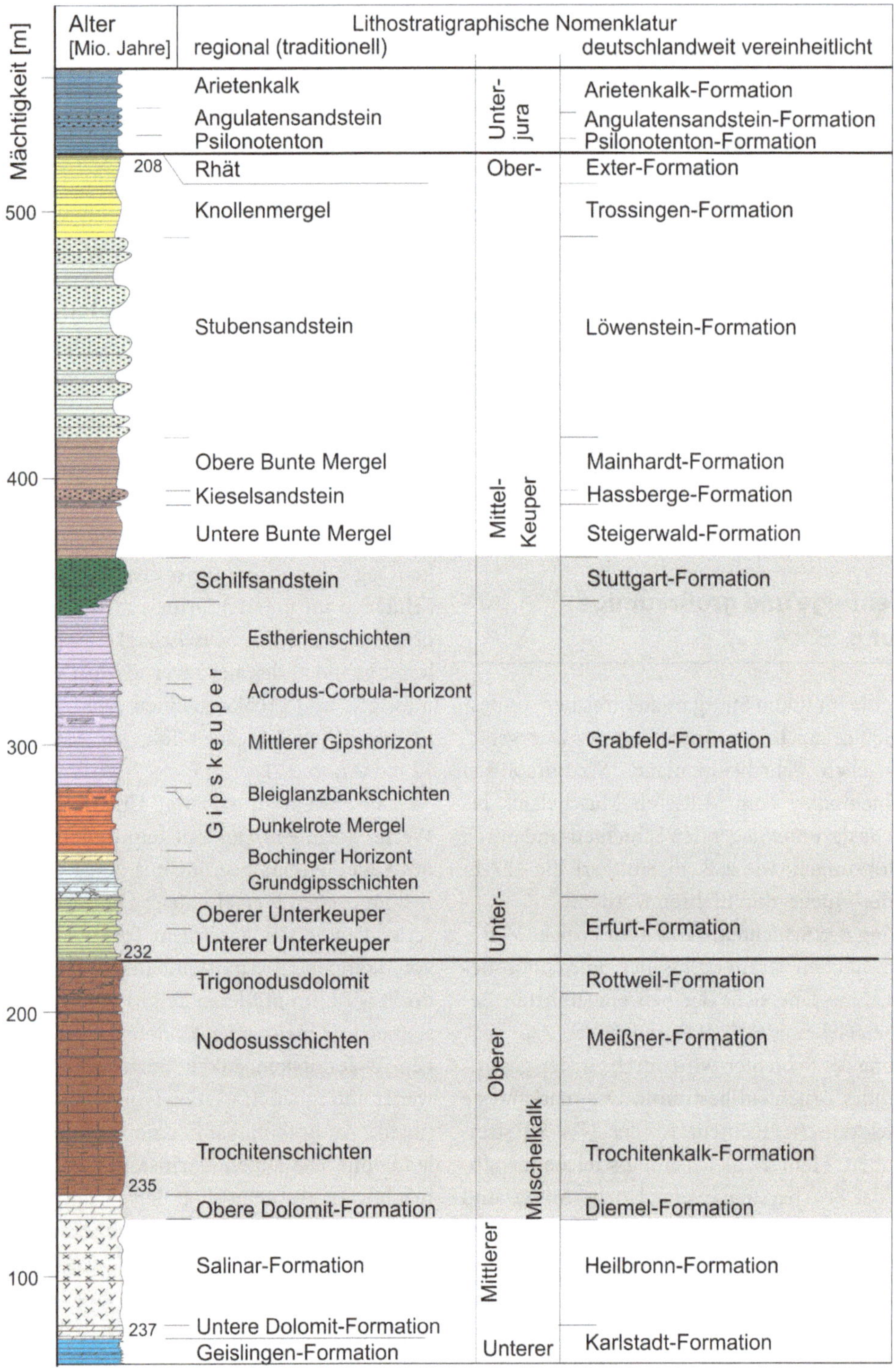

Mächtigkeit [m]: 500, 400, 300, 200, 100

Alter [Mio. Jahre]	Lithostratigraphische Nomenklatur: regional (traditionell)		Lithostratigraphische Nomenklatur: deutschlandweit vereinheitlicht
	Arietenkalk	Unter-jura	Arietenkalk-Formation
	Angulatensandstein		Angulatensandstein-Formation
	Psilonotenton		Psilonotenton-Formation
208	Rhät	Ober-	Exter-Formation
	Knollenmergel		Trossingen-Formation
	Stubensandstein		Löwenstein-Formation
	Obere Bunte Mergel	Mittel-Keuper	Mainhardt-Formation
	Kieselsandstein		Hassberge-Formation
	Untere Bunte Mergel		Steigerwald-Formation
	Schilfsandstein		Stuttgart-Formation
	Gipskeuper: Estherienschichten		Grabfeld-Formation
	Acrodus-Corbula-Horizont		
	Mittlerer Gipshorizont		
	Bleiglanzbankschichten		
	Dunkelrote Mergel		
	Bochinger Horizont		
	Grundgipsschichten		
	Oberer Unterkeuper	Unter-	Erfurt-Formation
232	Unterer Unterkeuper		
	Trigonodusdolomit	Oberer Muschelkalk	Rottweil-Formation
	Nodosusschichten		Meißner-Formation
	Trochitenschichten		Trochitenkalk-Formation
235	Obere Dolomit-Formation		Diemel-Formation
	Salinar-Formation	Mittlerer	Heilbronn-Formation
237	Untere Dolomit-Formation		
	Geislingen-Formation	Unterer	Karlstadt-Formation

Abb. 2.6 Übersichtsprofil von Germanischer Trias und Unterjura mit herkömmlicher bzw. deutschlandweit angepasster lithostratigraphischer Nomenklatur (Geyer et al. 2011). Die anstehenden oder erbohrten Schichten im MAGPlan-Projektgebiet sind grau hinterlegt.

Tonstein, in den im tieferen Teil mehrere karbonatische Lagen bzw. Dolomitsteinbänke eingeschaltet sind. Sulfatgesteine sind sowohl in plattiger, dünnbankiger Ausbildung sowie an der Basis in massiger Form (Felsenanhydrit/-gips, Gipsregion) vertreten. Der Sulfatgesteinsanteil erreicht im unausgelaugten Zustand bis 80 %. Die 5 m mächtigen Tonsteine des Bochinger Horizonts werden von der Bochinger Bank zweigeteilt. Ihre Gesamtmächtigkeit beträgt zumeist weniger als 0,2 m, kann jedoch örtlich auf über 1 m Mächtigkeit anschwellen. In diesem Fall ist der sonst dichte Dolomitstein zellig-kavernös, teilweise sogar mit Muschelschill durchsetzt. Sulfatgesteine kommen lediglich in feinschichtiger Wechsellagerung mit Tonsteinen sowie in knolliger Form mit unregelmäßiger Verteilung vor.

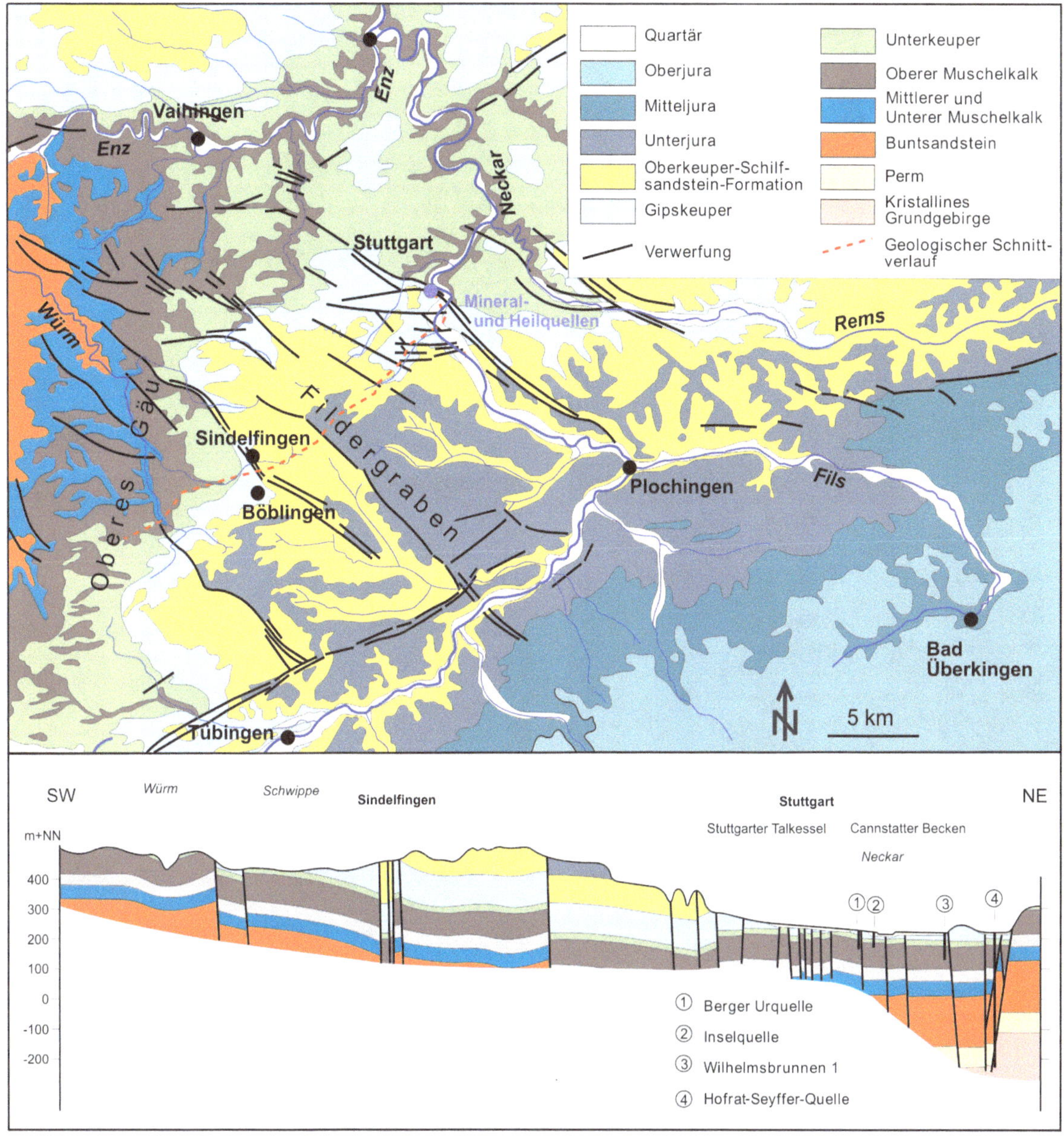

Abb. 2.7 Geologische Übersicht für den Großraum Stuttgart (verändert nach Geologischer Karte 1:200.000 und 1:50.000, LGRB Baden-Württemberg) sowie geologischer Längsschnitt vom Oberen Gäu bis zum Stuttgarter Neckartal (Cannstatter Becken). Hervorgehoben sind die Hauptverwerfungen des Fildergrabens und des Schwäbischen Lineaments.

Zum Hangenden folgt eine rund 1 m mächtige, grüngraue bis grauviolette Tonsteinserie mit zahlreichen mm-dünnen gelbgrünen, ziegelroten und hellgrauen Gipsauslaugungsschluffen. Dieses „Dunkelviolette Grenzlager" wird den Dunkelroten Mergeln zugeordnet. Dort herrschen rötlichbraune bis violette Tonsteine mit einer Mächtigkeit von 16 bis 18 m vor, die nur vereinzelt von weniger als 1 m mächtigen grünen Folgen durchsetzt sind. Im oberen Drittel treten dolomitische Tonsteine mit vereinzelt dünnen Dolomitsteinlagen auf. Sulfatgesteine sind in feinschichtiger Wechsellagerung mit Tonsteinen sowie als Knollen anzutreffen (Anteil bis 10 %). Die 1,5 bis 2 m mächtigen Bleiglanzbankschichten bestehen aus der Bleiglanzbank und graugrünem Tonstein mit schwachroter Marmorierung. Im südwestlichen und westlichen Talkessel ist die Bleiglanzbank selten mächtiger als 0,1 m und meist nur als dolomitischer Tonstein ausgebildet. Nach Norden entwickelt sie sich zu hellgrauem, oftmals auch zweigeteiltem Dolomitstein mit Lagen von Muschelschill und feinporiger Struktur.

In die Tonsteine des 35 bis 38 m mächtigen Mittleren Gipshorizonts sind primär Sulfatgesteine in dünnen Bänken und Knollen eingelagert. Ihre Auslaugung hinterlässt rotgraue bis hellolivgrüne Auslaugungsschluffe. In den Tonsteinen finden sich dünne Lagen von Dolomitstein und dolomitischem Tonstein. Aufgrund der charakteristischen Farbabfolge in den Tonsteinen ist vom Hangenden zum Liegenden

Abb. 2.8 Der Gipskeuper im Stadtgebiet Stuttgart. A Dolomitsteinbänke in Schluff-Tonsteinen (Estherienschichten, Aufschluss Weilimdorf Horn), B verstürzte, brecciöse Schluff-Tonsteine (Bohrkern Grundgipsschichten), C zellig-kavernöser Dolomitstein (Bohrkern Grenzdolomit), D dichter, kompakter Dolomitstein, (Bohrkern Bochinger Bank), E dickbankiger Gips, sog. Felsengips (Grundgipsschichten, ehem. Gipswerk Untertürkheim), F geringverwitterte Schluff-Tonsteine (Mittlerer Gipshorizont).

eine lithologische Gliederung in vier Teilbereiche möglich (sog. Komplexe), in denen die Sulfatgesteinsanteile von 15 bis 25 % schwanken.

Über einer etwa 1,5 bis 2 m mächtigen Tonsteinserie mit zwei zwischengeschalteten Dolomitsteinbänken (Acrodus-Bank und Corbula-Bank; frühere Bezeichnung: Engelhofer Platte) sitzen die Estherienschichten mit rotbraunen, graugrünen bis olivgrünen Tonsteinen, teilweise knolligen Dolomitstein- und feinschichtigen Sulfatgesteinslagen auf. In der gesamten Abfolge ist der primäre Sulfatgesteinsanteil sehr

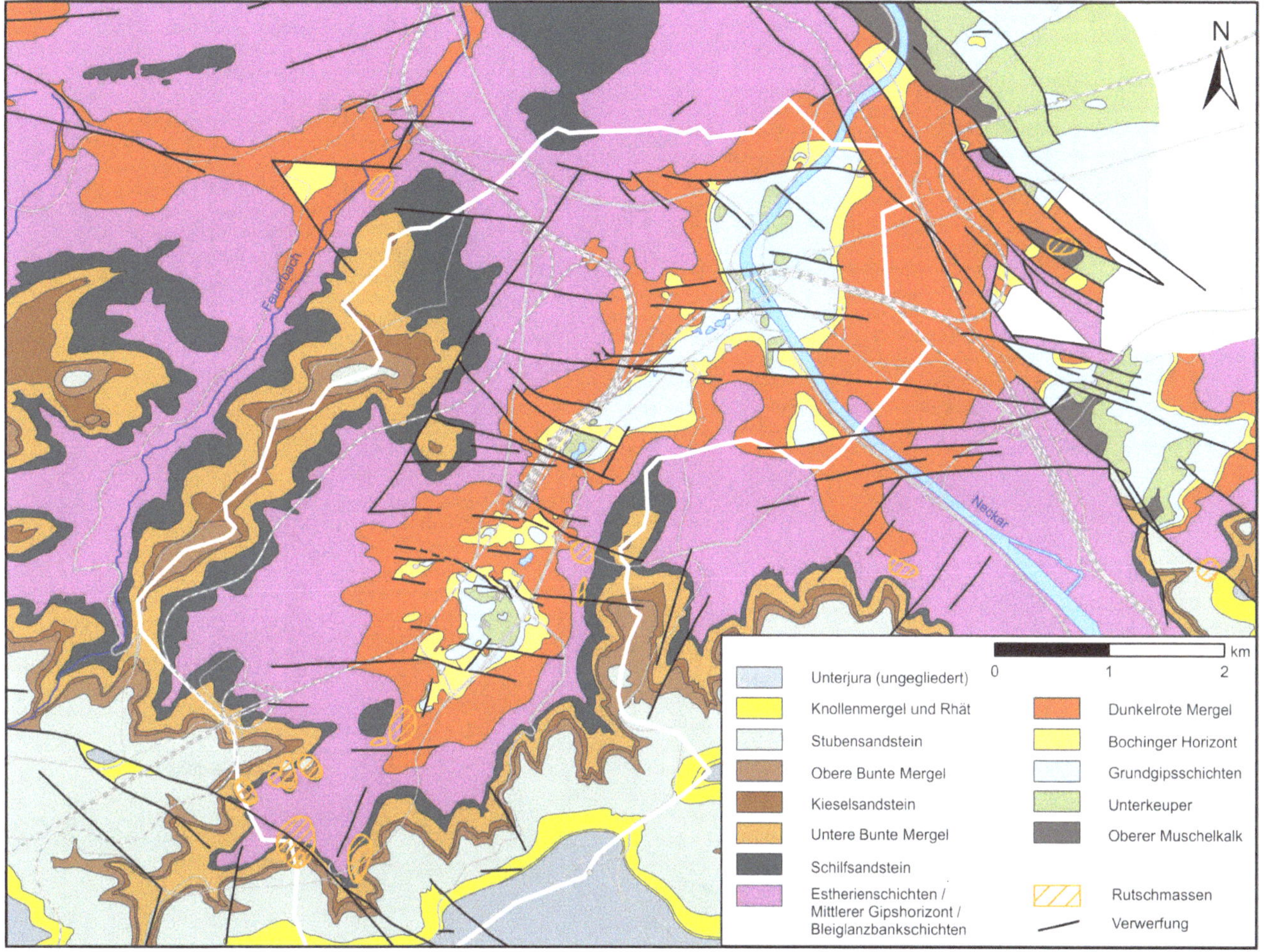

Abb. 2.9 Abgedeckte Geologische Karte für das MAGPlan-Untersuchungsgebiet, erstellt aus den in BOISS archivierten Bohrdaten. Verwerfungen nach Schichtlagerungskarte. Grundlage Geologische Karte Baden-Württemberg GK 50, Stuttgart und Umgebung (LGRB Baden-Württemberg).

gering. Die Mächtigkeiten von 20 bis 25 m variieren in Abhängigkeit der faziellen Ausbildung des Schilfsandsteins, der sich oftmals rinnenförmig in die Estherienschichten eingeschnitten hat.

Über dem Gipskeuper folgt eine Serie von Sandsteinen (Schilfsandstein, Kiesel- und Stubensandstein), die mit roten und grünen Tonmergelsteinen abwechseln. Diese etwa 150 m mächtigen Schichten des höheren Mittelkeupers und Oberkeupers (Rät) werden von den Tonsteinen, Kalk- und Sandsteinen des Unterjuras, dem jüngsten noch erhaltenen Schichtglied unter den Festgesteinen, abgeschlossen.

Im Stuttgarter Talkessel und Cannstatter Becken nimmt der Ausstrich des Gipskeupers große Flächen ein, insbesondere am Talgrund, Hangfuß und tieferen Hangbereich. Im mittleren und oberen Hangbereich umsäumen der gegenüber Erosion widerständige Schilfsandstein und der Sandsteinkeuper (mit Kiesel- und Stubensandstein) den Talkessel. Sie bedecken im Norden, Westen und Südwesten auch die Hochfläche um den Kessel. Auf den Fildern schließt der Unterjura die Schichtenfolge ab (Abb. 2.8).

Von den Schichten des Gipskeupers streichen die Estherienschichten ausschließlich in Hanglage aus. Dagegen nimmt bereits der darunter folgende Mittlere Gipshorizont am Hangfuß und bereichsweise auch in der Talniederung größere Flächen ein, insbesondere im Gebiet des Rosensteinparks, in Stuttgart-Nord sowie im Stuttgarter Westen und Süden. Den flächenmäßig bedeutendsten Ausstrich, der auch die Talniederung abdeckt, bilden die Dunkelroten Mergel. Nur im zentralen Talverlauf des Nesenbachs treten – meist auf von Verwerfungen begrenzten Hochschollen – Bochinger Horizont, Grundgipsschichten oder sogar Grenzdolomit bzw. Grüne Mergel des Unterkeupers unter den quartären Lockersedimenten auf. Die Lagerungsverhältnisse der Festgesteine und deren Ausstrichflächen können der Abgedeckten Geologischen Karte entnommen werden (Abb. 2.9).

Die namengebenden Sulfatgesteine im Gipskeuper unterliegen in Abhängigkeit von Tektonik, Relief und Überdeckung selektiv der Lösung (Subrosion; Ufrecht 2006b). Dadurch können im Stadtgebiet unterschiedliche Entwicklungsstadien der Subrosion – von der beginnenden Auslaugung der Sulfatgesteine über die Kavernen- und Röhrenbildung (Karst) bis zum vollständig ausgelaugten, meist

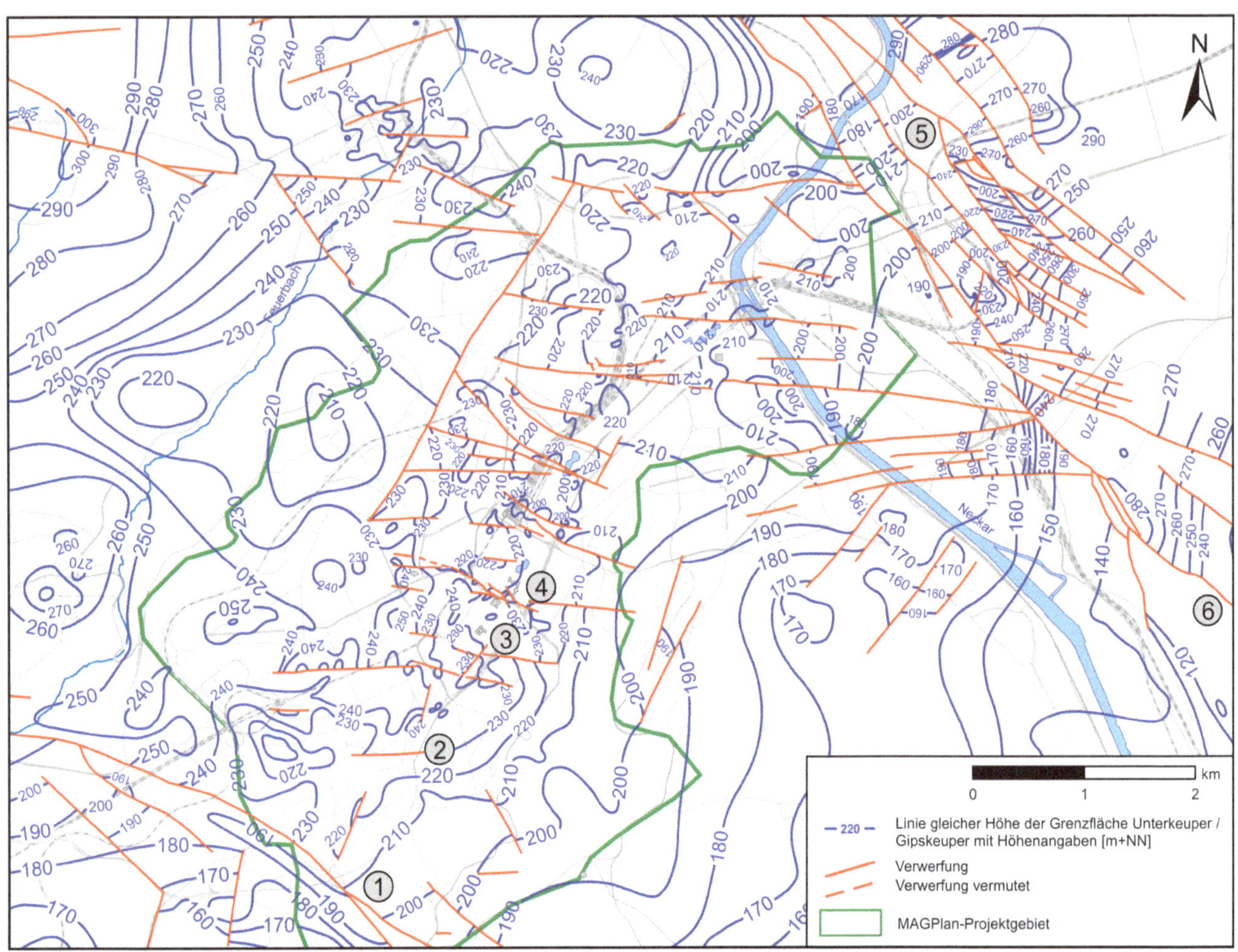

Abb. 2.10 Strukturkarte für den MAGPlan-Untersuchungsraum. Dargestellt sind Verwerfungen sowie das Relief der Schichtgrenze Gipskeuper/Unterkeuper. Die Darstellung beruht auf der Auswertung geologischer Schichtgrenzen aus 8.500 Bohrungen. Fildergraben-Randverwerfung nach Geologischer Karte 1:50.000 Stuttgart (Brunner 1998); 1 Heslach-Birkenkopf-Störung, 2 Karlshöhe-Störung, 3 Störung Nesenbachstraße, 4 Schlossstörung, 5 Cannstatter Störung, 6 Schurwald-Störung;. Verlauf Fildergrabenrandverwerfung verändert nach Brunner et al. (1998).

verstürzten Residualgebirge – beobachtet werden. In der Talniederung und am Hangfuß ist der Gips vollständig entfernt. Im Hangbereich folgt eine Zone aktiver Gipsauslaugung. Dagegen ist der Gipskeuper unter hoher Überdeckung und talfern weitgehend unausgelaugt und sulfatgesteinsführend. Die Auslaugung des Gipses und die Konsolidierung des Residualgebirges ist mit einer Reduzierung der Schichtmächtigkeiten verbunden. Aufgrund des hohen Sulfatgesteinanteils in den Grundgipsschichten wirkt sich dort die Reduzierung der Mächtigkeit besonders aus und kann mit 7 bis 9 m weniger als die Hälfte der ursprünglichen Mächtigkeit von 18 bis 22 m erreichen. So variiert auch die Gesamtmächtigkeit des Gipskeupers von 120 m auf ca. 80 m im ausgelaugten Zustand.

Die Festgesteine werden von quartärzeitlichen Bildungen überdeckt. Im Stuttgarter Talkessel sind es fluviatiler Bachschutt sowie überwiegend auf Solifluktionsprozesse zurückgehende Ablagerungen (Hanglehm, Fließerde, Wanderschutt), während im Cannstatter Becken fluviatile Sedimente des Neckars in Form von Talkies und Hochflutlehm vorherrschen.

Wie die Strukturkarte in Abb. 2.10 zeigt, werden der Stuttgarter Talkessel und das Cannstatter Becken neben den Fildergraben-Hauptstörungen von zahlreichen W-E, WNW-ESE sowie ENE-WSW streichenden (Quer-)-Störungen durchzogen. Zwischen den Störungen treten sattel- und muldenförmige Schichtverbiegungen auf, die sowohl auf tektonische Prozesse als auch auf Subrosionsvorgänge im tieferen Untergrund zurückzuführen sind. Die Sprunghöhen der einzelnen Störungen variieren abschnittsweise zwischen 5 und 20 m. Größere Versatzbeträge von bis zu 140 m sind im Bereich der Fildergraben-Randverwerfungen bekannt (Abb. 2.9).

Die meisten tektonischen Brüche haben eine lange und komplexe Bildungsgeschichte, bei der es auch mehrfach zu Überprägungen bereits existierender Strukturen unter geänderten Spannungsverhältnissen kam. So wurden die ursprünglich durch Dilatation entstandenen Randverwerfungen des Grabens durch laterale Schervorgänge überprägt, wodurch weitere Brüche in fiedriger Anordnung entstanden. Zudem erfolgte eine kompressive Zerscherung der Graben-

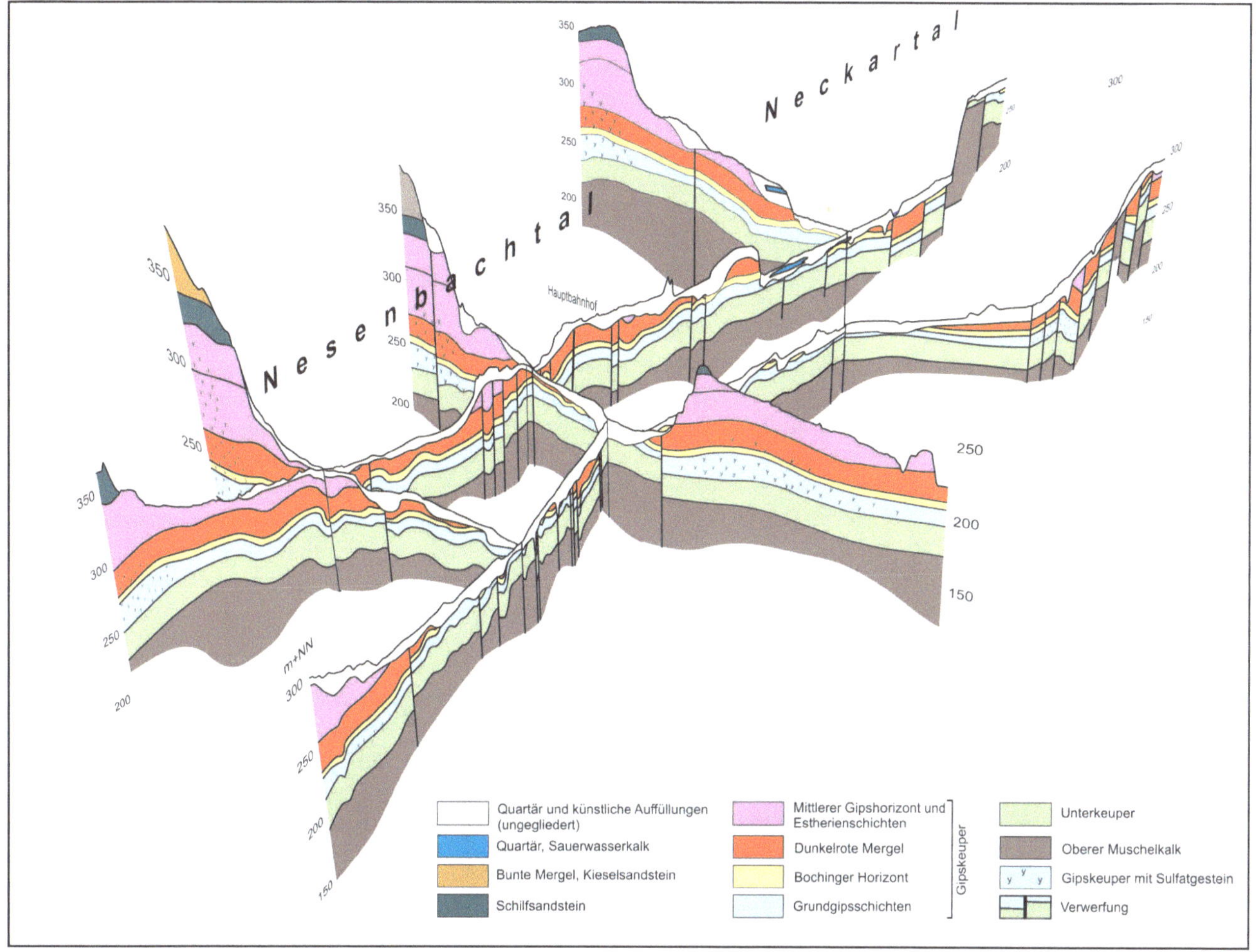

Abb. 2.11 Zaundiagramm zur Darstellung des geologischen Aufbaus des Projektsgebiets.

schollen – und damit auch des Stuttgarter Talkessels und Cannstatter Beckens – mit sinistralen (N-S bis NNE-SSW) und dextralen Seitenverschiebungen (W-E bis WNW-ESE), überwiegend entlang bereits existierender Elemente. Diese ab dem Mittel- bis Obermiozän eingeleitete und bis heute aktive Neotektonik prägt bzw. überprägt das Strukturinventar im Untersuchungsraum ganz wesentlich (Brunner et al. 1998, Illies 1974, Schönenberg 1973) (Abb. 2.10; Abb. 2.11).

Grundwasserverunreinigungen mit LCKW im Projektgebiet

Hermann J. Kirchholtes, Sandra Vasin, Achim Carle, Uli Schollenberger

Die Stuttgarter Innenstadt war in der Vergangenheit geprägt durch intensive gewerbliche und industrielle Nutzungen. Charakteristisch für das Nesenbachtal sind viele kleine, über das Gebiet verteilte Betriebsstandorte. Der jahrzehntelange Umgang mit umweltgefährdenden Stoffen, insbesondere den leichtflüchtigen chlorierten Kohlenwasserstoffen (LCKW), stellen ein hohes Gefährdungspotential gegenüber dem Grundwasser und den Mineral- und Heilquellen dar. Diese Quellen sind für die Stadt aufgrund der langen Tradition der Nutzung nicht nur ein wichtiges Kulturgut, sondern auch das hochrangigste wasserwirtschaftliche Schutzgut. Da die Stadt ihr Trinkwasser nicht aus dem Stadtgebiet, sondern von den Fernwasserversorgungssystemen der Bodenseewasserversorgung und der Landeswasserversorgung bezieht, sind folglich die Anstrengungen zum Grundwasserschutz vorrangig auf die Heilquellen ausgerichtet.

Im Juni 1983 lenkte die Entdeckung der Verunreinigung von Stuttgarter Brunnen und der Mineralquellen mit leichtflüchtigen chlorierten Kohlenwasserstoffen das Interesse von Öffentlichkeit, Gemeinderat und Stadtverwaltung auf ein Problem von bis dahin ungeahntem Ausmaß. Der Gemeinderat drängte auf umfassende Ursachenforschung. Die Stadtverwaltung richtete unter der Leitung von Werner Flad einen Arbeitskreis mit Vertretern aus städtischen und staatlichen Dienststellen ein, der schon nach wenigen Monaten ein Programm zur Erkundung und Sanierung vorlegte (Landeshauptstadt Stuttgart 1985).

Die Feststellung der LCKW-Verunreinigungen führte zu systematischen Betriebsüberprüfungen ab Februar 1984. Bei festgestellten Mängeln wurden die Betriebe durch Auflagen zum gesicherten Umgang mit LCKW, zur Untersuchung und ggf. zur Sanierung des Untergrundes verpflichtet. Die Ursachenforschung machte deutlich, dass sich noch bis in die 1980er-Jahre hinein auch in Stuttgart immer wieder Unfälle mit umweltgefährdenden Stoffen ereignet hatten. Mangelnde Kenntnisse bei Produzenten, Händlern, Anwendern und Behörden über die Gefährlichkeit, Mobilität und Persistenz der LCKW ermöglichten die Schäden (Landeshauptstadt Stuttgart 2003a).

Seit Beginn der 1980er-Jahre verlagerten Industrie und Gewerbe die Betriebe zunehmend in umliegende Landkreise oder ins Ausland. Dabei blieben Brachen als altlastverdächtige Flächen oder Altlasten zurück, die vielfach aufgrund der großen Standortgunst einer neuen Nutzung zugeführt wurden. Auch der Wohnungsbau drängte auf die Flächen. Die Bautätigkeit auf kontaminationsverdächtigen oder kontaminierten Standorten erforderte eine intensive Beschäftigung mit den Altlasten und vielfach eine Sanierung. Die Umweltbehörde hat dabei regelmäßig zu beurteilen, welche der festgestellten Bodenverunreinigungen im Untergrund verbleiben können, ohne dass von ihnen eine Gefährdung ausgeht. Dazu legt die Umweltbehörde im Einzelfall Art und Umfang der notwendigen Untersuchungs- und Sanierungsmaßnahmen fest. Diese orientieren sich an der Umweltgefährdung

Abb. 3.1 Altlasten werden beim Bauen entdeckt. Foto R. Dinkel in Landeshauptstadt Stuttgart (2013b).

am Standort und dienen dem Schutz der Öffentlichkeit vor Gefahren, die von Boden- und Grundwasserverunreinigungen ausgehen. Die Sanierungsmaßnahmen zielen auf die Abwehr der Gefahren. Eine vollständige Sanierung wird meist nicht angestrebt.

In Stuttgart stellte sich nach Abschluss der flächendeckenden Erhebung altlastenverdächtiger Standorte im Jahr 1996 die Frage, ob es aus Gründen der Verhältnismäßigkeit und der Wirtschaftlichkeit sinnvoll ist, alle bekannten rund 3.000 Altlastenverdachts- und Altlastenflächen systematisch zu bearbeiten. Alternativ wurden neue Formen der Bearbeitung und der Prioritätensetzung diskutiert: die integrale Untersuchung, bei der Schadstoffe im Grundwasser flächendeckend erfasst und kartiert werden (Landeshauptstadt Stuttgart 2009).

Altlastensanierungen finden auch in den 2010er-Jahren vielfach im Rahmen der Neubebauung bzw. Revitalisierung von Industrie- und Gewerbeflächen statt. Um städtebauliche Erneuerungsprozesse in diesem Sinne nutzen zu können, wird in Stuttgart seit 1995 der Ansatz der nutzungsbezogenen Altlastenbearbeitung konsequent verfolgt (Landeshauptstadt Stuttgart 1995). Eine wichtige Voraussetzung für den Erfolg ist die frühzeitige Festlegung von Sanierungsbedarf und von Sanierungszielen sowie eine schnelle Reaktion der Umweltbehörde bei Fragen, die während der Bauausführung aufkommen, wenn zusätzliche Kontaminationen entdeckt werden (Abb. 3.1). Es hat sich gezeigt, dass die Bewertung im Einzelfall erleichtert wird, wenn die Umweltbehörde hierbei auf die Ergebnisse der integralen Altlastenuntersuchung zurückgreifen kann. Der Bauherr hat ein großes Interesse an der Einhaltung des Bauzeitplans und ist dafür ggf. auch bereit, unvorhergesehene Sanierungskosten in Kauf zu nehmen.

3.1 LCKW im Stuttgarter Grundwasser

3.1.1 Leichtflüchtige chlorierte Kohlenwasserstoffe

Leichtflüchtige Chlorkohlenwasserstoffe wurden erstmals im 19. Jahrhundert synthetisiert. Die kommerzielle Nutzung begann in Deutschland in den 1920/30er-Jahren und erreichte in den 1970er-Jahren ihren Höhepunkt. Seit 1990 dürfen LCKW nur noch eingeschränkt in geschlossenen Systemen verwendet werden (2. Bundes-Immissionsschutzverordnung).

Die am häufigsten verwendeten Einzelstoffe sind die chlorierten Ethene Tetrachlorethen (Perchlorethylen, PCE) und Trichlorethen (TCE). PCE wurde vorwiegend in chemischen Reinigungen, TCE vorwiegend als Entfettungsmittel in der Metallindustrie verwendet. Ebenfalls zu den chlorierten Ethenen gehört das in verschiedenen Isomeren auftretende Dichlorethen (DCE). Als Primärstoff dient es in der chemischen Industrie als Ausgangsstoff für die Synthese weiterer chlororganischer Verbindungen, gelangt jedoch in dieser Form nicht in den Handel. Im Grundwasser tritt DCE daher meist als Metabolit beim anaeroben Abbau, d. h. als Produkt der reduktiven Dechlorierung höher chlorierter Ethene (PCE und TCE) auf, und zwar vorwiegend in Form des Isomers cis-1,2-Dichlorethen (cDCE). Das kanzerogene (krebserregende) Chlorethen oder Monochlorethen ist unter dem Namen Vinylchlorid (VC) bekannt. Es dient als Ausgangsstoff für die Herstellung von Polyvinylchlorid (PVC). Im Grundwasser entsteht es fast ausschließlich als Metabolit bei der reduktiven Dechlorierung höher chlorierter Ethene aus PCE, TCE und cDCE.

Zu den chlorierten Methanen zählen Tetrachlormethan (PCM), Trichlormethan (TCM), Dichlormethan (DCM) und Chlormethan (CM). PCM wurde früher verbreitet als Feuerlöschmittel verwendet. TCM ist unter dem Namen Chloroform bekannt. Es wurde bereits 1831 als erster chlorierter Kohlenwasserstoff hergestellt und diente lange Zeit als Narkosemittel. Außerdem fand es Verwendung als Lösemittel und als Ausgangsstoff für die Herstellung von Fluorchlorkohlenwasserstoffen (FCKW). TCM bildet sich auch als Metabolit bei der reduktiven Dechlorierung von PCM. DCM wurde als Löse-, Abbeiz- und Extraktionsmittel verwendet. Außerdem entsteht es als Metabolit bei der reduktiven Dechlorierung höher chlorierter Methane (PCM und TCM). CM diente früher ebenfalls als Narkosemittel und als Ausgangsstoff für verschiedene Synthesen in der chemischen Industrie. Bei der reduktiven Dechlorierung von PCM, TCM und DCM entsteht es als Metabolit. Außerdem wird es durch diverse Pflanzen (beispielsweise Kartoffeln) natürlich gebildet. Die chlorierten Methane spielen im

Tab. 3.1 Stoffeigenschaften der im Projektgebiet relevanten LCKW und von Ethen

Verbindung	Summenformel	Löslichkeit* in Wasser [µg/l]	Dichte [g/cm³]	Molmasse [g/Mol]
PCE	C_2Cl_4	200.000	1,62	165,8
TCE	C_2HCl_3	1.100.000	1,46	131,4
cDCE	$C_2H_2Cl_2$	3.500.000	1,28	96,9
VC	C_2H_3Cl	2.760.000	0,91	62,5
Ethen	C_2H_4	**130.000	0,57	28,0

* nach U.S. Environmental Protection Agency, ** nach GESTIS (Gefahrstoffinformationssystem)

MAGPlan-Projekt keine Rolle, da sie in Stuttgart kaum noch nachgewiesen werden.

Fluorchlorkohlenwasserstoffe (FCKW), auch Frigene oder Freone genannt, erlangten etwa seit den 1940er-Jahren weltweite Bedeutung als Kühl- und Kältemittel sowie als Treibmittel und für Schaumstoffanwendungen. Bis zum FCKW-Anwendungsverbot Anfang der 1990er-Jahre wurde Dichlordifluormethan (F12, auch R12 genannt) standardmäßig in Kühlschränken eingesetzt. Trichlorfluormethan (F11) war ein verbreitetes Kälte- und Treibmittel. Das etwas jüngere 1,1,2-Trichlor-1,2,2-trifluorethan (F113) wurde seit den 1970er-Jahren in Klimaanlagen und als Extraktionsmittel verwendet. Daneben fanden F11 und F113 auch Anwendung in der Metallverarbeitung und von den 1960er- und 70er-Jahren bis Anfang der 1990er-Jahre in Chemischen Reinigungen als schonendes Reinigungsmittel.

Die folgende Betrachtung beschränkt sich auf die am weitesten verbreitete Stoffgruppe der chlorierten Ethene. PCE, TCE und cDCE besitzen eine größere Dichte als Wasser und zeichnen sich durch eine hohe Mobilität in der Umwelt aus. Diese können in Reinform oder Phase bis zur Sohle eines Grundwasserleiters absinken. Allerdings erfolgt auch bei Schwerphasen beim Auftreffen auf den Kapillarsaum der Grundwasseroberfläche zunächst immer eine Anreicherung, da die Phase das Wasser aus den damit gesättigten Poren der Aquifermatrix verdrängen muss, bevor sie weiter absinken kann.

In Tab. 3.1 sind die wichtigsten Stoffeigenschaften chlorierter Ethene dargestellt. Zur leichteren Lesbarkeit erhalten die Einzelstoffe in der Tabelle eine Färbung, die auch in den folgenden Abbildungen konsequent beibehalten wird: PCE rot, TCE blau, cDCE grün und VC gelb.

Es ist zu beachten, dass die Molmasse der Verbindungen mit abnehmender Chlorierung (von PCE nach VC) stark abnimmt. Das liegt daran, dass Chlor mit einer relativen Atommasse von 35,45 wesentlich schwerer ist als Wasserstoff, der dieses Atom beim Abbau ersetzt und eine relative Atommasse von 1,01 hat. Die Moleküle werden somit bei jedem Dechlorierungsschritt leichter. Die Berücksichtigung dieses Sachverhalts ist für die Bewertung von Abbauprozessen wichtig. Vergleicht man nur Massenkonzentrationen [µg/l] miteinander, ergibt sich bei Messreihen (zeitlich oder räumlich) ein Masseverlust aus der Substitution von Chlor durch Wasserstoff. Damit könnte irrtümlicherweise auf einen Masseverlust durch Abbau geschlossen werden, auch wenn in Wirklichkeit kein einziges Molekül vollständig dechloriert wurde, sondern nur ein Umbau (Teilabbau) beispielsweise von PCE nach cDCE stattfand.

3.1.2 Erste Nachweise von LCKW im Stuttgarter Grundwasser

In den Jahren 1982/1983 richtete die Stadt in der Längsachse des mittleren und unteren Nesenbachtals und damit im Zustrom zu den hochkonzentrierten Heilquellen in Stuttgart-Berg zwei Gruppen neuer Grundwassermessstellen ein. Dies geschah in der Absicht, das Verständnis für das Stuttgarter Grundwassersystem im Zustrom zu den Mineral- und Heilquellen zu verbessern, Grundwasserentnahmen besser beurteilen und die geplante Abgrenzung des Quellenschutzgebietes auf einer fachlich fundierten Grundlage vornehmen zu können.

Die erste Gruppe von Grundwassermessstellen liegt mit P 171 und P 172 in der Planie am Alten Schloss (Abb. 3.2). Eine zweite Gruppe besteht aus den Grundwassermessstellen P 173 und P 174 nahe dem Planetarium. Diese Messstellen dienten insbesondere einer Klärung der hydraulischen Wechselwirkungen zwischen den Grundwasserstockwerken des Unterkeupers und des Oberen Muschelkalks.

Wegen der Lage im Zustrom zu den Mineral- und Heilquellen übernehmen die vier Grundwassermessstellen die Funktion sogenannter „Vorfeldmessstellen" im ersten Stuttgarter LCKW-Grundwasseruntersuchungsprogramm. Zuvor waren am 29. Juni 1983 die Brunnen Tübinger Straße auf LCKW untersucht worden. Die Ergebnisse der Erstuntersu-

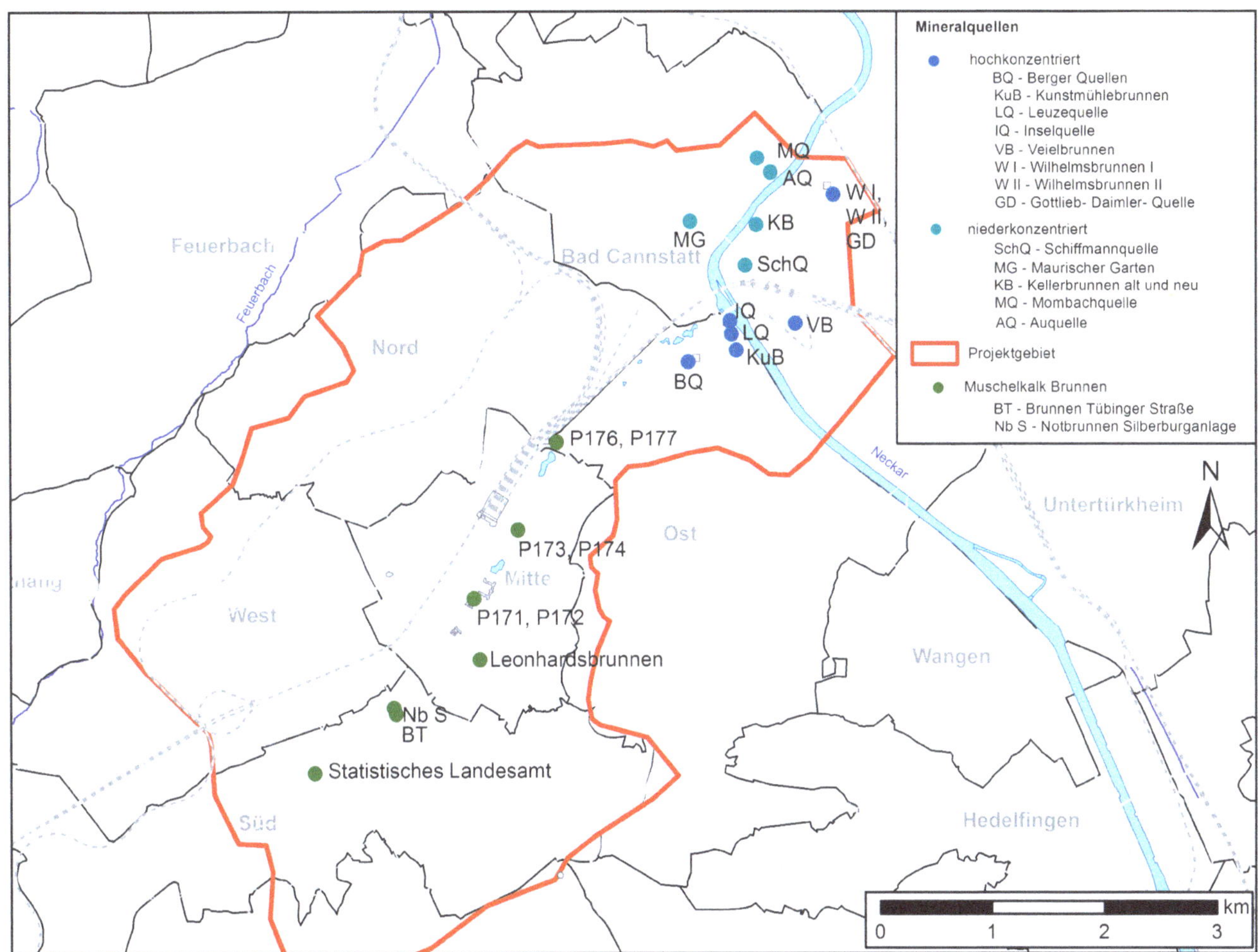

Abb. 3.2 Karte der Mineral- und Heilquellen und der Grundwassermessstellen mit den ersten LCKW-Untersuchungen in Stuttgart.

Tab. 3.2 Erste LCKW-Untersuchungen von Brunnen, Grundwassermessstellen und Mineral- und Heilquellen auf LCKW 1983 in Stuttgart

Grundwasseraufschluss	Aquifer	Datum	TCE [µg/l]	PCE [µg/l]
Tübinger Straße Brunnen 3	mo	29.06.1983	172	64
Tübinger Straße Brunnen 4	mo	29.06.1983	167	74
Tübinger Straße Brunnen 6	mo	29.06.1983	169	43
P 171	ku	14.07.1983	4	<1
P 172	mo	14.07.1983	35	4
P 173	ku	14.07.1983	1	<1
P 174	mo	14.07.1983	7	12
Kellerbrunnen neu (Cannstatter Sprudel)	mo	14.07.1983	2,4	n.n.
Leuzequelle	mo	14.07.1983	n.n.	n.n.
Inselquelle	mo	14.07.1983	n.n.	n.n.
Notwasserbrunnen Silberburganlage	mo	16.07.1983	96	29
Wilhelmsbrunnen I	mo	19.07.1983	n.n.	n.n.
Gottlieb-Daimler-Quelle	mo/mm	19.07.1983	n.n.	n.n.

ku: Unterkeuper, mo: Oberer Muschelkalk, mm: Mittlerer Muschelkalk, n.n.: nicht nachweisbar chungen waren alarmierend. Sie sind in ◻ Tab. 3.2 zusammengestellt.

Im Jahr 1983 lag der Richtwert für LCKW auf Empfehlung des Bundesgesundheitsamtes bei 25 µg/l (MELUF 1983). Dieser wurde – mangels anderer Bewertungsmöglichkeiten – zur Beurteilung der Grundwasserqualität verwendet, auch wenn er als Jahresmittelwert für Trinkwasser herausgegeben worden war. Im Karstaquifer des Oberen Muschelkalks, z. B. in den Brunnen Tübinger Straße in Stuttgart-Süd, wurden deutlich höhere LCKW-Konzentrationen festgestellt. Für die Heilquellen Leuze, Insel und Wilhelmsbrunnen I ergab die Erstuntersuchung 1983 LCKW-Freiheit und signalisierte Entwarnung. Besondere Brisanz bedeutete jedoch der Nachweis von LCKW in einer niederkonzentrierten Mineralquelle, dem Kellerbrunnen neu, aus dem der Cannstatter Sprudel abgefüllt wurde. Auch wenn die gemessene Konzentration unterhalb des Richtwertes lag, so zeigte sich doch die Verletzlichkeit des Systems. Die Mineral- und Heilquellen weisen hydraulische Verbindungen auf, so dass die Gefahr gesehen wurde, dass die LCKW auch in die hochkonzentrierten Heilquellen gelangen. Der Befund hatte einschneidende Konsequenzen. Stuttgart hatte einen Umweltskandal. Die Abfüllung des Cannstatter Sprudels wurde eingestellt. Ein groß angelegtes Untersuchungsprogramm zur Klärung der Herkunft und des Ausmaßes der Verunreinigungen begann.

3.1.3 Lokale Untersuchungen

Als erste Konsequenz aus der Entdeckung von LCKW in den Mineralquellen wurde 1984 beschlossen, dass alle Grundwasseraufschlüsse im Stadtgebiet auf LCKW hin untersucht werden müssen. Für die 19 Heil- und Mineralquellen, eine Gruppe von Grundwassermessstellen im Vorfeld der Quellen sowie für eine Gruppe von Notwasserbrunnen und Brauchwasserhaltungen legte die Wasserbehörde spezifische Untersuchungsprogramme mit jährlichen bis hin zu monatlichen Untersuchungen fest. Alle im Zuge von Bauvorhaben entstehenden Grundwasseraufschlüsse sind infolge des Untersuchungskonzepts zumindest einmal auf LCKW zu untersuchen. Für die Grundwasser-Sanierungsfälle müssen standortspezifische Untersuchungsprogramme aufgestellt und ausgeführt werden. Alle Untersuchungsergebnisse erfasste und speicherte zunächst das „CKW-Kataster" des Geologischen Landesamtes. Ende der 1990er-Jahre erfolgte die Überführung der Daten in das städtische Informationssystem BOISS (Bohrdaten-Informationssystem Stuttgart). Die Daten werden seither ständig aktualisiert, so dass im Jahr 2010 rund 25.000 Untersuchungsergebnisse zur Verfügung stehen.

1984 wurde das Netz der Grundwassermessstellen in der Innenstadt um weitere Aufschlüsse in den Unteren Anlagen des Schlossgartens ergänzt: die GWM P 176 (Unterkeuper) und P 177 (Oberer Muschelkalk) bei der „Rossebändiger Gruppe" (◻ Abb. 3.2). Sie gelten als die nächstgelegenen Vorfeldmessstellen zu den Berger Quellen.

Die regelmäßigen Untersuchungen ergaben, dass fünf Mineral- und Heilquellen LCKW-frei sind:

- Die Hofrat-Seyffer-Quelle (Buntsandstein, Kristallin),
- die Wilhelmsbrunnen 1 und 2 (Oberer Muschelkalk bzw. Unterkeuper) und
- die Kunstmühlebrunnen 1 und 2 (beide Oberer Muschelkalk bis Quartär).

Andere hochkonzentrierte Quellen schienen zunächst LCKW-frei. Bereits 1984 traten jedoch erste LCKW-Spuren kleiner 1 µg/l und damit ein Nachweis einer Beeinflussung auf. Diese Beobachtung betrifft sowohl die Gruppe der Berger Quellen wie auch die Leuze-, die Insel- und die Veielquelle.

Die hydrochemischen Eigenschaften und die räumliche Nähe sprechen dafür, dass Insel- und Leuzequelle ein gemeinsames System bilden. Die Quellen sind im Bereich 0,1 bis 1,1 µg/l (Leuze) bzw. 0,1 bis 0,9 µg/l (Insel) mit TCE verunreinigt (◻ Abb. 3.3). Ein Trend ist in der Schadstoffentwicklung nicht zu erkennen, die Verunreinigungen bewegen sich schwankend auf einem gleichbleibend niedrigen Niveau. In der Veielquelle erreichte der Gehalt an Trichlorethen erstmals im Jahr 1984 den Wert von 2 µg/l. Während der anschließenden kontinuierlichen Beobachtung pendelte sich die Schadstoffkonzentration nach einem Maximalwert von 3 µg/l auf Werte von 1 bis 1,5 µg/l ein. Der Ausbau des Brunnens lässt vermuten, dass die Veielquelle sowohl aus dem Oberen Muschelkalk als auch aus dem Unterkeuper gespeist wird. PCE tritt in Leuze-, Insel- und Veielquelle nicht auf (◻ Abb. 3.3).

Die LCKW-Konzentrationen in den hochkonzentrierten Berger Quellen (◻ Abb. 3.4) zeigen eine ähnliche Entwicklung wie Leuze-, Insel- und Veielquelle. Das System besteht aus sechs Quellfassungen: Urquelle (oder Südquelle 1), Nordquelle, Südquelle 2, Mittelquelle, Ostquelle und Westquelle. Mit Ausnahme der Urquelle liegen LCKW-Analysen erst seit 1992 vor, da die Untersuchungsergebnisse des früheren privaten Betreibers nicht mehr ausgewertet werden können.

Einmalige PCE-Konzentrationen von bis zu 0,2 µg/l haben sich in der Nord-, Ost- und Westquelle nicht bestätigt, in den anderen Berger Quellen trat PCE nie auf. Auch 1.1.1-Trichlorethan (TCA) wurde in den Berger Quellen nie festgestellt. Es handelt sich also um reine TCE-Verunreinigungen. Eine eindeutige Tendenz in der TCE-Konzentrationsentwicklung ist nicht zu erkennen. Die TCE-Konzentrationen bewegen sich vielmehr schwankend auf einem gleichbleibenden Niveau (◻ Abb. 3.4 und ◻ Tab. 3.3, Angaben „zuletzt", d. h. dem Mittelwert 2010).

Von den bisher beschriebenen hochkonzentrierten Heilquellen, von Leuze- und Inselquelle, Veielquelle und Berger

Tab. 3.3 Zeitliche Entwicklung der LCKW-Konzentrationen [µg/l] in den Berger Quellen

Quelle (erschlossener Aquifer)	Seit	TCE [µg/l]	PCE [µg/l]	TCA [µg/l]
Urquelle (= Südquelle 1, mo)	1986	n.n bis 1,2 zuletzt 0,6	n.n.	n.n.
Nordquelle (mo)	1992	0,3 bis 2,9 zuletzt 1,7	n.n. bis 0,2 (2011)	n.n.
Südquelle 2 (ku)	1992	0,4 bis 1,7 zuletzt 1	n.n.	n.n.
Mittelquelle (mo)	1992	0,6 bis 2,3 zuletzt 1,4	n.n.	n.n.
Ostquelle (mo)	1992	0,5 bis 2,2 zuletzt 1,4	n.n. bis 0,1 (2012)	n.n.
Westquelle (mo)	1992	0,6 bis 2,4 zuletzt 1,4	n.n. bis 0,1 (2012)	n.n.

ku: Unterkeuper, mo: Oberer Muschelkalk, n.n.: nicht nachweisbar

Quellen unterscheiden sich die niederkonzentrierten Mineralquellen Schiffmannquelle, Kellerbrunnen alt und neu, Maurischer Garten, Auquelle und Mombachquelle deutlich. Für die Mineralquellen liegen LCKW-Analysen seit 1983 vor. Die Konzentrationsganglinien (Abb. 3.5 und Tab. 3.4) zeigen nach zunächst hohen Anfangskonzentrationen eine lang anhaltende Konzentration auf niedrigem Niveau. Die Konzentrationsentwicklungen sind jedoch uneinheitlich. Mit Ausnahme des Brunnens Maurischer Garten unterscheidet sich das LCKW-Spektrum deutlich von den hochkonzentrierten Heilquellen. Die Mineralquellen weisen deutliche, zuletzt sogar dominante Anteile an PCE auf. In Au- und Mombachquelle treten zusätzlich Spuren von 1.1.1-Trichlorethan auf (Abb. 3.5).

Insgesamt zeigt sich für die niederkonzentrierten Mineralquellen mit Ausnahme des Brunnens Maurischer Garten nach einem zunächst TCE-dominierten, hohen Konzentrationsniveau in den 1980er-Jahren ein deutlicher Rückgang der Schadstoffkonzentration, allerdings verbunden mit einer Zunahme an PCE seit den 1990er-Jahren. Seither ist eine insgesamt gleichbleibende Tendenz festzustellen (siehe Angaben „zuletzt", d. h. dem Mittelwert 2010 in Tab. 3.4).

Seit 1984 tritt als zusätzlicher LCKW-Einzelstoff 1.1.1 Trichlorethan in zwei niederkonzentrierten Mineralquellen auf. In der Auquelle beträgt der Konzentrationsbereich 0 bis 1 µg/l und in der Mombachquelle 0 bis 2 µg/l.

Eine Sonderstellung nimmt bei den niederkonzentrierten Mineralquellen der Maurische Garten ein. PCE wurde dort

Tab. 3.4 Zeitliche Entwicklung der LCKW-Konzentrationen [µg/l] in den niederkonzentrierten Mineralquellen

Quelle	Seit	TCE [µg/l]	PCE [µg/l]	TCA [µg/l]
Schiffmannquelle (ku)	1983	n.n. bis 4 zuletzt 0,6	n.n. bis 0,4 zuletzt 0,2	n.n.
Kellerbrunnen alt (mo)	1983	n.n. bis 10 zuletzt 0,5	n.n. bis 5 zuletzt 0,6	n.n.
Kellerbrunnen neu (mo)	1983	n.n. bis 12 zuletzt 0,6	n.n. bis 3 zuletzt 0,7	n.n.
Maurischer Garten (mo)	1984	n.n. bis 8 zuletzt 0,6	n.n. bis 1 zuletzt n.n.	n.n.
Auquelle (ku, mo)	1984	n.n. bis 19 zuletzt 0,6	n.n. bis 13 zuletzt 1,9	n.n. bis 1 zuletzt 0,1
Mombachquelle (q, km1, ku, mo)	1984	n.n. bis 22 zuletzt 0,7	n.n. bis 7 zuletzt 2,1	n.n. bis 2 zuletzt 0,2

q: Quartär, km1: Gipskeuper, ku: Unterkeuper, mo: Oberer Muschelkalk, n.n.: nicht nachweisbar

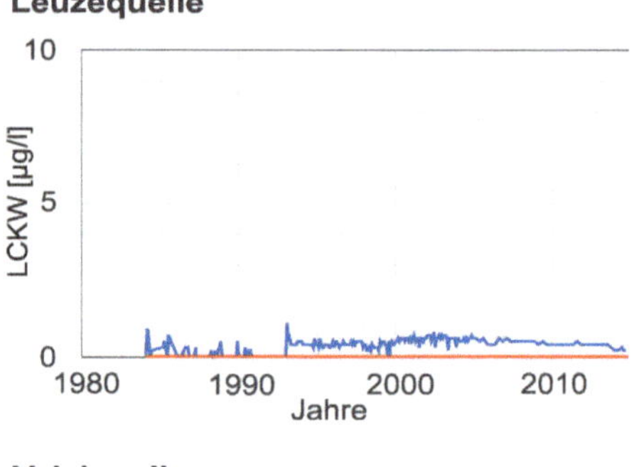

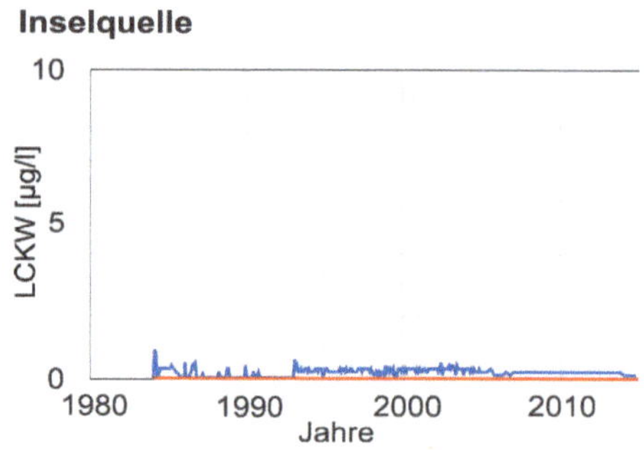

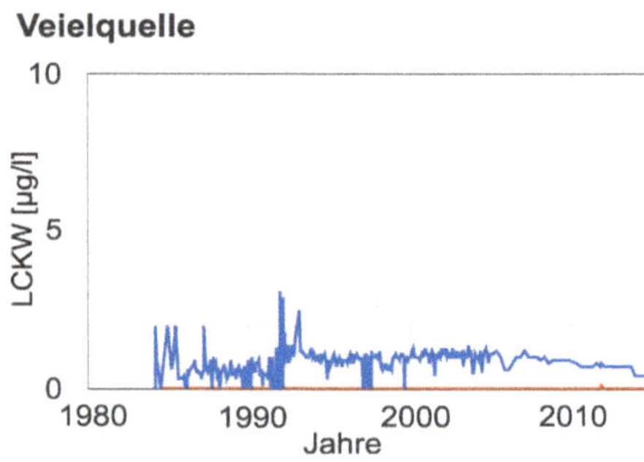

PCE TCE

A Abb. 3.3 Zeitliche Entwicklung der LCKW-Konzentrationen in den hochkonzentrierten Heilquellen Leuze, Insel und Veiel.

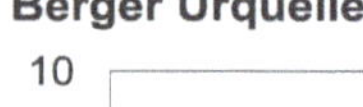

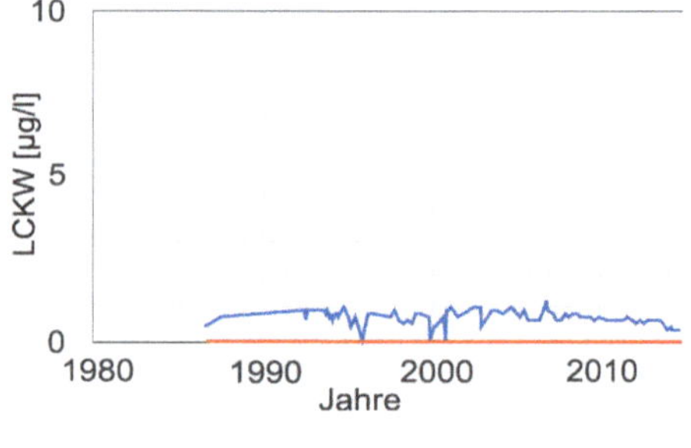

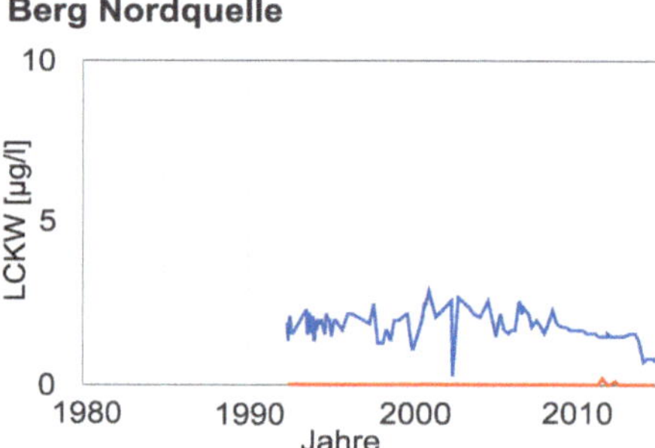

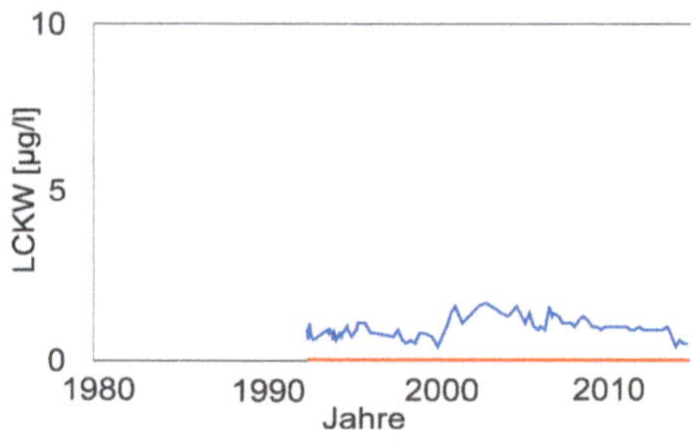

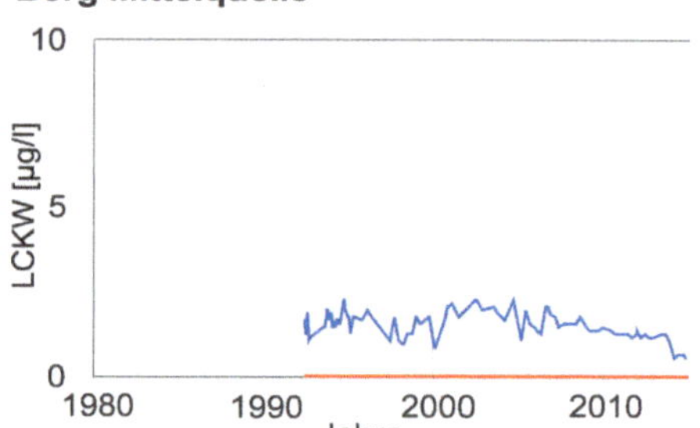

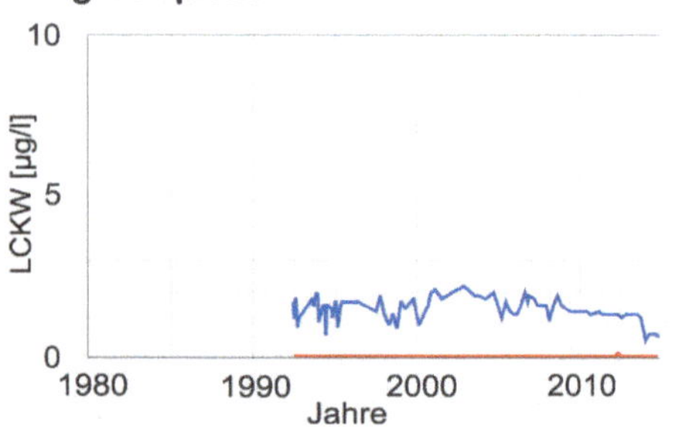

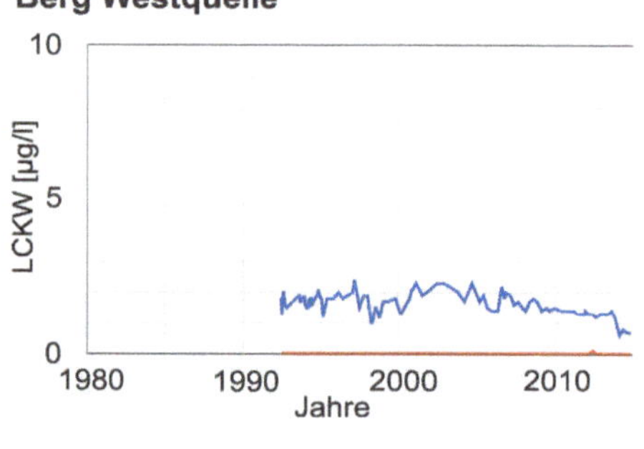

PCE TCE

Abb. 3.4 Zeitliche Entwicklung der LCKW-Konzentrationen in den hochkonzentrierten Berger Heilquellen.

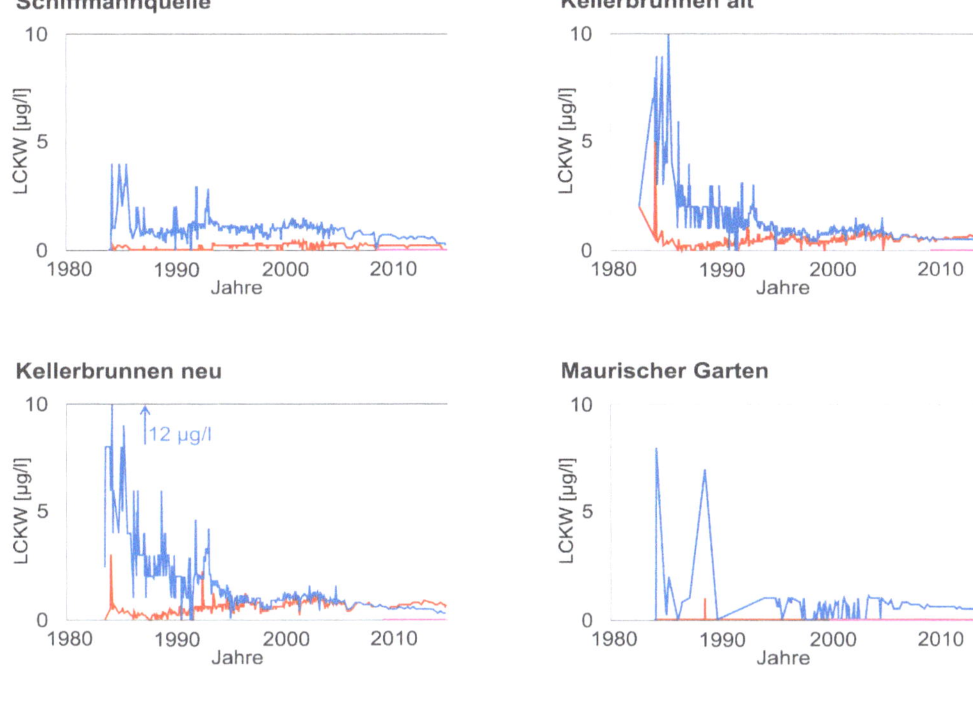

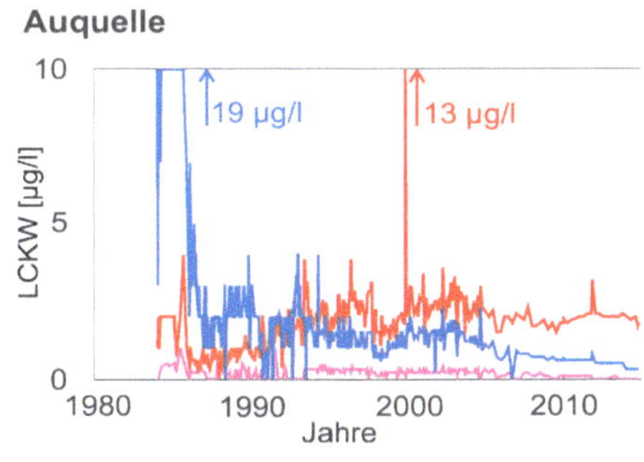

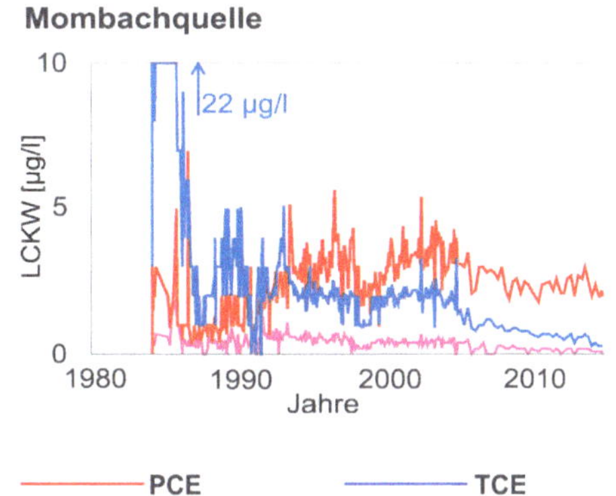

PCE TCE

Abb 3.5 Zeitliche Entwicklung der LCKW-Konzentrationen in den niederkonzentrierten Mineralquellen.

nie nachgewiesen. Die Schadstoffcharakteristik stimmt eher mit derjenigen in den hochkonzentrierten Quellen (insbesondere den Berger Quellen) überein. Es konnten jedoch keine hydraulischen Zusammenhänge nachgewiesen werden. Die seit 2005 stetig zurückgehenden Konzentrationen geben auch keine Veranlassung, sich mit diesem Phänomen eingehender zu beschäftigen.

Die Untersuchungen der Mineral- und Heilquellen bestätigen neben der Schadstofffreiheit von fünf hochkonzentrierten Quellen, dass eine dauerhafte Verunreinigung einiger nieder- und hochkonzentrierter Quellen mit LCKW vorliegt. Obwohl die geringen Konzentrationen den Kur- und Badebetrieb nicht beeinträchtigen, ist die natürliche und ursprüngliche Reinheit des Heilwassers und damit die staatliche Anerkennung als Heilquellen gefährdet.

Neben den Mineral- und Heilquellen sind Brunnen im südlichen Teil des Projektgebietes seit 1983 von besonderer Bedeutung: vier Brunnen an der Tübinger Straße, der Notwasserbrunnen Silberburganlage und der Brunnen Statistisches Landesamt (Lage Abb. 3.2). Die genannten Brunnen sind im Oberen Muschelkalk ausgebaut, teilweise waren sie stockwerksübergreifend und wurden baulich saniert bzw. verschlossen. Brunnen 7 wurde 1987 neu erstellt. Die LCKW-Ganglinien zeigen die hohen Anfangsgehalte von bis zu 567 µg/l (Abb. 3.6 und Tab. 3.5).

Die Brunnen charakterisieren den Zustrom von Stuttgart-Süd und -West hin zu den Mineralquellen. Sie zeigen auf, dass sich in diesem Bereich gravierende LCKW-Schadstoffherde befinden müssen, die sich nachhaltig auf die Qualität des Muschelkalkgrundwassers auswirken. Die Schadstoffentwicklung gleicht derjenigen in den niederkonzentrierten Mineralquellen: Anfänglich hohe TCE-Gehalte von mehreren 100 µg/l gehen in den 1980er-Jahren deutlich auf wenige 10er µg/l zurück. Die PCE-Gehalte blei-

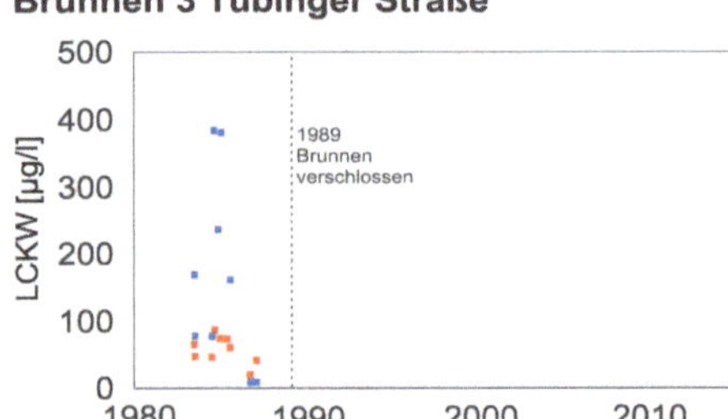

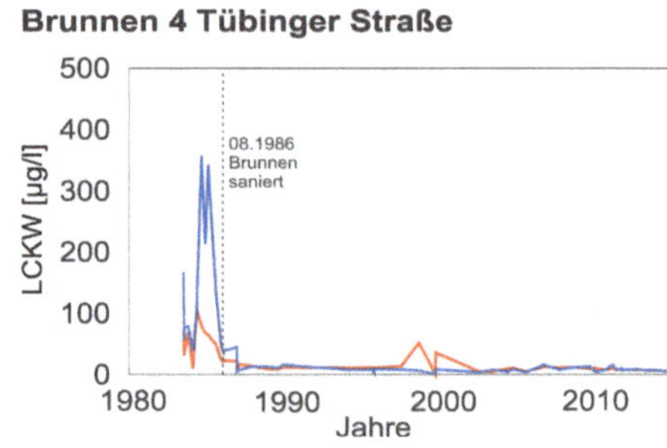

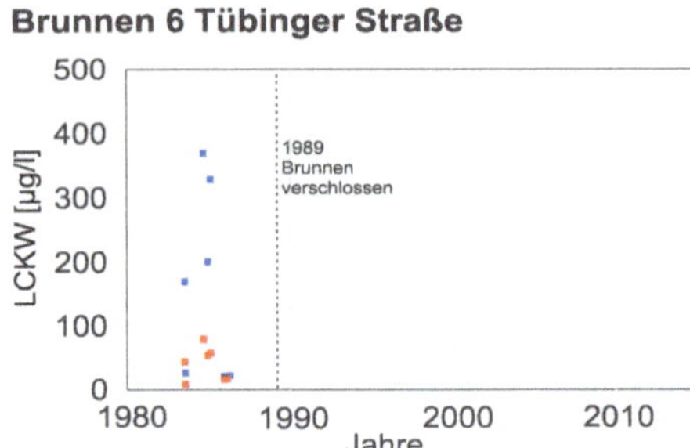

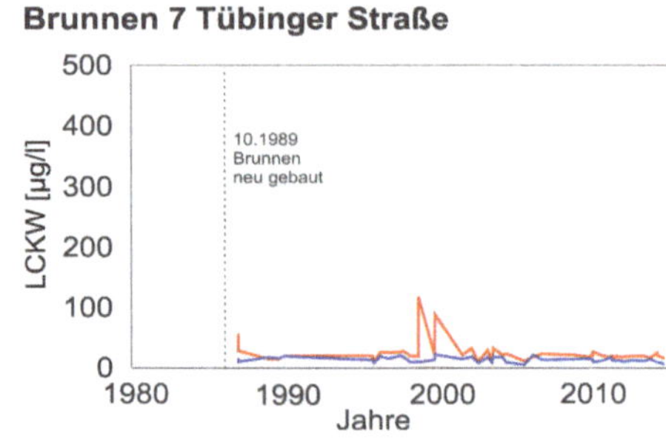

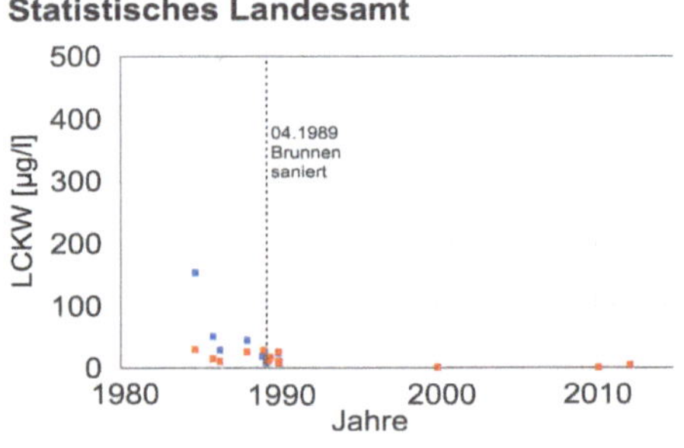

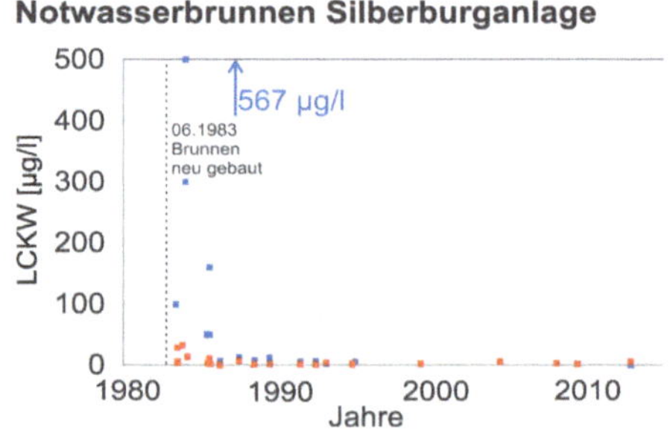

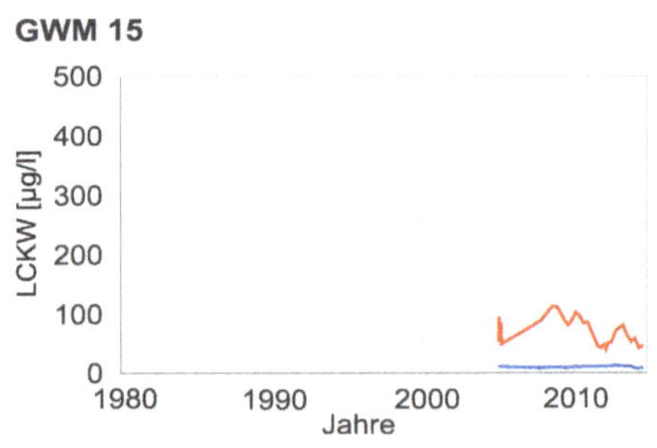

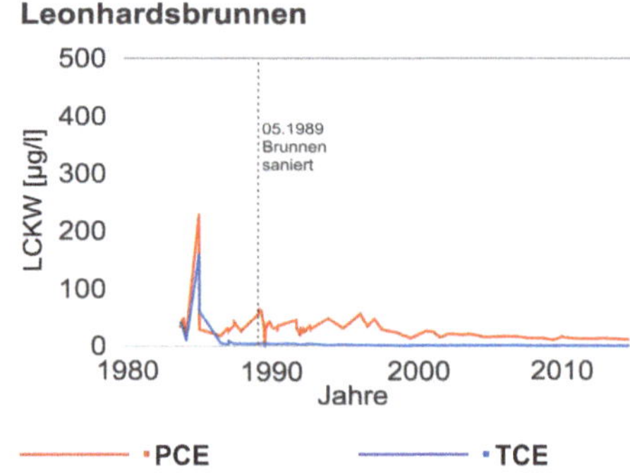

Abb. 3.6 Zeitliche Entwicklung der LCKW-Konzentrationen in ausgewählten Brunnen und Grundwassermessstellen im Stadtgebiet.

ben nahezu konstant auf einem Niveau von meist unter 100 µg/l. Die Spuren von TCA wurden in einem Konzentrationsbereich von 0 bis 3 µg/l nachgewiesen.

In Abb. 3.6 ist auch die Konzentrationsentwicklung im Leonhardsbrunnen dargestellt. Er ist südlich, möglicherweise auch im Grundwasserzustrom zum Messstellenpaar P 171 / P 172 (Abb. 3.2) gelegen und im Unterkeuper und Oberen Muschelkalk verfiltert. Dem Leonhardsbrunnen wurde bis 1978 Brauchwasser entnommen. Er zeigt die für viele Grundwasseraufschlüsse im Projektgebiet charakteristische Entwicklung: Die hohen TCE-Konzentrationen in den 1980er-Jahren sind einer PCE-Vormacht gewichen. Der Leonhardsbrunnen ist immer noch mit einer Konzentration von 11 bis 14 µg/l PCE verunreinigt. Die Verunreinigungen konnten bisher keinem Schadstoffherd zugeordnet werden.

Eine weitere wichtige Gruppe stellen auch die Grundwassermessstellen P 171 bis P 174, P 176 und P 177 dar, die nahezu auf einer Achse vom Alten Schloss bis hin zu den Mitt-

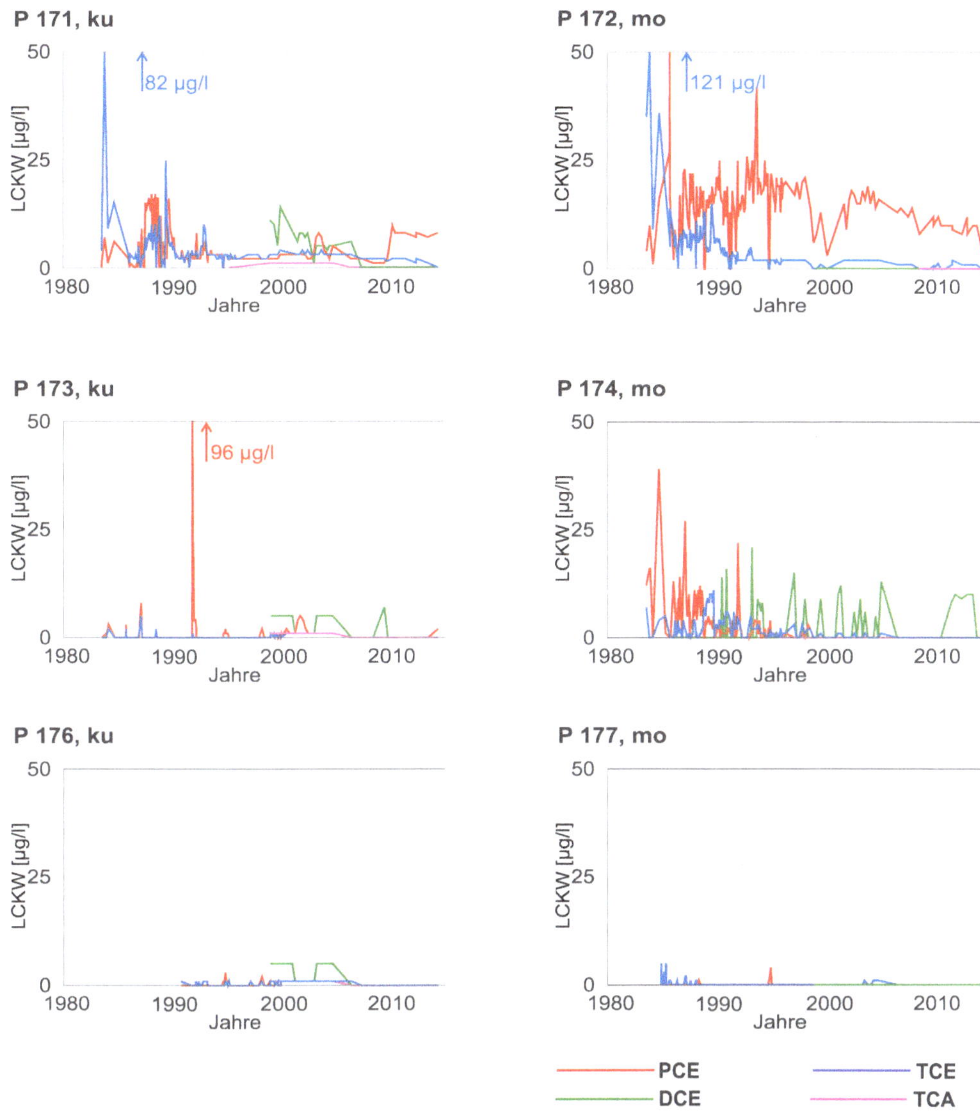

Abb. 3.7 Zeitliche Entwicklung der LCKW-Konzentrationen in ausgewählten Grundwassermessstellen auf einer Achse vom Alten Schloss bis hin zu den Mittleren Anlagen im Schlossgarten.

leren Anlagen im Schlossgarten liegen (Abb. 3.2). Es handelt sich jeweils um Messstellenpaare, die im Unterkeuper und im Oberen Muschelkalk ausgebaut sind. Die Konzentrationsentwicklungen (Abb. 3.7 und Tab. 3.5) zeigen einen deutlichen Rückgang auf dem Weg zu den Berger Quellen.

Die Gruppe P 171/P 172 weist im gesamten Beobachtungszeitraum die höchsten LCKW-Konzentrationen der Gruppe im Unterkeuper und Oberen Muschelkalk auf. Auch hier weicht (wie in den Brunnen Tübinger Straße, dem Leonhardsbrunnen und den niederkonzentrierten Quellen) die TCE-Dominanz in den 1980er-Jahren einer PCE-Dominanz. Die Messstelle P 172, im Oberen Muschelkalk verfiltert, ist stärker LCKW-verunreinigt als die Unterkeuper-Messstelle P 171. Im Zeitraum 1999 bis 2007 sind in der Messstelle P 171 cDCE-Konzentrationen von bis zu 14 µg/l gemessen worden. In allen späteren Messungen war cDCE konstant < 0,1 µg/l (Abb. 3.7). Die Grundwassermessstellen P 173 / P 174 liegen auf Höhe des Stuttgarter Hauptbahnhofs. Auch hier war die Muschelkalk-Messstelle deutlicher beeinträchtigt als diejenige im Unterkeuper. Die anfangs gemessenen hohen LCKW-Verunreinigungen durch PCE (auffällig: PCE-Dominanz bereits 1983!) sind nach einem nahezu vollständigen Rückgang der Verunreinigungen durch PCE und TCE einer episodisch auftretenden cDCE-Verunreinigung gewichen.

In den Grundwassermessstellen P 176 und P 177, im unmittelbaren Vorfeld der Berger Quellen gelegen, wurden wiederholt Spuren von cDCE, TCE, PCE und TCA im Konzentrationsbereich von 0 bis 5 µg/l gemessen, ohne dass sich jedoch ein eindeutiges Signal feststellen lässt.

Zusammenfassend zeigen die Untersuchungen des Muschelkalk-Grundwassers im Stadtgebiet (Abb. 3.6 und 3.7), dass viele Brunnen und Messstellen in Stuttgart-Süd und -Mitte dauerhafte Verunreinigungen mit LCKW aufweisen.

Tab. 3.5 Zeitliche Entwicklung der LCKW-Konzentrationen [µg/l] in Brunnen und GWM im Stadtgebiet

GWM	Seit	TCE [µg/l]	PCE [µg/l]	cDCE [µg/l]	TCA [µg/l]
Brunnen 4 Tübinger Straße (mo)	1983	n.n. bis 359 zuletzt 4,6	n.n. bis 104 zuletzt 7,5	n.n.	n.n. bis 3 zuletzt n.n.
Brunnen 7 Tübinger Straße (mo)	1986	4,8 bis 22 zuletzt 11,5	8,3 bis 117 zuletzt 21,8	n.n. bis 2 zuletzt n.n.	n.n. bis 0,7 zuletzt n.n.
Notwasserbrunnen Silberburg-anlage (mo)	1983	0,7 bis 567 zuletzt 0,7	1 bis 33 zuletzt 1,9	n.n.	n.n. bis 0,5 zuletzt n.n.
Statistisches Landesamt (mo)	1984	0,2 bis 153 zuletzt 0,2	n.n. bis 29 zuletzt n.n.	n.n.	n.n.
GWM 15 (mo)	2005	5 bis 10 zuletzt 7,8	37 bis 110 zuletzt 90,3	n.n.	n.n.
Leonhardsbrunnen (mo)	1983	n.n. bis 160 zuletzt 0,1	n.n. bis 230 zuletzt 13	n.n.	n.n.
P 171 (ku)	1983	n.n. bis 82 zuletzt 2	n.n. bis 19 zuletzt 9	n.n. bis 14 zuletzt n.n.	n.n. bis 1 zuletzt n.n.
P 172 (mo)	1983	n.n. bis 121 zuletzt 0,4	n.n. bis 50 zuletzt 10,7	n.n.	n.n.
P 173 (ku)	1983	n.n. bis 5 zuletzt n.n.	n.n. bis 96 zuletzt n.n.	n.n. bis 7 zuletzt n.n.	n.n. bis 1 zuletzt n.n.
P 174 (mo)	1983	n.n. bis 11 zuletzt n.n.	n.n. bis 39 zuletzt n.n.	n.n. bis 21 zuletzt n.n.	n.n.
P 176 (ku)	1990	n.n. bis 1 zuletzt n.n.	n.n. bis 3 zuletzt n.n.	n.n. bis 5 zuletzt n.n.	n.n. bis 1 zuletzt n.n.
P 177 (mo)	1984	n.n. bis 5 zuletzt n.n.	n.n. bis 4 zuletzt n.n.	n.n.	n.n.

ku: Unterkeuper, mo: Oberer Muschelkalk, n.n.: nicht nachweisbar

Diese Verunreinigungen betrugen in den 1990er-Jahren noch teilweise mehrere 100 µg/l, sind jedoch inzwischen auf Werte unter 10 µg/l gesunken (Tab. 3.5).

Auffällig ist die PCE-Vormacht in den Aufschlüssen der Innenstadt, die im Hinblick auf die Konzentration und die Zusammensetzungen der LCKW-Einzelstoffe eine ähnliche Entwicklung aufzeigen wie die niederkonzentrierten Mineralquellen. In den hochkonzentrierten Berger Quellen und der Insel- und Leuzequelle, in der Fortführung der Achse P 172 – P 174 – P 177 gelegen (Abb. 3.2), ist zu keinem Zeitpunkt PCE beobachtet worden. Sie sind ausnahmslos durch TCE verunreinigt. Die Klärung der Zusammenhänge zwischen den LCKW in den Grundwassermessstellen der Innenstadt und den LCKW in den Heilquellen und den Mineralquellen war eines der wichtigsten Ziele des MAG-Plan-Projektes.

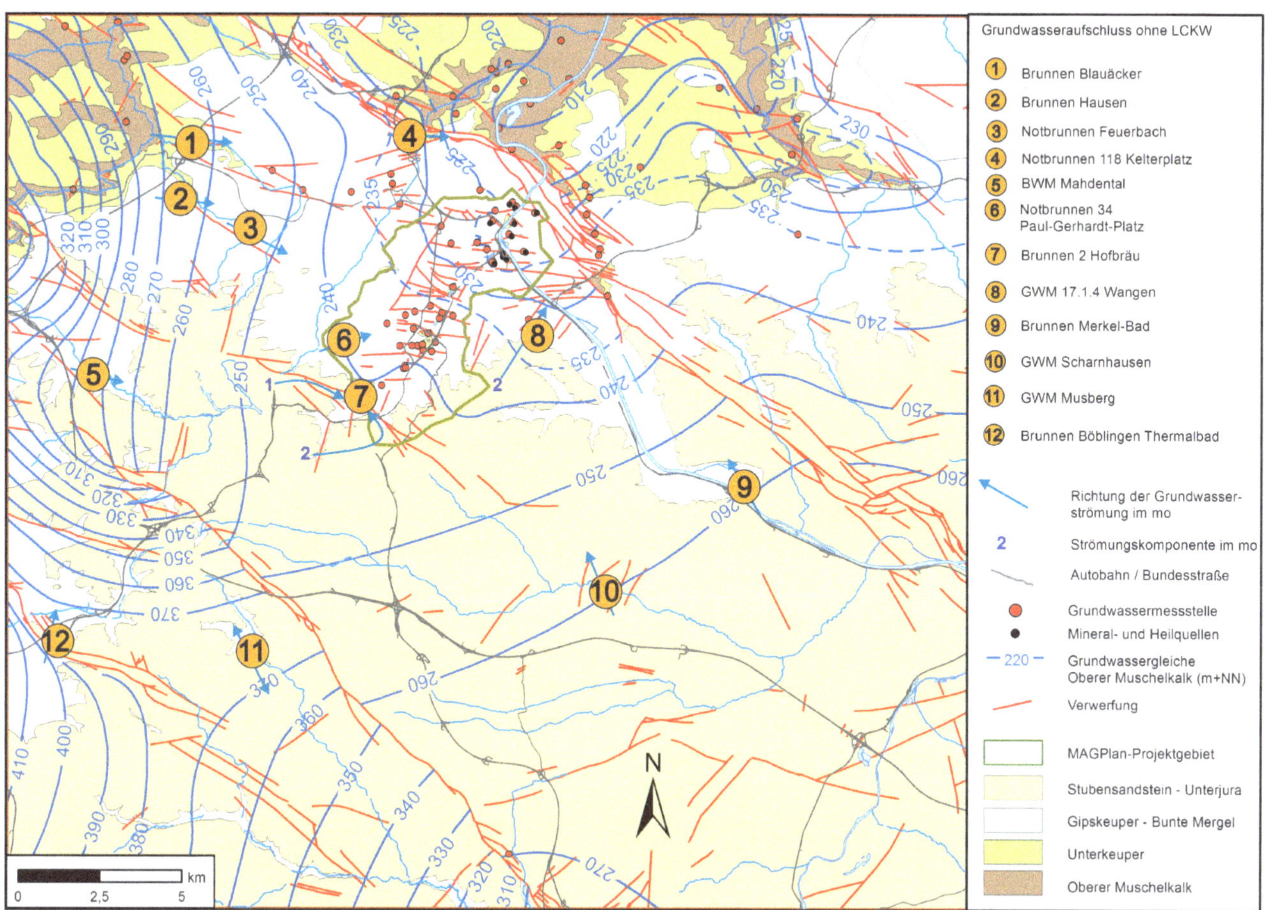

Abb. 3.8 Regionales Grundwasserströmungsbild für den Mittleren und Oberen Muschelkalk mit schadstofffreien Grundwasseraufschlüssen im Zustrom auf das Stadtgebiet Stuttgart. Schichtverbreitung und Tektonik nach GK 25 und GK 50 Landesamt für Geologie, Rohstoffe und Bergbau Baden-Württemberg.

3.1.4 Untersuchung möglicher LCKW-Zuströme von außerhalb des Projektgebietes

Leichtflüchtige chlorierte Kohlenwasserstoffe können in gelöster Form im Grundwasser über mehrere Kilometer weit transportiert werden (Landeshauptstadt Stuttgart 2009). Daher kann die LCKW-Verunreinigung des Grundwassers im Projektgebiet prinzipiell auch durch einen Zustrom LCKW-belasteten Grundwassers verursacht sein.

Zur Klärung möglicher LCKW-Zuflüsse von außerhalb des Projektgebietes wurden u. a. die Grundwassermessstellen Mahdental und Musberg, die Brunnen Hausen, Hofbräu und der Notwasserbrunnen Paul-Gerhardt-Platz (Abb. 3.8) untersucht. Dasselbe gilt für den südlichen Zustrom, der durch die Aufschlüsse in Stuttgart-Wangen und eine Messstelle in Scharnhausen (Fildern) erfasst wird. Die Untersuchungen zeigen, dass das Grundwasser am westlichen und südlichen, d. h. oberstromigen Rand der Stadt im Oberen Muschelkalk durchweg frei von LCKW ist. Die Herkunft der im Stadtgebiet beobachteten LCKW-Kontaminationen muss daher im Stuttgarter Talkessel gesucht werden (Abb. 3.8).

3.1.5 Vertikale Schadstoffausbreitung und stockwerksverbindende Grundwasseraufschlüsse

Im Hinblick auf mögliche vertikale Verlagerungen von LCKW im Stadtgebiet sind natürliche stockwerksverbindende Elemente (Verwerfungen, Dolinen, ▶ Kap. 6), aber auch anthropogene Stockwerksverbindungen durch stockwerksübergreifend ausgebaute Brunnen von Interesse.

In stockwerksübergreifend ausgebauten Brunnen, die zwei oder mehrere Grundwasserstockwerke miteinander verbinden (d. h. „kurzschließen"), kann es abhängig von den Druckgradienten in den einzelnen Stockwerken zu einem Austausch von Grundwässern kommen. Bei fallenden Druckgradienten (Fall A in ◻ Abb. 3.9) verliert das höhere Stockwerk Wasser an das tiefere. Im Falle eines zur Tiefe hin steigenden Gradienten speist das tiefere Stockwerk in höhere Aquifere ein (Fall B in ◻ Abb. 3.9). Im Zuge des Grundwasseraustauschs ist zu erwarten, dass es auch zu einer Veränderung der Grundwasserbeschaffenheit kommt. Im Falle einer nach unten gerichteten Strömung im Brunnen ist die Gefahr der Verlagerung anthropogener Stoffe wie z. B. der LCKW groß (◻ Abb. 3.9).

Liegt der Brunnen in einer Zone mit Hintergrundbelastung, ist das Schadensausmaß der Stoffverlagerung gering. Beachtliche Frachten können allerdings erreicht werden, wenn der stockwerksverbindende Brunnen

a) auf dem Gelände eines Schadensfalls liegt, in dem obere Grundwasserstockwerke signifikant verunreinigt sind,
b) im Bereich einer Schadstofffahne liegt bzw. eine Schadstofffahne durch den Absenktrichter, der durch das vertikal abfließende Grundwasser im Brunnen entsteht (und quasi einer Grundwasserentnahme gleichkommt), zum Brunnen anzieht.

Die Wasserbehörde hatte im Projektgebiet seit 1984 insgesamt 37 stockwerksübergreifend ausgebaute Brunnen erfasst und deren technischen Zustand aufgenommen. Davon weisen 21 Brunnen eine besondere wasserwirtschaftliche Sensibilität auf, da sie bis in den Unterkeuper bzw. den Oberen Muschelkalk hinabreichen. Alle Brunnen, bei denen die Gefahr einer Schadstoffverschleppung bestand, wurden zur Wiederherstellung der Stockwerkstrennung baulich saniert oder verschlossen.

Beispielhaft für Situation a) wird näher auf den Brunnen Dornhaldenstraße 5 eingegangen. Auf dem Gelände in Stuttgart-Süd wurde 1942 zur Gewinnung von Löschwasser ein Brunnen gebohrt. Da keine Unterlagen über die erschlossene Schichtenfolge und den Brunnenausbau vorlagen, wurden 1987 geophysikalische Messungen und eine Kamerabefahrung durchgeführt. Der Brunnen ist bis 27,5 Meter mit einem Vollrohr ausgebaut, das jedoch größtenteils korrodiert ist. In den löchrigen Rohrbereichen tritt Grundwasser ein. Demnach ist der Ringraum nicht abgedichtet. In 20,1 Metern Tiefe verengt sich der Rohrdurchmesser trichterförmig. Ab 23,5 Metern Tiefe ist ein abgerissenes, bis in 70 Meter Tiefe reichendes Holzrohr in der Fassung verkeilt. Hinter dem Holzrohr ist frei anstehendes Gebirge sichtbar (Bohrdurchmesser ca. 700 mm). Beim Freiräumen des Brunnens wurde festgestellt, dass der Brunnen ursprünglich bis in 80 Meter

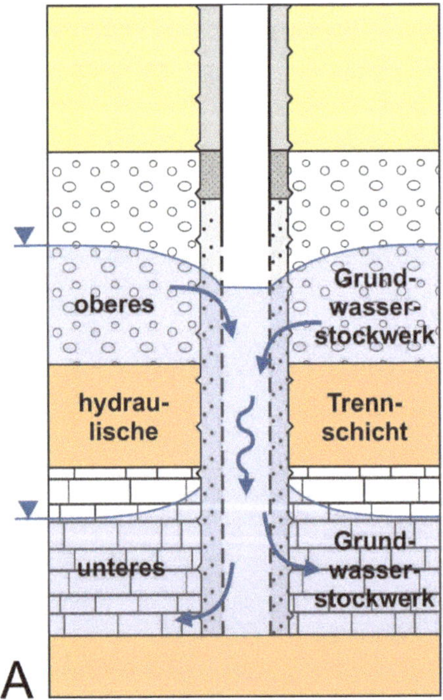

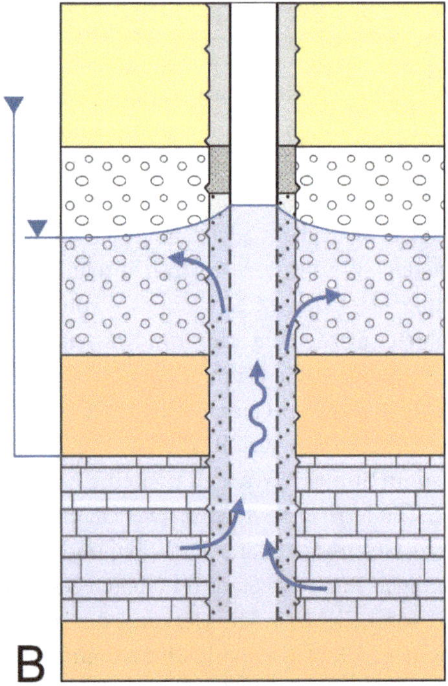

◻ **Abb. 3.9** Stockwerksverbindende Brunnen mit zur Tiefe abnehmenden (A) bzw. zur Tiefe zunehmenden (B) Druckhöhen. Graphik G. Wolff.

Tiefe, d.h. bis in den Unterkeuper reichte (Abb. 3.10 und Tab. 3.6).

Über das korrodierte Vollrohr drang in 10, 16 und 20 Metern Tiefe Grundwasser in den Brunnen ein, am Rohrende bei 27,5 Metern erreicht der Wasserzustrom eine Größenordnung von 0,3 bis 0,5 l/s. In einer Schöpfprobe des in den Brunnen gelangenden Wassers betrug die LCKW-Konzentration 3.000 µg/l. Pumpproben ergaben anfänglich maximale Konzentrationen von 6.000 µg/l. Bei Annahme einer kontinuierlichen Sickerung von 0,5 l/s mit einer LCKW-Konzentration von 5.000 µg/l ergibt sich eine jährliche Fracht von 78 kg bzw. eine tägliche Fracht von 210 Gramm, die über Jahrzehnte mindestens bis in den Grenzdolomit verlagert wurden. Der Brunnen ist 1987 baulich saniert und im Bochinger Horizont verfiltert worden. In den oberen Bereichen erfolgt seitdem eine Grundwassersanierung.

In Tab. 3.6 sind beispielhaft für Situation b) zwei stockwerksverbindende Brunnen aufgeführt, die – außerhalb von Schadstoffherden gelegen – bis zu ihrer baulichen Sanierung bzw. Verschließung zu einer Vertikalverlagerung von LCKW beigetragen haben. Es handelt sich um die Brunnen Ketterer und den Brunnen 4 Tübinger Straße. Beide Brunnen waren durchgehend vom Quartär bis hin zum Oberen Muschelkalk verfiltert.

Der Brunnen Ketterer wurde zur Wiederherstellung der natürlichen Stockwerkstrennung im Jahr 1984 verschlossen. Im Brunnen 4 Tübinger Straße erfolgte im Jahr 1986 eine bauliche Sanierung mit gezielter Verfilterung im Bereich des Oberen Muschelkalks und unter Absperrung aller anderen Grundwasserzutritte durch hinterzementierte Vollrohrstrecken. Die bis zur Sanierung der Brunnen Tübinger Straße mit dem Brauchwasser geförderte LCKW-Masse von 1.760 kg zeigt, dass auch Brunnen außerhalb von kontaminierten Standorten erheblich zur Schadstoff-Verlagerung beitragen können.

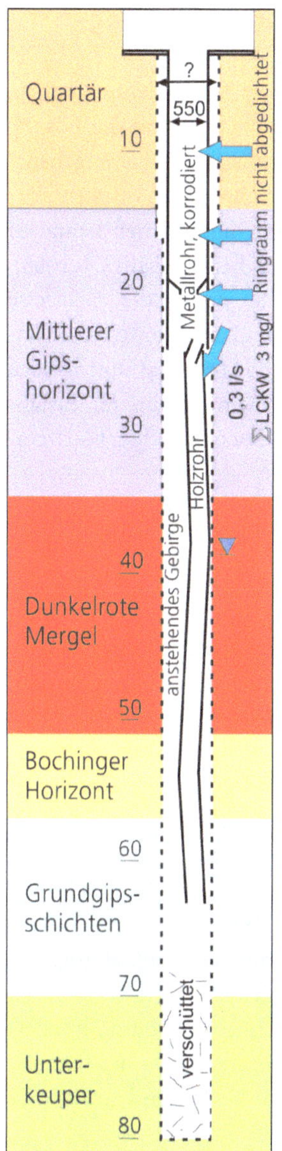

Abb. 3.10 Zustand des Brunnens Dornhaldenstraße 5 vor der baulichen Sanierung im Jahre 1987. Graphik W. Ufrecht.

Tab. 3.6 LCKW-Konzentrationen in stockwerksverbindend ausgebauten Brunnen

Name	Baujahr	Tiefe [m]	Erschlossene Aquifere	Erstbeprobung auf LCKW [µg/l]	Beprobung 2010/11 auf LCKW [µg/l]	Förder-Rate [m³/a]	LCKW-Austrag bis 2010 [kg]	Bauliche Sanierung
Brunnen Dornhaldenstraße 5	1942	79,5	q – km1 – ku Verrohrung ab 27,5 m abgeschert	1986 PCE: 165 TCE: 2.560 cDCE: 100	PCE: 66 TCE: 1.500 cDCE: 14	keine	13	Geophysik: Abstrom von 0,5 l/s in den ku bis zur baulichen Sanierung 1987 mit Ausbau im Bochinger Horizont (km1)
Brunnen Ketterer	Vor 1960	44,7	q – km1 – ku – mo Offenes Bohrloch im mo	1983 PCE: 82 TCE: 15	PCE: 1 TCE: 9	10.000 bis 30.000	40	Verschließung 1984
Brunnen 4 Tübinger Straße	1929	62,0	q – km1 – ku – mo	1983 PCE: 74 TCE: 167	PCE: 6 TCE: 7	1983 74.400	1.760 (alle Brunnen)	1986 Bauliche Sanierung, Ausbau mo

q: Quartär, km1: Gipskeuper, ku: Unterkeuper, mo: Oberer Muschelkalk

3.2 Systematische Altlastenbearbeitung

In Bund und Land wurde Anfang der 1980er-Jahre deutlich, dass die Kontamination des Grundwassers und die Lösung des Altlastenproblems einer systematischen Herangehensweise bedürfen. Noch vor den Regelungen zur Altlastenbearbeitung gab das Land Baden-Württemberg einen Leitfaden zur Bearbeitung von CKW-Schäden heraus (MELUF 1983). Der CKW-Leitfaden wurde erarbeitet, da sich die Nachweise von LCKW-Grundwasserschäden im Land häuften und Klärungsbedarf im Hinblick auf den Umgang mit diesen Schäden bestand. Das zuständige Ministerium für Ernährung, Landwirtschaft, Umwelt und Forsten Baden-Württemberg geriet unter politischen Druck.

Dem Bekanntwerden immer neuer Grundwasserschäden und Altlasten begegnete das Land auch mit der Gründung einer neuen Organisationseinheit bei der Landesanstalt für Umweltschutz Baden-Württemberg, die zunächst die Aufgabe erhielt, eine Strategie zur systematischen Altlastenbearbeitung zu erstellen. Im „Altlastenhandbuch Baden-Württemberg 1987" (MELUF 1987) wurden die rechtlichen und technischen Grundlagen der systematischen Altlastenbearbeitung beschrieben. Mit den „Förderrichtlinien Altlasten" wurde 1988 ein Instrument zur Finanzierung bereitgestellt. Zur Beurteilung der Gefährdung und der Schäden wurden zunächst noch die Empfehlungen des Umweltbundesamtes oder die sog. „Holland-Liste" von 1984 verwendet. Im Jahr 1993 erließ Baden-Württemberg mit der „Verwaltungsvorschrift Orientierungswerte" eine detaillierte Regelung. Seit 1999 sind in der Bundes-Bodenschutzverordnung bundeseinheitliche Vorschriften zu Untersuchungs- und Sanierungsverfahren sowie Prüfwerte für Boden und Grundwasser in Kraft gesetzt.

Eine systematische Einzelfall-Altlastenbearbeitung erfolgt insbesondere bei kommunalen Altstandorten und Altablagerungen, da hierfür eine Landes-Förderung gewährt wird. Als kommunale Altstandorte und Altablagerungen werden Flächen bezeichnet, deren frühere Nutzung aufgegeben wurde (nach Stilllegung) und deren Verunreinigungsverdacht oder Verunreinigung auf kommunales Handeln zurückgeht (Deponien, Gaswerke, kommunale Einrichtungen), die sich im städtischen Eigentum befinden oder die von der Kommune erworben wurden oder an deren Entwicklung ein besonderes (meist städtebauliches) Interesse besteht. Versuche, mit Hilfe der Sonderabfallabgabe eine Förderkulisse auch für die Bearbeitung privater Altlasten einzurichten, sind in Baden-Württemberg gescheitert.

In bis zu fünf Schritten werden bei der systematischen Altlastenbearbeitung landeseinheitliche Kenntnisstände über die Verdachtsflächen oder Altlasten, sogenannte Beweisniveaus, erreicht. Auf jedem Beweisniveau wird der verbleibende Handlungsbedarf festgelegt. Dabei wird die Bearbeitungspriorität nach einem einheitlichen Verfahren ermittelt. Die Bewertung findet in einer Altlasten-Bewertungskommission statt, in der die lokale Umweltbehörde, das zuständige Regierungspräsidium, die Landesanstalt für Umwelt, Messungen und Naturschutz (LUBW), das Landesamt für Geologie, Rohstoffe und Bergbau (LGRB) und fallweise andere sachverständige Stellen (z. B. das Gesundheitsamt) vertreten sind. Als Optionen für den Handlungsbedarf stehen zur Wahl:

- A ausscheiden aus der Bearbeitung und archivieren,
- B belassen zur Wiedervorlage (z. B. bei geänderter Nutzung oder Bebauung),
- K fachtechnische Kontrolle und Überwachung,
- S Durchführung der Sanierung,
- U Untersuchung, um das nächst höhere Beweisniveau zu erreichen.

Folgende fünf Bearbeitungsschritte werden bei der systematischen Altlastenbearbeitung unterschieden:

1. Flächendeckende Erfassung aller altlastrelevanten Flächen mit historischer Untersuchung (HU) der einzelnen Standorte. Bewertung auf Beweisniveau (BN) 1.
2. Orientierende Untersuchung (OU) mit Probenahme. Ziel ist es, mögliche Schadstoffeinträge im Bereich der Gefahrverdachtsstellen aufzudecken. Bewertung auf BN 2.
3. Detailuntersuchung (DU) zur Ermittlung von Art und Umfang der Schadstoffbelastung und der Auswirkungen auf die Schutzgüter. Bewertung auf BN 3 und Entscheidung, ob eine Sanierung notwendig ist.
4. Sofern eine Sanierung erforderlich ist, folgt die Sanierungsuntersuchung (SU), bei der Sanierungsvarianten verglichen und Sanierungsziele festgelegt werden (BN 4).
5. Die Sanierung schließt mit der Kontrolle des Sanierungserfolges ab. Es wird geprüft, ob die Sanierungsziele erreicht sind und dauerhaft eingehalten werden (BN 5).

Die Schritte werden sequentiell bearbeitet. Dabei erfolgt spätestens nach jedem Bearbeitungsschritt eine Bewertung des weiteren Handlungsbedarfs. Die Ergebnisse jeder Bearbeitung werden zeitnah in das landesweite Informationssystem Wasser, Immissionsschutz, Boden, Abfall, Arbeitsschutz (WIBAS) aufgenommen.

3.3 Altlastensituation in Stuttgart

Als Reaktion auf den Nachweis der LCKW in den Mineralquellen begann in Stuttgart 1984 die Erfassung von Flächen, die im Verdacht standen, mit Schadstoffen verunreinigt zu sein und die Umwelt zu gefährden (Landeshauptstadt Stuttgart 1985). Als mögliche Verursacher der LCKW-Verunreinigungen im Grundwasser wurden zunächst aktive Industriebetriebe und Gewerbetreibende überprüft, die mit diesen Stoffen bei Herstellung, Transport, Lagerung, Umschlag, Einsatz oder Entsorgung umgingen. Als verdächtig galten Betriebe mit einem sorglosen Umgang mit LCKW. Erhoben wurden zudem stillgelegte Anlagen, Kriegseinwirkungen im 2. Weltkrieg oder frühere Havarien. Dies führte zu technischen Untersuchungen auf 150 Standorten und dem Nachweis von Untergrundverunreinigungen auf 92 Standorten im Stadtgebiet. Auch Abfallanlagen, insbesondere 179 alte Deponien, wurden zunächst als mögliche Herkunftsorte der LCKW-Kontaminationen erfasst.

Maßnahmen zur Verbesserung der Prävention und Sanierung von Schäden in Stuttgart
(Stand 1984)

- Rund 2.000 Betriebe mit umweltgefährdenden Stoffen untersucht.
- Rund 150 Betriebe auf Untergrundverunreinigungen untersucht.
- 99 Ablagerungen mit Verdacht auf Hausmüll, 80 Ablagerungen mit Brandschutt.
- 300 stillgelegte Industrie- und Gewerbeflächen erfasst.
- LCKW-Handel aus dem Nahfeld der Heilquellen verlagert.
- Durch Substitution den Einsatz von LCKW vermindert.
- Verbliebene Anlagen durch Schutzvorrichtungen gesichert und überwacht.

Der Einstieg in eine systematische Altlastenbearbeitung erfolgte 1993 bis 1995 mit der flächendeckenden Erhebung altlastenverdächtiger Flächen im Stadtgebiet. Dabei wurden in Stuttgart 3.915 Altlastenverdachtsflächen erfasst (Landeshauptstadt Stuttgart 1996). Die erhobenen Daten bilden immer noch einen wichtigen Grundstock für die Altlastenbearbeitung. Die Daten werden durch Überprüfung der Altlastenrelevanz abgemeldeter Gewerbebetriebe jährlich aktualisiert.

Im Jahre 2010 bestand noch bei rund 200 kommunalen Altlastenflächen in Stuttgart Bearbeitungsbedarf. Rund 60 Flächen befanden sich in der aktiven Bearbeitung. Jeder Bearbeitungsschritt erfordert mindestens ein Jahr Bearbeitungszeit. Für Detailuntersuchung, Sanierungsuntersuchung und Sanierung können, abhängig von der Komplexität des Falles, jeweils mehrere Jahre zur Bearbeitung notwendig sein. Einmal in die Bearbeitung aufgenommene Flächen werden bis zum Abschluss bearbeitet.

Um einen ständigen Überblick zu gewährleisten, wurde 1995 für das gesamte Stadtgebiet mit dem InformationsSystem Altlasten Stuttgart (ISAS) ein Kataster aller Altlastenverdachtsflächen, Altlasten und sonstigen Flächen mit Boden- und Grundwasserverunreinigungen aufgebaut. Seit 1997 sind darin alle verdächtigen oder kontaminierten Flächen mit einem georeferenzierten Flächenumring und einem alphanumerischen Datensatz aufgenommen (Landeshauptstadt Stuttgart 2002). Ein wichtiges Ergebnis ist, dass die mit LCKW kontaminierten Standorte über das gesamte Stadtgebiet verteilt sind. Besondere Agglomerationen zeichnen sich in der Innenstadt (dem Projektgebiet), in den Stadtteilen Feuerbach und Zuffenhausen sowie im Neckartal ab. Das Kataster wird kontinuierlich fortgeschrieben und dient als Grundlage für jede weitere Bearbeitung. Jährlich wird dieses Kataster statistisch ausgewertet (Tab. 3.7).

Tab. 3.7 gibt einen Überblick über alle 5.394 Flächen in Stuttgart, die dem Amt für Umweltschutz zu Beginn des MAGPlan-Projektes bekannt waren. Davon sind 2.297 Flächen wegen ihres geringen Gefährdungspotenzials oder nach Sanierung als A-Flächen aus der weiteren Bearbeitung ausgeschieden. Sie werden zur Dokumentation der Bewertung archiviert.

Für die verbleibenden 3.097 als kontaminationsverdächtig oder kontaminiert erfassten Flächen besteht unterschiedlicher Handlungsbedarf. 1.941 B-Flächen werden wegen des geringen Gefährdungspotenzials zunächst nicht weiter bearbeitet, bei Baumaßnahmen jedoch erneut überprüft. 1.156 Flächen müssen weiter bearbeitet werden: 1.057 Flächen müssen untersucht, 50 Flächen kontrolliert und 49 Flächen saniert werden. Tab. 3.7 zeigt auch, auf welchem Bearbeitungsniveau (Beweisniveau) sich die Flächen befinden bzw. welcher Kenntnisstand vorliegt. Auf der Grundlage dieser Datensätze können die Flächenzahlen für das Projektgebiet, die Innenstadt im Stuttgarter Talkessel (das Nesenbachtal), angegeben werden.

In Stuttgart waren 2003 bei der Wasserbehörde anhängige Grundwasserverunreinigungen zu 45,3 % Mineralöl-Schäden, zu 38,5 % LCKW-Verunreinigungen, zu 10,2 % PAK- und zu 5 % BTEX-Schäden. Andere Stoffe machten 1 % aller grundwasserrelevanten Schadensfälle aus (Landeshauptstadt Stuttgart 2003a).

Für die Bearbeitung von rund 860 bearbeitungsbedürftigen, nicht-kommunalen kontaminationsverdächtigen oder kontaminierten Flächen in Stuttgart (Stand 2010) sind meist

Tab. 3.7 Anzahl kontaminierter und verdächtiger Flächen nach Untersuchungsstand und Handlungsbedarf in Stuttgart, Stand 2010

BN	Bewertete Flächen insgesamt	Davon						
		Ausscheiden	Belassen insgesamt	Davon		K	U	S
				Kein Gefahr-Verdacht, Entsorgungs-relevanz	Gefahr-Verdacht, derzeit kein Handlungsbedarf			
0	919	911	1	1	0	0	7	0
1	3.244	1.045	1.256	254	1.002	0	943	0
2	594	152	350	163	187	1	89	2
3	280	26	204	48	156	29	18	3
4	96	13	26	12	14	13	0	44
5	261	150	104	37	67	7	0	0
Gesamt	5.394	2.297	1.941	515	1.426	50	1.057	49

BN = Beweisniveau, K = Kontrolle, U = Untersuchung, S = Sanierung

Firmen oder Privatpersonen verantwortlich. Zu Beginn erfolgen eine systematische Erfassung mit historischer Untersuchung und die orientierende Untersuchung durch die Umweltbehörde (Amt für Umweltschutz). Ab dem Bearbeitungsschritt der Detailuntersuchung sind die Verantwortlichen selbst zur Durchführung und Finanzierung der Maßnahmen verpflichtet. Dazu werden Vereinbarungen zwischen Behörde und Verantwortlichem getroffen. In vielen Fällen kann dabei nur ein naheliegender nächster Bearbeitungsschritt vereinbart werden. Um eine weitere Bearbeitungsstufe abzuschließen, sind mehrere Vereinbarungen zu treffen. Noch zeitaufwändiger ist das Vorgehen im Falle verwaltungsrechtlicher Zwangsvollstreckung. Hier kann die Umsetzung eines Bearbeitungsschrittes wegen der Widerspruchsmöglichkeiten bis hin zur Verwaltungsgerichtsbarkeit mehrere Jahre erfordern. Aus diesen Gründen ergeben sich bei unterschiedlichen Flächen je nach Mitwirkungsbereitschaft der Verantwortlichen sehr unterschiedliche Bearbeitungsstände. Es kann mehrere Jahrzehnte dauern, bis eine Untersuchung vollständig abgeschlossen ist.

In kurzer Zeit umgesetzt werden Altlastenbearbeitungen im Falle einer geplanten Neubebauung der kontaminierten Fläche. Diese nutzungsbezogene Altlastenbearbeitung erfordert es, dass die Altlastensituation zum Zeitpunkt der Planung des Bauvorhabens, spätestens zu Baubeginn bekannt ist. Denn es gilt, die Sanierungsziele für die im Zuge des Bauvorhabens durchzuführende Altlastensanierung festzulegen und Art, Umfang und Kosten der Altlastensanierung zu klären (Zinz et al. 2013).

Flächenrevitalisierungen auf kontaminierten Standorten bieten die Möglichkeit, die Verbesserung der städtebaulichen Situation mit der Verbesserung der Boden- und Grundwasserqualität zu verknüpfen. Daraus kann sich eine Win-win-Situation entwickeln, da die Sanierung im Einvernehmen mit den Investoren umgesetzt und zur Schaffung gesunder Wohn- und Arbeitsverhältnisse wie auch einer guten Umweltqualität genutzt werden kann. In Stuttgart hat sich diese Möglichkeit der Sanierung als schnelle und einfache Lösung etabliert. Die Finanzierung der Sanierung erfolgt im Rahmen der Bebauung durch den Bauherrn und muss nicht zeitaufwändig und langwierig über öffentlich-rechtliche Anordnungen erstritten werden.

3.4 LCKW-kontaminierte Standorte im Projektgebiet

Eine Auswertung des Informationssystems Altlasten Stuttgart (ISAS) ergab 2010 für das Projektgebiet eine Anzahl von 1.601 mit LCKW kontaminierten oder LCKW-verdächtigen Flächen. Von dieser Gesamtheit konnten 728 Standorte mit der Bewertung „Ausscheiden aus der Bearbeitung und archivieren" als A-Flächen ausgeschieden werden.

Weiter wurden aus den verbleibenden 873 Flächen diejenigen Altstandorte ausgefiltert, deren technische Untersuchung keinen Anhaltspunkt dafür ergab, dass eine LCKW-Verunreinigung eingetreten sein kann.

Grundlage der weitergehenden Selektion war der Handlungsbedarf für die verbleibenden 813 Flächen, ▣ Abb. 3.11. Insgesamt sind 429 Flächen als B-Flächen (belassen, da derzeit keine Gefährdung) bewertet, während 369 Flächen einer weitergehenden Untersuchung bedürfen: historische, orientierende, Detail- oder Sanierungs-Untersuchung. Außerdem sind 12 Flächen als sanierungsbedürftig erfasst, drei Flächen bedürfen einer Kontrolle (▣ Abb. 3.11).

Von besonderem Interesse sind LCKW-verdächtige oder kontaminierte Flächen, die potenzielle Verursacher der LCKW-Verunreinigungen der Stuttgarter Mineral- und Heilquellen und ihrer Zuflüsse sein können. Dies sind Flächen, von denen LCKW-Einträge mit einem relevanten Einfluss auf die tieferen Stockwerke ausgehen. Daher wurden Flächen mit einem erfahrungsgemäß nur sehr kleinräumigen, auf den Standort beschränkten LCKW-Eintrag, wie z. B. Tankstellen, Werkstätten, Druckereien und Holzbetriebe, aus der weiteren Betrachtung ausgeschlossen. Auch am Rande des Projektgebiets gelegene Standorte mit hoher Überdeckung (d. h. großem Flurabstand zum Grundwasser) sowie mit Handlungsbedarf B (Belassen) eingestufte Flächen wurden wegen des geringen Gefahrverdachts ausgefiltert. Nach dieser Selektion bleiben von den 813 noch 182 Flächen übrig.

▣ Abb. 3.12 zeigt die Verteilung der Flächengrößen dieser 182 LCKW-verdächtigen Standorte im Projektgebiet. Diese wurden in drei Gruppen eingeteilt: a) 49 kleine Flächen unter 300 m^2, b) 78 mittlere Flächen zwischen 300 und 1.000 m^2, und c) 55 große Flächen mit über 1.000 m^2. Die 182 LCKW-verdächtigen oder kontaminierten Flächen umfassen insgesamt rund 0,45 km^2 oder 17 Promille des gesamten Projektgebiets.

Die Auswertung der ehemaligen Nutzung der 182 LCKW-Flächen zeigt, dass folgende Branchen dominieren: Chemi-

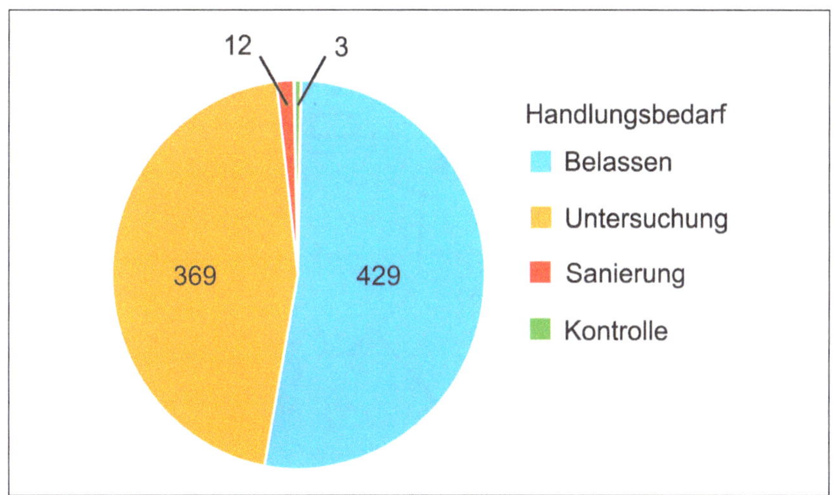

▣ **Abb. 3.11** Handlungsbedarf für die LCKW-verdächtigen Flächen im Projektgebiet im Jahr 2010.

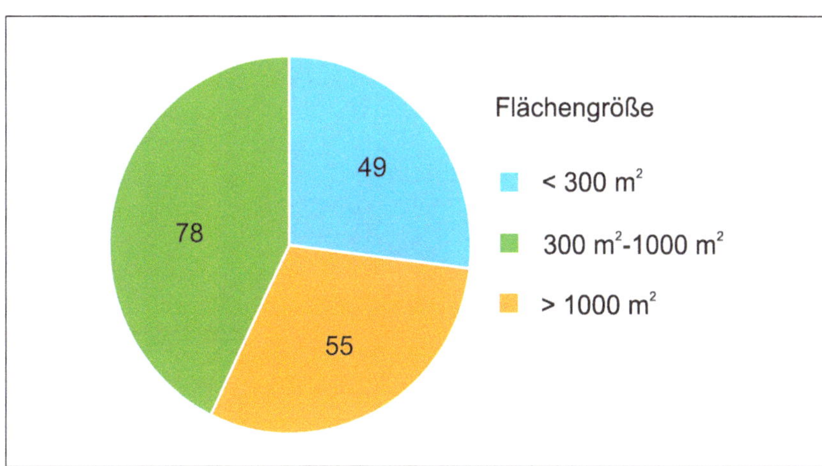

▣ **Abb. 3.12** Häufigkeit der Flächengrößen, in drei Gruppen geteilt.

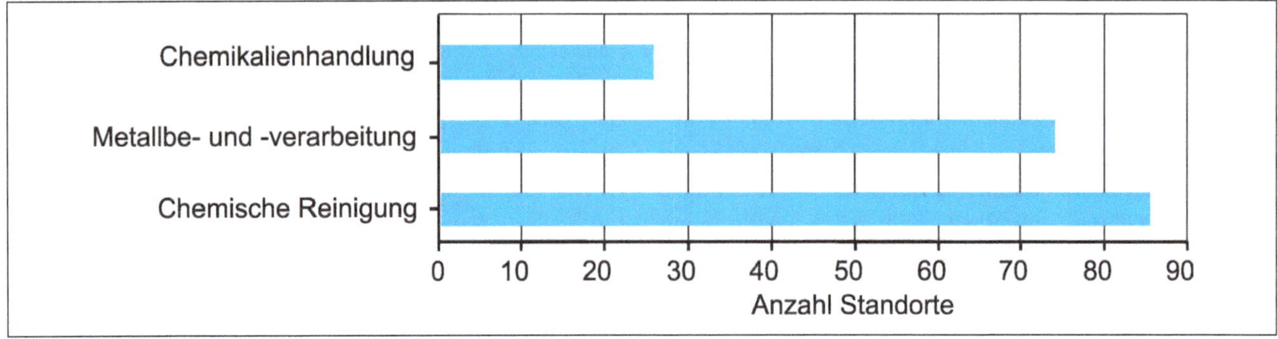

Abb. 3.13 Häufigkeit der Nutzungen, die zu einem Altlastenverdacht im Projektgebiet geführt haben.

sche Reinigungen, Metallbetriebe (Metallbau, Schrotthandel, Galvanik etc.) und Chemikalienhandlungen (Herstellung von Chemikalien, Chemikalienlagerung und -handel etc.). Auf vielen Standorten waren im Laufe der Zeit mehrere Betriebe unterschiedlicher Branchen tätig. Abb. 3.13 zeigt die Dominanz der Chemischen Reinigungen. 85 Standorte oder 47 % der altlastverdächtigen Flächen können dieser Branche zugeordnet werden. Eine weitere große Gruppe bilden die Betriebe der Metallbe- und -verarbeitung mit 74 Flächen (rund 40 % der Flächen). Rund 13 % der Betriebe (23 Standorte) waren Chemikalienhandlungen (Abb. 3.13).

Von den 182 Flächen zeigten 21 Standorte bei bereits durchgeführten Untersuchungen hohe LCKW-Verunreinigungen des Untergrundes (Tab. 3.8, rote Punkte in Abb. 3.14). Bei 161 Flächen, die bisher noch nicht technisch untersucht worden waren, ist ein relevanter LCKW-Eintrag nicht auszuschließen. Die 161 Standorte sind in Abb. 3.14 als gelbe Punkte dargestellt.

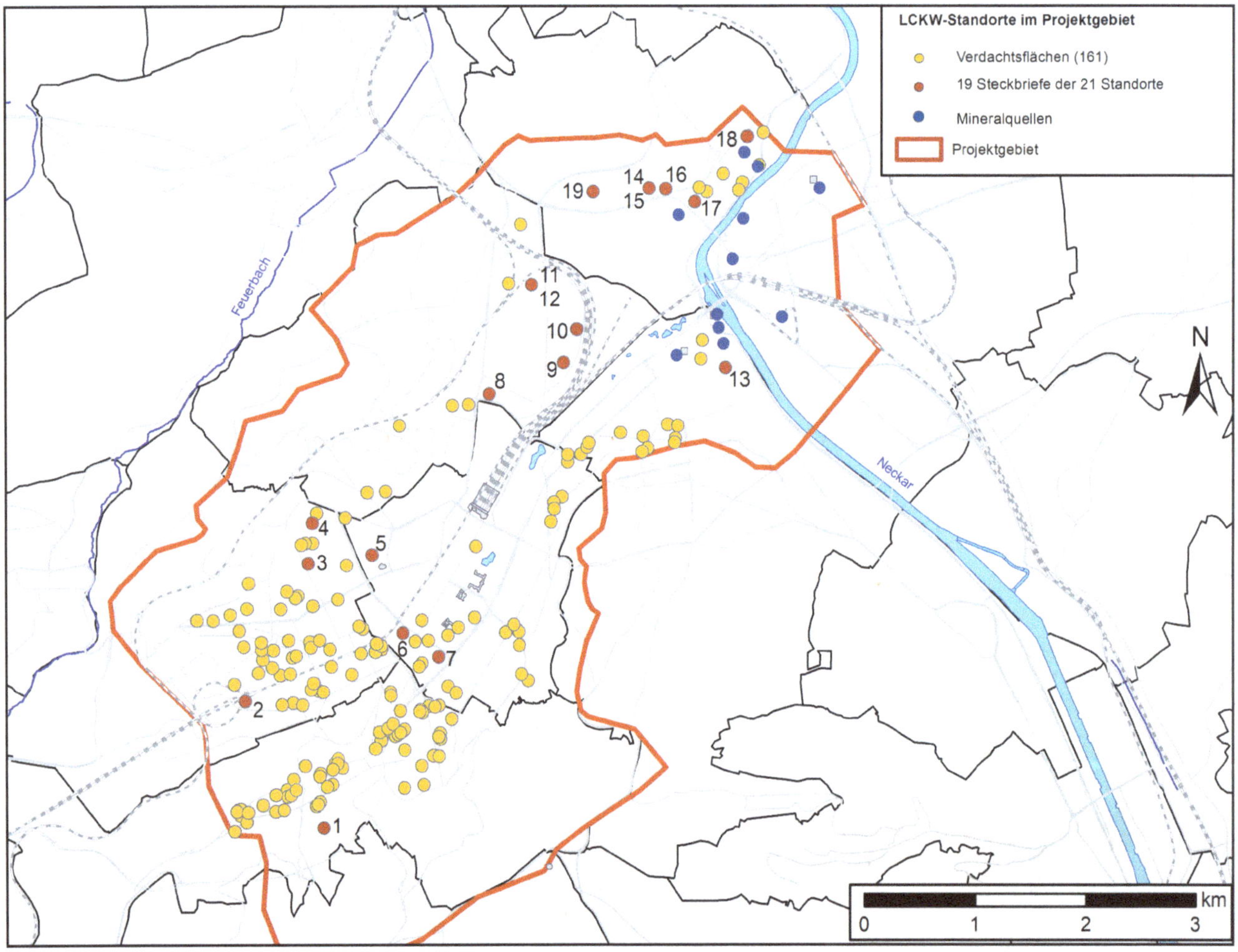

Abb. 3.14 Relevante LCKW-Verdachtsflächen im Projektgebiet.

Tab. 3.8 Steckbrief-Nummern, Standorte und Nutzungshistorie der relevanten LCKW-Verdachtsflächen im Projektgebiet

LCKW-Steckbriefe			Nutzungshistorie	
Steckbrief-Nummer	**Standort**	**Standort/ ISAS Nr.**	**Beginn – Ende**	**Branche**
1	Dornhaldenstraße 5	1087	1926–1995	Metallverarbeitung
2	Rotebühlstraße 171	1318	1901–1976	Chemische Reinigung
3	Johannesstraße 60	1671	1958–1992	Chemische Reinigung
4	Falkertstraße 81/1	1518	1925–1991	Chemikalienhandlung
5	Seiden-/ Forst-/Breitscheidstraße	285 3917 3917_1	1901–1970	Metallverarbeitung
6	Rotebühlplatz 19	4781	1970–2005	Chemische Reinigung
7	Nesenbachstraße 48	4483	1879–1976	Chemische Reinigung
8	Wolframstraße 36	462	1936–1959	Chemikalienhandlung
9	Rümelinstraße 24–30	448	1912–1992	Tanklager, Chemikalienhandlung
10	Mittnachtstraße 21–25	422	1919–1982	Tanklager, Chemikalienhandlung
11	Innerer Nordbahnhof 62	4708	1947–2011	Schrotthandel
12	Innerer Nordbahnhof 40	4714	1959–2003	Schrotthandel
13	Poststraße 40–62	3974	1936–1997	Metallverarbeitung
14	Glockenstraße 56	1823	1950–1981	Metallverarbeitung, Galvanisierbetrieb
15	Quellen-/Glockenstraße	3999 4640	1873–1986	Lagerung und Verarbeitung von Mineralöl, Chemikalienhandlung
16	Glocken-/Pragstraße	4379 4379_1 4379_2 4379_3	seit 1853	Metallverarbeitung
17	Pragstraße 26–46	4522	seit 1873	Metallverarbeitung
18	Haldenstraße 112–114	4524	seit 1925	Metallverarbeitung
19	Prag-/Löwentorstraße	4521	1910–2002	Metallverarbeitung

Die 21 Standorte werden, teilweise durch Zusammenfassung direkt benachbarter und ähnlich genutzter Flächen, in 19 Steckbriefen der gravierendsten LCKW-Schäden im Projektgebiet beschrieben. Diese fassen den Kenntnisstand zu Projektbeginn über die Schadenshistorie und die Hydrogeologie zusammen, siehe ▶ Kap. 7.4.4. Steckbriefnummern, Standorte und Branchen sind in der Tab. 3.8 aufgelistet.

3.5 Entfrachtung des Grundwassers und Sanierung von LCKW-Verunreinigungen

Den Untersuchungen der Standorte folgten seit 1985 technische Sanierungen in den Schadstoffherden, d. h. in den Schwerpunkten der LCKW-Verunreinigungen in Boden und Grundwasser sowie im Abstrom. Darüber hinaus erfolgte eine Schadstoffentfrachtung auch als Nebenprodukt von Grundwasserentnahmen.

Bei der Bilanzierung der Entfrachtung des Untergrundes von LCKW werden unterschieden:

- Grundwasserhaltung und Brunnenbewirtschaftung,
- Grundwassersanierung,
- Entfrachtung der ungesättigten Bodenzone.

Die Bilanzierungen beziehen sich auf das Projektgebiet.

3.5.1 LCKW-Entfrachtung durch Grundwasserhaltung und Brunnenbewirtschaftung

Zu einer unbeabsichtigten Entfrachtung des Grundwassers kommt es durch Dränagen, meist Wasserhaltungen zur Trockenhaltung von Gebäuden oder Baugruben, und durch Brunnen, die zur Gewinnung von Brauchwasser betrieben werden. Im Projektgebiet wird kein Grundwasser zur Trinkwassernutzung gefördert.

Die Gesamtentnahmemenge bei Wasserhaltungen beträgt nach erteilten Wasserrechten im gesamten Stadtgebiet durchschnittlich etwa 6 l/s oder 190.000 m^3/a. Der dabei erzielte LCKW-Austrag ist jedoch zu vernachlässigen, da das geförderte Wasser nach den vorliegenden Analysen meist nahezu schadstofffrei bzw. nur mit sehr geringen Konzentrationen belastet ist.

Dagegen kamen durch die Betriebsbrunnen insbesondere in der Vergangenheit hohe Austräge zustande. Bis 1986 erschlossen vier auf dem Gelände Tübinger Straße befindliche Brunnen den Oberen Muschelkalk (Brunnen 3 bis 6). Die jährliche Grundwasserentnahme aus diesen Brunnen erreichte durchschnittlich bis zu 12,2 l/s oder 385.000 m^3/a. Seit 1983 liegen für die Brunnen LCKW-Analysen vor. Bei Annahme einer mittleren LCKW-Konzentration von 225 µg/l (◘ Tab. 3.2) ergibt sich ein LCKW-Austrag von 87 kg/a. Unterstellt man einen gleichmäßigen Austrag seit 1960, so sind in den Jahren 1960 bis 1985 durch die Brunnenbewirtschaftung ca. 2.100 kg LCKW ausgetragen worden.

Seit 1986 haben die Förderraten deutlich abgenommen. Von den ergiebigen und LCKW-haltigen Brunnen werden 2010 nur noch der Brunnen 4 und der neue Brunnen 7 an der Tübinger Straße mit Grundwasserförderraten von zusammen rund 25.000 m^3/a betrieben. Die LCKW-Austräge sind dadurch auf unter 1 kg/a zurückgegangen.

Auch andere Brunnen im Stadtgebiet haben in den Jahren 1960 bis 1985 erhebliche Wassermengen gefördert. Unter Berücksichtigung der Muschelkalkbrunnen Ketterer und Statistisches Landesamt kommen noch ca. 150 kg LCKW hinzu. Der grundwasserbezogene Gesamtaustrag aus Wasserhaltungen und aktiver Gewinnung von Brauchwasser wird demnach für den Zeitraum 1960 bis 2010 mit 2.250 kg LCKW abgeschätzt.

3.5.2 LCKW-Entfrachtung durch Grundwassersanierung

Das gezielte Abpumpen des Grundwassers dient einer LCKW-Entfrachtung der gesättigten Bodenzone und einer Verhinderung des Abstroms kontaminierten Grundwassers. Dazu wird im Schadstoffherd, vielfach auch oder ausschließlich im Abstrom, das „Pump&Treat“-Verfahren eingesetzt. Bei diesem Verfahren wird das kontaminierte Wasser durch Pumpen gefördert, über Stripp- oder Aktivkohlefilter-Anlagen gereinigt und abgeleitet.

Bei 14 Standorten im Projektgebiet wurde LCKW-verunreinigtes Grundwasser über 83 Grundwasseraufschlüsse – davon allein 18 auf dem Standort Rümelinstraße 24–30 – abgepumpt. Die Förderraten liegen im Gipskeuper bei 0,01 bis 0,5 l/s. Nur in Ausnahmefällen kann eine Förderrate größer als 1 l/s erreicht werden. Bei Sanierungen im Neckarkies oder Unterkeuper dagegen werden bei einzelnen Grundwasseraufschlüssen Förderraten bis zu 2 l/s erzielt. Als durchschnittliche Gesamtförderrate im Projektgebiet ergeben sich 15 l/s. Unter Berücksichtigung der jeweiligen Entnahmemengen und LCKW-Konzentrationen können daraus die jährlichen LCKW-Austragsmengen pro Grundwasseraufschluss und pro Standort ermittelt werden. An einzelnen Standorten konnten bis 2010 mittels hydraulischer Sanierung wenige Zehnerkilogramm, in anderen Fällen mehrere hundert Kilogramm, im Fall Rümelinstraße 24–30 sogar 1.500 Kilogramm entnommen werden. Der Gesamtaustrag über das Grundwasser addiert sich zu 4,5 Tonnen (◘ Tab. 3.10).

In der für den Stuttgarter Raum charakteristischen Wechselfolge der Schichten im Hinblick auf Mächtigkeit und Durchlässigkeit kommen alternative In-situ-Sanierungsverfahren wie mikrobiologische Sanierung durch Mikroorganismen oder chemische Sanierung durch In-situ-chemische-Oxidation (ISCO), oder auch In-situ-Strippung, Nanopartikel-Eingabe oder reaktive Wände bisher nicht zum Einsatz.

Tab. 3.9 Schadstoffentfrachtung der Standorte durch Aushubmaßnahmen

Nr.	Standort	Aushubmaßnahmen
2	Rotebühlstraße 171	großflächiger Aushub (1980) ohne LCKW-Bilanzierung
5	Seiden-/Forst-/Breitscheidstraße	großflächiger Aushub (1988–1992) ohne LCKW-Bilanzierung
7	Nesenbachstraße 48	durch Aushub (1992–1993) ca. 1.100 kg LCKW entfernt
8	Wolframstraße 36	großflächiger Aushub (1981) ohne LCKW-Bilanzierung
9	Rümelinstraße 24–30	Aushub in mehreren Teilbereichen ohne LCKW-Bilanzierung (1990–2005), u. a. in LCKW-Schadstoffherden
10	Mittnachtstraße 21–25	durch Aushub (1988–2008) ca. 50 kg LCKW entfernt
12	Innerer Nordbahnhof 40	großflächiger Aushub (2011) ohne LCKW-Bilanzierung
15	Quellen-/Glockenstraße	durch Aushub (2001–2003) ca. 64 kg LCKW entfernt
16	Glocken-/Pragstraße	durch Aushub bei Bauvorhaben (1987) ca. 24 kg LCKW entfernt , weiterer Aushub 1997 ohne LCKW-Bilanzierung

Nr. = Steckbrief-Nummer

3.5.3 LCKW-Entfrachtung der ungesättigten Bodenzone

Ist die gesättigte Bodenzone LCKW-verunreinigt, so ist von dieser Verunreinigung meist auch die ungesättigte Bodenzone betroffen. Um einen nachhaltigen Sanierungseffekt zu erzielen, ist auch eine Entfrachtung der ungesättigten Bodenzone notwendig. Diese erfolgt in Stuttgart meist durch eine Absaugung der Bodenluft (Bodenluftabsaugung). In den entsprechend verfilterten Absaugbrunnen wird ein Unterdruck angelegt, die Luft wird durch ein geeignetes Aggregat (Seitenkanalverdichter oder Vakuumpumpe) abgesaugt und über Aktivkohle gereinigt. Trotz des gering durchlässigen Untergrunds werden mit diesem Verfahren gute Erfolge erzielt. Durch regelmäßige Messung von Luftaustrag und Schadstoffkonzentration wird die entnommene LCKW-Masse ermittelt.

Bei großen LCKW-Schäden im Projektgebiet waren zeitweise bis zu 161 Bodenluftabsauganlagen in Betrieb. Davon wurden 84 Anlagen am Standort Rümelinstraße 24–30 sowie 34 am Standort Mittnachtstraße 21–25 betrieben. Die Bodenluftabsauganlagen führen in der Summe im Vergleich zu den hydraulischen Maßnahmen zu hohen Austragsraten (Tab. 3.10). So wurden durch Bodenluftabsaugung in der Summe 17,4 Tonnen LCKW ausgetragen, nahezu viermal so viel wie durch die Grundwassersanierung (4,5 Tonnen). Davon stammen 11,7 Tonnen vom Standort Rümelinstraße 24–30 und 0,61 Tonnen vom Standort Mittnachtstraße 21–25. Sehr effektiv waren die Absaugmaßnahmen am Standort Dornhaldenstraße 5 mit einem LCKW-Austrag von 3,1 Tonnen.

Bei Baumaßnahmen erfolgt die Schadstoffentfrachtung durch den Aushub und die Entsorgung kontaminierten Bodenmaterials. Die Sanierung durch Aushub kommt in kleinerem Umfang auch bei der Schadstoffherd-Sanierung zum Einsatz. Der dabei jeweils erzielte LCKW-Austrag mit dem kontaminierten Aushubmaterial ist jedoch in vielen Fällen nicht dokumentiert. Erst seit den 1990er-Jahren wird die Untersuchung des ausgehobenen Materials gefordert. Trotzdem sind die Deklarationsanalysen vielfach nicht ausgewertet worden. Die auf 1,2 Tonnen abgeschätzte LCKW-Gesamtmenge im entfernten Erdreich kann daher nur als überschlägige Größe angesehen werden. Die tatsächlich entnommene Schadstoffmenge ist vermutlich deutlich höher (Tab. 3.9 und 3.10).

Wie bei der Grundwassersanierung kommen auch bei der Sanierung der ungesättigten Bodenzone in Stuttgart nur in Ausnahmefällen alternative Sanierungsverfahren zum Einsatz. Die geologische Situation stellt den limitierenden Faktor dar. So ist es beispielsweise bei der thermischen Bodensanierung mit festen Wärmequellen in Feuerbach nicht gelungen, den Sanierungsbereich vollständig trocken zu legen. Unerwartet große Mengen von Wasserdampf gelangten in die Aktivkohlefilter, was zu einer deutlichen Reduzierung der Adsorptionsfähigkeit führte. Als allgemeine Schlussfolgerung ergibt sich, dass der Einsatz von Sanierungsverfahren in jedem Einzelfall sorgfältig abzuwägen und bestehende Risiken durch Pilotversuche zu überprüfen sind (Ondreka et al. 2014).

Tab. 3.10 LCKW-Austräge durch unterschiedliche Sanierungen im Projektgebiet in den Jahren 1985 bis 2010

Nr.	Standort	BLA	P&T	Aushub	Summe
		bei Sanierungsmaßnahmen ausgetragene LCKW bis 2010 [kg]			
1	Dornhaldenstraße 5	3.125	282	-	3.407
2	Rotebühlstraße 171	1	21	unbekannt	22
3	Johannesstraße 60	165	102	-	267
4	Falkertstraße 81/1	204	58	-	262
5	Seiden-/Forst-/Breitscheidstraße	81	6	unbekannt	87
6	Rotebühlplatz 19	0	0	-	0
7	Nesenbachstraße 48	153	1.165	1.100	2.418
8	Wolframstraße 36	6	155	unbekannt	161
9	Rümelinstraße 24–30	11.730	1.540	unbekannt	13.270
10	Mittnachtstraße 21–25	615	825	50	1.490
11	Innerer Nordbahnhof 62	3	0	unbekannt	3
12	Innerer Nordbahnhof 40	0	0	unbekannt	0
13	Poststraße 40–62	0	53	–	53
14	Glockenstraße 56	54	0	–	54
15	Quellen-/Glockenstraße	0	31	64	95
16	Glocken-/Pragstraße	60	64	24	148
17	Pragstraße 26–46	190	7	–	197
18	Haldenstraße 112–114	65	14	–	79
19	Prag-/Löwentorstraße	544	46	–	590
	11 weitere Standorte	419	155	unbekannt	574
	Gesamtsumme	17.415	4.524	1.238	23.177

Nr. = Steckbrief-Nummer, BLA = Bodenluftabsaugung, P&T = Pump&Treat

3.5.4 Bilanzierung der LCKW-Entfrachtung

Im Projektgebiet wurden an 30 Standorten Maßnahmen zur Entfrachtung des Untergrunds betrieben. Erste Maßnahmen setzten bereits 1986 ein, die meisten wurden jedoch zwischen 1988 und 1995 begonnen. Auf 14 Standorten wird die Sanierung über das Jahr 2014 hinaus fortgesetzt.

In Tab. 3.10 sind die LCKW-Austräge im Projektgebiet zusammengestellt und die bis zum Jahr 2010 entnommenen LCKW-Massen bilanziert. Die Angaben für die 19 Steckbrieffälle erfolgen in detaillierter Form, die weiteren 11 Standorte sind summarisch erfasst. Es ist zu erkennen, dass bei vier Standorten jeweils mehr als 1.000 kg LCKW ausgetragen wurden und damit 89 % des Austrags erfolgte. Der Gesamtaustrag von 23,18 Tonnen setzt sich zusammen aus

- 17,42 Tonnen LCKW über Bodenluftabsaugung aus der ungesättigten Zone,
- 1,24 Tonnen LCKW durch Bodenaushub bei Bau- oder Sanierungsmaßnahmen,
- 4,52 Tonnen LCKW aus der gesättigten Bodenzone bzw. dem Grundwasser.

Dazu kommen

- 2,25 Tonnen aus der Brauchwassernutzung seit 1960.

Addiert man die Teilmengen auf, so ergibt sich daraus ein Gesamtaustrag von 25,43 Tonnen LCKW.

Tab. 3.11 LCKW-Austrag und emittierte Restfrachten in der gesättigten Zone für die Standorte mit den größten Emissionen im Projektgebiet 2010

Nr.	Standort	Gesamtfracht	Austrag durch P&T	Emittierte Restfracht	LCKW-Spezies
		Angaben für 2010 in PCE-Äquivalent [g/d] bzw. [%]			
1	Dornhaldenstraße 5	50	34 (68 %)	16 (32 %)	14% PCE, 64% TCE, 22% cDCE
2	Rotebühlstraße 171	160	130 (81 %)	30 (19 %)	100% PCE
3	Johannesstraße 60	53	30 (57 %)	23 (43 %)	100% PCE
6	Rotebühlplatz 19	16	0 (0 %)	16 (100 %)	63% PCE, 3% TCE, 32% cDCE, 2 % VC
7	Nesenbachstraße 48	412	407 (99 %)	5 (1 %)	98% PCE, 2% TCE
8	Wolframstraße 36	15	13 (87 %)	2,4 (13 %)	92% PCE, 6% TCE, 2% cDCE
9	Rümelinstraße 24–30	130	74 (57 %)	56 (43 %)	15% PCE, 43% TCE, 42% cDCE
10	Mittnachtstraße 21–25	111	98 (88 %)	13 (12 %)	45% PCE, 18% TCE, 37% cDCE
19	Prag-/Löwentorstraße	129	92 (71 %)	37 (29 %)	56% PCE, 11% TCE, 33% cDCE
	Summe [g/d]	1.076	878	198	
	%	100	82	18	

Nr. = Steckbrief-Nummer

3.6 Einordnung der Sanierungsmaßnahmen

Um den Beitrag ermessen und bewerten zu können, den die LCKW-Sanierungen im Stadtgebiet beim Schutz der Mineral- und Heilquellen spielen, wurden die dazu verfügbaren Daten ausgewertet.

Die größten freigesetzten (emittierten), aber auch die durch Sanierung ausgetragenen LCKW-Frachten sind in Tab. 3.11 zusammengestellt. Die Tabelle informiert auch über die Zusammensetzung der LCKW-Spezies, welche die unterschiedlichen Standorte verlassen. Insbesondere cDCE-Gehalte zeigen eine mikrobiologische LCKW-Dehalogenierung im Bereich des Standortes an.

Die Frachtangaben der Tab. 3.11 in Gramm pro Tag verdeutlichen die positive Wirkung der Sanierungsmaßnahmen. Mit 1.076 g/d ist die Gesamtfracht erheblich. Es wird deutlich, dass die Sanierungsmaßnahmen unabdingbar sind. Durch die laufenden Maßnahmen (Pump&Treat) werden 82 % der Gesamtfracht entnommen. 198 Gramm pro Tag gelangen trotz der insgesamt sehr effizienten Sanierungen immer noch in die unterschiedlichen Aquifersysteme. Unter Berücksichtigung der in der Untersuchungsstrategie Grundwasser (LUBW 2008) empfohlenen maximalen Fracht von 20 g/d pro Standort wird deutlich, dass dieser Zustand unbefriedigend ist.

Die größten Schadstoffpotenziale weisen die Standorte Nesenbachstraße 48 und Rotebühlstraße 171 auf. In beiden Fällen sind die eingesetzten Pump&Treat-Maßnahmen sehr effizient. Die optimale Austragsrate wird mit 99 % beim Standort Nesenbachstraße 48 erzielt. Die Austragsrate von 57 % beim Standort Rümelinstraße 24–30 bezieht sich nur auf den Gipskeuper, der Tiefeneintrag in den Oberen Muschelkalk wird bisher nicht verhindert. Besonders problematisch ist dieser Standort wegen seiner räumlichen Nähe zu den Berger Quellen.

Beim Standort Rotebühlplatz 19 konnte noch keine Sanierung oder Sicherung begonnen werden. Hier findet mit 16 Gramm pro Tag im Jahr 2010 ein Eintrag in den Unterkeuper statt. Einträge in den Oberen Muschelkalk konnten jedoch nicht nachgewiesen werden.

Die Effizienz des Einsatzes von Pump&Treat zur Grundwassersanierung wird oft kritisch hinterfragt. Die LCKW-Entnahmemengen sind geringer als bei der Bodenluftabsaugung. Im doppellogarithmischen Diagramm der Abb. 3.15 sind die Entnahmemengen, die mit diesen beiden Sanierungsstrategien im Projektgebiet erzielt werden konnten,

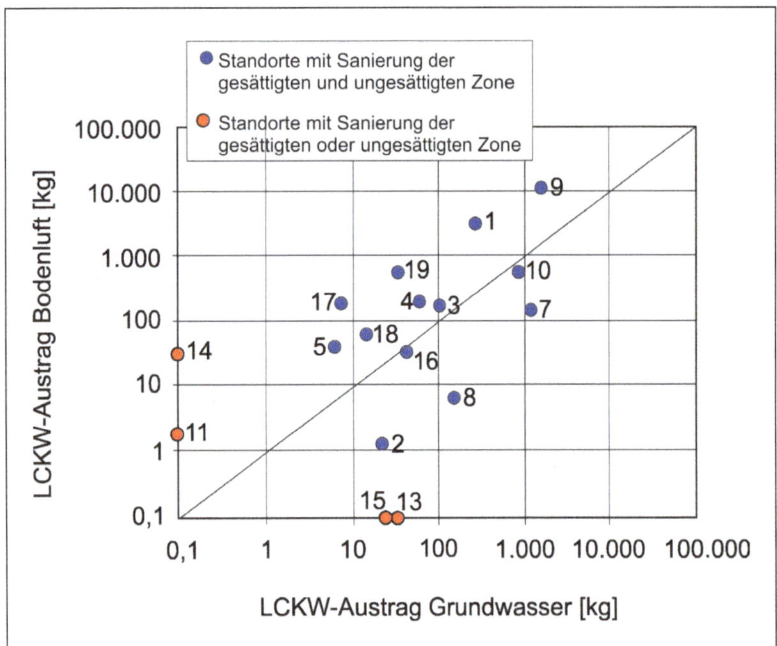

Abb.3.15 Vergleich des LCKW-Austrags für die Steckbrief-Fälle aus der ungesättigten Zone (Bodenluft) und der gesättigten Zone (Grundwasser). Die Zahlen beziehen sich auf die Steckbrief-Nummern der **Tab. 3.8.** Graphik W. Ufrecht.

einander gegenüber gestellt. Es zeigt sich, dass in der überwiegenden Zahl der Sanierungsfälle kombinierte Maßnahmen der Bodenluftabsaugung und Grundwasserentnahme (Pump&Treat) eingesetzt wurden. Bei manchen Standorten wurde ausschließlich Bodenluft abgesaugt (Nr. 11 Innerer Nordbahnhof 62 und Nr. 14 Glockenstraße 56) bzw. ausschließlich Grundwasser entnommen (Nr. 13 Poststraße 40-62 und Nr. 15 Quellen-/Glockenstraße). Diese Flächen sind in Abb. 3.15 rot markiert.

Eine mangelnde Effizienz von Pump&Treat kann danach nicht festgestellt werden. Vielmehr zeigt ein Vergleich mit Tab. 3.11, dass sich die Austragsmengen beider Verfahren proportional zum Schadstoffinventar erhöhen. Die Erfahrungen zeigen, dass sich die beiden Verfahren sinnvoll ergänzen und die Bewertung der Effizienz keine Präferenz zugunsten einer der Strategien ergibt.

Strategie, Methoden und Untersuchungsprogramm

Wolfgang Ufrecht, Stefan Spitzberg, Uli Schollenberger, Hermann J. Kirchholtes

Die herkömmliche Einzelfallbearbeitung kontaminierter Standorte stellt den Regelfall und den Stand der Technik bei der Altlastenbearbeitung dar. Diese Vorgehensweise hat sich bei der Bearbeitung kleinräumiger singulärer Kontaminationen bewährt. Sie entspricht dem Verursacherprinzip. Bei den industriell bzw. gewerblich genutzten Gebieten ist jedoch zumeist das Grundwasser großräumig kontaminiert, da mehrere benachbarte bzw. auch überlagernde Herde Schadstoffe emittieren und – insbesondere im Fall der mobilen leichtflüchtigen chlorierten Kohlenwasserstoffe (LCKW) – im Abstrom ein komplexes Schadensmuster erzeugen. Hier stößt die praktizierte grundstücks- bzw. störerbezogene Altlastenbearbeitung an ihre Grenzen, da der Beitrag des einzelnen kontaminierten Standorts bzw. Schadstoffherds zum Gesamtschadensbild nur sehr schwer oder nicht abgrenzbar ist. Das gilt vor allem, wenn mehrere Störer die jeweils gleiche Schadstoffgruppe, wie eben LCKW, emittieren, komplexe hydrogeologische Verhältnisse den Schadstofftransport bestimmen und Abbau- und Umbauprozesse das Stoffspektrum auf dem Fließweg verändern. Für den Vollzug erforderlicher Maßnahmen können so oft keine Verantwortlichen ausgemacht werden. (Als Störer wird ordnungsrechtlich meist der Verursacher oder Eigentümer in Anspruch genommen).

Die beschriebene Situation kann nur dann geklärt werden, wenn alle potenziell betroffenen Grundstücke gleichzeitig untersucht werden und der Grundwasserabstrom außerhalb der kontaminierten Standorte in die Betrachtung mit einbezogen wird. Ein weiterer wichtiger Aspekt ist die Beurteilung der Auswirkung kontaminierter Standorte auf die betroffenen Rezeptoren, in Stuttgart im Fokus die Heil- und Mineralquellen. Um einen von vielen Standorten beeinflussten Rezeptor in die Bewertung einbeziehen zu können, müssen die relevanten Beiträge geklärt sein. Um diesen Aspekten gerecht zu werden, entstand 1996 – nach Bekanntwerden des Ausmaßes der altlastverdächtigen Flächen in Stuttgart – das Konzept der „integralen Altlastenbearbeitung“. Ergänzend zur Einzelfallbearbeitung zielt die integrale Untersuchung darauf ab, die Qualität des Grundwassers in einem Gebiet zu erfassen (Ertel & Kirchholtes 2008). In ◘ Abb. 4.1 wird die integrale Untersuchungsstrategie veranschaulicht, die vom Rezeptor ausgehend das Grundwasser bis zu den Schadstoffherden untersucht. In diesem Fall geschieht dies anhand von Grundwassermessstellen entlang von Kontrollebenen, die quer zur Grundwasserfließrichtung angeordnet sind. In der Abbildung ist noch ein zusätzlicher Aspekt zu erkennen, der im städtischen Raum die Standortuntersuchungen erschwert: Die ehemaligen Anlagen zur Lagerung, zum Umschlag, zum Umgang oder auch zur Entsorgung von LCKW sind auf den Altstandorten zumeist bereits entfernt, da die Grundstücke längst einer neuen Nutzung zugeführt sind. Auch die Schadstoffherde sind im Zuge einer erneuten Bebauung beim Aushub von Baugruben oberflächennah entfernt worden. Zurück bleiben jedoch Verunreinigungen in größerer Tiefe, die aufgrund ihrer Lage und der Überbauung nur schwer zu untersuchen sind.

Bei der integralen Untersuchung ist das Verständnis des gesamten hydrogeologischen Systems herzustellen, das die zwischen den Schadstoffherden und den gefährdeten Grundwässern bzw. Grundwassernutzungen ablaufenden Prozesse

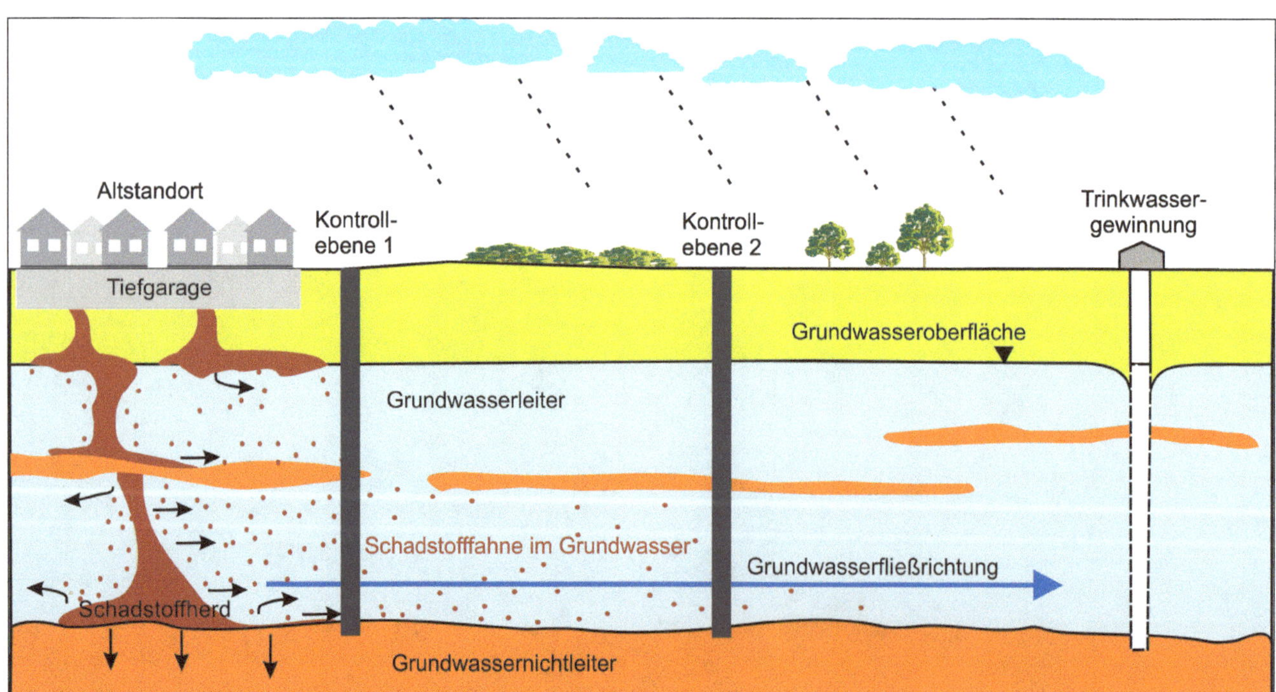

◘ **Abb. 4.1** Systemschnitt mit Kontrollebenen bei der integralen Grundwasseruntersuchung.

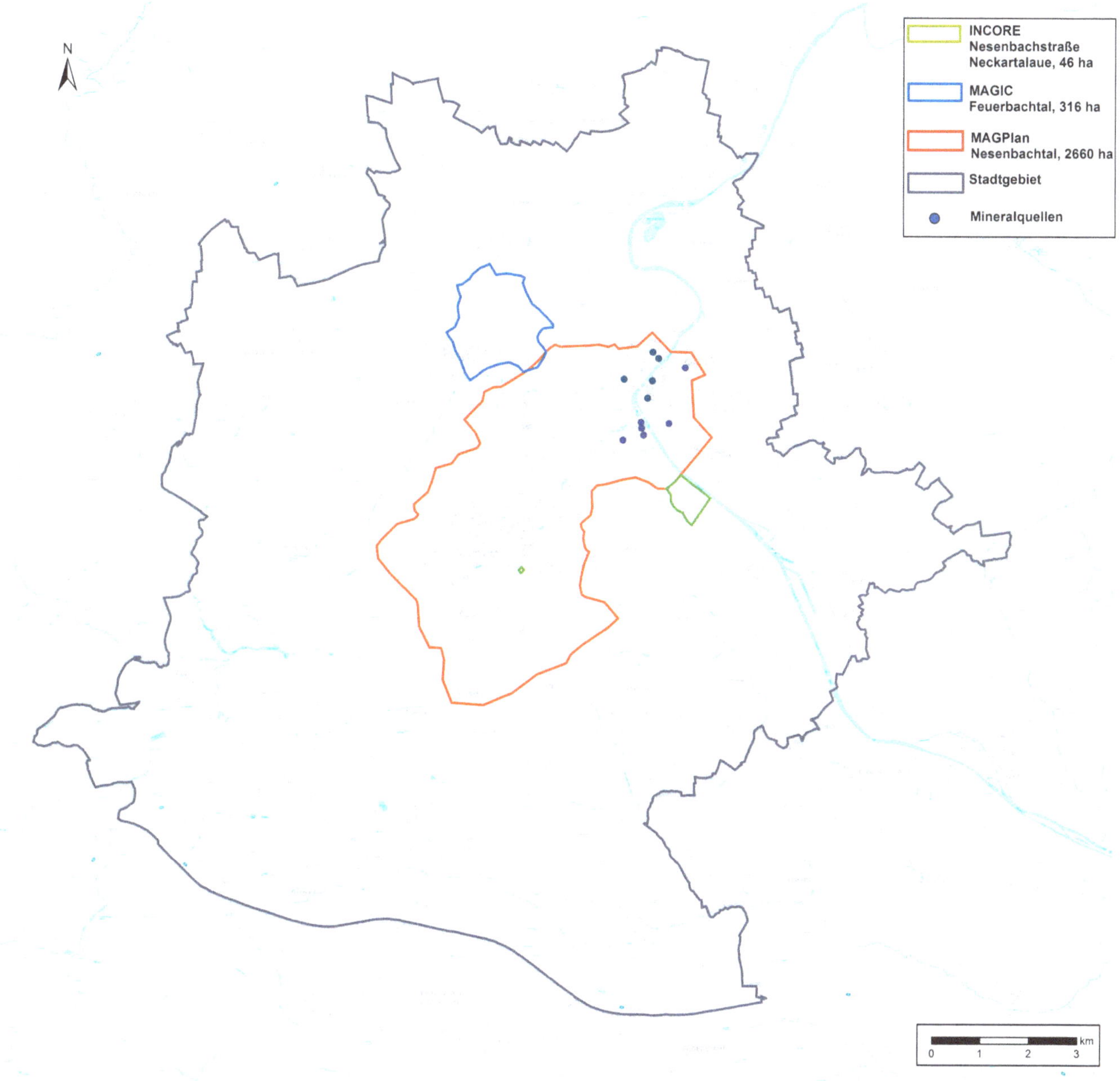

Abb. 4.2 Karte mit Lage der Projektgebiete von INCORE, MAGIC/FOKS und MAGPlan in Stuttgart.

bestimmt. Das Ergebnis der Auswertung vorhandener Daten und ergänzender Untersuchungen entlang der Kontrollebenen kann in Karten der LCKW-Kontamination mit Bezug zu Schadstoffherden in den verschiedenen Grundwasserstockwerken dargestellt werden. Darauf aufbauend kann eine Priorisierung, d. h. eine vorrangige Behandlung derjenigen Altlastenflächen erfolgen, von denen eine erhebliche Verunreinigung des Grundwassers und der anderen Rezeptoren ausgeht.

Diese integrale Bearbeitungsstrategie wurde mit dem Projekt INCORE zunächst bei der Untersuchung im Neckartal umgesetzt (Landeshauptstadt Stuttgart 1999, Landeshauptstadt Stuttgart 2003b). Dabei wurden auf einer Gesamtfläche von 5,2 km^2 129 Altstandorte und 15 Altablagerungen, davon 51 Flächen in Gemengelage mit dem integralen Untersuchungsansatz untersucht. Auf der Grundlage von 34 Immissionspumpversuchen an sieben Kontrollebenen wurde für den quartären Kiesaquifer im Neckartal für eine Fläche von 46 Hektar ein zweidimensionales numerisches Grundwasserströmungs- und Transportmodell aufgebaut. Betrachtet wurde der Stofftransport von Mineralölkohlenwasserstoffen, polyzyklischen aromatischen Kohlenwasserstoffen (PAK), aromatischen Kohlenwasserstoffen (BTEX), Summe LCKW und Ammonium. Im Ergebnis wurden die Hauptemittenten der genannten Schadstoffe und die Geometrien der Schadstofffahnen ermittelt (Abb. 4.2).

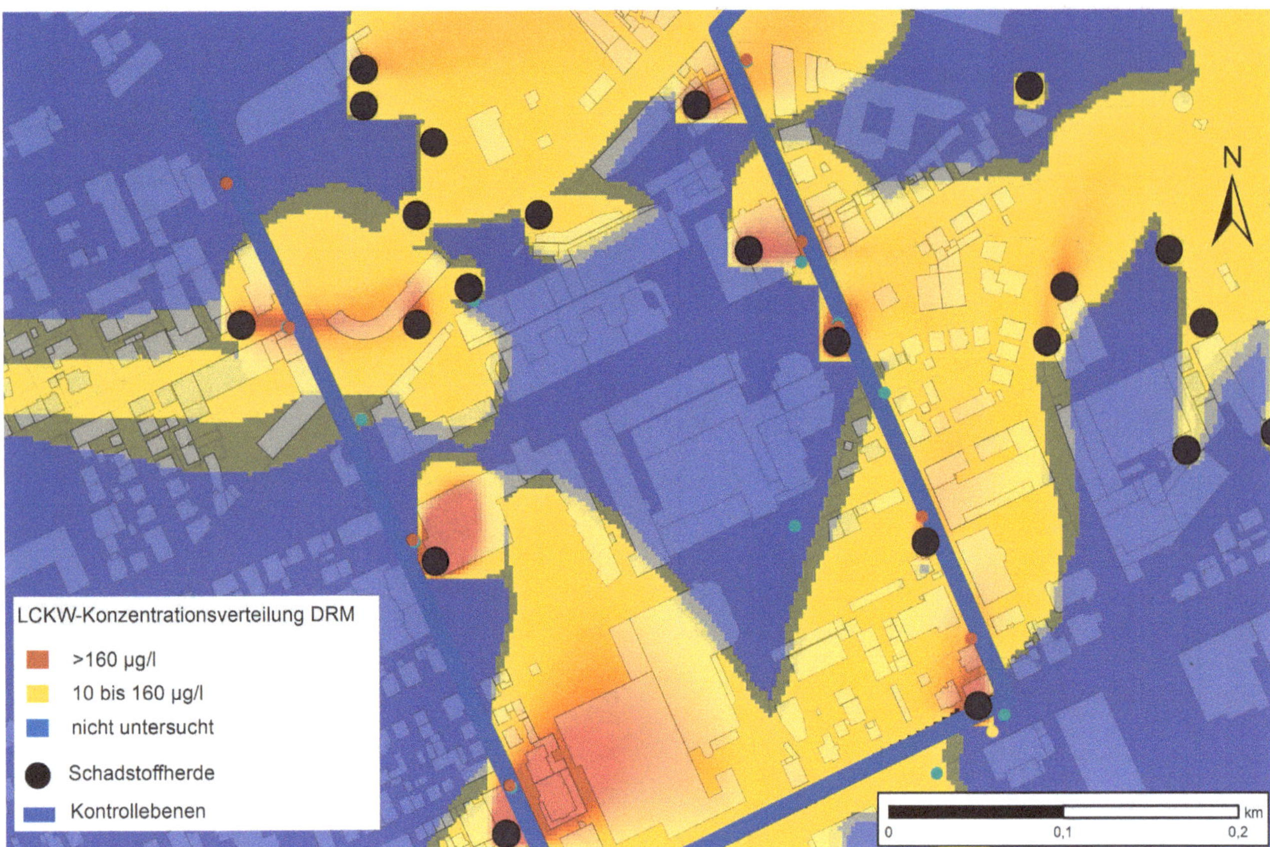

Abb. 4.3 Das Schadensbild Summe LCKW im Gipskeuper (Dunkelrote Mergel) als Ergebnis der integralen Altlastenuntersuchung in Stuttgart-Feuerbach. Graphik M. Secker.

Das Konzept der integralen Altlastenbearbeitung wurde im Rahmen der zwei Projekte MAGIC und FOKS in Stuttgart-Feuerbach für eine Fläche von 316 Hektar (Landeshauptstadt Stuttgart 2009, Kirchholtes et al. 2010, 2012) weiterentwickelt. Die integrale Untersuchung mit fünf Kontrollebenen und 37 Immissionspumpversuchen wurde in einem dreidimensionalen numerischen Strömungs- und Transportmodell verarbeitet. Dabei spielte die mittels Immissionspumpversuch gewonnene Schadstoffkonzentrationsentwicklung eine wesentliche Rolle bei der Kalibrierung des Modells. Als Transportspezies wurde die molare Summe der chlorierten Kohlenwasserstoffe PCE, TCE, cDCE und VC definiert. Unter Berücksichtigung des summarisch betrachteten Schadstoffabbaus erfolgte eine Bestimmung emittierter Schadstofffrachten und gebildeter Schadstofffahnen (Abb. 4.3).

Im Folgeprojekt FOKS lag der Fokus auf der Identifizierung der Emissionen der Schadstoffherde und der Priorisierung des Sanierungsbedarfs. Dabei ergab sich von den 193 bekannten LCKW-Verdachtsflächen zur Bearbeitung in Stuttgart-Feuerbach bei vier Flächen ein vorrangiger Handlungsbedarf, da von diesen mehr als 90 % des LCKW-Eintrags ins Grundwasser in Feuerbach erfolgt (Kirchholtes et al. 2012). Somit war das Rüstzeug gegeben, in einer weiteren Stufe den 26,6 km^2 großen und hydrogeologisch komplex aufgebauten Raum mit acht Grundwasserstockwerken zu beurteilen, wie er mit dem Stuttgarter Talkessel oberstromig der Mineral- und Heilquellen gegeben ist. Die zugrunde gelegten strategischen Konzepte wurden im Projekt MAGPlan fortentwickelt und sind nachfolgend projektspezifisch beschrieben: eine allgemeine ortsunabhängige Beschreibung des integralen Altlastenmanagements mit Strategie.

4.1 Strategie

Ein allgemeines Ziel des MAGPlan-Projekts besteht darin, das integrale Altlastenmanagement in einem Stadtraum bei komplexen hydrogeologischen Verhältnissen zu demonstrieren. Dabei kommen neue bzw. fortentwickelte Untersuchungsstrategien und Methoden zur Anwendung, die u. a. bei den oben genannten Projekten entwickelt wurden und im Leitfaden LUBW (2014) zusammengefasst sind. Übergeordnetes Prinzip ist der iterativ-adaptive Ansatz, wie er aus Abb. 4.4 hervorgeht: Verschiedene strategische und methodische Lösungsansätze werden je nach Aufgabenstellung zusammengestellt. Es sind mehrere Optimierungsrunden zu

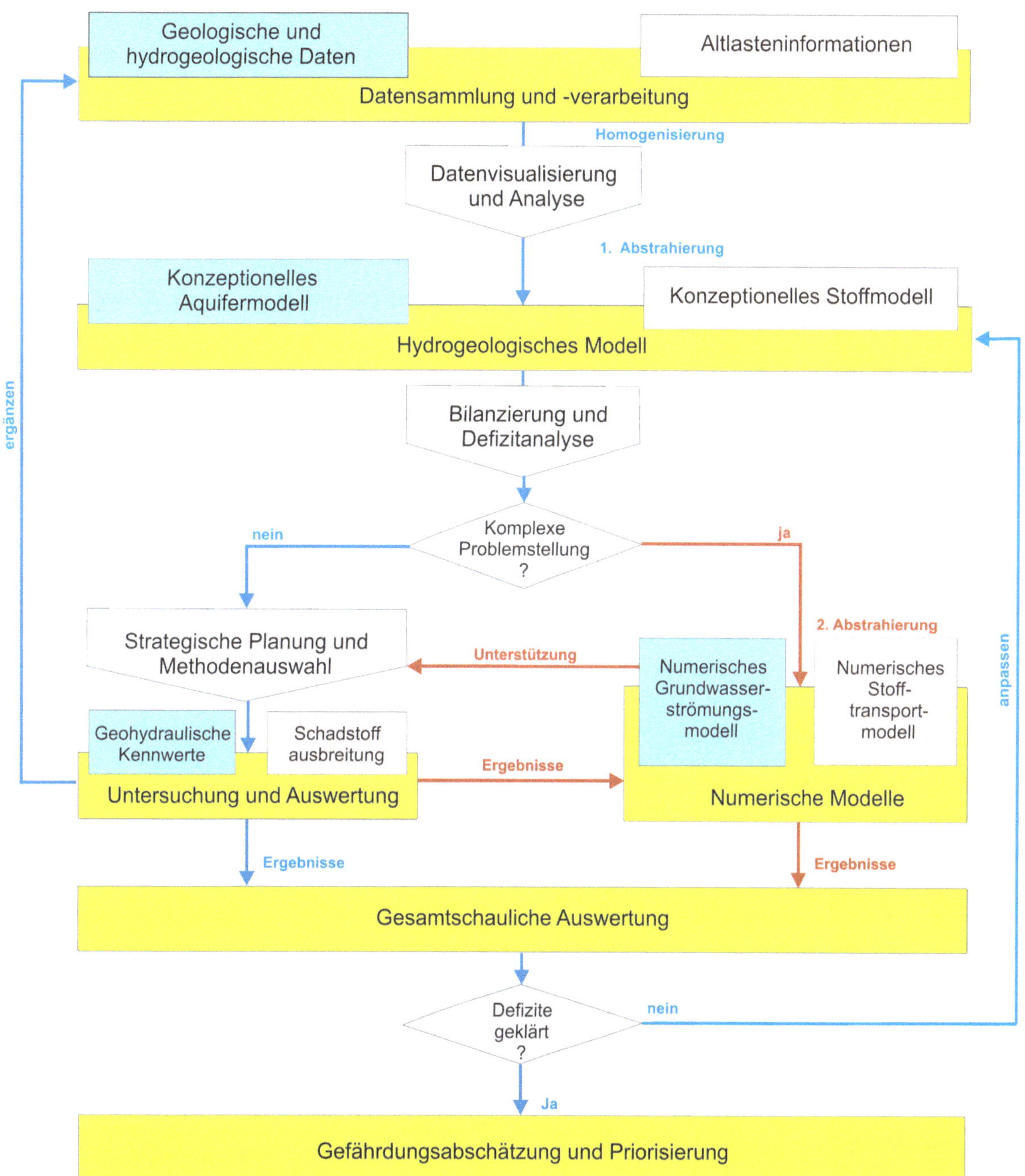

Abb. 4.4 Ablaufschema für die iterativ-adaptive Vorgehensweise bei der integralen Altlastenuntersuchung (LUBW 2014).

durchlaufen (Iteration), in denen jeweils Verbesserungen des Kenntnisstandes angestrebt werden. Dabei ist immer wieder zu hinterfragen, welche Strategien und Methoden konkret geeignet sind oder angepasst werden müssen und somit auf die einfachste Art und Weise zum Erfolg führen (Adaption) (Abb. 4.4).

Ein spezifisches Projektziel besteht darin, eine Gesamtschau für das 26,6 km^2 große urbane Projektgebiet zu erzeugen. Dazu müssen räumliche Vorstellungen von der Hydrogeologie, der Grundwasserströmung, den Milieuverhältnissen und dem Stofftransport, d. h. ein System- und Prozessverständnis entwickelt werden. Im Vordergrund steht – im Gegensatz zur Einzelstandortbearbeitung – die Gesamtschau, d. h. der Raum in seiner Wirkung und die ablaufenden Prozesse. Der Raum wird gekennzeichnet durch Aufbau und Struktur des geologischen Systems, die Lage der Schadstoffe emittierenden Standorte und der Rezeptoren, also der Schutzgüter, die durch die Schadstoffe gefährdet oder beeinträchtigt sind.

Die Größe und Komplexität des MAGPlan-Projektgebiets erfordern es, die bisher erfolgreich angewandten Vorgehensweisen zu überprüfen und entsprechend weiter zu entwickeln. Das Konzept der Ermittlung von Schadstofffrachten anhand von Immissionspumpversuchen entlang von Kontrollebenen ist hier nur noch eingeschränkt anwendbar. Es würde hinsichtlich der erforderlichen Anzahl von Kontrollebenen in den verschiedenen Aquiferen jeden finanziellen Rahmen sprengen. Zwar liefern Immissionspumpversuche weiterhin wichtige Ergebnisse und Frachtberechnungen für einzelne Bereiche, aber die Übertragung in den Raum und die räumliche Auflösung erfolgt mit dem Grundwasserströmungs- und Transportmodell. Es wird gleichermaßen als Untersuchungs-, Auswertungs- und Prognoseinstrument genutzt und ist somit Dreh- und Angelpunkt des Projekts.

Sowohl die Charakteristik der integralen Untersuchung als auch der Aufbau des komplexen Grundwasserströmungs- und Transportmodells bedingen ein schrittweises Vorgehen, wie in MAGPlan praktiziert. Aufbauend auf der Analyse des umfangreichen Datenbestands erfolgen zuerst Untersuchungen zu den Grundwasserströmungsverhältnissen sowie zur weiteren Charakterisierung von Schadensherden und deren Schadstoffemissionen. Im nächsten Schritt werden die Transportbedingungen im Grundwasser erkundet. Dann folgt die Erfassung von mikrobiellem Abbau und sonstigen Schadstoffminderungsprozessen. Alle Befunde werden in einem Hydrogeologischen Modell, bestehend aus Aquifermodell und Stoffmodell, zusammengeführt. Darauf baut ein numerisches Strömungs- und Transportmodell auf. Im Zuge der weiteren Projektarbeit erfolgt der Abgleich zwischen Hydrogeologischem Modell und numerischem Modell iterativ. Mit dem kalibrierten reaktiven Transportmodell sind die Grundlagen erfasst für die weitergehenden Arbeiten zu Sanierungskonzepten und Schadensverlaufsprognosen sowie die Erstellung von Monitoringkonzepten.

Die Untersuchungsstrategie setzt auf die Kombination unterschiedlicher Untersuchungsmethoden. Dazu gehören neben konventionellen Standardverfahren auch innovative Methoden. Die Kombination unterschiedlicher methodischer Ansätze im Sinne einer multiplen Beweisführung erweist sich in der Projektarbeit als effektives Vorgehen. Daraus können Freiheitsgrade in der Interpretation von Einzelbefunden oder gar Unsicherheiten im System- und Prozessverständnis weiter eingeschränkt werden (Drew & Goldscheider 2007). Im Projekt wurde insbesondere eine Kombination hydraulischer, chemischer und forensischer Untersuchungen angewendet.

Mit der systematischen Auswertung der älteren Datenbestände werden erste Modellvorstellungen zu den System- und Prozessmechanismen im Projektgebiet gewonnen. Sie zeigt auch Defizite auf, die weiteren Untersuchungsbedarf ergeben. Der Untersuchungsrahmen zielt auf eine integrale Erfassung des Stoffbestands im Gesamtraum und eine Analyse des Stoffverhaltens ab. Die Größe des Projektgebiets, die Komplexität des betrachteten Aquifersystems (insbesondere der Karstaquifere), die Stockwerksgliederung mit unterschiedlichen Grundwasserleitern (mit starker Abnahme der Erkenntnisse nach der Tiefe) und schließlich auch die vorgegebenen zeitlichen und finanziellen Aspekte stellen schwierige Rahmenbedingungen dar. Dies berücksichtigt die entwickelte schrittweise Untersuchungsstrategie und das dazugehörige methodische Vorgehen zur integralen Untersuchung des Projektgebiets.

Ein weiterer strategischer Aspekt besteht in der Auswahl geeigneter Untersuchungs- oder Auswertemethoden hinsichtlich der Erfassungsskala des Raumes. Insgesamt sind die in MAGPlan durchgeführten Untersuchungen vorrangig auf das Verständnis der Vorgänge in der regionalen Skala ausgerichtet. Dafür sind räumlich integrierende Methoden, die ein großes Volumen im Untersuchungsraum abdecken bzw. räumlich gemittelte Kennwerte liefern, von höherer Bedeutung als lokale Informationen. Tatsächlich ist dieses Verständnis jedoch nur dann belastbar, wenn es mit Befunden aus den kleineren Skalen verknüpft ist. Erkundungsmaßnahmen des Untergrunds müssen so zumindest in wichtigen Schritten den Labor- bzw. Bohrkernmaßstab, den lokalen Maßstab (standortbezogen) und den regionalen Maßstab (MAGPlan-Projektgebiet) abdecken. ◘ Tab. 4.1 gibt einen Überblick über die beim Projekt eingesetzten Methoden und die Skalen der damit untersuchten Räume.

Skaleneffekte sind besonders bei der Ausbreitung von Schadstoffen und der Verlagerung in tiefere Stockwerke von Bedeutung. Zum Beispiel wurden während der Bohrarbeiten die Dolomit-Horizonte im Unterkeuper durch Packertests einzeln untersucht, obwohl diese in der regionalen Skala hydrostratigraphisch als Einheit betrachtet werden. Auch wenn die Daten aus dieser kleinräumigen Auflösung Kenntnisdefizite in der lokalen Bewertung der Schadensfälle aufzeigen und im lokalen Maßstab für das Verständnis des Stofftransports ausschlaggebend sein können, ist deren spätere Einbringung in das numerische Modell nur durch eine entsprechende Abstrahierung (zu einer Einheit) unter Akzeptanz von Informationsverlusten möglich. Denn jeder Einzelbefund kann nur als lokale Information auf dem jeweiligen kleinräumigen Maßstab entsprechend dem Beprobungsvolumen verstanden werden. Dass sich dabei möglicherweise ein Informationsverlust ergibt, ist nur scheinbar, da die großskalige Parametrisierung von mehr Rahmenbedingungen abhängt als von denen einer lokalen Probenahme.

4.2 Methoden

In Ergänzung zu bereits etablierten Methoden wurden neuartige Untersuchungsmethoden eingesetzt, die einen Mehrwert versprachen. Die integrale Untersuchung ist in MAGPlan allgemein dreidimensional ausgerichtet und zielt auf den Informationsgewinn in der Fläche und nach der Tiefe (z. B. durch tiefendifferenzierte Probenahme). Nachfolgend werden spezielle Aspekte des Einsatzes der Methoden im Projekt erläutert.

4.2.1 Untersuchungen im offenen Bohrloch („Packertests")

Packer im offenen Bohrloch stellen sicher, dass der zu untersuchende Abschnitt von hangenden und liegenden Schichten getrennt wird. Sofern Umläufigkeiten ausgeschlossen sind, können die Messwerte und Untersuchungsergebnisse dem abgepackerten Abschnitt des Gebirges eindeutig zugeordnet werden.

In allen MAGPlan-Bohrungen wurden nach Durchteufen durchlässiger wasserführender Horizonte – vorrangig in den potenziell grundwasserführenden Abschnitten des Unterkeupers (Grenz-, Lingula- und Anoplophoradolomit, Anthrakonit- und Albertibank) – tiefenorientiert Tests durchgeführt und Grundwasserproben genommen. Dazu musste abschnittsweise die Bohrung gestoppt, klargepumpt und ein Schlauchpacker eingebaut werden, um die hangenden Grundwasserzutritte abzusperren. Anschließend wurde mit einer kleinkalibrigen Pumpe das Grundwasser aus dem Testintervall für etwa zwei Stunden abgepumpt und beprobt. Das laboranalytische Programm beinhaltete neben Standardparametern (LCKW, Anorganik) auch anthropogene Spurenstoffe (FCKW, Schwefelhexafluorid) und Umweltisotope incl. LCKW-Isotopenuntersuchungen. Weiterhin lieferte der Pumptest Daten für die Bestimmung des Ruhedrucks (Druckeinstellung vor Pumpversuch und nach Wiederan-

Tab. 4.1 Eingesetzte Methoden, Schwerpunkte und Umfang der Untersuchungen unter Berücksichtigung der Skala. Es werden die Labor-, Bohrkernskala (E1 Bereich <10^0 m), die lokale Skala (z. B. Schadensfall mit unmittelbarem Abstrom, E2 Bereich 10^0 bis <$5x10^2$ m) und die regionale Skala (Projektgebiet, E3 > $5x10^2$ m bis < $5x10^4$ m) unterschieden.

Skala	Methode im Projekt MAGPlan	Untersuchungsumfang, Anzahl Proben	Untersuchungsschwerpunkt						
			Transportparameter, Schadstofffahnen	Mikrobieller Abbau	Milieucharakterisierung	Hydraulik, hydraul. Kennwerte	GW-Strömung	Vertikaler Austausch	GW-Alter, Verweilzeit
E1	Bohrkernuntersuchung – Permeabilität – Porosität – E-Moduli	 20 15 20				■			
E1	Organischer Kohlenstoff im Festgestein	38	■						
E1	Bohrlochgeophysik	3				■		■	
E1	Abbauversuche Mikrokosmen	14		■					
E1	Packertests	45				■		■	
E2	Immissionspumpversuche	22	■			■			
E2-E3	$\delta^{18}O/\delta^2H$ Wasser	125					■	■	■
E2-E3	$\delta^{34}S$ Sulfat	27						■	
E2-E3	Umweltisotope $\delta^{15}N$, $\delta^{18}O$ Nitrat	27		■	■				
E1-E3	$\delta^{13}C$ LCKW	102	■	■	■				
E1-E3	$\delta^{37}Cl$ LCKW	15	■	■	■				
E2-E3	Spurenstoffe (FCKW)	93	■				■	■	■
E2-E3	Datierungstracer SF_6	265	■				■	■	■
E2-E3	Hydrochemie, GW-Beschaffenheit	434		■	■		■	■	
E3	Markierungsversuche	3	■				■		

stieg) und zur Bestimmung von Aquiferkennwerten. In Abb. 4.5 ist das geschilderte Vorgehen schematisch dargestellt. Insgesamt konnten mit den Packertests tiefendifferenziert die Kenntnis über vertikale Querverbindungen, hydraulische Zusammenhänge, Milieuverhältnisse und vertikale Schadstoffausbreitung verfeinert und damit aus den einzelnen Bohrungen ein Optimum an Informationen gewonnen werden.

4.2.2 Bohrkernuntersuchungen zu Mikrofazies, Petrophysik und Sorptionsverhalten

Mikrofazies und Petrophysik im Trigonodusdolomit

An Gesteinen aus dem Trigonodusdolomit und den Nodosusschichten der Bohrungen MAG 8, 11 und 12 (Lageplan Abb. 1.1) wurden Untersuchungen zur Fazies (Kernaufnahmen, Dünnschliff, Rasterelektronenmikroskopie) sowie Petrophysik (Porosität, Permeabilität, Porenradienverteilung) durchgeführt, um die hydraulischen Eigenschaften des Porenraums im Trigonodusdolomit besser abschätzen zu können (faziesabhängige Differenzierung der Porosität und Permeabilität, Bedeutung der Gesteinspermeabilität, Ursache des Porenraums für doppelporöses Verhalten des Trigonodusdolomits?). Da der Trigonodusdolomit bereichsweise stark verwittert und damit entfestigt ist, konnten Plugs für die Permeabilitätsbestimmungen und petrophysikalischen Untersuchungen nur aus den kompakteren Kernbereichen gewonnen werden. Die daraus resultierenden Messgrößen sind daher nicht gleichwertig für den gesamten Trigonodusdolomit repräsentativ.

Sorptionsverhalten: Organischer Kohlenstoff

Als Indikator für das Sorptionsverhalten des durchströmten Aquifers gilt der Gehalt an organischem Kohlenstoff (C_{org}). Für die Schichten der süddeutschen Trias und des Juras liegen zwar aus der Literatur C_{org}-Werte vor, dabei sind jedoch gerade die für MAGPlan wichtigen Schichten des Gipskeupers und Unterkeupers unterrepräsentiert. Daher wurden im zweiten Bohrprogramm die Kerne von MAG 11 durchgängig vom Gipskeuper bis in den Oberen Muschelkalk (Basis Trigonodusdolomit) beprobt und die C_{org}-Gehalte bestimmt. Die Auswahl der Proben konzentrierte sich auf die Schichtabschnitte mit Ton- und Mergelstein, da in ihnen auf-

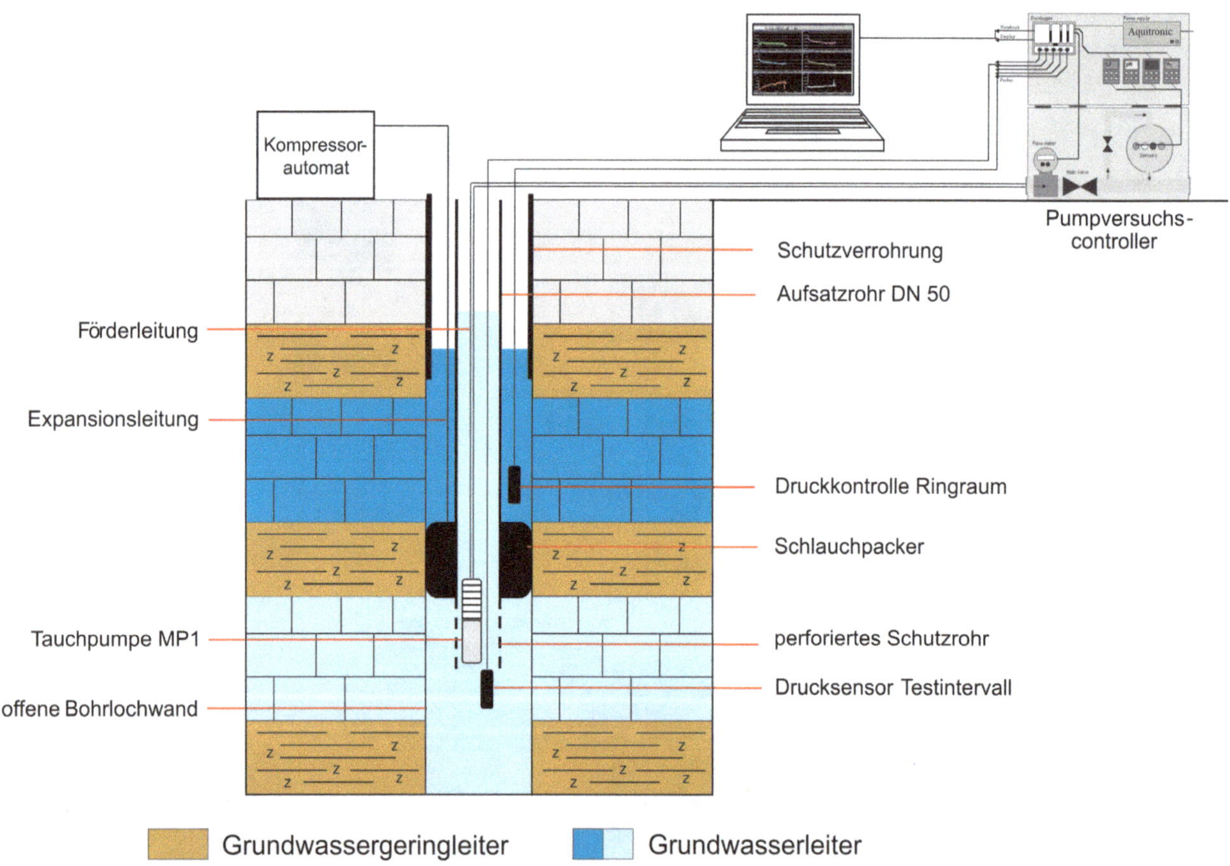

Abb. 4.5 Schematische Darstellung der tiefenorientierten Probenahme im offenen Bohrloch mittels Absperrung durch Schlauchpacker. Graphik aus Spitzberg et al. (2006).

grund der Bildungsbedingungen am ehesten C_{org}-reiche organische Rückstände konserviert sind. Die insgesamt 34 Proben wurden im SES-Zentrallabor nach den Vorgaben der DIN EN 13137: 2001–08 in folgenden Schritten untersucht:

- Verbrennen des gesamten Kohlenstoffs TC bei mindestens 900 °C zu CO_2, das mittels IR-Spektrometrie bestimmt wird,
- Bestimmen des anorganischen Kohlenstoffs TIC in einer separaten Probe durch Ansäuern, Ausblasen des CO_2 und Messung mittels IR-Spektrometrie,
- Ermittlung des organischen Kohlenstoffs TOC = C_{org} durch Differenzbildung TC minus TIC.

Die Bestimmungsgrenze für C_{org} liegt bei 0,05 %.

4.2.3 Thermo-Flowmeter-Messung

Informationen zur hydrostratigraphischen Stellung des Trigonodusdolomits innerhalb des Oberen Muschelkalks, zu Zusammenhängen von Fazies, Verkarstung und vertikaler Differenzierung der Grundwasserströmung und schließlich zur Rolle der Verdünnung des Schadstoffstroms im Trigonodusdolomit liefert in Ergänzung zu Bohrkernuntersuchungen auch die bohrlochgeophysikalische Prospektion. Dazu kamen in MAG 8 sowie in P 174 neben konventionellen Flow-Messungen mit dem Flügelrad und den Messungen von Vertikalprofilen der elektrischen Leitfähigkeit und Temperatur auch Thermo-Flowmeter-Messungen zum Einsatz (Barczewski & Marschall 1990, Halla 2006).

Das Thermo-Flowmeter gestattet als bohrlochgeophysikalische Untersuchungsmethode hochsensible und vertikal hochauflösende Messungen kleinster Fließgeschwindigkeiten im Wasser. Durch den Abkühlungseffekt einer Strömung auf einem beheizten Körper (Sensor), liegt die Messgenauigkeit deutlich über dem des konventionellen Impeller-Flügelrads. Dadurch können auch noch Strömungsraten im Bereich 0,01 l/s gemessen werden. Durch Unterschiede in der Fließgeschwindigkeit ist es möglich, auf Zuflusshorizonte und deren Durchlässigkeit zu schließen. Die Low-Flow-Probenahme an den Zuflusshorizonten mittels Mini-Pumpen liefert bei Rückrechnung der Mischungsverhältnisse mit Hilfe der bekannten Zuflussraten auch in der voll verfilterten Messstelle horizontabhängig Daten zur Schadstoffkonzentration bzw. Schadstofffracht, die dann der Gesamtkonzentration aus der konventionell gewonnenen Mischprobe durch Abpumpen der Messstelle gegenüberzustellen ist. Damit können genauere Emissionsbetrachtungen erfolgen. Zudem ist bei unterschiedlich mit LCKW beladenen Zuflusshorizonten die Rolle der Verdünnung abwägbar. Mit der angewendeten Thermo-Flow-Methode sind die Ergebnisse aus Messstellen mit heterogenem Ausbau besser miteinander vergleichbar.

4.2.4 Immissionspumpversuche

Im MAGPlan-Projekt wurde diese Methodik zur Erkundung des LCKW-Massenflusses und des Fahnenverlaufs im Abstrom kontaminierter Standorte sowie zum Screening größerer Teilgebiete eingesetzt. Die Durchführung und Auswertung von Immissionspumpversuchen wird im Leitfaden „Integrales Altlastenmanagement“ (LUBW 2014) wie auch im Heft „Grundwasserabstromerkundung mittels Immissionspumpversuchen“ (Altlastenforum Baden-Württemberg 2013) detailliert beschrieben.

Die Durchführung von Immissionspumpversuchen ist meist mit deren Anordnung auf Kontrollebenen verbunden. Dieser Ansatz wurde in MAGPlan mit Pumpmaßnahmen (Dauer 5 bis 7 Tage) im unmittelbaren Abstrom von Altstandorten verfolgt, an denen Messstellen neu eingerichtet wurden (z. B. MAG 13 bis 15 im Abstrom vom Standort Rümelinstraße, ▶ Kap. 7). Da aber in den übrigen Fällen die Erschließung des Zielhorizonts nur mit großen Bohrtiefen realisierbar und dort zumeist keine geschlossene Kontrollebene durch sich überlappende Entnahmetrichter erreichbar ist, werden hier Immissionspumpversuche ohne Bezug zu Kontrollebenen durchgeführt. Dies ist vorwiegend bei der Erkundung des Oberen Muschelkalks der Fall, wo zudem aufgrund der sehr guten Ergiebigkeiten und folglich hohen Förderraten die Ausführung des Immissionsgedankens an die Grenzen kommt. Alternativ können dann mit dem numerischen Modell die Einzelbefunde ausgewertet und so in den Raum integriert werden. Dazu wurden auch zusätzlich zu den im Rahmen von MAGPlan durchgeführten Immissionspumpversuchen ältere Versuche (28 im Unterkeuper und 22 im Oberen Muschelkalk) mit dem im EU-Projekt MAGIC entwickelten MAGIC Software Tool (Altlastenforum Baden-Württemberg 2013) neu ausgewertet und die Daten in die Gesamtauswertung einbezogen. Bei der Auswertung einiger Versuche wurde C-SET angewandt (Hekel & Huss 2013).

Bei allen Immissionspumpversuchen erfolgte eine intensive Beprobung (5 bis 7 Proben über die Versuchszeit) zur Bestimmung von LCKW-Einzelstoffen, hydrochemischen Parametern, Isotopen und Spurenstoffen. Physikochemische Parameter wurden online gemessen. Die über die Pumpzeit gemessene Förderrate und die Absenkung sind Grundlage für hydraulische Auswertungen, u. a. mit der Methode der Aquiferdiagnose.

Während der Immissionspumpversuche in MAG 8 bis 12 wurde mit dem Einsatz eines mobilen Gaschromatographen (meta Messtechnische Systeme GmbH) die LCKW-Konzentrationsentwicklung über die Pumpzeit mit halbstündlichen Messungen dokumentiert.

4.2.5 Aquiferdiagnose

Zur Aquiferdiagnose im Rahmen von Pumpversuchsauswertungen wird die 1. Ableitung der Druckdatenkurve nach dem natürlichen Logarithmus der Zeit gebildet und zusammen mit den gemessenen Druckdaten doppellogarithmisch gegen die Zeit aufgetragen. Diese Darstellung wird als „Diagnostischer Plot“ bezeichnet, da die Ableitung der Druckdaten für verschiedene Strömungsphasen charakteristische Verläufe annimmt und dadurch eine „Aquiferdiagnose“ ermöglicht (Hekel & Odenwald 2012; Spitzberg & Ufrecht 2014a).

Für die hydraulische Auswertung insbesondere der im Karstaquifer des Oberen Muschelkalks durchgeführten Immissionspumpversuche wurde diese Methode der zeitlichen Ableitung der Druckdaten verwendet, die von Bourdet et al. (1983) für Brunnen mit Brunnenspeicherung und Skin eingeführt wurde (Abb. 4.6).

Die Abb. 4.6 zeigt im oberen Teil ein Beispiel für einen diagnostischen Plot für einen Brunnen mit Brunnenspeicherung. Die abgeleiteten Druckdaten und die abgeleitete Typkurve sind jeweils rot dargestellt. Aus dem Beispiel wird ersichtlich, dass die durch eine 45°-Steigung ausgezeichnete

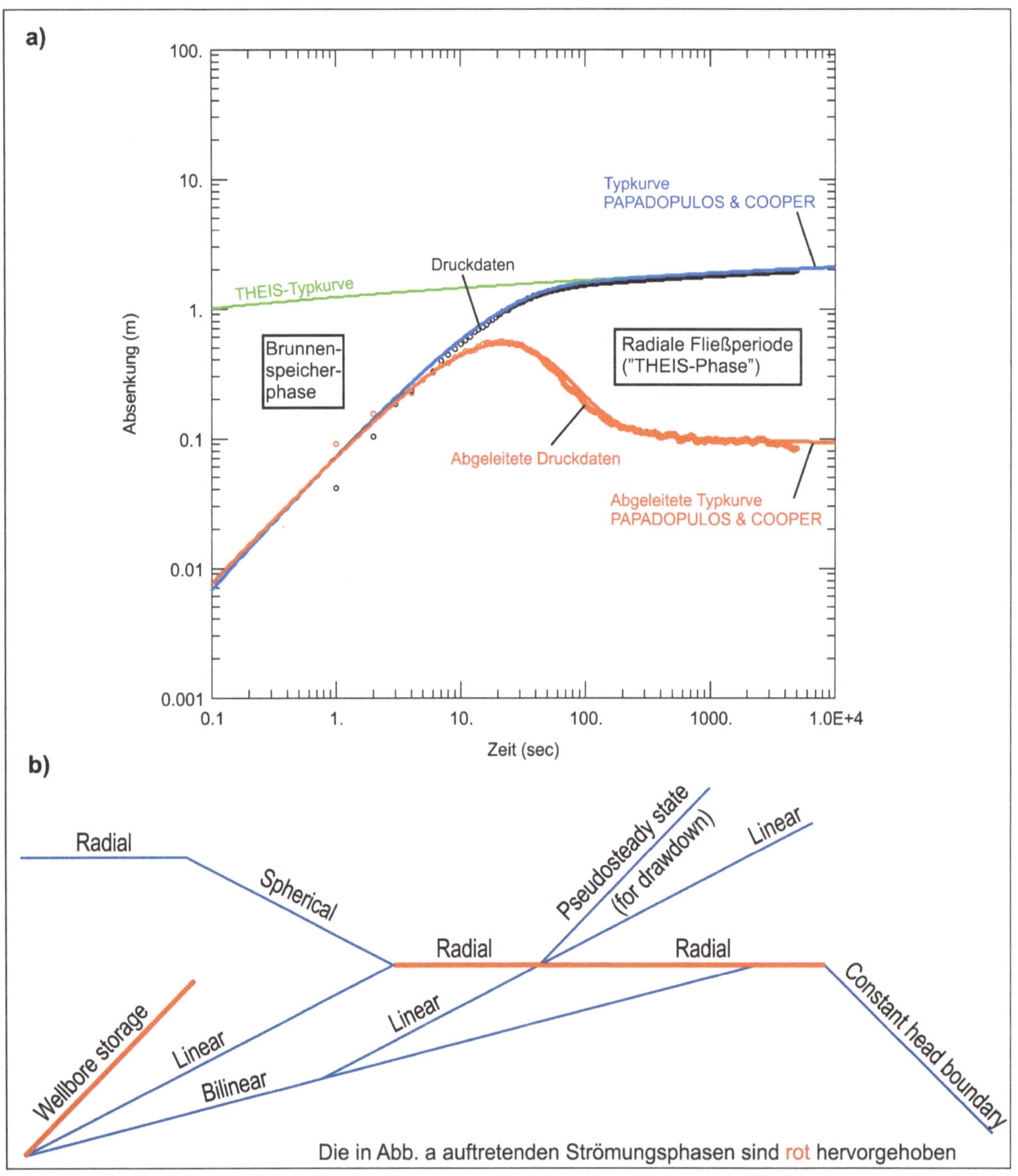

Abb. 4.6 Prinzip des Diagnostischen Plots mit (a) Beispiel für einen Brunnen mit Brunnenspeicherung und (b) Well-Test-Interpretation-Tool, ergänzt nach Ehlig-Economides et al. (1994). Graphik aus Spitzberg & Ufrecht (2014a).

Brunnenspeicherphase nach einer Pumpdauer von 10 sec abzuklingen beginnt und nach rund 200 sec in eine radiale Fließperiode – erkennbar am horizontalen Verlauf der Ableitung – übergegangen ist. Der untere Teil der Abbildung enthält eine schematische Darstellung von Ableitungsverläufen häufiger Strömungsregime nach Ehlig-Economides et al. (1994).

In MAGPlan trägt die Aquiferdiagnose zur Detektierung von Strukturen im System und zur Abschätzung ihrer hydraulischen Funktion bei. Die ermittelten Kennwerte (Transmissivität T, hydraulische Durchlässigkeit k_f) fließen in räumliche Verteilungskarten ein.

4.2.6 Hochauflösende Druckmessungen

Für Kurzzeitmessungen kam eine spezielle Hochgeschwindigkeitsdruckmesssonde mit einer Messfrequenz von 100 Werten pro Sekunde zum Einsatz, um beispielsweise durch den U-Bahn- und S-Bahnverkehr ausgelöste anthropogene Druckimpulse zu erfassen und hydraulisch auszuwerten. Parallel erfolgten Langzeitmessungen mit einer konstanten Messfrequenz von 1 sec über mehrere Jahre, um unkontrollierte Natursignale wie Luftdruckeinflüsse, Erdgezeiten oder Erdbeben zu erfassen.

Ein Schwerpunkt dieser Messungen lag dabei auf der Detektion seismischer Signale, die von fernen Erdbeben ausgehen, welche ab einer Magnitude von etwa 5 bis 6 eine charakteristische Schwingung des Druckspiegels bzw. der Wassersäule in Messstellen in höher durchlässigen Aquiferen auslösen (Abb. 4.7). Bei einer Übereinstimmung der Eigenschwingung der Messstelle mit der Frequenz der Erdbebenwellen kommt es zur Resonanzanregung, wobei die anschließende Dämpfung der Schwingung unterkritisch erfolgt und maßgeblich von der hydraulischen Durchlässigkeit im direkten Umfeld der Messstelle abhängt (Cooper et al. 1965, Krauss 1978).

Zur detaillierten hydraulischen Untersuchung des Karstgrundwasserleiters im Oberen Muschelkalk und zur Verbesserung des Systemverständnisses wurden dort diese zeitlich hochaufgelösten Druckmessungen gezielt durchgeführt.

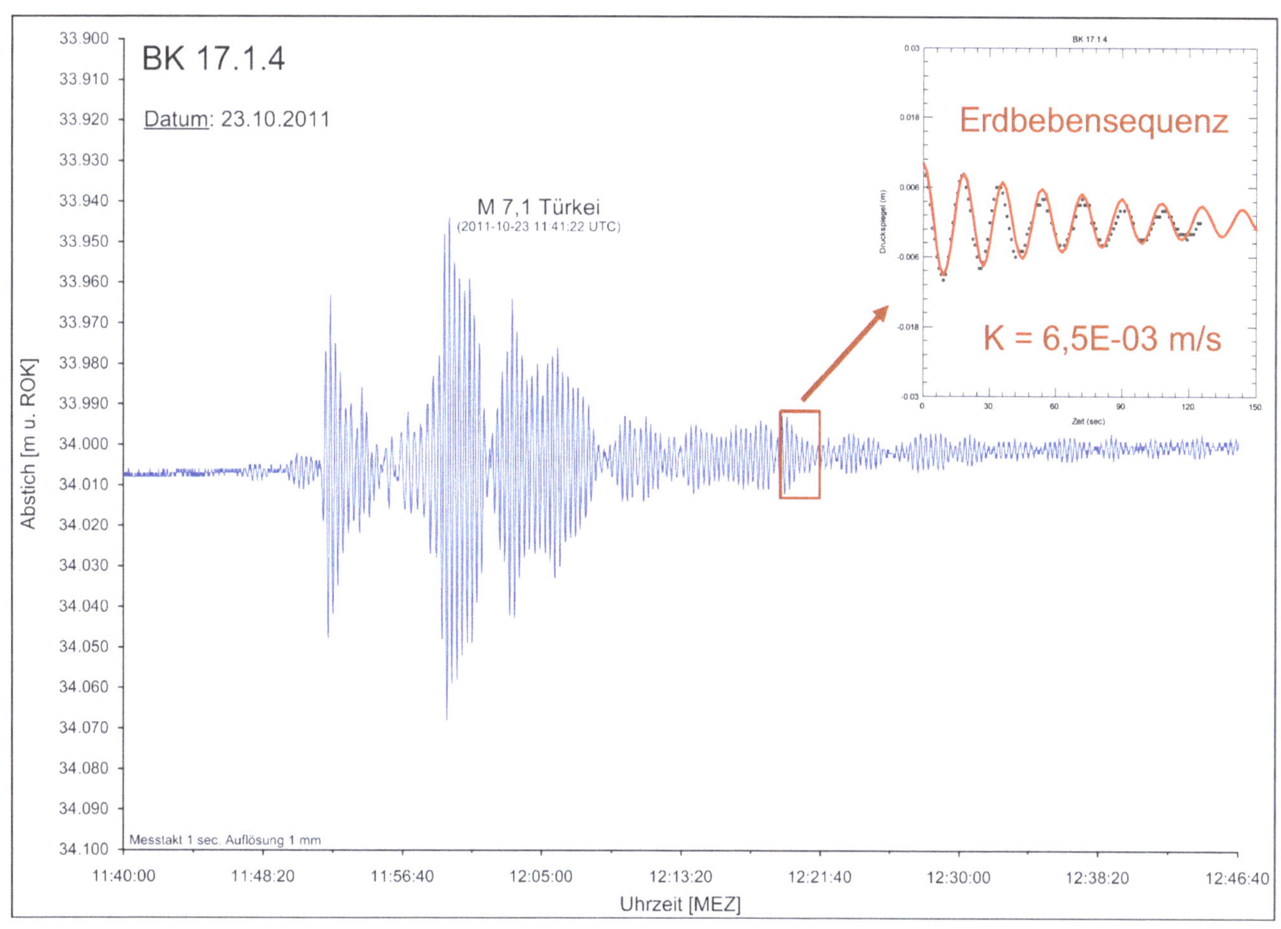

Abb. 4.7 Hydraulische Auswertung eines Hydro-Seismogramms.

Tab. 4.2 Stofflicher Untersuchungsumfang im Projekt MAGPlan

Physiko-chemische Parameter	Hydrochemische Parameter, Einzelstoffe Alle Angaben in mg/l	Leichtflüchtige Chlorierte Kohlenwasserstoffe Angabe in [µg/l]	Isotope Angabe Isotopenverhältnis in δ-Notation [‰]	Spurenstoffe Angaben in fmol/l (SF_6) und pmol/l (Frigene)
pH-Wert [–] Sauerstoff [mg/l] Elektrische Leitfähigkeit [µS/cm] Redoxpotential [mV] Temperatur [°C]	Calcium (Ca^{2+}) Magnesium (Mg^{2+}) Natrium (Na^+) Kalium (K^+) Ammonium (NH_4^+) Chlorid (Cl^-) Nitrat (NO_3^-) Nitrit (NO_2^-) Sulfat (SO_4^{2-}) Hydrogenkarbonat (HCO_3^-) Feststoffgehalt Freie Kohlensäure, CO_2 Eisen (Fe^{2+}) Mangan (Mn^{2+})	**Chlorethene und Abbauprodukte:** Tetrachlorethen Trichlorethen cis-1,2-Dichlorethen Vinylchlorid Ethen **Chlormethane:** Trichlormethan Tetrachlormethan **1,1,1-Trichlorethan und Abbauprodukte:** 1.1.1-Trichlorethan 1.1-Dichlorethan 1.1-Dichlorethen	$\delta^{18}O$-Wasser $\delta^{2}H$-Wasser $\delta^{15}N$, $\delta^{18}O$-Nitrat $\delta^{13}C$-LCKW $\delta^{34}S$-Sulfat Tritium, ^3H (Tritium -Unit, TU) Im Einzelfall: $\delta^{37}Cl$-LCKW	Schwefelhexafluorid, SF_6 Frigene: F11, F12, F113

4.2.7 Auswertung hydrochemischer Parameter in Raum (Hydrofazies) und Zeit

Grundwasser ist durch die Zusammensetzung seiner gelösten Hauptinhaltsstoffe sowie Spurenstoffe (geogener und anthropogener Herkunft) markiert. Die Visualisierung geochemischer Befunde in Raum und Zeit zeigt Muster (sog. Hydrofazies, Back 1966) auf, die sich hinsichtlich Genese und Herkunft von Grundwasser, Strömungsmuster, Wechselwirkungen zwischen Grundwasser und Aquifergestein, Wechselwirkungen zwischen benachbarten Aquifersystemen sowie Milieuverhältnissen interpretieren lassen (Glynn & Plummer 2005). Sofern die Folgerungen zur Interaktion mit anderen Einheiten hydraulisch konsistent sind, können unter Annahme linearer Mischungsvorgänge Austauschraten überschlägig quantifiziert werden. Dadurch ist in diesem Fall eine wichtige Wasserhaushaltsgröße quantitativ greifbar, da Austauschmengen im Feld nicht direkt messbar sind. Zur Visualisierung vertikaler Austauschvorgänge im MAGPlan-Projektgebiet werden vorwiegend die Parameter Chlorid und Sulfat (im Kontext mit der Schwefelisotopie) eingesetzt.

Beschaffenheitsdaten werden im MAGPlan-Projekt bei Packertests abschnittsweise im offenen Bohrloch und bei Immissionspumpversuchen gewonnen. Darüber hinaus erfolgte eine Stichtagsbeprobung in 350 bereits bestehenden Grundwasseraufschlüssen.

Mehrere hydrochemische Parameter sind in hydrochemischen Fazieskarten dargestellt und verhelfen zum Verständnis hydraulischer Vorgänge, aber auch im Verschnitt mit Isotopendaten zur Darstellung der Milieuverhältnisse in Milieukarten (Tab. 4.2).

4.2.8 Einsatz von Umweltisotopen

Die Gruppe der Umweltisotope umfasst ohne scharfe Abgrenzung die Isotope C, H, N, O, S (Höhener & Aelion 2010). Sie sind sowohl Bestandteil des Wassermoleküls als auch von Stoffen natürlicher (z. B. Sulfat) oder anthropogener Herkunft (z. B. organische Schadstoffe, Nitrat) im Grundwasser. Die isotopische Zusammensetzung eines Elements hängt von dessen Herkunft, den Bildungsbedingungen oder auch möglichen Wechselwirkungen im Untergrund ab. So kann daraus auf hydrogeologisch-hydraulische Vorgänge und Stofftransport oder auch auf im Aquifer ablaufende biologische Prozesse geschlossen werden (Clark & Fritz 1997).

Umweltisotope sind als Tracer nutzbar, sofern sie sich während der Untergrundpassage konservativ verhalten. Aus dem Verteilungsmuster kann auf die Strömungsrichtung (Transportinformation entlang Stromlinie) des Grundwassers, auf Verlagerungen in andere Aquifere oder auch auf Herkunft und Eintragsort von Stoffen (z. B. LCKW-Herde) geschlossen werden (Ertel et al. 2009). Die Folgerungen aus der Isotopeninformation müssen mit dem hydraulischen Konzept konsistent sein. Bei Widersprüchen sind die Modellansätze zu prüfen und ggf. zu modifizieren. Sehr hilfreich ist hierbei die Einbeziehung von Daten zur Grundwasserbeschaffenheit.

Sofern bei den gelösten Feststoffen auf dem Transportpfad sowie über die Zeit eine Veränderung der Isotopensignatur durch Fraktionierung eintritt, werden chemische Reaktionsprozesse sowie mikrobiologische Abbau- bzw. Umbauprozesse erkannt. Die Analyse der Isotopenfraktionierung lässt auf die Milieuverhältnisse und daraus wiederum auf eine großräumige Gliederung in Milieuzonen rückschließen. Auch diese müssen mit Informationen anderer

■ **Tab. 4.3** Isotopenverhältnisse charakteristischer Umweltisotope

Element	Isotopen-verhältnis	Standard	Kurzwort Standard
Kohlenstoff, C	$^{13}C/^{12}C$	Karbonat des Vienna Pee Dee Belemnite	V-PDB
Wasserstoff, H	$^{2}H/^{1}H$	Vienna Standard Mean Ocean Water (Meerwasser)	V-SMOW
Sauerstoff, O	$^{18}O/^{16}O$	Vienna Standard Mean Ocean Water (Meerwasser)	V-SMOW
Stickstoff, N	$^{15}N/^{14}N$	Atmosphärischer Stickstoff, atmospheric nitrogen	AIR-N_2
Schwefel, S	$^{34}S/^{32}S$	H_2S im Vienna Canyon Diablo Troilit	V-CDT

Art gegengeprüft werden (z. B. Nitratisotope, Nitratabbauprodukte, Sauerstoffkonzentration).

Die gemessenen Isotopenverhältnisse im Wasser ($^{2}H/^{1}H_{H2O}$, $^{18}O/^{16}O_{H2O}$) bzw. in gelösten Stoffen (LCKW: $^{13}C/^{12}C_{LCKW}$, $^{37}Cl/^{35}Cl_{LCKW}$; Nitrat: $^{15}N/^{14}N_{NO3}$, $^{18}O/^{16}O_{NO3}$, Sulfat: $^{34}S/^{32}S_{SO4}$, $^{18}O/^{16}O_{SO4}$) einer Probe werden relativ zu einer international festgelegten Standardsubstanz in Promille in der üblichen δ-Notation angegeben. Dabei bezieht man die einzelnen Isotope auf unterschiedliche Standards, die in ■ Tab. 4.3 wiedergegeben sind. Die Messgenauigkeit für die Bestimmung von $\delta^{18}O_{H20}$ liegt bei 0,15 ‰, für $\delta^{2}H$ bei 1,5 ‰, für $\delta^{15}N$ und $\delta^{18}O_{NO3}$ bei 0,2 ‰, für $\delta^{34}S$ bei 1 ‰ und für $\delta^{18}O_{SO4}$ bei 0,2 ‰ sowie für $\delta^{13}C_{LCKW}$ bei 0,5 ‰. Die sogenannte „Delta-Notation" besitzt den Vorteil, dass selbst sehr kleine Differenzen in der Isotopenzusammensetzung angegeben werden können. Je weniger negativ ein δ-Wert ist, desto stärker ist die untersuchte Probe mit dem schweren Isotop angereichert (■ Tab. 4.3).

Bei der Untersuchung kontaminierter Standorte ist die substanzspezifische Isotopenanalyse (CSIA) des Kohlenstoffs organischer Schadstoffe ein gut etabliertes Verfahren. Sie wird eingesetzt, um eine bestehende Kontamination an einem Standort möglichen Verursachern zuzuordnen oder um In-situ-Abbauprozesse der Schadstoffe nachzuweisen und gegebenenfalls zu quantifizieren.

Moleküle, die unterschiedliche Isotope eines Elements enthalten, reagieren chemisch leicht unterschiedlich. Bindungen, die aus den leichteren Isotopen aufgebaut sind (z. B. ^{12}C-Cl), werden schneller gespalten als die Bindungen, die das schwerere Isotop des gleichen Elements (z. B. ^{13}C-Cl) enthalten. Dadurch kommt es während einer chemischen Reaktion zu einer Verschiebung der Isotopenverhältnisse im Vergleich zum Ausgangsstoff. Diesen Effekt bezeichnet man als Isotopenfraktionierung. Die Isotopenfraktionierung beim LCKW-Abbau ist auf den bevorzugten Abbau derjenigen Moleküle zurückzuführen, die nur das leichtere ^{12}C-Isotop enthalten. Das bedeutet, dass der jeweils durch Abbau entstandene Stoff (z. B. cDCE) im Vergleich zu seinem Ausgangsstoff (z. B. TCE) isotopisch leichter ist. Das Vorliegen einer Isotopenfraktionierung kann zum eindeutigen Nachweis von Abbau herangezogen werden, da physikalische Vorgänge (z. B. Adsorption, Verdunstung, Verdünnung) zu keiner oder nur zu einer sehr geringen Fraktionierung führen (Slater et al. 1999, Hunkeler et al. 1999). Im Detail ist die Isotopenfraktionierung beim LCKW-Abbau komplex, da die gebildeten Stoffe (z. B. das aus TCE gebildete cDCE) zunächst zwar leichter sind als ihre Ausgangsstoffe, aber beim weiteren Abbau (z. B. cDCE → VC) selbst wieder zunehmend schwerer werden, da sich die leichteren ^{12}C-Isotope jetzt bevorzugt im neu gebildeten Stoff befinden. Außerdem ist die Fraktionierung bei den verschiedenen Abbauschritten unterschiedlich stark; sie nimmt generell mit jedem Dechlorierungsschritt zu.

Grundsätzlich lässt sich die Isotopenfraktionierung als Rayleigh-Modell (Rayleigh-Kurve) darstellen. Das Modell geht von einer über die Reaktionsdauer gleich bleibenden Bevorzugung bestimmter Isotope aus, die als Fraktionierungsfaktor α ausgedrückt wird. Der Fraktionierungsfaktor α beschreibt das Verhältnis der isotopischen Zusammensetzung R eines Stoffes zum Zeitpunkt t gegenüber der ursprünglichen Zusammensetzung R_0 (Zeitpunkt t_0) als Fraktion der verbliebenen Zusammensetzung (f) mit $R/R_0 = f(\alpha\text{-}1)$. Eine in der Praxis gängige Kenngröße ist der aus dem Fraktionierungsfaktor abgeleitete Anreicherungsfaktor $\varepsilon = (\alpha\text{-}1) \times 1.000$. Wenn es sich um ein geschlossenes System handelt (d. h. kein weiterer Abbau zu Ethen bzw. keine Mineralisierung) und an allen Einzelstoffen die δ^{13}C-Signaturen und die LCKW-Konzentrationen gemessen wurden, entspricht die errechnete molgewichtete Summensignatur der Isotopensignatur des Ausgangsstoffes. Mit Hilfe der molgewichteten Summensignatur lässt sich im Umkehrschluss aber auch feststellen, ob die Dechlorierung nur zu einem Umbau der chlorierten Stoffe (z. B. von PCE nach cDCE) führt oder ob ein vollständiger Abbau zu nicht chlorierten Stoffen, wie Ethen und/oder CO_2 erfolgt. Hierzu ist der Vergleich der δ^{13}C-Summensignaturen von mindestens zwei Proben aus unterschiedlichen Messstellen entlang der Fließstrecke erforderlich. Weisen beide Proben zwar eine Spektrenveränderung auf, zeigen aber identische Summensignaturen, so handelt es sich um ein geschlossenes System und es finden nur Umbau-, aber keine Abbauprozesse zu chlorfreien Produkten statt. Wird die Summensignatur in Richtung Abstrom hingegen schwerer, werden leichte ^{12}C-Isotope aus dem System durch bevorzugten Abbau zu Ethen und/oder CO_2 entzogen. Somit ist ein zweifelsfreier Nachweis von Abbau möglich. Dasselbe gilt für Proben, die aus einer Messstelle zu unterschiedlichen Zeiten entnommen wurden. Zeigt die jüngere Probe eine schwerere $\delta^{13}C$-Summensignatur, ist ein fortschreitender Abbau nachgewiesen.

Auch eine einzelne $\delta^{13}C$-Signatur kann im günstigen Fall für den Nachweis von Abbau herangezogen werden. Da die primären $\delta^{13}C$-Signaturen von LCKW-Ausgangsstoffen, wie PCE und teilweise auch TCE, deutlich leichter (negativer) sind als −20 ‰ (meist ca. −34 bis −23 ‰), stellen schwerere (positivere) Signaturen einen Nachweis für mikrobiellen Schadstoffabbau dar (Eisenmann & Fischer 2010). Der Umkehrschluss gilt hingegen nicht. Auch leichtere $\delta^{13}C$-Signaturen als −20 ‰ schließen einen Abbau nicht aus, wenn die Ausgangssignatur noch leichter war. Abbau ist in diesem Fall aber auf Grundlage einer Einzelprobe nicht beweisbar.

Bei der Bewertung von Abbauprozessen ist zu berücksichtigen, dass nur die im Wasser gelösten Schadstoffe abgebaut werden können. Sofern die Abbauintensität im Aquifer aufgrund veränderter Milieuverhältnisse nachlässt, kann sich somit im Lauf der Zeit ein geringerer Abbau einstellen, der sich isotopisch durch zunehmend leichter werdende $\delta^{13}C$-Signaturen äußert. Ebenso führt ein Schadstoffnachschub z. B. aus Phase zu leichteren $\delta^{13}C$-Signaturen. Dies lässt jedoch keine Rückschlüsse auf eine geringe Abbauintensität zu.

An komplexen Standorten (z. B. bei Eintrag aus mehreren Quellen und gleichzeitigem Abbau oder bei forensischen Untersuchungen), bei denen die Kohlenstoff-CSIA nicht zwischen mehreren Verursachern unterscheidet, ist es hilfreich, ein weiteres Element in die CSIA der Schadstoffe einzubeziehen. Bei chlorierten Ethenen bietet sich die Untersuchung von Chlor an, da inzwischen praktikable Analysemethoden für Cl-CSIA in Umweltproben existieren. Somit kann eine zweidimensionale (2D) Analyse der Chlor- und Kohlenstoffisotope chlorierter Ethene durchgeführt werden. Theoretische Überlegungen sowie Labor- und Feldstudien haben gezeigt, dass die zweidimensionale $\delta^{13}C/\delta^{37}Cl$-CSIA wesentlich schärfere Aussagen bezüglich Herkunft oder Abbauprozessen von LCKW erlaubt als die Auswertung von einzelnen $\delta^{13}C$- oder $\delta^{37}Cl$-Datensätzen. Eine erste 2-dimensionale isotopengeochemische Charakterisierung chlorierter Ethene an kontaminierten Standorten in Stuttgart haben Ebert et al. (2014) durchgeführt.

4.2.9 Spurenstoffanalytik, FCKW und SF_6

FCKW als Forensik-Parameter

Das Freon F12 oder R12 (Dichlordifluormethan) wurde früher bevorzugt in Kühlschränken eingesetzt. Das Freon F11 oder R11 (Monofluortrichlorethan) wurde verbreitet als Treib- und Schäumungsmittel verwendet, daneben aber auch zu Reinigungszwecken. Das Frigen F113 oder R113 (Trifluortrichlorethan) wurde u. a. auch zur Textilreinigung eingesetzt.

Seit den 1990er-Jahren werden die Fluorchlorkohlenwasserstoffe (FCKW) zu Datierungszwecken verwendet (Oster et al. 1996). FCKW-Summen von mehr als etwa 10 pmol/l entstammen jedoch nicht mehr einem globalen atmosphärischen Eintrag in das Grundwasser, sondern sind auf zusätzliche anthropogene Quellen (Altlasten, Altstandorte) zurückzuführen. Eine Altersdatierung ist dann nicht mehr möglich.

Seit den 1960er-Jahren bis zum FCKW-Anwendungsverbot Anfang der 1990er-Jahre wurden F11 und F113 parallel zum üblichen Hauptreinigungsmittel PCE („Per") zur schonenden Gewebereinigung neu eingeführter Textilfasern (Nylon, Perlon) in chemischen Reinigungen verwendet. F11 war vorwiegend im Zeitraum 1960 bis 1980, F113 noch bis 1990 im Einsatz.

Dieser Umstand ermöglicht bei sich überlagernden Schadstofffahnen mit gleichem Hauptschadstoff (hier PCE) im Unterstrom von entsprechenden Altstandorten eine Störerzuordnung. Dies setzt voraus, dass unterschiedliche FCKW eingesetzt wurden oder einer der in Frage kommenden Altstandorte nur PCE, aber keine FCKW verwendet hat. Diese Methodik ist nicht auf chemische Reinigungen beschränkt, sondern kann überall dort angewendet werden, wo FCKW eine Rolle spielten.

Als etablierte Methode wird im Stadtgebiet Stuttgart die FCKW-Spurenstoffanalytik zur Erkundung der Stoffausbreitung bereits seit vielen Jahren erfolgreich eingesetzt (Spitzberg et al. 2006). Auch in MAGPlan trägt sie im Kontext mit Schadstoffisotopie und hydraulischen Kenntnissen zu einem dezidierten Schadensbild bei, insbesondere im Abstrom der sog. Schlüsselfälle. An mehreren LCKW-Schadensbereichen im Projektgebiet ohne bekannte Herdzuordnung wurden Spurenstoffanalysen auf die drei FCKW-Verbindungen F12, F11 und F113 durchgeführt.

FCKW und SF_6 als Datierungstracer

In ◘ Abb. 4.8 ist die zeitliche Entwicklung einiger anthropogener Datierungsstoffe in der Atmosphäre der Nordhalbkugel über die letzten 70 Jahre aufgetragen. Außer den drei Fluorchlorkohlenwasserstoffen (FCKW) F11, F12 und F113 sind dies Tritium (^3H) und Schwefelhexafluorid (SF_6). Angesichts des monotonen Anstiegs ist Schwefelhexafluorid be-

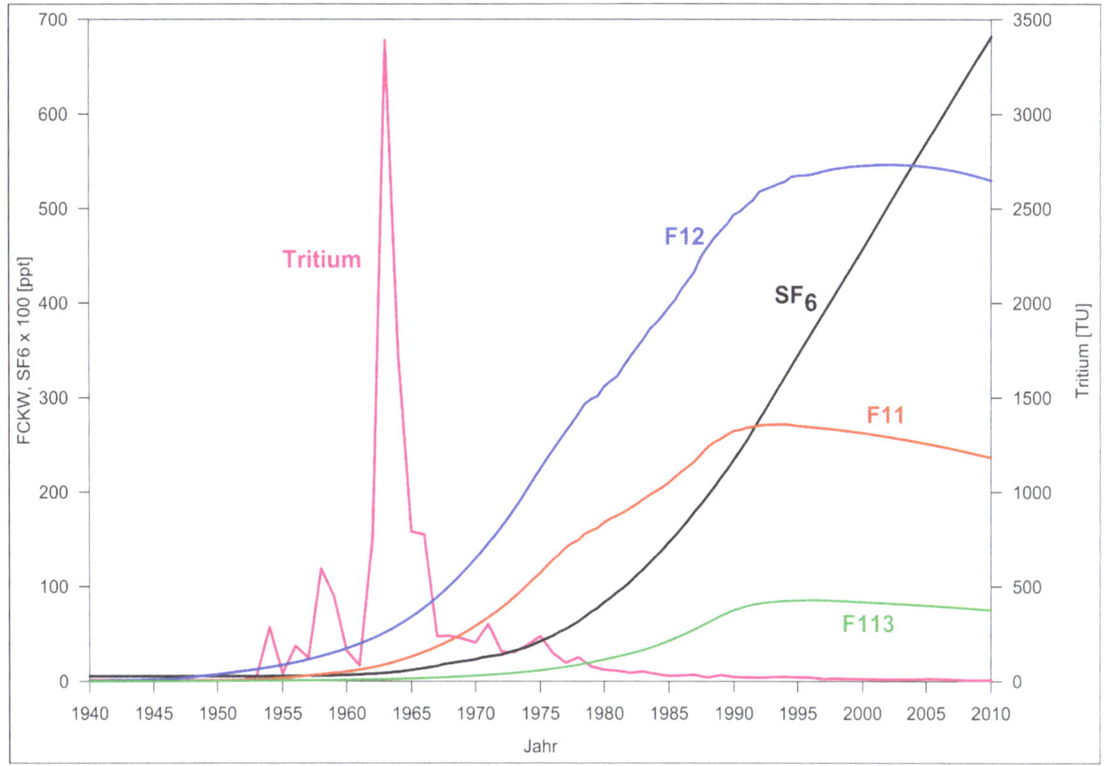

Abb. 4.8 Zeitliche Entwicklung anthropogener Datierungstracer in der Nordhemisphäre. Datenquelle US Geological Survey (SF_6, FCKW), International Atomic Energy Agency (Tritium).

sonders gut für Datierungszwecke geeignet, während Tritium wegen des sehr heterogenen und in den letzten Jahrzehnten stark zurückgegangenen Eintrags insbesondere bei Einzelproben zu mehrdeutigen Altersangaben führt. Auch die FCKW-Verbindungen weisen seit dem FCKW-Anwendungsverbot 1990 einen rückläufigen Trend auf, so dass die Eindeutigkeit einer Altersdatierung zurückgeht (Abb. 4.8).

Das anthropogene Spurengas Schwefelhexafluorid wird seit den 1960er-Jahren zunehmend in die Atmosphäre emittiert. Wegen seiner Stabilität und Langlebigkeit steigt der SF_6-Gehalt in der Atmosphäre kontinuierlich an. Es ist ein ausgesprochenes Treibhausgas. Die bevorzugte Anwendung liegt in Hochspannungsanlagen, wo das inerte Gas als Schutzgas fungiert. Natürliche Quellen spielen kaum eine Rolle. Wenn der SF_6-Eintrag über die Niederschläge in das Grundwasser für die Vergangenheit bekannt ist, so kann eine Grundwasseraltersdatierung durchgeführt werden. Da im Untergrund praktisch keine Sorptions- und Abbauprozesse stattfinden, verhält es sich dort als idealer Tracer (vgl. Fulda & Kinzelbach 1998, Busenberg & Plummer 2000).

Für eine Altersdatierung stehen sogenannte Speicher-Durchfluss-Modelle (Lumped-Parameter-Models), auch Black-Box-Modelle genannt, zur Verfügung (vgl. z. B. DVWK 1995). Sie beschreiben eine Wahrscheinlichkeitsverteilung der Verweilzeiten durch Vergleich von gemessenen mit simulierten Tracer-Konzentrationen. Das Ergebnis hängt von der Funktionsweise (Aufbau und Dynamik) des Aquifersystems (Black-Box) ab. Die bekanntesten Modelle sind das Piston-Flow-Modell (PFM), das keine Mischungsprozesse auf dem Transportweg vom Neubildungsort zum Entnahmebrunnen annimmt, und das Exponentialmodell (EM), das von einer Vermischung von jungen und alten Grundwasseranteilen im Aquifer ausgeht.

In Abb. 4.9 sind die mittleren Verweilzeiten, die sich im Jahr 2011 für bestimmte SF_6-Konzentrationen nach dem PFM und dem EM für Stuttgart ergeben, grafisch aufgetragen. Der SF_6-Eintrag beruht auf Daten der Luftkonzentration des U.S. Geological Survey (USGS) für die Nordhemisphäre, die vom Spurenstofflabor Dr. Oster für eine Wassertemperatur von 10 °C und unter Ansatz eines urbanen Überhöhungsfaktors von 50 % für Stuttgart umgerechnet wurden.

Da die aus dem Projektgebiet vorliegenden SF_6-Daten aus der Zeit von 1995 bis 2014 stammen, und die Grafik aus Abb. 4.9 nur für Proben aus dem Jahr 2011 gilt, wurde in Abb. 4.10 das Piston-Flow-Modell normiert, indem auf der Zeitachse das Jahr der Neubildung aufgetragen ist. Da beim Piston-Flow-Modell einer bestimmten SF_6-Konzentration genau ein Eintragszeitpunkt zugeordnet ist, kann das Alter direkt abgelesen werden. Beispielweise würde eine im Jahr 2010 gemessene SF_6-Konzentration von 1 fmol/l zu einem Alter von 24 Jahren führen (Differenz aus Jahr der Beprobung 2010 und Jahr der Neubildung 1986). Demgegenüber

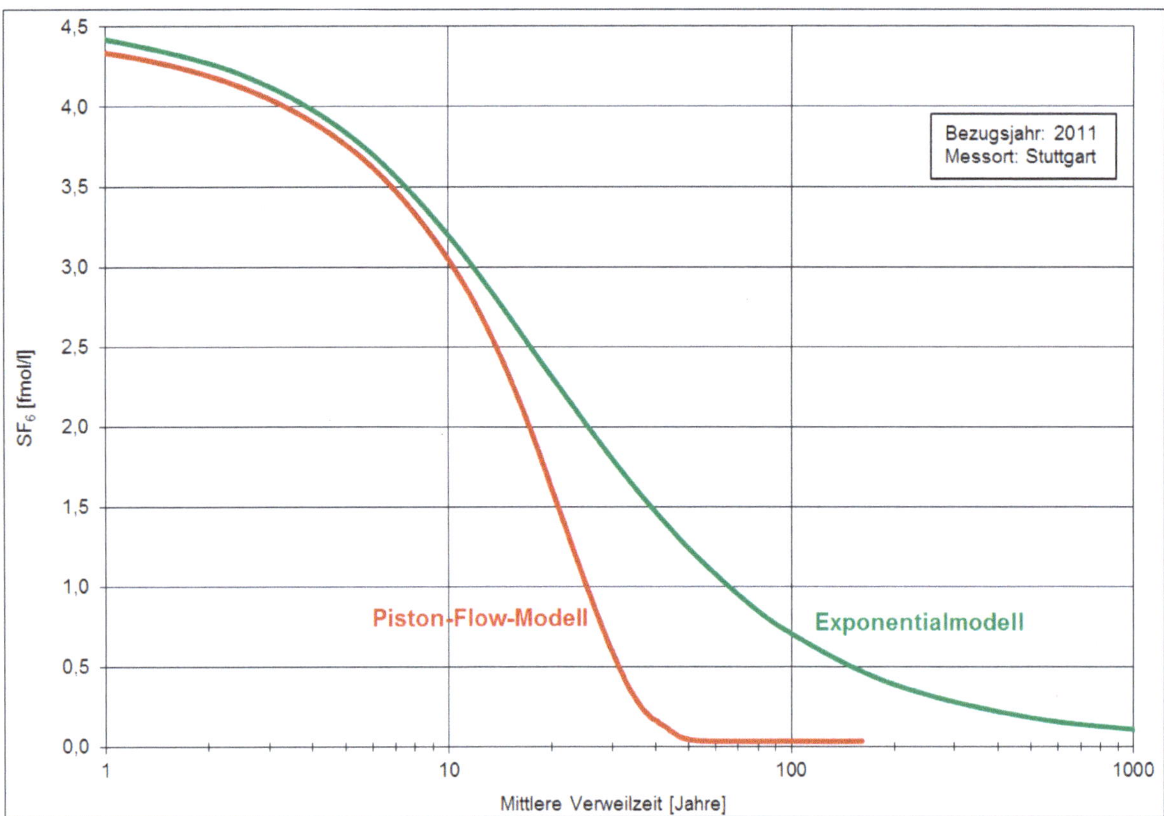

Abb. 4.9 Mittlere SF_6-Verweilzeiten nach dem Piston-Flow- und Exponential-Modell.

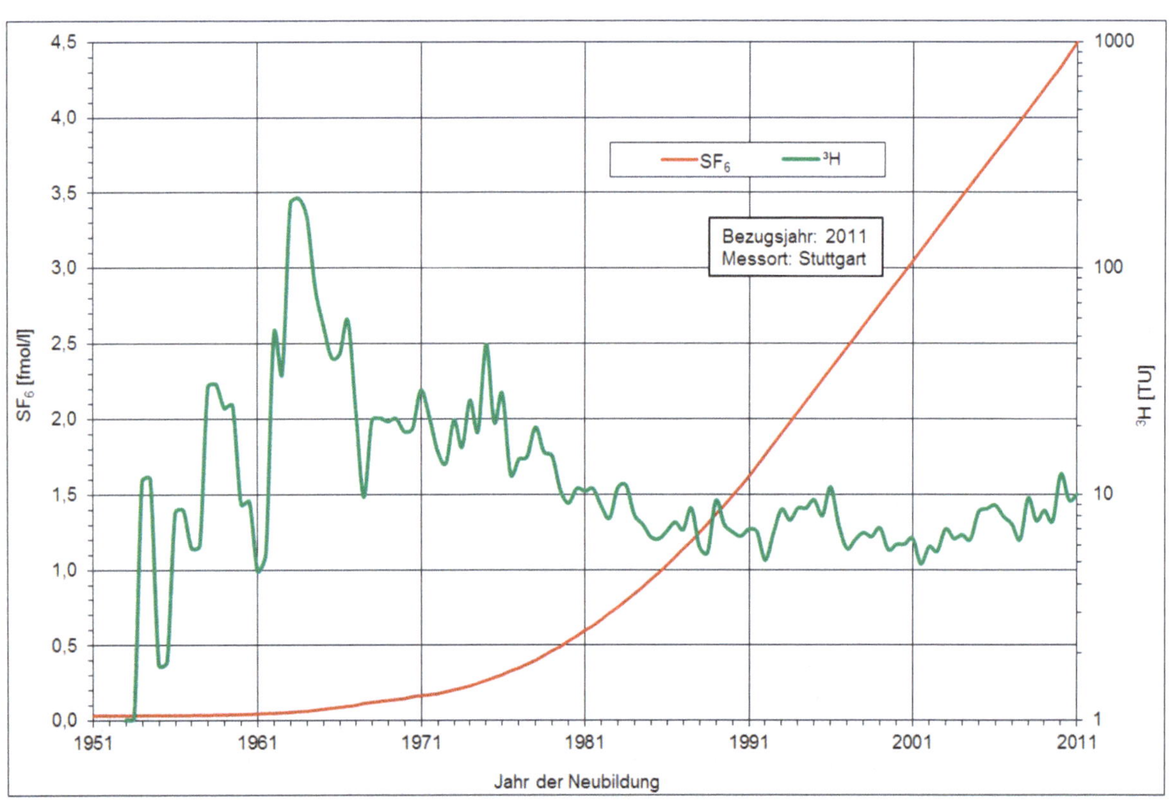

Abb. 4.10 Altersdatierung mit dem Piston-Flow-Modell für SF_6 und Tritium.

gilt die ebenfalls dargestellte Tritium-Kurve nur für das Jahr 2011, da sich die Tritium-Werte durch den radioaktiven Zerfallsprozess ständig verringern. Mit dem Piston-Flow-Ansatz ist derzeit eine maximale „SF_6-Aussagereichweite" von knapp 50 Jahren möglich.

Seit dem Jahr 2000 werden in Stuttgart bei Immissionspumpversuchen sowie bei Bohrarbeiten tiefendifferenziert Messungen der SF_6-Konzentration durchgeführt. Die Messwerte werden stockwerksbezogen in SF_6-Verteilungskarten sowie in Karten der mittleren Verweilzeit umgesetzt. Die Altersverteilung kann vertikale Stockwerksverbindungen aufzeigen oder auch das Strömungsmuster im Aquifer abbilden. In Bohrungen zeigt die vertikale Altersabfolge im Kontext mit Druckmessungen, ob eine vertikale Verlagerung von Schadstoffen möglich ist.

Die Bestimmung der SF_6-Modellalter im Muschelkalk ergänzt die Messungen des Tritiumgehalts, die seit 1970 in 29 Aufschlüssen (inkl. der Mineral- und Heilquellen) in allerdings unregelmäßigen Abständen durchgeführt werden (Prestel 1997). Tritium ^3H (gemessen in Tritium-Units, TU) wird in der Atmosphäre durch Einwirkung der Höhenstrahlung erzeugt und gelangt über den Niederschlag ins Grundwasser. Die natürliche Tritiumproduktion wurde in den 1950er- und 60er-Jahren durch Kernwaffentests gestört, bei denen massiv Tritium freigesetzt wurde. Dadurch stieg die Tritiumkonzentration in der Atmosphäre um drei Größenordnungen („Bombenpeak") an. Nach Verringerung bzw. Verbot der Tests sank die Tritiumkonzentration wieder deutlich ab und liegt heute wieder bei weniger als 10 TU. Die über die Zeit festzustellende Tritiumeintragskurve ist dadurch zweigeteilt (■ Abb. 4.8).

4.2.10 Markierungsversuche (Tracertests)

Markierungsversuche gelten vor allem im Karst als effektive und bewährte Werkzeuge, um die räumlichen und zeitlichen Zusammenhänge der Fließsysteme („unterirdische Verbindungen"), die Strömung beeinflussende Strukturen (Karströhren, lateral dichte Verwerfungen) sowie stofftransportrelevante Größen (teilweise differenziert nach Röhrensystem bzw. Matrix) großskalig zu bestimmen. Mit kombinierten Markierungsversuchen in den Jahren 1998 und 1999 konnten bereits der Zustrom auf die Mineralquellen und das Stoffverhalten näher charakterisiert werden (Goldscheider et al. 2001). Auch die Verschneidung der Druckhöhen-Information einzelner Messstellen mit der Tracer-Information gleicht Unstimmigkeiten aus und führt zu einer hydraulisch höherwertigen Systemvorstellung als eine alleinige Piezometerhöhenbetrachtung. Die Ergebnisse der Markierungsversuche mit den daraus ermittelten Bandbreiten der Transportparameter verbessern die Qualität und Prognosegenauigkeit des numerischen Modells.

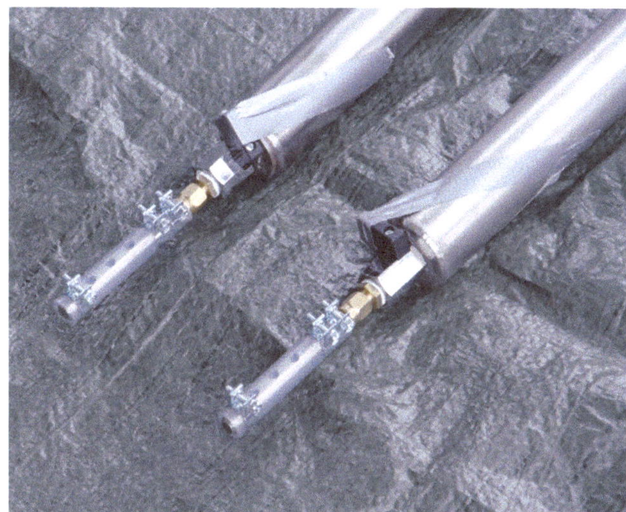

■ **Abb. 4.11** Der Tracer SF_6 ist gasförmig in Injektoren gespeichert. Länge des Injektors ca. 50 cm. Am Fuß des Injektors wird das Gas über eine perforierte Rohrstrecke an das Grundwasser abgegeben.

Das 1998 begonnene Konzept wurde mit zwei weiteren Versuchen fortgesetzt. Bei Versuch 1 steht im Vordergrund, die Einzugsbereiche einzelner Mineralwasserfassungen bzw. Fassungsgruppen gegenseitig abzugrenzen und damit Rückschlüsse auf die LCKW-Herkunft in den Fassungen zu ziehen. Zudem sollte die räumliche Auswirkung einer vermuteten Dränstruktur (Karströhre?) im weiteren Umfeld untersucht werden. In MAG 11 (Rosensteinpark) und B 8 (Ehmannstraße) wurden dazu 75 kg des Fluoreszenztracers Natrium-Naphtionat in Wasser gelöst eingegeben. Bei Versuch 2 (mit Eingabe des Gases Schwefelhexafluorid, SF_6) wurde kleinräumig die weitere Ausbreitung einer LCKW-Fahne zwischen Altem Schloss und Hauptbahnhof untersucht. Der Tracer Schwefelhexafluorid wird in drei Injektoren in Gasform gespeichert in die Grundwassermessstelle P 172 in verschiedenen Tiefen übereinander hängend auf die Filterstrecke verteilt. Das Gas tritt kontinuierlich aus den Injektoren in das Grundwasser über und wird im Grundwasser gelöst nach Unterstrom transportiert. Die drei Injektoren beinhalten zusammen 9 Gramm SF_6 (■ Abb. 4.11).

Beide Tracer sind toxikologisch unbedenklich, biologisch/chemisch inert und daher keinem Umbau bzw. Abbau unterworfen, bei hohen Stoffkonzentrationen nicht mit dem Auge sichtbar und analytisch mit hoher Genauigkeit nachzuweisen.

Alle diese Markierungsversuche liefern allerdings nur Informationen aus dem weiteren Umfeld der Mineralquellen. Inwieweit die aus den Markierungsversuchen abgeleiteten Parameter auch auf das weitere Einzugsgebiet der Mineral- und Heilquellen übertragbar sind, lässt sich nur aus dem Vergleich mit regionalen Isotopenuntersuchungen wie Tritium oder SF_6 im numerischen Modell entscheiden. Dies bezieht sich nur auf die Aquifereigenschaften, wie die Porosität unter Berücksichtigung eines doppelporösen Aquifersystems oder die Dispersivität. Stoffspezifische Eigenschaften, wie der mikrobielle Abbau, bleiben weiterhin der lokalen Kenntnis über die Aquifereigenschaften oder Milieubedingungen und deren Regionalisierung überlassen.

4.2.11 Mikrobiologische Untersuchungsverfahren

Vor etwa 1980 herrschte die Ansicht vor, dass LCKW aufgrund ihrer anthropogenen Herkunft generell nicht biologisch abbaubar sind (Bradley 2003). Heute sind mehrere aerobe und anaerobe Abbauprozesse bekannt (Mattes et al. 2010). Es gibt verschiedene mikrobiologische Untersuchungsmethoden, um den LCKW-Abbau bzw. dessen Potenzial nachzuweisen und abzuschätzen. Da für alle Verfahren Grundwasserproben verwendet werden sollen, ist bei der Auswertung zu beachten, dass bei einem Positivbefund auf mikrobiologischen Abbau geschlossen werden kann, ein Negativbefund aber nicht automatisch einen schlechten oder keinen Abbau bedeutet. Bei der Entnahme von Grundwasserproben werden Mikroorganismen oft unzureichend erfasst, da die meisten auf der Bodenmatrix aufwachsen und nur ein kleiner Teil der Zellen frei im Grundwasser vorliegt.

PCR

Die Polymerase-Kettenreaktion (PCR) ist eine schnelle und sensitive molekularbiologische Methode für den Nachweis der Erbgutinformation (DNA, Deoxyribonucleic Acid) schadstoffabbauender Bakterien. Bei einer Organismus-spezifischen 16S-PCR werden DNA-Sequenzen amplifiziert, die für die ribosomale 16S-RNA des jeweiligen Bakteriums kodieren (16S-DNA). Der spezifische Nachweis schadstoffabbauender Enzyme basiert auf dem für das jeweilige Enzym kodierenden Gen.

Die quantitative real-time PCR (qPCR) ermöglicht eine Konzentrationsbestimmung der schadstoffabbauenden Bakterien und deren Enzyme. Während der PCR-Reaktion werden fluoreszierende Farbstoffe in die entstehenden DNA-Stränge eingefügt, so dass die im Zuge der DNA-Vervielfältigung zunehmende Fluoreszenz gemessen werden kann. Die Konzentrationsbestimmung erfolgt mit Hilfe einer Kalibriergeraden mit DNA-Standards bekannter Konzentrationen.

Das Abbaupotential von cDCE und VC kann z. B. anhand der quantitativen Bestimmung der *Dehalococcoides* Gene 16S rRNA (als Nachweis der Gesamt-*Dehalococcoides*-Zellzahlen) und z. B. *vcrA* und/oder *bvcA* (als funktionelles Gen für den cDCE- zu Ethen-Abbau) bestimmt werden. Außer für *Dehalococcoides* sp. stehen PCR-Verfahren für folgende anaerob-reduktiv dechlorierenden Bakteriengruppen zur Verfügung: *Desulfomonile tiedjei*, *Dehlobacter* sp., *Desulfitobakterium* sp. und *Desulfomonas* sp.

Tab. 4.4 Übersicht über die Abbauversuche in Grundwasser-Mikrokosmen. Jede Zeile entspricht einem Versuchsansatz. GW = Grundwasser. Die Nährstoff-Dosierung bzw. das Mineralmedium enthielten je Liter in Gramm 0,1 $K_2HPO_4 \times 3\,H_2O$; 0,02 KH_2PO_4; 0,17 $NaNO_3$; 0,04 $MgSO_4 \times 7\,H_2O$; 0,023 $CaSO_4 \times 2\,H_2O$ sowie 2 ml Spurenelementlösung.

GWM	Lage	Startkonzentration [µg/l]	Versuchsbedingungen
Br. 4	Tübinger Str.	100 µg/l TCE dosiert	Grundwasser unverändert
Br. 4	Tübinger Str.	1.300 µg/l TCE dosiert	Sterilkontrolle
Br. 7	Tübinger Str.	100 µg/l TCE dosiert	Grundwasser unverändert
Br. 7	Tübinger Str.	100 µg/l TCE dosiert	Dosierung von Nährstoffen
Br. 7	Tübinger Str.	100 µg/l TCE dosiert	Abfiltrierte Biomasse in Mineralmedium
MAG 12	Innenstadt	100 µg/l TCE dosiert	Grundwasser unverändert
MAG 12	Innenstadt	100 µg/l TCE dosiert	Dosierung von Nährstoffen
MAG 12	Innenstadt	100 µg/l TCE dosiert	Abfiltrierte Biomasse in Mineralmedium
P 172	Innenstadt	100 µg/l TCE dosiert	Grundwasser unverändert
P 172	Innenstadt	100 µg/l TCE dosiert	Dosierung von Nährstoffen
P 172	Innenstadt	100 µg/l TCE dosiert	Abfiltrierte Biomasse in Mineralmedium
MAG 13	Rümelinstr.	100 µg/l TCE dosiert	Grundwasser unverändert
MAG 13	Rümelinstr.	100 µg/l TCE dosiert	Dosierung von Nährstoffen
MAG 13	Rümelinstr.	100 µg/l TCE dosiert	Abfiltrierte Biomasse in Mineralmedium

Das Verfahren hat sich bereits seit einigen Jahren bei der Praxisanwendung bewährt (Hendrickson et al. 2002; Schmidt et al. 2006; Schmidt & Tiehm 2011). Für den aerob-oxidativen Chlorethen-Abbau gibt es derzeit noch keine entsprechend validierten und bewährten PCR-Verfahren (Mattes et al. 2010).

Mikrokosmen

Mit Hilfe von Abbauversuchen in Mikrokosmen kann der aerobe oder anaerobe Schadstoffabbau in der Grundwasserprobe über die Zeit erfasst werden. Der Vorteil von Mikrokosmenversuchen besteht darin, den Um- und Abbau von chlorierten Ethenen durch Konzentrationsmessungen nachverfolgen zu können. Ein Umbau trägt zwar nicht zwangsweise zu einer Dekontamination bei, ist aber dennoch wichtig bei der Fragestellung, in wieweit der obligatorische Umbauschritt von PCE zu TCE stattfindet. Alle niederchlorierten Metaboliten sind dagegen grundsätzlich auch aerob abbaubar (▫ Tab. 4.4).

Abbauversuche in Mikrokosmen bieten die Möglichkeit, die im Feld ablaufenden mikrobiellen Prozesse aufzuzeigen und in einem kontrollierbaren System genau zu untersuchen (Berghoff et al. 2007; Schmidt & Tiehm 2008). Man erhält dabei fundierte Informationen über die abbaubaren Schadstoffe sowie eventuell auftretende Abbauprodukte. Stimulierungsmöglichkeiten des mikrobiologischen Abbaus z. B. durch die Zugabe von Auxiliarsubstraten und/oder Nährstoffen können ebenfalls geprüft werden.

Mikrokosmenversuche sind relativ zeitaufwändig, weil es nach der Grundwasserbeprobung zu einer sogenannten „Lag"-Phase („Verzögerungs-Phase") kommen kann. Die für den LCKW-Abbau verantwortlichen Mikroorganismen brauchen in der Regel eine mehrwöchige (bis zu dreimonatige) Anpassungszeit, bis der Abbau wieder einsetzt. Der einfachste Aufbau von Mikrokosmenversuchen ist die Grundwasserinkubation in Flaschen. In regelmäßigen Zeitabständen werden Proben aus jedem Batch-Mikrokosmos entnommen, falls mehrere Ansätze pro Probe bestehen, wird die beprobte Flasche danach verworfen. Dabei werden jeweils LCKW-Konzentrationen und redoxspezifische Parameter gemessen.

4.3 Durchgeführte Untersuchungen

In vier Kampagnen wurden insgesamt 18 Kernbohrungen mit folgender Zielsetzung eingerichtet:

- MAG 1 bis MAG 7: Kompensation erheblicher Kenntnisdefizite über die regionale Hydrogeologie und Schadstoffsituation, Zielhorizont: Unterkeuper (v. a. Talrandbereiche),
- MAG 9 bis MAG 11: Hydrogeologie und Schadstoffausbreitung im Umfeld der niederkonzentrierten Mineralquellen (Zielhorizont Grenzdolomit: MAG 9, MAG 10; Zielhorizont Oberer Muschelkalk: MAG 11),
- MAG 8, MAG 12 und MAG 13 bis MAG 16 N: Schadstofftransport im Oberen Muschelkalk im zentralen MAGPlan-Raum (MAG 8 und MAG 12) und im Zustrom auf die hochkonzentrierten Mineralquellen (MAG 13 bis 15 Unterkeuper, MAG 16 N Oberer Muschelkalk),
- MAG 17 und MAG 18: Schadstoffausbreitung und vertikale Verlagerung im Abstrom des Standorts Rotebühlstraße.

Insgesamt wurden mit dem Programm Kenntnislücken der tiefen Grundwasserstockwerke Unterkeuper und Oberer Muschelkalk verringert. Der technische Aufwand für die Bohrungen war allerdings hoch, da die Bohrtiefen im Mittel um 50 m, in Ausnahmen bis 90 m betrugen, tiefendifferenzierte Packertests und tiefenorientierte Beprobungen von Teilstockwerken erfolgten und bei Gefahr der vertikalen Schadstoffverschleppung und zum Schutz des Mineralwasseraquifers Sperrverrohrungen dauerhaft eingebaut werden mussten.

Nach Fertigstellung der Grundwassermessstellen sind für das weitere Umfeld lokale Stichtagsmessungen des Grundwasserstands sowie auch Stichtagsbeprobungen erfolgt, um die aus den neuen Bohrungen gewonnenen Daten integrieren zu können. Die lokalen Auswertungen für Teilgebiete können wiederum mit der 2010 erfolgten Stichtagsmessung (350 Aufschlüsse) und der 2011 erfolgten Stichtagsbeprobung (400 Aufschlüsse) im gesamten Projektraum verknüpft werden.

In ▫ Tab. 4.1 sind die weiteren im Rahmen des Projektes durchgeführten Untersuchungen zusammengestellt. Die Tabelle verdeutlicht, dass sowohl Standardmethoden wie Kernbohrungen und Pumpversuche als auch bisher selten eingesetzte fortschrittliche Verfahren wie Packertests und Forensik zum Einsatz kamen.

Hydrogeologisches Modell

Wolfgang Ufrecht

Für das Natursystem Stuttgarter Talkessel und Cannstatter Becken werden die wesentlichen hydrogeologischen Eigenschaften und Wirkungsweisen in einem Hydrogeologischen Modell dargestellt. Es gliedert sich in die beiden Module „konzeptionelles Aquifermodell" und „konzeptionelles Stoffmodell". Kernelemente des Aquifermodells sind die geologischen Verhältnisse (Schichtaufbau, Schichtgeometrien, Schichtlagerung). Sie dienen als Grundlage für die hydrogeologische Systembeschreibung (hydrogeologische Einheiten, Hydrostratigraphie, Aquifergeometrie). Darüber hinaus sind Grundkonzepte der regionalen Grundwasserströmung und der daraus abgeleiteten hydraulischen Randbedingungen, Abschätzungen zur Wasserbilanz (Grundwasserneubildung, Randzufluss, vertikale hydraulische Interaktion zwischen den Stockwerken, Bewirtschaftung) sowie Bandbreiten zu den Durchlässigkeiten und sonstigen hydraulischen Parametern dargestellt (Arbeitskreis Hydrogeologische Modelle 1999). Kernelement des Stoffmodells ist das Stoffverhalten im System. Es dokumentiert und beschreibt die Mechanismen des LCKW-Eintrags, des raumzeitlichen Ausbreitungsverhaltens und ablaufender Abbau- bzw. Umbauprozesse an LCKW in Abhängigkeit der Milieubedingungen. Dazu wird auf der Basis zuvor erhobener und evaluierter Daten aus Felduntersuchungen und unter Berücksichtigung des hydrogeologischen a-priori-Wissens eine Modellvorstellung entwickelt, die sich auf das Verständnis des hydrogeologischen Systems sowie auf das Verständnis des Stoffverhaltens und der im System ablaufenden Prozesse bezieht.

Die vorherrschende Festgesteins-Hydrogeologie weist eine hohe Komplexität auf. Sie entsteht durch die vertikale Stockwerksgliederung in bis zu acht Grundwasserleiter mit intensiver tektonischer Beanspruchung und Schollengliederung sowie Aquiferüberprägung durch Verkarstung und Subrosion. Die oftmals lückenhafte Datenlage erfordert es, das Natursystem auf wesentliche Zusammenhänge und systembestimmende Einflussgrößen zu abstrahieren (◘ Abb. 5.1).

Der hydrogeologische Modellbildungsprozess ist dynamisch, da sich die Qualität der Modellvorstellung iterativ mit den in der Projektlaufzeit abgearbeiteten Untersuchungsprogrammen und den daraus resultierenden Ergebnissen fortlaufend aktualisiert. Mit jeder Einarbeitung neuer Untersuchungsergebnisse werden die beschriebenen Arbeitshypothesen geprüft, angenommen oder auch verworfen. Im Projekt MAGPlan war das numerische Strömungs- und Transportmodell, das zeitgleich mit dem Hydrogeologischen Modell aufgebaut wurde, von Anfang an in den Prüfprozess einbezogen. Die ständige Interaktion mit dem numerischen Modell diente der gegenseitigen Plausibilitätsprüfung. Neben seiner Funktion zur Qualitätssicherung war das Hydrogeologische Modell ein Kommunikationsinstrument zwischen den Projektpartnern und damit Dreh- und Angelpunkt im Projekt.

Eine dezidierte geologische und hydrogeologische Systemcharakterisierung ist für das 26,6 km^2 große Projektgebiet nur möglich, weil die über mehrere Jahrzehnte im Rah-

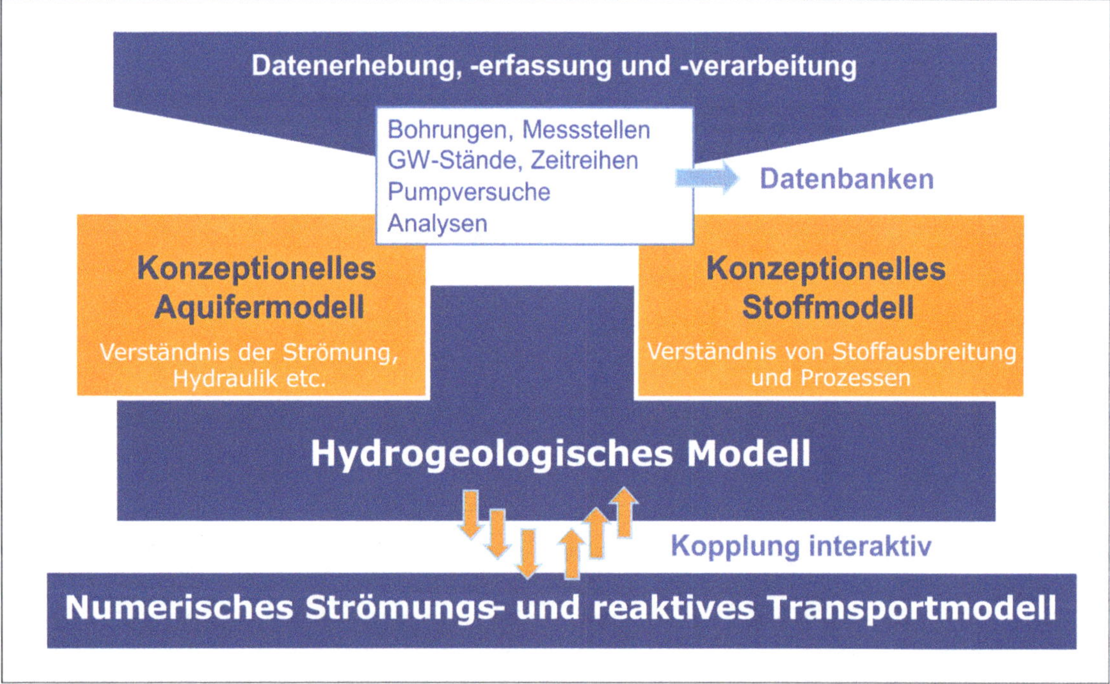

◘ **Abb. 5.1** Beziehung des Hydrogeologischen Modells (mit seinen Kompartimenten Aquifermodell und Stoffmodell) zum Numerischen Strömungs- und Transportmodell.

men von Bautätigkeiten und Altlastenuntersuchungen angefallenen Daten dokumentiert und in den eigens dafür entwickelten Informationssystemen BOISS und ISAS archiviert wurden. Sehr wesentlich trugen dazu die umfangreichen hydrogeologischen Erkundungsarbeiten für das Projekt Stuttgart 21 sowie die weit über Stuttgart hinausreichenden hydrogeologischen Untersuchungen für die Ausweisung des Heilquellenschutzgebiets bei (Ufrecht 1998b).

Die Zusammenstellung und Bewertung aller zu Projektbeginn vorliegenden Daten hat sich als grundlegende Voraussetzung für die erfolgreiche Durchführung des Projekts erwiesen. Damit war ein Zugriff auf belastbare Datensätze möglich, welche die Grundlage für Ersteinschätzungen und -bewertungen bildeten und dazu verhalfen, Datenlücken zu erkennen. Mit einem gezielten Ansatz konnten neue Felduntersuchungen zur Gewinnung dieser Daten vorbereitet werden. Dadurch wurden die begrenzten Ressourcen für neue Untersuchungen optimal eingesetzt mit dem Ziel, die Natursysteme und darin ablaufenden Prozesse in besonders systemrelevanten Bereichen detaillierter zu erfassen.

Derzeit sind in BOISS und ISAS für den MAGPlan-Modellraum folgende Daten gespeichert:

- 8.500 Bohrungen mit Schichtenverzeichnissen
- 1.200 Grundwasseraufschlüsse
- ca. 1.000.000 Abstichsdaten
- 50.000 Betriebsdaten und Schüttungsdaten
- 1.500 Pumpversuche und hydraulische Kennwerte
- 25.000 hydrochemische und Schadstoffanalysen
- 1.601 Datensätze zu Verdachtsflächen, Altlasten und kontaminierten Standorten.

Die Datenlage kann für den regionalen Betrachtungsmaßstab als gut angesehen werden, während für den lokalen Maßstab, vor allem für die tieferen Grundwasserstockwerke, Informationsdefizite bestehen. Die in den Informationssystemen abgerufenen Fachdaten werden selektiert, fachlich weiterverarbeitet und in Form von Karten, Schnitten, Diagrammen raum- und zeitbezogen dargestellt. Bei der Interpretation der Messwerte am Messpunkt sowie der Bereiche mit Daten- bzw. Kenntnislücken zwischen den Messpunkten ist der Erfahrungsschatz des Hydrogeologen einbezogen. Dies ist besonders für die Räume von Bedeutung, die von Tektonik und Verkarstung strukturell intensiv geprägt und damit kleinräumig sehr heterogen sind (Arbeitskreis Hydrogeologische Modelle 2010). Die Einbeziehung der Kenntnisse über strukturbildende geologisch-hydrogeologische Prozesse (z. B. hydraulische Funktion linearer Strukturen, selektive Verkarstung) hat entscheidend zu einer möglichst naturnahen Abbildung verholfen.

Zur Planung einzelner Untersuchungsschritte, insbesondere einer Stichtagsmessung und einer Stichtagsbeprobung, bildete der vorliegende Datenpool eine wichtige Grundlage. Unter den ca. 1.200 bestehenden Grundwasseraufschlüssen im Projektgebiet sollten 350 Grundwassermessstellen für die Messung eines Grundwasserstands und ca. 400 Grundwassermessstellen zur Beprobung an einem Stichtag ausgewählt werden. Um eine repräsentative Auswahl zu erreichen, mussten die räumliche Verteilung, die mit den Messstellen erschlossenen Aquifere sowie die hydrochemischen Analysen bekannt sein. Durch Verschnitt der Ausbaudaten mit den geologischen Schichtenverzeichnissen und Stammdaten konnte in Lagekarten aquiferbezogen die räumliche Verteilung der Messstellen ermittelt und daraus eine repräsentative Auswahl zur Messung des Grundwasserstands getroffen werden. Für die Stichtagsbeprobung waren neben der räumlichen Repräsentanz des ausgewählten Aufschlusses auch der Analysenumfang (LCKW-Einzelstoffe, hydrochemische Leitparameter Sulfat, Chlorid, Nitrat) sowie das Datum der jüngsten Analyse entscheidend.

Aufgrund der bereits bestehenden umfangreichen Datensätze und der partiellen Auswertungen in früheren Projekten gab es bereits zu Projektbeginn die Möglichkeit, auf Bereiche mit umfänglichem Datendefizit bzw. mit hydrogeologischen Kenntnislücken in der Modellvorstellung hinzuweisen. Seit langem bestehen für den Unterkeuper im oberen Nesenbachtal und entlang des Südrands des Stuttgarter Talkessels Verständnislücken im Fließgeschehen infolge einer starken tektonischen Schollengliederung sowie möglicher vertikaler Grundwasserverluste in den Oberen Muschelkalk. Die Klärung dieser Fragen war für die weitere Wichtung der Projektschritte von grundlegender Bedeutung. Daher wurde bereits in der Frühphase des MAGPlan-Projekts ein hydrogeologisches Erkundungsprogramm – bestehend aus sechs Bohrungen (MAG 1 bis MAG 6) mit insgesamt 315 Bohrmetern – aufgestellt und im Frühsommer 2011 beendet. Weitere Bohrungen (MAG 7 bis 18) wurden aufgrund der in der Projektabwicklung auftretenden Fragestellungen konzipiert.

Konzeptionelles Aquifermodell

Stefan Spitzberg und Wolfgang Ufrecht

6.1 Vertikale und horizontale Strukturierung

Im Stadtgebiet Stuttgart hat sich durch den heterogenen Gebirgsaufbau, die intensive tektonische Überprägung und die landschaftsgeschichtliche Entwicklung ein komplexes mehrschichtiges Grundwasserleitersystem entwickelt. Die abwechslungsreiche Schichtenfolge aus teils verkarsteten Kalksteinen und Dolomitsteinen, Sandsteinen sowie Tonsteinen und Sulfatgesteinen ist über die hydrogeologischen Eigenschaften vertikal und lateral strukturierbar. In der vertikalen Abfolge ergeben sich hydrostratigraphische Einheiten. Die laterale Strukturierung beschreibt die Aquifergeometrie in horizontaler Ausdehnung. Hierbei sind Strukturen zu berücksichtigen, wie z. B. Subrosions- und Verkarstungsbereiche, vor allem aber Störungszonen, sofern diese hydraulisch stauend sind und die Aquifere dadurch lateral begrenzen.

Von oben nach unten gilt folgende hydrostratigraphische Gliederung (▣ Abb. 6.1) für das Locker- und Festgestein:

- **Quartär** (1. Aquifer): Wanderschutt- und Bachschuttmassen, Hangschutt (Talkessel), Talkiese (Neckartal): Lockergesteins-Grundwasserleiter bis -geringleiter; nicht flächig verbreitet.
- **Schilfsandstein:** klüftiger Festgesteins-Grundwasserleiter, nur in Randlage des Talkessels auftretend (im numerischen Modell nicht berücksichtigt).
- **Gipskeuper** (2. bis 5. Aquifer): klüftiger Festgesteins-Grundwasserleiter bzw. -geringleiter mit schichtiger Aquifergliederung; in Bereichen mit aktiver Gipsauslaugung im Grundgips: „verkarsteter" Festgesteins-Grundwasserleiter. Untergliederung in die Teilstockwerke Estherienschichten und Mittlerer Gipshorizont mit Bleiglanzbankschichten (2. Aquifer), Dunkelrote Mergel (3. Aquifer), Bochinger Horizont (4. Aquifer) und Grundgipsschichten (5. Aquifer).
- **Unterkeuper** mit Grenzdolomit (6. Aquifer) und nachfolgender Dolomitsteinserie (7. Aquifer): klüftiger Festgesteins-Grundwasserleiter mit Übergang (nur 7.) zu schichtiger Aquifergliederung.
- **Oberer Muschelkalk** (8. Aquifer) mit Oberer Dolomit-Formation des Mittleren Muschelkalks: verkarsteter und bereichsweise hoch ergiebiger Festgesteins-Grundwasserleiter mit interner Gliederung (s. u.).

Die acht betrachteten Grundwasserstockwerke lassen sich aufgrund ihrer hydraulischen Eigenschaften und der Geometrie ihrer Einzugsgebiete zu zwei Aquifereinheiten zusammenfassen:

- **oberes Aquifersystem:** Quartär (nicht flächig) und Teilstockwerke des Gipskeupers (Mittlerer Gipshorizont, Dunkelrote Mergel, Bochinger Horizont, Grundgipsschichten), Grenzdolomit,
- **unteres Aquifersystem:** Unterkeuper, Oberer Muschelkalk.

Der stark verkarstete und hoch ergiebige Obere Muschelkalk wird im Modellraum flächig von geringer durchlässigen Grundwasserleitern und -stauern des Unteren und Mittleren Keupers überlagert. Das Grundwasser im Muschelkalk ist unter dem Keuper gespannt. Trigonodusdolomit und Nodosusschichten bilden den Hauptaquifer im Oberen Muschelkalk. Dieses sogenannte Obere Karstgrundwasserstockwerk (OKS) ist durch die Haßmersheimer Mergel vom Unteren Karstgrundwasserstockwerk (UKS) getrennt, das aus den Zwergfaunenschichten (basaler Oberer Muschelkalk) und den Oberen Dolomiten (Mittlerer Muschelkalk) aufgebaut wird. Die gegenüber den Nodosusschichten intensivere Verkarstung und etwas höhere Durchlässigkeit (▣ Abb. 6.2) sowie zusätzliche Dolomitverwitterung im Trigonodusdolomit rechtfertigen eine separate Betrachtung innerhalb des Oberen Karstgrundwasserstockwerks, obwohl zwischen beiden Einheiten keine wirksame Trennschicht besteht. Örtlich können allerdings feinsandig-schluffige Lösungsresiduen der Dolomitverkarstung, die in Hohlräumen an der Grenze zu den unterlagernden Nodosusschichten akkumuliert sind, durchaus einen hydraulischen Anschluss unterbinden.

Aufgrund seiner differenzierten faziellen Ausbildung und der intensiven Überprägung durch Verkarstung ist im Trigonodusdolomit neben dem feinmaschigen tektonischen Kluftinventar (Matrix) selektiv auch ein an Trennflächen angelehntes und karstkorrosiv entwickeltes Röhren- und Kavernensystem angelegt, das sich im Verschnitt mit der Matrix als doppelporöses Netzwerk charakterisieren lässt. Während dieses auch in den ebenfalls verkarstungsfähigen Nodosuskalken wirksam sein kann, kommt im Trigonodusdolomit ein diagenetisch, d. h. primär entstandenes und später durch Verkarstung und Verwitterung erweitertes Porengefüge dazu (▣ Abb. 6.3), das zusammen mit den feinen Klüften und Karströhren für die gegenüber den Nodosusschichten insgesamt höhere Durchlässigkeit mit verantwortlich ist. Zur näheren Charakterisierung der Porositäts-Permeabilitäts-Eigenschaften des Trigonodusdolomits im Vergleich zu den Nodosusschichten wurden Bohrkernproben aus den Bohrungen MAG 8, MAG 11 und MAG 12 petrophysikalisch untersucht. In ▣ Tab. 6.1 sind die Mittelwerte ausgewählter petrophysikalischer Kennwerte zusammengestellt. Auffällig ist der ausgeprägte Unterschied in der Porosität von 20 % beim Dolomitstein gegenüber nur 3 % beim Kalkstein, was sich auch in der geringeren Dichte des Dolomitsteins äußert. Auch die Gesteinspermeabilität des Trigonodusdolomits ist erheblich größer als die der Nodosusschichten. Umgerechnet auf hydraulische Durchlässigkeit beträgt diese im Mittel $3{,}5 \times 10^{-8}$ m/s im Dolomit- und $1{,}9 \times 10^{-9}$ m/s im Kalkstein.

Bei der Auswertung von Pumpversuchen im Trigonodusdolomit wird sehr häufig Doppelporosität beobachtet (▣ Tab. 6.2). Auch hier zeigt sich, dass neben den leitenden Klüften vielfach auch feinere Fissuren bzw. die verwitterte

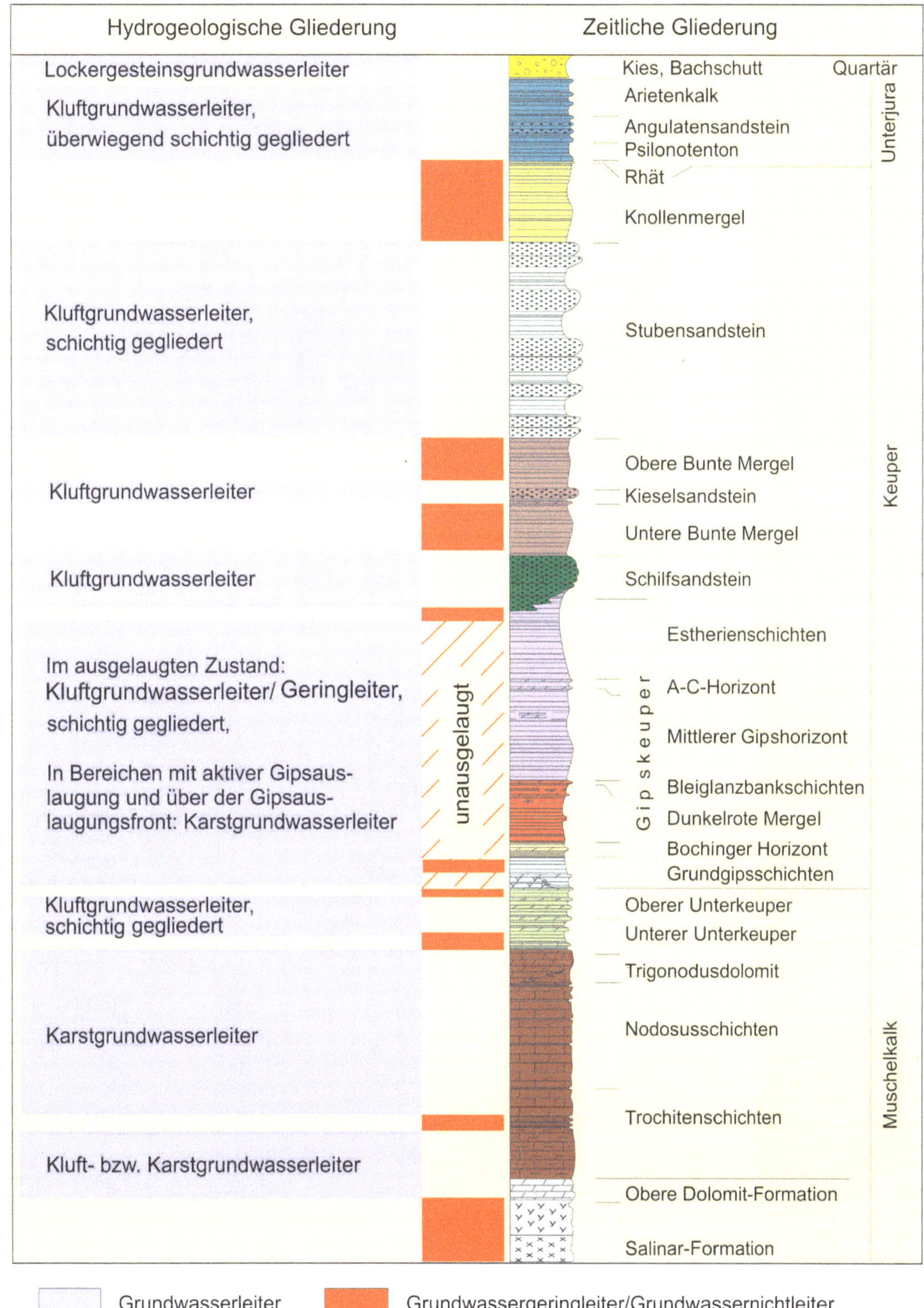

Abb. 6.1 Hydrostratigraphie mit vertikaler Strukturierung im Untersuchungsgebiet.

Gesteinsmatrix des Trigonodusdolomits hydraulisch wirksam sind. Die bei der Pumpversuchsauswertung ermittelten Matrix-Durchlässigkeiten variieren in der Regel zwischen 1×10^{-9} und 1×10^{-6} m/s, was sehr gut zu den im Labor für den Trigonodusdolomit ermittelten Durchlässigkeiten zwischen 5×10^{-10} bis 6×10^{-7} m/s (Mittelwert $3{,}5 \times 10^{-8}$ m/s (Tab. 6.1) passt.

Der Unterkeuper besteht im mittleren und oberen Abschnitt aus einer Wechselfolge geringdurchlässiger Tonsteine und durchlässiger Dolomitsteine, die von oben nach unten in

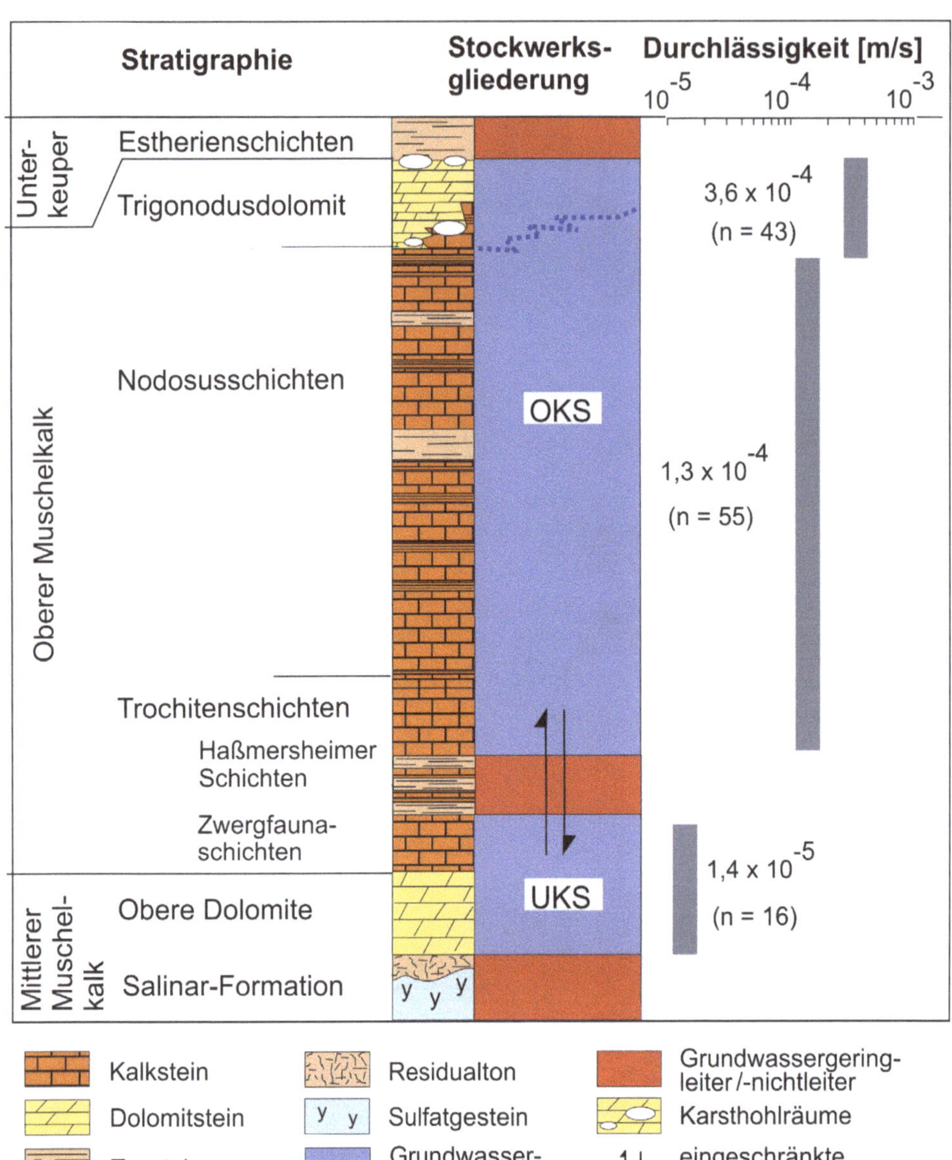

Abb. 6.2 Hydrogeologische Interngliederung im Oberen Muschelkalk bei vollkommener Wassererfüllung (Grundwasser gespannt). UKS, OKS Unteres/Oberes Karstgrundwasserstockwerk. Die Abgrenzung des Trigonodusdolomits von den Nodosusschichten beruht auf einem Durchlässigkeitskontrast.

Linguladolomit, Anoplophoradolomit, Anthrakonitbank und Albertibank gegliedert werden. Diese werden für die großräumige Betrachtung zu einer hydrogeologischen Einheit zusammengefasst und von den unterlagernden Tonsteinen im unteren Drittel des Unterkeupers abgetrennt. Diese sogenannten Estherienschichten bewirken eine ausgeprägte Stockwerkstrennung zum Oberen Muschelkalk. Über den Dolomiten folgen die zumeist mäßig verwitterten Grünen Mergel, denen die Funktion der Trennschicht zum Grenzdolomit und Gipskeuper zukommt. Der Grenzdolomit kann bis zu 2 m mächtig werden, wenn er mit den zellig-kavernös ausgebildeten dolomitischen Steinmergelbänken in den basalen Grundgipsschichten (Gipskeuper) eine hydraulische Einheit bildet. Er ist dann ein ergiebiger Grundwasserleiter, der zum Hangenden (Teilstockwerke des Gipskeupers) durch die basalen, wenig durchlässigen Grundgipsschichten (Gipskeuper) getrennt ist. Der Grenzdolomit ist hydrogeologisch nur dann vollständig dem Liegenden zuzuschlagen, wenn die Grundgipsschichten nicht ausgelaugt sind und diese durch ihre Barrierenwirkung eine Zufuhr von Grundwasser verhindern.

Im Gipskeuper entscheidet die Gipsauslaugung über die Entwicklung der hydrostratigraphischen Struktureinheiten und deren Aquifergeometrie (Abb. 6.4 und Abb. 6.5). Die noch unausgelaugten Bereiche werden als Grundwassernichtleiter, die teilausgelaugten Bereiche als Grundwasserleiter und die vollständig ausgelaugten Bereiche als Grundwasserleiter bzw. -geringleiter charakterisiert. Da die Gipsauslaugung nicht nur von oben nach unten, sondern in den Talrandbereichen auch bergwärts fortschreitet (Abb. 6.4), zeigt der Gipskeuper eine laterale Gliederung (Abb. 6.5; Ufrecht 2006b).

Abb. 6.3 Rasterelektronenmikroskopische Aufnahme des Trigonodusdolomits aus MAG 12 (Kernprobe 48,9 m). Deutlich erkennbar sind typisch rhomboedrische Dolomitkristalle, die verwitterungsbedingt bereits leicht „absanden". Aufn. R. Koch.

Tab. 6.1 Mittelwerte ausgewählter Gesteinskernuntersuchungen an Trigonodusdolomit und Nodosuskalk

Gestein	Dichte [g/cm³]	Porosität (gesamt) [%]	Permeabilität k [µD]	Durchlässigkeit k_f (bei 12,5 °C) [m/s]
Trigonodusdolomit	2,32	19,9	19.874	$3{,}5 \cdot 10^{-8}$
Nodosusschichten	2,63	3,1	4.203	$1{,}9 \cdot 10^{-9}$

Bei Teilauslaugung entsteht ein Netzwerk aus Röhren und kleineren Kavernen (Gipskarst). Im ausgelaugten Zustand ist die Grundwasserführung auf verwitterte Schluff-Tonsteine und Dolomitsteinbänke beschränkt. Die Wechselfolge von Ton-Schluffsteinen sowie Dolomit- und Steinmergelbänken bewirkt im ausgelaugten Zustand eine schichtige Aquifergliederung mit Ausbildung von Teilstockwerken. Die lithostratigraphischen Grenzen der Formationsuntergliederung werden bei Vollauslaugung zunächst den hydrogeologisch wirksamen Grenzen gleichgestellt.

Die Ergiebigkeiten der Teilstockwerke im Gipskeuper schwanken erheblich. Besonders hohe Ergiebigkeiten sind in den Grundgipsschichten in Bereichen mit fortgeschrittener, aber noch nicht abgeschlossener Gipsauslaugung anzutreffen. Die noch anstehenden Sulfatgesteine bilden eine wirksame Barriere zum Unterkeuper.

Die in die Schluff-Tonsteinserien des Gipskeupers eingeschalteten Dolomitsteinbänke (z. B. Bochinger Bank, Bleiglanzbank), die zumeist wenige Dezimeter, örtlich aber bis zu zwei Meter Mächtigkeit erlangen können, zeichnen sich besonders in Zonen tiefgründiger Gipsauslaugung und Dolomitverwitterung durch eine erhöhte Grundwasserführung von bis zu 1 l/s aus.

Die Schichten des Keupers sind von unterschiedlich ausgebildeten quartären Lockergesteinen überdeckt. Im Stuttgarter Talkessel führt aber lediglich der auf die in den Gipskeuper tiefer eingeschnittenen Entwässerungsrinnen von Vogelsangbach und Nesenbach beschränkte quartäre Soli-

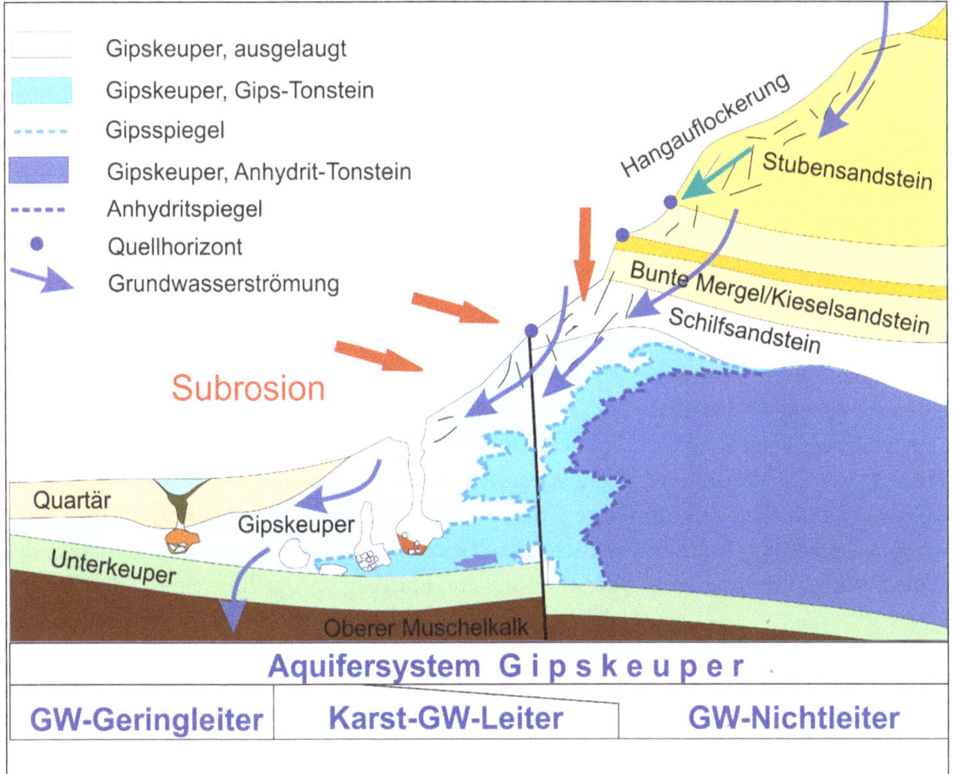

Abb. 6.4 Gipsauslaugung sowie Verlauf von Gips- und Anhydritspiegel bei unterschiedlicher Bedeckung des Gipskeupers im Stuttgarter Talkessel und schematische hydrogeologische Zonierung von Grundwasserleiter, -geringleiter und -nichtleiter. Graphik W. Ufrecht (2006b).

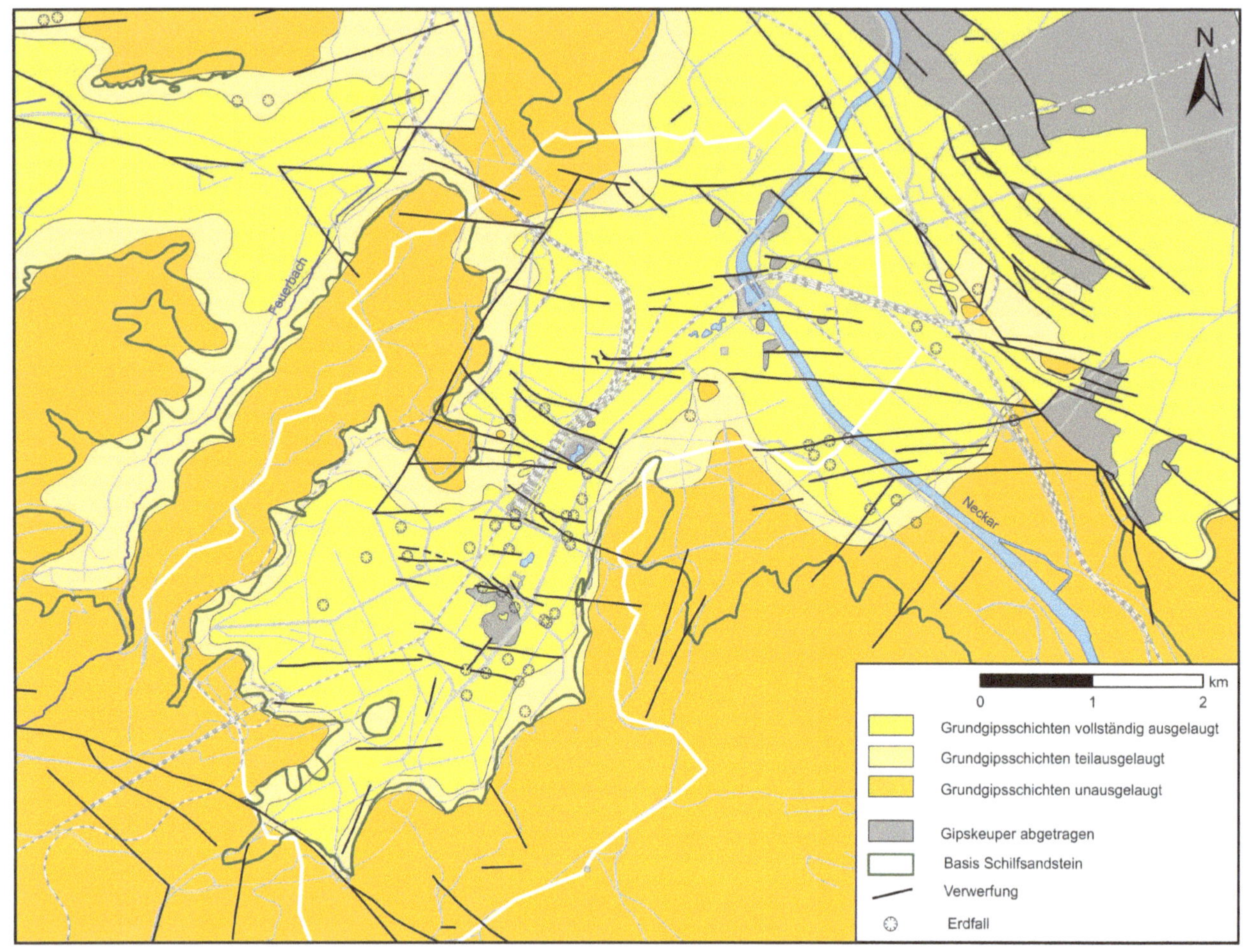

Abb. 6.5 Abgrenzung nicht ausgelaugter, teilausgelaugter und vollständig ausgelaugter Gebiete in den Grundgipsschichten. Eine derartige Kartierung besteht für alle Teilstockwerke des Gipskeupers.

fluktionsschutt (Bach- und Wanderschutt) etwas Grundwasser. Im Cannstatter Becken hat der Neckar in der Talniederung von Auenlehm überdeckten Kies mit guter Ergiebigkeit abgelagert. Die beiden Lockergesteins-Grundwasserleiter kommunizieren mit dem umliegenden bzw. unterlagernden Gips- und Unterkeuper.

Die Schluff-Tonsteine der Grundgipsschichten, der Grünen Mergel am Top des Unterkeupers und die Estherienschichten an dessen Basis sind unter normalen Lagerungsbedingungen wesentliche Elemente der vertikalen Stockwerkstrennung. Der vertikale Grundwasseraustausch zwischen den grundwasserleitenden Schichten erfolgt über die Fläche, örtlich aber auch an natürlichen vertikal wegsamen Strukturen. Das können lineare Strukturen sein, wie z. B. Verwerfungen und Zerrüttungszonen, oder auch punktuelle Strukturen, wie z. B. Dolinen. Trotz der hohen Dichte von Dolinen und Störungen im Stadtgebiet ist die Stockwerkstrennung in der Fläche intakt.

Allgemein ist bei den Dolinen davon auszugehen, dass ihre Füllung ähnliche Eigenschaften aufweist wie der anstehende Gipskeuper. Die einst in der Talniederung des Stuttgarter Talkessels entstandenen Subrosionshohlräume, die bis an die Erdoberfläche durchgebrochen sind, wurden rasch nach der Verfüllung mit bindigen Lockersedimenten (verwitterter Gipskeuper, Fließerden, Solifluktionsschutt) verschlossen und zur Tiefe hin abgedichtet. Wie verschiedene hydraulische Tests in Dolinenfüllungen zeigen, sind diese daher meistens als sehr geringdurchlässig einzustufen. Dies belegen auch Sumpftone oder anmoorige Sedimente, die häufig in Stauwasser über Dolinenfüllungen entstanden (Müller 1965). Offene Hohlräume sind allenfalls in den aktuellen Auslaugungsbereichen an den Hängen des Stuttgarter Talkessels vorhanden.

Bei den linearen Strukturen wird die vertikale hydraulische Wirksamkeit im Wesentlichen von deren Überprägung durch Verwitterung bzw. Verkarstung bestimmt. Im veränderlich festen Gestein des Gipskeupers kommt es infolge der Verwitterung und Entfestigung der Tonsteine an der Störung gleichermaßen wie auch im Umfeld zur Homogenisierung des Gebirges. Die Struktur der Störung wird dadurch „aufgelöst". Die Störung ist dann in diesen Gesteinen sehr wahrscheinlich nicht anders hydraulisch wirksam als das umlie-

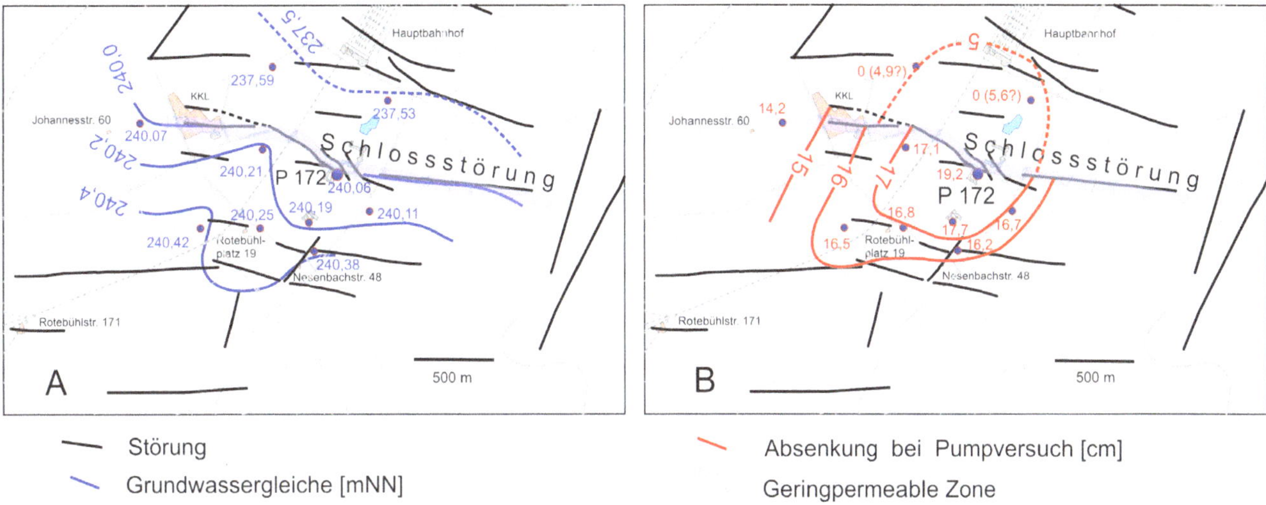

Abb. 6.6 Die Schlossstörung als lateral geringpermeable Zone im Oberen Muschelkalk, A: Grundwassergleichenplan mit signifikantem Druckabbau in der Störungszone, B: abgesenkte Grundwasserdruckfläche [cm] nach einer Pumpmaßnahme in P 172 (Förderrate 5 l/s).

gende Gebirge. Im Kalkstein des Oberen Muschelkalks setzt jedoch an den tektonischen Trennflächen zusätzlich Verkarstung an, wodurch die Strukturen sekundär geweitet und damit hydraulisch aktiv werden.

Auch wenn im Keuper die einzelnen Störungsflächen für den vertikalen Grundwasseraustausch mit anderen Stockwerken weniger bedeutend sind, ist dennoch das tektonische Gesamtinventar dafür mitverantwortlich. Infolge der starken tektonischen Schollengliederung der Aquifere kommt es beim lateralen Durchströmen von Störungszonen – sofern es die Druckverhältnisse zulassen – zu einem Übertritt des Grundwassers in eine andere stratigraphische Einheit.

Vor allem im Unterkeuper und Oberen Muschelkalk haben Störungen einen beachtlichen Einfluss auf die laterale Strukturierung, sofern an Störungen die gut leitenden Kalk- bzw. Dolomitsteine gegen geringleitende Schluff-Tonsteinserien (des Keupers) versetzt werden und so für den lateralen Grundwasserfluss der Leiterquerschnitt erheblich gemindert oder unterbrochen wird. Dies ist bei vertikalen Versatzbeträgen der Fall, die im Vergleich zur Aquifermächtigkeit des Oberen Muschelkalks groß sind. Einen beachtlichen Einfluss auf die regionale Grundwasserströmung weisen die Vaihinger Störung und Birkenkopfstörung auf (Abb. 2.10), die bereichsweise Versatzbeträge größer 60 m aufweisen und dadurch der größte Teil des durchlässigen Muschelkalks gegen die geringer durchlässigen Gesteine des Keupers zu liegen kommt. Im Einzelfall zeigen aber auch Störungen mit kleinerem Versatzbetrag hydraulisch sperrende Wirkung. Die Schlossstörung und Karlshöhe-Störung (Abb. 2.10) weisen nur geringe Versatzbeträge von weniger als 20 m auf und versetzen dadurch lediglich den etwa 10 m mächtigen Trigonodusdolomit neben den Keuper. Die stauende Wirkung der Störungen ist vor allem an der Piezometerhöhenverteilung erkennbar. Danach sind die hydraulischen Gradienten auf der Hoch- und Tiefscholle jeweils sehr gering, während es in der Störungszone selbst zu einem Abbau der Piezometerhöhe von mehr als 2 m im Fall der Schlossstörung kommt (Abb. 6.6 A).

Ein weiteres Argument für die Stauwirkung ergibt sich aus den Pumpversuchen (P 172 und MAG 12), bei denen die im Vergleich zum Brunnen auf der anderen Scholle liegenden Aufschlüsse nicht bzw. nur in geringem Umfang reagieren, d. h. die durch den Pumpbetrieb erzeugte Absenkung geht lateral nicht bzw. stark gedämpft über die Störung hinweg (Abb. 6.6 B). Bei der hydraulischen Auswertung mittels diagnostischer Plots (▶ Kap. 4.2.5) werden entsprechende Staugrenzen erkennbar.

6.2 Grundwasserströmung

Die Grundwasseroberfläche in den Teilstockwerken des Gipskeupers ist analog zur Geländemorphologie stark strukturiert (◘ Abb. 6.7 und ◘ Abb. 6.8). Der hydraulische Gradient ist groß (mehrere Prozent). Durch unausgelaugten Gips in den Hängen besteht eine undurchlässige Berandung der Gipskeuperaquifere, die einen seitlichen Zufluss von Grundwasser verhindert. Generell wird das Grundwasser im Gipskeuper in den Hangzonen aus dem Niederschlag neugebildet und strömt von dort unter „treppenartiger" Verlagerung aus höheren in tiefere Teilstockwerke des Gipskeupers und dort, wo der Gipskeuper bis zur Basis ausgelaugt ist, auch bis in den Unterkeuper oder sogar bis in den Oberen Muschelkalk. Die Liegendstockwerke des Gipskeupers übernehmen weitgehend die Funktion der Vorflut. Nur ein kleiner Teil des Keupergrundwassers gelangt in das Nesenbachquartär bzw. in das Neckartal.

Unterkeuper und Oberer Muschelkalk bilden regionale Grundwassersysteme (◘ Abb. 6.9 und ◘ Abb. 3.8) mit gegenüber den Hangendstockwerken deutlich geringeren hydraulischen Gradienten. Die unterirdischen Einzugsgebiete reichen weit über den Stuttgarter Talkessel hinaus und unterströmen diesen auf dem Weg ins Cannstatter Becken zur Vorflut Neckar. Der Obere Muschelkalk nimmt dabei – erkennbar an den hohen Sulfatgehalten – Wasser aus dem Gipskeuper auf.

Das Grundwasser im Unterkeuper wird nordwestlich des Keuperstufenrands (◘ Abb. 6.9) neugebildet, wo der Unterkeuper entweder ausstreicht oder nur noch geringfügig von Gipskeuper bedeckt wird. Das Grundwasser strömt von dort aus unter den Keuperrücken und Traufbuchten des Feuerbachs und Nesenbachs hindurch zum Cannstatter Neckartal. Dort gelangt allerdings nur ein kleiner Teil davon in die Vorflut, der größere Anteil geht in den Oberen Muschelkalk verloren, was auch aus den deutlichen Veränderungen der hydraulischen Gradienten ersichtlich ist. Die sich vor der Schlossstörung schwach abzeichnende Senke lässt im Unterkeuper keinen Abstrom über die Störung hinweg zu und deutet auch hier die Verlagerung in das Liegende an (◘ Abb. 6.10).

Das Aquifersystem Oberer Muschelkalk reicht weit über das Stadtgebiet Stuttgart hinaus. Hauptneubildungsgebiet für das Karst- und Mineralwasser in Stuttgart ist der Muschelkalkausstrich im Oberen Gäu im Raum Sindelfingen. Von dort aus strömt es nach Osten bis Nordosten quer zu den Fildergraben-Störungen, bis es schließlich unter dem Stuttgarter Talkessel hindurch in das Cannstatter Becken gelangt, das Aufstiegsgebiet der Mineralquellen (◘ Abb. 6.11). Für diesen Hauptgrundwasserzustrom aus dem Gäu konnte mit frühe-

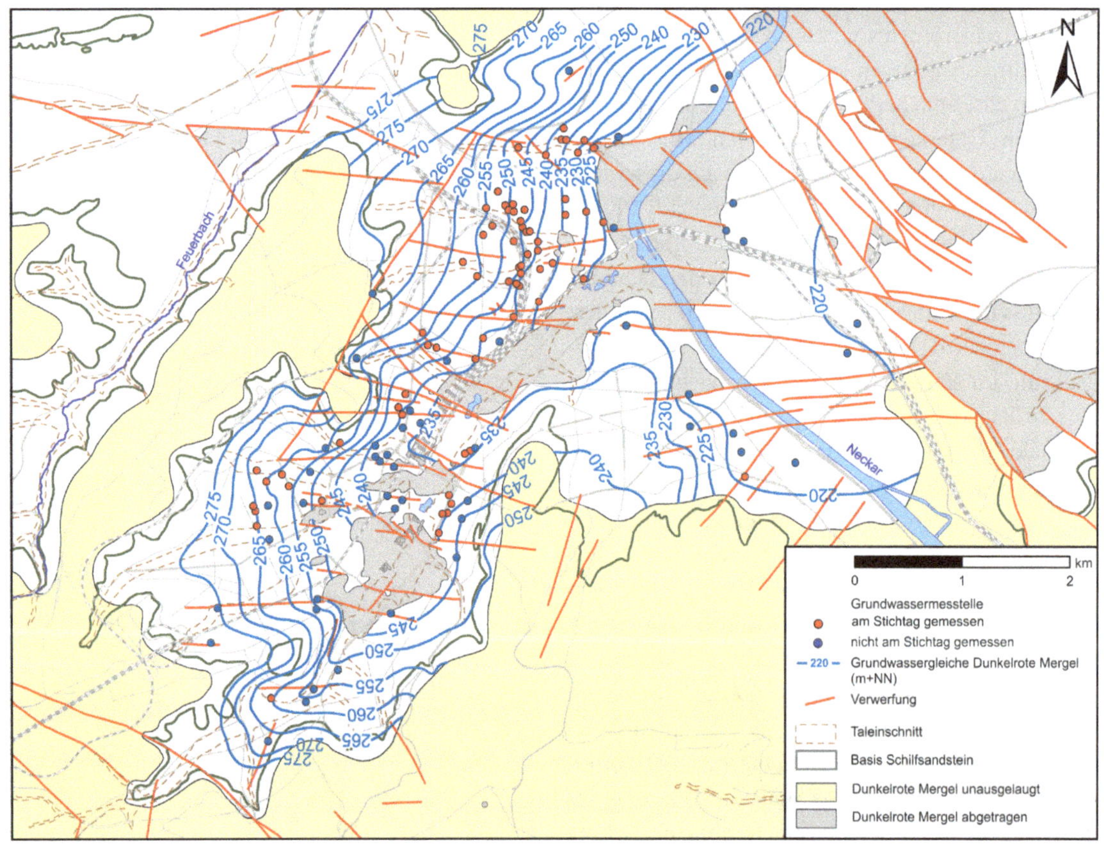

◘ **Abb. 6.7** Grundwassergleichenplan Dunkelrote Mergel (Gipskeuper) im Projektgebiet.

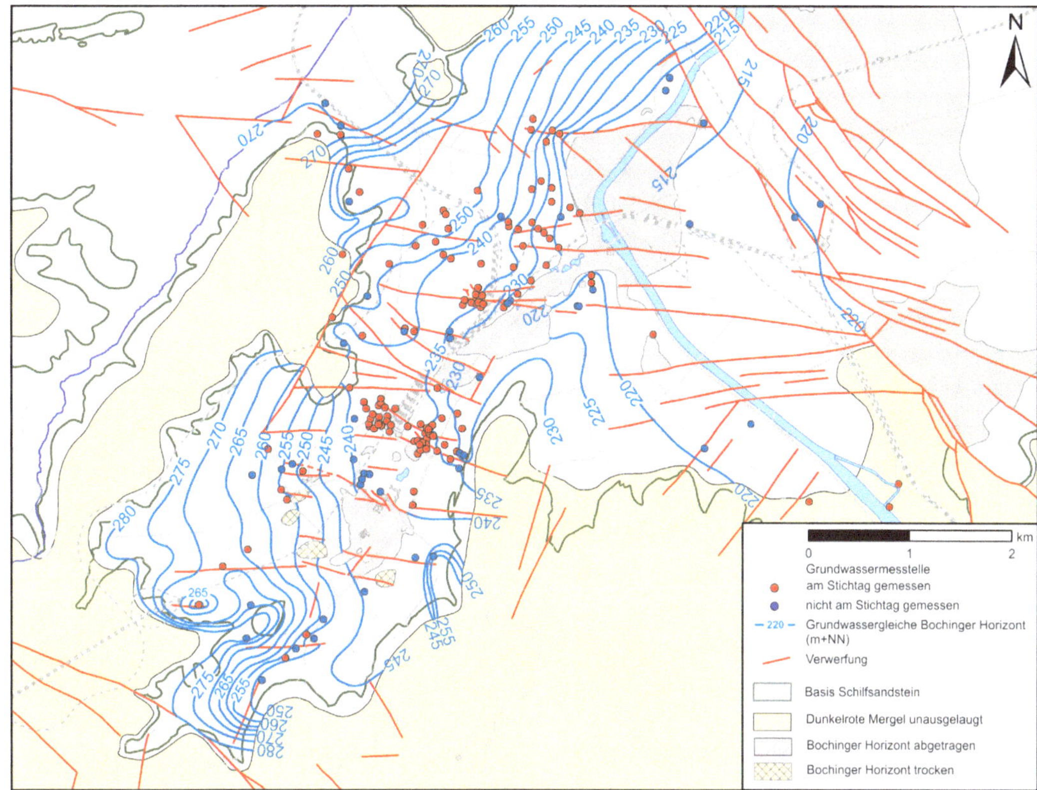

Abb. 6.8 Grundwassergleichenplan Bochinger Horizont (Gipskeuper) im Projektgebiet.

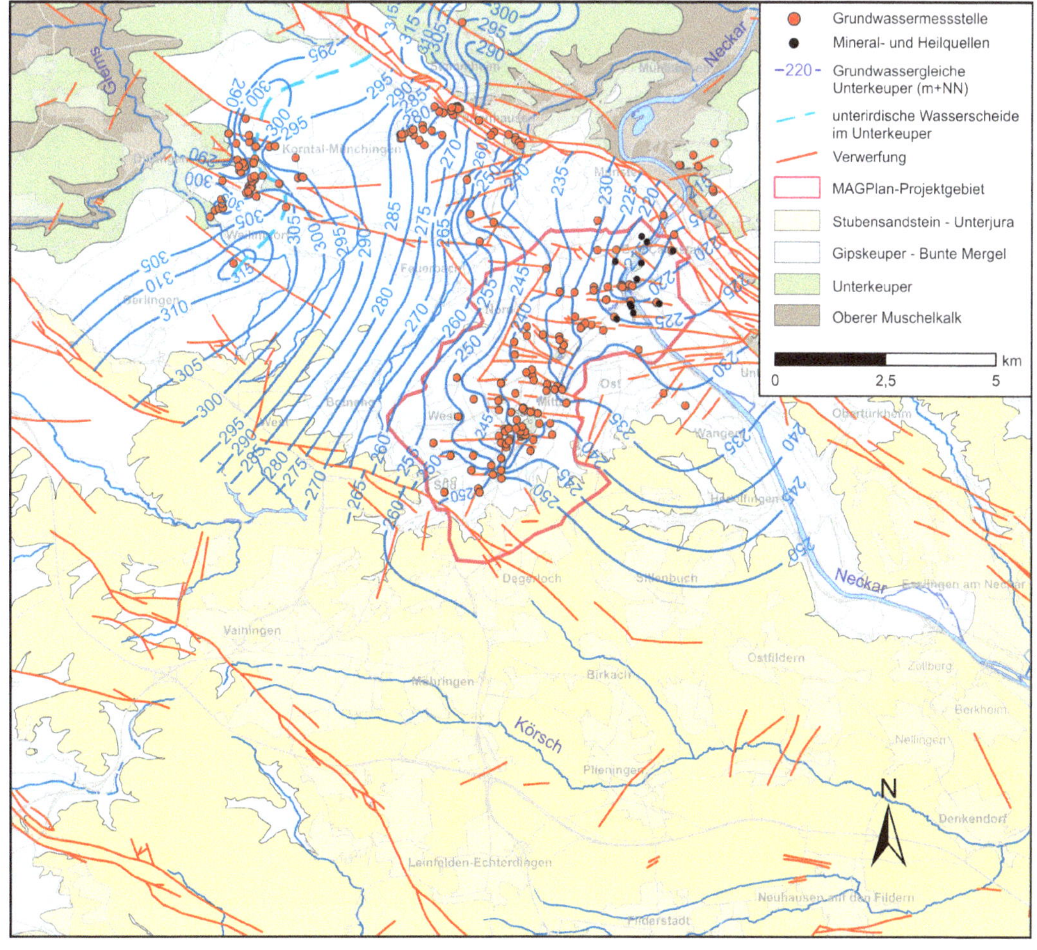

Abb. 6.9 Regionale Grundwasserströmung im Unterkeuper.

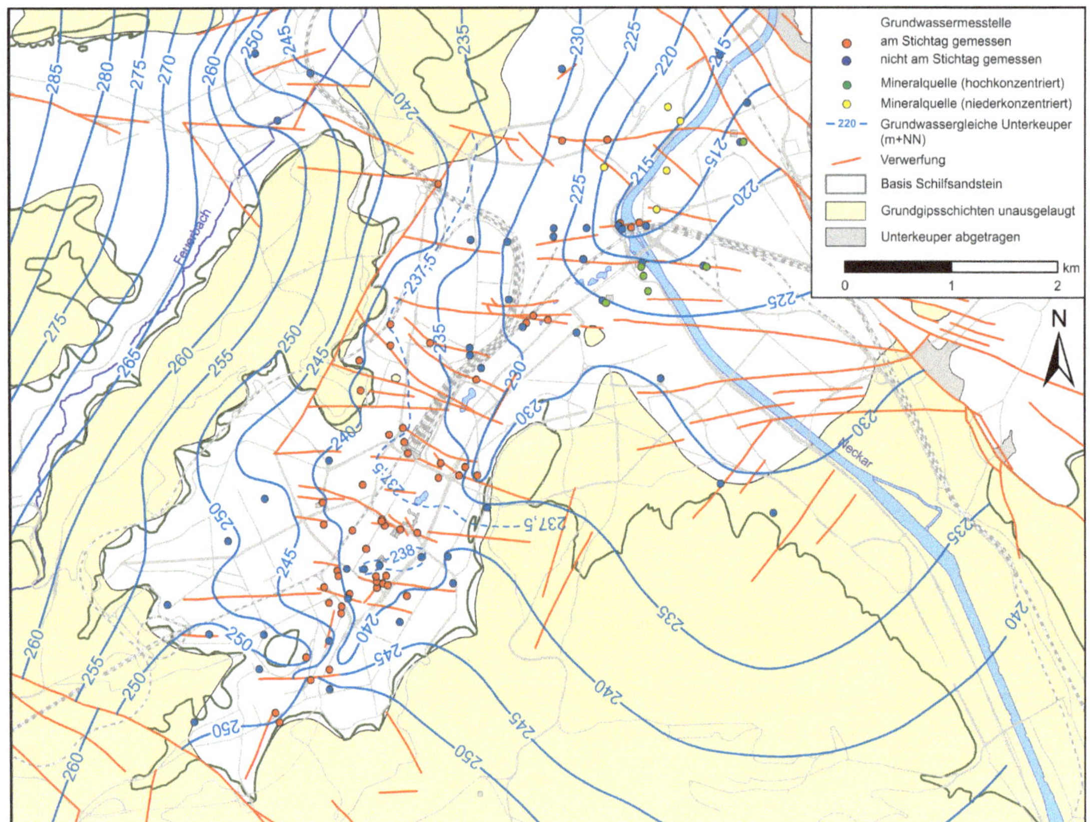

Abb. 6.10 Grundwassergleichenplan Unterkeuper im Projektgebiet.

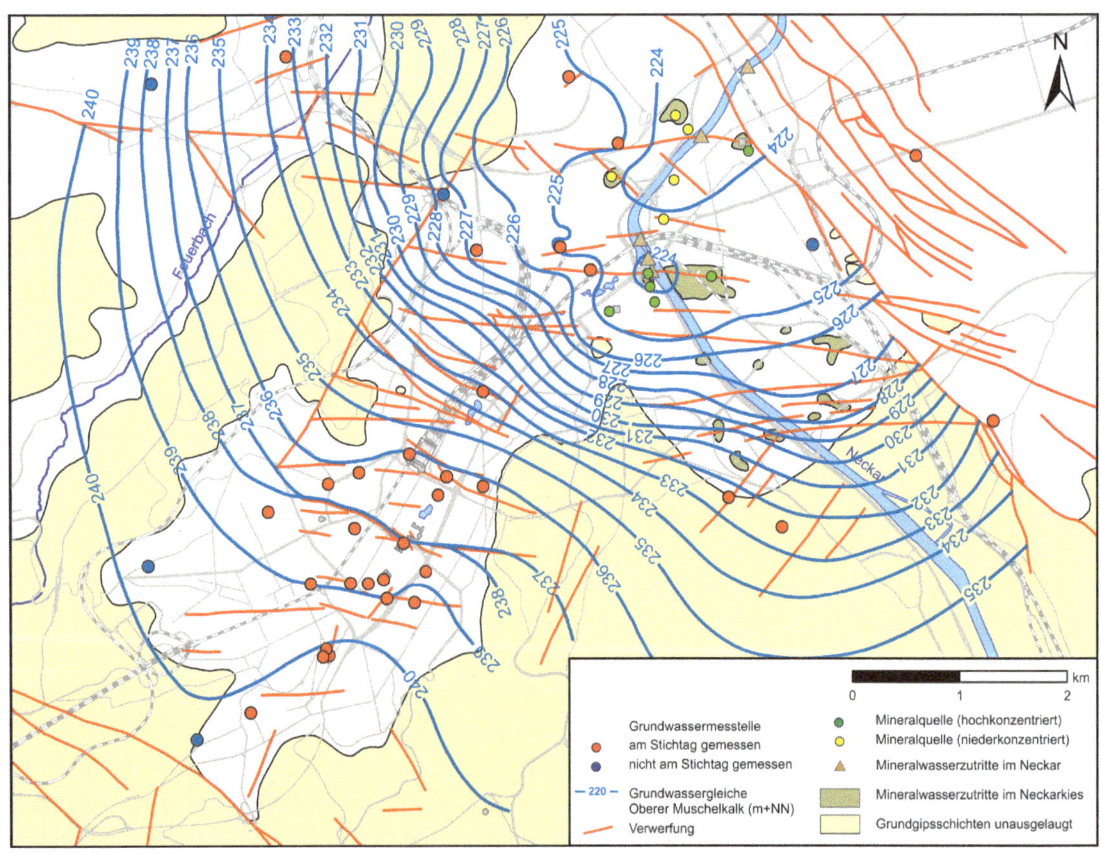

Abb. 6.11 Grundwassergleichenplan Oberer Muschelkalk im Projektgebiet.

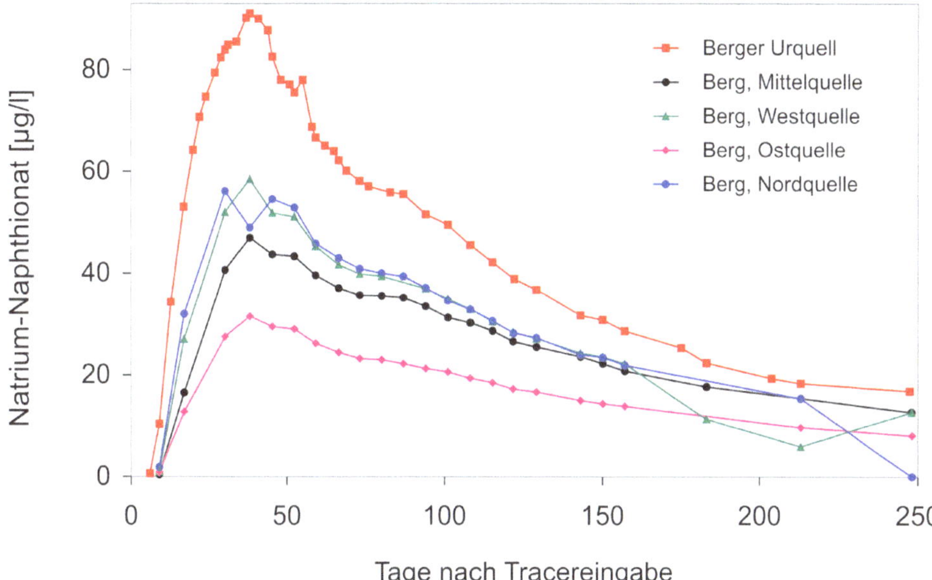

Abb. 6.12 Durchgangskurven der fünf Berger Quellen mit Tailing. Graphik aus Goldscheider et al. (2001).

ren Modellierungen in der regionalen Skala ein etwa 300 km^2 großes Einzugsgebiet abgeleitet werden (Plümacher 1999, Hanauer & Söll 2006). Unabhängig davon besteht eine weitere, in der Tiefscholle des Fildergrabens von Süden zuströmende, hochmineralisierte und kohlensäurereiche Komponente, allerdings in deutlich geringerer Menge (Hanauer & Söll 2006, Ufrecht 2006a).

Verwerfungen, die oftmals quer zur generalisierten Fließrichtung verlaufen, bestimmen großräumig wie auch lokal über die Strömungsverhältnisse. Von den Fildergraben-Störungen (insbesondere Vaihinger Störung und Kernbereich der Birkenkopf-Störung) wird vermutet, dass diese in Bereichen mit hohem Vertikalversatz Staufunktion haben und daher umströmt werden. Daraus ergibt sich in den einzelnen Großschollen ein kompliziertes Strömungsregime, das auf Basis umfangreicher Isotopenuntersuchungen und gekoppelter Strömungs- und Transportmodellierung (Isotopeninformation Sauerstoff-18) untersucht wurde (Plümacher 1999, Plümacher & Ufrecht 2000, Schuhbeck et al. 1994, Ufrecht 1994, 2006b). Auch mit Hilfe von Markierungsversuchen wird seit einigen Jahren das Bild der Grundwasserströmung im Umfeld der Mineralquellen verfeinert (Goldscheider et al. 2001, 2003, Ender 2013). Neben Partikeltracern (Bärlappsporen, Microspheres) kamen bei den Versuchen 1998, 1999 sowie dem jüngsten Versuch im Rahmen von MAGPlan die Fluoreszenztracer Eosin, Pyranin und Natrium-Naphthionat zum Einsatz (Ender 2013), wovon nur letzterer insgesamt gute Ergebnisse lieferte. Die Tracerdurchgangskurven aller Versuche belegen ein ausgeprägtes Tailing bzw. einen plateauartigen Verlauf (Abb. 6.12). Beides wird der im Oberen Muschelkalk vorhandenen Doppelporosität zugeschrieben, d.h. zwischen Matrix und Röhrennetzwerk findet eine Interaktion statt, die zu einer Zwischenspeicherung des Tracers in der Matrix und späteren Rückgabe in die Röhre führt. Die relativ hohen Abstandsgeschwindigkeiten zeigen dagegen, dass das Wasser vorwiegend in den Röhren fließt.

6.3 Aquiferkennwerte

Zur geohydraulischen Charakterisierung wurden sämtliche aus dem Projektgebiet vorhandene Auswertungen von Pumpversuchen und hydraulischen Tests zusammengestellt, überprüft und erforderlichenfalls überschlägig neu ausgewertet. Zusammen mit den etwa 40 neu ermittelten Durchlässigkeitswerten aus den MAGPlan-Bohrungen MAG 1 bis MAG 18 konnten insgesamt mehr als 1.650 Versuchsdaten zusammengetragen werden. Davon stammt rund die Hälfte aus dem Bahnprojekt Stuttgart 21. Abb. 6.13 gibt eine Übersicht der ermittelten Durchlässigkeiten und deren Bandbreite.

Generell liegen für die vier oberen Grundwasserleiter deutlich mehr Daten vor als für die tieferen Horizonte. Den geringsten Datenbestand weisen die Grundgipsschichten auf, da diese nur selten separat erschlossen werden. Meistens sind die basalen Grundgipsschichten mit dem Grenzdolomit in einer Filterstrecke vereint und wurden in diesen Fällen hydraulisch dem Grenzdolomit zugeordnet.

Die Bandbreiten der Durchlässigkeit variieren beträchtlich um teilweise mehr als zehn Zehnerpotenzen. Dies hängt überwiegend mit der Position der jeweiligen Messstelle zusammen: Im Talkessel treten im Keuper unter geringer Überdeckung in der Regel höhere Durchlässigkeiten auf, während die niedrigsten Werte in großen Tiefen und in gering bis nicht ausgelaugten Bereichen beobachtet werden.

In den Abb. 6.14 bis 6.17 ist die räumliche Verteilung der hydraulischen Durchlässigkeit im Projektgebiet exemplarisch für die Aquifere Dunkelrote Mergel, Bochinger Horizont, Unterkeuper und Oberer Muschelkalk dargestellt.

Im Allgemeinen treten die höchsten Durchlässigkeiten in den beiden Teilaquiferen des Gipskeupers (Abb. 6.14 und Abb. 6.15) und im Aquifer des Unterkeupers (Abb. 6.16) entlang der Talachsen von Nesenbach und Neckar auf, während unter den Hangbereichen und Höhenrücken, vor allem bei unausgelaugtem Sulfatgestein, niedrige Durchlässigkeiten von weniger als 1×10^{-6} m/s vorherrschen. Bemerkenswert ist, dass die einzelnen Durchlässigkeitszonen am nordwestlichen Talrand des Nesenbachs häufig in West-Ost-Richtung zungenartig vor- und zurückspringen, worin in erster Linie hydraulische Einflüsse der hier verlaufenden Störungszonen zum Ausdruck kommen. Insgesamt ergibt sich eine ausgeprägte laterale Gliederung bei der Durchlässigkeitsverteilung, wie sie in Abb. 6.15 deutlich zum Ausdruck kommt.

Im Oberen Muschelkalk (Abb. 6.17) sind die hydraulischen Durchlässigkeiten, die aus den Messdaten der Entnahmebrunnen ermittelt wurden, meistens deutlich kleiner als die Durchlässigkeiten, die aus den Umgebungsreaktionen in Beobachtungsmessstellen abgeleitet wurden. Dieses karsttypische Phänomen wird auch aus den beiden in Abb. 6.18 enthaltenen Histogrammen für den Trigonodusdolomit deutlich. Danach liegt die mittlere Durchlässigkeit der aus den Pumpbrunnen ermittelten Werte, die die lokalen Verhältnisse um den Brunnen repräsentieren, mit rund 4×10^{-4} m/s etwa um den Faktor 6 unter dem regionalen Mittel von rund 2×10^{-3} m/s, das aus den Daten der Beobachtungsmessstellen bestimmt wurde.

Der Durchlässigkeitsverteilung für den Trigonodusdolomit des Oberen Muschelkalks in Abb. 6.17 liegen die regional ermittelten Werte aus den Beobachtungsreaktionen zugrunde, da diese den Karstaquifer auf der hier betrachteten Skala von mehreren Kilometern Länge prinzipiell besser repräsentieren. Damit ergaben sich jedoch bei der numerischen Strömungsmodellierung unplausibel hohe Zuflussmengen, so dass die hydraulischen Durchlässigkeiten offensichtlich zu hoch angesetzt waren. In Abb. 6.17 sind daher zusätzlich auch die lokal ermittelten Werte für die einzelnen Entnahmebrunnen eingetragen, die im Mittel niedriger sind. Danach zeichnen sich vorwiegend entlang der Achse des Nesenbachtals sowie nördlich der geringdurchlässigen Schlossstörung hohe Durchlässigkeiten von mehr als 10^{-3} m/s ab, während andernorts auch deutlich geringer durchlässige Bereiche auftreten. Da die hochdurchlässigen Röhrenstrukturen die regionale Pumpversuchsauswertung dominieren, verfälschen sie somit die reale Verteilung der Gebirgsdurchlässigkeit im Aquifer und repräsentieren nicht das Mittel, sondern das obere Ende der vorhandenen Durchlässigkeitsverteilung

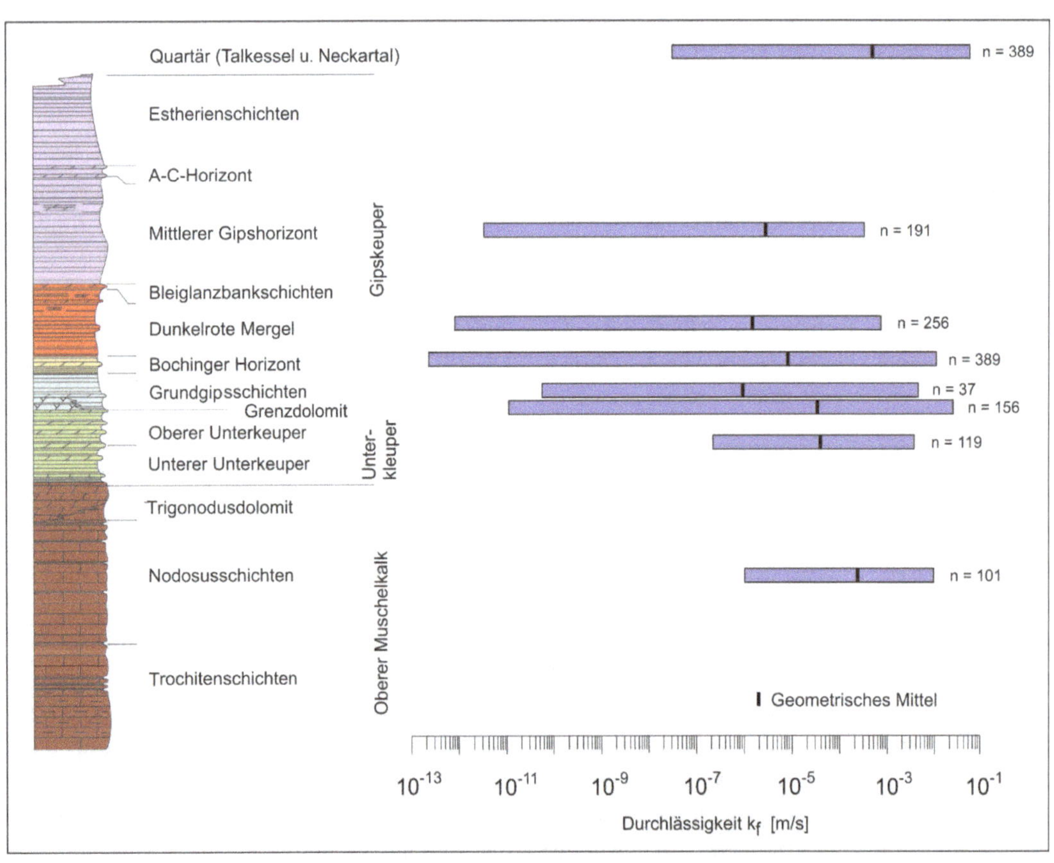

Abb 6.13 Streubreite und Geometrisches Mittel der horizontalen Durchlässigkeit in den Grundwasserstockwerken. n = Anzahl der ausgewerteten Pumpversuche.

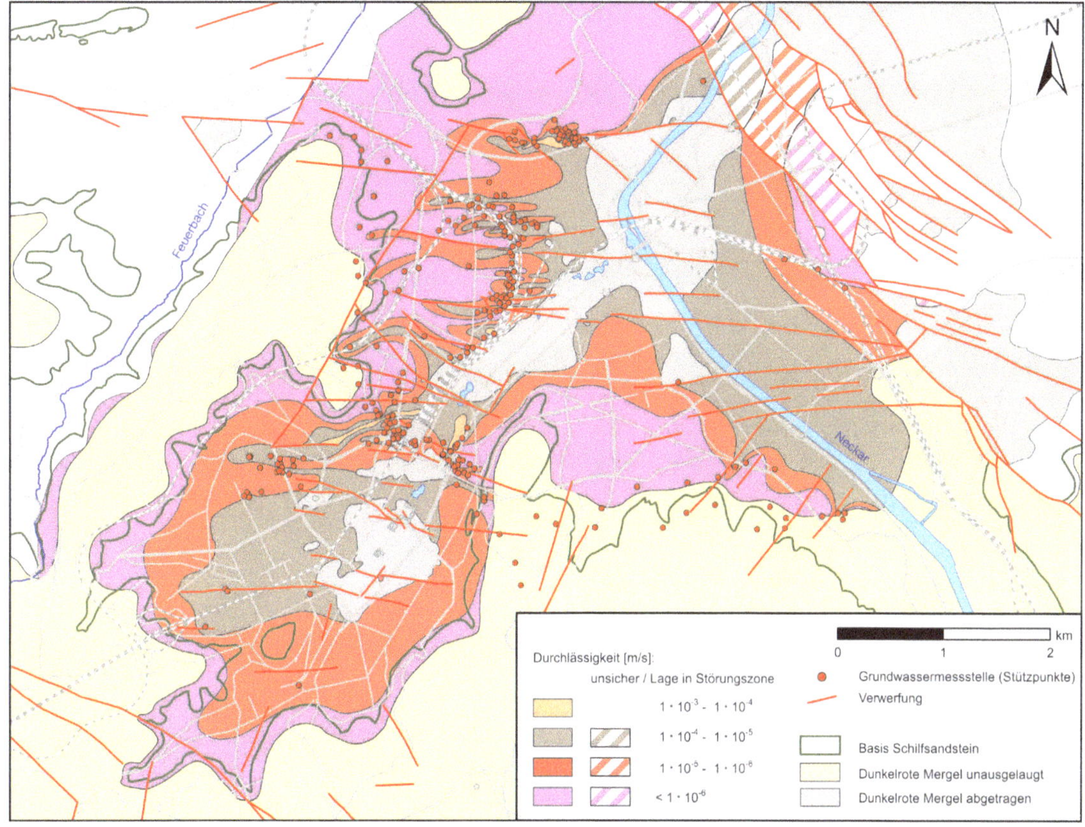

Abb. 6.14 Hydraulische Durchlässigkeit Dunkelrote Mergel.

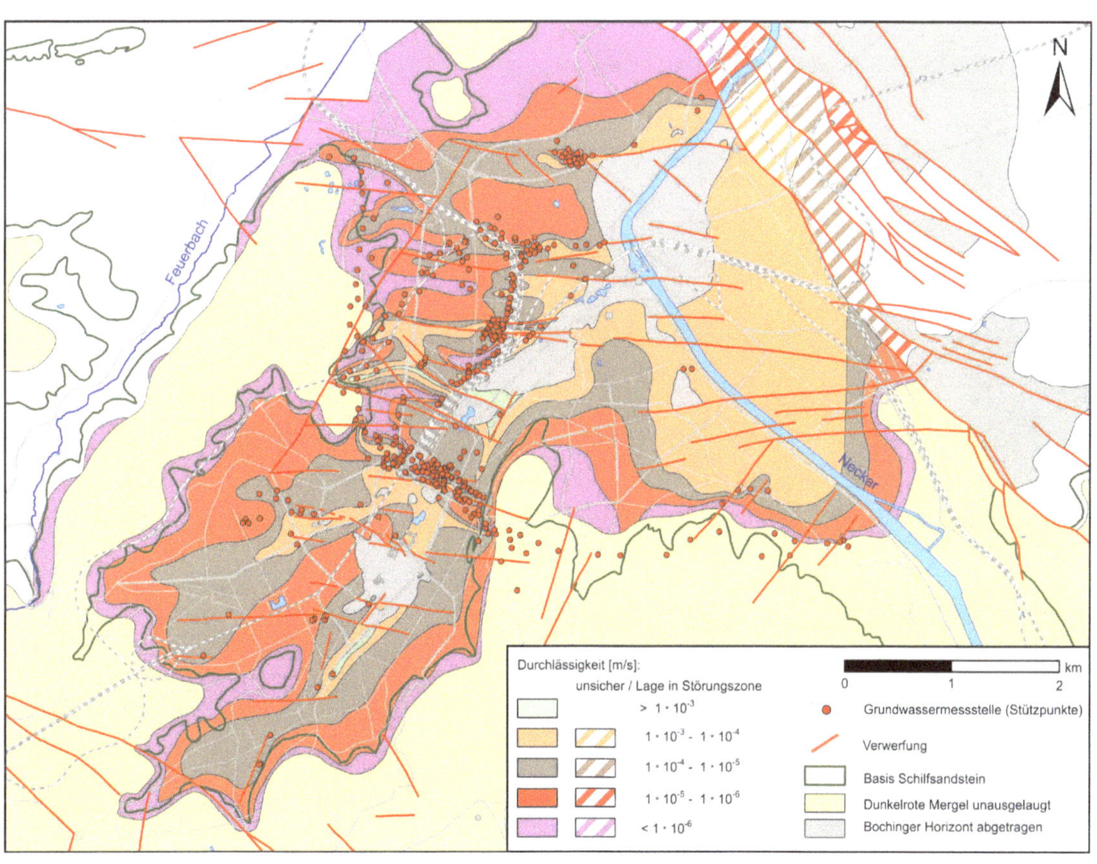

Abb. 6.15 Hydraulische Durchlässigkeit Bochinger Horizont.

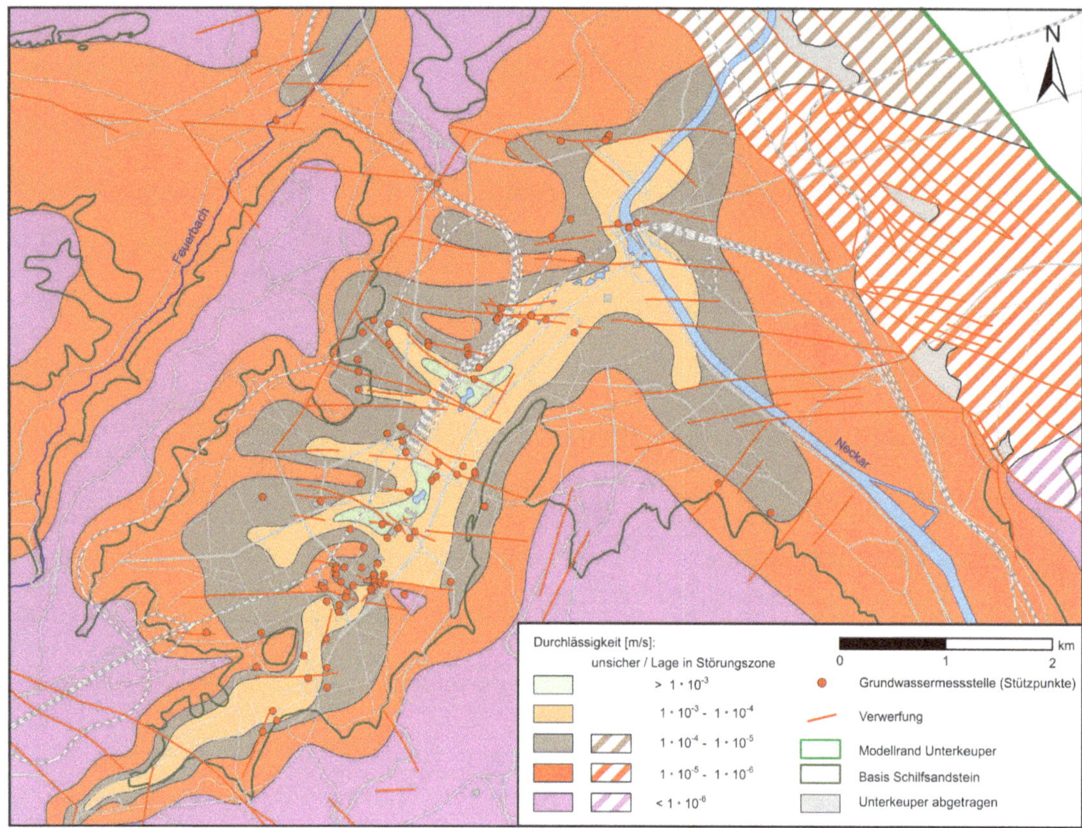

■ **Abb. 6.16** Hydraulische Durchlässigkeit Unterkeuper.

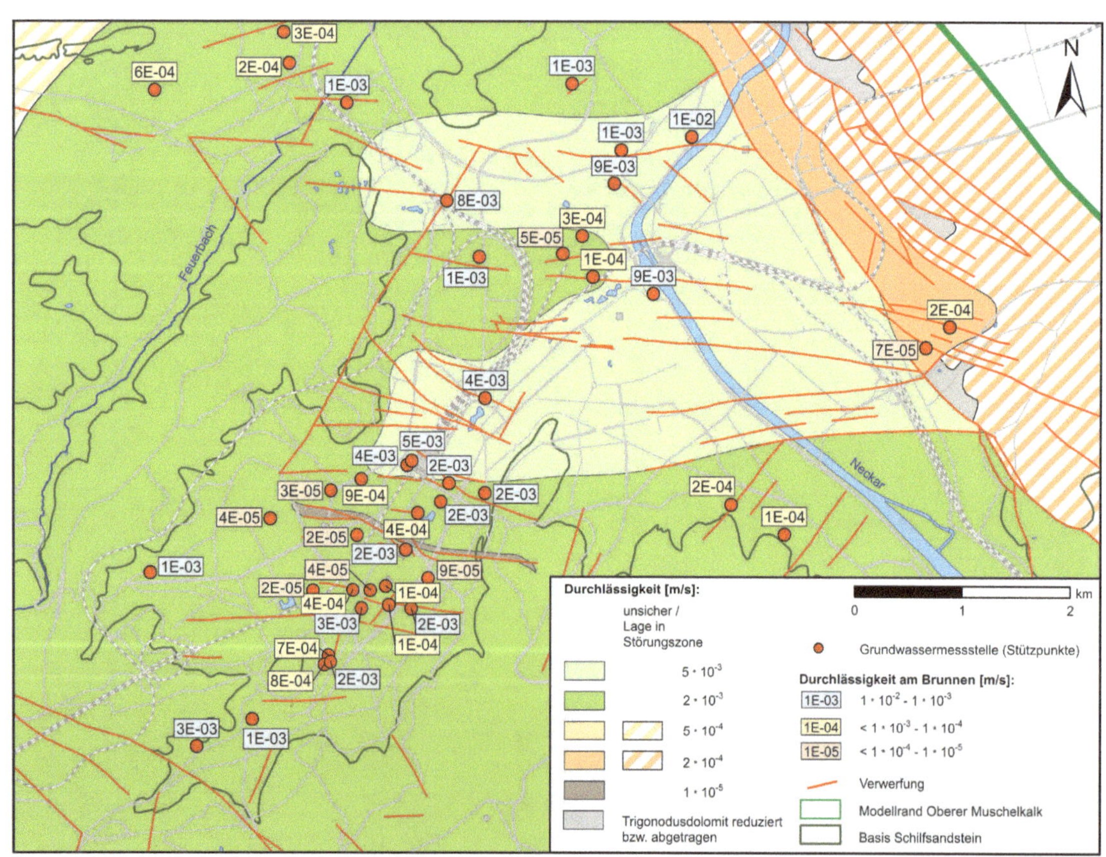

■ **Abb. 6.17** Hydraulische Durchlässigkeit Oberer Muschelkalk (Trigonodusdolomit).

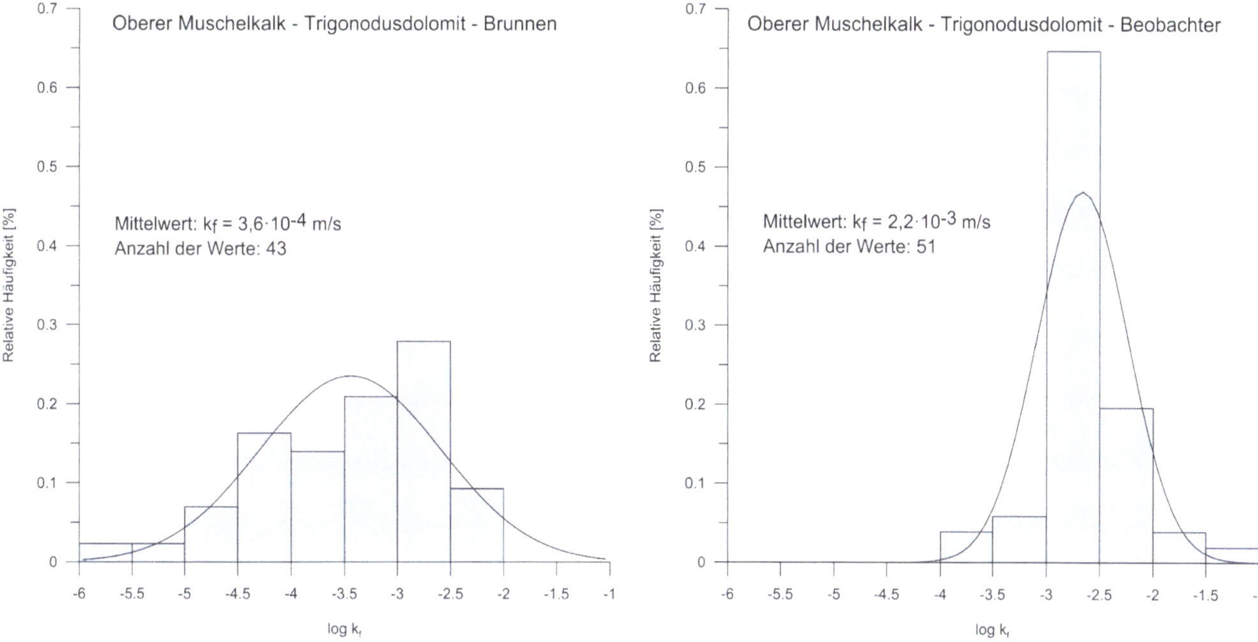

Abb. 6.18 Histogramme Oberer Muschelkalk (Trigonodusdolomit).

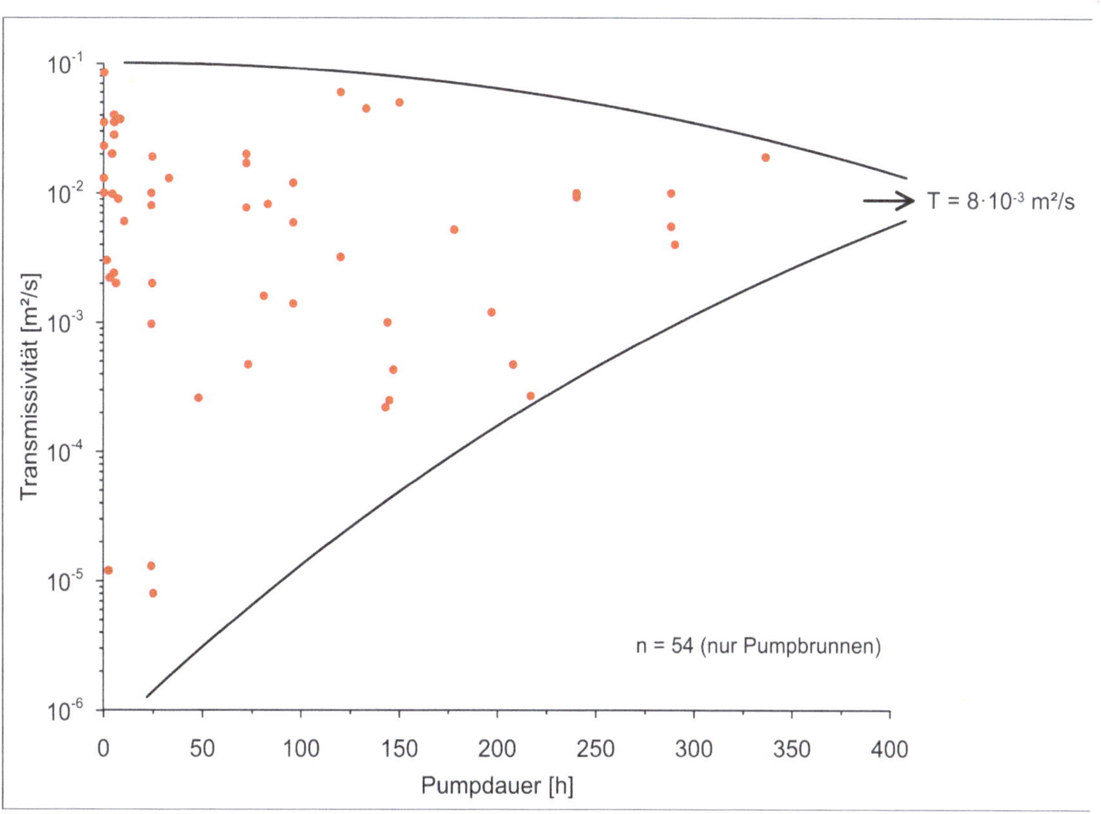

Abb. 6.19 Abhängigkeit der Transmissivität im Trigonodusdolomit von der Pumpdauer. Graphik aus Spitzberg & Ufrecht (2014a).

Tab. 6.2 Beobachtete Strömungsregime bei Pumpversuchen im Trigonodusdolomit (verändert nach Spitzberg & Ufrecht 2014a)

Auswertung der Daten aus	Anzahl Datensätze	Radiales Fließen	Klüfte	Doppelporosität	Stationarität	Staugrenzen
Pumpbrunnen	24	18	4	11	10	5
Beobachtungsmessstellen	35	32	3	0	3	1

(Spitzberg & Ufrecht 2014a, Diem et al. 2010). In Tab. 6.2 sind die aus dem Trigonodusdolomit unter Anwendung des Diagnostischen Plots ausgewerteten Pumpversuche differenziert nach den aufgetretenen Strömungsregimen zusammengestellt. Es wird deutlich, dass beinahe 50 % der Pumpversuche aus den Brunnen durch Doppelporosität charakterisiert sind.

Die generellen hydraulischen Eigenschaften des Trigonodusdolomits sind gekennzeichnet durch die hohe Bandbreite der hydraulischen Gebirgsdurchlässigkeit (1×10^{-6} bis 1×10^{-2} m/s) und das Phänomen der überschätzten Gebirgsdurchlässigkeit bei Verwendung der aus Beobachtungsmessstellen gewonnenen Kennwerte. Aus Tab. 6.2 kommt auch zum Ausdruck, dass die Reaktionen in Beobachtungsmessstellen in den meisten Fällen durch ein radiales Fließregime gekennzeichnet sind und dass sich die Vielfalt der auftretenden Strömungsregime im Karst überwiegend auf der lokalen Skala am Pumpbrunnen widerspiegelt. Auch die Abhängigkeit der Transmissivität (Produkt aus Durchlässigkeit und Aquifermächtigkeit) von der Dauer eines Pumpversuchs ist ein typisches Karstphänomen, wonach mit zunehmender Versuchsdauer der Absenktrichter ein immer größeres Volumen mit heterogen verteilten Karststrukturen erfasst und sich die Transmissivität dem regionalen Mittel annähert (Abb. 6.19).

Die vertikale Durchlässigkeit der im Aquifersystem als Stauer wirkenden Schluff-Tonsteine (z.B. Estherienschichten) wird auf $k_{fv} = 10^{-8}$ bis 10^{-9} m/s geschätzt. Die Überprüfung der Größenordnung erfolgt im Zuge der Modellkalibrierung.

Die hydraulische Auswertung der pumpversuchsbedingten Absenkung des Grundwasserspiegels in Beobachtungsmessstellen ergibt für den höheren Gipskeuper Speicherkoeffizienten S im Mittel von 10^{-3} und für den tieferen Gipskeuper, den Unterkeuper und den Oberen Muschelkalk um 10^{-4} bis 10^{-5}. Diese Wertebereiche zeigen gespannte Verhältnisse an.

6.4 Vertikaler Grundwasseraustausch

Das obere und untere Aquifersystem sind über große Bereiche hydraulisch vollkommen voneinander getrennt. In den Randbereichen des Stuttgarter Kessels, wo das Grundwasser im Gipskeuper neugebildet wird, ergeben sich Druckdifferenzen zwischen Gipskeuper (oberstes Teilstockwerk Mittlerer Gipshorizont) und Muschelkalk von bis zu 70 m. Der hydraulische Gradient ist nach unten gerichtet. Auf dem Fließweg zur Talmitte bzw. zum ursprünglichen Verlauf des Nesenbachs gleichen sich die Druckunterschiede an, die Druckdifferenzen verringern sich zum Muschelkalk. Erst ab dem Alten Schloss bzw. Hauptbahnhof, dem unteren Nesenbachtal sowie dem engeren Umfeld um das Neckartal bei Bad Cannstatt – dem Quellaufstiegsgebiet – kommt es zur Druckumkehr (Abb. 6.20).

Die Gebiete mit nach unten bzw. nach oben gerichtetem Gradienten bzgl. des Muschelkalk-Aquifers ergeben sich als Verschnitt der Grundwasserdruckflächen von Oberem Muschelkalk und Unterkeuper. Sie konnten zudem bei den bis in den Muschelkalk reichenden Bohrarbeiten durch abschnittsweise Messung von Druckhöhen (Packertests) und der Erstellung eines Druckprofils gegengeprüft werden. Die Druckgradienten sagen allein noch nichts über den tatsächlich erfolgenden Grundwasseraustausch aus, da die Vertikaldurchlässigkeit der Stauer – in der Interaktion zwischen Muschelkalk und Keuper sind dies die etwa sechs Meter mächtigen Estherienschichten des Unterkeupers – nur abgeschätzt werden kann. Ein qualitatives Bild der Wechselwirkungen zwischen benachbarten Aquifersystemen ergibt sich aus der Verknüpfung stockwerksspezifischer hydrochemischer Signaturen mit Tracerfunktion (Grundwasserbeschaffenheit und stabile Isotope). Zur Visualisierung vertikaler Austauschvorgänge im Projektgebiet werden die hydrochemischen Parameter Sulfat (im Kontext mit Schwefelisotopen; Graf et al. 1994) für eine Verlagerung von Grundwasser aus Auslaugungsbereichen im Gipskeuper in den nicht sulfatgesteinsführenden Unterkeuper und Oberen Muschelkalk verwendet. Chlorid und freie Kohlensäure markieren den Aufstieg von höher mineralisiertem Grundwasser aus dem Muschelkalk (Mineralwasser mit Charakteristik der Heilquellen) in den Unterkeuper, Gipskeuper oder auch in den Neckarkies. Die räumliche Verbreitung der Parameter wird stockwerksbezogen in hydrochemischen Fazieskarten darge-

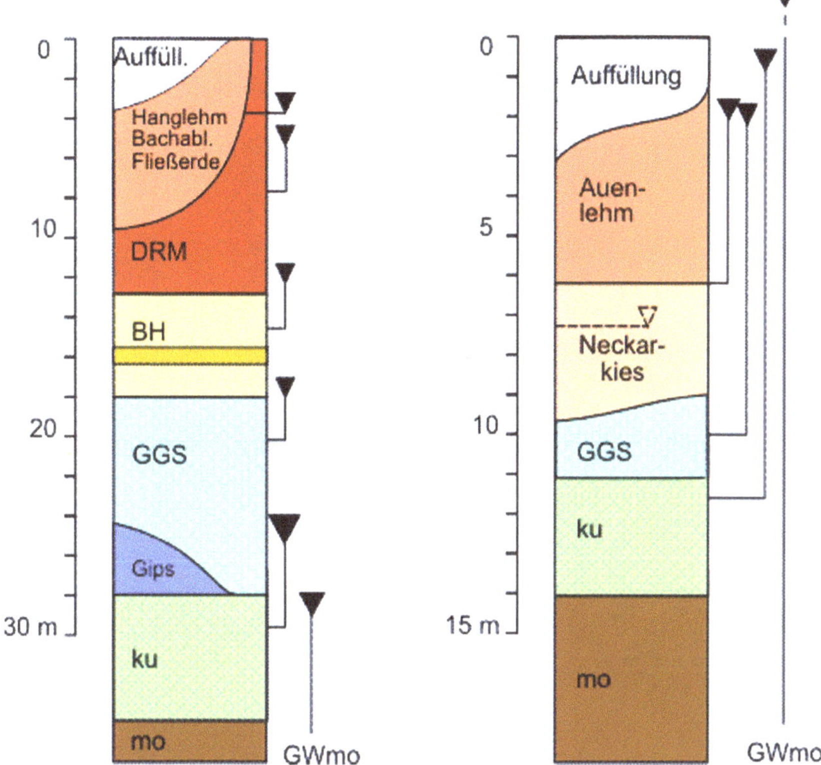

Abb. 6.20 Schematisierte Stockwerksabfolgen und Druckverhältnisse zwischen den Grundwasserstockwerken im Projektgebiet (links Nesenbachtal) im Vergleich zum Cannstatter Becken (rechts unteres Nesenbachtal und Neckartal). Graphik G. Wolff.

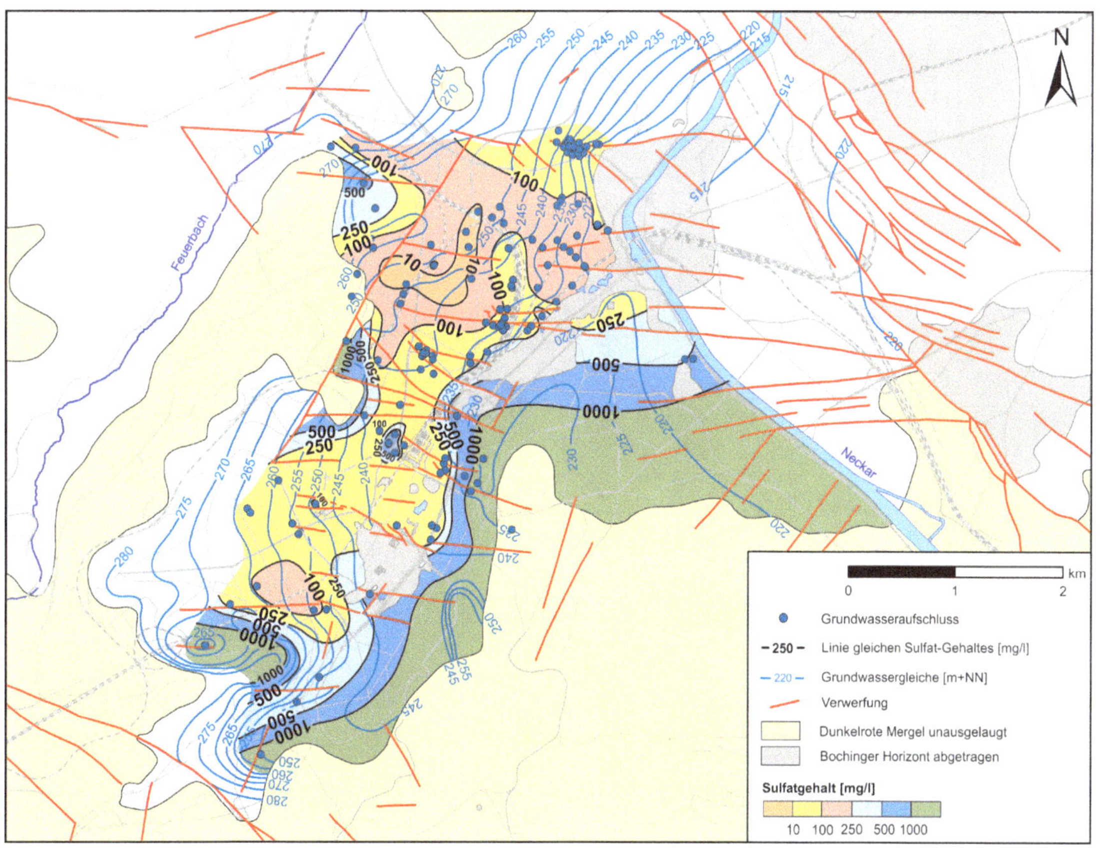

Abb. 6.21 Hydrochemische Fazieskarte mit dem Parameter Sulfat für den Bochinger Horizont.

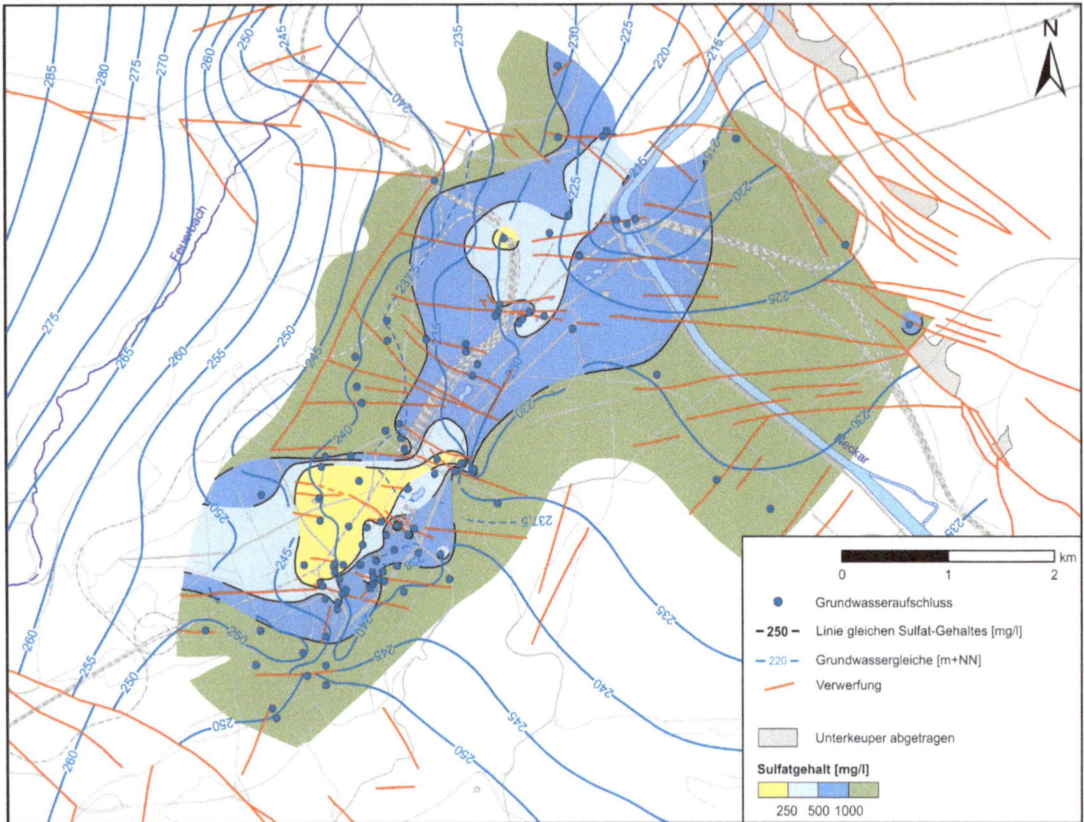

Abb. 6.22 Hydrochemische Fazieskarte mit dem Parameter Sulfat für den Unterkeuper.

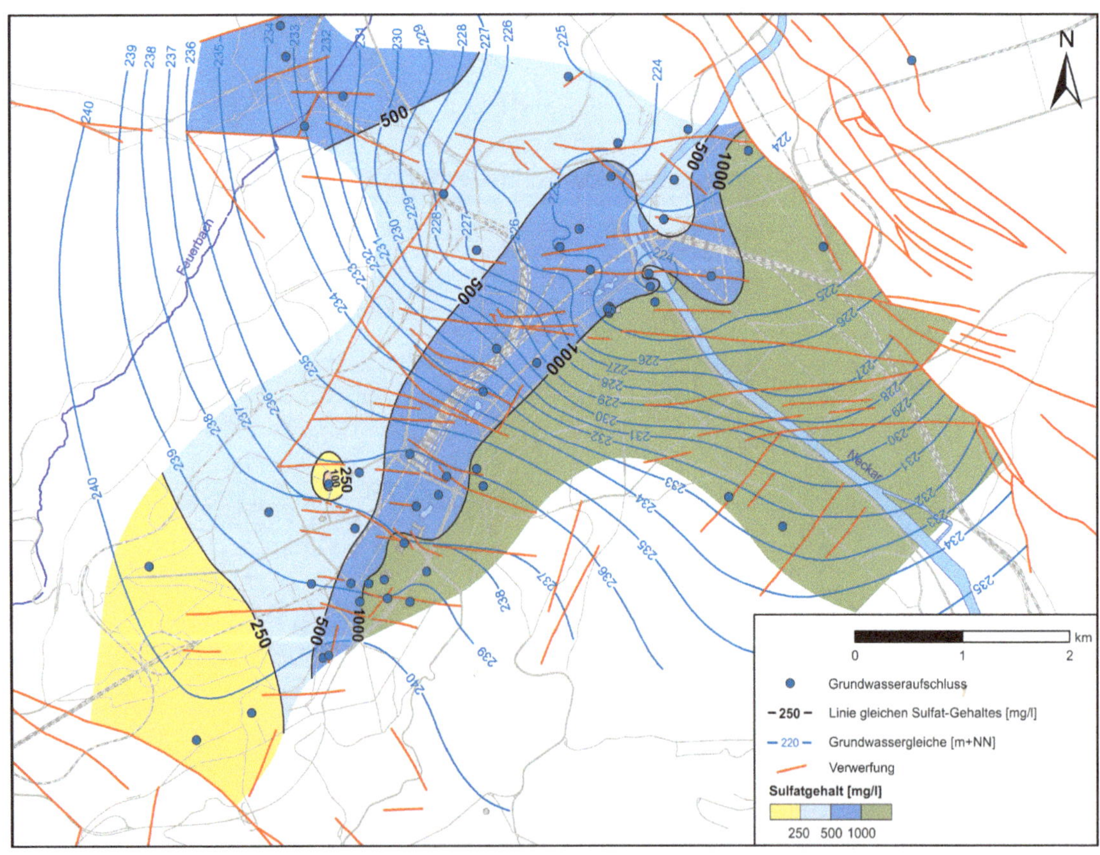

Abb. 6.23 Hydrochemische Fazieskarte mit dem Parameter Sulfat für den Oberen Muschelkalk.

stellt. Der Vergleich der Sulfatkonzentrationskarten von Bochinger Horizont, Unterkeuper und Oberem Muschelkalk (Abb. 6.21 bis Abb. 6.23) zeigt, dass in den Randbereichen des Stuttgarter Talkessels zwar eine signifikante Verlagerung von gelöstem Sulfat bis in den Unterkeuper erfolgt, diese Fracht jedoch nur im südlichen und zentralen Teil des Talkessels an den Muschelkalk weitergegeben wird. Im nördlichen Teil des Nesenbachtals unterbleibt die massive Prägung aus dem Gipskeuper. Das Grundwasser im Muschelkalk zeigt bis zu den niederkonzentrierten Mineralquellen in Bad Cannstatt Sulfatgehalte unter 500 mg/l. Im zentralen und südlichen Talkessel steigt der Sulfatgehalt auf über 1.000 mg/l an. Verbunden mit einem Anstieg der Gesamtkonzentration und dem Grad der Mineralisierung kommt es etwa ab dem Hauptbahnhof zu weiteren Aufkonzentrierungen durch Chlorid sowie einem Anstieg der freien Kohlensäure. Beide Parameter sind ein Indiz für eine aus dem Liegenden stammende Salinarkomponente, die für die Heilquellen mit Chloridgehalten bis 1.450 mg/l bestimmend ist. Dieser aus dem Liegenden stammende Anteil im Mineralwasser wird als „tiefe Komponente" verstanden. Ihr hydrochemischer Charakter entsteht bei einer vom Kristallin aus aufwärts gerichteten Durchströmung von Buntsandstein, Unterem und Mittlerem Muschelkalk bis in den Oberen Muschelkalk bzw. in die Vorflut (cross formation flow; Ufrecht & Hölzl 2006). Die derart erzeugte hydrochemische Überprägung der sonst im Muschelkalk und Keuper geringmineralisierten Wässer verhelfen im Cannstatter Neckartal zur Lokalisierung von zumeist an Störungen gebundenen Mineralwasseraufbrüchen (Ufrecht 1999) in die Hangendstockwerke des Muschelkalks bzw. im Neckar. Mit Hilfe der Wassertemperatur gelang es, das zwischen 15 und 20 °C warme Mineralwasser im Neckar aufzufinden und die aufsteigende Menge zu quantifizieren. Innerhalb der Fildergraben-Tiefscholle beträgt die Schüttung der „Mineralwasser-Temperaturanomalien" im Neckar etwa 200 l/s (Armbruster et al. 1998), die der „hydrochemischen Anomalien" etwa 30 l/s.

Die Kopplung der beiden Aquifersysteme und die nach unten gerichtete Grundwasserbewegung in den Neubildungsbereichen sowie die nach oben gerichtete Grundwasserbewegung im Umfeld der Vorflut entsprechen der Modellvorstellung von Toth (2009) für regionale Aquifersysteme.

6.5 Grundwasseralter

Der Ermittlung des Grundwasseralters kommt ein hoher Stellenwert zu, da sich hierin auch hydraulische Systemzusammenhänge wiederspiegeln. Da der in der Hydrologie klassische Datierungsparameter Tritium methodisch bedingt schon seit Jahren zunehmend an Aussagekraft verliert, wurde in diesem Projekt zusätzlich Schwefelhexafluorid (SF_6) hin-

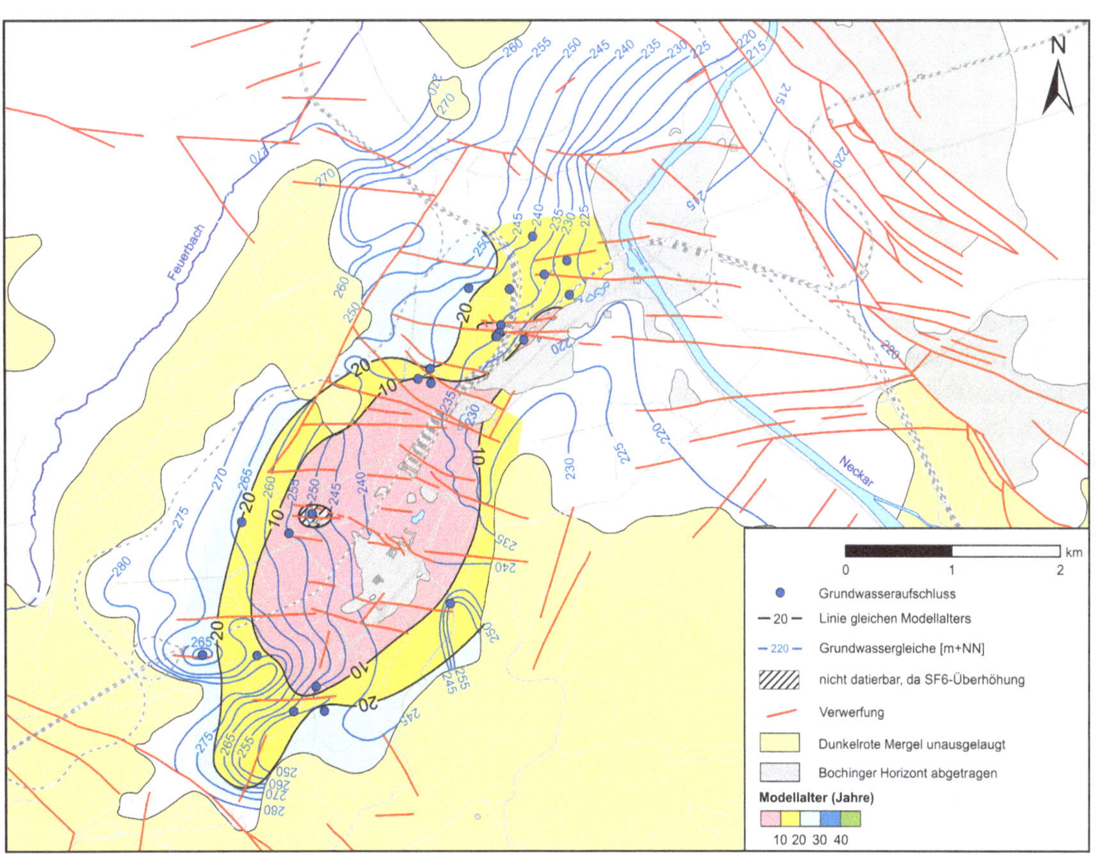

Abb. 6.24 Modellalter Bochinger Horizont.

zugezogen. Erste SF_6-Altersdatierungen im Raum Stuttgart führten bereits Fulda & Kinzelbach (1998) durch. Insgesamt liegen rund 200 SF_6-Werte aus dem Projektgebiet vor. In den Abb. 6.24 bis Abb. 6.26 ist die räumliche Verteilung des berechneten Grundwasseralters („Modellalter") in 10-Jahres-Abstufungen exemplarisch für den Bochinger Horizont, den Unterkeuper und den Oberen Muschelkalk dargestellt. Die Altersberechnung erfolgte dabei über den Piston-Flow-Ansatz (▶ Kap. 4, Abb. 4.10). Daher ist zu berücksichtigen, dass es sich um Modellalter handelt, die beispielsweise Austausch- und Vermischungsprozesse zwischen den einzelnen Grundwasserstockwerken nicht explizit berücksichtigen, und daher einen orientierenden Charakter besitzen. Eine genaue Betrachtung der Grundwasserfließ- und -transportzeiten bleibt daher dem numerischen Modell vorbehalten.

Meist nimmt das Modellalter von außen nach innen, also von den Bereichen höherer Überdeckung in Richtung auf den Stuttgarter Talkessel, ab. Dies erscheint zunächst widersinnig, da das Grundwasser ungefähr in diese Richtung fließt und daher immer älter werden müsste. Folgende Faktoren dürften jedoch hierbei eine Rolle spielen:

- Geringere Überdeckung und daher erhöhte Grundwasserneubildung im Talbereich
- Undichte Abwasserkanäle und Trinkwasserleitungen, die junges Wasser verlieren
- Störungen mit hydraulischer Kurzschlusswirkung zwischen den Aquiferen
- Größere Dynamik mit höheren Durchlässigkeiten und schnelleren (kürzeren) Fließzeiten im zentralen Nesenbachtal
- Einfluss zusätzlicher anthropogener SF_6-Hot-Spots im Stadtgebiet (vgl. unten).

Mit Annäherung an das Neckartal steigt im nordöstlichen Nesenbachtal das Modellalter des Grundwassers an, insbesondere im Unterkeuper und Oberen Muschelkalk. Im Neckartal und im Aufstiegsgebiet der Mineral- und Heilquellen ist durch die Beimischung alten aufsteigenden Grundwassers oftmals kein SF_6 nachweisbar (< 0,1 fmol/l), d. h., das Grundwasser ist dort im Mittel mindestens 40 bis 50 Jahre alt. Tendenziell ergibt sich für das zentrale Nesenbachtal ein von oben nach unten zunehmendes Modellalter von ≤ 10 Jahren im Bochinger Horizont, ca. 15 bis 35 Jahren im Grenzdolomit (hier nicht dargestellt), 20 bis ≥ 45 Jahren im Unterkeuper und 30 bis ≥ 45 Jahren im Oberen Muschelkalk.

Im Oberen Muschelkalk zeichnen sich einige Zonen mit auffällig jungem Grundwasser ab, z. B. der Bereich Nordbahnhof-Pragsattel (Abb. 6.26), wo die hier ermittelten SF_6-Gehalte zu Alterswerten von teils unter 10 Jahren führen (Notbrunnen Landesgesundheitsamt). Für diesen Notbrunnen gibt es aber auch einen niedrigen Tritium-Wert von < 5 TU aus jüngerer Zeit, der für ein deutlich höheres Alter spricht. Der benachbarte Sarweybrunnen wird im Lufthebeverfahren betrieben, wodurch der SF_6-Gehalt hier verfälscht sein kann. Daher wurde die betreffende junge Zone mit einem Modellalter < 10 Jahren in Abb. 6.26 mit einem Fragezeichen versehen. Die Fortsetzung der umgebenden Zone mit einem Modellalter von 10 bis 20 Jahren nach Westen ist ebenfalls unsicher. Theoretisch könnte dies zwar mit einer direkten Alimentierung des Muschelkalks mit jungem neugebildeten Grundwasser im Bereich der hier verlaufenden Verwerfungen, insbesondere im oberen Feuerbachtal (soweit hier der Gipskeuper vollständig ausgelaugt ist) begründet werden, jedoch gibt es für diese Vermutung keine konkreten Belege.

Weiter östlich, auf der rechten Neckarseite, befinden sich mit dem Schiffmannbrunnen (23 Jahre) und Kellerbrunnen (15 Jahre) zwei niederkonzentrierte Mineralquellen, die ebenfalls relativ junges Wasser aufweisen. Hier wurden auch erhöhte Tritium-Werte ≥ 10 TU nachgewiesen, wodurch sich dieser Bereich von den südlich gelegenen, hochmineralisierten Mineralquellen, die durch weniger Tritium bzw. das Fehlen von SF_6 gekennzeichnet sind, abhebt. Das älteste Grundwasser wurde in zwei Messstellen im Stuttgarter Osten angetroffen, das Tritium-frei war und daher vor 1950 entstanden sein muss. In den Mineralquellen tritt dagegen ein Mischwasser aus, das auch eine jüngere Komponente enthält. Für einige Muschelkalkaufschlüsse im Stadtgebiet und die Mineralquellen bestehen lückenhaft seit 1970 Tritum-Zeitreihen.

Die Tritium-Ganglinien der niederkonzentrierten Mineralquellen zeigen einen synchronen Verlauf mit zunächst geringen Gehalten von 15 TU. Sie steigen zwischen 1984 und 1990 an (bis 50 TU), um danach wieder auf Werte in der Größenordnung der Ausgangsgehalte abzufallen. Im Zeitraum zwischen 1970 und 1984 scheint der Tritium-Anstieg von relativ niederen zu höheren Werten stattgefunden zu haben, d. h. die Mitte der 1960er-Jahre neugebildeten Grundwässer mit ihren extrem hohen Tritiumgehalten haben genau in diesem Zeitraum die niederkonzentrierten Mineralquellen erreicht (Geyh & Köhle 1989).

Auch alle hochkonzentrierten und staatlich anerkannten Heilquellen weisen messbare Tritium-Gehalte auf. Alle Aufschlüsse enthalten daher nach 1950 neugebildete „junge" Grundwasseranteile. Tendenziell verhält sich der Tritiumverlauf in den Aufschlüssen wie in den niederkonzentrierten Quellen, allerdings stark gedämpft. Während die Anfangsgehalte 1970 deutlich unter 10 TU liegen, steigen sie bis 1990 auf 10 bis 20 TU an, um bis 2005 wieder auf Werte unter 10 TU zu sinken. Auch hier scheint sich der Durchbruch der tritiumreichen Wässer aus den 1960er-Jahren bis 1984 durchzupausen.

In urbanen Räumen ergeben sich manchmal Überlagerungen des atmosphärischen SF_6-Eintrags mit zusätzlichen anthropogenen SF_6-Punktquellen (vgl. Ho & Schlosser 2000). Erkennbar wird dies an SF_6-Konzentrationen, die den rezenten (maximal möglichen) Gehalt von derzeit 4,5 fmol/l im

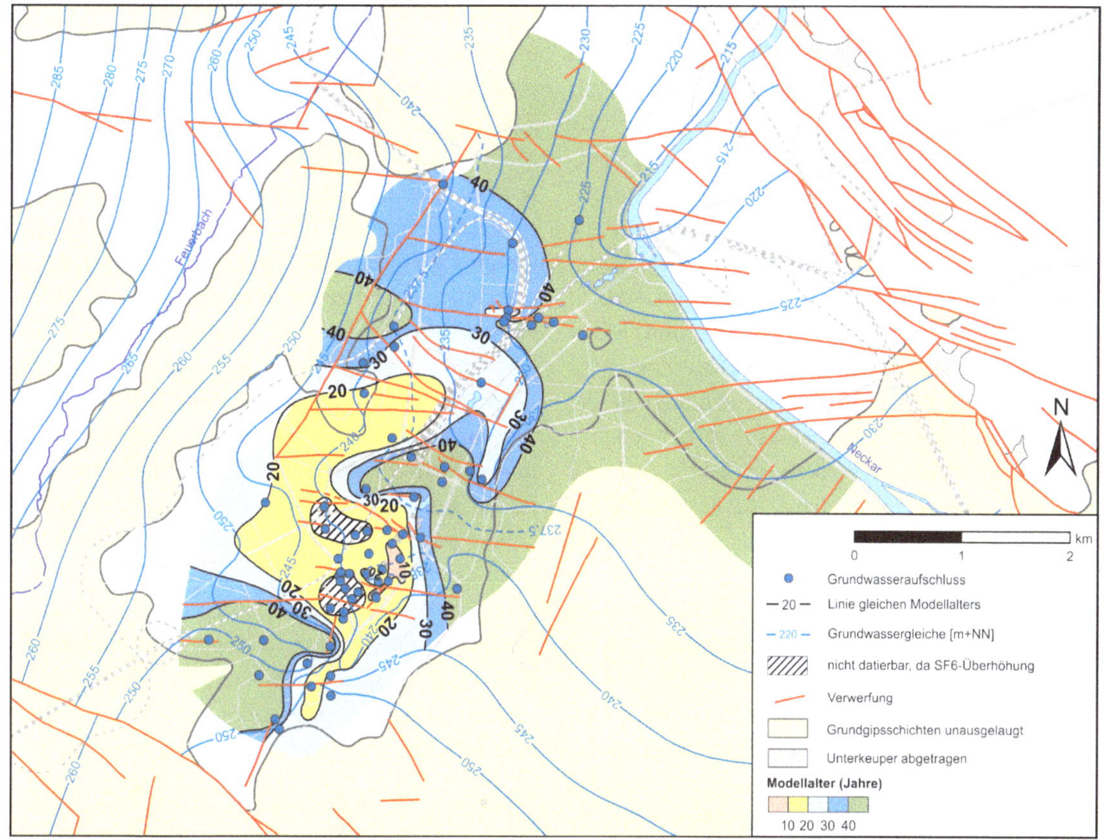

Abb. 6.25 Modellalter Unterkeuper.

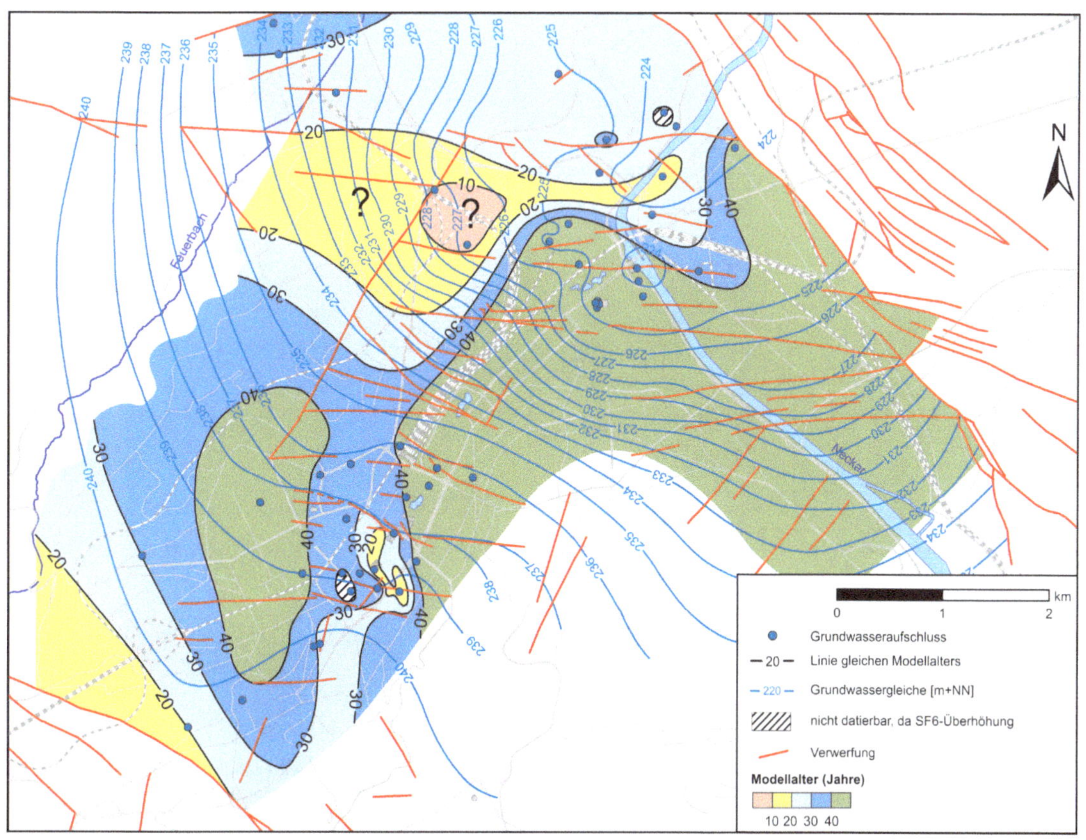

Abb. 6.26 Modellalter Oberer Muschelkalk.

Niederschlag von Stuttgart übersteigen. In diesen Fällen ist keine Altersdatierung mehr möglich, jedoch eröffnet sich durch eine SF_6-Überhöhung die Möglichkeit, den Stoff als Tracer zu verwenden, da sich SF_6 im Untergrund konservativ verhält. In der ◻ Abb. 6.27 sind zwei SF_6-Hot-Spots im Stadtmittegebiet im Umfeld des Rotebühlplatzes mit Konzentrationen von bis zu 55 fmol/l im Unterkeuper dargestellt, die sich teilweise bis in den Oberen Muschelkalk durchpausen. Eine bekannte SF_6-Quelle ist hier ein Abspannwerk südlich des Rotebühlplatzes. Solche überhöhten Zonen sind in den Alterskarten separat ausgewiesen („keine Datierung möglich"). Im direkten Unterstrom dieser Zonen können die berechneten Modellalter unterschätzt sein, so z. B. bei den jungen Zonen östlich des Rotebühlplatzes in ◻ Abb. 6.25 und ◻ Abb. 6.26. Andererseits befindet sich dieser Bereich südlich der Schlossstörung in tektonischer Hochlage, so dass das Grundwasser hier generell jünger als auf den angrenzenden Teilschollen sein dürfte. Eine weitere mit SF_6 nicht datierbare Zone im Oberen Muschelkalk befindet sich an der Mombachquelle (◻ Abb. 6.26).

Für die an der Schlossstörung gelegene, im Oberen Muschelkalk ausgebaute Messstelle P 172 liegen aus der Zeit von 1982 bis 2011 insgesamt rund 10 Tritium-Werte vor. Bei einer Auswertung dieser Zeitreihe mit dem Exponentialmodell ergibt sich hier eine mittlere Verweilzeit von 100 Jahren. In ◻ Abb. 6.28 sind der Tritium- und SF_6-Wert der Probe von 2011 aus P 172 (vgl. gelber Punkt) verschiedenen Speicher-Durchfluss-Modellen gegenübergestellt.

Bei dieser kombinierten Betrachtung berührt der Messpunkt von P 172 die Modellkurven des Piston-Flow-Modells (PFM) und des Binären Mischungsmodells (BMM), nicht jedoch die des Exponential- bzw. Exponential-Piston-Flow-Modells, die für diese Einzelprobe offenbar weniger repräsentativ sind. Aus dem PFM ergibt sich an dieser Stelle ein Modellalter von 26 Jahren. Das Binäre Mischungsmodell nimmt ein Mischwasser aus einer jungen tracerhaltigen und einer alten tracerfreien Komponente an. Ordnet man der jungen Komponente das PFM-Alter von 26 Jahren zu, so ergibt sich aus der Lage des Messpunktes von P 172 auf der BMM-Kurve ein Anteil an junger Komponente von rund 95 % und an alter Komponente von entsprechend 5 %. Legt man als Mischwasseralter die mittlere Verweilzeit von 100 Jahren aus der oben angeführten Tritium-Auswertung mit dem Exponentialmodell zugrunde, so ergibt sich über eine Zwei-Komponenten-Rechnung für die 5 % an alter Komponente ein theoretisches Alter von rund 1.500 Jahren. In diesem hohen Alter könnte der doppelporöse Charakter des Trigonodusdolomits mit quasi-immobilen Porenwasseranteilen zum Ausdruck kommen oder auch in der Schlossstörung beigemischtes altes Grundwasser aus größerer Tiefe.

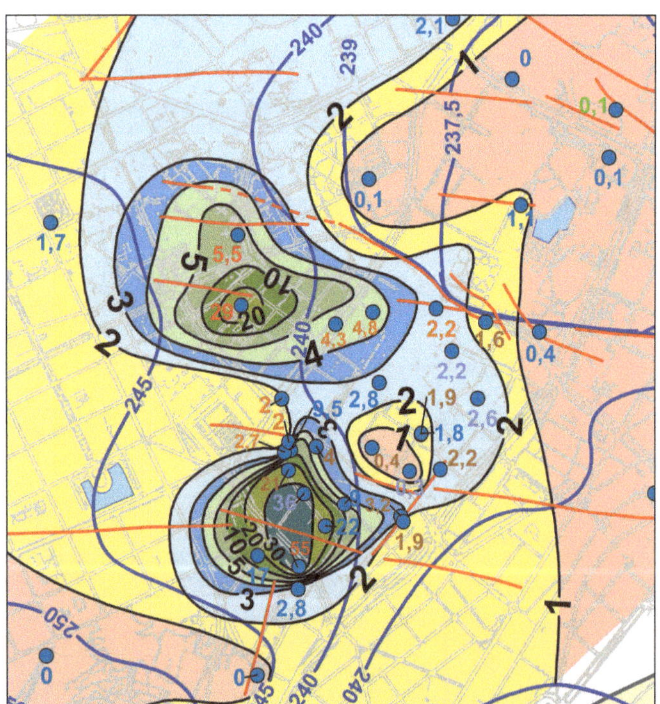

◻ **Abb. 6.27** Schwefelhexafluorid im Unterkeuper (Ausschnitt Stadtmitte), Angaben in fmol/l.

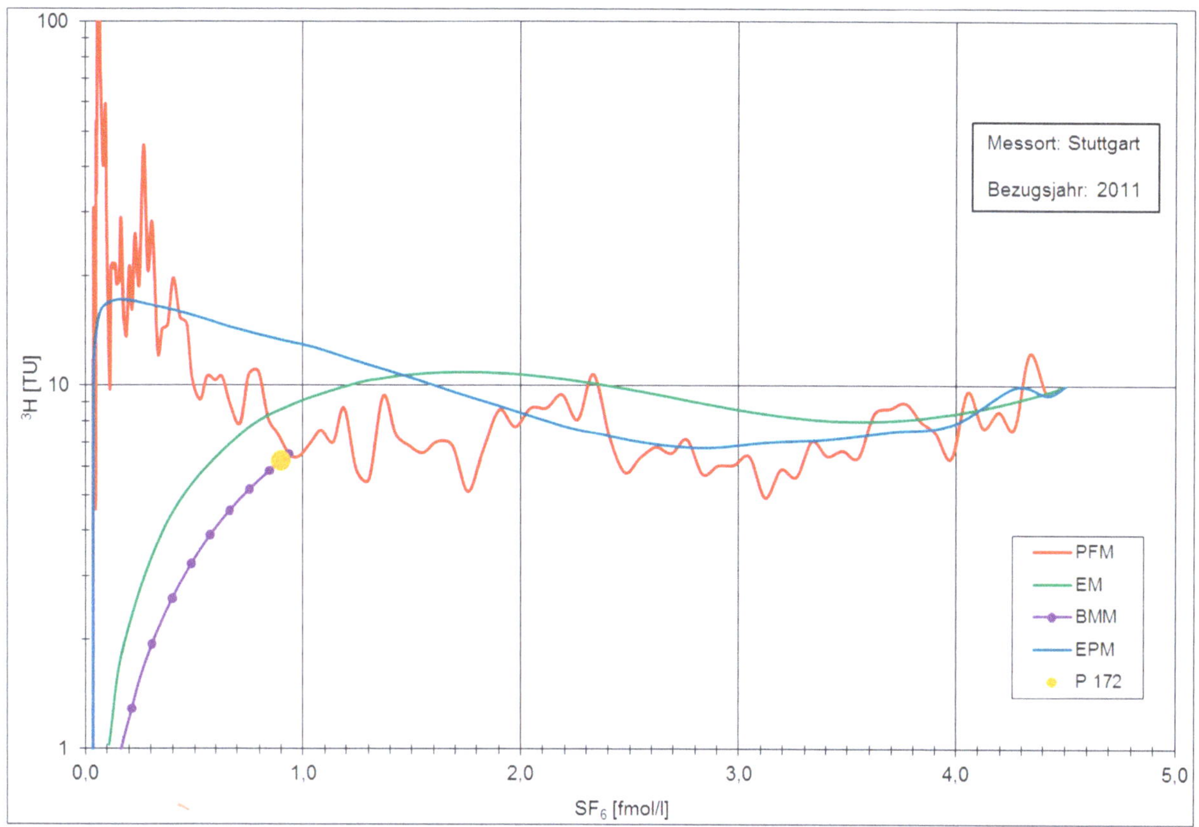

Abbildung 6.28 Auftragung von Tritium gegen SF_6 für verschiedene Speicher-Durchfluss-Modelle (PFM Piston-Flow-Modell, EM Exponentialmodell, BMM Binäres Mischungsmodell, EPM Exponential-Piston-Flow-Modell.

6.6 Grundwasserhaushalt

Im Modellraum bestimmen verschiedene Komponenten den Wasserhaushalt. Sie werden für die Festgesteins-Grundwasserleiter überschlägig aufgeschlüsselt mit dem Ziel, eine Vorstellung von den Grundwasserumsätzen zu erlangen und Größenordnungen für die numerische Modellierung bereitzustellen (Abb. 6.29).

Für die Teilstockwerke des Gipskeupers ist der Stuttgarter Talkessel ein randlich abgeschlossenes, jedoch nach unten offenes System, da die Gipsführung unter den Höhenrücken einen seitlichen Zufluss unterbindet. Das Grundwasser im Gipskeuper entsteht somit vorrangig durch Grundwasserneubildung aus dem Niederschlag in der Fläche und einem Randzufluss, der in den Randbereichen des Talkessels in den Schichten über dem Gipskeuper bis zur oberirdischen Wasserscheide entsteht. Die Abschätzung des aus dem Niederschlag neugebildeten Grundwassers im Stuttgarter Talkessel und Cannstatter Becken basiert auf einem Grundwasserhaushaltsmodell (Morhard 2007). Unter Berücksichtigung der Versiegelung stellt sich im langjährigen Mittel eine Neubildungsmenge von 44 l/s ein. Ein großer Teil davon dürfte über den Unterkeuper bis in den Oberen Muschelkalk absinken.

Der Randzufluss entspricht dem Abstrom aus abgegrenzten Teileinzugsgebieten zwischen oberirdischer Wasserscheide und der im Talkesselrand ausstreichenden Grenze zwischen Gipskeuper und Schilfsandstein, die per Definition den Modellraum umschließt. Auf diesen Flächen entstehen nach dem o. g. Grundwasserhaushaltsmodell 54 l/s. Das in den Hängen aus dem Randzustrom entstandene Grundwasser verlagert sich in der gipsausgelaugten und durch Verwitterung aufgelockerten Hangzone talabwärts und alimentiert dabei zusätzlich zur flächigen Neubildung aus Niederschlag die tieferen Grundwasserstockwerke in einem Gesamtumsatz im Stuttgarter Talkessel von 98 l/s. Nur ein kleiner Anteil davon tritt in Quellen aus und wird dem System in einer Größenordnung von 4 l/s entzogen. Zusätzlich erfolgen Grundwasserentnahmen aus Quartär und Keuper von ca. 11 l/s zur Brauchwassernutzung, Trockenhaltung von Gebäuden und Pump-and-treat-Maßnahmen bei Altlasten.

Im Unterkeuper wird das Grundwasser durch einen vertikalen Zufluss aus dem Gipskeuper sowie durch einen Randzufluss von Nordwesten alimentiert. Letzterer wird auf weni-

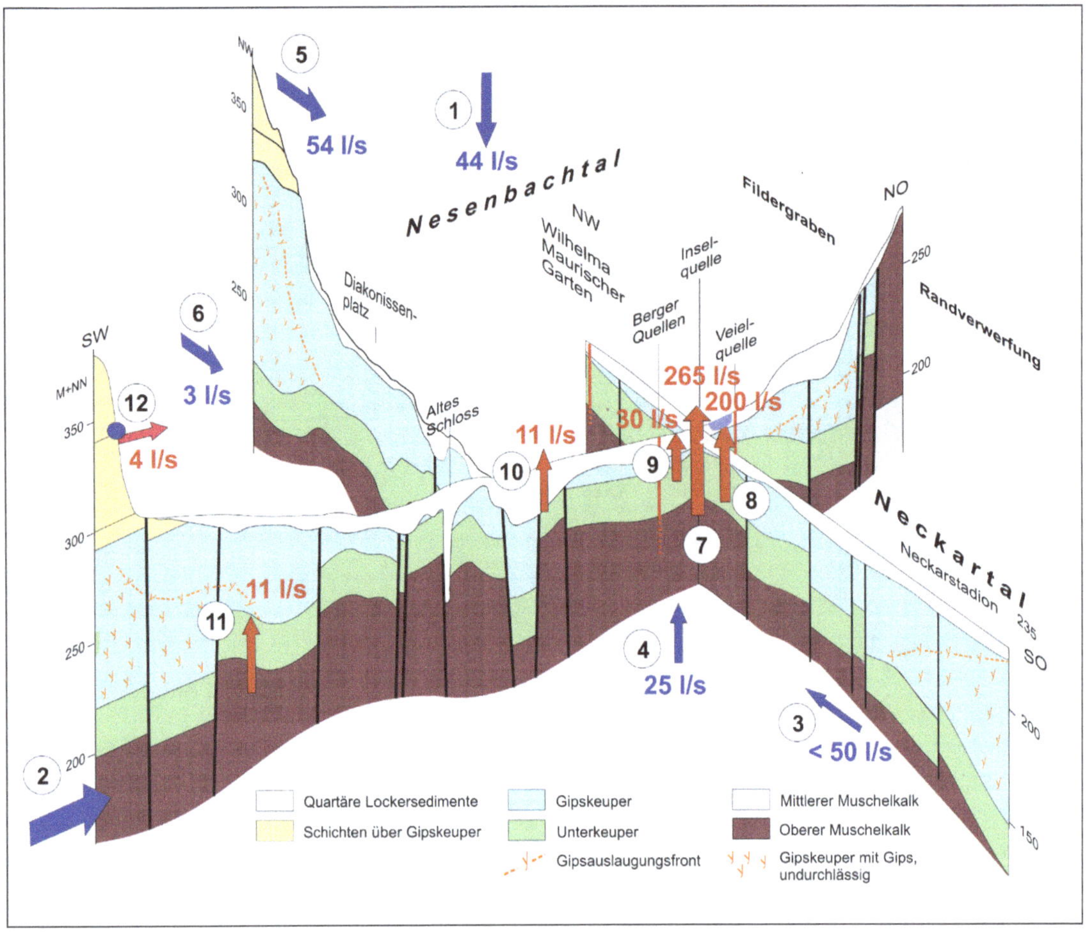

Abb. 6.29 Komponenten des Grundwasserhaushalts im Stuttgarter Talkessel und Cannstatter Becken.
Blau Positive Bilanzgrößen, 1 Grundwasserneubildung aus Niederschlag, 2 Grundwasserzustrom im Oberen Muschelkalk aus dem Oberen Gäu, 3 Südlicher Zustrom in der Tiefscholle des Fildergrabens, 4 Aufstieg Salinarsole aus dem Liegenden des Oberen Muschelkalks, 5 Randzufluss oberhalb Ausstrich Schilfsandstein, 6 Zustrom Unterkeuper aus dem Neubildungsraum im NW; rot Negative Bilanzgrößen, 7 Auslauf (Schüttung) gefasste Mineralquellen, 8 Mineralwasserübertritte in den Neckar, 9 Mineralwasserübertritte in den Neckarkies, 10 Grundwasserentnahmen aus dem Quartär und Keuper, 11 Grundwasserentnahmen aus dem Oberen Muschelkalk, 12 Hangquellen über dem Gipskeuper.

ger als 3 l/s abgeschätzt und ist daher gegenüber dem vertikalen Zufluss sehr klein.

Im Oberen Muschelkalk strömt von Westen und untergeordnet von Süden Karstgrundwasser in den Bilanzraum ein. Die lateral dichte Cannstatter Verwerfung zwingt das Karstwasser zum Austritt im Neckartal, wo es seit dem Pleistozän entlang von Störungszonen und Quelltrichtern in den Neckar bzw. in die Neckartalaue aufsteigt. Bei Annahme mittlerer Schüttungen fallen auf die Fassungen mit hochkonzentriertem Mineralwasser etwa 165 l/s und auf die Fassungen mit niederkonzentriertem Mineralwasser ca. 60 l/s. Die Mombachquelle schüttet zudem etwa 40 l/s. Die hydrochemischen Anomalien im Neckarkies werden mit etwa 30 l/s gespeist (Ufrecht & Renner 1996, Ufrecht 1999). Über die Temperaturanomalien innerhalb der Fildergraben-Tiefscholle gelangen zudem in der Summe weitere 200 l/s aus dem Oberen Muschelkalk in den Neckar (Armbruster et al. 1998). Die Gesamtschüttung der Mineral- und Heilquellen beläuft sich daher auf rund 500 l/s. Im hochkonzentrierten Mineralwasser ist eine Salinarkomponente enthalten, die aus dem Liegenden des Oberen Muschelkalks stammt. Eine auf Basis der Chloridkonzentration angestellte Mischungsrechnung zeigt, dass für die Erzeugung der Bad Cannstatter und Berger Mineralwassercharakteristik lediglich ein vertikaler Zustrom von ca. 25 l/s erforderlich ist. Dieser Zustrom ist gegenüber dem Grundwasserumsatz im Muschelkalk sehr klein und folglich über hydraulische Betrachtungen weder visualisierbar noch quantifiziert. Der Hinweis auf die Kopplung und der vertikale Austausch werden ausschließlich indirekt aus Grundwasserbeschaffenheits- und Isotopendaten abgeleitet (Ufrecht & Hölzl 2006).

Aus dem Oberen Muschelkalk werden im Stuttgarter Talkessel und im Stadtteil Feuerbach, der in den Modellraum für den Oberen Muschelkalk einbezogen ist, zur Gewinnung von Brauchwasser aus vier Brunnen derzeit 11 l/s gewonnen. Diese Menge betrug in den 1970er-Jahren gegenüber heute noch das Dreifache.

Konzeptionelles Stoffmodell

Wolfgang Ufrecht, Uli Schollenberger, Stefan Spitzberg, Achim Carle

Im Stoffmodell werden das Verhalten von Stoffen im System sowie die im System ablaufenden Prozesse beschrieben. Kernelemente sind die Darstellung und Beschreibung des LCKW-Eintrags, des raumzeitlichen Ausbreitungsverhaltens und ablaufender Abbau- bzw. Umbauprozesse an LCKW in Abhängigkeit der Milieubedingungen. Diese Auswertung verhilft dazu,

- das Ausbreitungsmuster der LCKW in den betroffenen Grundwasserstockwerken zu erkennen,
- Schadstofffahnen einzelnen Schadenszentren zuzuordnen,
- die Geometrie von Schadstofffahnen auch außerhalb von Schadensbereichen zu ermitteln sowie
- den Verlagerungspfad der Fahnen in tiefere Stockwerke einzugrenzen.

Sie ist ein Baustein für das Verständnis der vertikalen LCKW-Verlagerung bis in den Oberen Muschelkalk und des LCKW-Transports zu den Mineralquellen.

7.1 Milieucharakterisierung

Im wassergesättigten Bereich verbrauchen Mikroorganismen beim Abbau organischer Substanz Sauerstoff. Je nach Abbauaktivität ist das Angebot des im Grundwasser gelösten Sauerstoffs von max. 10 mg/l rasch aufgebraucht, so dass aerobe Prozesse allmählich erliegen. Ersatzweise finden dann andere Oxidationsmittel, wie z. B. Nitrat, Eisen- bzw. Manganoxide und Sulfat, als Elektronenakzeptor Verwendung. Die mikrobiologischen Abbauprozesse lassen sich vereinfacht als Redoxreaktionen beschreiben.

Die Kenntnis des Redoxmilieus ist somit eine wichtige Grundlage für die Beurteilung möglicher Um- bzw. Abbauprozesse an gelösten Stoffen im Aquifersystem, insbesondere an den LCKW-Schadstoffen. Auf die im Grundwasser ablaufenden Prozesse kann aus der Messung des Sauerstoffgehalts, des Redoxpotentials oder aus dem Nachweis der redoxsensitiven Stoffe, die quasi als biogeochemische Tracer dienen, geschlossen werden.

Nitrat eignet sich gut, um einen ersten Einblick in die Redoxverhältnisse zu erlangen, da dieser Redoxindikator bei vielen Grundwasseruntersuchungen im Stadtgebiet gemessen wurde und messtechnisch wesentlich robuster ist als z. B. die Bestimmung des Redoxpotentials, der Sauerstoff- oder gar der Methankonzentrationen. Zudem liegen für viele Aufschlüsse Nitratmessungen zu verschiedenen Zeitpunkten vor, so dass auch Konzentrationsentwicklungen über die Zeit betrachtet werden können.

Die Verwendung von Sulfat ist in Zusammenhang mit der Charakterisierung von Redoxprozessen bedeutungslos, da im Gipskeuper bereichsweise eine massive geogene Überprägung durch die Sulfatgesteinslösung besteht. Dass aber Sulfat tatsächlich dem Abbau durch Mikroben unterliegt, zeigt sich im Oberen Muschelkalk im Aufstiegsgebiet der hochkonzentrierten Mineralquellen. Hier kann organoleptisch Schwefelwasserstoff wahrgenommen, allerdings nicht analytisch quantifiziert werden. Es zeigt aber dennoch, dass das hochkonzentrierte Mineralwasser einer hohen Reduktionsstufe zuzuordnen ist.

Der Milieuparameter Nitrat wird für die Aquifere Dunkelrote Mergel, Bochinger Horizont, Unterkeuper und Oberer Muschelkalk in Verteilungskarten dargestellt. Die Karten charakterisieren den Milieuzustand in der regionalen Skala für den Untersuchungsraum. Folglich können sie nur in stark abstrahierter Form den Milieuzustand wiedergeben. Schadensfallbereiche mit den zugehörigen Abstromfahnen sind zwar durch einzelne Messstellen berücksichtigt, sie lassen aber eine scharfe Abgrenzung der Milieubedingungen im Schadensfall nicht zu. Hierzu sind Darstellungen im lokalen Maßstab erforderlich. Trotzdem wird auch dadurch eine saubere Auflösung der Redoxzonen nur schwer gelingen, da

- die Redoxgradienten im Schadensbereich sehr steil sind und zur räumlichen Auflösung ein enges Aufschlussraster erforderlich wäre,
- aufgrund der Heterogenität des Aquifers nicht streng voneinander getrennte und nach den Redoxbedingungen abstufbare Bereiche, sondern vielfach Mikronischen mit in sich differierenden Redoxprozessen vorliegen können.

Vor allem bei Schadensfällen mit BTEX und MKW, bei denen ein hoher Anteil an organischem Kohlenstoff in den Untergrund gelangte, kommt es zu massiven Abbauvorgängen unter Ausbildung von Redoxzonen. Da diese in den Verteilungskarten bei großskaliger Betrachtung nicht abgebildet werden können, sind alle im Projektgebiet bekannten Grundstücke mit BTEX- und MKW-Schadensfällen in den Verteilungskarten markiert, ohne allerdings im Einzelnen Auswirkungen auf das Grundwasser nachgewiesen zu haben (Abb. 7.7).

7.1.1 Nitratverteilung

In den nachfolgenden Abb. 7.1 bis Abb. 7.4 sind die aktuellen Nitrat-Konzentrationen (Zeitraum 2008 bis 2012) als Verteilungskarten für die Dunkelroten Mergel, den Bochinger Horizont, den Unterkeuper und den Oberen Muschelkalk dargestellt. In den Stockwerken des Gipskeupers sieht die Verteilung der Nitratkonzentration sehr ähnlich aus. Der überwiegende Teil des Projektgebietes wird von Nitrat-Konzentrationen zwischen 10 und 50 mg/l eingenommen. Örtlich können diese aber auch über 100 mg/l betragen. In Grundwasserfließrichtung mit Annäherung an die Talachse des Nesenbachs gehen die hohen Nitrat-Gehalte generell zurück. Sehr niedrige Werte bzw. nitratfreie Bereiche treten nur punktuell auf. Sie sind in der Regel eine Folge von mik-

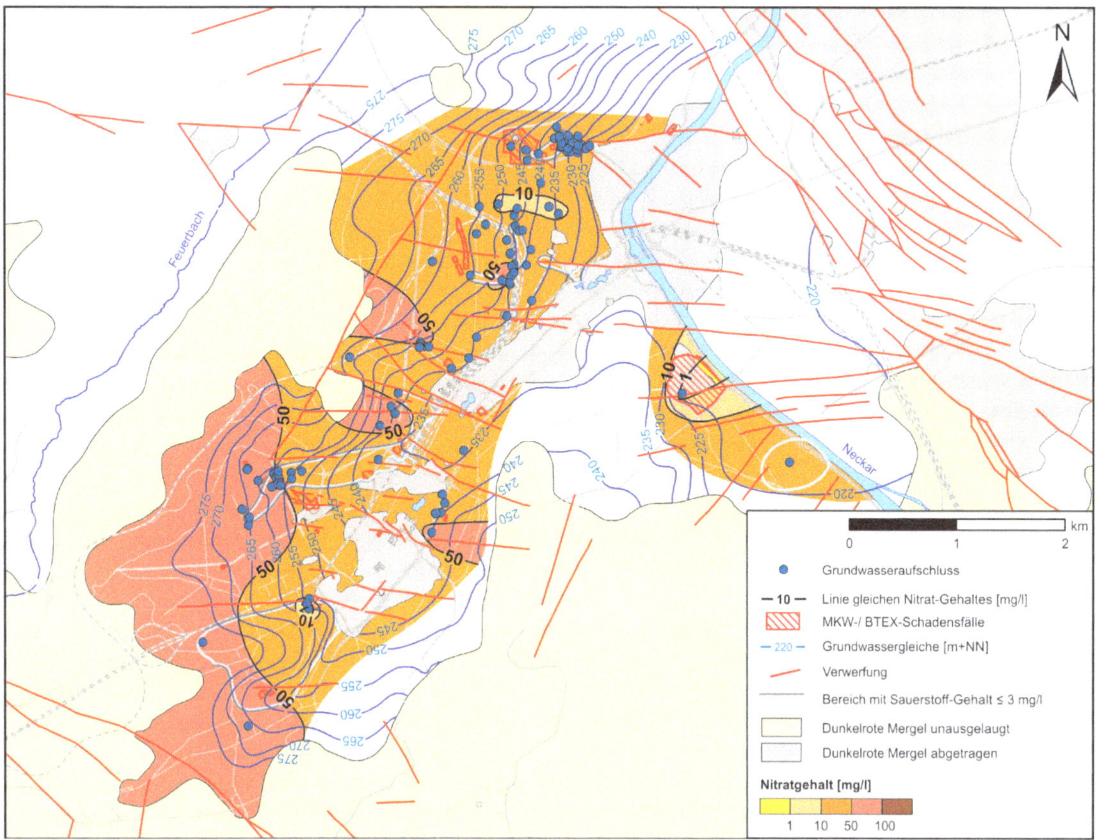

Abb. 7.1 Nitrat-Verteilung in den Dunkelroten Mergeln.

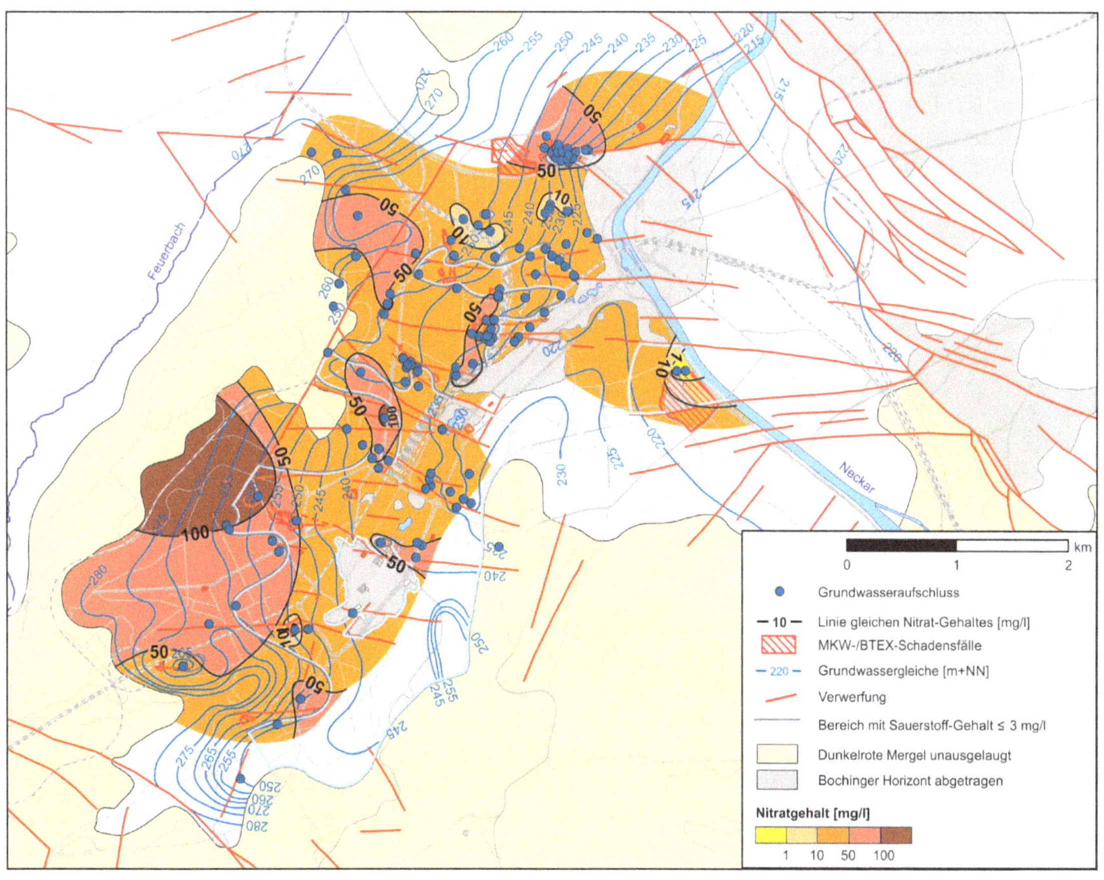

Abb. 7.2 Nitrat-Verteilung im Bochinger Horizont.

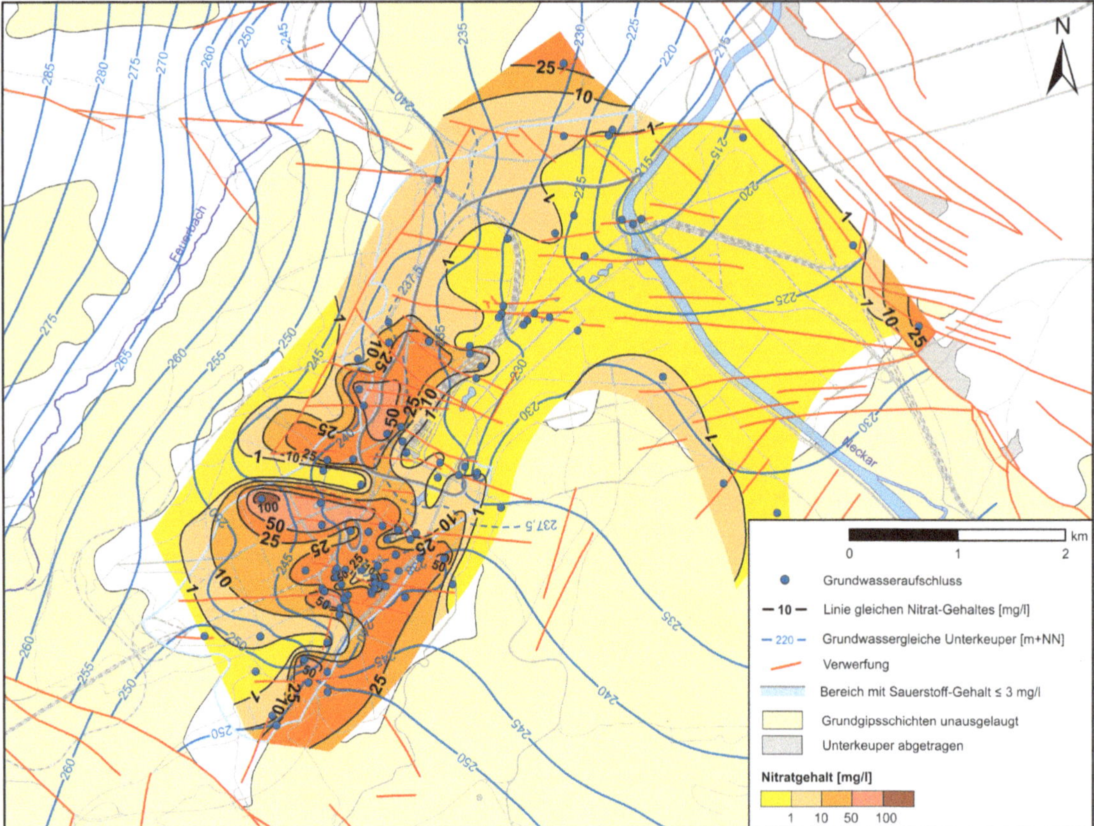

Abb. 7.3 Nitrat-Verteilung im Unterkeuper.

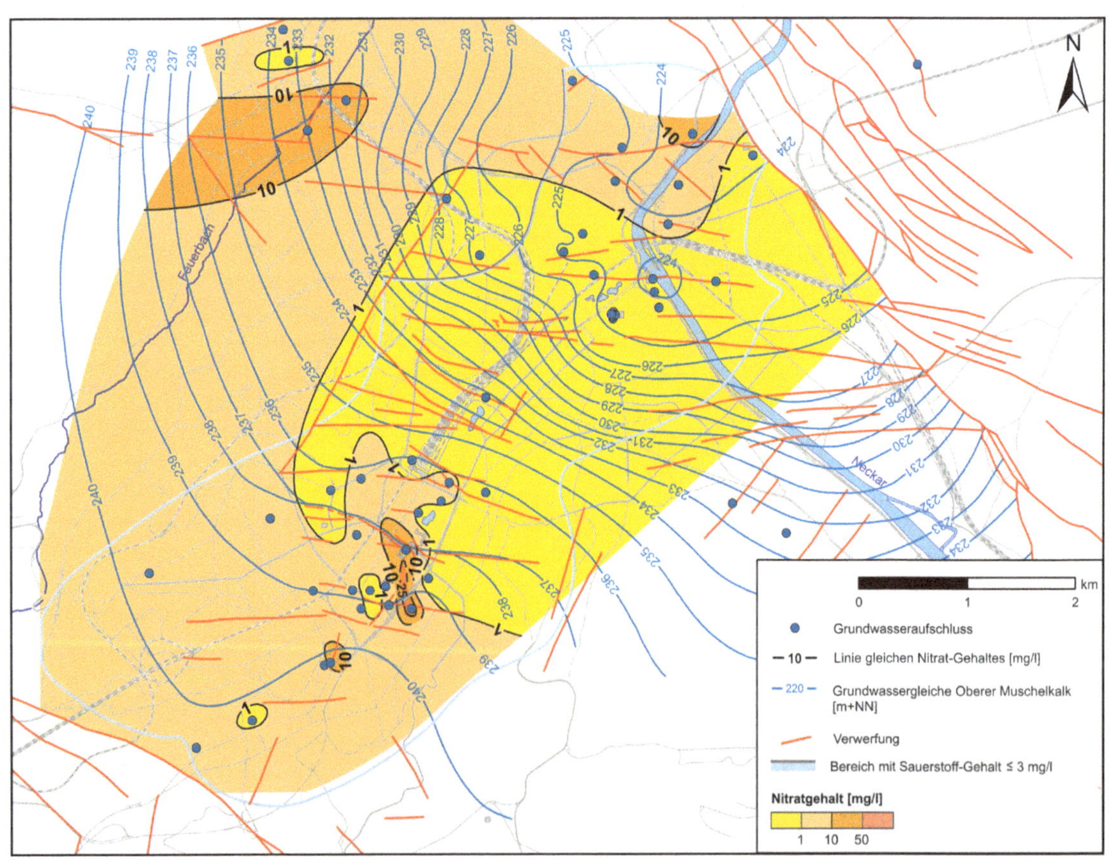

Abb. 7.4 Nitrat-Verteilung im Oberen Muschelkalk.

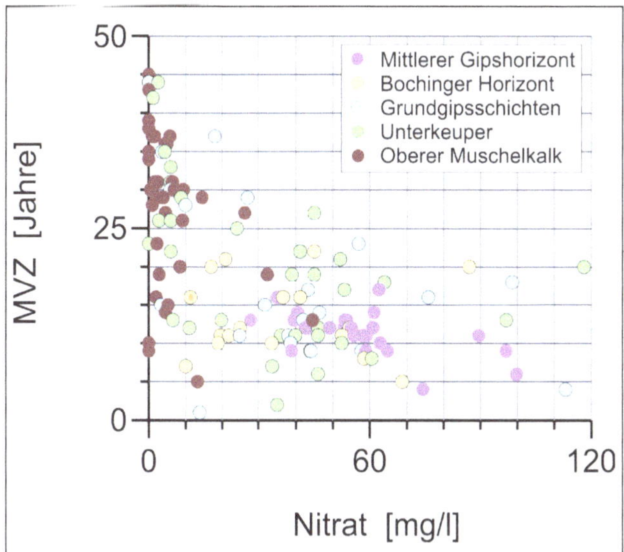

Abb. 7.5 Zusammenhang von Mittlerer Verweilzeit des Grundwassers (MVZ) und Nitratkonzentration im Grundwasser.

robiellen Abbauprozessen im Einflussbereich von MKW- bzw. BTEX-Schadensfällen.

Im Unterkeuper ist das Verteilungsmuster zweigeteilt. Im Osten werden mit Annäherung an die Talachsen von Nesenbach und Neckar sowie an das Mineralwasseraufstiegsgebiet abnehmende Nitrat-Konzentrationen beobachtet. Vermutlich wegen der größeren Überdeckung des Unterkeupers nehmen im westlichen Projektgebiet die Konzentrationen von außen nach innen zu. Im natürlichen unbelasteten Zustrom treten niedrige Nitrat-Gehalte kleiner 1 mg/l auf. Mit Annäherung an das zentrale Nesenbachtal und die Stadtmitte nehmen die Gehalte infolge des urbanen Einflusses und der Zusickerung von belastetem Grundwasser aus den höheren Stockwerken sukzessive auf Gehalte von 50 mg/l und stellenweise sogar von über 100 mg/l zu. In der Stadtmitte existieren lokal auch Bereiche mit < 1 mg/l Nitrat. Im unteren Nesenbachtal (etwa ab Höhe des Hauptbahnhofs) und im Neckartal, wo aufsteigendes nitratfreies Grundwasser aus dem Oberen Muschelkalk beigemischt wird, liegt der Nitrat-Gehalt flächenhaft unter 1 mg/l.

Im Oberen Muschelkalk dehnt sich im Vergleich zum Unterkeuper die Nitrat-freie Zone mit Werten < 1mg/l im Neckar- und unteren Nesenbachtal noch weiter nach Westen aus. Hier strömt altes bzw. mineralwasserhaltiges Grundwasser. Daran schließen sich nach Westen Nitrat-Konzentrationen bis 10 mg/l an. Nur örtlich treten Bereiche mit höheren Nitrat-Gehalten auf. In allen niederkonzentrierten Mineralquellen ist auch Nitrat enthalten. Mit Ausnahme von Auquelle (10 bis 15 mg/l) und Mombachquelle (20 bis 30 mg/l) sind es allerdings nur Spuren kleiner 5 mg/l. Beim Schiffmannbrunnen (< 2 mg/l) und Br. Maurischer Garten (< 2,5 mg/l) sind die Nitratgehalte am geringsten. Die hochkonzentrierten Mineralquellen sind bis auf die Berger Quellen (1 bis 2 mg/l Nitrat) Nitrat-frei. Das dort nachweisbare Ammonium wird als Abbauprodukt von Nitrat betrachtet. Es zeigt, dass nitrathaltiges Wasser als Bestandteil einer jungen Grundwasserkomponente dem Quellgebiet zuströmt.

Allgemein sind erhöhte Nitrat-Werte ein Hinweis auf jüngeres Grundwasser. Im älteren Grundwasser fehlt der direkte Eintrag von nitrathaltigem Wasser, zudem sind dort über die Zeit Abbauprozesse wirksamer als im jungen Grundwasser und man darf davon ausgehen, dass in einem mehrere Jahrzehnte altem Grundwasser Nitrat häufig vollständig „aufgezehrt" ist. Die Korrelation der Nitratkonzentration mit der aus Tritium oder SF_6 abgeleiteten Mittleren Verweilzeit des Grundwassers ist in Abb. 7.5 dargestellt.

Identifizierung von Abbaumechanismen am Nitrat mittels Stickstoff- und Sauerstoffisotopie

Wichtige Parameter zur Identifikation von mikrobiellem Abbau von Nitrat und zur Abgrenzung gegenüber Verdünnung sind $^{15}N/^{14}N$-Stickstoff- und $^{18}O/^{16}O$-Isotope im Nitrat. Sie wurden in ausgewählten Aufschlüssen gemessen. Die Ergebnisse sind nachfolgend dargestellt (vgl. auch Kap. 4).

Die Anwendung der N- und O-Isotopie im Nitrat (Amberger & Schmidt 1987, Heaton 1986, Kendall & Aravena 2000, Kendall et al. 2007, Voerkelius 1990) beruht auf dem Umstand, dass produktions- oder prozessbedingte Umwandlungen von Stickstoffverbindungen zu Isotopenfraktionierungen führen. Für Stickstoffverbindungen unterschiedlicher Entstehung und Herkunft (primäre Nitratquellen) wie auch für die durch mikrobiologische Aktivität erzeugten Abbauprodukte entstehen dadurch charakteristische Isotopensignaturen. Die jeweiligen produktionsbedingten bzw. sich prozessabhängig entwickelnden Wertebereiche sind durch zahlreiche Feld- und Laboruntersuchungen bekannt und können zum Zweck der Interpretation den Isotopenwerten aus dem Projektgebiet gegenübergestellt werden.

Die ermittelten Isotopenwerte an Nitrat liegen für $\delta^{15}N$ im Bereich von 1,4 bis 26,7 ‰ und für $\delta^{18}O$ im Bereich von 6,8 bis 57,2 ‰. Die Gründe für einige extrem schwere $\delta^{18}O$-Werte größer 30 ‰ sind derzeit nicht bekannt. Die Messwerte ordnen sich mit starker Streuung außerhalb der Felder für potentielle Nitratquellen an. Dadurch belegen die gegenüber den potentiellen Nitratquellen schwereren Isotopenwerte eine Überprägung durch mikrobielle Aktivität. Die Werte streuen um die von verschiedenen Nitratquellen ausgehenden Fraktionierungsgeraden mit der Steigung $\delta^{15}N$: $\delta^{18}O$ = 2:1, d. h. die bei diesem Prozess zu beobachtende Isotopenanreicherung ist beim Stickstoff etwa doppelt so hoch wie beim Sauerstoff (Voerkelius 1990, Böttcher et al. 1990).

Nach Abb. 7.6 weisen die unterschiedlich stark mikrobiell überprägten Isotopenwerte auf synthetischen Nitratdünger oder auf Ammoniummineraldünger bzw. Stickstoffverbindungen aus organischer Substanz (im Boden bzw. in den quartären Decksedimenten) als primäre Nitratquellen

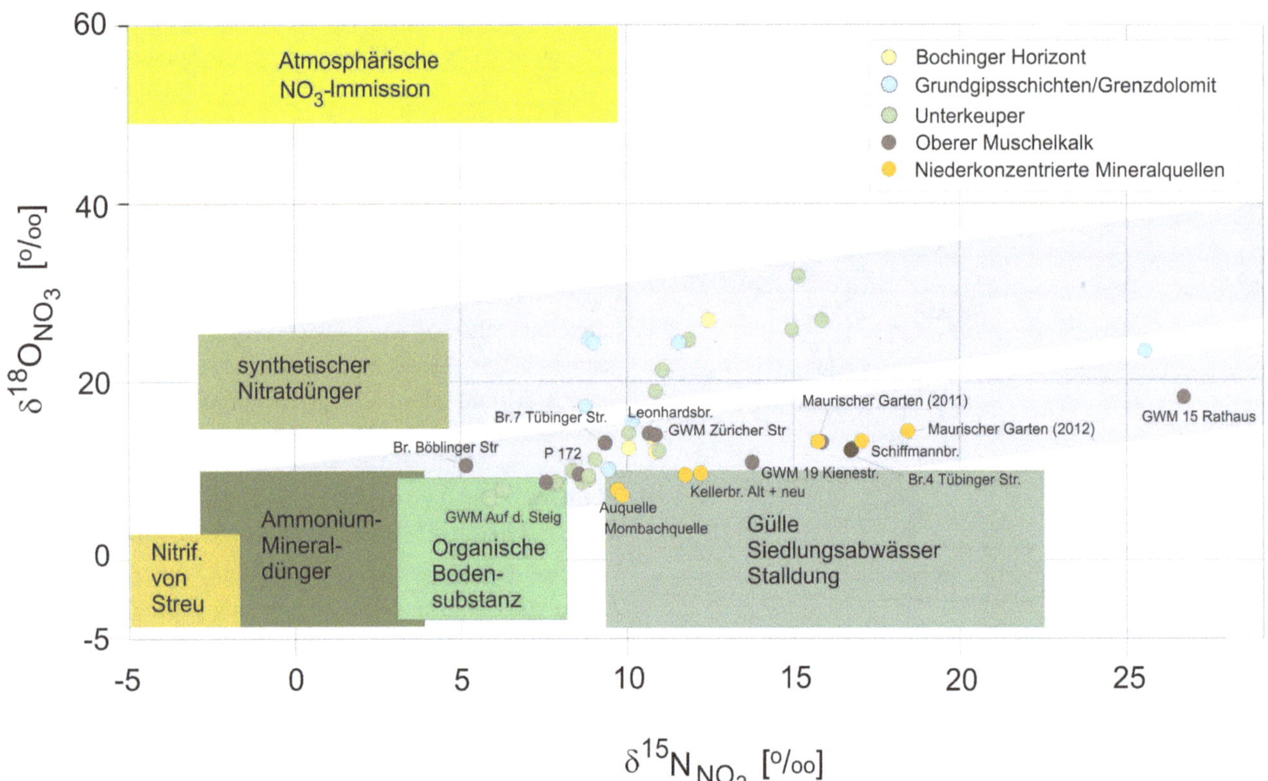

Abb. 7.6 $\delta^{15}N/\delta^{18}O$-Isotopendiagramm mit Anordnung der im Projektgebiet gemessenen Nitratisotopenwerte (farblich differenziert nach Grundwasserstockwerken). Hinterlegt sind die Isotopenwertebereiche für verschiedene Nitratquellen. Die Darstellung der Werte mit schweren $\delta^{18}O$-Werten > 30 ‰ bleibt unberücksichtigt. Isotopenwertebereiche für Nitratquellen nach Aelion et al. (2012), Amberger & Schmidt (1987), Aravena et al. (1993), Eichinger et al. (2002), Hübner (1986), Kendall et al. (2007), Voerkelius (1990) und Widorey et al. (2005). Blaue Felder: Bandbreite der Isotopenentwicklung bei fortschreitendem Abbau.

hin. Ein nennenswerter Anteil von typischen urbanen Quellen, wie Siedlungsabwässer und kontaminierte Wässer aus Altlasten (z. B. Gaswerksstandorte), sind weitgehend auszuschließen. Zur Nitratbildung aus organischer Substanz kann es einerseits in den bewaldeten Randgebieten des Stuttgarter Talkessels kommen, die auch nachweislich als Grundwasserneubildungsraum gelten. Außerdem sind die in der Talniederung des Nesenbachs weit verbreiteten Auenlehme, Sumpftone und Torfe, die immer wieder zwischen Bach-, Wanderschutt und Fließerden auftreten, an Stickstoff angereichert. Dennoch ist fraglich, ob das Potential dieser Quelle groß genug ist, um im Grundwasser Nitratkonzentrationen von Zehner Milligramm zu erzeugen. Diese Frage stellt sich für den Eintrag von synthetischem Dünger auf Grünflächen, Parks, Friedhöfen, in Kleingärten und Weinbau im Hangbereich nicht. Auch die Nitratisotopie des Grundwassers im Oberen Muschelkalk deutet auf die gleichen Quellen hin. Im Oberen Muschelkalk setzt sich auf dem Fließweg zu den Mineralquellen der mikrobielle Abbau weiter fort. Allerdings werden der Abbauvorgang und die dabei entstandenen Isotopensignaturen mehrfach durch neu hinzukommendes Nitrat aus dem Hangenden überprägt. Der komplexe Stickstoffkreislauf und die mehrfachen Umsetzungen von N und O – teilweise auch unter wechselnden Milieubedingungen – verwischen die initialen Isotopensignale (Widory et al. 2005) und erschweren dadurch die Identifizierung der Prozesse.

Mit der Verschneidung von Nitratgehalt und zugehöriger Stickstoffisotopie lässt sich auch hier belegen, dass das Nitrat im Grundwasser ein durch Abbauvorgänge reduziertes Restnitrat darstellt. Die Auftragung des Stickstoff-15-Isotopenwerts im Nitrat gegen die Nitratkonzentration bzw. gegen den Sauerstoff-18-Isotopenwert im Nitrat gibt für alle niederkonzentrierten Mineralquellen eine klare Korrelation, nachdem die Isotopenwerte mit der Abnahme der Nitratkonzentration schwerer werden. Das deutet auf mikrobiellen Nitratabbau hin, d. h. die primär eingetragenen Nitratkonzentrationen müssen höher gewesen sein als die gemessenen. Bei Annahme einer primären $\delta^{15}N$-Signatur des Nitrats < 5 ‰ würde auch die Anreicherung in Au- und Mombachquelle auf ca. 10 ‰ schon einen Hinweis auf nitratabbauende Prozesse geben, wenn auch in geringerem Maß gegenüber den anderen Quellen. Das höchste Abbaupotential innerhalb der niederkonzentrierten Mineralquellen zeigen die Werte des Brunnens Maurischer Garten und des Schiffmannbrunnens, gefolgt von Kellerbrunnen alt und neu sowie GWM Züricher Str. (direkt oberstromig zu den niederkonzentrierten Mineralquellen). Die geringsten Abbauvorgänge weisen die Au- und Mombachquelle auf.

Obwohl alle niederkonzentrierten Mineralquellen durch Abbauvorgänge markiertes Nitrat enthalten, ist wahrscheinlich der Ort des Abbaus nicht im Quellgebiet selbst zu suchen. Denn für alle niederkonzentrierten Quellen sind auch Sauerstoffgehalte von 1,8 bis 2,1 mg/l belegt, so dass folglich dort kein Nitrat abgebaut werden dürfte. Ein bereits dem Abbau unterlegener großräumiger Nitratzustrom im Oberen Muschelkalk darf ausgeschlossen werden, da in den oberstromig bestehenden Muschelkalk-Aufschlüssen Sarweybrunnen, Notwasserbrunnen Landesgesundheitsamt, MAG 11 (Rosensteinpark), B 8 und B 9 (Ehmannstraße) sowie in den sich nach Süden anschließenden hochkonzentrierten Mineralquellen durchweg kein Nitrat enthalten ist. So ist zu folgern, dass durch Abbau markiertes nitrathaltiges Wasser am Rand des Quellgebiets aus höheren Stockwerken in den Muschelkalk infiltriert. Eine Vertikalverlagerung in den Muschelkalk im Quellgebiet selbst ist aufgrund des nach oben gerichteten Druckgradienten nicht möglich.

7.1.2 Synoptische Milieukarten

In den synoptischen Milieukarten sind Zonen ausgewiesen (Abb. 7.7 bis 7.9), in denen einer der beschriebenen Abbauprozesse (reduktiv-anaerober Abbau, oxidativ-aerober Abbau, oxidativ-anaerober postoxischer Abbau) erfolgt oder zumindest grundsätzlich möglich ist. Die vorherrschenden Redoxverhältnisse konnten nur abgeschätzt werden, da von vielen Messstellen lediglich Nitrat- und Sulfatkonzentrationen vorliegen. Der Sulfatgehalt ist allerdings stark geogen beeinflusst. Daten zu Sauerstoffkonzentrationen und Redoxpotenzialen sind nur lückenhaft vorhanden und zudem teilweise nicht plausibel. Somit wurde im Wesentlichen anhand des Nitratgehaltes zwischen aeroben und anaeroben Bedingungen unterschieden. Eine Ausweisung unterschiedlich stark anaerober Bereiche (z. B. nitrat- oder sulfatreduzierend) ist auf dieser Grundlage nicht möglich. Die flächige Darstellung der Redoxverhältnisse und somit in erster Näherung der Abbauverhältnisse erfolgte auf Grundlage der im September 2012 erstellten Nitratverteilungskarten.

Anaerob-reduktiver Abbau

Bereiche mit Nitratkonzentration von unter 1 mg/l sind potentiell ausreichend für anaeroben Abbau durch reduktive Dechlorierung anzusehen. Anaerobe Oxidation ist hier jedoch nicht grundsätzlich ausgeschlossen. Zur Unterscheidung zwischen anaerobem Abbau durch reduktive Dechlorierung und anaerober Oxidation werden deshalb weitere Kriterien herangezogen. Als Indikator für anaeroben Abbau geht der molare cDCE-Anteil (Metabolit der reduktiven Dechlorierung) ein, gegliedert in drei Stufen (< 1 Mol-%, 1–30 Mol-% und > 30 Mol-%). Diese Darstellung erfolgt

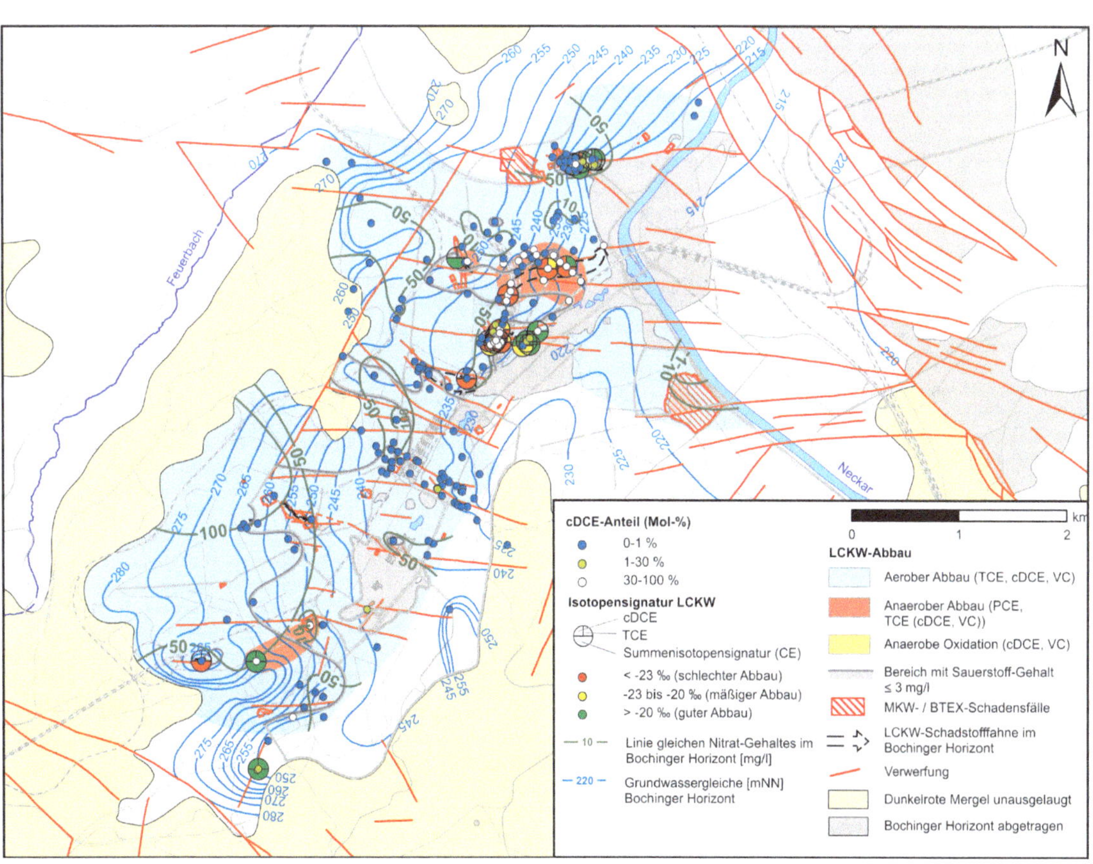

Abb. 7.7 Milieukarte Bochinger Horizont.

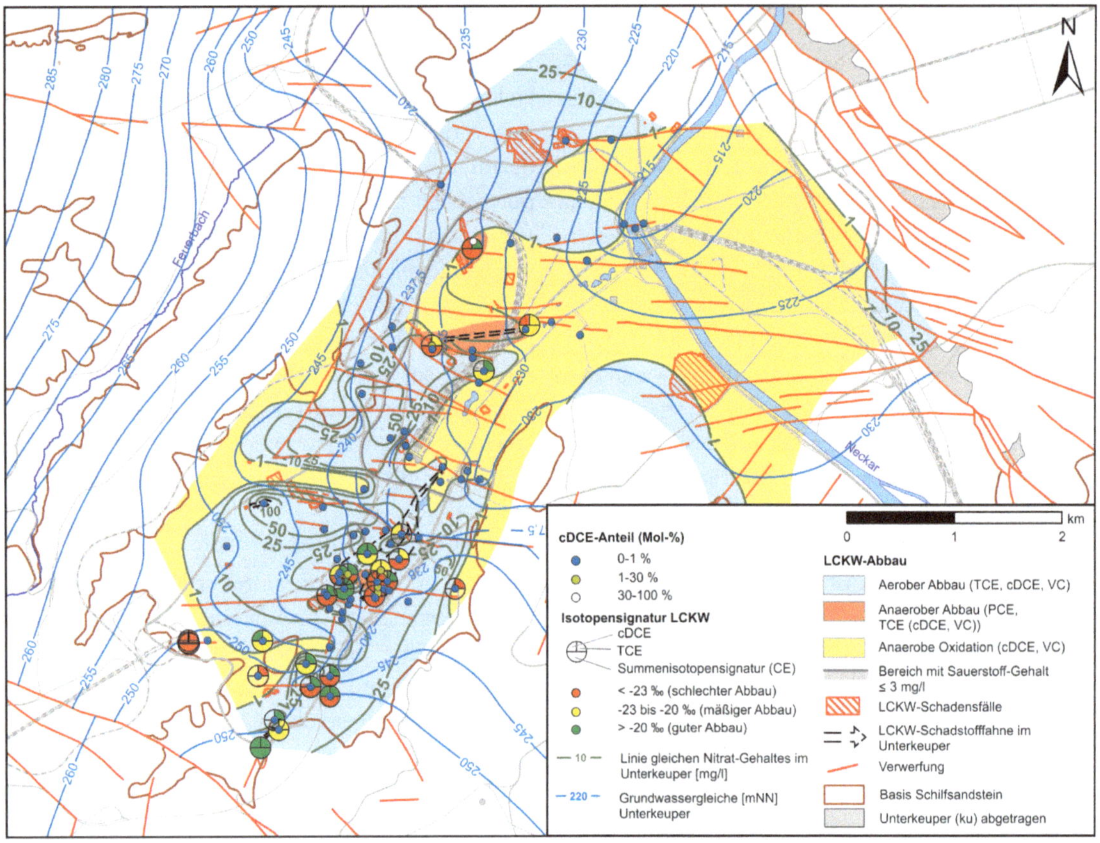

Abb. 7.8 Milieukarte Unterkeuper.

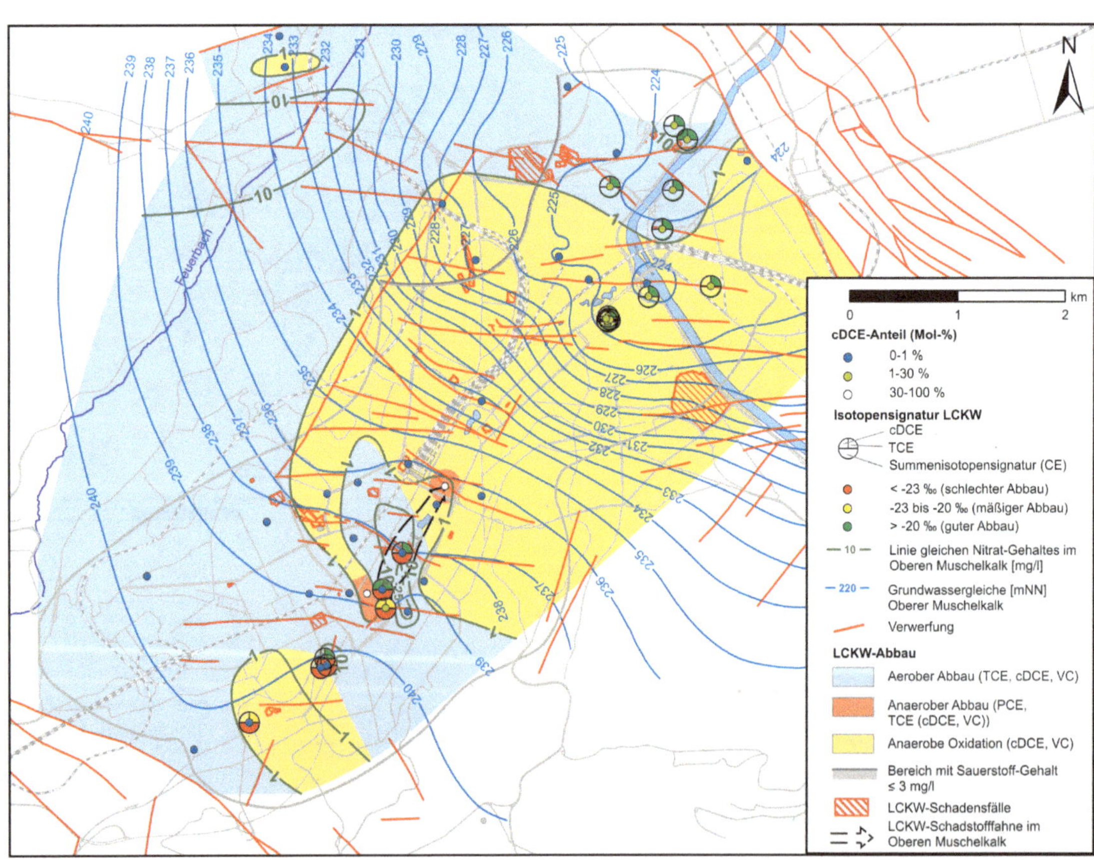

Abb. 7.9 Milieukarte Oberer Muschelkalk.

punktuell an den jeweiligen Messstellen, ist aber bei der Ausweisung der Abbauzonen berücksichtigt. cDCE-Anteile von über 30 % werden als Beleg für anaeroben Abbau gewertet, auch wenn hohe Nitratkonzentrationen vorkommen. Der anaerobe Abbau erfolgt dann wahrscheinlich kleinräumig im unmittelbaren Anstrom. In diesem Fall wurde der Bereich dennoch als anaerob markiert.

Aerob-oxidativer Abbau

Als Mindestvoraussetzung für einen aeroben Abbau werden Nitratkonzentrationen von über 1 mg/l angenommen. In Bereichen, in denen trotz hoher Nitratgehalte Hinweise für anaeroben Abbau bestehen, wird von der grundsätzlichen Einteilung abgewichen.

Des Weiteren sind auch Isotopensignaturen (stabile Kohlenstoffisotope) berücksichtigt. Die Isotopensignaturen der Einzelstoffe TCE und cDCE sowie der LCKW-Summe (sofern bestimmbar) sind punktuell dargestellt. $\delta^{13}C$-Signaturen von unter −23 ‰ werden als Indikator für schlechten (rot), −23 bis −20 ‰ für mäßigen (gelb) und über −20 ‰ für guten (grün) Abbau gewertet (◻ Abb. 7.7 bis 7.9).

Als Anzeichen für aeroben Abbau gilt eine deutliche Isotopenanreicherung (grün) an cDCE und/oder TCE bei aerobem Milieu. Haben diese Stoffe einen hohen Anteil an der LCKW-Summe, ist auch die Summensignatur grün. Ist der Anteil klein, kann die Summensignatur auch rot sein. Es liegt dann eine leichte PCE-Signatur vor, die sich bei hohem PCE-Anteil auf die Summensignatur auswirkt, da der aerobe Abbau nur TCE und/oder cDCE betrifft.

Anaerob-oxidativer (postoxischer) Abbau

Bereiche, in denen trotz Nitratkonzentrationen von unter 1 mg/l kein oder nur wenig cDCE feststellbar ist, sind als Zonen mit möglichem postoxischen Abbau ausgewiesen.

Ein konkreter Hinweis auf postoxischen Abbau im Zustrom auf die hochkonzentrierten Mineralquellen ergibt sich aus der Zusammensetzung und Isotopensignatur der hochkonzentrierten Mineralquellen. Seit den ersten Nachweisen von LCKW in den 1980er- und 90er-Jahren dominiert in allen Quellen TCE. Spuren an PCE und cDCE sind teilweise nachweisbar, liegen aber unter der Bestimmungsgrenze. Die $\delta^{13}C$-Signaturen konnten nur an TCE gemessen werden. Sie zeigen mit Werten zwischen etwa −18 und −17 ‰ alle eine Isotopenanreicherung, die einen TCE-Abbau belegt.

TCE-Abbau ohne Bildung von cDCE ist nur durch aeroben Abbau möglich. Dies ist aufgrund der Milieuverhältnisse im Bereich der hochkonzentrierten Mineralquellen aber auszuschließen. Sofern der TCE-Abbau im Nahbereich der hochkonzentrierten Mineralquellen erfolgt, müsste dieser aufgrund der dort vorliegenden eisen- bis sulfatreduzierenden Verhältnisse durch reduktive Dechlorierung stattfinden. Allerdings wäre bei einer reduktiven Dechlorierung ein deutlich höherer cDCE-Anteil zu erwarten. Eine Anreicherung von TCE als erstem Metabolit der reduktiven Dechlorierung von PCE wäre außergewöhnlich. Ein solcher Sachverhalt ist weder aus der Erfahrung noch aus der Literatur bekannt. Es wird deshalb davon ausgegangen, dass der Abbau im Wesentlichen im Zustrom auf die hochkonzentrierten Mineralquellen erfolgt. Der Nachweis von cDCE belegt, dass hierbei zunächst eine reduktive Dechlorierung erfolgt. Da cDCE in den Mineralquellen aber nur in Spuren messbar ist, muss von einer weitgehenden Elimination dieses Metaboliten auf der weiteren Fließstrecke bis zu den Mineralquellen ausgegangen werden. Als Prozess für den selektiven cDCE-Abbau kommt postoxischer Abbau in Frage.

7.2 Mikrobieller LCKW-Umbau und -Abbau

Mikrobielle Prozesse führen in Abhängigkeit der Milieubedingungen zu einem Umbau bzw. Abbau chlorierter Ethene. Abbau im Sinne eines echten natürlichen Schadstoffminderungsprozesses im System findet nur bei einer vollständigen Dechlorierung bzw. Mineralisierung der Chlorethene statt.

7.2.1 Anaerob-reduktiver Abbau

Bei der anaerob-reduktiven Dechlorierung wird jeweils ein Chloratom sukzessive durch ein Wasserstoffatom ersetzt. Dieser Prozess verläuft bei den chlorierten Ethenen schrittweise von PCE über TCE zu 1,2-Dichlorethen (DCE, meist cis-1,2-Dichlorethen cDCE, seltener trans-1,2-Dichlorethen tDCE) und weiter zu VC und Ethen ab. Ethen wird schließlich zu Wasser und CO_2 mineralisiert (◻ Abb. 7.10).

Die reduktive Dechlorierung erfordert ein ausreichendes Angebot an Wasserstoff und/oder Acetat als Elektronendonor (Bradley 2003). Die Elektronendonoren werden bei der Fermentation leicht abbaubarer organischer Substanz freigesetzt, so dass eine reduktive Dechlorierung an ein ausreichendes Angebot solcher Stoffe im Grundwasser gebunden ist. Geeignete Stoffe sind einfache organische Kohlenstoffverbindungen wie Lactat, Glucose, Ethanol oder Toluol sowie komplexere Verbindungen und Vergesellschaftungen verschiedener Substanzen. Der anaerobe LCKW-Abbau kann sowohl cometabolisch als auch direkt durch Chloratmung (Halorespiration) entsprechender Bakterien (Chlororespiration, Bradley & Chapelle 2010) erfolgen. Im Gegensatz zum Cometabolismus, bei dem die Kontaminanten nur in Nebenreaktionen mit Hilfe anderer verwertbarer Substrate abgebaut werden, befähigt die Halorespiration die Mikroorganismen zum Wachstum auf den Schadstoffen.

Während zur reduktiven Dechlorierung von PCE und TCE bis cDCE eine Vielzahl von Bakterien in der Lage sind, wurde dies von cDCE zu VC nur von wenigen Arten der Gattung *Dehalococcoides (Dhc)* nachgewiesen (Tiehm et al. 2007,

Tab. 7.1 Halorespiratorische Organismen. Verändert nach U.S. EPA (2006) Evaluation of the Role of Dehalococcoides Organisms in the Natural Attenuation of Chlorinated Ethylenes in Ground Water

Organismus	Abbauschritte	Literatur
Dehalobacter restrictus	PCE bis cDCE	Holliger et al. 1993
Dehalospirillum multivorans, renamed	PCE bis cDCE	Scholz-Muramatsu et al. 1995
Desulfitobacterium strain PCE1	PCE bis TCE	Gerritse et al. 1996
Desulfuromonas chloroethenica	PCE bis cDCE	Krumholz et al. 1996
Desulfitobacterium sp. strain PCE-S	PCE bis cDCE	Miller et al. 1997
Desulfitobacterium frappieri TCE1	PCE bis cDCE	Gerritse et al. 1999
Clostridium bifermentans strain DPH-1	PCE bis cDCE	Chang et al. 2000
Dehalococcoides sp. strain CBDB1	PCE bis tDCE	Adrian et al. 2000
Desulfitobacterium sp. strain Y51	PCE bis cDCE	Suyama et al. 2002
Desulfitobacterium metallireducens	PCE bis cDCE	Finneran et al. 2003
Desulfuromonas michiganenis	PCE bis cDCE	Sung et al. 2003
Dehalococcoides ethenogenes strain 195	PCE bis Ethen	Maymó-Gatell et al. 1997
Dehalococcoides sp. strain VC	cDCE bis Ethen	Müller et al. 2004
Dehalococcoides sp. strain BAV1	cDCE bis Ethen	He et al. 2003a,b

Tiehm & Schmidt 2007, Futagami et al. 2008, Aktas et al. 2012). *Dehalococcoides sp.* gelten daher als Indikatororganismen für eine mögliche vollständige reduktive Dechlorierung (Hendrickson et al. 2002, Schmidt et al. 2006). Nach derzeitiger Kenntnis sind insbesondere *Dehalococcoides ethenogenes* und *Dehalococcoides strain VS* am Abbau der niederchlorierten Ethene beteiligt (Tab. 7.1).

Nach heutigem Kenntnisstand ist der Abbauschritt von PCE nach TCE im Gelände nur in Form der beschriebenen reduktiven Dechlorierung, d. h. unter anaeroben Bedingungen möglich. Aufgrund der vergleichsweise schnellen Umsetzung von PCE und TCE kommt es bei der reduktiven Dechlorierung häufig zur zwischenzeitlichen Akkumulation von cDCE und VC. Die vollständige reduktive Dechlorierung von VC erfordert stark anaerobe (sulfatreduzierende bis methanogene) Verhältnisse, so dass prinzipiell auch eine dauerhafte Akkumulation von VC möglich ist, wenn entsprechend ungünstige Verhältnisse vorliegen.

Unter aeroben Bedingungen sind diese Abbauprodukte der reduktiven Dechlorierung auch oxidativ abbaubar, wobei die Schadstoffe vollständig mineralisiert, d. h. zu Kohlenstoffdioxid, Chlorid und Wasser abgebaut werden (Abb. 7.10 und Abb. 7.11). Je nach Standortbedingungen können die verschiedenen Abbauprozesse von unterschiedlicher Relevanz sein.

7.2.2 Aerob-oxidativer Abbau

Der aerob-oxidative Abbau verläuft in vielen Fällen cometabolisch, d. h. die Bakterien benutzen nicht den Schadstoff, sondern ein Auxiliarsubstrat als Wachstumssubstrat (Mattes et al. 2010). Im Gegensatz zum anaeroben Abbau wurde in den vergangenen Jahren ein produktiver aerober Abbau, bei dem die Schadstoffe als Wachstumssubstrat dienen, für cDCE und VC in einigen Publikationen beschrieben (Coleman et al. 2002, Verce et al. 2002, Singh et al. 2004, Tiehm et al. 2008). Seit 2014 liegt auch für den aerob-produktiven TCE-Abbau in Feldproben ein wissenschaftlicher Nachweis vor (Schmidt et al. 2014) (Abb. 7.10).

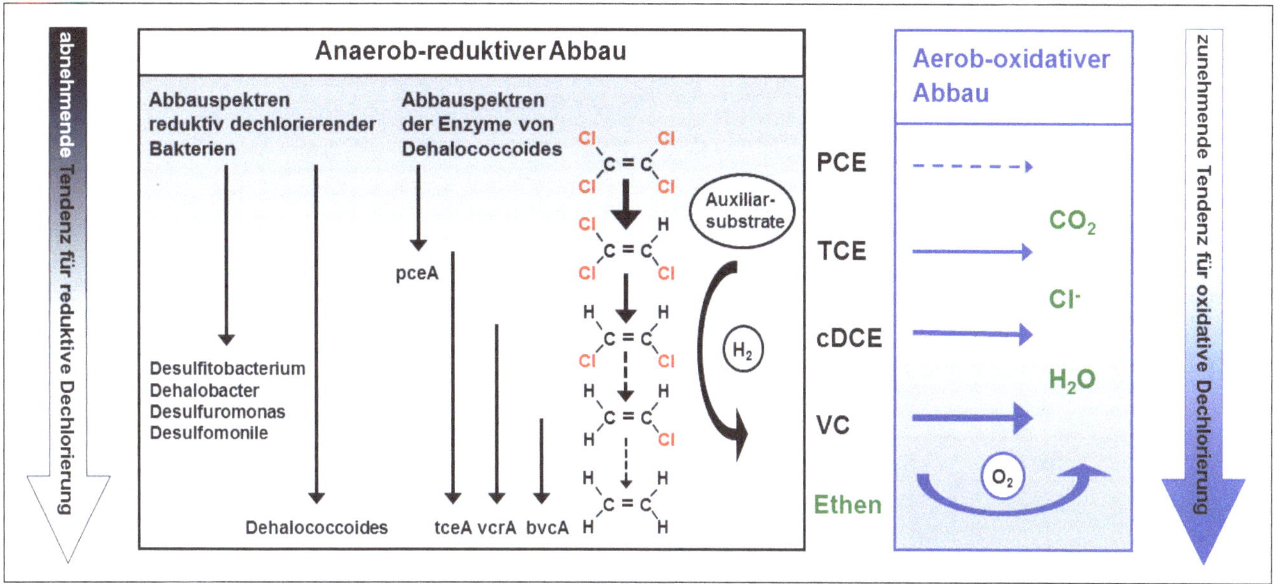

Abb. 7.10 Anaerob-reduktive (links) und aerob-oxidative biologische Dechlorierung (rechts) von Chlorethenen mit Angabe der Abbauspektren mit PCR nachweisbarer reduktiv dechlorierender Bakterien bzw. Enzyme. Graphik aus Tiehm & Schmidt (2011) sowie Kranzioch et al. (2014).

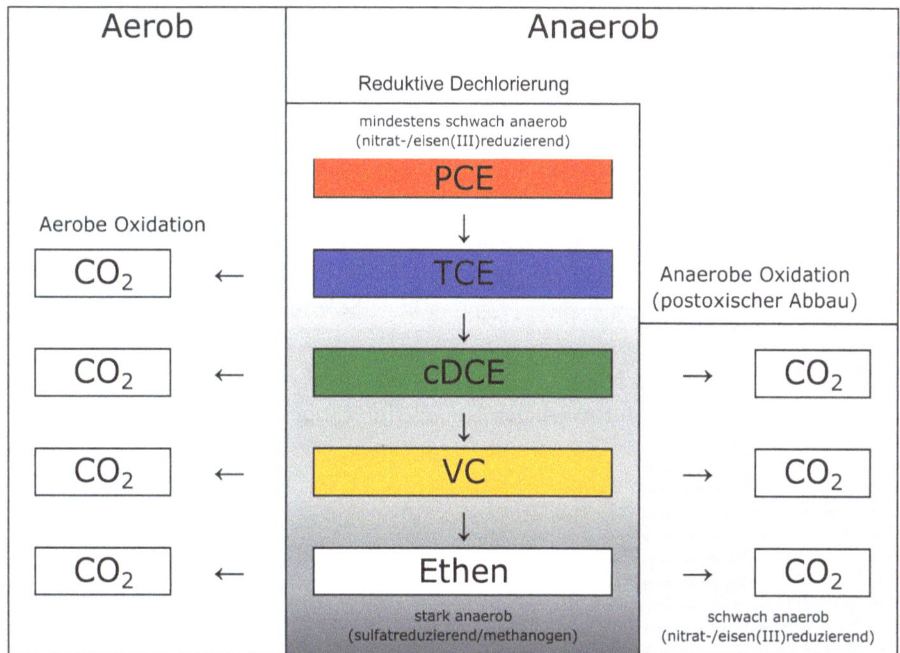

Abb. 7.11 Mikrobielle Abbauwege chlorierter Ethene.

7.2.3 Anaerob-oxidativer (postoxischer) Abbau

Bei den niederchlorierten Ethenen cDCE und VC kommt im schwach anaeroben Milieu als weiterer oxidativer Abbauweg der sog. postoxische Abbau hinzu. Die genauen Abbauprozesse sind bislang noch nicht vollständig geklärt. Bis vor kurzem war man der Auffassung, dass es sich um eine anaerobe Oxidation handelt, bei der z. B. Nitrat als Elektronenakzeptor fungiert. Seit neuerem wird vermutet, dass auch hier Sauerstoff als Elektronenakzeptor dient, der bei diesen Milieuverhältnissen allerdings nur in Spuren unterhalb der Bestimmungsgrenze vorhanden ist.

In Abb. 7.11 sind die grundsätzlichen mikrobiellen Abbauwege der chlorierten Ethene dargestellt.

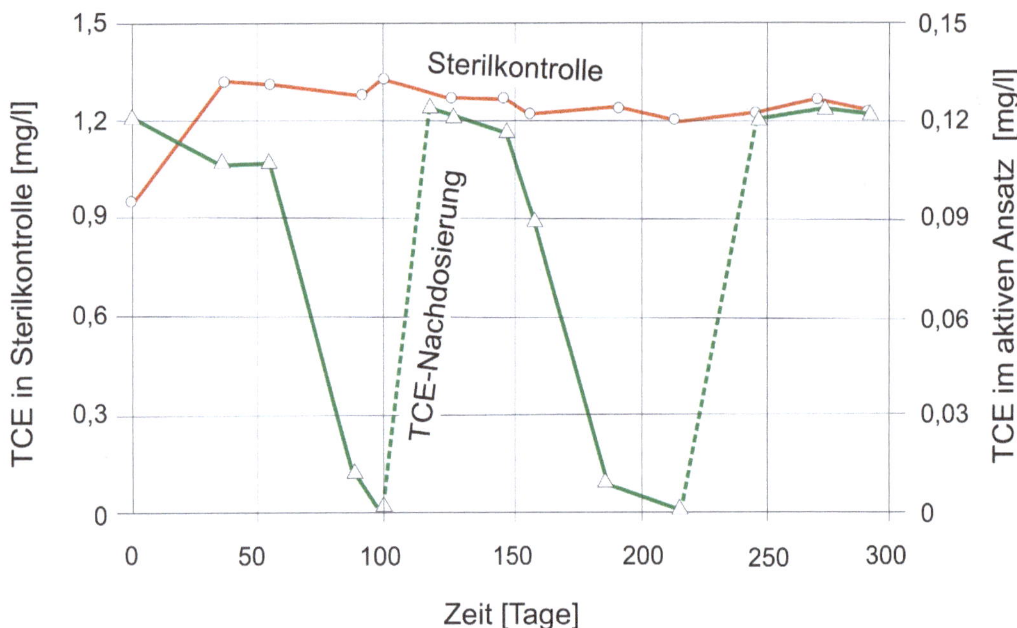

Abb. 7.12 Ergebnisse der aeroben Abbauversuche an Grundwasser aus dem Brunnen 4 Tübinger Straße. Die gestrichelten Linien markieren TCE-Nachdosierungen. Graphik aus Schmidt & Tiehm (2015).

7.2.4 Abbauversuche in Mikrokosmen

Aufgrund der vermuteten Bedeutung eines aeroben TCE-Abbaus im Projektgebiet wurden aus exemplarisch ausgewählten Messstellen Grundwasserproben zur Durchführung von Abbauversuchen in Mikrokosmen (▶ Kap. 4) entnommen (Schmidt & Tiehm 2015). Man erhält daraus fundierte Informationen über die abbaubaren Schadstoffe sowie eventuell auftretende Abbauprodukte.

Im Grundwasser aller fünf exemplarisch untersuchten Messstellen in unterschiedlichen Bereichen des Projektgebietes zeigte sich ein aerober TCE-Abbau bis unter die Bestimmungsgrenze. Der Abgleich mit der Sterilkontrolle mit gleichbleibenden TCE-Gehalten belegt, dass in den aktiven Ansätzen ein biologischer Abbau von TCE stattfand (Abb. 7.12). Das zu Versuchsbeginn enthaltene PCE zeigte keinen Abbau im gesamten Versuchsverlauf.

Die verwendeten Grundwässer enthielten das mögliche Auxiliarsubstrat Methan (Conrad et al. 2010) gar nicht sowie nur geringe Gehalte an Ammonium (Kocamemi & Cecen 2005). Auch der DOC als Maß für die enthaltene Organik und somit für unspezifische Auxiliarsubstrate war niedrig. Es wurde keine signifikante Korrelation von Ammonium- oder DOC-Rückgang und TCE-Abbau im Versuchsverlauf beobachtet. Der Abgleich mit Literaturangaben zum Auxiliarsubstrat-Verbrauch beim cometabolischen Abbau (Semprini 1997) zeigt, dass die gemessenen DOC-Mengen selbst bei einem vollständigen Umsatz für den beobachteten TCE-Abbau nicht ausreichen.

Somit ist davon auszugehen, dass der TCE-Abbau in Grundwasser-Mikrokosmen ohne bekannte Auxiliarsubstrate, bei niedrigen Ammonium- und DOC-Gehalten sowie in definiertem Mineralmedium stattfand. Das heißt, dass TCE in den untersuchten Grundwässern aus dem Projektgebiet bzw. im Mineralmedium aerob produktiv – also ohne Auxiliarsubstrate – abgebaut wurde (Schmidt & Tiehm 2015).

7.3 Schadstoffrückhalt (Sorption)

In der wassergesättigten Zone ist das Ausbreitungsverhalten leichtflüchtiger chlorierter Kohlenwasserstoffe stark davon abhängig, wie diese an der Festphase anhaften, d. h. sorbieren. Die Sorptionseigenschaften der Gesteine werden vom Gehalt an organischem Kohlenstoff (C_{org}) bestimmt. Die Ton-, Tonmergel- und Mergelsteine im Keuper liefern schon allein durch die heute meist historischen geologischen Schichtbezeichnungen, wie „Lettenkohle", „Sandige Pflanzenschiefer" oder auch „Schilfsandstein", Hinweise auf Einschaltungen von organischer Substanz, örtlich sogar Kohleflözchen. Grathwohl (1989) und Sanns (1990) haben an Proben aus den Schichten der süddeutschen Trias und des Juras zwar C_{org} untersucht, dabei waren jedoch speziell die für das Projektgebiet wichtigen Schichten des Gipskeupers und Unterkeupers unterrepräsentiert. Der Obere Muschelkalk wurde nicht untersucht. Zur Verbesserung der Datenlage wurde daher mit dem zweiten Bohrprogramm im Projekt MAGPlan an den Kernen der Bohrung MAG 11 durchgängig vom Gipskeuper bis in den Oberen Muschelkalk (Basis Trigonodusdolomit) der C_{org}-Gehalt bestimmt. Die ermittelten Werte sind in stratigraphischer Zuordnung in Abb. 7.13 dargestellt. Sie zeigen eine starke Streuung von kleiner 0,05 % bis 3,5 %. Mit zwei Ausnahmen fallen alle

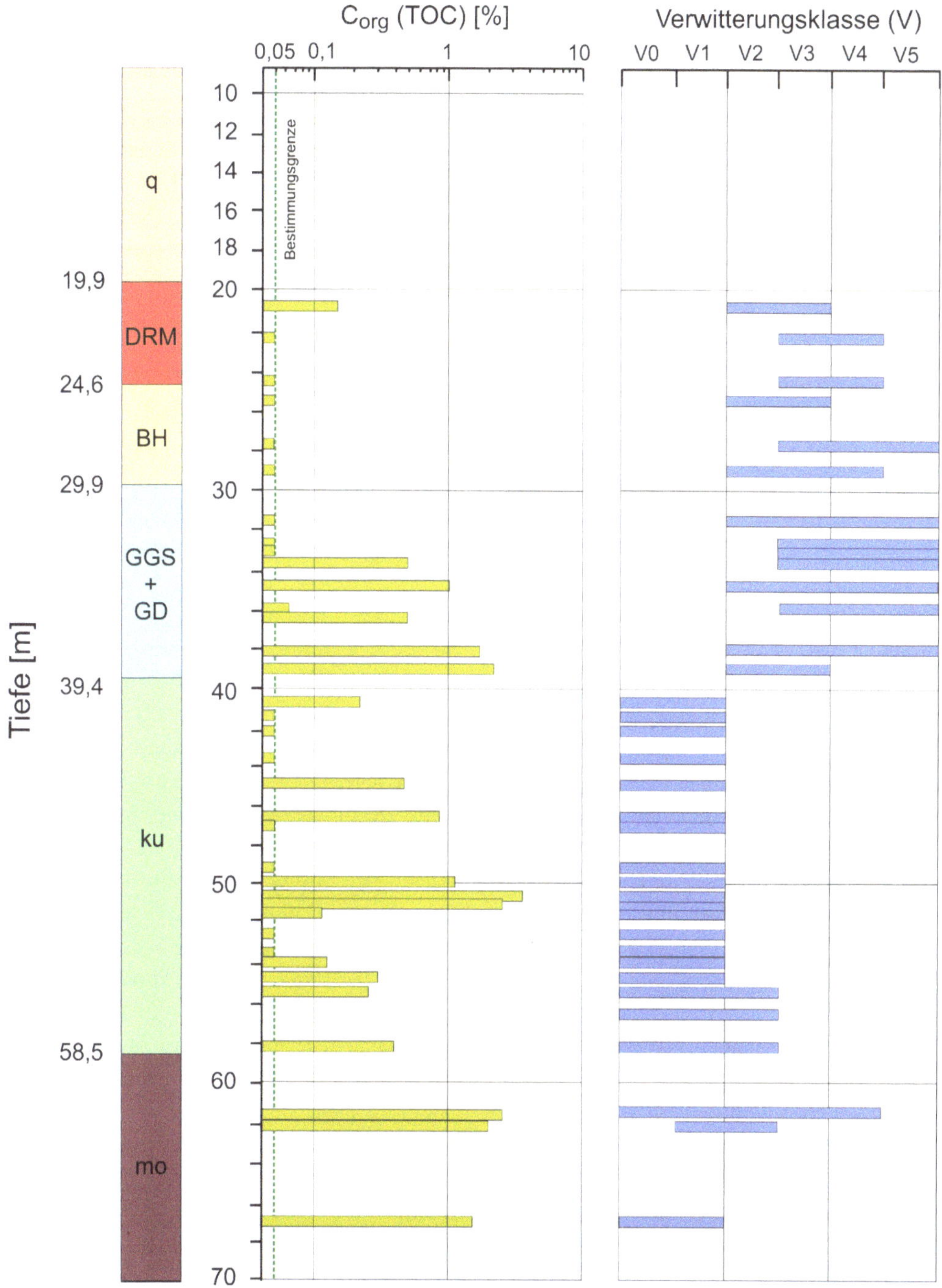

Abb. 7.13 Tiefenprofil des Gehalts an organischem Kohlenstoff (C_{org}) und der Verwitterungsklassen der Tonsteine und Mergelsteine in MAG 11 (Rosensteinpark). q Quartär, DRM Dunkelrote Mergel, BH Bochinger Horizont, GG Grundgipsschichten, ku Unterkeuper, GD Grenzdolomit, mo Oberer Muschelkalk, Verwitterungsklassen nach Einsele & Wallrauch (1964).

Werte aus den Dunkelroten Mergeln, dem Bochinger Horizont, den Grundgipsschichten und dem Grenzdolomit in den Bereich unter 0,5 % C_{org}. Die zwei Ausnahmen in den Grundgipsschichten erreichen 1,1 bzw. 1,9 % C_{org}. Dagegen steigen die Werte im Unterkeuper auf bis zu 3,5 %. Werte unter 0,5 % sind hier die Ausnahme. Deutlich erhöhte C_{org}-Gehalte konzentrieren sich auf den tieferen Teil des Unterkeupers, der den Sandigen Pflanzenschiefern und den Estherienschichten zuzuordnen ist. Aus dem Trigonodusdolomit (Oberer Muschelkalk) wurden drei Proben untersucht. In allen Proben ergeben sich hohe C_{org}-Gehalte von 1,6 bis 2,7 %.

Aus den Untersuchungen ist zu schließen, dass die C_{org}-reichen Lagen im Unterkeuper, gegebenenfalls auch die in den Grundgipsschichten, zu einer erheblichen Sorption führen können. Dies gilt umso mehr, als die organische Substanz in den Keuper-Gesteinen durch beginnende Inkohlung während der Diagenese überprägt ist (Grathwohl 1989, Sanns 1990, Weber et al. 1992). Dabei kommt es zum Umbau der Kohlenwasserstoffverbindungen, insbesondere durch Abspalten von Carboxyl- und Hydroxyl-Gruppen (Grathwohl 1990). Die Alteration des organischen Kohlenstoffs im Unterkeuper ist in seiner geologischen Geschichte begründet. Nach der Ablagerung des Unterkeupers blieb Südwestdeutschland bis in den Oberjura, vielleicht sogar bis in die Kreide hinein Sedimentationsraum. Die bis dahin abgelagerten und den Unterkeuper überdeckenden Sedimente erreichten vor deren Abtragung eine Mächtigkeit von 1.400 m. Die daraus ersichtliche Versenkungstiefe der Schichtenfolge hat infolge der erhöhten Temperaturen zur Inkohlung geführt.

Im Zuge des Kontakts der Gesteine mit Grundwasser kann insbesondere die Verwitterung zu einer Herabsetzung der Sorptionseigenschaften führen. Durch Zufuhr sauerstoffhaltiger Wässer kommt es bei Oxidationsprozessen wieder zur Anlagerung von Hydroxyl- und Carboxylgruppen. Grathwohl (1990) betont, dass der Einfluss der Verwitterung erheblich ist und den Sorptions-Wirkungsgrad der organischen Substanz drastisch senkt. Im Projektgebiet kann durch zahlreiche Bohrkernaufnahmen und Beschreibungen des Verwitterungsgrads gezeigt werden, dass die Verwitterung der Tonsteine im ausgelaugten Gipskeuper vollständig wirksam ist, aber bereits im obersten Unterkeuper (Grüne Mergel) sprunghaft abnimmt. Auch in der Niederung des Stuttgarter Talkessels, wo die Überdeckung des Unterkeupers am geringsten ist und der Verwitterungsgrad am höchsten sein dürfte, ist die Verwitterung der Ton- und Mergelsteine im Unterkeuper nur mäßig. Folglich gibt es für eine Minderung der Sorptionseigenschaften infolge Verwitterung im Unterkeuper keine Anzeichen.

7.4 Raumzeitliches Bild der LCKW-Verteilung

Das im Projektgebiet bestehende Bild der LCKW-Verteilung und deren zeitliche Variabilität wird geprägt durch die Schadstofffreisetzung an Herden und die im Raum stattfindenden Prozesse. Sie entscheiden über die Stoffkonzentration und die vorherrschende Stoffspezies. Durch die frühzeitig aufgenommenen Messungen von LCKW-Konzentrationen an kontaminierten Standorten, im öffentlichen Raum und an den Mineral- und Heilquellen kann eine Vorstellung des raumzeitlichen Verhaltens der LCKW entwickelt werden.

Die nachfolgenden LCKW-Zeitreihen und Verteilungskarten bilden die Grundlage für die raumzeitliche Analyse des Stoffverhaltens und den konzeptionellen Ansatz zur Diskussion der Schadenssituation in Teilgebieten (▶ Kap. 7.2.4). Die Analyse dient dem Ziel, aus dem Ausbreitungsverhalten Herd-Fahnen-Beziehungen abzuleiten und die für die LCKW-Kontamination des Grundwassers wesentlichen Schadstoffherde zu erkennen.

7.4.1 Standortbezogene Information: LCKW-Eintragsbereiche

Im Projektgebiet geht von 19 Standorten eine maßgebliche Verunreinigung des Grundwassers mit LCKW aus (▶ Kap. 3). Sie sind daher wesentliche Elemente für die Beurteilung des Gesamtschadensbilds im Stuttgarter Talkessel und weiterer Maßnahmen im Projekt. Aufgrund der teilweise jahrzehntelangen Fallbearbeitungen liegen zu den Standorten umfangreiche Informationen zur örtlichen Geologie, Hydrogeologie und zum Stoffbestand vor. Zur Einbeziehung ins Projekt sind diese in konzeptionellen Standortmodellen, sogenannten Steckbriefen, zusammengeführt und bewertet worden (Carle et al. 2013, siehe auch ▶ Kap. 3.4). Sie verschaffen trotz der oftmals unübersichtlichen Altlastensituation und der schwierigen hydrogeologischen Verhältnisse in der lokalen Betrachtungsskala einen guten Überblick über die Schadenssituation, d. h. die Schadenshistorie, das Schadstoffpotenzial, die Anzahl und Charakterisierung einzelner Herde am Standort, angewandte bzw. umgeschlagene LCKW-Einzelstoffe und das Ausmaß des Schadstoffaustrags durch Sanierung. Insbesondere werden auch Standortfaktoren beschrieben, die zu einer verstärkten lateralen bzw. vertikalen Stoffverlagerung führen. Dazu gehören hydraulische Eingriffe, wie die Bewirtschaftung von Brunnen und Wasserhaltungen, geologisch bedingte Stockwerksverbindungen (Verwerfungen, Erdfälle) oder künstlich erzeugte hydraulische Kurzschlüsse durch stockwerksverbindende Brunnen oder auch defekte Abwasserkanäle.

Die Steckbriefe liefern so zunächst Grundinformationen zu Lage, Anzahl, Konzentrations- bzw. Stoffspektrum der Eintragsbereiche am Standort und ermöglichen eine erste Abschätzung der Eingangsgrößen für das numerische Modell.

Aus der Standortcharakterisierung resultiert auch eine erste Vorstellung über den Verlauf von LCKW-Fahnen im unmittelbaren Abstrom, d. h. die Hauptausbreitungsrichtung der Schadstoffe, die Fahnenlänge sowie das Ausmaß der Verlagerung der Fahnen in tiefere Aquifere (◘ Tab. 7.2).

Tab. 7.2 Tabellarische Übersicht zu Standorten, die maßgeblich zur Verunreinigung des Grundwassers mit LCKW beitragen (sog. Steckbrieffälle)

Standort	Schadens-historie	Anzahl Schad-stoffherde und Kontaminant	Maximal-konzentration Bodenluft je Herd	Maximal-konzentrationen Grundwasser je Herd	Kontaminierte Aquifere (Herd und Nahbereich)	Besonderheiten	Betroffene Aquifere im Abstrom	LCKW-Austrag bei Sanie-rung bis 2010 [kg]
1 Dornhal-denstra-ße 5	1926–1995 Metallverarbei-tung mit LCKW-Einsatz	3 LCKW TCE, PCE, cDCE	1987: 10.000.000 µg/m³ TCE, PCE, cDCE	EST/MGH (B2, 1987): 91.000 µg/l TCE, cDCE (PCE)	EST, AC, MGH, BLS, BH, GD, ku	Massive LCKW-Verlagerung durch stock-werksübergrei-fend ausgebau-ten Brunnen (bis ku), aktive Subrosion am Standort (Doline), Verwerfung	MGH, BLS, DRM, BH, GD, ku	BL ab 1987: 3.125 kg GW ab 1988: 282 kg
2 Rotebühl-straße 171	1901–1976 Fär-berei und Chemi-sche Reinigung, ab 1941 PCE	1 LCKW PCE	2002: 250.000 µg/m³ PCE	MGH (GWM8, 2009): 92.000 µg/l PCE	MGH, BLS	Beträchtlicher LCKW-Mengen-verbrauch, Versickerung PCE-haltiger Abwässer über Brunnen (15 m tief), residuale Phase im GW, im herdnahen Abstrom keine Metabolisierung	MGH, BLS	BL ab 2010: 1 kg GW ab 2010: 21 kg
3 Johannes-straße 60	1958–1992 Chemische Reini-gung, Lagerung in Tanks im UG	1 LCKW PCE	1992: 30.124.000 µg/m³ PCE	DRM (GWM1, 1999): 231.150 µg/l PCE	DRM, BH	LCKW-Versicke-rung im Gebäude	DRM, BH, GD, ku	BL 2005–2010: 165 kg GW ab 2005: 102 kg
4 Falkert-straße 81/1	1925–1991 Chemikalien-lagerung	2 LCKW	1990: 6.960.000 µg/m³ PCE, TCE	BLS (B1, 1986): 11.730 µg/l PCE, TCE	MGH, BLS		MGH, BLS, DRM	BL seit 1988: 204 kg GW 1989–2010: 58 kg
5 Seiden-/ Forst-/ Breit-scheid-straße	1901–1970 Lage-rung von LCKW in unterirdischen Tanks; Betriebstankstelle	4 LCKW TCE, cDCE, PCE MKW BTEX	1997: 60.900 µg/m³ PCE	DRM (PIX/98, 1998): 8.183 µg/l cDCE, PCE	DRM, BH	Verlagerung durch defektes Kanalnetz, Verwerfungen, stockwerks-übergreifend ausgebaute GWM (bis ku)	BH, GD, ku	Teil-aushub Boden BL 1992–2007: 81 kg GW 1988–1997: 6 kg
6 Rotebühl-platz 19	1970–2005 Chemische Reini-gung, daneben bis 1991 Tankstelle	1 LCKW PCE, cDCE, VC; BTEX MKW F113	2006: 3.037.000 µg/m³ PCE	GD (BK 4, 2002): 41.400 µg/l PCE (cDCE, TCE) ku: (GWM 2 So-phienstr., 2004): 6.190 µg/l PCE	GD, ku	Diffuser Eintrag, Ausbreitung durch defektes Kanalnetz, starke reduktive Dechlorierung bis VC	GD, ku	–

▸▸▸

Standort	Schadens-historie	Anzahl Schadstoffherde und Kontaminant	Maximal-konzentration Bodenluft je Herd	Maximal-konzentrationen Grundwasser je Herd	Kontaminierte Aquifere (Herd und Nahbereich)	Besonderheiten	Betroffene Aquifere im Abstrom	LCKW-Austrag bei Sanierung bis 2010 [kg]
7 Nesenbachstraße 48	1879–1976 Färberei, Benzinwäscherei, Chemische Reinigung	1 PCE TCE, cDCE	1993: 1.157.000 µg/m³ PCE (TCE)	GD (BK 16, 1991): 435.000 µg/l PCE	GD, ku	Sekundärschaden durch laterale Phasenverlagerung, tiefer Phaseneintrag bis GM, Drainage im GD durch Stadtbahntunnel	GD, ku, mo	Teilaushub Boden BL 1991–1992: 153 kg GW seit 2000: 1.165 kg
8 Wolframstraße 36	1936–1959 Chemikalienhandel	1 LCKW TCE, PCE, cDCE	1991: 134.000 µg/m³ PCE (TCE)	DRM (P 247, 1987): 14.000 µg/l PCE, TCE, cDCE BH (Br. A, 1992): 2.200 µg/l PCE, TCE, cDCE GGS/GD (GG 2, 1993): 2.860 µg/l PCE, TCE, cDCE ku (GWM 1, 2001): 914 µg/l PCE, TCE	DRM, BH, GGS/GD	Tektonik	q, DRM, BH, GGS/GD, ku, Übertritt von LCKW-haltigem GW aus Gipskeuper in Nesenbachquartär	BL 2002–2004: 6 kg GW ab 1988: 155 kg
9 Rümelinstraße 24–30	1912–1992 Lagerung von Chemikalien und Mineralölprodukten, LCKW ab 1939 (TCE, ab 1950 PCE), 1984 umgeschlagene Jahresmengen: 1000 t TCE, 927 t DCM, 700 t PCE, 174 t TCA, 130 t FCKW	4 LCKW TCE, PCE, cDCE, MKW, FCKW	1993: 29.700.000 µg/m³ PCE, TCE	DRM (KB4/01, 2001): 100.000 µg/l PCE, TCE, cDCE, VC, TCA,	DRM, BH	LCKW-Lagerung und Umschlag in großer Menge, reduktive Dechlorierung, intensive tektonische Zerrüttung	DRM, BH, GD, ku	Bodenaushub, BL 1986–1999: 11.730 kg GW ab 1986: 1.540 kg
10 Mittnachtstraße 21–25	1919–1982 Heizöltanklager, 1954/55 Betriebstankstelle, 1968–1982 LCKW und F11, Lagerung in Tanks und Freifasslager	2 LCKW TCE, PCE, cDCE, VC, TCA MKW	1992: 170.000 µg/m³ TCE, PCE	Q (B12, 1992): 318.000 µg/l PCE, TCE	q, DRM, BH	Reduktive Dechlorierung (bis VC), initiiert durch Überlagerung mit MKW-Schaden	BH, GD	BL 1987–2003: 615 kg GW seit 1986: 825 kg
11 Innerer Nordbahnhof 62	1947–2011 Schrotthandel	1 LCKW BTEX MTBE MKW PCB PAK	2003: 74.000 µg/m³ cDCE, PCE, TCE	BLS (2010, E 3): 3.435 µg/l cDCE, PCE, TCE, VC	BLS	Intensive reduktive Dechlorierung	BLS	Oberflächenversiegelung, BL ca. 1990: 3 kg GW-Sanierung seit 2013
12 Innerer Nordbahnhof 40	1959–2003 Schrotthandel	1 LCKW	2003: 2.060.000 µg/m³ PCE, cDCE, TCE	BLS (2010, G9/3a): 121 µg/l PCE, TCE, cDCE BH (2010, B1(b)): 980 µg/l PCE, cDCE, TCE	BLS, BH	–	BLS, BH	Bodenaushub
13 Poststraße 40–62	1936–1997 Metallverarbeitung mit LCKW-Einsatz	1 LCKW TCE	–	Q (GWM 4, 1991): 2.400 µg/l cDCE, TCE	q	–	q	GW 1992–2004: 53 kg

►►►

Standort	Schadens-historie	Anzahl Schad-stoffherde und Kontaminant	Maximal-konzentration Bodenluft je Herd	Maximal-konzentrationen Grundwasser je Herd	Kontaminierte Aquifere (Herd und Nahbereich)	Besonderheiten	Betroffene Aquifere im Abstrom	LCKW-Austrag bei Sanie-rung bis 2010 [kg]
14 Glocken-straße 56	1950–1981 Galva-nisierbetrieb	1 LCKW PCE, TCE, cDCE, VC	1993: 2.441.600 µg/m³ PCE, TCE, cDCE	DRM (B7, 2001): 62.720 µg/l DCE, VC	DRM, BH	reduktive Dechlo-rierung bis Ethen durch Mineralöl-phase	DRM, BH	BL seit 1993: 54 kg GW-Sanie-rung seit 2013
15 Quellen-/ Glocken-straße	1873–1986 Ver-arbeitung von Mineralöl, Chemi-kalienhandlung	1 LCKW cDCE, VC MKW BTEX, PAK	1998: 1.300.000 µg/m³ TCE, cDCE, PCE,	DRM (B45, 2010): 894 µg/l VC, cDCE	DRM, BH	massive reduktive Dechlorierung durch Mineralöl-phase	DRM	GW seit 1998: 31 kg
16 Glocken-/ Pragstra-ße	Seit 1853 Metall-verarbeitung	4 LCKW TCE, PCE MKW BTEX	Stollen: 1987: 566.000 µg/m³ TCA Keine Auswir-kung auf das Grundwasser Hauptgelände: 2004: 9.815.000 µg/m³ PCE, TCE	Baugrunderkun-dung: 71.100 µg/l PCE, TCE	Q, DRM, BH	Verlagerung von LCKW über defek-te Kanäle	q, DRM, BH	BL 1989–2009: 60 kg GW seit 1987: 64 kg
17 Pragstra-ße 26–46	Seit 1873 Me-tallverarbeitung, Lackierereien	2 LCKW MKW	1984: 220.000 µg/m³ PCE	Q (Br. neu, 1985): 520 µg/l TCE, PCE	q	Intensive redukti-ve Dechlorierung, kein Absinken von Schadstoffen in Festgesteine, da nach oben ge-richteter hydraul. Gradient	q	BL 1985–1992: 190 kg GW 1985–1992: 7 kg
18 Halden-straße 112–114	Seit 1925 Metall-verarbeitung	3 LCKW PCE, TCE, cDCE	2004: 2.704.000 µg/m³ PCE, TCE, cDCE	Q (GWM 2, 2005): 3.920 µg/l PCE, TCE, cDCE	q	Ab GD nach oben gerichteter hydraul. Gradient, daher keine tiefe Verlagerung von LCKW, fortschreitende reduktive Dechlo-rierung	q	BL 1987–2006: 65 kg GW seit 2007: 14 kg
19 Prag-/ Löwentor-straße	1910–2002 Me-tallverarbeitung, Lösemittellager, TCE-Waschan-lage, Lagerung diver-ser Mineralöle, Betriebstankstelle	2 LCKW TCE, PCE, cDCE, TCA MKW	2002: 68.000.000 µg/m³ TCE, cDCE	DRM (GWM6, 2002): 8.220 µg/l TCE, cDCE	BLS, DRM	Tektonik, aktive Subrosion intensive redukti-ve Dechlorierung, starke Konzentra-tionsabnahme im Abstrom: Hinweis auf Vertikalver-lagerung an Störung	BLS, DRM	BL seit 1988: 544 kg GW seit 1989: 46 kg

BL: Bodenluft, GW: Grundwasser
q: Quartär, EST: Estherienschichten (des km1), AC: Acrodus-Corbula-Horizont, MGH: Mittlerer Gipshorizont, BLS: Bleiglanzbankschichten, DRM: Dunkelrote Mergel, BH: Bochinger Horizont, GGS: Grundgipsschichten, GD: Grenzdolomit, GM: Grüne Mergel, ku: Unterkeuper
PCE: Tetrachlorethen, TCE: Trichlorethen, cDCE: cis-1,2-Dichlorethen, DCM: Dichlormethan, TCA: 1,1,1-Trichlorethan, BTEX: Leichtflüchtige aromatische Kohlenwasserstoffe nach BBodSchV, MTBE: Methyltertbutylether, MKW: Mineralöl-Kohlenwasserstoffe

7.4.2 Zeitliche LCKW-Entwicklung

Neben der Kenntnis der räumlichen Schadstoffverteilung ist für ein konzeptionelles Schadstoffmodell auch die Kenntnis der zeitlichen Veränderung der LCKW-Konzentrationen und ihrer Zusammensetzung (Einzelspezies) unerlässlich. Mithilfe der zeitlichen Veränderung lässt sich die Wirksamkeit und Nachhaltigkeit von Sanierungsmaßnahmen überprüfen. Außerdem lässt sich erkennen, ob es Hinweise auf Um- und Abbauprozesse gibt und ob diese Prozesse stationär ablaufen. Beispielweise kann aus einem plötzlichen Auftreten von hohen cDCE-Anteilen geschlossen werden, dass eine Milieuveränderung eingetreten sein muss, die eine reduktive Dechlorierung in Gang gesetzt hat. Die Muschelkalk-Messstelle P 174 ist hierfür ein interessantes Beispiel (◘ Abb. 7.35).

Zur Visualisierung der zeitlichen Schadstoffentwicklung der chlorierten Ethene wurde für jede Grundwassermessstelle im Projektgebiet ein Balkendiagramm erstellt, in dem die Jahresmittelwerte der LCKW-Konzentration und -Zusammensetzung dargestellt sind. Die Methodik der Datenaufbereitung ist in ► Kap. 5 beschrieben.

Für eine realistische Interpretation der Schadstoffverläufe muss die jeweilige stoffliche Veränderung betrachtet werden. In den Balkendiagrammen zur Darstellung der zeitlichen Entwicklung sowie in Tortendiagrammen zur Darstellung der LCKW-Zusammensetzung in einzelnen Brunnen werden Stoffmengenkonzentrationen [μmol/l] verwendet. Zur leichteren Lesbarkeit ist die Färbung PCE rot, TCE blau, cDCE grün und VC gelb in den folgenden Abbildungen konsequent durchgeführt.

Es ist zu beachten, dass die Molmasse der Verbindungen mit abnehmender Chlorierung (von PCE nach VC) stark abnimmt. Das liegt daran, dass Chlor mit einer relativen Atommasse von 35,45 wesentlich schwerer ist als Wasserstoff, der dieses Atom beim Abbau ersetzt und eine relative Atommasse von 1,01 hat. Die Moleküle werden somit bei jedem Dechlorierungsschritt leichter. Die Berücksichtigung dieses Sachverhalts ist für die Bewertung von Abbauprozessen wichtig. Vergleicht man nur Massenkonzentrationen [μg/l] miteinander, ergibt sich bei Messreihen (zeitlich oder räumlich) ein Massenverlust aus der Substitution von Chlor durch Wasserstoff. Damit könnte irrtümlicherweise auf einen Massenverlust durch Abbau geschlossen werden, auch wenn in Wirklichkeit kein einziges Molekül vollständig dechloriert wurde, sondern nur ein Umbau (Teilabbau) beispielsweise von PCE nach cDCE stattfand.

Sinnvoller ist deshalb ein Vergleich der Stoffmengenkonzentrationen [μmol/l], da hierbei klar ersichtlich ist, ob nur ein Teilabbau vorliegt oder ob es zu einem Stoffverlust durch Abbau zu nicht chlorierten Stoffen gekommen ist. Die ◘ Abb. 7.15 und ◘ Abb. 7.16 verdeutlichen diesen Sachverhalt. ◘ Abb. 7.14 zeigt die Analysenergebnisse einer fiktiven Messreihe aus vier Einzelmessungen als Massenkonzentrationen [μg/l], bei denen die Metabolite mit jedem Messpunkt zunehmen. Es ist eine Konzentrationsabnahme von 100.000 μg/l LCKW (ausschließlich PCE) in der ersten Messung bis 41.250 μg/l LCKW in der vierten Messung erkennbar. Die tatsächliche Stoffumsetzung ist in ◘ Abb. 7.15 zu erkennen. Hier sind die gleichen Messwerte in Stoffmengenkonzentrationen [μmol/l] angegeben. Es ist erkennbar, dass die Stoffmenge erhalten bleibt und somit nur ein Teilabbau zu niedriger chlorierten Ethenen stattfand. Die eigentliche Schadstoffmenge blieb erhalten. Der erkennbare Massenverlust beruht also nicht auf einem Abbau der Schadstoffe, sondern auf dem mit der Teildechlorierung verbundenen Austausch von Cl-Atomen gegen leichte H-Atome.

Während Massenkonzentrationen bei Messreihen zu einer Überschätzung des Gesamtabbaus führen können, wird durch sie der Teilabbau (Umbau) zu niedriger konzentrierten Stoffen meist unterschätzt. Dieser Sachverhalt ist in den Abbildungen verdeutlicht. In ◘ Abb. 7.16 ist an einem ebenfalls fiktiven Beispiel eine Wasserprobe dargestellt, die bezogen auf die Massenkonzentrationen [μg/l] der Einzelstoffe PCE, TCE, cDCE und VC zu je 25 % aus den genannten Stoffen besteht. Es wird bei diesem Beispiel vorausgesetzt, dass es sich ursprünglich um einen reinen PCE-Schaden gehandelt hat, d. h. beim Schadstoffeintrag waren 100 % des Kreisdiagramms rot. Wie aus der Veränderung der LCKW-Zusammensetzung zu erkennen ist, erfolgte zwischenzeitlich eine partielle Dechlorierung. Der tatsächliche Stoffumsatz beim Umbau wird bei dieser Darstellung aber unterschätzt, weil die Stoffe mit jedem Dechlorierungsschritt leichter werden. Im rechten Teil der ◘ Abb. 7.16 sind die prozentualen Anteile der Einzelstoffe auf die Stoffmengenkonzentrationen [μmol/l] bezogen. Daraus wird ersichtlich, dass in Wirklichkeit bereits 40 % der LCKW zu VC abgebaut sind statt der im linken Teil suggerierten 25 %.

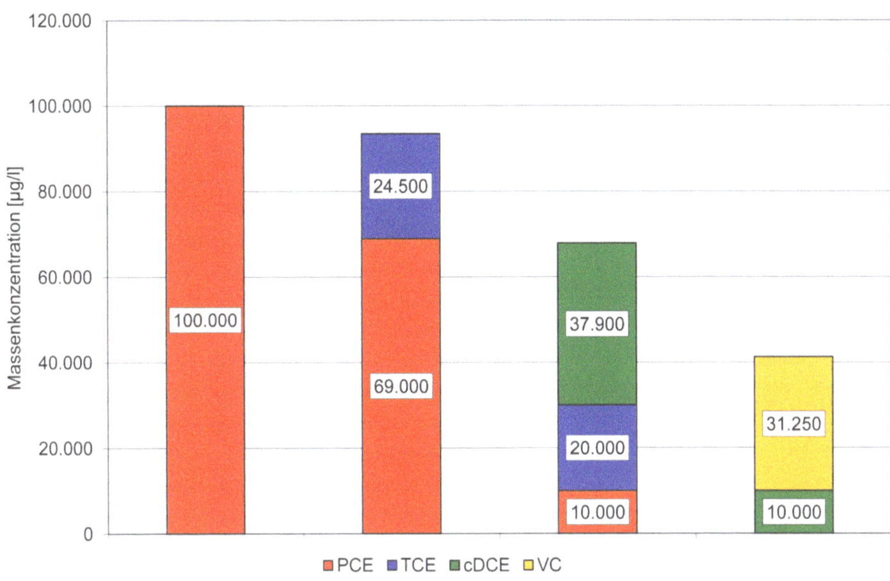

Abb 7.14 Fiktive Messreihe von LCKW-Massenkonzentrationen [µg/l].

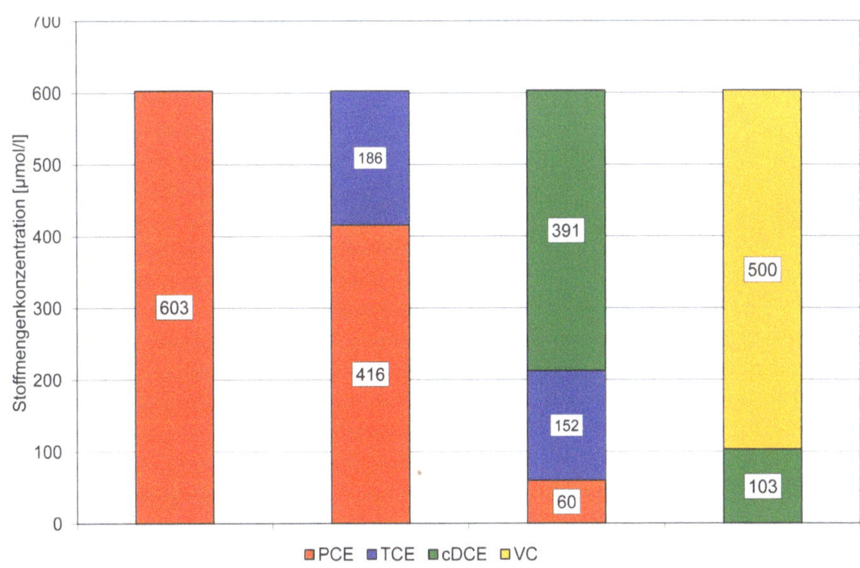

Abb. 7.15 Fiktive Messreihe von LCKW-Stoffmengenkonzentrationen [µmol/l].

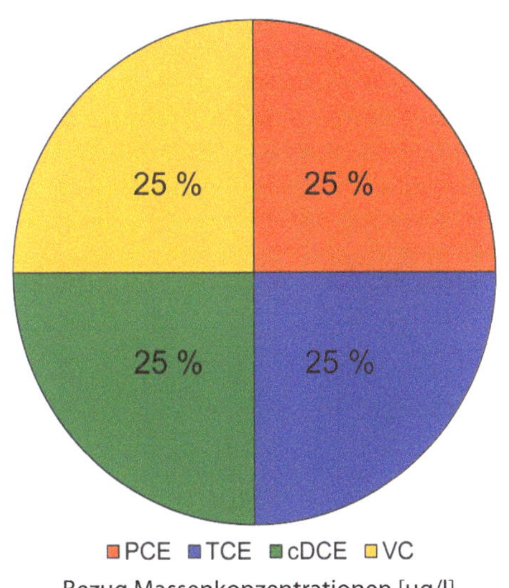

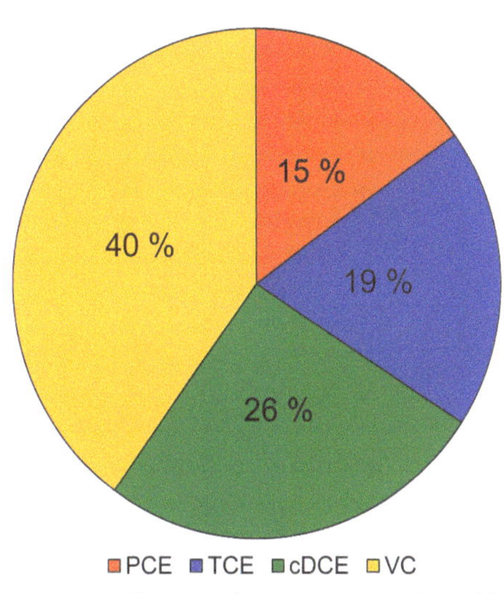

Abb. 7.16 Prozentuale Anteile an PCE, TCE, cDCE und VC.

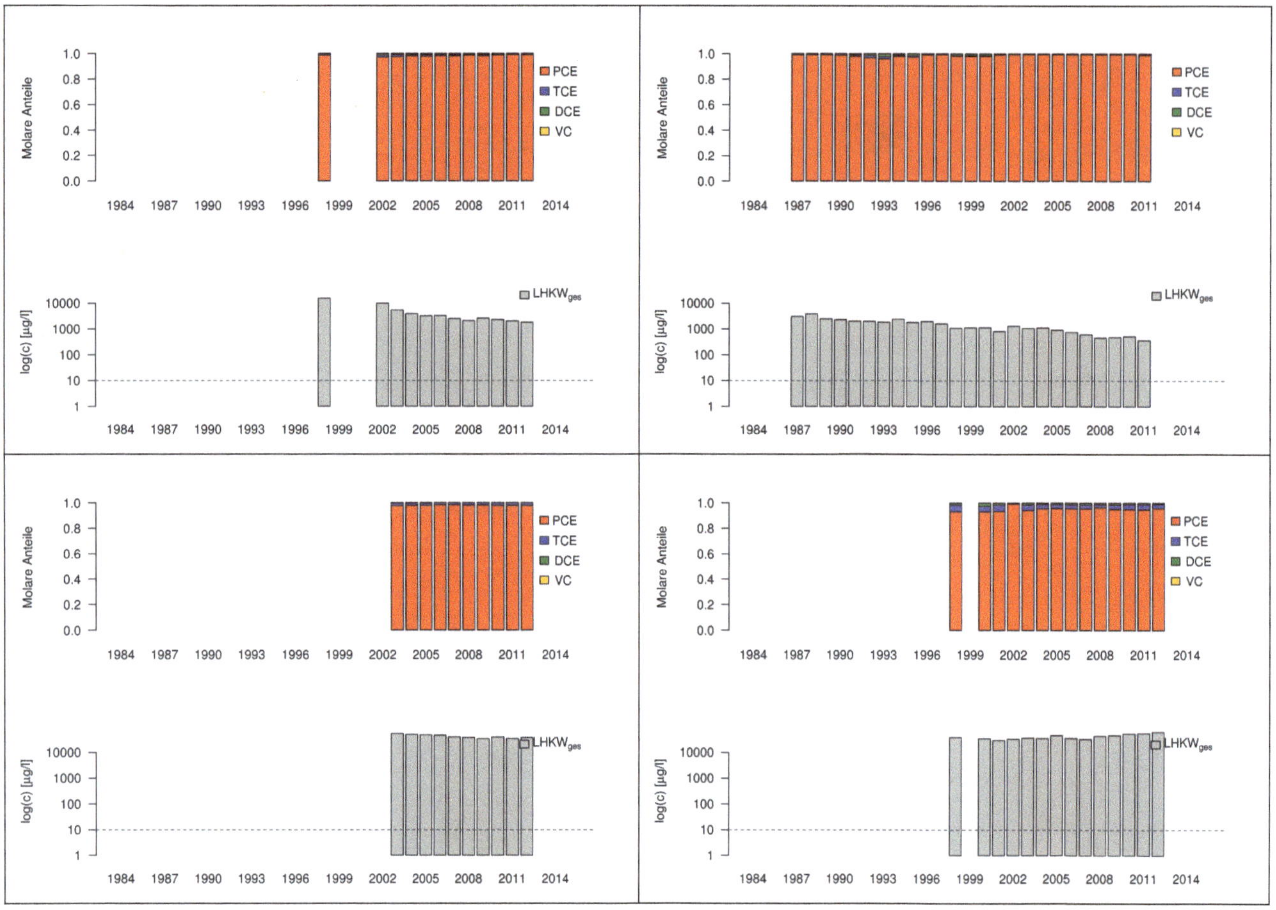

Abb. 7.17 Typische zeitliche Entwicklung reiner PCE-Schäden.

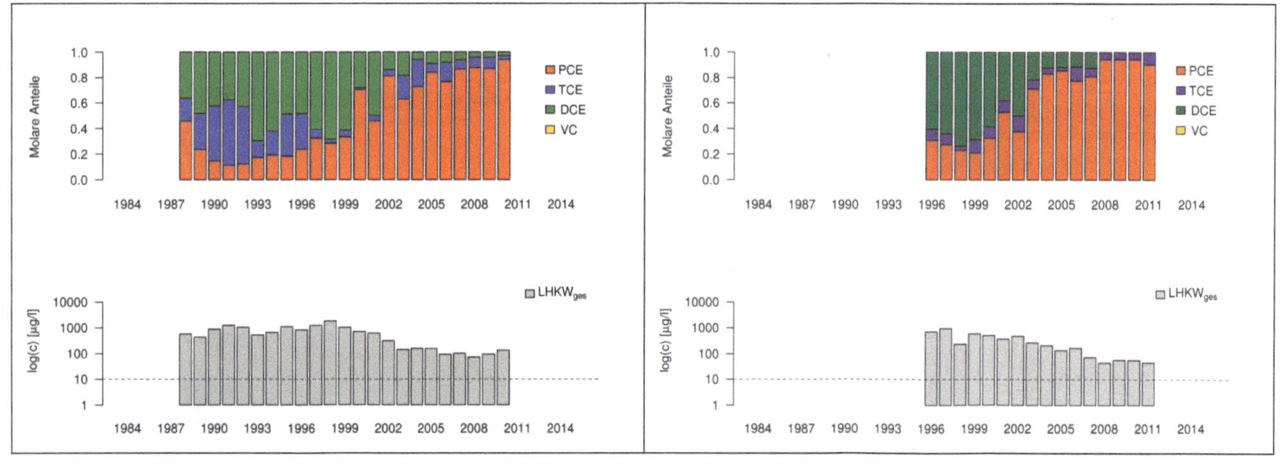

Abb. 7.18 Typische zeitliche Entwicklung bei anaerobem Teilabbau.

Die zeitliche LCKW-Entwicklung in Messstellen des Projektgebiets zeigt verschiedene Grundmuster. Bei reinen PCE-Schäden ohne Begleitkontamination durch Mineralölprodukte ist meist keine signifikante zeitliche Veränderung der Zusammensetzung feststellbar. Die Konzentrationen stagnieren oder sind infolge von Sanierungsmaßnahmen rückläufig (Abb. 7.17).

Abb. 7.18 zeigt zwei im Projektgebiet seltene Beispiele mit anaerobem Teilabbau. Im linken Beispiel nimmt der cDCE-Anteil auf Kosten von TCE mit der Zeit zu, ohne dass es zu einer Bildung von VC kommt. Im rechten Beispiel geht der cDCE-Anteil zurück und PCE reichert sich relativ an. Diese Entwicklung belegt ein Nachlassen des anaeroben Abbaus, das wahrscheinlich auf den Aufbrauch eines Cosubstrats zurückzuführen ist.

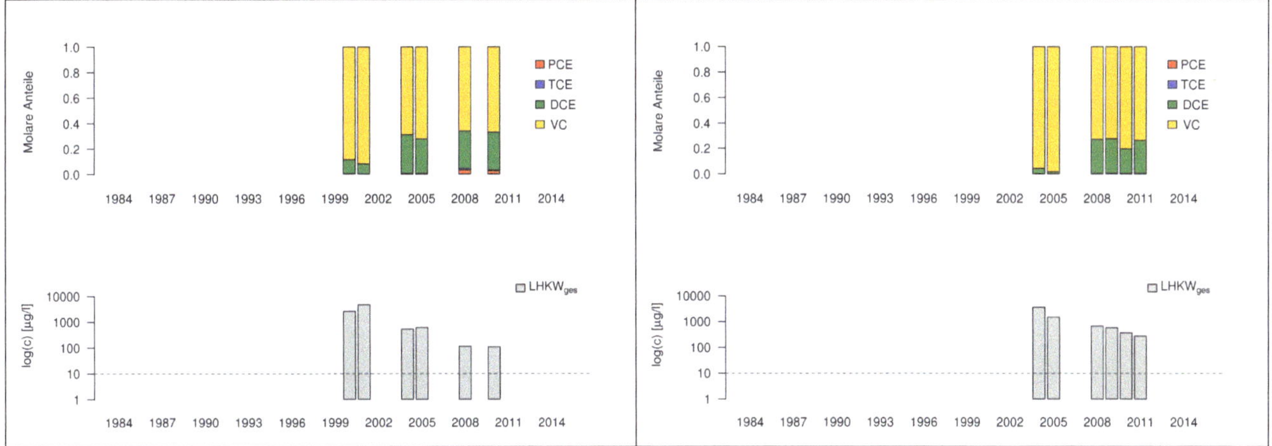

Abb. 7.19 Beispiele für vollständigen anaeroben Abbau.

Abb. 7.19 zeigt zwei Beispiele für einen vollständigen anaeroben Abbau mit der Bildung von VC und Ethen. Letzteres ist in der Abbildung nicht dargestellt, da routinemäßig auf diesen Parameter nicht untersucht wurde. Bei im Jahr 2012 durchgeführten Untersuchungen konnte jedoch Ethen in hohen Anteilen nachgewiesen werden. Vollständiger anaerober Abbau wird im Projektgebiet nur relativ selten und kleinräumig beobachtet und ist auf eine Überlagerung mit Mineralölschäden begrenzt.

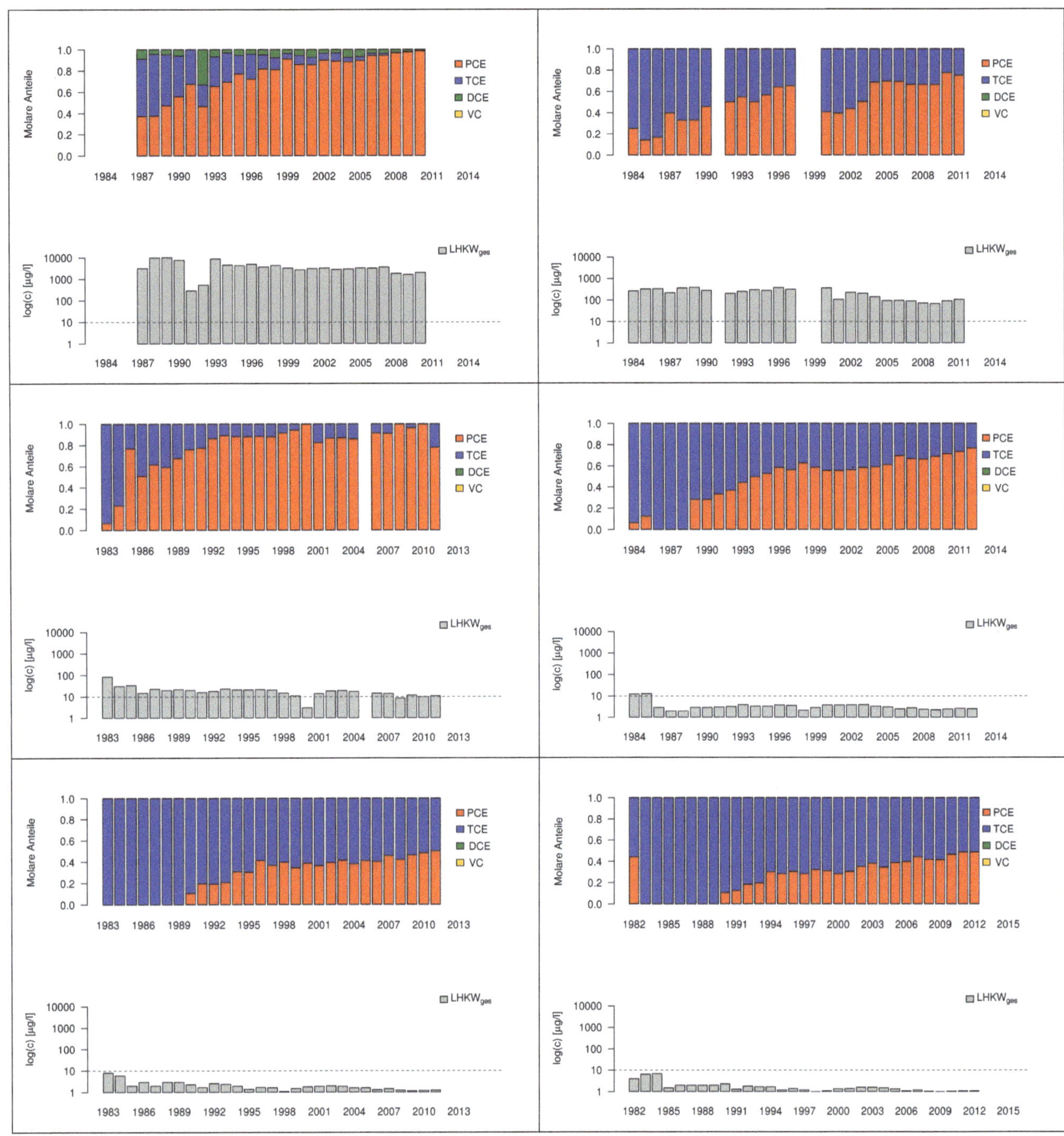

Abb. 7.20 Beispiele für einen zunehmenden TCE-Rückgang bzw. eine PCE-Anreicherung.

Weit verbreitet ist hingegen die in Abb. 7.20 dargestellte zeitliche LCKW-Entwicklung. Bei starkem Rückgang der LCKW-Summenkonzentrationen kommt es zu einer Verminderung der TCE-Anteile und zu einer relativen PCE-Anreicherung. Eine mögliche Ursache für diesen Verlauf kann die bevorzugte Lösung des im Vergleich zu PCE um etwa eine Zehnerpotenz besser wasserlöslichen TCE sein. Bei fortgeschrittener Lösung von TCE aus einer Mischkontamination würde dies zu dem beobachteten Verlauf führen. Eine weitere mögliche Ursache wäre ein selektiver aerober TCE-Abbau, der zu einer fortschreitenden Elimination dieses Stoffes und somit bei einer Mischkontamination zu einer zunehmenden Anreicherung von PCE führen würde. Isotopenuntersuchungen und mikrobiologische Untersuchen belegen, dass der selektive aerobe TCE-Abbau hierbei eine wesentliche Rolle spielt (vgl. Kap. 7.2.1).

7.4.3 LCKW-Verteilung im Gesamtraum

In Abb. 7.21 ist die räumliche LCKW-Verteilung im Quartär und im Gipskeuper dargestellt. Es wurden alle Daten der im Quartär und im Gipskeuper ausgebauten Grundwassermessstellen ohne weitere Differenzierung verwendet. Die dargestellte LCKW-Verteilung gibt somit näherungsweise die Situation im oberflächennahen Grundwasser wieder.

Zur Erstellung der Abbildung wurden die Mittelwerte der chlorierten Ethene der Jahre 2005 bis 2014 verwendet. Die LCKW-Verteilung für den Gipskeuper erfolgt mit Tortendiagrammen. Der Kreisdurchmesser ist proportional zur Konzentration. Die Segmente zeigen die molaren Anteile der Einzelstoffe PCE, TCE, cDCE und VC. Für das oberflächennahe Grundwasser wurde diese Darstellungsform gewählt, um die Verteilung der verschiedenen LCKW-Einzelstoffe zu visualisieren und um eine erste Vorstellung vom Auftreten anaerober Abbauprozesse – erkennbar an cDCE und VC – zu vermitteln.

Insgesamt zeigen die Abb. 7.21 bis Abb. 7.23, dass in den einzelnen Grundwasserleitern eine sehr hohe Bandbreite der LCKW-Konzentrationen und der Einzelspezies vorkommt. Die Konzentrationen bewegen sich in einem Rahmen von fünf Zehnerpotenzen. Die Schwankungsbereiche in den einzelnen Aquiferen sind in Tab. 7.3 stark abstrahiert zusammengefasst. Es fällt auf, dass die Konzentrationen unterhalb des Grenzdolomits sprunghaft abnehmen.

Tab. 7.3 Mittlere Wertebereiche für LCKW-Konzentrationen in den Grundwasserstockwerken

Grundwasserleiter	Wertebereich LCKW-Konzentration [μg/l]
Mittlerer Gipshorizont	0–10.000
Dunkelrote Mergel	0–40.000
Bochinger Horizont	0–20.000
Grundgipsschichten	0–60.000
Grenzdolomit	0–80.000
Unterkeuper	0–2.000
Oberer Muschelkalk	0–60

Im südlichen Teil des Projektgebiets dominieren an der roten Farbe erkennbare PCE-Schäden, die meist aus chemischen Reinigungen stammen. Relevante TCE-Konzentrationen (blau) sind nur beim ehemaligen metallverarbeitenden Betrieb Dornhaldenstraße 5 nachweisbar. Auch cDCE (grün)

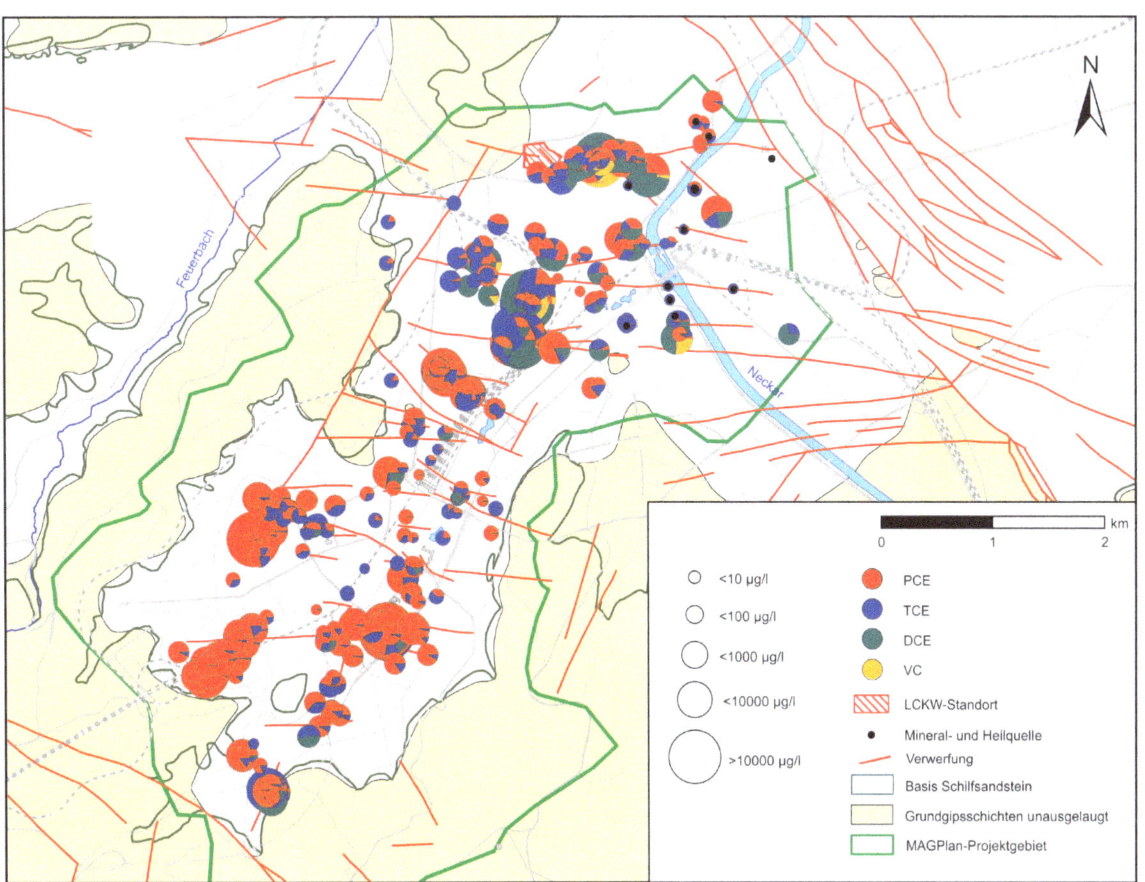

Abb. 7.21 LCKW-Verteilung im Gipskeuper (nicht differenziert in Teilstockwerke).

als Indikator für anaeroben Abbau tritt dort nur vereinzelt auf. Anders ist die Situation im nördlichen Teil des Projektgebiets. Dort ist die LCKW-Zusammensetzung deutlich inhomogener. Die im Vergleich zum südlichen und zentralen Projektgebiet stärkere industrielle Nutzung ist an einem höheren TCE-Anteil zu erkennen, der aus der Metallentfettung sowie aus verschiedenen Tanklagern stammt. Im Bereich der Tanklager liegen auch Verunreinigungen durch Mineralölprodukte vor, was den anaeroben LCKW-Abbau stimuliert. Erkennbar ist dies am verbreiteten Auftreten von cDCE und teilweise auch von VC (gelb).

Die ◘ Abb. 7.22 und ◘ Abb. 7.23 zeigen die LCKW-Verteilung im Unterkeuper und im Oberen Muschelkalk in Form von Isokonzenplänen (dargestellt als PCE-Äquivalente). Für die tieferen Aquifere wurde diese Darstellungsform gewählt, um den Verlauf von LCKW-Fahnen besser zeigen zu können. Die Verteilung der LCKW-Einzelstoffe spielt hier eine untergeordnete Rolle. Im Unterkeuper findet sich die größte flächige LCKW-Verunreinigung im südlichen Teil des Projektgebiets. Hier vereinigen sich die Einträge aus verschiedenen Standorten (z. B. Rotbühlplatz 19, Dornhaldenstraße 5, Rotbühlstraße 171 und Nesenbachstraße 48) zu einer mehr oder weniger zusammenhängenden Fahne. Im nördlichen Teil des Projektgebiets sind dagegen nur relativ kleinräumige Verunreinigungen im Unterkeuper nachweisbar, z. B. im Bereich der Wolframstraße 36 und Rümelinstraße 24-30.

Eine grundsätzlich ähnliche räumliche Verteilung zeigt die bekannte LCKW-Belastung im Oberen Muschelkalk (◘ Abb. 7.23). Allerdings sind die Konzentrationen niedriger und die betroffene Fläche ist kleiner. Die in der Innenstadt nachweisbare LCKW-Fahne endet etwa auf Höhe des Schlossplatzes bzw. am Hauptbahnhof. An der Fahnenspitze (Grundwassermessstelle P 174) setzen sich die LCKW überwiegend aus dem Metabolit cDCE zusammen. In diesem Bereich laufen anaerobe Abbauprozesse ab, die infolge eines 1988 eingetretenen Heizölschadens intensiviert wurden. Im nördlichen Teil des Projektgebiets wurden bislang im Oberen Muschelkalk meist nur geringe LCKW-Konzentrationen von unter 1 µg/l festgestellt.

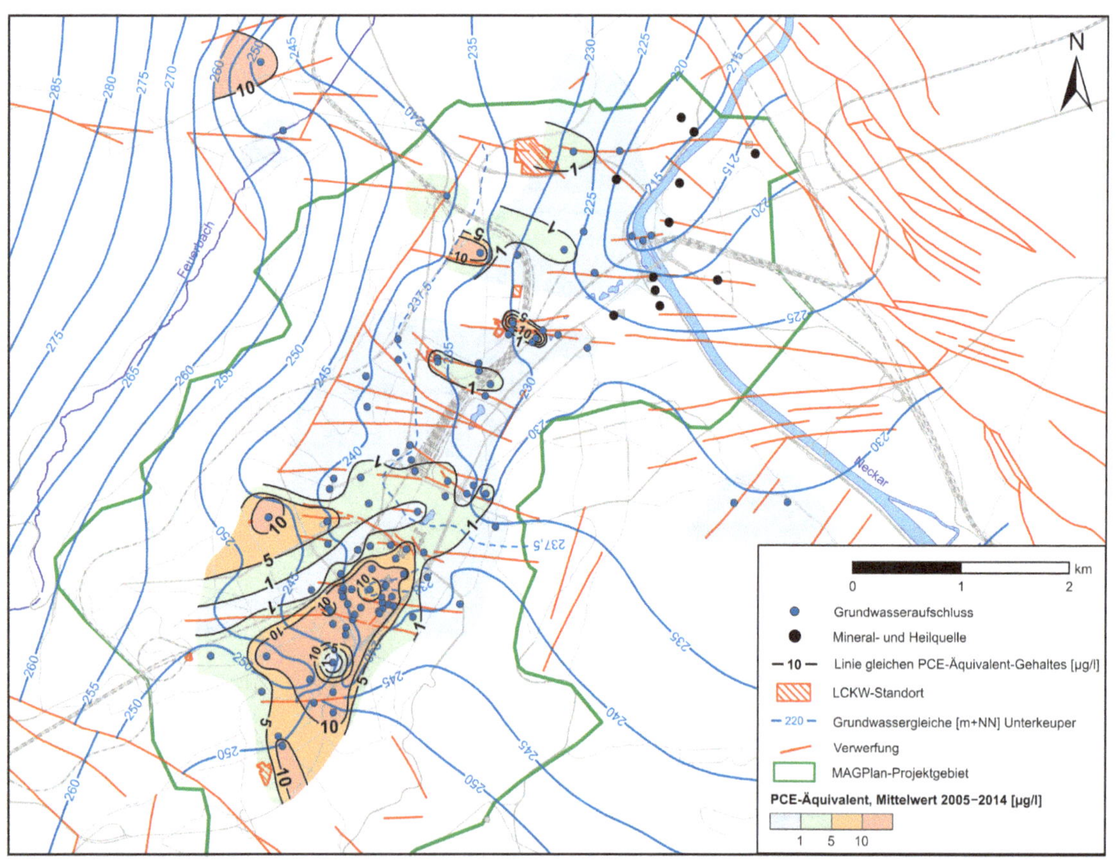

◘ **Abb. 7.22** LCKW-Verteilung im Unterkeuper.

7.4.4 LCKW in Teilgebieten

Zur Diskussion der LCKW-Verteilungen in den Grundwasserstockwerken sowie der Schadstoffherkunft in den Rezeptoren wird das MAGPlan-Projektgebiet in drei Teilbereiche aufgegliedert (Abb. 7.23):

- Teilgebiet 1: südliches und zentrales Projektgebiet
- Teilgebiet 2: nordöstliches Projektgebiet, Zustrom zu den hochkonzentrierten Mineralquellen
- Teilgebiet 3: nördliches Projektgebiet, Zustrom zu den niederkonzentrierten Mineralquellen

Die standortbezogenen Erkundungen und nachfolgenden Sanierungen in der Verantwortung des Handlungs- oder Zustandsstörers, das übergeordnete Handeln durch die Stadt im Zuge der Gefahrerforschung bzw. zur Sicherung der staatlich anerkannten Heilquellen (Landeshauptstadt Stuttgart 2003a) sowie die aktuellen Untersuchungen haben für diese Teilgebiete umfangreiche Erkenntnisse zur örtlichen Geologie, Hydrogeologie sowie zum Stoffverhalten erbracht. Diese Daten bilden den Einstieg zur Entwicklung eines standortübergreifenden konzeptionellen Modells, in dem Bausteine zur Hydrogeologie und Hydraulik mit denen zur vermuteten Stoffherkunft und Stoffausbreitung verschnitten werden. So entsteht für die drei Teilgebiete ein dezidiertes Bild der Schadstoffausbreitung und der dort wirksamen Prozesse. Es bildet Messgrößen und Randbedingungen zu Hydraulik, Transport und Stoffverhalten ab, die eine wichtige Basis für das numerische Strömungs- und Transportmodell darstellen.

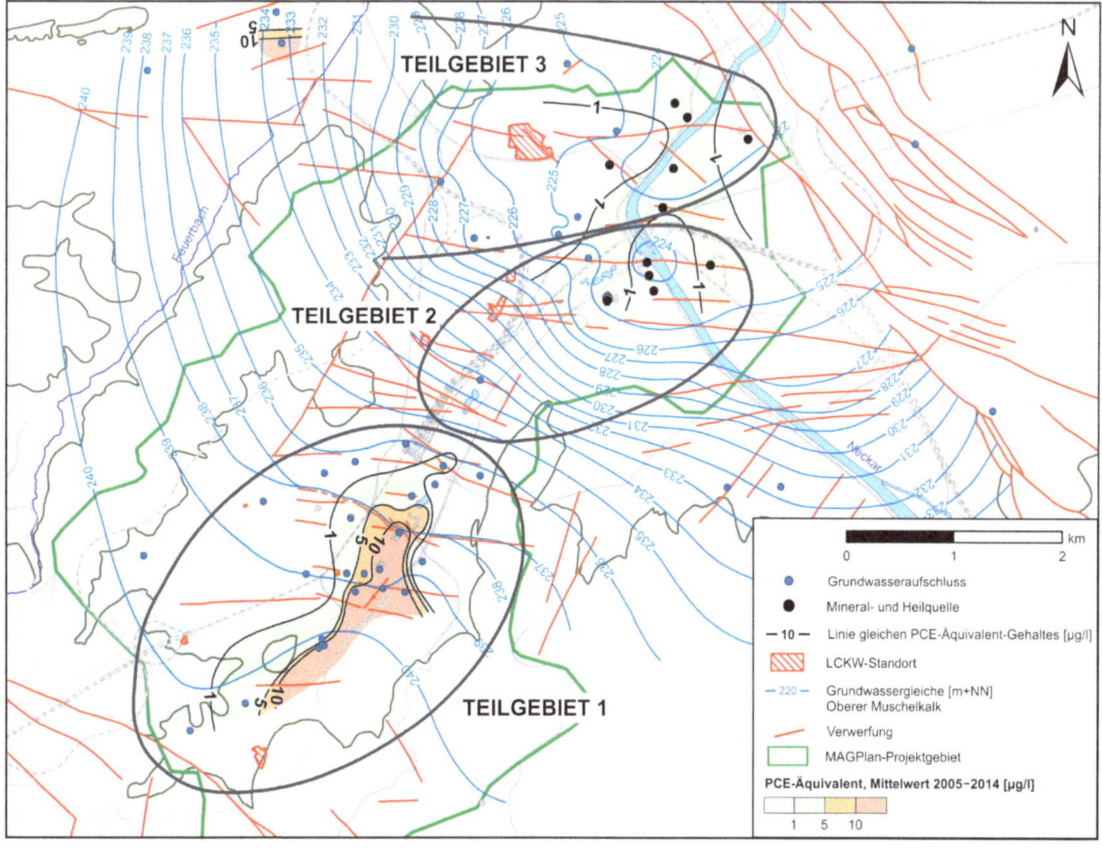

Abb. 7.23 LCKW-Verteilung im Oberen Muschelkalk.

Südliches und zentrales Projektgebiet (Teilgebiet 1)

Das Teilgebiet 1 umschreibt das südliche Projektgebiet (Stadtbezirk Süd) bis hin zum zentralen Stadtgebiet und zum Hauptbahnhof. Alle nachfolgend zur Beschreibung der LCKW-Verteilung verwendeten Aufschlussbezeichnungen bzw. Ortsbegriffe sind in ◘ Abb. 7.24 enthalten.

Die bis in die Innenstadt reichende LCKW-Fahne setzt in den Muschelkalk-Brunnen 4 und 7 Tübinger Straße ein. Von dort aus weisen die in der Längsachse des Nesenbachtals liegenden Muschelkalk-Messstellen durchgängig LCKW auf. Die LCKW-Fahne zieht von den Brunnen Tübinger Straße über MAG 12 (Krumme Straße) bzw. GWM 10 und GWM 15 (Rathaus) zu GWM 172 am Alten Schloss. Unterstromig der Schlossstörung verliert sich die Fahne trotz guter Aufschlusssituation. Die zunächst zunehmenden und dann bis zu P 172 abnehmenden Konzentrationen sowie die wechselnde Dominanz der LCKW-Einzelstoffe belegen mehrere Eintragsstellen, die sich bis in den Muschelkalk auswirken und die Fahne alimentieren, sowie Prozesse, die zu Umbau bzw. Abbau von LCKW führen.

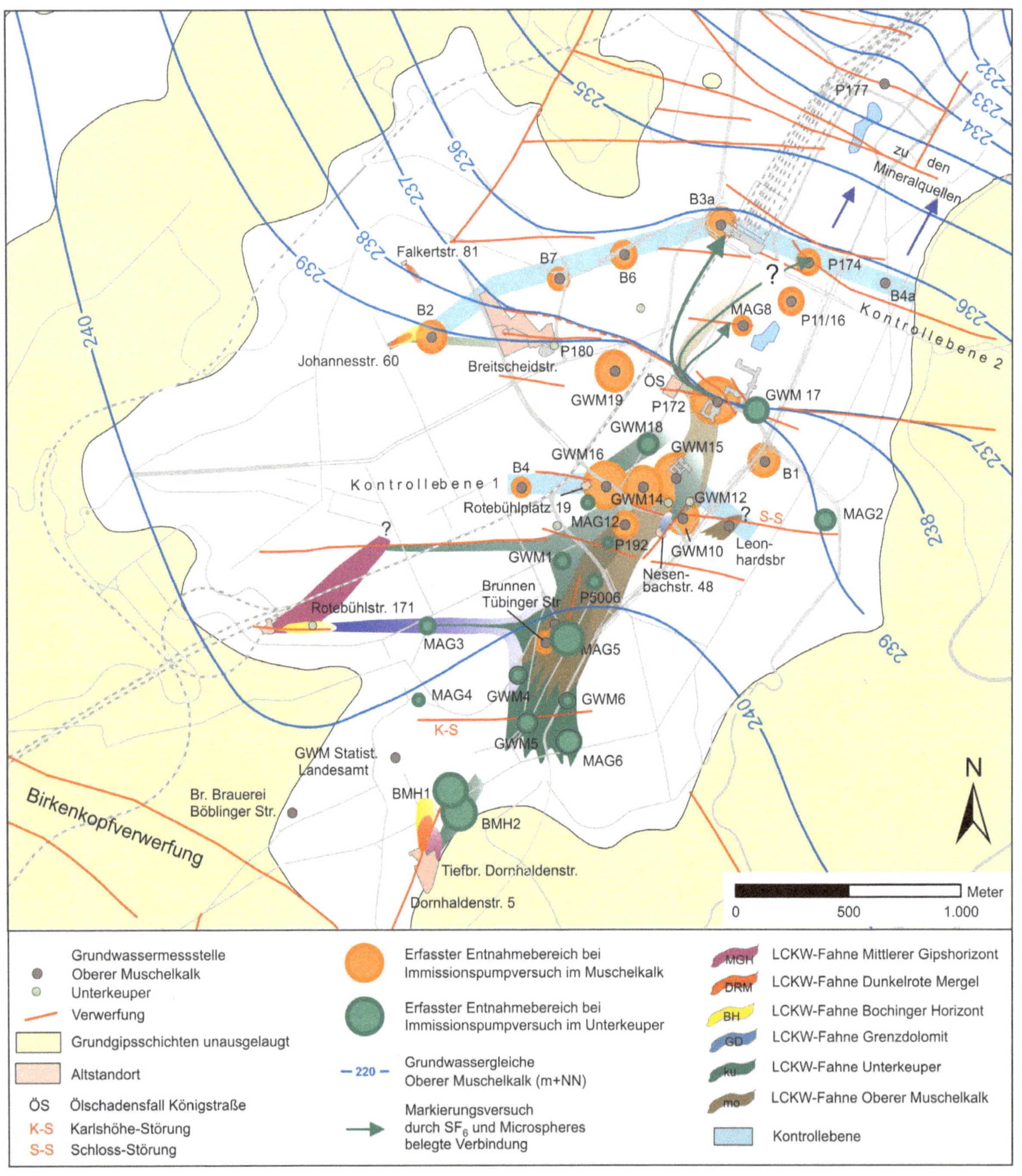

◘ **Abb. 7.24** Vermutete Geometrie von LCKW-Fahnen im Keuper und Oberen Muschelkalk im Gebiet Stuttgart-Süd und -Mitte.

Die beiden Brunnen 4 und 7 Tübinger Straße sowie der benachbarte Notwasserbrunnen Silberburganlage am Fahnenbeginn weisen seit 1983 eine Verunreinigung mit PCE und TCE auf. Brunnen 7 besitzt mit rund 30 µg/l LCKW (Stand 2010) etwas mehr als das Doppelte der LCKW-Konzentration im Brunnen 4 und zugleich höhere Nitratgehalte und ein geringeres Grundwasseralter (SF_6, Tritium). PCE ist in Brunnen 7 gegenüber TCE etwa dreifach höher. In Brunnen 4 ist das Verhältnis ausgeglichen. Die TCE-Konzentration ist mit 10 µg/l in beiden Brunnen etwa gleich hoch und ändert sich auch nicht wesentlich bei der Bewirtschaftung der beiden Brunnen. PCE nimmt dagegen zu.

Der 2010 gemeinsam in Brunnen 4 und 7 betriebene Immissionspumpversuch mit einer Fördersumme von 15,7 l/s sowie der 2014 durchgeführte Versuch in Brunnen 7 (Q = 8 l/s) führen übereinstimmend zum Bild einer östlich von Brunnen 7 strömenden LCKW-Fahne mit einer Maximalkonzentration von etwa 50 µg/l LCKW.

Danach sind in den Brunnen Tübinger Straße mindestens zwei verschiedene LCKW-Fahnen von Bedeutung: eine TCE-Fahne, die im Oberen Muschelkalk bereits einen weiteren Weg zurückgelegt und sich auf dem Fließweg bis in die Nodosuskalke ausgebreitet hat, sowie eine PCE-Fahne, die im Nahfeld der Brunnen aus dem Unterkeuper bis in den Trigonodusdolomit verlagert wird. Es wird vermutet, dass die beiden Fahnen auf den 1,1 km südwestlich zu den Brunnen liegenden Standort Dornhaldenstraße 5 (TCE) sowie auf den 1,2 km nordwestlich dazu liegenden Standort Rotebühlstraße 171 (PCE) zurückgehen, da beide Standorte – bezogen auf die höheren Stockwerke – oberstromig liegen, die Verunreinigung des Grundwassers am Standort Rotebühlstraße durch PCE und am Standort Dornhaldenstraße im Wesentlichen durch TCE bedingt ist und zudem dort stockwerksverbindende Elemente bestehen, die für eine vertikale Verlagerung von LCKW förderlich sind.

Zur weiteren Untersuchung der hydraulischen Verhältnisse und der Stoffausbreitung wurden im Umfeld der Brunnen Tübinger Straße die Messstellen MAG 3 bis 6 eingerichtet. Bereits im offenen Bohrloch wurden während der Bohrarbeiten in höher gelegenen Grundwasserhorizonten Kurzpumpversuche und tiefenorientierte Beprobungen durchgeführt. Der Ausbau erfolgte einheitlich im Lingula-Dolomit des Unterkeupers. Dieser Grundwasserhorizont hat sich bereits im Rahmen früherer Grundwasseruntersuchungen im Stuttgarter Stadtgebiet häufig als präferenzieller Schadstoffausbreitungspfad im System Gips-/Unterkeuper erwiesen. Während in MAG 5 (Unterkeuper) keine Schadstoffe bekannt wurden, waren in MAG 4 maximal 5 µg/l, in MAG 6 durchschnittlich 30 µg/l und in MAG 3 bis zu 86 µg/l LCKW enthalten. Die Druckhöhenverteilung wie auch die unterschiedliche Reaktion der Messstellen auf Pumpversuche zeigt, dass im Unterkeuper im Stadtteil Süd sowohl über horizontale (Verwerfungen) als auch vertikale (Trennschichten) Barrieren hinweg hydraulische Verbindungen zum Oberen Muschelkalk bestehen. Diese werden vermutlich maßgeblich über die Verwerfungen, wie die Karlshöhe-Verwerfung (◘ Abb. 2.10 und 7.24), gesteuert. Am auffälligsten ist die Beobachtung, dass die Unterkeuper-Messstelle GWM 6 (◘ Abb. 7.28) als einzige Messstelle auf den Betrieb der Brunnen Tübinger Straße reagiert und gleichzeitig der Wasserstand im Vergleich zum Umfeld sehr tief ist und sich schon dem des Oberen Muschelkalks nähert. Derartige Phänomene sind nur in tektonisch stark gestörter Umgebung möglich. Tatsächlich sind am östlichen Ende der Karlshöhe-Störung die Schichten um ca. 10 m gegeneinander verworfen.

Standort Dornhaldenstraße 5

Am Standort Dornhaldenstraße 5 (Abb. 7.25) wurden von 1926 bis 1995 große Mengen von TCE und nachrangig auch PCE für die Metallentfettung eingesetzt. Der Eintrag von LCKW durch die ungesättigte Zone bis ins Grundwasser erfolgte in drei Schadstoffherden auf relativ großer Fläche. Ein Schadstoffherd wird durch TCE bestimmt, während in den beiden anderen TCE und PCE vorkommen. Darüber hinaus tritt in allen Herden das Abbauprodukt cDCE auf.

Unter künstlicher Auffüllung ist die gesamte Hangflanke unter dem Standort mit bis zu 15 m mächtigen quartären Lockersedimenten, v. a. Fließerden, bedeckt. Darunter folgt der obere Gipskeuper mit Estherienschichten und Mittlerem Gipshorizont. Der Gipskeuper ist in den talwärtigen Bereichen vollständig ausgelaugt. Bergwärts, im Umfeld des Tiefbrunnens und südlich davon, dürfte in den Grundgipsschichten noch aktiv Gipsauslaugung stattfinden. Infolge der Gipsauslaugung entstand an der Ecke Eierstraße/Dornhaldenstraße eine Doline. Diese ist wahrscheinlich an einer vermuteten Verwerfung angelegt, die mit einem Versatzbetrag von 7 bis 14 m in SSW-NNE-Richtung durch den Standort verläuft.

Abb. 7.25a Lageplan Standort Dornhaldenstraße 5.

Das Grundwasser strömt im Mittleren Gipshorizont und in den Dunkelroten Mergeln nach Norden bis Nordnordosten ab. Die bis zu 300 m langen Fahnen sind durch PCE dominiert. Im tieferen Gipskeuper und Unterkeuper dürften sie etwas weiter nach Nordosten bis Ostnordosten ausgerichtet sein. Durch die Verwerfung und die Doline an der Ecke Eier-/Dornhaldenstraße sowie durch den ehemals 80 m tiefen Feuerlöschbrunnen bestehen am Standort stockwerksübergreifende Elemente. Im schadhaft ausgebauten Brunnen sickerte über Jahrzehnte hinweg hochkontaminiertes Grundwasser mit TCE-Vormacht (bis 6.200 µg/l) nachweislich bis in den Unterkeuper und von dort aus im weiteren Abstrom mit hoher Wahrscheinlichkeit in

▶ ▶ ▶

den Oberen Muschelkalk. Hydraulisch gesehen ist eine Verlagerung bis in den Oberen Muschelkalk möglich, da die Druckgradienten in diesem Raum nach unten gerichtet sind.

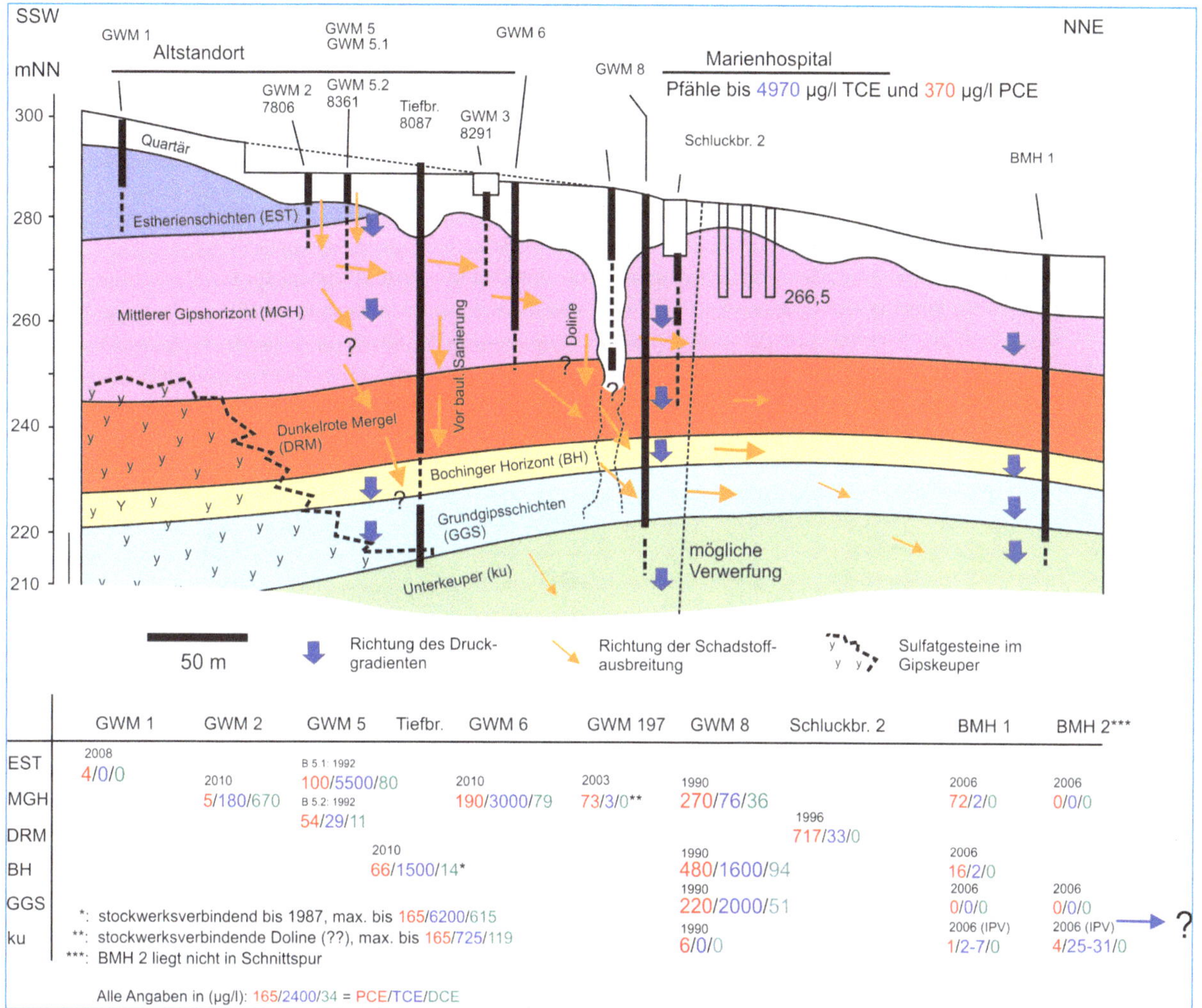

Abb. 7.25b Geologischer Längsschnitt mit Schadstoffausbreitung am Standort Dornhaldenstraße 5.

Standort Rotebühlstraße 171

Am Standort Rotebühlstraße 171 (Abb. 7.26) wurde von 1901 bis 1976 eine Färberei und Chemische Reinigung betrieben, wobei seit 1941 PCE als Reinigungsmittel verwendet wurde. Bis in die 1960er-Jahre wurde dort PCE-haltiges Betriebs- bzw. Abwasser in einen alten, etwa 15 m tiefen Brunnenschacht, d. h. direkt in das Grundwasser eingeleitet. Der ehemalige Brunnen ist daher als Hauptschadstoffherd anzusehen. Infolge der langjährigen Einleitung der Betriebswässer, die vermutlich auch PCE-Phase enthielten, haben sich möglicherweise weitere Schadstoffherde durch abgedriftete Phase gebildet, wobei bislang weder deren horizontale noch vertikale Ausdehnung angegeben werden kann. Heute sind Standort und Brunnen mit einer Tiefgarage überbaut.

Die Grundwasserverhältnisse am Standort sind durch gering ergiebige Tonsteinschichten des Mittleren Gipshorizonts charakterisiert. Der vertikale Druckgradient ist generell nach unten gerichtet, so dass gelöste Schadstoffe in tiefere Schichten verlagert werden können. Der Grundwasser- und Schadstoffabstrom vom Standort erfolgt zunächst nach Osten und teilt sich nach etwa 150 m in zwei Richtungen auf. Die Schadstoffverunreinigung im Umfeld der früheren Brunnenanlage ist durch LCKW-Gehalte von bis zu 100.000 µg/l geprägt. Da aerobe Verhältnisse im Grundwasser vorliegen, findet praktisch kein mikrobieller Abbau der eingetragenen Ausgangssubstanz PCE statt. Insgesamt werden bis zu 160 g/d LCKW freigesetzt, von denen seit Ende 2010 130 g/d über eine Gefahrenabwehrmaßnahme abgefangen werden.

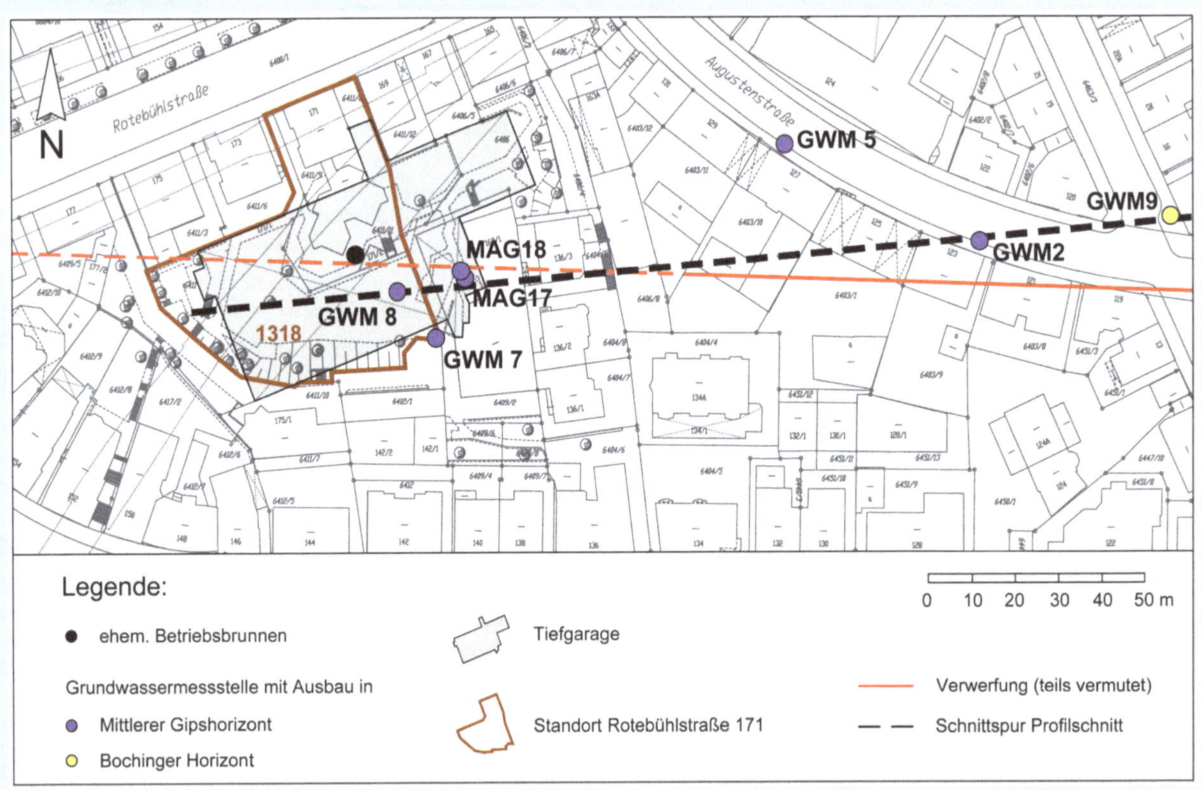

Abb. 7.26a Lageplan Standort Rotebühlstraße 171.

►►►

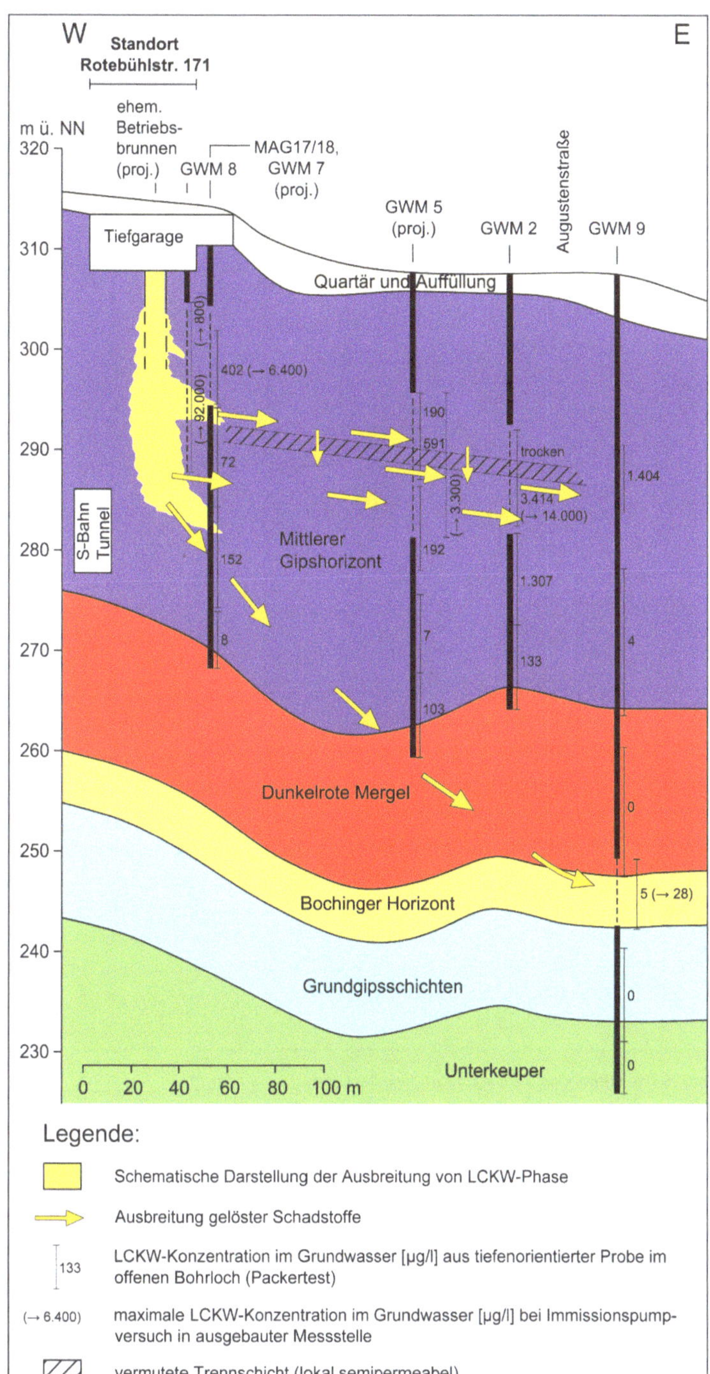

Abb. 7.26b Geologischer Längsschnitt mit Schadstoffausbreitung am Standort Rotebühlstraße 171.

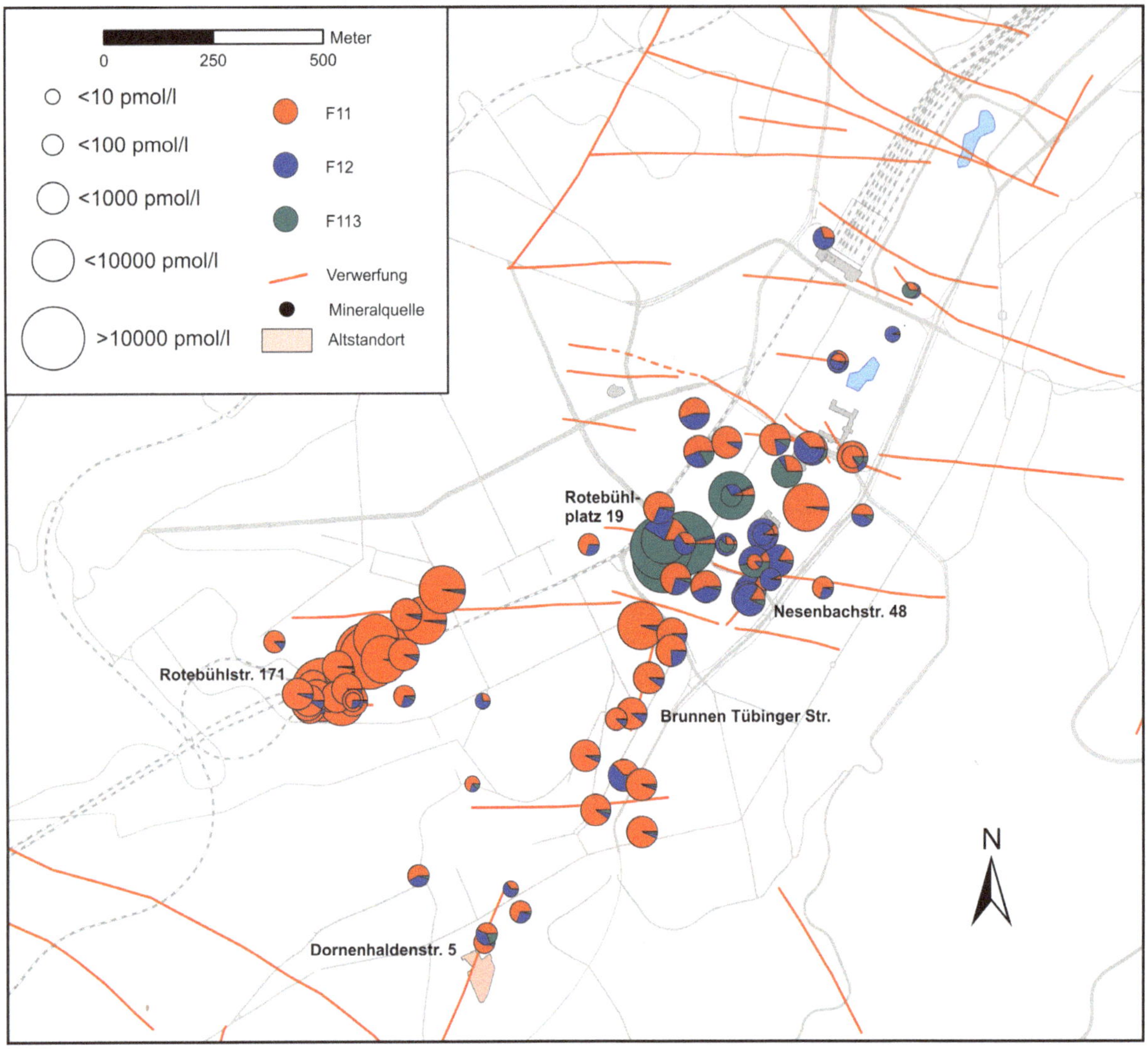

Abb. 7.27 FCKW-Spurenstoff-Verteilung in Stuttgart-Südwest und -Mitte (Teilgebiet 1). Die Kreisradien decken in Zehnerpotenzen den Konzentrationsbereich von < 10 pmol/l bis > 10.000 pmol/l ab.

In Abb. 7.28 ist die Schadstoffausbreitung vom Standort Rotebühlstraße 171 bis zu den Brunnen Tübinger Straße schematisch dargestellt. Die Erkenntnisse basieren auf einer Synopse aller vorhandenen Daten aus dem Raum (Grundwasserstände, Schadstoffspektrum, tektonische Befunde, Isotopen- und Spurenstoff-Signaturen, Altersdatierungen, Reaktionen auf Pumpversuche). Danach erfolgt eine Aufteilung des LCKW-Abstroms vom Standort in eine nordöstliche und östliche Komponente.

Die nordöstliche lässt sich über mehr als 500 m im Mittleren Gipshorizont verfolgen. An einer west-ost verlaufenden Störungszone wird ein Absinken der Schadstoffe bis in den Unterkeuper vermutet und von dort eine weitere Ausbreitung mit dessen Fließrichtung nach Osten (Abb. 7.28). Auf diesen Ausbreitungspfad werden die LCKW-Belastungen der Unterkeuper-Messstellen im westlichen Stadtmittegebiet zurückgeführt. Die östliche vom Standort ausgehende Abstromkomponente ist an eine hier verlaufende Störungszone gebunden, die sich nach Osten am Nordhang von Hasenberg und Karlshöhe vermutlich als Zerrüttungszone mit aktiver Gipsauslaugung fortsetzt. Mit der Auflösung der ursprünglichen vertikalen Trennung zwischen den einzelnen Grundwasserhorizonten pausen sich hier, von unten ausgehend, tiefe Grundwasserstände bis in die höheren Aquifere durch. Sie bilden so hydraulische Fenster ab, über die Schadstoffe sukzessive in die Tiefe abwandern. Während im nahen Abstrom des Standorts der Bochinger Horizont den tiefsten belasteten Grundwasserleiter darstellt (GWM 9), sind auf Höhe der MAG 3 die Grundgipsschichten mit dem Grenzdolomit (vorwiegend PCE) und dem Unterkeuper (vorwiegend TCE) am stärksten betroffen. Von dort lässt sich die PCE-Belastung in den Grundgipsschichten bis in das Nesenbachtal nachverfolgen. Ein Teilabstrom biegt im Einflussbereich eines hydraulischen Fensters an der Ostseite der Karlshöhe nach Süden um und gelangt hier in den Unterkeuper, der nur in diesem Bereich (infolge der Zutritte von oben) durch ein

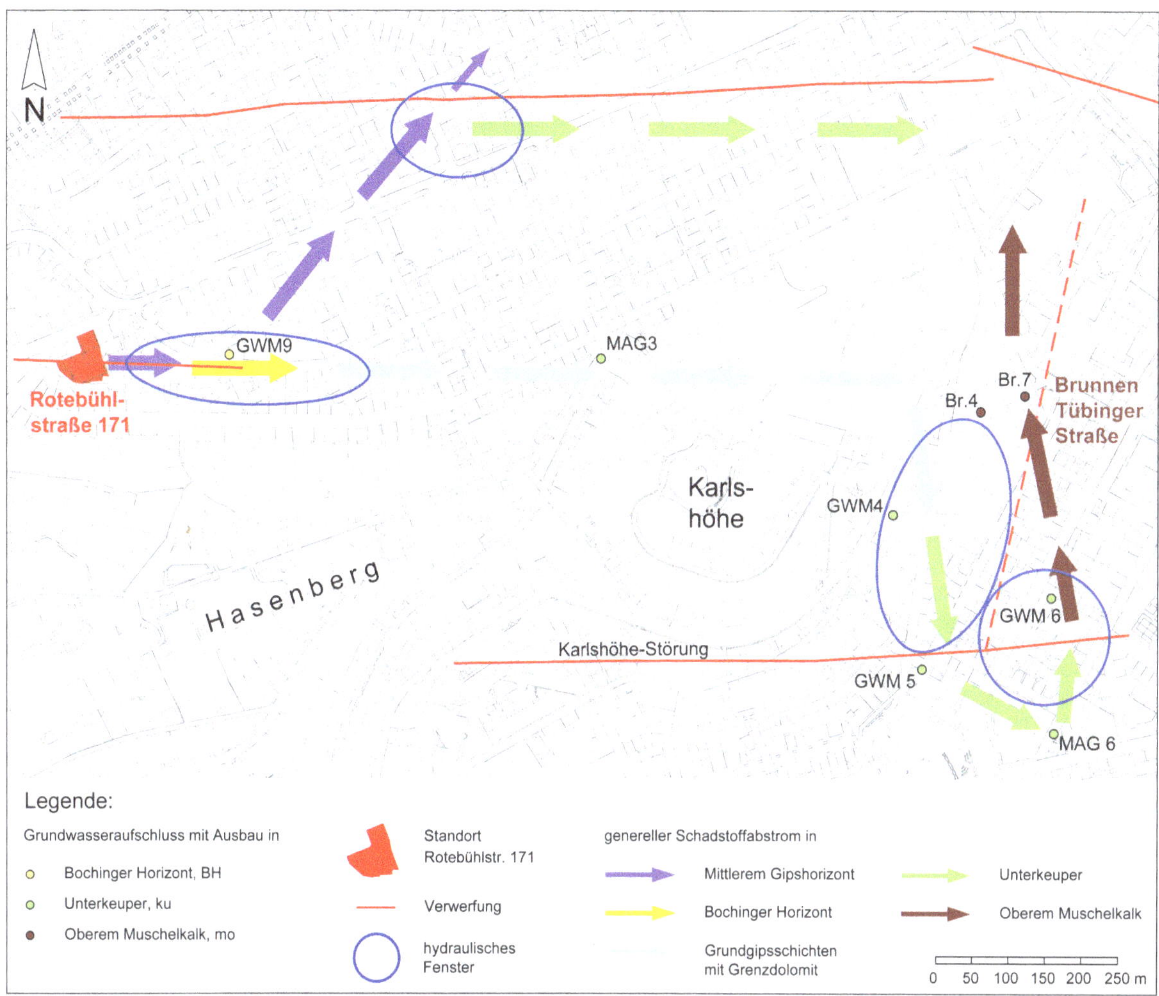

Abb. 7.28 Stockwerksübergreifende Schadstoffausbreitung vom Standort Rotebühlstraße 171 bis zu den Brunnen Tübinger Straße.

junges Wasseralter ausgezeichnet ist. Von dort erfolgt eine „Durchströmung" der Karlshöhe-Störung (GWM 4 und GWM 5 reagieren aufeinander bei Pumpversuchen, nicht aber die GWM 6, Abb. 7.28) und anschließend bei der MAG 6 ein Umbiegen nach Norden. Das Ostende der Karlshöhe-Störung kreuzt das Nesenbachtal und versetzt den Oberen Muschelkalk im Norden gegen den Unterkeuper im Süden. Hier ist der Unterkeuper hydraulisch bereits auf den Muschelkalk eingestellt (sehr tiefer Wasserstand weist auf hydraulisches Fenster hin) und die dort gelegene GWM 6 reagiert auch als einzige Unterkeuper-Messstelle auf die Bewirtschaftung der im Muschelkalk ausgebauten Brunnen Tübinger Straße (und nicht etwa die näher gelegene GWM 4), so dass an der Störungslinie ein Übertritt aus dem Unterkeuper in den Oberen Muschelkalk forciert wird. Von dort gelangen die Schadstoffe dann in der Fließrichtung des Muschelkalks zu den Brunnen Tübinger Straße (Abb. 7.28).

Die beschriebenen Zusammenhänge bestätigen sich sowohl mit den FCKW-Spurenstoff-Spektren als auch mit den LCKW-Isotopensignaturen. In Abb. 7.27 sind die in allen Grundwasserhorizonten gemessenen FCKW-Spezies F11, F12 und F113 für den hier betrachteten Teilbereich 1 als Tortendiagramme dargestellt. Die Kreisradien decken in Zehnerpotenzen den Konzentrationsbereich von < 10 pmol/l bis > 10.000 pmol/l ab. Es wird ersichtlich, dass vom Standort Rotebühlstraße 171 eine rote, d. h. eine nahezu durch F11 dominierte FCKW-Fahne nach Nordosten abströmt (andere Chemische Reinigungen im weiteren Abstrom zeigen andere FCKW-Spektren). Die mit LCKW belasteten Brunnen Tübinger Straße sind durch einen deutlich erhöhten F11-Gehalt ausgezeichnet (Abb. 7.27), der die Verbindung zum Standort Rotebühlstraße 171 herstellt. Der andere, in diesem Raum LCKW-relevante Standort Dornhaldenstraße 5 hat ein zu geringes F11-Potenzial (Abb. 7.27), um die in den Brunnen bestehenden FCKW-Signaturen zu erzeugen.

Die geschilderte Schadstoffausbreitung vom Standort Rotebühlstraße 171 kann in erster Linie die Herkunft des PCE in den Brunnen Tübinger Straße erklären. Die Herkunft des TCE in den Brunnen ist demgegenüber noch nicht abgesichert. Wahrscheinlich stammt das TCE aber vom Standort

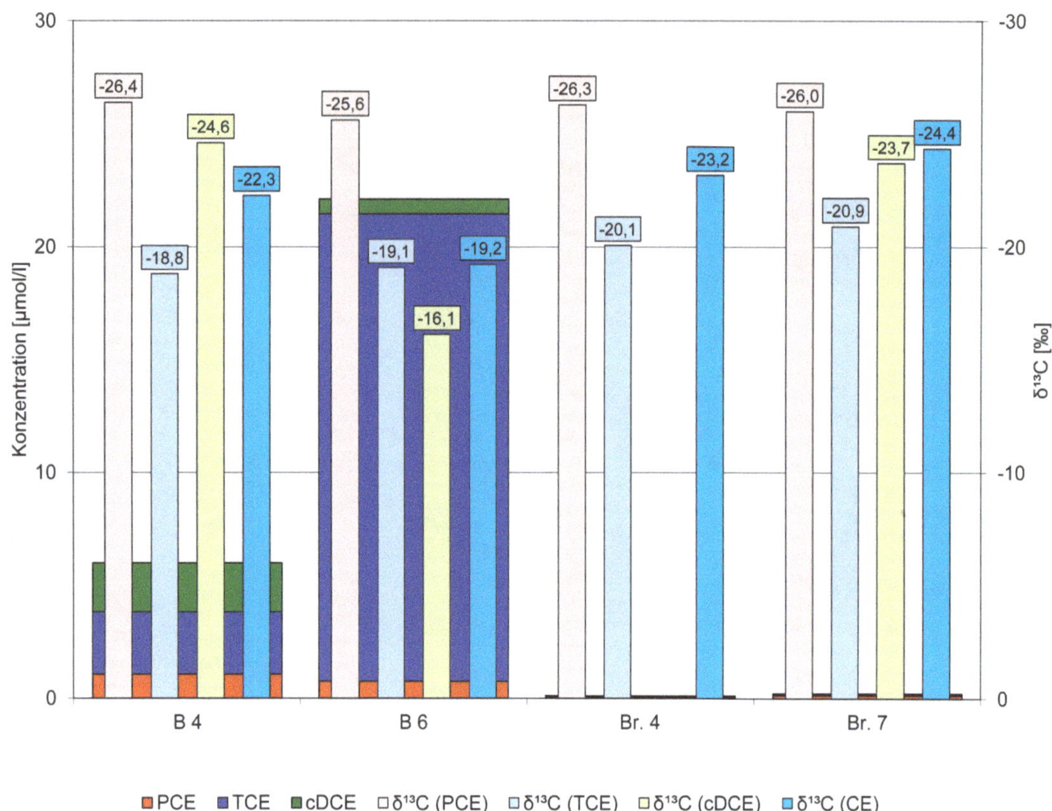

Abb. 7.29 Vergleich LCKW-Isotopie Dornhaldenstraße 5 – Brunnen Tübinger Straße.

Dornhaldenstraße 5, wo über Jahrzehnte eine tiefe Verlagerung von TCE durch den schadhaft und dadurch stockwerksübergreifend ausgebauten Brunnen bis in den Grenzdolomit/Unterkeuper möglich war. Die dort angereicherten Schadstoffe gelangen in den Oberen Muschelkalk, der in diesem Raum das Grundwasser aus dem Unterkeuper aufnimmt. Mit zwei Bohrungen im Abstrom konnte die horizontale Ausdehnung einer LCKW-Fahne mit TCE-Dominanz im Unterkeuper eingegrenzt werden. Die Maximalkonzentration während des Immissionspumpversuchs betrug 35 µg/l TCE. In Hinblick auf die ursprünglich sehr hohen TCE-Konzentrationen im Tiefbrunnen des Standorts darf jedoch vermutet werden, dass zusätzlich ein stark kontaminerter Abstrom erfolgt, der aber schon standortnah – möglicherweise entlang der den Standort querenden Verwerfung – in den Oberen Muschelkalk verlagert wird.

Dieser Zusammenhang lässt sich allerdings mit der LCKW-Isotopie nicht erhärten. In Abb. 7.29 sind die in den Brunnen Tübinger Straße gemessenen δ^{13}C-Signaturen jenen vom Standort Dornhaldenstraße 5 gegenübergestellt. Alle am Standort gemessenen δ^{13}C-Signaturen von TCE sind schwerer als die Signaturen in den beiden Brunnen 4 und 7 Tübinger Straße. Gleiches gilt auch für die errechneten Summensignaturen am Standort Dornhaldenstraße 5 (stellvertretend B 4 und B 6). Folglich sind die LCKW mit der Isotopensignatur, wie sie in den Herden am Standort durch anaeroben Abbau aktuell entsteht und auch den oberflächennahen Abstrom charakterisiert, nicht mit der Kontamination der Brunnen Tübinger Straße in Verbindung zu bringen. Denkbar ist jedoch, dass über den früheren vertikalen Verlagerungspfad, nämlich durch den ehemals stockwerksübergreifend ausgebauten Brunnen, nicht oder wenig abgebautes TCE in beträchtlicher Menge in den Unterkeuper gelangte und von dort aus ein Weitertransport in den Oberen Muschelkalk erfolgt. Die relevanten Horizonte sind im stockwerksgetrennt sanierten Brunnen nicht mehr zugänglich.

Zur weiteren Verfolgung der LCKW-Fahne im Muschelkalk wurde etwa 800 m unterstromig der Brunnen Tübinger Straße die neue Grundwassermessstelle MAG 12 abgeteuft und im Trigonodusdolomit verfiltert. Hydraulische Tests in den Dolomit-Horizonten des Unterkeupers erbrachten mit der Tiefe zunehmende LCKW-Gehalte, die im tiefsten Horizont, der Alberti-Bank, mit 73 µg/l PCE und 13 µg/l TCE über den LCKW-Gehalten im Oberen Muschelkalk liegen. Sie belegen eine LCKW-Fahne im tiefen Unterkeuper, die im Umfeld der MAG 12 vollständig in den Oberen Muschelkalk abtaucht. Trotz Verdünnung sind dadurch hier die Konzentrationen im Oberen Muschelkalk höher als oberstromig in den Brunnen Tübinger Straße. Bei

Tab. 7.4 Auswertung von Immissionspumpversuchen im Oberen Muschelkalk im Teilbereich 1

GWM	Versuchs-zeitraum	Förderrate (Mittel), [l/s]	Pumpdauer [h]	Erfasste Ab-strombreite [m]	LCKW max. gemessen [µg/l]	LCKW max. berechnet [µg/l]	LCKW mittel [µg/l]	LCKW-Abstrom [g/d]
Br. 4 Tübinger Straße	2010	7,4	50	90	11	11	10	0,8
Br. 7 Tübinger Straße	2010	8	168	180	33	45	30	4,6
MAG 12	2013	10	192	200	80	166	77	26,7
B 4	2004	0,5	144	41	0	0	0	0
GWM 14	2005	5	208	154	3	11	2	0,016
GWM 15	2005	8	197	190	91	132	59	0,98
GWM 16	2005	8	177	180	3	10	2	0,19
P 172	2011	5	332	191	12	29	11	1,3
MAG 8 oben	2013	4	96	94	0	0	0	0
MAG 8 unten	2013	1	69	56	2	5	1	0
B 3a Haupt-bahnhof	2004	5	144	123	0	0	0	0
P 174	2010	5	107	89	0	0	0	0
BK 11/16	2010	5	94	103	0	0	0	0

zwei Immissionspumpversuchen in MAG 12 nahm PCE kontinuierlich auf 65 µg/l und TCE auf 18 µg/l zu, cDCE trat in Spuren auf. MAG 12 liegt also nicht im Zentrum zur Fahne.

Die Ausdehnung des Absenkungstrichters am Ende des zweiten achttägigen Immissionspumpversuchs mit einer Entnahmerate von 10 l/s ist nicht radial, sondern seine Form wird – wie das Absenkmaß in Beobachtungsbrunnen belegt – maßgeblich vom tektonischen Schollenbau bestimmt. Die das Nesenbachtal querenden Störungen wirken oft als hydraulische Staugrenzen im Oberen Muschelkalk, so dass sich der Absenkungstrichter – sobald er eine Störung erreicht hat – bevorzugt parallel dazu in West-Ost-Richtung ausbreitet und eine elliptische Form annimmt. Auf den jeweiligen Schollen ist der Absenktrichter sehr flach ausgebildet, der Druckabbau erfolgt in den geringdurchlässigen Störungszonen wie z. B. der Schloss-Verwerfung oder der unmittelbar südlich von MAG 12 verlaufenden Störungszone.

Die Untersuchungen in MAG 12 zeigen, dass die Verunreinigung des Unterkeupers mit PCE unterhalb der Brunnen Tübinger Straße großflächig in Konzentrationen von 30 bis 70 µg/l auftritt. Sie ist nach aktuellem Kenntnisstand auch auf den Standort Rotebühlstraße 171 zurückzuführen.

In ◘ Abb. 7.30 sind die Ergebnisse von LCKW-Isotopenuntersuchungen in MAG 12 dargestellt. Eine auffällige Veränderung zeigen die δ^{13}C-Signaturen von TCE, die mit zunehmender Pumpdauer erheblich leichter wurden. Bei cDCE wurden die Signaturen im Lauf der Versuche ebenfalls leichter, aber in deutlich geringerem Ausmaß. Bei PCE ist der umgekehrte Effekt erkennbar. Hier wurden die Signaturen mit zunehmender Pumpdauer schwerer, wenn auch nur in geringem Umfang.

Es spricht einiges dafür, dass ein Teil der LCKW vom Standort Rotebühlstraße 171 stammt. Allerdings muss dann zumindest in geringem Umfang eine reduktive Dechlorierung von PCE auf der Wegstrecke zwischen dem Standort und MAG 12 erfolgen. Denn die δ^{13}C-Signaturen von PCE in MAG 12 sind auch schon zu Beginn der Pumpversuche schwerer als am Standort, wo sie zwischen −26,8 und −27,4 ‰ schwanken. Diese Ergebnisse zeigen, dass im Lauf der Pumpversuche zunehmend stärker belastetes Grundwasser erfasst wird, also MAG 12 am Rand einer LCKW-Fahne liegt. Da mit zunehmender Pumpdauer die δ^{13}C-Signaturen von PCE schwerer und von TCE und cDCE leichter werden, ist im Bereich der Fahnenachse eine intensivere reduktive Dechlorierung zu vermuten, die zu einem Umbau von PCE zu TCE und in geringerem Umfang zu cDCE führt. Die sehr leichten Signaturen von TCE und cDCE deuten auf eine Teildechlorierung von PCE hin. Bei einem intensiven weiteren Abbau von TCE und cDCE müssten deren Signaturen schwerer sein. Da allerdings mit zunehmender Pumpdauer die δ^{13}C-Summensignaturen in MAG 12 leichter werden, ist nicht davon auszugehen, dass der Standort Rotebühlstraße 171 die

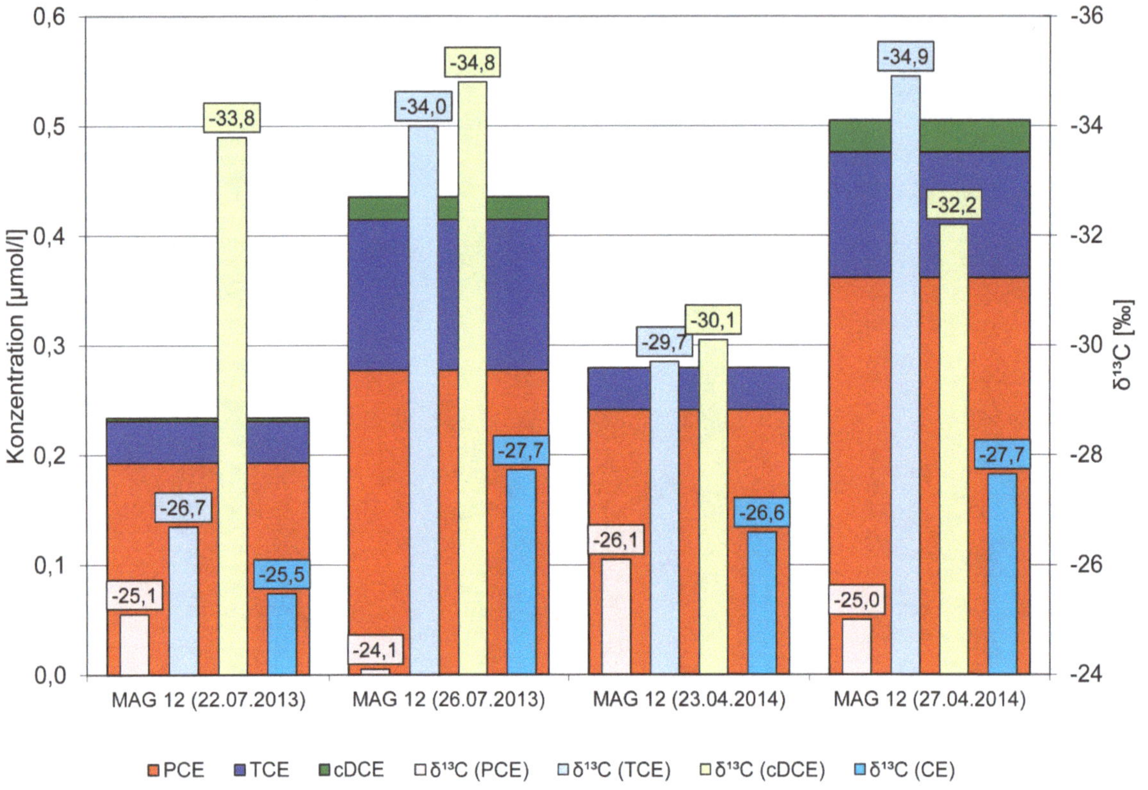

Abb. 7.30 LCKW-Isotopie MAG 12. Die Proben 2013 und 2014 stammen von zwei Immissionspumpversuchen mit je einer Anfangs- und Endprobe.

einzige Quelle der Belastung in MAG 12 darstellt. Wahrscheinlich tritt auch TCE aus einem weiteren, bislang unbekannten Schaden hinzu.

Unterstromig zu MAG 12 bauen von Westen nach Osten sechs Muschelkalk-Aufschlüsse (B 4, GWM 16, GWM 14, GWM 15, GWM 10, Leonhardsbrunnen) eine etwa 1 km lange Kontrollebene 1 quer zur Grundwasserströmung auf. In allen Aufschlüssen wurden Immissionspumpversuche durchgeführt mit Förderraten von 5 bis 9 l/s. Lediglich die westlichste Messstelle B 4 scheint keinen Anschluss an wegsame Klüfte und Karströhren zu besitzen, da die Ergiebigkeit lediglich 0,5 l/s beträgt und folglich die Erfassungsbreite von ca. 40 m vernachlässigbar ist. Sonst betragen die Entnahmebreiten 120 bis 190 m (Tab. 7.4, Abb. 7.24). Während die westlichen Aufschlüsse LCKW in Spuren aufweisen bzw. frei von LCKW sind (B 4, GWM 16, GWM 14), zeigen die zentral liegenden GWM 10 und GWM 15 sowie der am östlichen Rand liegende Leonhardsbrunnen signifikante LCKW-Konzentrationen. Aufgrund der Grundwasserströmung im Muschelkalk kann die Verunreinigung im Leonhardsbrunnen (ausschließlich PCE) nicht mit der Schadstofffahne im zentralen Nesenbachtal zusammenhängen, sondern verweist auf einen separaten, bisher allerdings unbekannten Eintrag. Erkennbar an der PCE/TCE-Mischsignatur verläuft die Hauptfahne von MAG 12, randlich über GWM 10 (PCE im Mittel 18 µg/l, TCE 6 µg/l) und weiter zur P 172 am Alten Schloss (PCE 10 µg/l, TCE 1 µg/l). Die hohen Konzentrationen in GWM 15 weisen allerdings auf einen weiteren PCE-Beitrag hin, der sich der Fahne zumischt und sich daher anteilmäßig auch auf die Messstelle P 172 auswirkt.

Standort Rotebühlplatz 19

Auf dem Standort Rotebühlplatz 19 (Abb. 7.31) wurde von 1970 bis 2005 eine Chemische Reinigung betrieben. Der jährliche Verbrauch an PCE betrug etwa 1,8 t. Es kam zu einem PCE-Eintrag in Boden und Grundwasser. Der primäre Hauptschadstoff ist PCE. Durch die teilweise Überlagerung mit einem BTEX-Schaden (ehem. Tankstelle) erfolgt bereits im Schadstoffherd stellenweise eine intensive reduktive Dechlorierung, erkennbar an den hohen cDCE-Anteilen und dem Auftreten von VC. Außerdem liegt eine Grundwasserverunreinigung durch das Frigen F113 (max. 51 µg/l) vor.

Die Grundgipsschichten und der Grenzdolomit führen am Standort nur bereichsweise und zeitweilig Grundwasser. Ein zusammenhängendes Grundwasservorkommen folgt erst ab 20 m Tiefe im Unterkeuper (Linguladolomit). Der hydraulische Gradient ist nach Nordosten bis Ostnordosten gerichtet. Der LCKW-Eintrag erfolgte sehr wahrscheinlich über das Abwassersystem, das im Oktober 1991 bei einer Baumaßnahme Schaden erlitt. Ein klar umgrenzter Eintragsbereich konnte bisher nicht festgestellt werden. Am Standort treten im Unterkeuper PCE-Konzentrationen von bis zu 2.000 µg/l auf, die entsprechend der Grundwasserfließrichtung nach Nordosten mindestens bis zur Königstraße (GWM 18, max. 138 µg/l PCE, Abb. 7.24) abströmen.

Die südöstlich, d. h. oberstromig des Standorts im Unterkeuper auftretenden PCE (bis zu 6.600 µg/l PCE in GWM 2 Sophienstraße) gehen ebenfalls auf den Standort Rotebühlplatz 19 zurück. Die Schadstoffausbreitung entgegen der Fließrichtung könnte über den defekten Abwasserkanal und Gebäudedrainagen erfolgt sein. Danach versickerte ein Teil des kontaminierten Wassers direkt in den Unterkeuper, ein anderer Teil gelangte im durchlässigen Sand-Kiesbett unterhalb des Kanals bis zur P 192 (Ecke Sophien-, Marienstraße), wo von 1986 bis März 1991 PCE von unter 200 µg/l gemessen wurden. Etwa drei Monate nach dem Schadensereignis war in der Messstelle ab Ende 1991 ein deutlicher PCE-Anstieg auf bis zu 1.200 µg/l zu verzeichnen. Ein rascher Rückgang der PCE-Gehalte stellte sich ab Mitte 1996 durch die Beendigung des PCE-Einsatzes in der Reinigung ein.

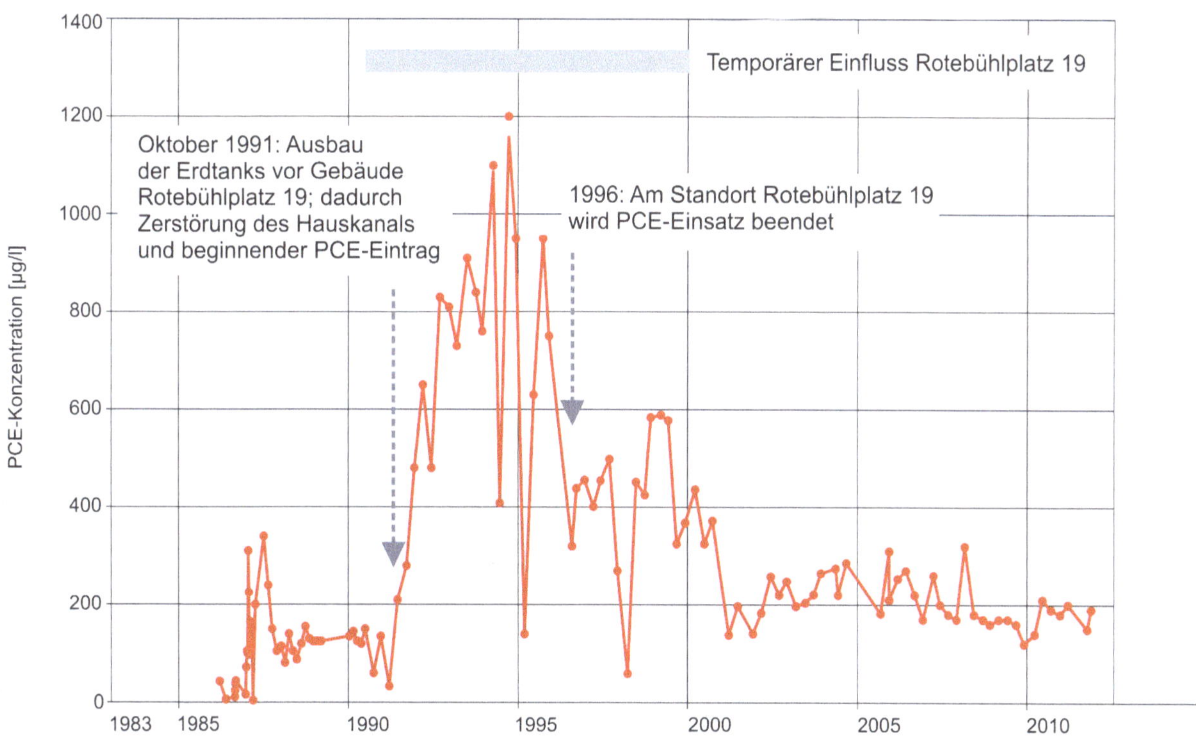

Abb. 7.31 Temporärer Einfluss des Standorts Rotebühlplatz 19 auf die PCE-Entwicklung in GWM 192 (Unterkeuper) infolge einer Beschädigung von Abwasserrohren bei Baumaßnahmen.

Standort Nesenbachstraße 48

Auf dem Standort Nesenbachstraße 48 (Abb. 7.32) befanden sich von 1879 bis 1976 eine Färberei und eine chemische Reinigung. Die Färberei wurde im Jahr 1900 um eine „Benzinwäscherei" erweitert. Später wurde PCE als Reinigungsmittel eingesetzt. Das oberste zusammenhängende, aber gering ergiebige Grundwasservorkommen besteht in den Grundgipsschichten einschließlich Grenzdolomit (1. GW-Stockwerk). Im südlichen Teil des Standorts strömt das Grundwasser nach Norden bis Nordosten. Im Nordteil ist die Strömung nach Osten orientiert. Östlich des Standorts bewirkt der unter der Torstraße quer zur Grundwasserfließrichtung verlaufende Stadtbahntunnel eine lokale Drainage. Wesentlich ergiebiger ist das Grundwasservorkommen im Unterkeuper (Linguladolomit, 2. GW-Stockwerk).

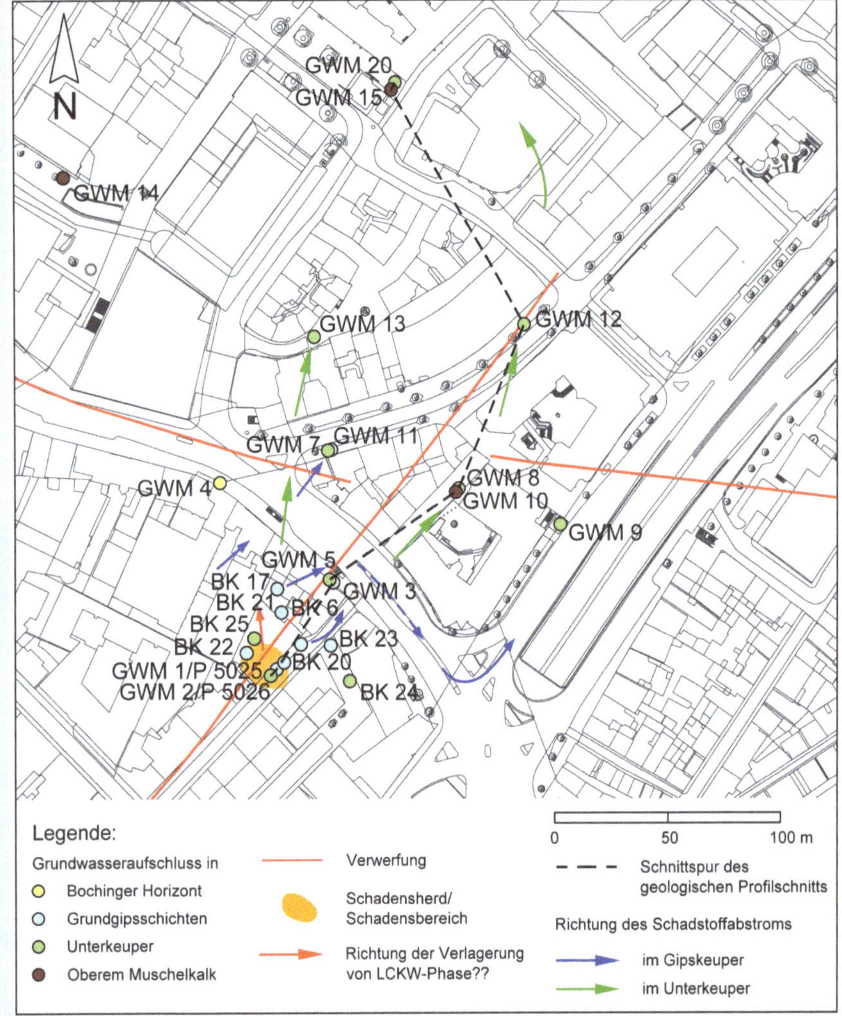

Abb. 7.32a Lageplan Standort Nesenbachstraße 48.

Feststoff-Analysen im Schadstoffherd ergaben bis zu 294 mg/kg PCE in 16 m Tiefe im Übergangsbereich Grenzdolomit/ Grüne Mergel (Basis des 1. GW-Stockwerks), was eine massive und tiefreichende Verbreitung von PCE-Phase dokumentiert. Daraus ergeben sich sehr hohe PCE-Verunreinigungen des Grundwassers mit bis zu 435.000 µg/l PCE bei sehr geringen Anteilen von TCE und cDCE. Die nachträgliche gravitative Verlagerung der PCE-Phase im Schichtfallen hat weiter nördlich zu einem Sekundärschaden geführt. Der Schadstoffabstrom im Gipskeuper ist gering. Der von der hydraulischen Sanierung nicht erfasste Teilabstrom wird größtenteils durch den in diesem Bereich verlaufenden Stadtbahntunnel drainiert. Der Hauptabstrom (aktuelle PCE-Konzentration im Herd bis 2.000 µg/l) findet im Unterkeuper und dort vorwiegend im Linguladolomit in nordöstliche Richtung statt. Die Fahne kann im Unterkeuper mindestens 250 m weit bis zum Rathaus (GWM 20) verfolgt werden. Die benachbarte GWM 15 zeigt mit einer PCE-Konzentration um 50 µg/l auch eine vom Standort Nesenbachstraße ausgehende Verunreinigung des Oberen Muschelkalks an.

▸▸▸

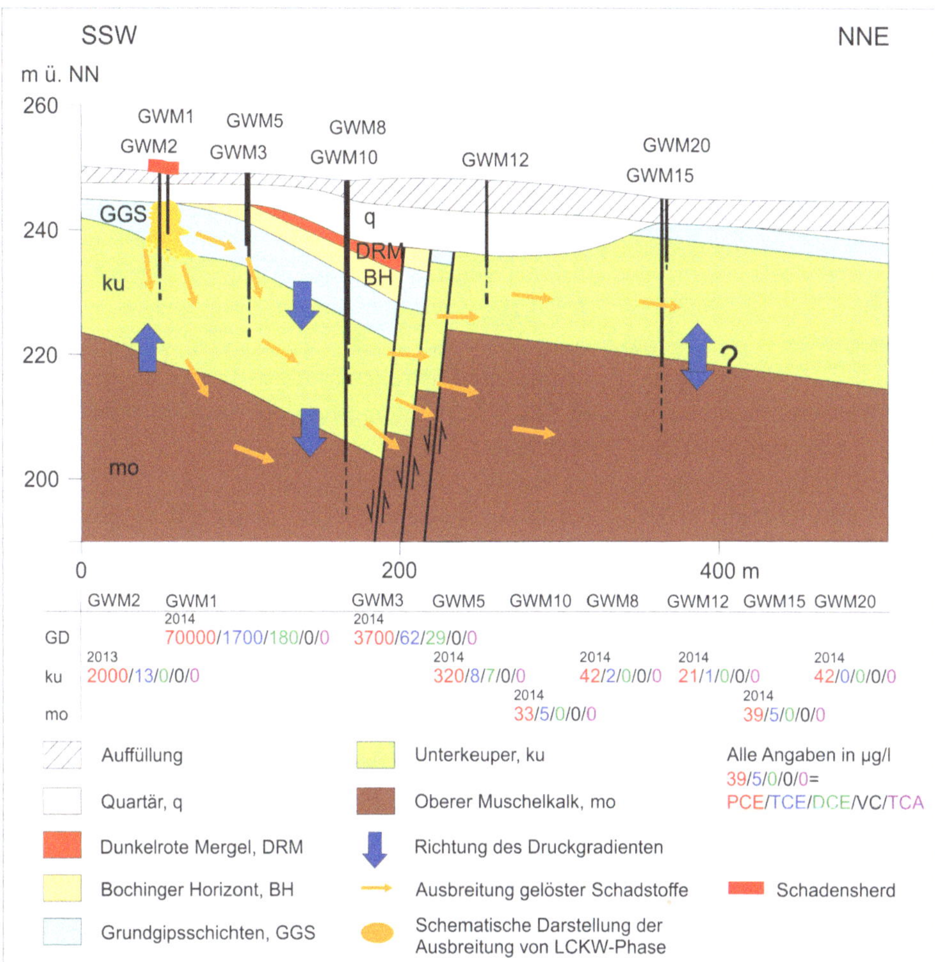

Abb. 7.32b Geologischer Längsschnitt mit Schadstoffausbreitung am Standort Nesenbachstraße 48.

Die LCKW-Verteilung in der Stadtmitte wird im Unterkeuper durch zwei PCE-dominierte Fahnen bestimmt, die von den beiden ehemaligen Chemischen Reinigungen in der Nesenbachstraße 48 und Rotebühlplatz 19 ausgehen. Hier werden PCE-Konzentrationen von über 1.000 µg/l erreicht. Die beiden von den Chemischen Reinigungen ausgehenden PCE-Fahnen tauchen noch vor der hydraulisch stauenden Schloss-Verwerfung in den Oberen Muschelkalk ab und produzieren dort zusätzlich zum bereits PCE-kontaminierten Zustrom einen weiteren signifikanten Schadstoffeintrag (Spitzberg et al. 2006), ablesbar in GWM 15 und P 172.

In Abb. 7.33 sind die Schadstoffkonzentration und -zusammensetzung sowie die δ^{13}C-Signaturen der Muschelkalk-Messstellen Brunnen 7 Tübinger Straße, MAG 12, GWM 10, GWM 15, P 172 und P 174 dargestellt. Es wurden jeweils die aktuellen Messwerte der Jahre 2012 bis 2014 verwendet. Bei Pumpversuchen wurde der bei der ersten Probenahme bestimmte Wert herangezogen.

Aus der um ca. 2 ‰ leichter werdenden Summensignatur zwischen Brunnen 7 Tübinger Straße und MAG 12 wird ersichtlich, dass zwischen den Messstellen ein weiterer LCKW- bzw. TCE-Eintrag in den Oberen Muschelkalk erfolgt. Zieht man die gegen Ende der Immissionspumpversuche in MAG 12 bestimmten Werte heran, liegt der Unterschied sogar bei ca. 3 ‰ (Abb. 7.33).

Auf der Wegstecke zwischen der Messstelle MAG 12 und den Messstellen GWM 10 und GWM 15 kommt ein weiterer LCKW-Eintrag aus dem Standort Nesenbachstraße 48 hinzu. Insbesondere GWM 15 zeigt eine deutlich Beeinflussung durch diesen Standort, wie Spurenstoffanalysen ergeben haben. Isotopisch ist der Einfluss des Standorts Nesenbachstraße 48 hingegen nicht eindeutig zu erkennen.

Die im südlichen Seitenstrom liegende Messstelle GWM 10 ist durch einen relativ hohen cDCE-Anteil geprägt, der eine reduktive Dechlorierung belegt. Die damit verbundene Isotopenfraktionierung erschwert die Klärung der Herkunft der dortigen LCKW. Es ist davon auszugehen, dass es sich um ein Mischsignal aus den LCKW aus dem Zustrom und dem Zusatzeintrag aus dem Standort Nesenbachstraße 48 handelt.

In GWM 15 unterscheiden sich die $\delta^{13}C_{PCE}$-Signaturen nur unwesentlich von der oberstromig gelegenen MAG 12. Im Schadstoffherd des Standorts Nesenbachstraße 48 wurden mit −27,1 bis 27,8 ‰ geringfügig leichtere $\delta^{13}C_{PCE}$-Signaturen gemessen. Die im Vergleich zum Standort Nesenbachstraße 48 etwas schwerere Signatur (0,2 bis 0,9 ‰) in GWM 15 ist ein (schwacher) Hinweis auf einen möglichen anaeroben Abbau auf der Wegstrecke zwischen den Standort und der Messstelle GWM 15. Unterstützt wird diese Annahme durch die nachweisbare $\delta^{13}C_{cDCE}$-Signaturen in GWM 15. Der Metabolit muss dort in Spuren vorhanden sein, auch wenn er analytisch nicht bestimmbar war. Die relativ schwere δ^{13}CcDCE-Signatur belegt einen weiteren

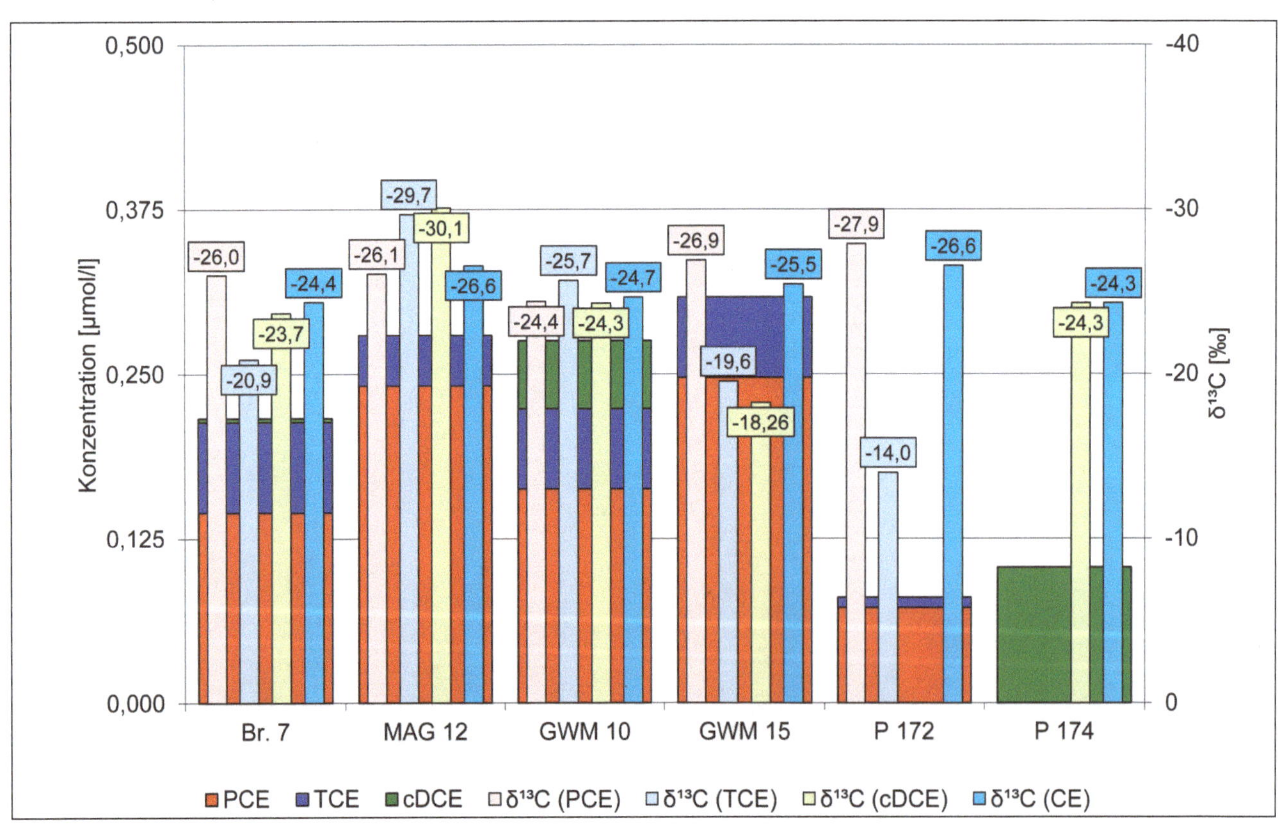

Abb. 7.33 Isotopischer Schnitt Brunnen 7 Tübinger Straße – MAG 12 – GWM 10 – GWM 15 – P 172 – P174.

Abbau dieses Stoffs. Auch die $\delta^{13}C_{TCE}$-Signatur in GWM 15 ist relativ schwer. Noch schwerer ist die $\delta^{13}C_{TCE}$-Signatur in der im Abstrom von GWM 15 gelegenen Messstelle P 172. Das Fehlen der Metabolite cDCE und VC deutet darauf hin, dass es sich in diesem Bereich um aeroben Abbau handelt.

Die im weiteren Abstrom liegende Messstelle P 174 ist wieder durch reduktive Dechlorierung geprägt. Heute ist in der Messstelle meist nur noch cDCE bestimmbar. Die im Vergleich zum Zustrom (P 172) um ca. 2 ‰ schwerer werdende Summensignatur deutet auf eine Mineralisierung der LCKW. Bis 1988/89 war diese Messstelle durch PCE geprägt. Die Ursache des intensiven anaeroben Abbaus liegt im weiter unten beschriebenen Heizölschaden, der im Jahr 1988 eingetreten ist.

Eine Bewertung der Intensität des Abbaus auf Grundlage der Isotopensignaturen wird allerdings dadurch erschwert, dass im Verlauf der Fahne mehrere Einträge stattfinden, deren Signale sich überlagern. Dasselbe gilt auch für die Einschätzung, in welchem Ausmaß sich die verschiedenen Schäden im Oberen Muschelkalk auswirken.

Zur Differenzierung und Aufschlüsselung, welcher der beiden Standorte Rotebühlplatz 19 und Nesenbachstraße 48 letztlich für die PCE-Verunreinigung im Oberen Muschelkalk im Bereich der Innenstadt maßgeblich verantwortlich ist, wurden anthropogene FCKW-Spurenstoffe untersucht. Aus ◘ Abb. 7.34 wird ersichtlich, dass vom Standort Rotebühlplatz 19 eine durch F113 dominierte und vom Standort Nesenbachstraße 48 eine vorwiegend durch F12 dominierte Fahne ausgeht. Ein möglicher Einfluss vom Standort Rotebühlstraße 171 kann durch die dortige F11-Dominanz identifiziert werden. Dadurch sind alle drei Chemischen Reinigungen, die wesentliche Anteile an der PCE-Kontamination des tieferen Grundwassers im Nesenbachtal haben, am FCKW-Spektrum unterscheidbar. Im Ergebnis lassen sich aus der FCKW-Spurenstoff-Verteilung zwei separate Fahnen erkennen. Die vom Standort Rotebühlplatz 19 ausgehende F113-Fahne kann im Unterkeuper bis zur Schlossstörung (◘ Abb. 6.6) verfolgt werden. Im Oberen Muschelkalk tritt dagegen kaum F113 in Erscheinung. Hier ist das Grundwasser vielmehr durch F12 geprägt, was daher auf eine Herkunft des PCE vom Standort Nesenbachstraße 48 schließen lässt. In ◘ Abb. 7.34 ist dieser Befund für den nahen Abstrom bis zur PCE-belasteten Muschelkalk-Messstelle GWM 15 detailliert dargestellt:

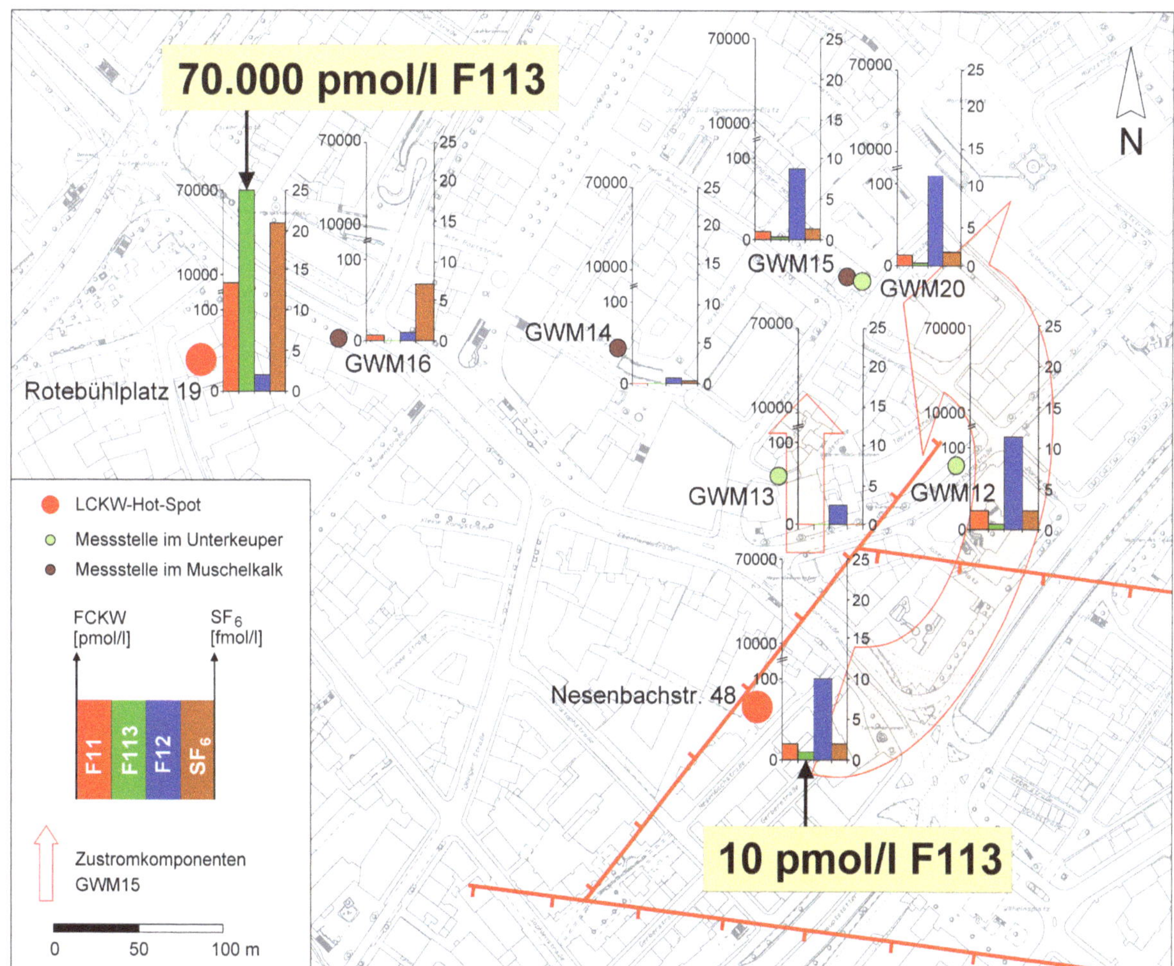

◘ **Abb. 7.34** Störer-Zuordnung durch FCKW-Spurenstoff-Signaturen in Stuttgart-Mitte. Graphik aus Spitzberg et al. (2006).

neben dem extremen F113-Kontrast bestehen auch signifikante Unterschiede bei F12 sowie Schwefelhexafluorid SF_6, so dass die Verunreinigung eindeutig dem südlichen LCKW-Hot-Spot (= Standort Nesenbachstraße) zugeordnet werden konnte.

Unmittelbar vor der Schlossstörung sind in P 172 noch LCKW vorhanden, die in den frühen 1980er-Jahren durch TCE (max. 121 µg/l) dominiert wurden. Die PCE-Konzentration war damals mit max. 27 µg/l im Vergleich zu TCE gering. Seit den späten 1980er-Jahren herrschte PCE mit Konzentrationen von 15 bis 25 µg/l vor, während die TCE-Konzentrationen stark zurückgegangen sind. Aktuell ist die PCE-Konzentration auf unter 10 µg/l gefallen, die TCE-Konzentration beträgt noch 1 µg/l. cDCE ist nicht nachweisbar. Dagegen sind die Muschelkalk-Messstellen beim Hauptbahnhof, die eine zweite, allerdings auch mit Immissionspumpversuchen nicht komplett zu schließende Kontrollebene 2 aufbauen, schadstofffrei bzw. beinhalten heute LCKW nur in Spuren.

Lediglich in P 174 dominierte bis 1988 PCE. TCE war bis dahin in geringen Anteilen und cDCE nicht nachweisbar. 1988/89 stieg zunächst der TCE-Anteil und mit geringer zeitlicher Verzögerung der cDCE-Anteil massiv an. Bei Recherchen zur Ursache dieser plötzlichen Veränderung konnte festgestellt werden, dass sich im Jahr 1988 im Zustrombereich auf die Messstelle P 174 eine Havarie ereignet hatte, bei der knapp 40.000 l Heizöl versickert sind. Dieses Heizöl stimuliert im Grundwasser die reduktive Dechlorierung der LCKW.

Außer einer Veränderung der Milieuverhältnisse können auch instationäre Strömungsverhältnisse zu einer zeitlichen Veränderung des Schadstoffspektrums geführt haben (Abb. 7.35).

Insgesamt entsteht das Bild, dass die aus dem Stuttgarter Süden auf mindestens 1,3 km Länge verfolgbare LCKW-Fahne im Bereich der Schlossstörung ausläuft. Da aufgrund der partiellen Stauwirkung der Schlossstörung kleinräumig die Strömungsverhältnisse unklar sind, wurde zur Absicherung der Befunde im unmittelbaren Abstrom der P 172 die Grundwassermessstelle MAG 8 abgeteuft. Sie erschließt den Trigonodusdolomit sowie den tieferen Teil des Muschelkalks über den Hassmersheimer Schichten mit getrennten Filterstrecken. Überraschenderweise wurde jüngeres, nitrathaltiges und zugleich LCKW-haltiges (max. 2,5 µg/l TCE) Grundwasser im tieferen Teil festgestellt. Das Grundwasser im höher gelegenen Trigonodusdolomit ist dagegen LCKW-frei. Um bei Pumpprobenahmen Effekte der Verdünnung auszuschließen, wurden in MAG 8 und P 174 mit dem Thermoflow-Verfahren Grundwasserzutritte in der Filterstrecke lokalisiert und tiefendifferenziert beprobt. Auch hier ergibt sich gegenüber der zuvor beschriebenen Situation kein abweichendes Bild.

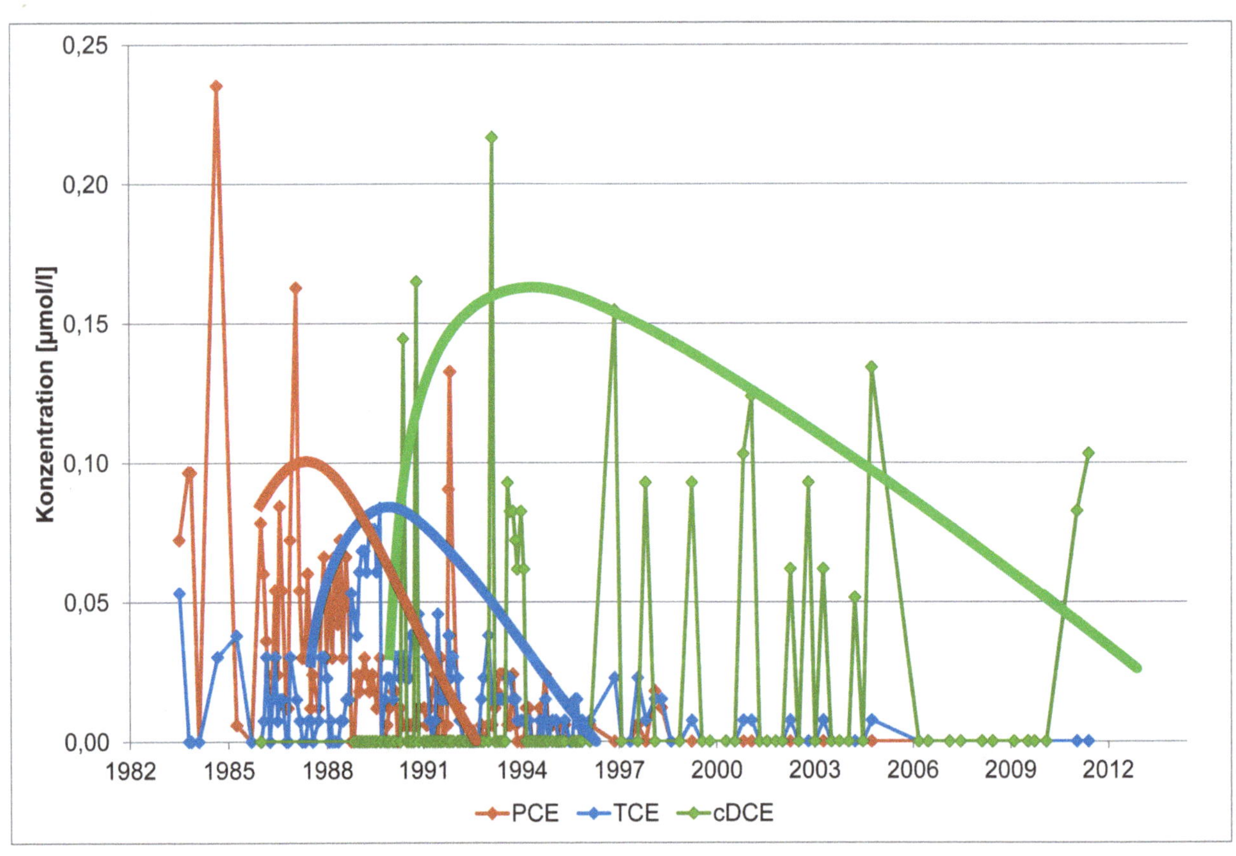

Abb 7.35 Zeitliche Schadstoffentwicklung in der Messstelle P 174.

Nach einem Markierungsversuch, bei dem über mehrere Monate SF_6 kontinuierlich in GWM 172 eingebracht wurde, liegt MAG 8 randlich zum Hauptausbreitungspfad. Dieser zielt an MAG 8 vorbei auf die B 3 am Hauptbahnhof und auf P 174 (Abb. 7.36).

Während im Oberen Muschelkalk der zentrale Teil der Schlossstörung mit hohem vertikalem Versatzbetrag umströmt bzw. eventuell auch partiell unterdükert wird, verlagert sich das Grundwasser im Unterkeuper noch vor der Störung vollständig in den Muschelkalk. Das Grundwasser im Unterkeuper der Tiefscholle nördlich der Störung ist nicht nur frei von LCKW, sondern besitzt auch hydrochemisch, isotopisch und hinsichtlich seines Alters einen ganz anderen Charakter. Wässer solchen Typs findet man im Unterkeuper im Westen und Nordwesten des Stuttgarter Talkessels, von wo aus es bis zum Hauptbahnhof strömt (Ufrecht 1998a).

Eine ehemalige Chemische Reinigung in der Johannesstraße 60 hat dort zu einer massiven und bis in den Unterkeuper nachweisbaren Verunreinigung geführt, die sich unterstromig bis zum Kultur- und Kongresszentrum (GWM 180) auswirkt.

Vom wenig nordöstlich liegenden Standort Falkertstraße 81/1 gelangten LCKW lediglich bis in den Bochinger Horizont. Eine Mitwirkung an der Verunreinigung tieferer Stockwerke kann hier ausgeschlossen werden.

Für den Unterkeuper und den Oberen Muschelkalk kann somit bestätigt werden, dass heute keine LCKW in signifikanten Konzentrationen aus der Stuttgarter Innenstadt über den Hauptbahnhof hinaus gelangen und folglich dieses Teilgebiet für die Kontamination der hochkonzentrierten Mineralquellen nicht maßgeblich sein kann. Ein wesentliches, die Hydraulik und den Transport steuerndes Element in diesem Raum ist die lateral geringpermeable Schlossstörung.

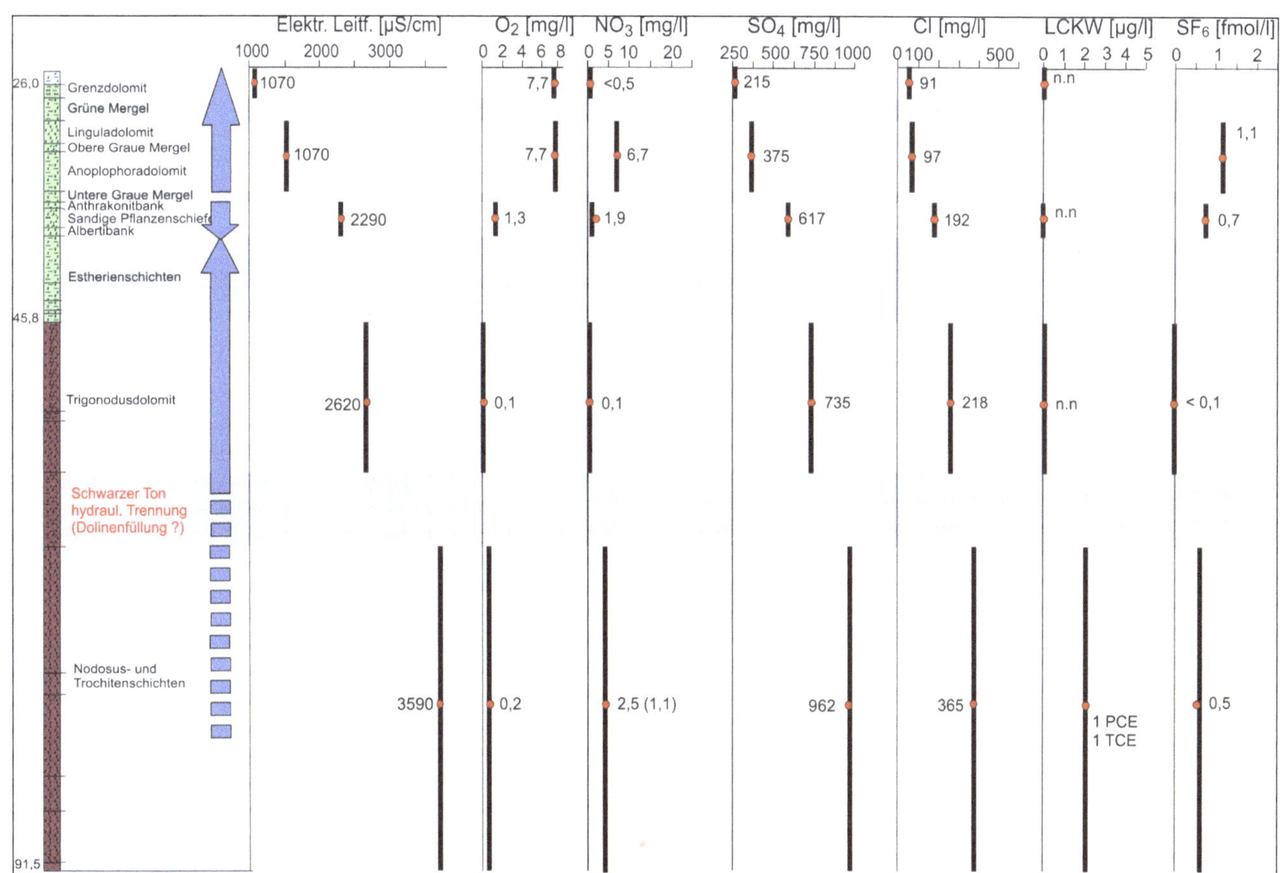

Abb. 7.36 Beispiel für tiefendifferenzierte Untersuchungen mit Packertests in MAG 8 (Ausschnitt Unterkeuper-Oberer Muschelkalk). Die blauen Pfeile markieren die Richtung des Druckgradienten. Die grauen Flächen stellen geringleitende Einheiten dar (interne Stockwerkstrennung). Dazu gehört in MAG 8 auch eine ca. 6 m mächtige Tonfolge zwischen dem Trigonodusdolomit und den Nodosusschichten, die als Dolinenfüllung interpretiert wird.

Standort Johannesstraße 60

Im Gebäude Johannesstraße 60 (Abb. 7.37) in Stuttgart-West wurde von 1958 bis 1992 eine Chemische Reinigung betrieben. Als Lösemittel wurde ausschließlich PCE eingesetzt (jährlicher Verbrauch ca. 900 kg). Die Lagerung erfolgte ursprünglich in einem 1.500 Liter-Tank im ersten Untergeschoss, später oberirdisch in Kanistern. Das über die Kontaktwasserbehandlungsanlage gereinigte Abwasser der Reinigungsanlage wurde ins zweite Untergeschoss geleitet und mündete dort in den Abwasserkanal. Defekte am Kanal führten zur Versickerung des LCKW-haltigen Abwassers in die Dunkelroten Mergel. Die geringmächtigen Quartärsedimente und der Mittlere Gipshorizont führen kein Grundwasser.

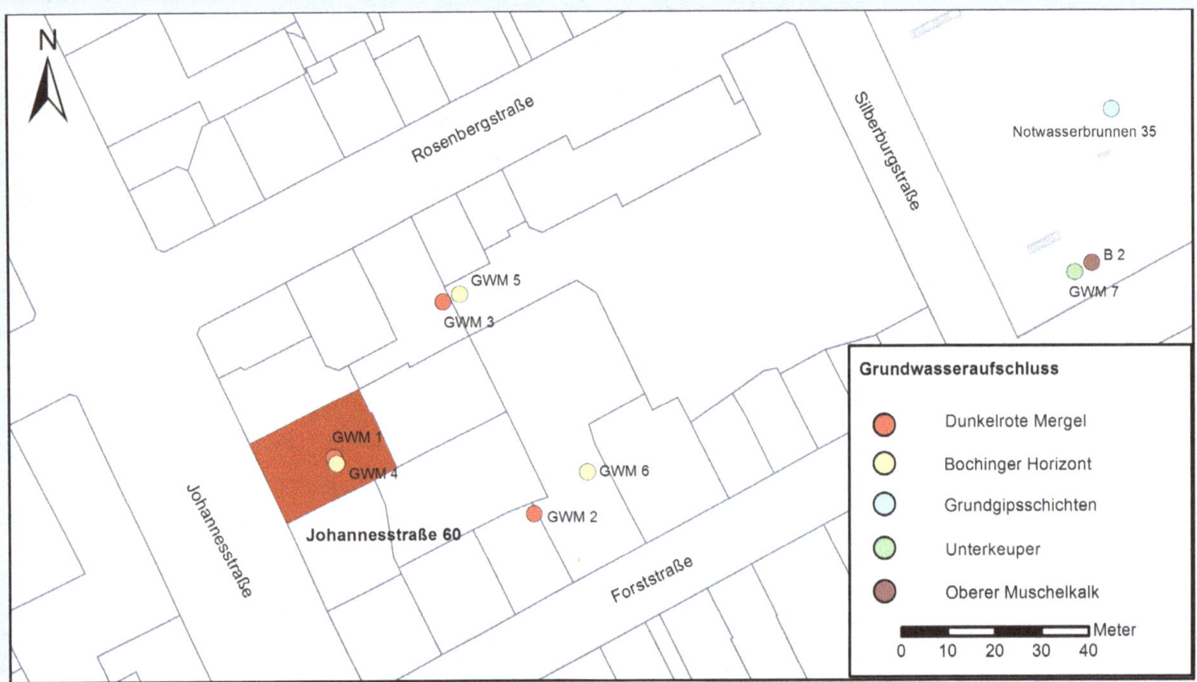

Abb. 7.37a Lageplan für den Standort Johannesstraße 60.

Das oberste Grundwasserstockwerk in den Dunkelroten Mergeln ist am Standort (GWM 1) mit bis zu 231.150 µg/l PCE belastet, was auf residuale Phasenpartikel hinweist. Im Bochinger Horizont geht vom Standort eine ca. 200 m lange und zwischen 35 und 40 m breite PCE-Fahne nach Osten aus, die sich noch vor der Silberburgstraße (vgl. Abb. 7.37) bis in die Grundgipsschichten (Notwasserbrunnen 35 bis 140 µg/l) und den Unterkeuper (50-80 µg/l) verlagert hat. Hierfür kann eine vermutete Verwerfung verantwortlich sein, die von der LCKW-Fahne gequert wird. Aufgrund mangelnder Informationen im Umfeld ist die Verwerfung nicht in Abb. 7.37 eingetragen. Die Muschelkalk-Messstelle GWM 2 ist schadstofffrei.
Die 500 m östlich des Standorts im heutigen Kultur- und Kongresszentrum liegenden Messstellen zeigen für die Grundwasserstockwerke unterhalb des Bochinger Horizonts mit einer Ausnahme (GWM 395 Grundgipsschichten 180 µg/l PCE) keine auffälligen PCE-Gehalte. Die dortige Unterkeuper-Messstelle P 180 (Abb. 7.24) weist nur Spuren von LCKW auf.
Eine LCKW-Metabolisierung ist in keinem Grundwasseraufschluss erkennbar.

►►►

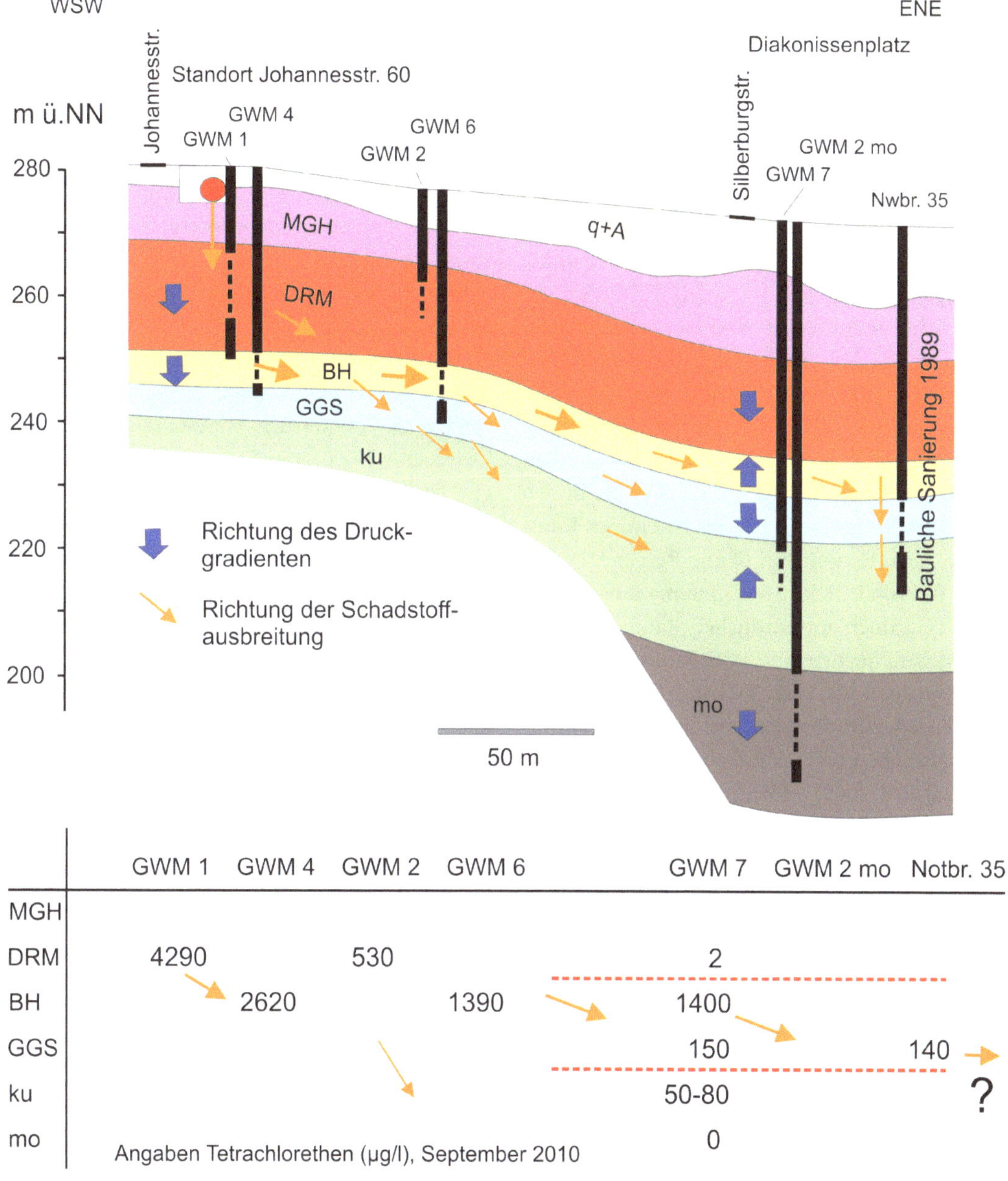

	GWM 1	GWM 4	GWM 2	GWM 6	GWM 7	GWM 2 mo	Notbr. 35
MGH							
DRM	4290		530		2		
BH		2620		1390	1400		
GGS					150		140
ku					50-80		?
mo					0		

Angaben Tetrachlorethen (µg/l), September 2010

Abb. 7.37b Geologischer Längsschnitt mit Schadstoffausbreitung am Standort Johannesstraße 60. Die starke Schichtverbiegung in der Mitte des Schnitts könnte auch als Verwerfung interpretiert werden.

Östliches Projektgebiet (Teilgebiet 2)

Das Teilgebiet 2 umschreibt den Raum zwischen dem Stadtzentrum ab dem Hauptbahnhof bis zum Cannstatter Becken und zu den hochkonzentrierten Mineralquellen. Alle nachfolgend zur Beschreibung der LCKW-Verteilung verwendeten Aufschlussbezeichnungen bzw. Ortsbegriffe sind in ◘ Abb. 7.40 enthalten.

Die im südlichen Teil des Stuttgarter Talkessels beginnende und sich bis in die Innenstadt fortsetzende LCKW-Fahne reicht mit signifikanten Konzentrationen nicht über den Hauptbahnhof hinaus. Es gibt keine Anhaltspunkte dafür, dass die Schadensfälle der Innenstadt für die Verunreinigung der hochkonzentrierten Mineralquellen aktuell verantwortlich sind. Folglich muss es im weiteren Umfeld der hochkonzentrierten Mineralquellen, die seit langem mit TCE und zum Teil auch mit allerdings äußerst kleinen Spuren von PCE (< 0,06 µg/l) und cDCE (< 0,1 µg/l; Gut 2009) verunreinigt sind, zu einem Eintrag von LCKW bis in den Oberen Muschelkalk kommen. P 177 ist als einzige Kontrollmessstelle zwischen Hauptbahnhof und Berger Mineralquellen seit 2007 frei von LCKW. B 9 (Ehmannstraße) erfasst mit 1 bis 2 µg/l TCE noch am nördlichen Rand der hochkonzentrierten Mineralquellen eine TCE-Fahne, welche die Berger Quellen (mit den höchsten TCE-Konzentrationen), die Insel- und Leuzequelle, die Alte Inselquelle – ein ungefasster, aber mehrfach beprobter Mineralwasseraufbruch im Neckar (Hellenthal et al. 2009) – sowie den Veielbrunnen erreicht. Die beiden LCKW-freien Kunstmühlebrunnen begrenzen die TCE-Fahne nach Süden. Das alleinige Auftreten von TCE sowie das gut vergleichbare $\delta^{13}C_{TCE}$-Isotopenmuster legen nahe, dass es sich um eine einheitliche, d.h. nur von einem Standort ausgehende LCKW-Fahne handelt. Unterschiedliche Brunnenausbauten und Ausbaustrecken in den Mineralwasserfassungen erschweren allerdings den direkten Vergleich der Konzentrationen. In einigen Berger Quellen reichen Abschnitte der Filterstrecken vermutlich auch in den Unterkeuper, die Veielquelle steht ganz im Unterkeuper und erschließt nur das Top des Oberen Muschelkalks. Messungen der Tritium-Konzentration in der Veielquelle dokumentieren, dass der Anteil von „jungem" Wasser mit dem Auftreten der LCKW zunimmt, bei gleichzeitiger Abnahme der Gesamtmineralisierung des Wassers. Diese speziellen Verhältnisse sind in den anderen Quellfassungen nicht zu beobachten und verleihen daher der Veielquelle eine Sonderstellung.

An den in der Niederung des unteren Nesenbachtals oder im Cannstatter Becken selbst liegenden Standorten ist die Gefahr des LCKW-Eintrags bis in den Muschelkalk gering, da das hier schon artesisch gespannte Mineralwasser gegenüber dem Keuper eine größere Druckhöhe besitzt. Bedeutende Anteile von LCKW-Phase, die auch gegen den aufwärts gerichteten Druckgradienten verlagert werden könnte, sind hier nicht bekannt. Insofern können die Standorte Poststraße 40–62 sowie andere im Cannstatter Becken bei der weiteren Betrachtung ausgeschlossen werden.

Anders ist die Situation bei den Standorten in Hanglage in Stuttgart-Nord, wo ein durchgängig mit der Tiefe fallender Druckgradient vermutet wird. In einer derartigen Position liegen etwa 1 bis 1,5 km in westlicher bis südwestlicher Richtung von den hochkonzentrierten Mineralquellen entfernt zwei ehemalige Chemikalienhandlungen (Wolframstraße 36 und Rümelinstraße 24-30), bei denen LCKW in erheblichen Mengen umgeschlagen wurden. Nach dem Grundwasserströmungsbild (◘ Abb. 7.40) können standortnah bis in den Muschelkalk eingetragene LCKW zu den hochkonzentrierten Mineralquellen gelangen. Die konzeptionellen Vorstellungen der Grundwasserströmung im Muschelkalk sind in diesem Raum durch einen 1999 durchgeführten Markierungsversuch untersucht worden (Goldscheider et al. 2001). Zwischen P 177 bei der Rossebändiger-Gruppe und den Berger Quellen, dem Kunstmühlebrunnen sowie der Insel- und Leuzequelle besteht eine direkte Verbindung. Der Haupttracerdurchgang erfolgte in den Berger Quellen. Nicht messbar ist dagegen, wie sich der gedrosselte Auslauf aus den genannten Quellfassungen inkl. der ungefassten Alten Inselquelle mit insgesamt 200 l/s auf die Druckhöhenverteilung im Oberen Muschelkalk auswirkt und wie die Geometrie der jeweiligen *Absenktrichter* aussieht. Die in ◘ Abb. 7.40 für das Quellgebiet dargestellte Piezometerhöhenverteilung basiert auf Berechnungen mit dem numerischen Strömungsmodell und berücksichtigt den Lastfall mit gedrosseltem Auslauf.

Standort Wolframstraße 36

Auf dem Grundstück befand sich von 1936 bis 1959 ein Chemikalienhandel (Abb. 7.38). Während dieser Nutzung kam es an mehreren Stellen zu einem Eintrag von PCE und TCE. Wahrscheinlich begünstigt durch eine starke tektonische Beanspruchung des Geländes sind die Schadstoffe am Standort von den Dunkelroten Mergeln über den Bochinger Horizont bis in die Grundgipsschichten und den Grenzdolomit vorgedrungen. Für den Standort ist eine schleichende Veränderung des LCKW-Spektrums über die Zeit charakteristisch. Das zunächst dominante TCE ging im Laufe der Jahre zurück und tritt jetzt gegenüber PCE nur noch in Spuren auf. In deutlich geringerem Umfang ist auch ein Rückgang der cDCE-Anteile erkennbar.

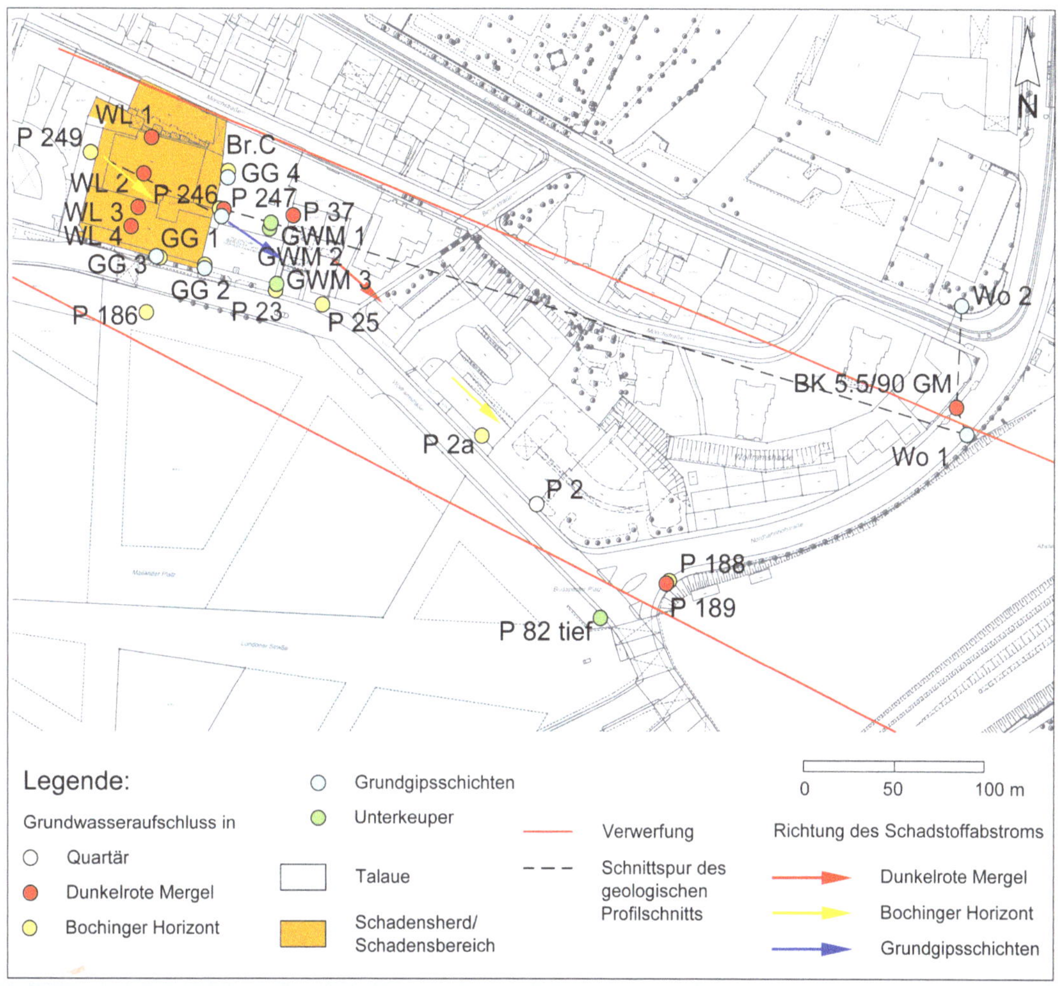

Abb. 7.38a Lageplan für den Standort Wolframstraße 36.

▶ ▶ ▶

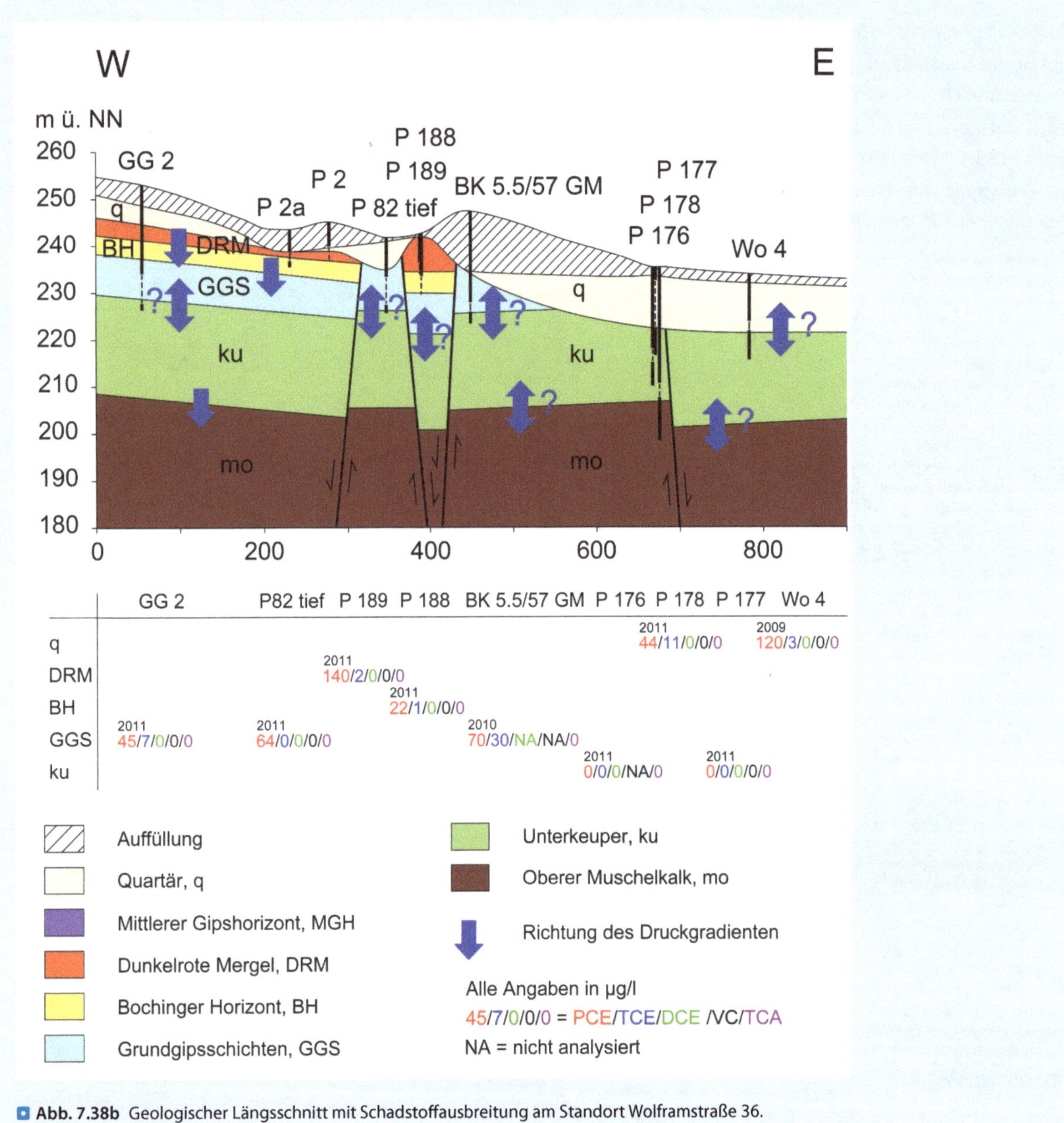

Abb. 7.38b Geologischer Längsschnitt mit Schadstoffausbreitung am Standort Wolframstraße 36.

Standort Rümelinstraße 24–30

Das Grundstück Rümelinstraße 24-30 (Abb. 7.39) wurde von 1912 bis 1992 zur Lagerung von Chemikalien und Mineralölprodukten genutzt. LCKW wurden etwa von 1939 (TCE) bzw. 1950 (PCE) bis 1990 in beträchtlichen Mengen umgeschlagen. Allein für das Jahr 1984 ist eine umgeschlagene Jahresmenge von 700 t PCE, 1.024 t TCE, 174 t TCA, 927 t DCM und 130 t FCKW dokumentiert. Am Standort bestehen zwei Schadensschwerpunkte, in denen LCKW-Phase tief eingedrungen sein kann und das Grundwasser stark verunreinigt ist. Es kann eine PCE-Dominanz im südlichen Teil und eine TCE- und cDCE-Dominanz im nördlichen Teil unterschieden werden. Der Standort wird von mehreren W-E-streichenden Verwerfungen gequert. Die Störungen prägen die hydrogeologischen Standortverhältnisse maßgeblich.

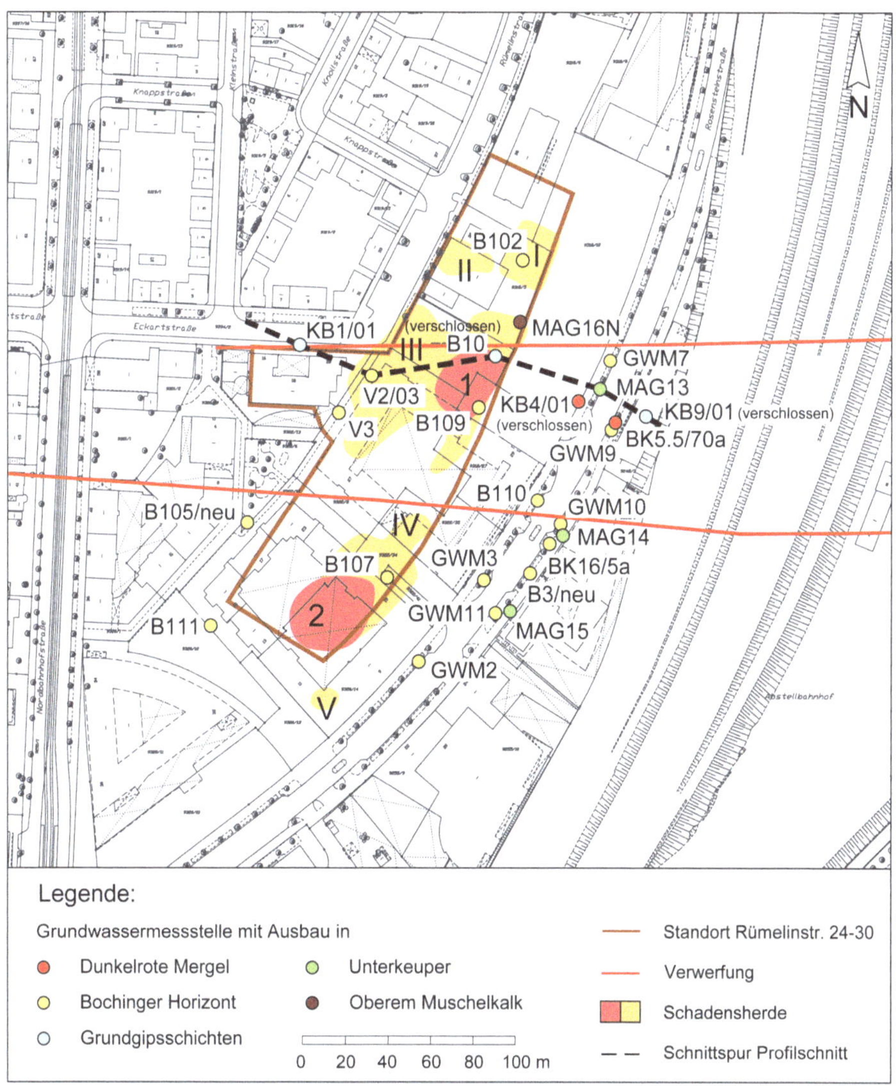

Abb. 7.39a Lageplan für den Standort Rümelinstraße 24-30.

▸▸▸

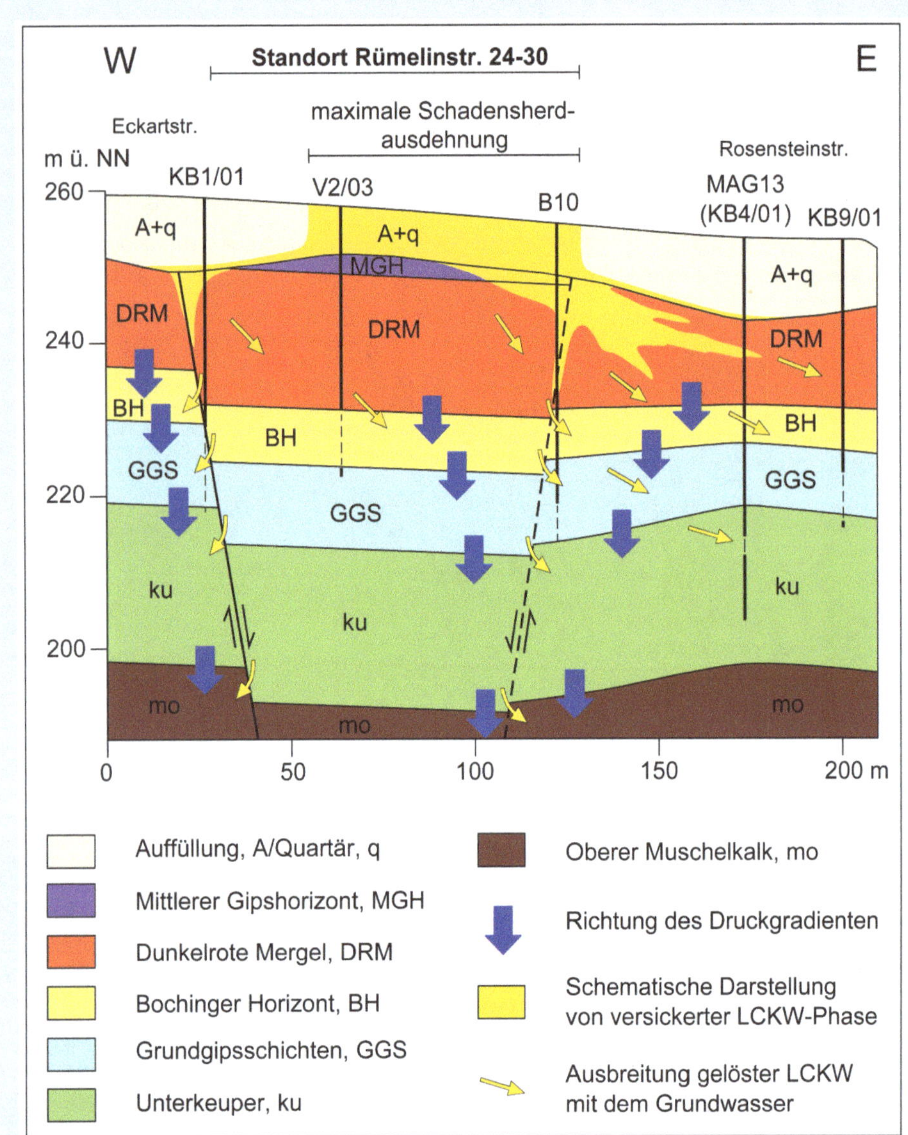

Abb. 7.39b Geologischer Längsschnitt mit Schadstoffausbreitung am Standort Rümelinstraße 24-30.

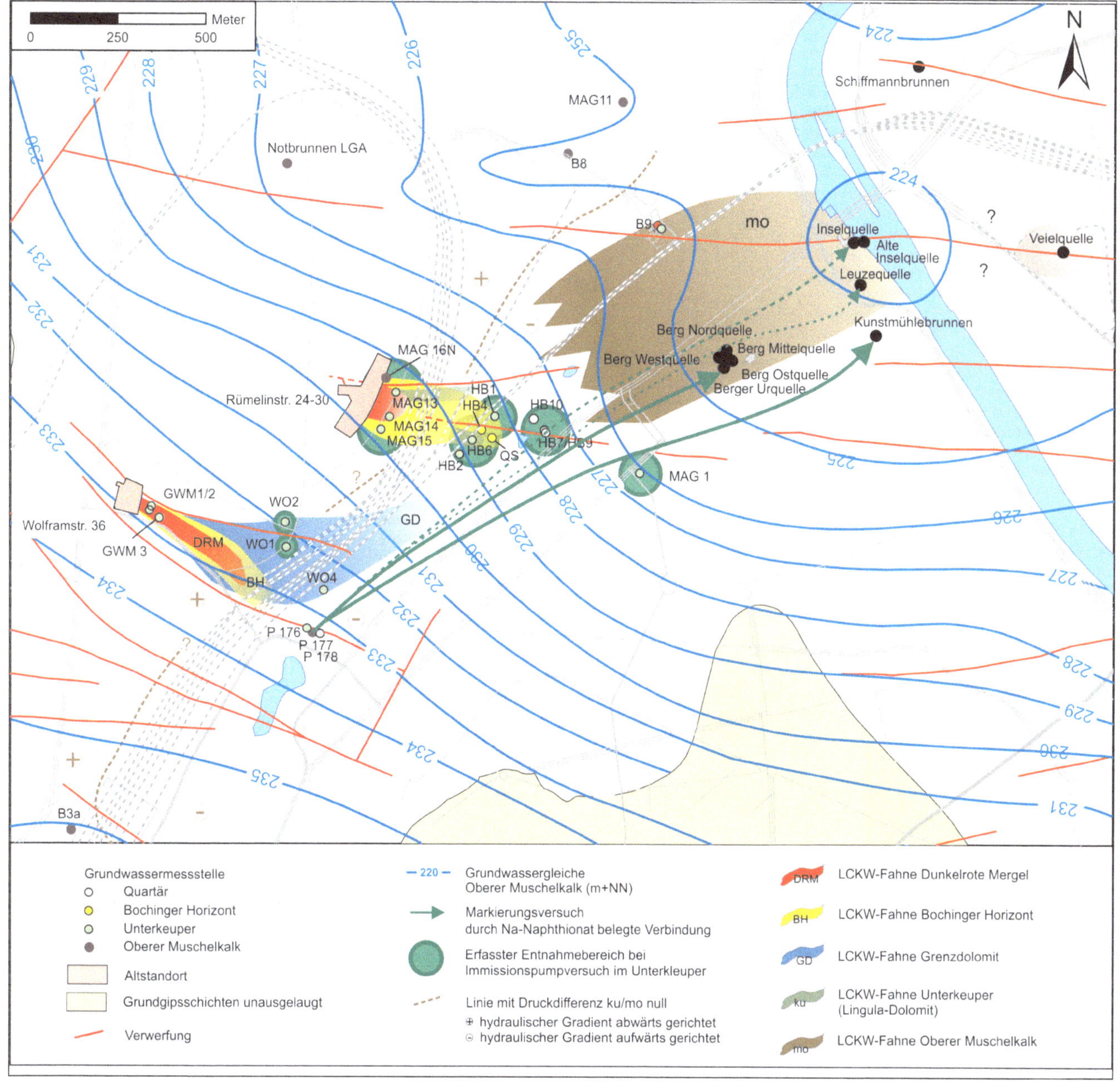

Abb. 7.40 Vermutete Geometrie von LCKW-Fahnen im Keuper und Oberen Muschelkalk im Zustrom auf die hochkonzentrierten Mineralquellen. Hinweis Die Grundwassergleichen für den Muschelkalk im Quellgebiet beruhen auf der mit dem numerischen Modell berechneten Druckhöhenverteilung. QS Quelle am Schwefelsee.

Trotz der auf den Standorten betriebenen Grundwassersanierungen und Entfrachtungen der ungesättigten Zone treten im Unterstrom beider Standorte LCKW auf. Sie waren Gegenstand umfangreicher hydrogeologischer Untersuchungen im öffentlichen Raum. Eine wichtige Kontrollfunktion nimmt die Dreifach-Messstellengruppe (P 178: Quartär, P 176: Unterkeuper und P 177: Oberer Muschelkalk, Abb. 7.40) an der Rossebändiger Gruppe ein sowie ergänzend die Messstellen WO 1, WO 2 (beide Grenzdolomit) und WO 4 (Quartär). In einem zweiten umfangreichen Bohrprogramm wurden am Rand des Nesenbachtals im vermuteten Abstrom des Standorts Rümelinstraße 24-30 die Bohrungen HB 1 bis HB 10 (Quartär, Bochinger Horizont, Grenzdolomit und Unterkeuper) abgeteuft, nachdem dort die Quelle am Schwefelsee eine beständig hohe LCKW-Emission aufweist. Im Rahmen von MAGPlan wurde mit den Bohrungen MAG 1 sowie MAG 13 bis 15 die Strömungsverhältnisse und Schadenssituation im Unterkeuper und mit MAG 16N die Gegebenheiten im Oberen Muschelkalk untersucht. In allen Bohrungen wurden die angetroffenen grundwasserführenden Horizonte tiefenorientiert beprobt.

Den Standort Wolframstraße 36 verlassen LCKW-Fahnen in den Dunkelroten Mergeln, im Bochinger Horizont und in den Grundgipsschichten bzw. im Grenzdolomit nach

Abb. 7.41 Grundwasserströmung im Bochinger Horizont am Standort Rümelinstraße 24-30.

Süden zum Nesenbach. An der Ausstrichgrenze von Bochinger Horizont und Dunkelroten Mergeln am Rand der Nesenbachrinne tritt das LCKW-haltige Grundwasser teilweise in den Grenzdolomit, vor allem aber in das Nesenbach-Quartär über, nachweisbar in den Quartär-Messstellen P 178 und WO 4. Der Abstrom im Grenzdolomit und Unterkeuper ist gegenüber dem Gipskeuper eher nach Südosten bis Osten, also auf das untere Nesenbachtal und Neckartal als regionale Vorflut ausgerichtet. Die Messstellen WO 1 und WO 2, die etwa 400 m unterstromig zum Standort Wolframstraße 36 liegen, ergaben bei Immissionspumpversuchen im Grenzdolomit signifikante LCKW-Konzentrationen von 110 bis 140 µg/l mit PCE-Vormacht. Untersuchungen der Dolomit-Horizonte des Unterkeupers (Packertests im offenen Bohrloch) ergaben keine Hinweise auf LCKW. Auch die im unmittelbaren Abstrom zum Standort Wolframstraße liegenden drei Unterkeuper-Messstellen (GWM 1: Linguladolomit; GWM 2 und 3: Anthrakonitbank und tiefer) sind heute lediglich mit Spuren von PCE beaufschlagt bzw. sind frei von LCKW.

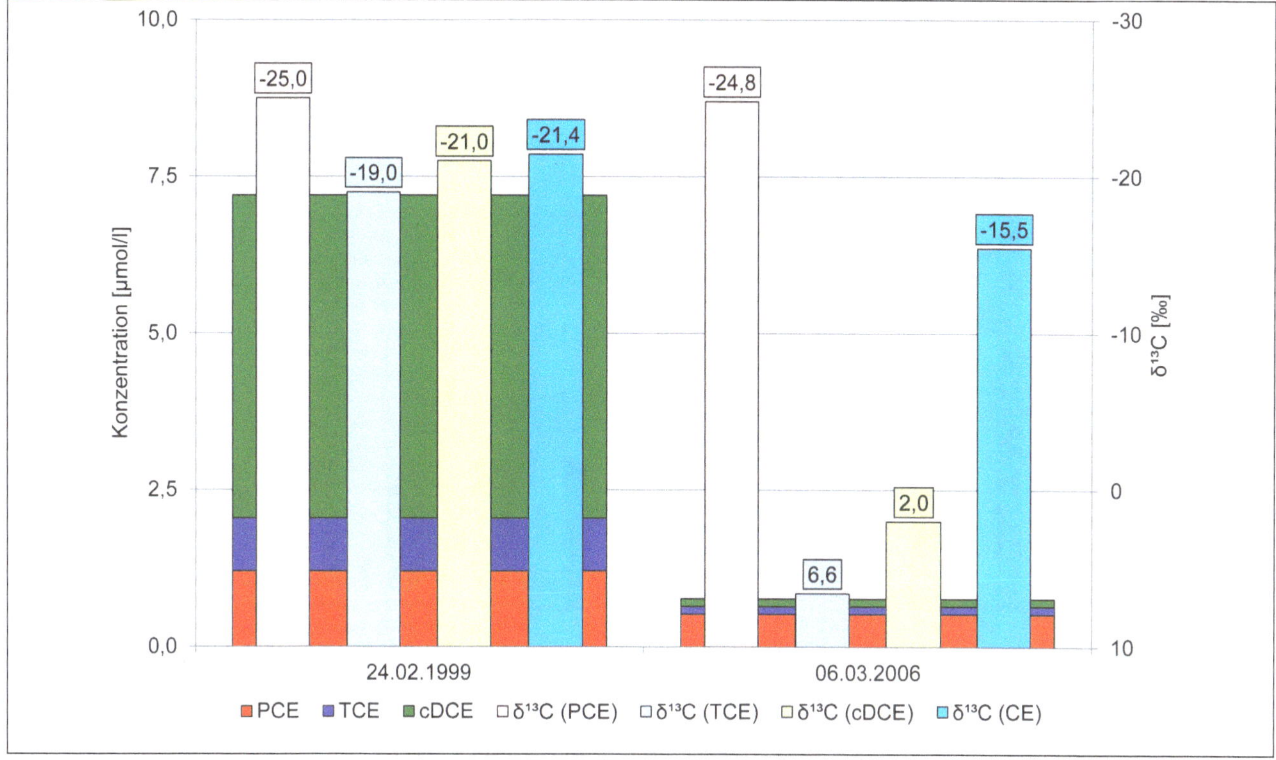

Abb. 7.42 Zeitliche Entwicklung der δ13C-Signaturen im Quellschacht.

Beim Standort Rümelinstraße 24-30 tritt in den Dunkelroten Mergeln ein erstes, sehr gering ergiebiges Grundwasservorkommen auf. Trotz hoher LCKW-Konzentrationen von bis zu 100.000 µg/l ist die Fracht hier aber aufgrund der geringen Durchlässigkeit nur gering. Das Grundwasser tritt am Standort und im nahen Abstrom in den Bochinger Horizont über und erzeugt dort eine massive Verunreinigung des Grundwassers. Abb. 7.41 zeigt den ausgeprägten Einfluss der Tektonik auf die Strömungsverhältnisse im Bochinger Horizont. Die hochdurchlässige Störungszone bewirkt eine langgestreckte Depression der Grundwasseroberfläche und einen sehr flachen hydraulischen Gradienten, während nördlich und südlich der Störungszone die hydraulischen Durchlässigkeiten viel geringer sind. In den tieferen Horizonten, wie dem Unterkeuper, ist dieser Kontrast aufgelöst, da die Durchlässigkeiten außerhalb der Störungszone nur unwesentlich niedriger sind und sich Pumpversuche über die Störung hinweg hydraulisch bemerkbar machen. Vermutlich ist an den Störungslinien die ursprüngliche vertikale Trennung zwischen den einzelnen Grundwasserhorizonten aufgelöst, was auch die hohe Ergiebigkeit im Bochinger Horizont erklären würde. Ein Hinweis darauf ist die Reaktion einer im Aquifer Grundgipsschichten/Grenzdolomit ausgebauten Messstelle, die am westlichen Ende der Störungszone liegt, auf Pumpversuche im Unterkeuper und Bochinger Horizont. Auch eine Pumpmaßnahme in der Berger Westquelle paust sich in den Unterkeuper und teilweise sogar bis in den Bochinger Horizont durch.

Das Ende der Fahne im Bochinger Horizont ist durch dessen Ausstrich am Rand des Nesenbachtals bedingt. Das LCKW-haltige Wasser tritt in das Nesenbachquartär über. In der am Talrand austretenden Quelle am Schwefelsee (Abb. 7.40) sind seit 2002 bis zu 1.250 µg/l LCKW bekannt. Bis etwa zum Jahr 2000 entsprach die Schadstoffzusammensetzung der Quelle mit einem hohen cDCE- und einem relevanten TCE-Anteil annähernd der Situation im Schadensherd. Seitdem sind die beiden Stoffe aber kontinuierlich zurückgegangen, während die PCE-Konzentrationen nahezu unverändert bleiben. Dies deutet auf einen selektiven Abbau der Einzelstoffe cDCE und TCE hin. Auch die Ergebnisse von Untersuchungen auf stabile Kohlenstoffisotope bestätigen den selektiven Abbau. Da vom Quellschacht Isotopendaten aus den Jahren 1999 und 2006 vorliegen, ist in Abb. 7.42 deren zeitliche Entwicklung dargestellt. Der deutliche Konzentrationsrückgang korreliert mit einer Isotopenanreicherung. Da der Schadstoffrückgang und die Isotopenanreicherung vorwiegend cDCE und TCE betreffen, ist unter Berücksichtigung der aeroben Milieuverhältnisse von einem aeroben Abbau dieser Stoffe auszugehen.

Zur genaueren Untersuchung der Verhältnisse erfolgte eine stockwerksdifferenzierte Erkundung der Abstromsituation zwischen dem Standort Rümelinstraße 24-30 und den hochkonzentrierten Mineralquellen. Die neuen Bohrungen HB 1 bis HB 6 am Nesenbachtalrand ergaben Verunreinigungen im Bochinger Horizont von über 100 µg/l (fast nur PCE), im Grenzdolomit (bis 66 µg/l mit PCE, TCE, PCM)

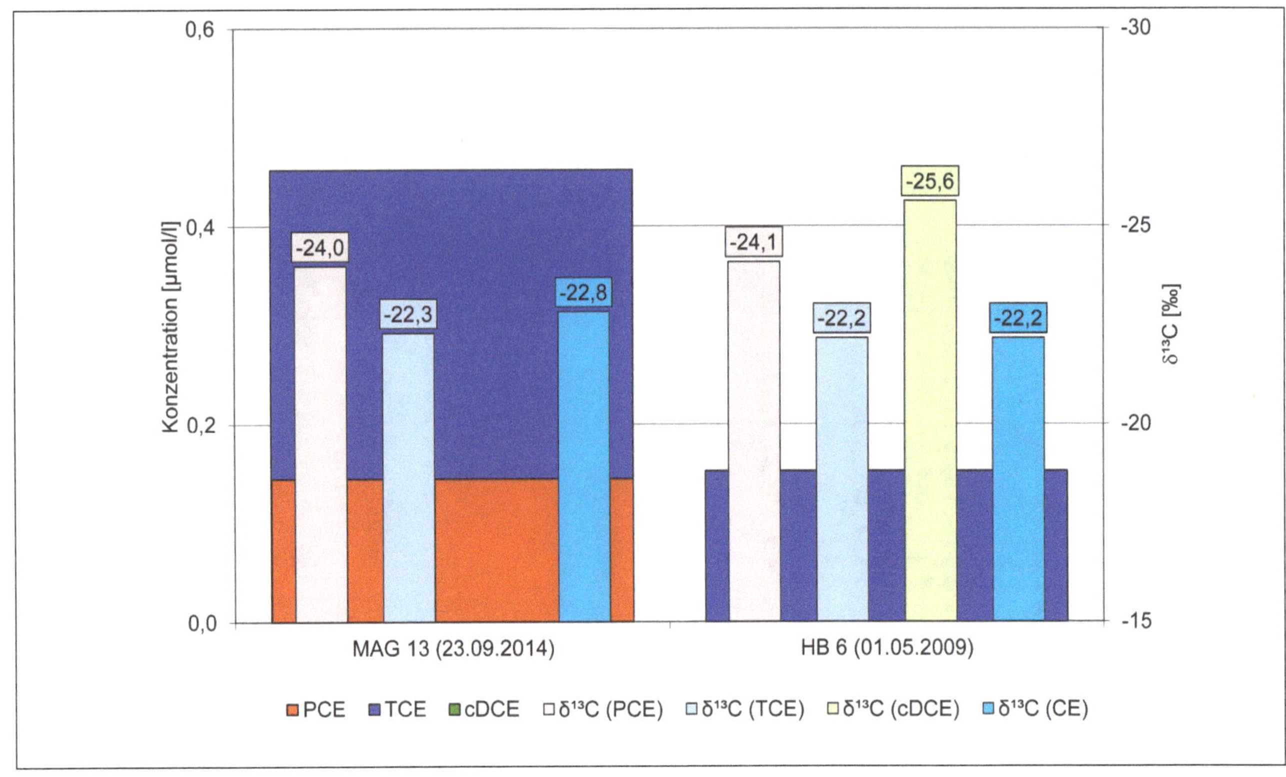

Abb. 7.43 δ13C-Signaturen in MAG 13 und HB 6.

sowie in der Messstelle HB 6 mit bis zu 25 µg/l (ausschließlich TCE) auch im Linguladolomit (die tieferen Dolomite des Unterkeupers sind schadstofffrei). Im Unterstrom setzen sich die LCKW-Fahnen in den quartären Ablagerungen des Nesenbachs fort (HB 9 und 10). Ein Abtauchen der Fahne ist dort aufgrund des höheren (teils artesischen) Drucks in die das Quartär unterlagernden Festgesteine nicht mehr möglich. In den oberflächennahen Grundwasserhorizonten ist wie bei der Quelle am Schwefelsee ein selektiver cDCE- und TCE-Abbau feststellbar.

Anders ist die Situation im Linguladolomit. In der Messstelle HB 6 ist analytisch ausschließlich TCE nachweisbar. Spuren an PCE und cDCE müssen jedoch vorhanden sein, da die δ^{13}C-Signaturen dieser Stoffe bestimmt werden konnten (Abb. 7.43). Die kontinuierliche Zunahme der TCE-Konzentration während eines Immissionspumpversuchs in HB 6 erbrachte den Nachweis einer LCKW-Fahne im Linguladolomit. Dies war der Anlass für eine weitere standortnahe Untersuchung des näheren Abstroms im Linguladolomit mit den Bohrungen MAG 13 bis 15. Sie ergaben nur für die nördliche MAG 13 relevante LCKW-Gehalte von durchschnittlich 55 µg/l (überwiegend TCE, aber auch PCE). Die SF_6-Konzentration belegt, dass nur im Umfeld dieses Aufschlusses junges und LCKW-beladenes Grundwasser bis in den Unterkeuper gelangt. Mit dieser nach Osten bis Südosten Richtung HB 6 abströmenden LCKW-Fahne ist für die weite Umgebung um die hochkonzentrierten Mineralquellen der einzige Nachweis einer LCKW-Kontamination des Unterkeupers ermöglicht worden.

Isotopisch gleichen sich die δ^{13}C-Signaturen von PCE und TCE in HB 6 und MAG 13 weitgehend. Ein relevanter Abbau auf der Wegstrecke zwischen den beiden Messstellen ist auf Grundlage der Isopensignaturen nicht feststellbar. Sofern ein Zusammenhang besteht, müsste der Konzentrationsrückgang weitgehend auf Verdünnung beruhen. Allerdings ist unklar, wie der intensive PCE-Rückgang zustandekommt.

Die im Rahmen von MAGPlan abgeteufte MAG 1 südlich der Berger Quellen erbrachte dagegen keinerlei Hinweise auf einen kontaminierten Zustrom aus dem zentralen Nesenbachtal.

Die Bestätigung der LCKW-Verlagerung bis in den Unterkeuper brachte den Standort Rümelinstraße 24-30 trotz der genannten offenen Fragen als Verursacher für die Herkunft der LCKW in den hochkonzentrierten Mineralquellen in den Fokus weiterer Untersuchungen. Hierbei spielen Überlegungen vertikaler Schadstoffausbreitung an den Störungen eine wesentliche Rolle. Die Ergebnisse einiger Bohrungen zeigen, dass die Störungen sehr kompliziert strukturiert und aus mehreren Bruchelementen kombiniert sein müssen. Die linienhafte Darstellung in Abb. 7.41 abstrahiert den Sachverhalt daher sehr. Darüber hinaus ist infolge des jahrzehntelangen Umschlags großer Chemikalienmengen prinzipiell mit der Existenz von LCKW-Phase im Untergrund des Standorts zu rechnen. Sofern eine gravitative Ausbreitung von LCKW-Phase innerhalb einer solchen Störungszone erfolgt bzw. LCKW von dort aus in Lösung gehen und zur Tiefe absinken,

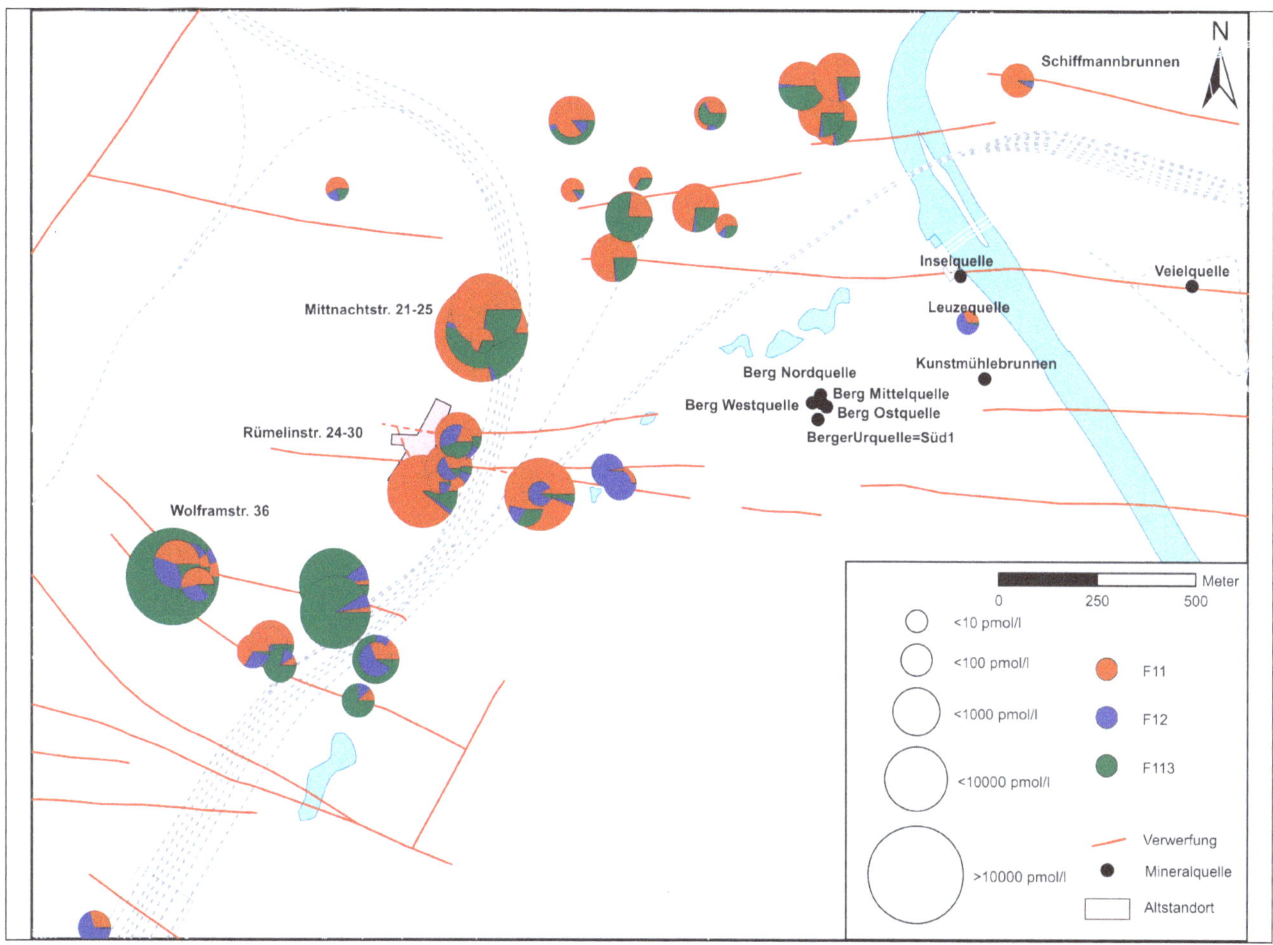

Abb. 7.44 FCKW-Spurenstoff-Verteilung im Bereich der Standorte Wolframstraße und Rümelinstraße. Die Kreisradien decken in Zehnerpotenzen den Konzentrationsbereich von < 10 pmol/l bis > 10.000 pmol/l ab.

kann mit einer Kontamination des Oberen Muschelkalks am Standort gerechnet werden, obwohl die Untersuchungen in MAG 13 bis 15 dies nicht anzeigen. Zur Abgrenzung der vertikalen Schadstoffverlagerung wurde daher als weiterer Erkundungsschritt am Hauptschadstoffherd, der sich an eine Störungszone anlehnt, mit hohem Sicherheitsaufwand die Bohrung MAG 16N bis in den Oberen Muschelkalk abgeteuft und zur Grundwassermessstelle ausgebaut. Die während der Bohrarbeiten durchgeführten hydraulischen Tests und LCKW-Untersuchungen im Grenzdolomit und in den Dolomiten des Unterkeupers bestätigen die vertikale Verlagerung der LCKW. Bei einem Pumpversuch im Oberen Muschelkalk konnte bisher allerdings nur eine LCKW-Konzentration von 2 µg/l festgestellt werden.

Spurenstoff- und LCKW-Isotopenuntersuchungen zeigen im Teilgebiet 2 interessante Befunde auf und stützen die Vorstellung, dass die LCKW in den hochkonzentrierten Mineralquellen mit dem Standort Rümelinstraße in Zusammenhang stehen. Weitere Erkenntnisse hierzu wird die am Standort Rümelinstraße 24-30 laufende zweidimensionale (2D) Analyse der Chlor- und Kohlenstoffisotope liefern (Ebert et al. 2014). Die bereits mit der Kohlenstoffisotopie nachgewiesene reduktive Dechlorierung wird durch die 2D-Signaturen bestätigt. Die $\delta^{37}Cl^{-}$ Messungen dienen zudem zur Eingrenzung einer isotopischen Primärsignatur von PCE an diesem Standort und liefern erste Hinweise auf die isotopische 2D-Signatur einer weiteren TCE-Quelle.

In Abb. 7.44 sind die in allen Grundwasserhorizonten gemessenen FCKW-Spezies F11, F12 und F113 für das Umfeld der Standorte Wolframstraße 36 und Rümelinstraße 24-30 als Tortendiagramme dargestellt. Die Kreisradien decken in Zehnerpotenzen den Konzentrationsbereich von < 10 pmol/l bis > 10.000 pmol/l ab. Es wird ersichtlich, dass die Standorte Mittnachtstraße 21-25, Rümelinstraße 24-30 und Wolframstraße 36 jeweils unterschiedlich zusammengesetzte FCKW-Fahnen emittieren: eine F113-Dominanz in der Fahne Wolframstraße 36 und eine F11-Dominanz in der Fahne Rümelinstraße 24 –30. Die Leuzequelle weist eine für den Muschelkalk typische, durch geringe F12- und F11-Gehalte geprägte FCKW-Signatur auf (Abb. 7.44). Das Fehlen von F113 bestätigt die Annahme eines Zustroms aus Richtung des Standortes Rümelinstraße 24-30 und schließt eine Beteiligung des Standorts Wolframstraße 36 an der Kontamination der hochkonzentrierten Mineralquellen aus.

Nördliches Projektgebiet (Teilgebiet 3)

Das Teilgebiet 3 umschreibt den nördlichen Teil des Stuttgarter Talkessels und des Cannstatter Beckens bis zu den niederkonzentrierten Mineralquellen. Alle nachfolgend zur Beschreibung der LCKW-Verteilung verwendeten Aufschlussbezeichnungen bzw. Ortsbegriffe sind in ◘ Abb. 7.47 enthalten.

Bereits mit den ersten, im Juli 1983 ausgeführten Untersuchungen wurden in den niederkonzentrierten Mineralquellen LCKW nachgewiesen (▶ Kap. 3.1, ◘ Abb. 3.5). Die LCKW-Summe aus TCE und PCE betrug anfänglich zwischen 15 und 25 µg/l in der Au- und Mombachquelle, zwischen 5 und 10 µg/l in den beiden Kellerbrunnen und weniger als 4 µg/l im Schiffmannbrunnen. Ab 1986 nahmen die Werte beständig ab und liegen heute bei 1 bis 5 µg/l. Die zunächst vorhandene TCE-Vormacht hat sich in der Au- und Mombachquelle ab etwa 1992 zu Gunsten einer geringen PCE-Vormacht verschoben. In den Kellerbrunnen alt und neu sind TCE und PCE ab 1995 in gleichen Konzentrationen enthalten, im Schiffmannbrunnen erreicht dagegen PCE nie die Konzentration von TCE. Im Brunnen Maurischer Garten besteht von Anfang an eine reine TCE-Kontamination, die heute nur noch bei 1 µg/l oder weniger liegt. PCE wurde nie nachgewiesen. Ab dem Jahr 1990 ist für die Au- und Mombachquelle auch TCA in Spuren unter 2 µg/l belegt (vgl. ▶ Kap. 3).

Bei der Frage nach der Schadstoffherkunft geriet zunächst der Stadtteil Feuerbach in den Fokus der Untersuchungen, weil in einigen der dortigen Tiefbrunnen ebenfalls LCKW bekannt wurden und weil nach dem damaligen Kenntnisstand (Frank et al. 1968) von einer Grundwasserströmung von Nordwesten über Feuerbach zu den niederkonzentrierten Mineralquellen auszugehen war. Auf den Nachweis der LCKW hat die Stadt mit der Errichtung von zwei Tiefbohrungen reagiert, die allerdings keine konkreten Hinweise auf einen verunreinigten Zustrom ergaben. Vor allem die in den 1990er-Jahren begonnenen hydrogeologischen Untersuchungen in Zusammenhang mit der Ausweisung des Heilquellenschutzgebiets (Ufrecht 1998b) brachten weiterführende Erkenntnisse, die ein Umdenken in der Systemvorstellung und der Schadensherkunft einleiteten. Der 1998 durchgeführte Markierungsversuch mit dem Tracer Natrium-Naphthionat (Eingabestelle Sarweybrunnen im Stadtteil Nord; Goldscheider et al. (2001) sowie großräumige Isotopenbestimmungen am Wassermolekül (Plümacher & Ufrecht 2000b) bekräftigen im Gegensatz zu den früheren Annahmen einen westlichen bis westsüdwestlichen Zustrom zu den niederkonzentrierten Quellen aus der nördlichen Randzone des Stuttgarter Talkessels bzw. des Höhenrückens zwischen Feuerbacher Tal und Talkessel. Da die in diesem Gebiet liegenden Muschelkalkaufschlüsse jedoch keine LCKW aufweisen, ist ein weiträumig kontaminierter Zustrom unwahrscheinlich. So bleibt der Schluss, dass die LCKW von Standorten im Umfeld des Quellgebiets ausgehend vertikal bis in den Muschelkalk absinken müssen.

Räumlich ist diese Verlagerung nur in den Bereichen außerhalb des eigentlichen Quellgebiets möglich, wo zum einen bis in den Muschelkalk abwärts gerichtete hydraulische Gradienten bestehen und zum anderen die Sulfatgesteinsbarriere im Gipskeuper durch Subrosion vollständig abgelaugt ist oder zumindest hydraulische Fenster bestehen. Im Vergleich zur Beschaffenheit des Quellwassers muss das Wasser aus dem Gipskeuper dem Oberen Muschelkalk neben LCKW auch Nitrat zuführen und zugleich gering mineralisiert sein.

Aus der jahrzehntelangen Altlastenbearbeitung ist bekannt, dass sich im Umfeld der niederkonzentrierten Mineralquellen zwei Standorte befinden, die aufgrund der am Standort eingesetzten LCKW-Einzelstoffe (insbesondere auch TCA) sowie des Schadensbilds mit der Verunreinigung der niederkonzentrierten Mineralquellen in Zusammenhang stehen könnten: der Standort Mittnachtstraße 21-25 und der Standort Prag-/Löwentorstraße. Die aufgrund ihrer Lage in Frage kommenden Standorte westlich des Rosensteinparks können für eine weitere Betrachtung ausgeschlossen werden, da deren Schadstoffpotenzial zu gering ist. Die Fahne im Bochinger Horizont unterliegt einem starken biologischen Abbau, der eine weitere Schadstoffausbreitung und vor allem eine Verlagerung in tiefere Stockwerke unterbindet. Die beiden nur mit LCKW-Spuren beaufschlagten Grenzdolomit-Messstellen MAG 9 und 10 sind unterstromig zum Inneren Nordbahnhof angeordnet. Sie begrenzen gleichzeitig eine im Rosensteinpark lokalisierte Fahne im Grenzdolomit nach Westen und bestätigen die Vermutung, dass die dort angetroffenen LCKW auf die abgesunkene Bochinger Horizont-Fahne vom Standort Mittnachtstraße 21-25 zurückgehen.

Standort Prag-/Löwentorstraße

Der Standort Prag-/Löwentorstraße (Abb. 7.45) wurde von etwa 1910 bis 2002 industriell genutzt (Metallverarbeitung). LCKW wurden in großen Mengen verwendet, die Anlieferung erfolgte auch in Kesselwagen über ein Industriegleis. Seit 1984 sind zahlreiche Eintragsstellen durch LCKW und MKW bekannt. Die Hauptschadstoffherde sind die Spänezentrifuge (bis 9.000 µg/l LCKW, vorrangig TCE) und das Lösemittellager (bis 16.000 µg/l LCKW, vorrangig PCE, untergeordnet TCA, cDCE) in quartären Deckschichten bzw. in den Dunkelroten Mergeln.

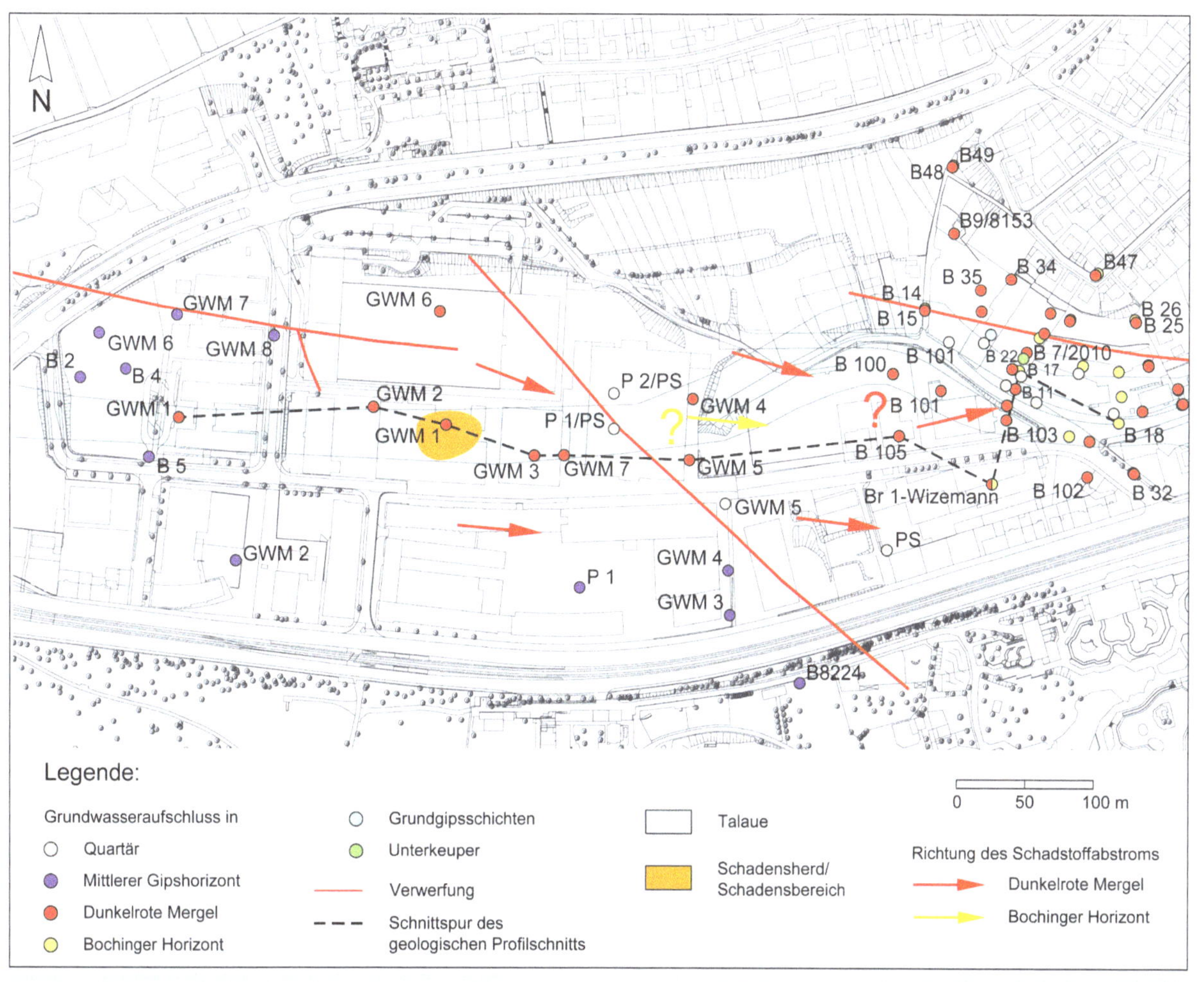

Abb. 7.45a Lageplan für den Standort Prag-/Löwentorstraße.

Ausgehend von den beiden LCKW-Schadstoffherden hat sich jeweils eine Abstromfahne in östlicher Richtung im obersten Grundwasserleiter (Dunkelrote Mergel) ausgebildet. Insbesondere die Fahne vom Lösemittellager ist sehr stabil und erstreckt sich auf 600 m Länge bis in den unteren Bereich der Hunklinge, ein von Westen nach Osten verlaufender und tektonisch vorgeprägter Taleinschnitt. Nach kurzem Fließweg ist allerdings ein signifikanter Rückgang der LCKW-Summenkonzentrationen um den Faktor 20 bis 40 feststellbar. Dieser ist jedoch nicht allein auf Abbau zurückzuführen und könnte darauf hindeuten, dass Schadstoffe in tiefere Grundwasserstockwerke übertreten, was sich auch mit den Erkenntnissen zur LCKW-Fracht deckt. 150 m im Abstrom sind davon aber nur noch 6 % übrig. Die tektonisch gestörte Zone beginnt unmittelbar unterstromig des Schadstoffherds Lösemittellager und verläuft etwa senkrecht zur Grundwasserfließrichtung.

▶ ▶ ▶

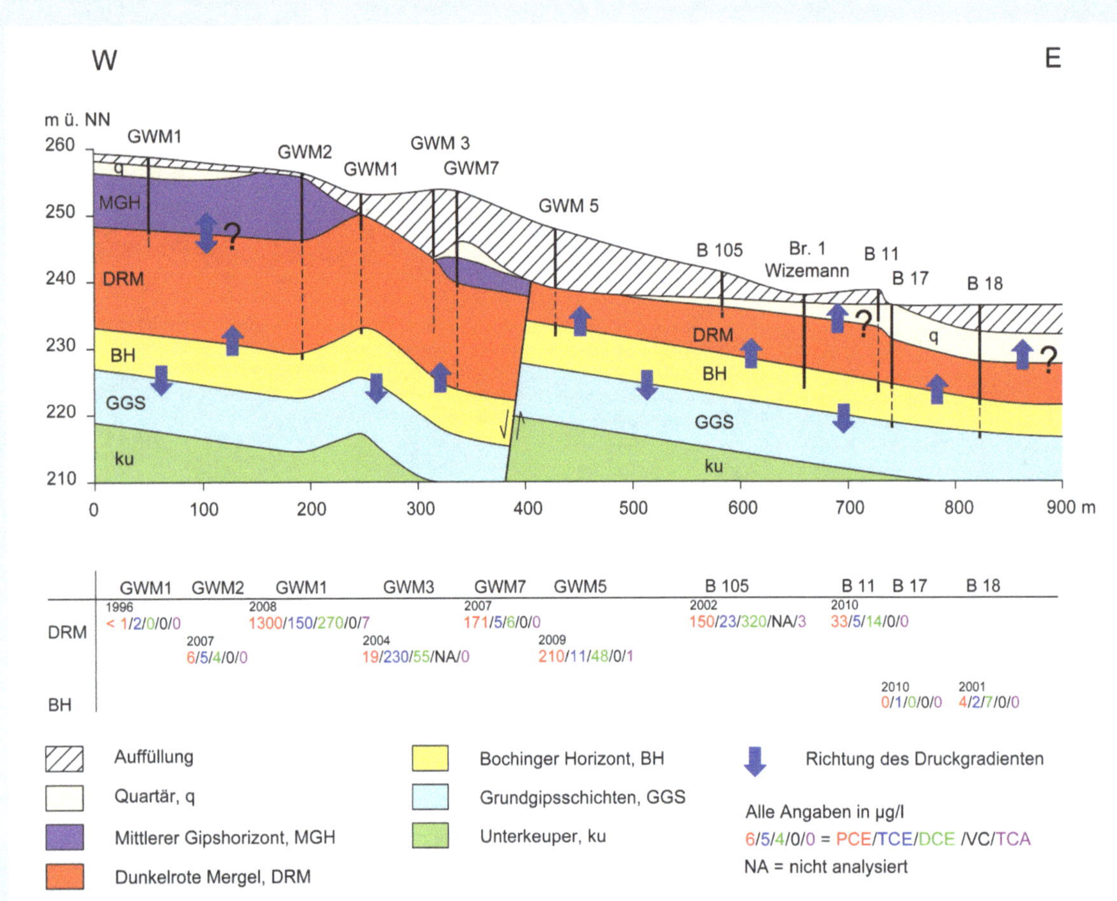

Abb. 7.45b Geologischer Längsschnitt mit Schadstoffausbreitung am Standort Prag-/Löwentorstraße.

Nach einer bis in den Unterkeuper reichenden Baugrundbohrung besteht aufgrund einer zumindest örtlich bis zur Basis des Gipskeupers reichenden Gipsauslaugung ein hydraulisches Fenster zum Liegenden. Sofern die Störung lateral durchlässig ist, können die in den Unterkeuper gelangten Schadstoffe beim Übertritt in die unterstromig gelegene Hochscholle direkt in den Oberen Muschelkalk übertreten. Die Modellvorstellung der Stoffverlagerung kann derzeit aufgrund fehlender Aufschlüsse nicht weiter verifiziert werden. In den bestehenden tiefen Aufschlüssen, die den Unterkeuper und Oberen Muschelkalk (GWM Züricher Straße) erschließen, sind keine LCKW bzw. nur Spuren davon anzutreffen.

Obwohl primär TCA am Standort gelagert und eingesetzt wurde, kann in den beiden Herden nur in geringem Umfang TCA nachgewiesen werden, im nahen und weiter entfernten Abstrom allenfalls in Spuren.

Standort Mittnachtstraße 21–25

Der Standort Mittnachtstraße 21–25 (Abb. 7.46) wurde von 1919 bis 1982 als Tanklager zur Lagerung von Heizöl genutzt. Von 1968 bis 1982 wurden auch organische Lösemittel gelagert und umgeschlagen. Neben diversen nicht halogenierten Verbindungen handelte es sich um PCE, TCE, TCA, DCM und F 11. Die Lagerung erfolgte in zwei 30 m^3-Tanks (PCE und TCE) sowie in Fässern in einem Freifasslager. Seit 1984 sind Untergrundverunreinigungen durch LCKW und in geringerem Umfang durch MKW bekannt. Auf der Fläche finden sich mit der ehem. LCKW-Abfüllstelle im Südosten und dem ehem. Fasslager im Nordosten des Grundstücks zwei LCKW-Hauptschadensbereiche. Der hohe Anteil an Metaboliten der reduktiven Dechlorierung (DCE und z.T. auch VC) belegt grundsätzlich das Ablaufen dieser Prozesse am Standort, wobei im nördlichen Grundstücksteil generell eine intensivere Dechlorierung festzustellen ist. Im Schadensbereich Fasslager wurden außerdem Chlorethane in teils hohen Konzentrationen festgestellt. Im Quartär belaufen sich die LCKW-Konzentrationen auf bis zu 318.000 µg/l (vorwiegend PCE und TCE). In den Herden bzw. herdnah sind die LCKW bereits in die Dunkelroten Mergel (höchste Konzentration bis 44.200 µg/l) und in den Bochinger Horizont (bis 40.000 µg/l) vorgedrungen.
Die Grundwasserstockwerke Quartär und Dunkelrote Mergel sind sehr gering ergiebig. Es gehen Fahnen mit PCE, TCE, cDCE und auch TCA nach Osten und Ostsüdosten, die aber bereits nach kurzer Fließstrecke in den Bochinger Horizont übertreten und dort die vom Standort im Bochinger Horizont abströmende Fahne alimentieren. Im Bochinger Horizont ist am Standort eine Scheitelzone ausgebildet, die eine Entwässerung nach Nordosten, Osten und Südosten zulässt. Von Bedeutung für den Schadstoffabstrom ist die nach Nordosten gerichtete Fahne, die bis zum Rand des Neckartals belegt ist. Am Südrand des Rosensteinparks streicht der Bochinger Horizont im Hang über dem Neckartal aus. Von dort aus muss das Wasser entweder hangnah in tiefere Stockwerke absickern (was hier zumindest bis in den Grenzdolomit hydraulisch möglich ist) oder es wird in der quartären Hangbedeckung ins Neckartal abgeleitet. Es wird vermutet, dass der nordöstliche Abstrom durch zwei W-E verlaufende Störungen maßgeblich gelenkt wird. Die LCKW-Konzentrationen bewegen sich im Abstrom im Bereich von wenigen 100 bis rund 600 µg/l bei einer Dominanz von DCE und PCE sowie einem deutlich geringeren TCE-Anteil. Charakteristisch für die Fahne ist auch der Nachweis von TCA (im Bochinger Horizont bis 16 µg/l, im Grenzdolomit bis 4 µg/l).

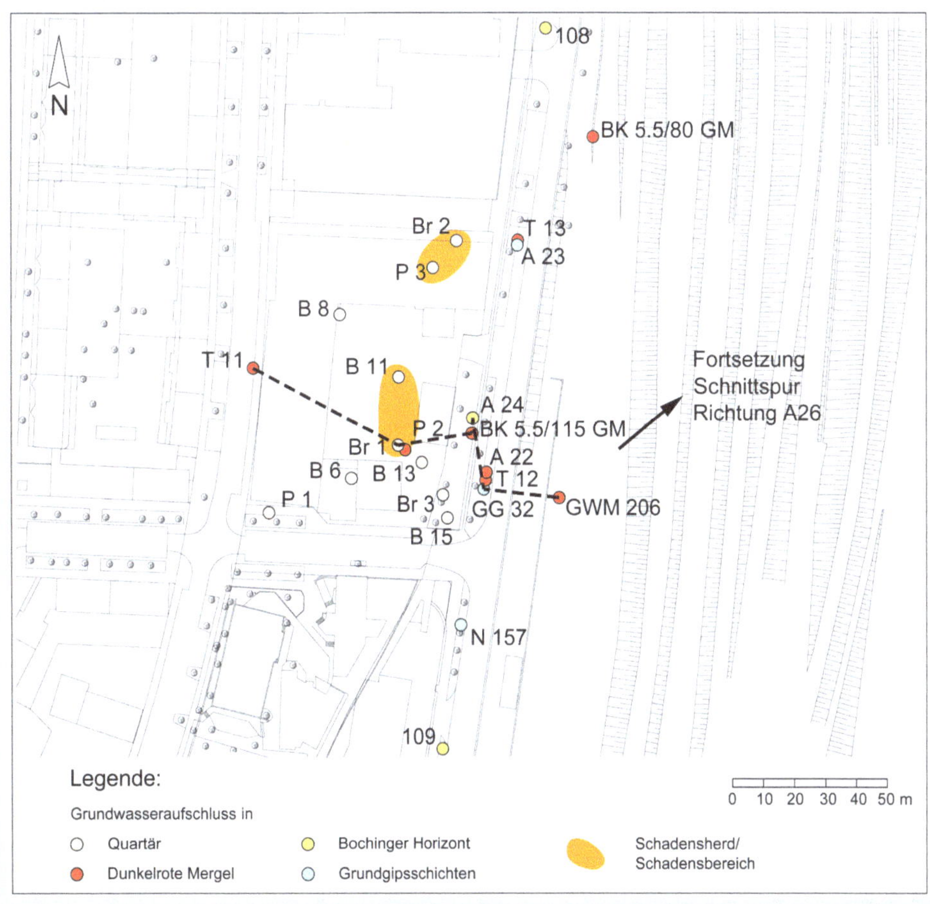

Abb. 7.46a Lageplan für den Standort Mittnachtstraße 21-25

▸▸▸

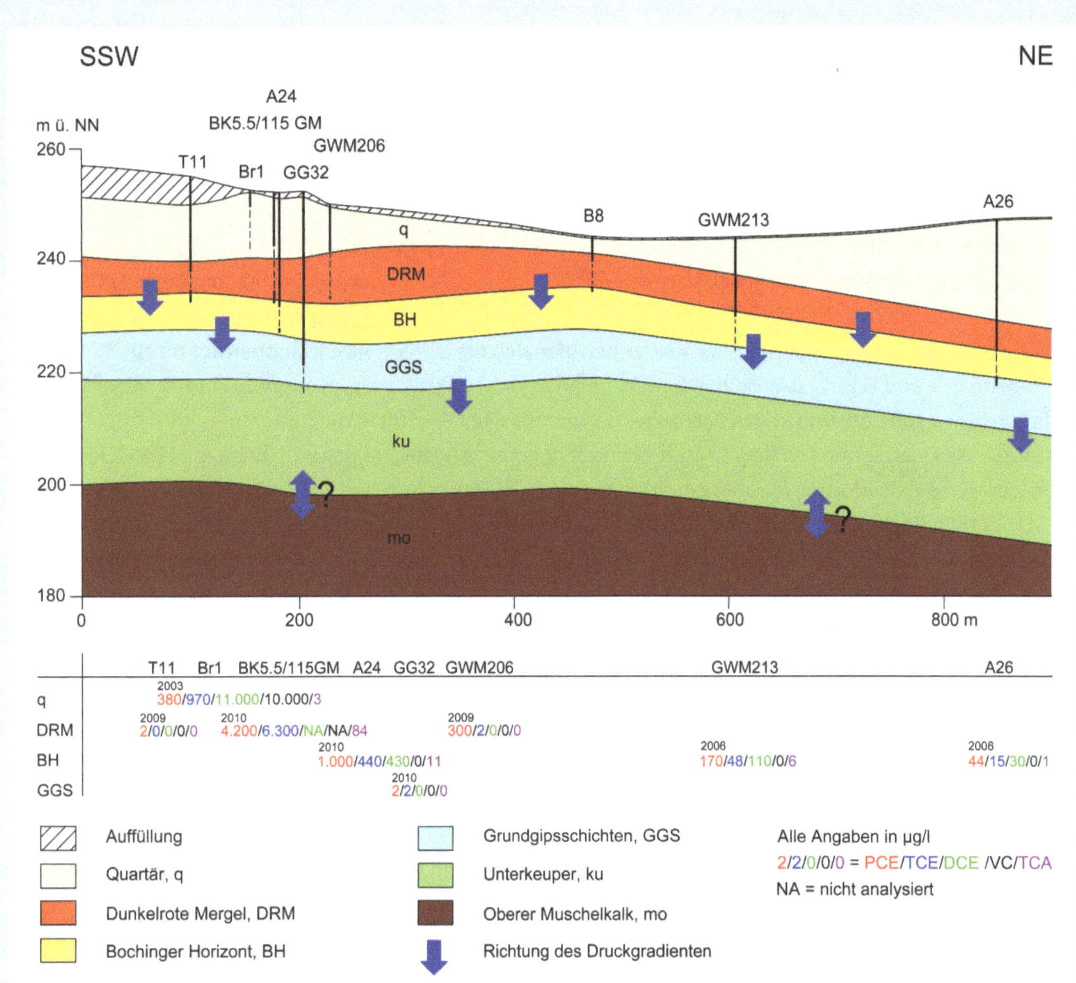

Abb. 7.46b Geologischer Längsschnitt mit Schadstoffausbreitung am Standort Mittnachtstraße 21-25.

Am Standort Mittnachtstraße 21-25 ist der Aufschluss GG32 im Grenzdolomit LCKW-frei. Erst weiter nordöstlich treten in Aufschlüssen um die Ehmannstraße und im Rosensteinpark im Grenzdolomit LCKW-Konzentrationen von knapp 100 µg/l auf (DCE, TCE, PCE, TCA). Die LCKW-Spektren der genannten Bereiche stimmen gut mit der Fahne im Bochinger Horizont überein und veranschaulichen die Verlagerung der LCKW-Fahne bis in den Grenzdolomit. Von wesentlichem Einfluss sind dabei wahrscheinlich die beiden W-E-Störungen im Bereich der Ehmannstraße. Die Fahne im Grenzdolomit strömt von dort aus nach Osten bis Nordosten in Richtung Neckartal. Mehrere Aufschlüsse am Rand des Rosensteinparks und im Neckartal sind mit LCKW beaufschlagt. Auch hier tritt wieder TCA auf mit bis zu 4 µg/l, ebenso das abiotische Abbauprodukt 1,1-Dichlorethan (Scheutz et al. 2011), das vereinzelt auch schon bereits herdnah vorkommt. Eine tiefere Stoffverlagerung in den Unterkeuper und Oberen Muschelkalk ist im Bereich des unteren Teils und der Spitze der Grenzdolomit-Fahne nicht mehr möglich, da dort ein aufwärts gerichteter Druckgradient besteht. Die in der Muschelkalk-Messstelle B 9 in der unteren Ehmannstraße anzutreffenden LCKW (sporadisch wenige µg/l TCE) sind daher nicht auf die Fahne aus der Mittnachtstraße 21-25 zurückzuführen. Auch die beiden weiteren Muschelkalk-Messstellen B 8 (Ehmannstraße) und MAG 11 (Rosensteinpark) sind schadstofffrei. So bleibt in dem durch die Muschelkalk-Messstellen aufgespannten Dreieck nur eine kleine Fläche, in der eine Verlagerung von LCKW bis in den Muschelkalk möglich ist.

Die Standorte Prag-/Löwentorstraße und Mittnachtstraße 21-25 haben das Potential für eine tiefreichende Schadstoffausbreitung sowie für eine Kontamination des Oberen Muschelkalks und der niederkonzentrierten Mineralquellen (Abb. 7.51). Allerdings konnte bislang kein direkter Zusammenhang nachgewiesen werden, da die hydrogeologische Situation sehr komplex ist. Kernproblem im Untersuchungsgebiet Mittnachtstraße 21-25 ist die um ca. 2 m geringere Piezometerhöhe (223,9 mNN) in der Muschelkalk-Messstelle B 8 (Ehmannstraße) gegenüber der südlich gelegenen B 9 (Ehmannstraße) und der neu errichteten MAG 11 im Rosensteinpark. Ursache könnte eine hoch durchlässige, aber nur schwer lokalisierbare Struktur sein, die möglicherweise mit den beiden WSW-ENE streichenden Störungen in Verbindung steht. Die stark nach Westen ausbauchende Grundwassergleiche 226 mNN in Abb. 7.47 trägt dem Befund der tiefen Piezometerhöhe in B 8 und der vermuteten Dränfunktion Rechnung.

Die Aquiferdiagnose von Pumpversuchen im Oberen Muschelkalk hinsichtlich hydraulischer Ränder sowie der raumzeitlichen Reaktion in Beobachtungsmessstellen erlaubt eine Zweiteilung des Gebiets zwischen MAG 11 und Notwasserbrunnen Landesgesundheitsamt (Notbr. LGA) einerseits und B 8 und B 9 andererseits. Die Trennwirkung äußert sich darin, dass Drucksignale zwischen den beiden Räumen nicht übertragen werden. Ursache kann auch hier die bereits oben postulierte Karströhre sein. Die Auswertung von Pumpversuchsdaten aus B 8 ergab eine relativ niedrige Transmissivität für den Trigonodusdolomit (im Mittel T = 10^{-4} m^2/s). Aus dem negativen Skin-Faktor lässt sich jedoch auf höhere Transmissivitäten im nahen Umfeld der Messstelle schließen. Gleichzeitig zeichnete sich ein positiver Rand (Constant-Head-Boundary) ab, dessen Entfernung zur Messstelle B 8 rund 10 m beträgt. Auch bei der Pumpversuchsauswertung in der nördlich gelegenen MAG 11 wurden ein negativer Skin sowie ein positiver Rand in einer Entfernung von 80 bis

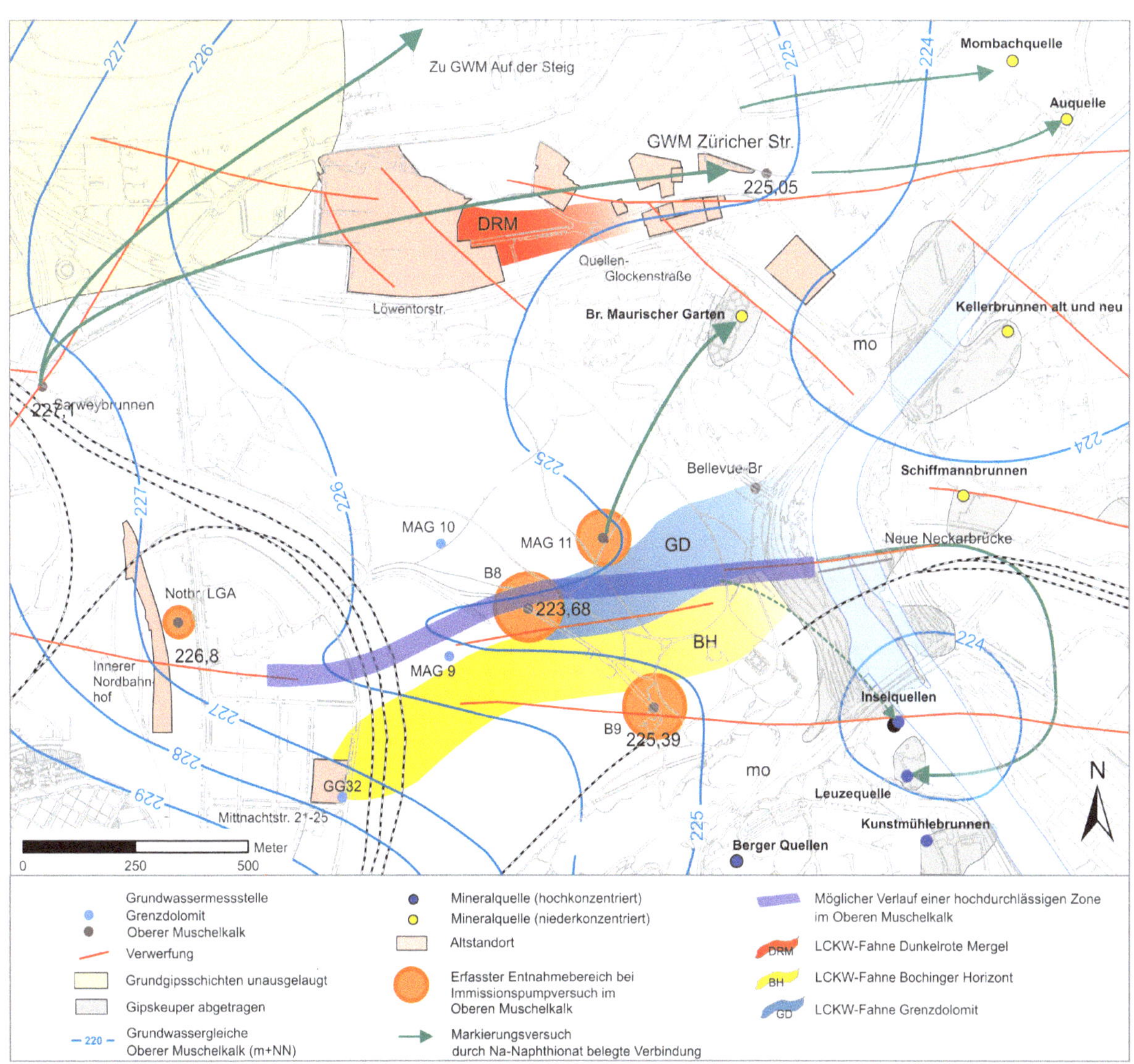

Abb. 7.47 Vermutete Geometrie von LCKW-Fahnen im Keuper und Oberen Muschelkalk im Zustrom auf die niederkonzentrierten Mineralquellen.

100 m ermittelt. In der Annahme, dass sich hier die gleiche Struktur bemerkbar macht, wurde aufgrund dieser Verortung der vermutete Verlauf der Karströhre in ◘ Abb. 7.47 als eine ca. 50 m breite hochdurchlässige Zone eingetragen.

Möglicherweise ist die Herabsetzung der Piezometerhöhe im Nahfeld der Karströhrenstruktur auch die Ursache für eine Veränderung der Druckdifferenz zum Unterkeuper und somit auch für die Zone mit von oben nach unten gerichtetem Druckgradienten in Richtung Quellgebiet. Somit besteht strukturell bedingt eine schmale Zone, in der eine Verlagerung von Grundwasser aus dem Keuper in den Muschelkalk möglich erscheint. Offensichtlich passiert dies nicht im Nahbereich der B 8. Obwohl dort aus dem Grenzdolomit noch das bekannte LCKW-Muster geläufig ist, sind Unterkeuper und Oberer Muschelkalk schadstofffrei. Auch ein Screening mittels Immissionspumpversuch (Dauer t: 10 d, Förderrate Q: 3,7 l/s) erbrachte für einen Radius von 70 m um B 8 (d. h. für eine erfasste Abstrombreite von 140 m) keine LCKW im Oberen Muschelkalk. Bei einem Versuch in der weiter südöstlich liegenden B 9 (t: 6 d, Q: 4,5 l/s, radiale Reichweite: 60 m) wurden konstant 2 µg/l TCE festgestellt, die aber nicht mit dem Standort Mittnachtstraße 21-25, sondern sehr wahrscheinlich mit dem Standort Rümelinstraße 24-30 in Verbindung zu bringen sind (◘ Abb. 7.48).

Es wurde ein Markierungsversuch in MAG 11, also nördlich der Karströhrenstruktur durchgeführt. Nach Eingabe von 75 kg Natrium-Naphthionat wurden ein Hauptaustritt in der Leuzequelle (V_{max}: 12 m/d) sowie Nebenaustritte im Brunnen Maurischer Garten (V_{max}: 4,3 m/d) und in der Inselquelle (V_{max}: 3,7 m/d) festgestellt. Auch hier wird vermutet, dass die Kontraste der Abstandsgeschwindigkeiten mit der Karströhre in Verbindung stehen. Während also der schnelle Abfluss zur Leuzequelle zumindest abschnittsweise über die Karströhre erfolgt, erreicht ein anderer Teil des Tracers diese nicht und strömt im Karst-korrosiv weniger beeinflussten Kluftnetz deutlich langsamer zum Brunnen Maurischer Garten und zur Inselquelle. Das konzeptionelle Modell der Tracerausbreitung ist in ◘ Abb. 7.47 dargestellt.

Mit Hilfe forensischer Betrachtungen (LCKW-Isotopie, Spurenstoffe) kann gezeigt werden, dass die Schadstoffkonzentrationen und LCKW-Isotopensignaturen vom Standort Mittnachtstraße 21-25 durchaus mit denen der niederkonzentrierten Mineralquellen in Verbindung zu bringen sind (◘ Abb. 7.49).

Im Schadstoffherdbereich findet durch die Überlagerung mit Mineralölschäden eine reduktive Dechlorierung statt, wie an den hohen cDCE-Anteilen erkennbar ist. Aus der relativ leichten δ^{13}C-Sumensignatur von beispielsweise −27,6 ‰ in der Messstelle A 23 (◘ Abb. 7.46a) geht hervor, dass dieser Prozess im Schadstoffherd nicht oder nur in sehr geringem Ausmaß zu einer Mineralisierung führt. Im Abstrom im Bereich Rosensteinpark/Ehmannstraße wurden im

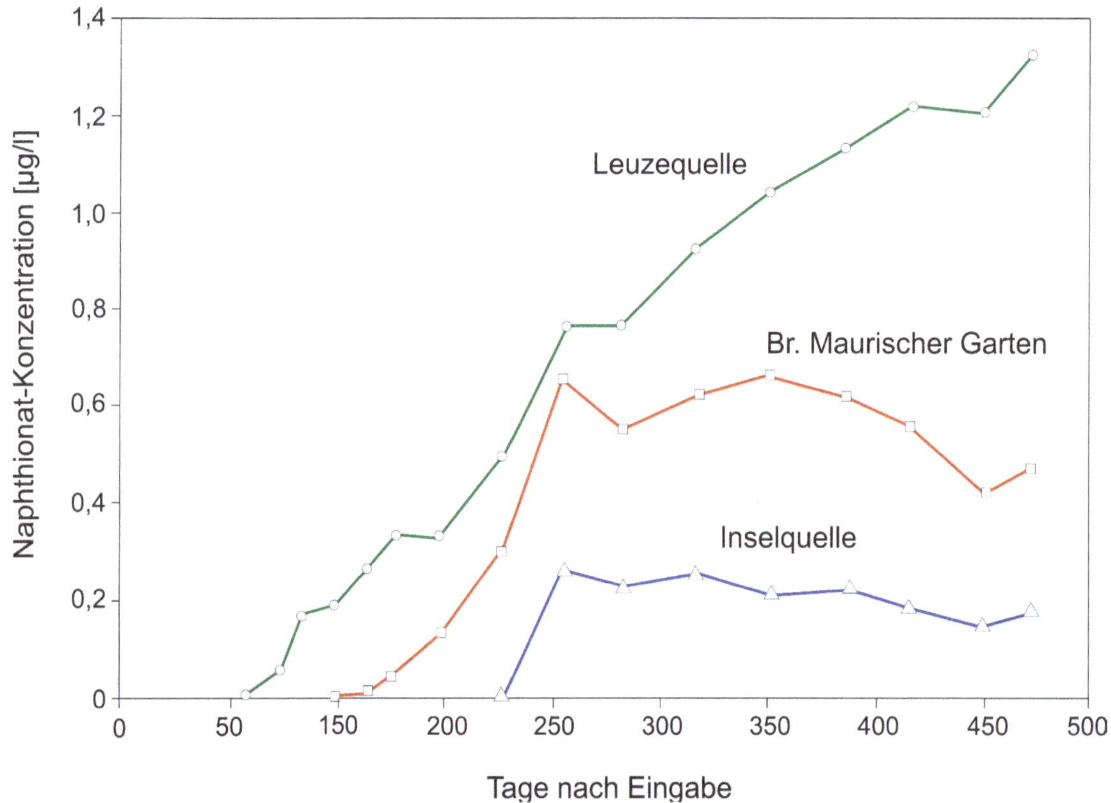

◘ **Abb. 7.48** Tracerdurchgangskurven für Leuzequelle, Inselquelle und Brunnen Maurischer Garten nach Eingabe von 75 kg Natrium-Naphthionat in MAG 11. Graphik A. Ender.

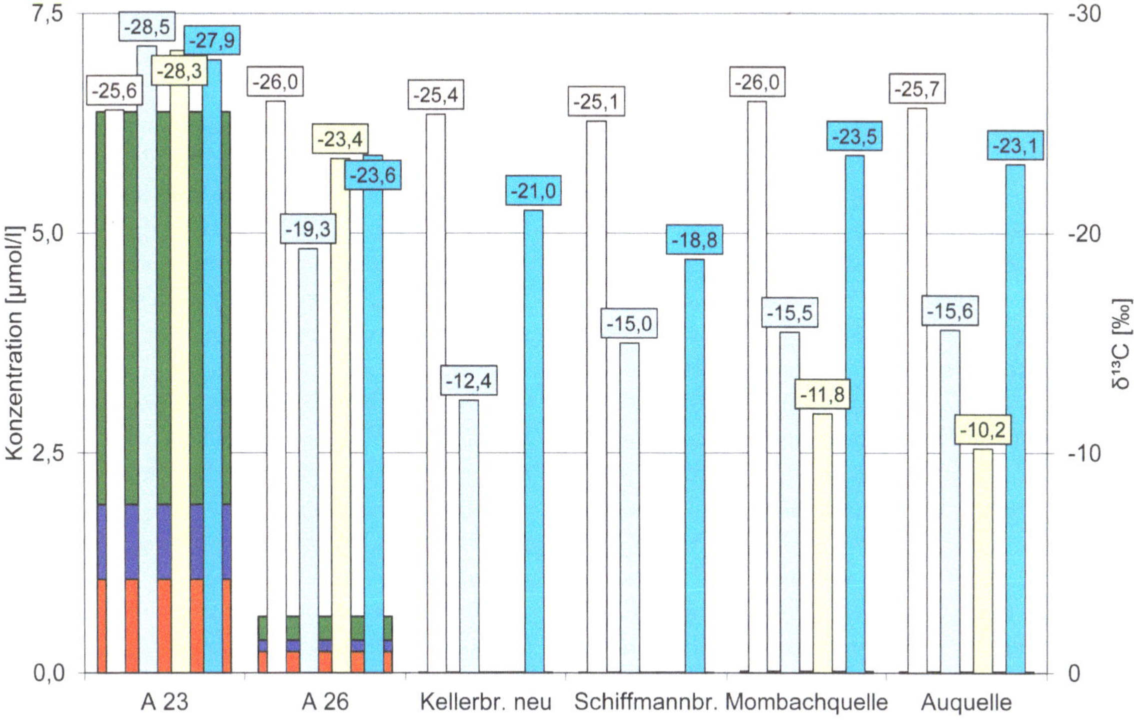

Abb. 7.49 Isotopischer Schnitt Mittnachstraße 21-25–niederkonzentrierte Mineralquellen mit δ13C-Summensignaturen.

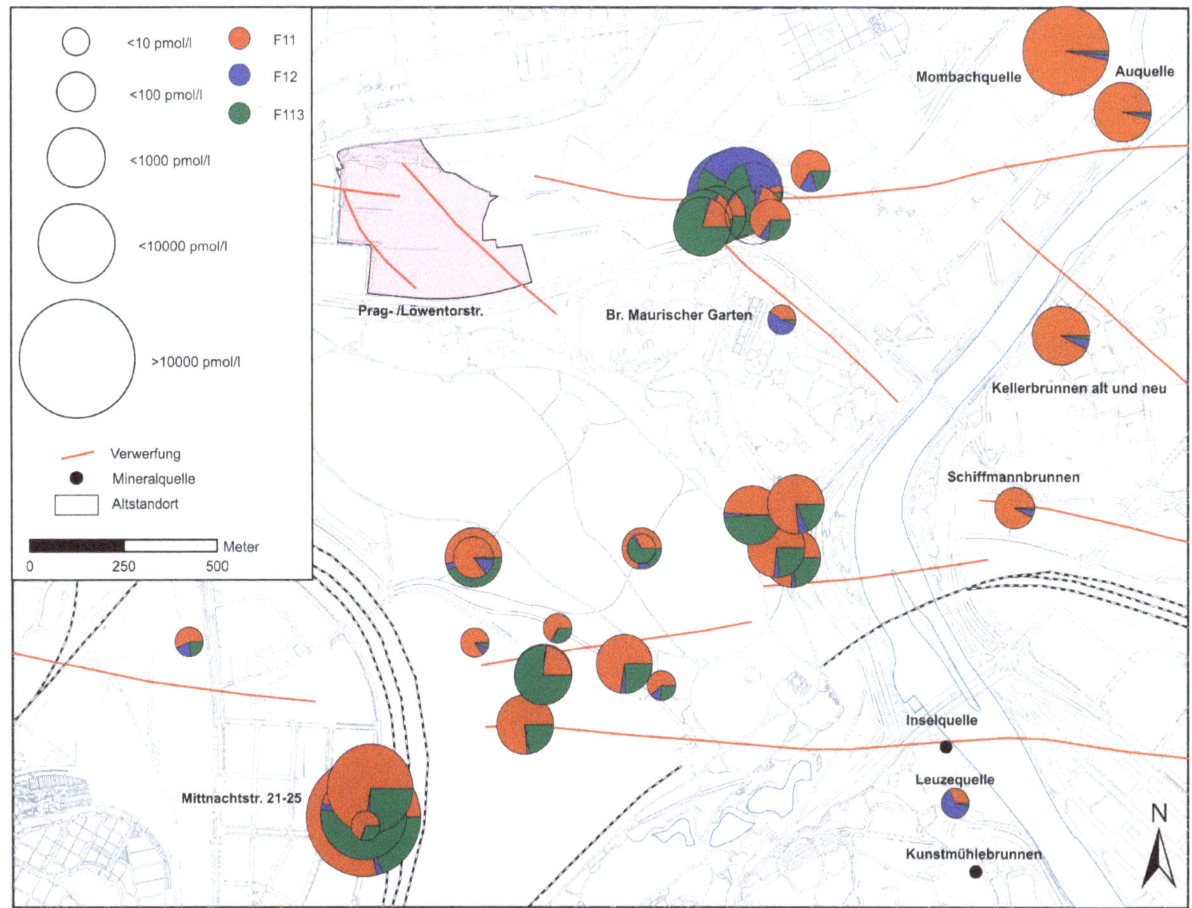

Abb. 7.50 FCKW-Spurenstoff-Verteilung im Bereich Rosensteinpark (Teilbereich 3). Die Kreisradien decken in Zehnerpotenzen den Konzentrationsbereich von < 10 pmol/l bis > 10.000 pmol/l ab.

Bochinger Horizont und Grenzdolomit geringere LCKW-Konzentrationen und deutlich schwerere $\delta^{13}C$-Summensignaturen angetroffen (z. B. –23,6 ‰ in A 26). Die schweren Werte resultieren aus den deutlich angereicherten TCE- und cDCE-Werten. Die $\delta^{13}C_{PCE}$-Signaturen sind im Rahmen der Messgenauigkeit weitgehend unverändert, d. h. es ist davon auszugehen, dass auf dieser Wegstrecke ein selektiver TCE- und cDCE-Abbau stattfindet, was nur durch aerobe Prozesse möglich ist.

Die niederkonzentrierten Mineralquellen zeigen nochmals deutlich schwerere $\delta^{13}C_{TCE}$-Signaturen als im Bereich Rosensteinpark/Ehmannstraße, während die $\delta^{13}C_{PCE}$-Signaturen weiterhin unverändert bleiben. Unter Berücksichtigung der Isotopenwerte ist eine Herkunft der LCKW in den niederkonzentrierten Mineralquellen aus dem Standort Mittnachtstraße somit grundsätzlich möglich. Bei der Mombach- und der Auquelle spricht auch das Auftreten von TCA-Spuren für eine Herkunft aus dem Standort.

Eine hydraulische Verbindung von Schiffmann- und Kellerbrunnen zu Au- und Mombachquelle ist nach den Isotopensignaturen allerdings auszuschließen, da die schweren $\delta^{13}C_{TCE}$-Werte des Kellerbrunnens (Kellerbrunnen –12,4 ‰) auf dem gedachten Strömungsweg durch Abbau nicht leichter werden können (Auquelle –15,6 ‰). Daraus ist zu folgern, dass die Au- und Mombachquelle nicht über den Bereich Schiffmann-, Kellerbrunnen angeströmt werden, sondern auf einem separaten Fließweg. Möglicherweise liegt dieser links des Neckars, wie er durch die Markierungsversuche im Sarweybrunnen und in MAG 11 postuliert wird. Der Markierungsversuch in MAG 11 zeigt, dass sich aus dem Bereich Ehmannstraße – Rosensteinpark durchaus zwei verschiedene „Fließwege" zu den niederkonzentrierten Mineralquellen entwickeln können. Auf beiden Fließpfaden unterliegen die LCKW-Abbauprozesse aeroben Milieubedingungen. Allerdings dürfte im Fall des Fließwegs Schiffmannbrunnen-Kellerbrunnen das Abbaupotential größer sein als auf dem zur Auquelle, was die schwereren $\delta^{13}C_{TCE}$- und $\delta^{13}C_{cDCE}$-Werte bedingt. Somit widersprechen die Isotopensignaturen nicht der Modellvorstellung, dass die LCKW der niederkonzentrierten Mineralquellen demselben Schadstoffherd entstammen.

In der Abb. 7.50 sind die in allen Grundwasserhorizonten gemessenen FCKW-Spezies F11, F12 und F113 für den hier betrachteten Teilbereich 3 als Tortendiagramme dargestellt. Die Kreisradien decken in Zehnerpotenzen den Konzentrationsbereich von < 10 pmol/l bis > 10.000 pmol/l ab. Es

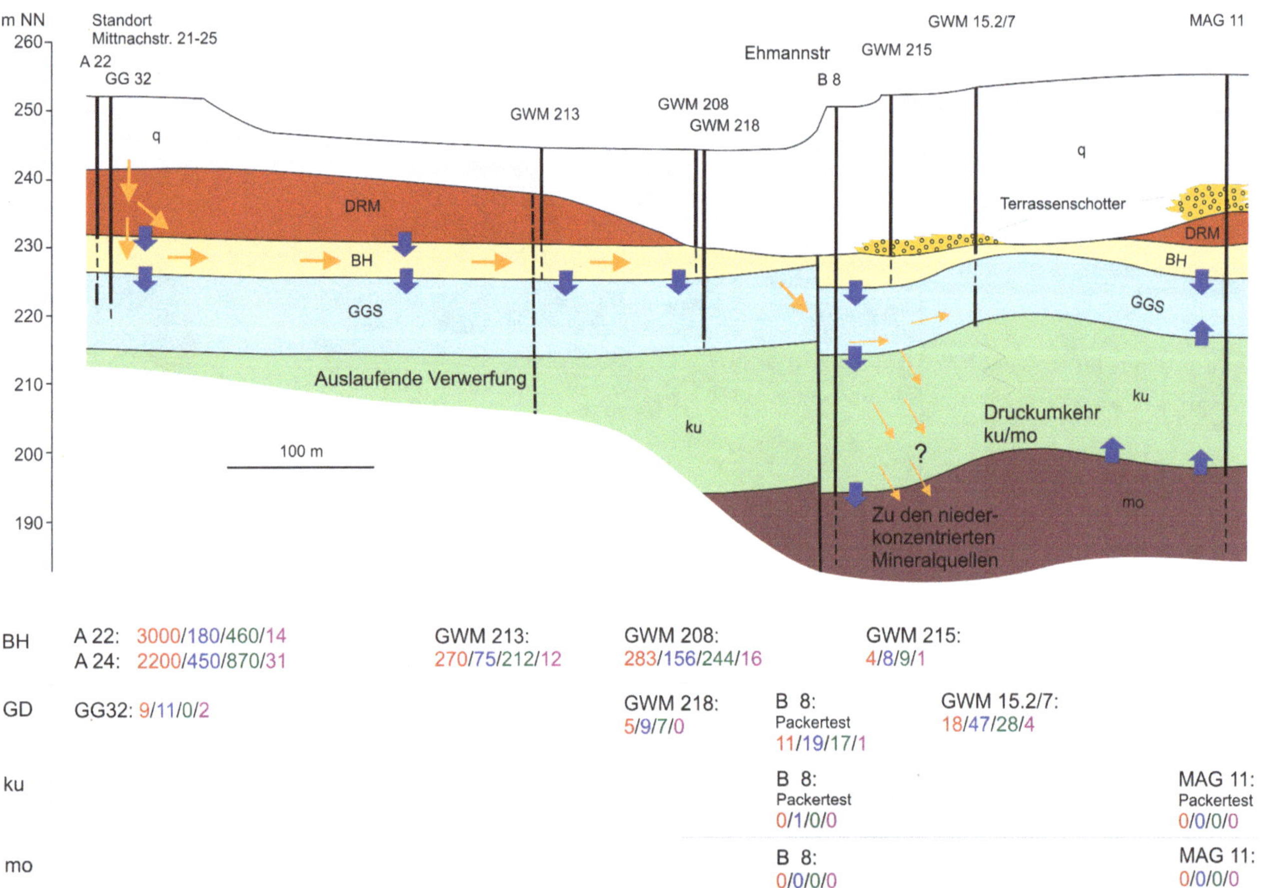

Abb. 7.51 Modell der LCKW-Verlagerung an einer Störungszone im Umfeld der B 8 Ehmannstraße. Die Schadstofffahne stammt vom Standort Mittnachtstraße 21–25.

wird ersichtlich, dass vom Standort Mittnachtstraße 21-25 eine durch F11 und F113 dominierte FCKW-Fahne nach Nordosten abströmt. Sie lässt sich hier im Bochinger Horizont und Grenzdolomit bis zum Neckarknie verfolgen (◘ Abb. 7.50). Die weiter nordöstlich gelegenen niederkonzentrierten Mineralquellen weisen demgegenüber eine abweichende, durch F11 geprägte FCKW-Signatur auf. Das Freon F113 wird relativ leicht mikrobiell abgebaut, so dass im Oberen Muschelkalk generell fast nur F12 und F11 im Grundwasser nachgewiesen werden. Daher könnte in den FCKW-Signaturen von Schiffmann- und Kellerbrunnen auch eine Zustromkomponente vom Standort Mittnachtstraße 21-25 enthalten sein. In der Au- und insbesondere Mombachquelle ist der F11-Gehalt dagegen so groß, dass es in deren Einzugsgebiet eine zusätzliche F11-Quelle geben muss. Die zwischen Au-/Mombachquelle und dem Standort Prag-/Löwentorstraße vorhandenen FCKW-Signaturen im Bereich der Hunklinge sind durch F12 und F113 geprägt und zeigen mit der unmittelbar östlich gelegenen Muschelkalk-Messstelle Züricher Straße an, dass vom Standort Prag-/Löwentorstraße kein relevanter F11-Eintrag in den Oberen Muschelkalk zu erwarten ist (◘ Abb. 7.50).

Obwohl der direkte Nachweis der Schadstoffverlagerung lediglich bis in den Grenzdolomit gelingt, ist das vom Standort Mittnachtstraße 21-25 ausgehende Gefährdungspotential außerordentlich hoch. Das zeigen die ursprünglich sehr hohen LCKW-Konzentrationen im Herd sowie die das Grundstück verlassende LCKW-Fracht (vor der Sanierung). Die vom Standort ausgehende LCKW-Fahne im Bochinger Horizont verlagert sich im Umfeld einer Störungszone bis in den Grenzdolomit. Beide Fahnen erreichen eine Länge von 1,5 km. TCA erweist sich als wichtiger Tracer zur Rekonstruktion der Schadstoffausbreitung (◘ Abb. 7.51).

Numerisches Grundwasserströmungs- und Stofftransportmodell

Ulrich Lang und Wolfgang Schäfer

8.1 Aufbau des Strömungsmodells

8.1.1 Übertragung des Hydrogeologischen Modells auf das Strömungsmodell

Die Basis des Grundwasserströmungsmodells bildet das Hydrogeologische Modell, in dem die Systemzusammenhänge des komplexen Grundwasserleitersystems zusammengestellt sind. Basierend auf dem Aquifermodell wurden für die einzelnen hydrogeologischen Einheiten Modellgebietsgrenzen festgelegt und Randbedingungen zugeordnet, die die natürlichen hydrogeologischen Verhältnisse abbilden.

Da das Grundwassermodell eine mathematische Beschreibung der hydrogeologischen Verhältnisse ist und mit der Raumdifferenzierung, die die Diskretisierung ist, nur Skalen bis zu einem Maßstab von einigen Metern erfassen kann, ist eine weitergehende Abstraktion des Hydrogeologischen Modells notwendig. Dies betrifft insbesondere die standortspezifischen Verhältnisse, die einer räumlich hoch aufgelösten hydrogeologischen Interpretation unterliegen. Hydraulisch wirksame Elemente wie Störungszonen oder diskrete Kluftelemente können nur abstrahiert in das numerische Modell übernommen werden. Bei dieser Abstraktion ist zu beachten, dass es sich bei den hydrogeologischen Einheiten überwiegend um Kluft- und Karstgrundwasserleiter handelt, bei denen die Strömung hauptsächlich im Kluftsystem erfolgt. Dennoch ist ein Austausch mit der Matrix vorhanden, die vor allem eine Speicherung von transportierten Wasserinhaltsstoffen ermöglicht. Dies wurde über den Doppelporositätsansatz beim Transportmodell mitberücksichtigt.

Zur Simulation der Strömung wird das vom USGS entwickelte Modellsystem MODFLOW in der Version 2005 verwendet (Harbaugh 2005). Dieses Modellsystem basiert auf dem Finite-Differenzenverfahren. Der Stofftransport wird mit dem Multi-Spezies-Modell MT3D99 simuliert. Die Basis des Stofftransportmodells wurde von Zheng (1990) erarbeitet und von Zheng und Papadopulos (1999) zum Multispeziesmodell weiterentwickelt.

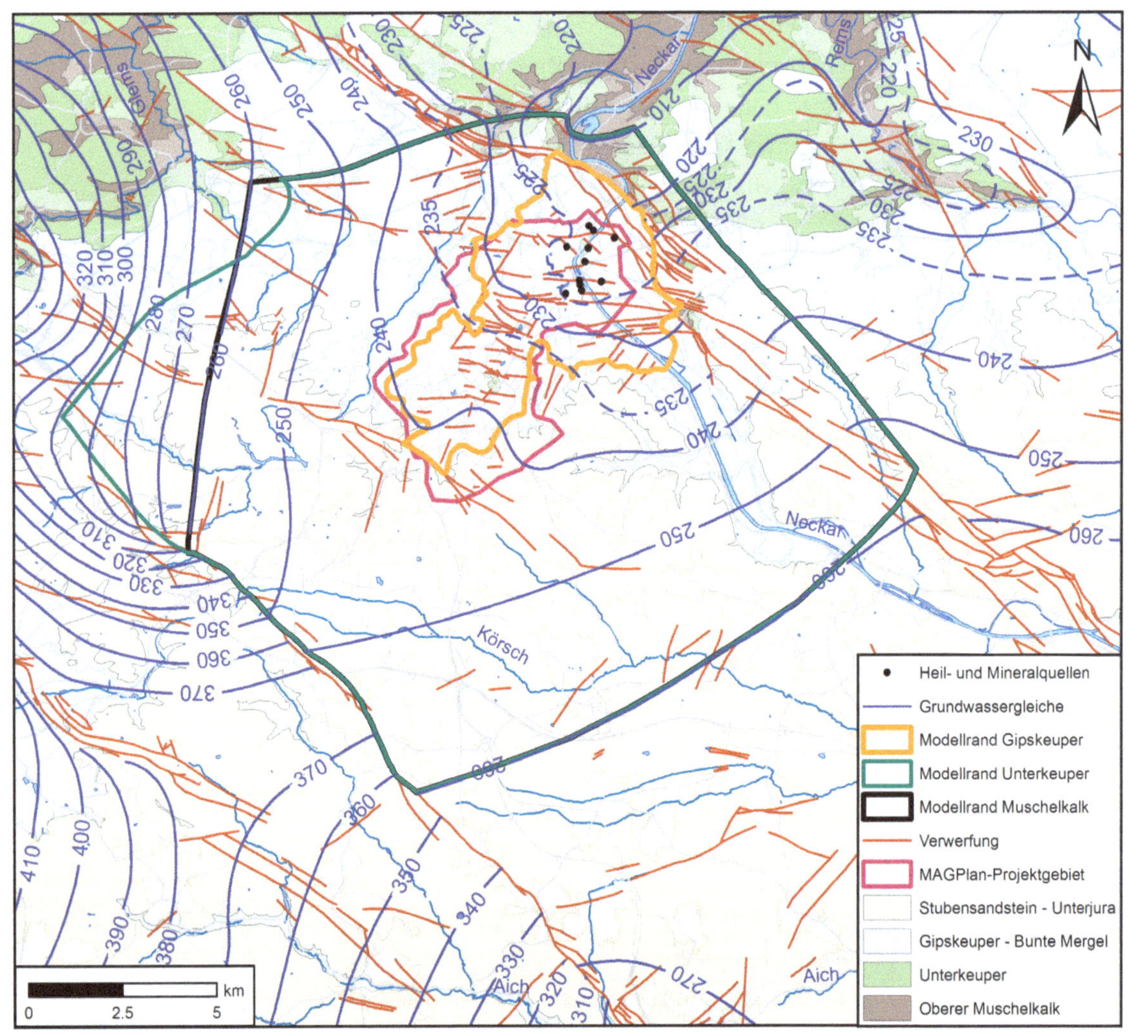

Abb. 8.1 Horizontale Ausdehnung des Modellgebiets im Gipskeuper, Unterkeuper und Muschelkalk.

8.1.2 Modellausdehnung

Die horizontale Modellausdehnung wurde entsprechend der hydrogeologischen Randbedingung ausgewählt. Dabei ist zu berücksichtigen, dass der Mineralwasseraquifer ein überregionaler Grundwasserleiter ist, dessen Einzugsgebiet weit über das Projektgebiet hinausreicht. Dagegen liegen die Einzugsgebiete der Gipskeuperstockwerke innerhalb des Projektgebietes. Die horizontale Ausdehnung des Grundwassermodells im Muschelkalk orientiert sich an der großräumigen Strömung und ist gemäß ◘ Abb. 8.1 abgegrenzt. Auf Grund der dichtenden Wirkung der Fildergrabenrandverwerfung im Südwesten ergibt sich eine zweigeteilte Zuströmung zu den Heil- und Mineralquellen. Der hautsächliche Zufluss findet von Westen in das Modellgebiet statt. Ein weiterer Zustrom liegt Neckar-parallel im Fildergraben vor (◘ Abb. 8.5).

Die Ausdehnung des Modellgebiets im Unterkeuper ist so gewählt, dass es das gesamte Einzugsgebiet des Nesenbachtales im Westen und Norden umfasst. Im Süden wird davon ausgegangen, dass sich die Grundwasserströmung des Unterkeupers an der des Muschelkalks orientiert.

Im Gipskeuper ist in den Hangbereichen des Untersuchungsraumes der Gips noch vollständig erhalten und führt damit kein Wasser. Der vergipste Bereich fällt näherungsweise mit dem Bereich zusammen, der durch den Schilfsandstein überdeckt ist, weshalb der Modellrand im Gipskeuper etwa dem Ausstrich des Schilfsandsteins (◘ Abb. 8.1) entspricht. Da aus dem vergipsten Bereich außerhalb des Modells kein nennenswerter oberirdischer Abfluss stattfindet, muss das aus diesem Bereich stammende unterirdische Wasser dem Gipskeuper über den Rand kaskadenartig in die einzelnen Grundwasserstockwerke zufließen. Im Modell erfolgt die Zugabe auf den Mittleren Gipshorizont. Entsprechend den vertikalen Durchlässigkeiten werden die darunter liegenden Aquifere mit Grundwasserneubildung alimentiert.

8.1.3 Horizontale, vertikale und zeitliche Diskretisierung

Für die Lösung der Strömungs- und Transportgleichung muss das Modellgebiet in diskrete Elemente unterteilt werden. Dabei wird der Finite-Differenzen-Ansatz verwendet, bei dem das Modellgebiet in horizontaler Richtung mit einem zeilen- und spaltenorientierten Modellnetz überzogen wird. In vertikaler Richtung erfolgt die Unterteilung in durchgängige Modellschichten. Somit entstehen quaderförmige Elemente. Innerhalb dieser diskreten Elemente sind alle Zustandsgrößen und Aquiferparameter konstant.

Die horizontale Diskretisierung wurde so gewählt, dass die LCKW-Fahnen innerhalb des Projektgebiets in einem

◘ **Tab. 8.1** Unterteilung der Modellschichten und Zuordnung zu den hydrogeologischen Einheiten

Hydrogeologische Einheit	Modellschichten	Aquifer	Mächtigkeit [m]	Bezeichnung
Quartär	1–2	1	2. Schicht: 2	q
Mittlerer Gipshorizont und Bleiglanzbank	3–4	2	2 × 18,5	MGH+BLS
Dunkelrote Mergel	5–6	3	2 × 8	DRM
Bochinger Horizont	7	4	5	BH
Grundgipsschichten	8–9	5	8. Schicht: max. 8 9. Schicht: 3 bis 15	GGS
Grenzdolomit	10	6	2	GD
Grüne Mergel	11		4	GM
Unterkeuper zwischen Lingula-Dolomit und Albertibank	12	7	10	LD+AD+AK+AB
Estherienschichten	13		6	ES-U
Trigonodusdolomit	14	8a	10	moTD
Oberer Muschelkalk	15	8b	60	moHHS
Hassmersheimer Schichten	16		8	moHS
Zwergfaunenschichten des Oberen Muschelkalks und oberer Teil des Mittleren Muschelkalks	17	8c	20	moLHS

q: Quartär, MGH: Mittlerer Gipshorizont, BLS: Bleiglanzbank, DRM: Dunkelrote Mergel, BH: Bochinger Horizont, GGS: Grundgipsschichten, GD: Grenzdolomit, GM: Grüne Mergel, LD: Lingula-Dolomit, AD: Anoplophora-Dolomit, AK: Anthrakonitbank, AB: Albertibank, ES-U: Estherienschichten des Unterkeuper, mo: Oberer Muschelkalk , HS: Hassmersheimer Schichten hoch aufgelösten Teilbereich liegen. Hier wurde das Modellgebiet in Quadrate mit 10 m Seitenlänge unterteilt. Außerhalb dieser Zone wurde die Modellzellbreite bzw. -länge bis auf 50 m vergröbert. Das so gewählte Modellgebiet besteht aus 1.049 Spalten und 682 Zeilen. Dies führt zu 715.418 Modellzellen je Modellschicht.

In vertikaler Richtung wurde das Modellgebiet in 17 Modellschichten unterteilt. Mit diesen 17 Modellschichten wurden die acht Aquifere berücksichtigt (Tab. 8.1).

Da die Schichtgrenze der zweiten Modellschicht auf der Basis des Quartärs liegt, sind die hydrogeologischen Einheiten oberhalb des Mittleren Gipshorizonts im Modell berücksichtigt. Allerdings werden hierfür dieselben hydraulischen Durchlässigkeiten angesetzt wie für den Mittleren Gipshorizont.

Für die Nachbildung der instationären Transportvorgänge der LCKW-Kontaminationen ist auch eine zeitliche Diskretisierung erforderlich. Die zeitliche Diskretisierung des Eintrags der LCKW-Verunreinigungen erfolgt auf Jahresbasis. Aus numerischen Gründen ist aber eine deutlich höhere zeitliche Auflösung der Transportsimulation notwendig, da die Strömungsgeschwindigkeiten insbesondere im Muschelkalkaquifer vergleichsweise hoch sind, wie dies auch anhand der Markierungsversuche nachgewiesen wurde. Für die Transportsimulation wird ein stationäres Strömungsfeld aus der Kalibrierung verwendet.

8.1.4 Gebirgsmodell und relevante Strukturen

Die Modellgeometrie basiert auf der Schichtlagerungskarte für die Grenze zwischen Gipskeuper und Unterkeuper (Abb. 2.10). Diese Grenze bildet die Unterkante der Grundgipsschichten und damit der 9. Modellschicht. Der Schichtverlauf ist durch zahlreiche Störungen geprägt, für die angenommen wird, dass diese über alle Modellschichten reichen. Ausgehend von der Unterkante der Grundgipsschichten wurde ein Gebirgsmodell erstellt, bei dem bis auf die Grundgipsschichten und das Quartär konstante Schichtmächtigkeiten angenommen wurden. Diese sind ebenfalls in Tab. 8.1 aufgeführt. Da die Mächtigkeiten der Grundgipsschichten von deren Auslaugungsgrad abhängen, wurden diese variabel entsprechend dem Hydrogeologischen Modell angesetzt. Bei vollständiger Auslaugung erreichen die Grundgipsschichten eine maximale Mächtigkeit von 8 bis 11 m. Unausgelaugt liegen die Mächtigkeiten bei max. 23 m. Auf Grund der zahlreichen Aufschlüsse und Baumaßnahmen in Stuttgart ist die Mächtigkeit des Quartärs gut bekannt. Da das Quartär aus bindigen Sedimenten und bereichsweise aus höher durchlässigem Bach- und Wanderschutt besteht, wurde dieses in zwei Modellschichten unterteilt. Aus diesen Informationen wurde gemäß Abb. 8.2 die Modellgeometrie aufgebaut. Die Mächtigkeiten der einzelnen Schichten sind in Tab. 8.1 zusammengestellt. Die Schichtverläufe wurden zunächst mit der Geländeoberkante verschnitten. Ausgehend von der Geländeoberkante wurde zusätzlich über die Mächtigkeit des Quartärs die Basis der 2. Modellschicht ermittelt und die Schichtgrenzen der hydrogeologischen Einheiten im Festgestein dort korrigiert, wo diese oberhalb der Quartärbasis liegen. In den Bereichen, in denen die oberen Festgesteinsschichten abgetragen sind, wurden Schichtmächtigkeiten von 0,1 m angesetzt, da die Schichten im Finite-Differenzen-Modell durchgehend definiert sein müssen (Abb. 8.2).

Im Rahmen des Hydrogeologischen Modells (▶ Kap. 6) wurde aus den Durchlässigkeitsinformationen an den zahlreichen Bohrpunkten die Verteilung der Durchlässigkeiten in den Grundwasserleitern erstellt (Abb. 6.14 bis 6.17). Diese wurden als Startwerte zu Beginn der Modellkalibrierung berücksichtigt und dann im Verlauf der Kalibrierung so modifiziert, dass eine bestmögliche Übereinstimmung zwischen gemessenen und berechneten Informationen (Piezometerhöhen und Transportdaten) vorliegt. Darüber hinaus wurden die Störungszonen mit einem gegenüber der Aquifermächtigkeit großen Versatzbetrag mit einer verringerten horizontalen Durchlässigkeit belegt. Dem liegt die Annahme zugrunde, dass die Grundwasserströmung durch den Versatz behindert wird. Die Lage dieser Störungszonen ist in Abb. 8.3 dargestellt. Die als hydraulisch wesentlich angesehenen Störungen sind die Birkenkopfverwerfung und die Schlossstörung (Abb. 8.3).

Neben der Annahme, dass die Störungen mit großem Versatz zu einer Umströmung der Störungszone führen kön-

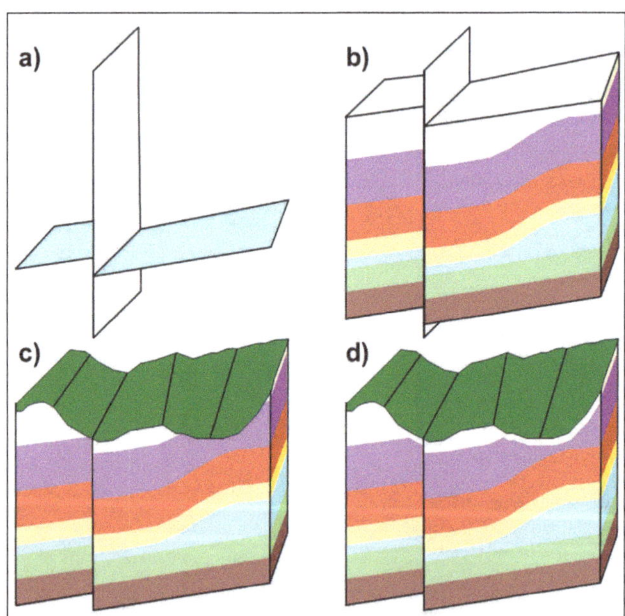

Abb. 8.2 Schematisierte Vorgehensweise beim dreidimensionalen Modellaufbau und Ermittlung der Schichtgrenzen a) Schichtgrenze mit Störung, b) 3D-Aufbau mit Schichtmächtigkeiten, c) Verschneiden mit Geländehöhe, d) Berücksichtigung Quartär.

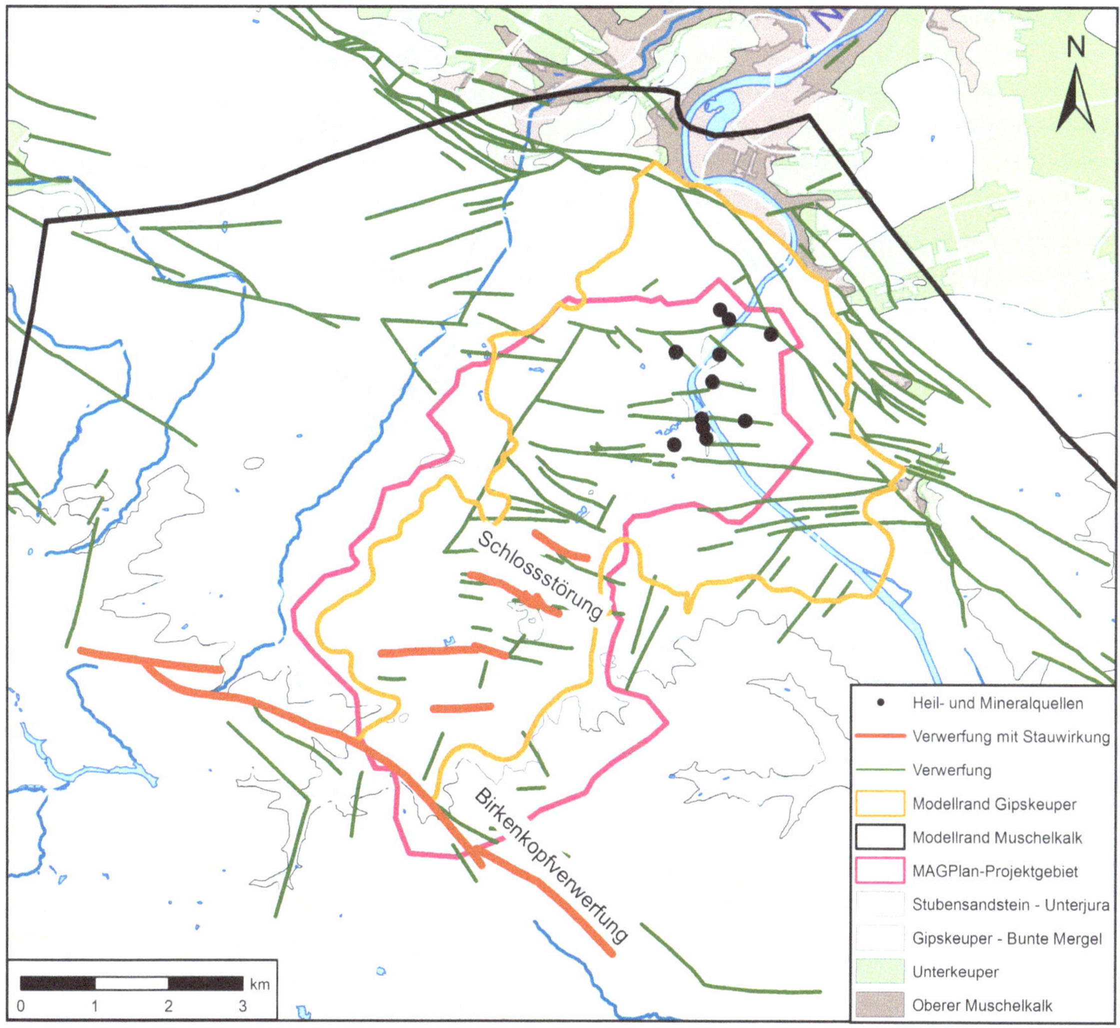

Abb. 8.3 Lage der Störungen mit verringerter horizontaler Durchlässigkeit im Grundwassermodell.

nen, wurde angenommen, dass Störungen potenziell auch eine vertikale Verbindung zwischen den Stockwerken ermöglichen können. Dies wird damit begründet, dass das Gebirge im Nahfeld der Störung zerrüttet werden kann und so zu einer verbesserten hydraulischen Interaktion führt. Die Störungsbereiche, in denen das der Fall sein kann, wurden im Rahmen der Kalibrierung unter Berücksichtigung der Piezometerhöhen oder der Konzentrationsverteilungen ermittelt. Eine vertikale hydraulische Verbindung tritt offensichtlich nur lokal in wenigen Störungsbereichen auf, da andernfalls die vorhandene Stockwerkstrennung aufgehoben wäre und das berechnete Strömungsbild nicht mehr mit dem beobachteten übereinstimmen würde.

Weiterhin wurden auf Grund von beobachteten Schadstoffverfrachtungen oder den Strömungsverhältnissen in den Klingen am Rand des Nesenbachtales bereichsweise erhöhte vertikale Durchlässigkeiten angenommen. Generell liegen keine Informationen zu den vertikalen Durchlässigkeiten vor, da bei den Pumpversuchen in der Regel keine stockwerksübergreifenden Reaktionen betrachtet worden waren.

8.2 Randbedingungen des Strömungsmodells

Mit den Randbedingungen im Strömungsmodell werden die Zu- und Abflüsse über die Modellränder und die externen Zu- und Abflüsse innerhalb des Modellgebiets definiert.

8.2.1 Grundwasserneubildung und Randzuflüsse im Gipskeuper

Die hauptsächliche Zuflusskomponente für den Gipskeuper und das Quartär ist die Grundwasserneubildung aus Niederschlag. Diese wurde anhand des Verfahrens nach DVWK (1996) bestimmt.

Die Grundwasserneubildung wurde für das oberirdische Einzugsgebiet des Nesenbachtales und der Hangbereiche des Neckartales, die in das Quartär innerhalb des Modellgebiets entwässern, ermittelt. Da der Gipskeuper im Nesenbachtal in etwa am Ausstrich des Schilfsandsteins bis in die Talmitte wasserführend ist, gibt es entlang des Modellrandes Teileinzugsgebiete, die unterirdisch in den Gipskeuper entwässern. Dieser Zufluss entspricht der Grundwasserneubildung auf der jeweiligen Teileinzugsgebietsfläche.

Die mittlere Grundwasserneubildung im Modellgebiet und die Zuflussraten der Teileinzugsgebiete am Gipskeuperrand sind in ▫ Abb. 8.4 und ▫ Tab. 8.2 dargestellt. Danach findet im Mittel eine Grundwasserneubildung von 95 l/s direkt auf das Modellgebiet statt. Über die angrenzenden oberirdischen Teileinzugsgebiete ergibt sich ein zusätzlicher unterirdischer Zufluss von 38 l/s. In der ▫ Tab. 8.2 sind die Zuflüsse der einzelnen oberirdischen Einzugsgebiete zusammengestellt.

8.2.2 Randbedingungen an den Modellrändern

Das Quartär im Nesenbachtal hat eine horizontale Ausdehnung wie der Gipskeuper. Da dies auch die Hangbereiche des Nesenbachtales umfasst, ist hier auf Grund der Hochlage keine Wasserführung im Quartär vorhanden. Im Nesenbachtal weisen lediglich die zentralen Rinnen mit mächtigem Bach- und Wanderschutt eine Wasserführung auf. Die quartären Talkiese im Neckartal sind dagegen vollständig wassererfüllt. Am südlichen und nördlichen Rand ist eine Festpotenzialrandbedingung definiert.

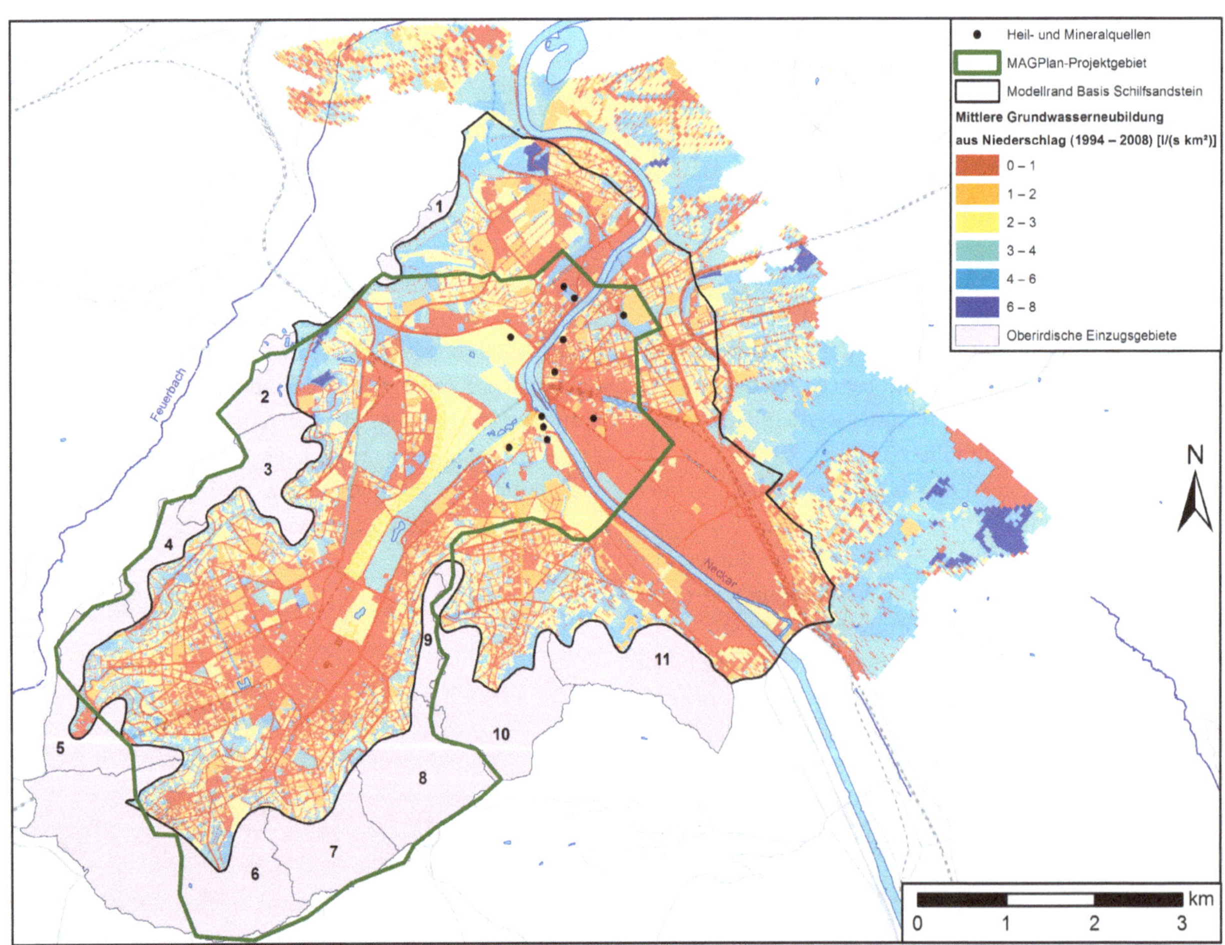

▫ **Abb. 8.4** Verteilung der mittleren Grundwasserneubildung und Lage der oberirdischen Einzugsgebiete mit Randzufluss in den Gipskeuper.

Tab. 8.2 Zuflussraten von den oberirdischen Einzugsgebieten in den Gipskeuper

Einzugsgebiet	Zufluss pro Gebiet [l/s]
1	0,4
2	1,3
3	2,4
4	1,2
5	3,0
6	9,3
7	2,9
8	3,1
9	0,4
10	3,9
11	9,6
Summe Zufluss [l/s]:	37,5

Die Modellabgrenzung erfolgt im Keuper so, dass dessen gesamtes unterirdisches Einzugsgebiet abgedeckt ist. Im Grenzdolomit und im Unterkeuper ist daher ein undurchlässiger Rand angesetzt. Die Abgrenzung des Modellgebiets im Muschelkalk wurde so gewählt, dass der westliche und südliche Zustrom abgebildet wird. Dieser Zustrom wurde mithilfe einer Leakagerandbedingung implementiert. Dabei werden die Piezometerhöhen im Modell auf einen aus Messungen abgeleiteten Grundwasserstand von 260 m+NN eingestellt. Entlang der südwestlichen Fildergrabenrandverwerfung ist ein undurchlässiger Rand angenommen. Ebenso ist der nordöstliche Modellrand undurchlässig, da dieser einer angenommenen Randstromlinie folgt. Der nördliche Abstrom wird über eine Leakagerandbedingung simuliert (Abb. 8.5).

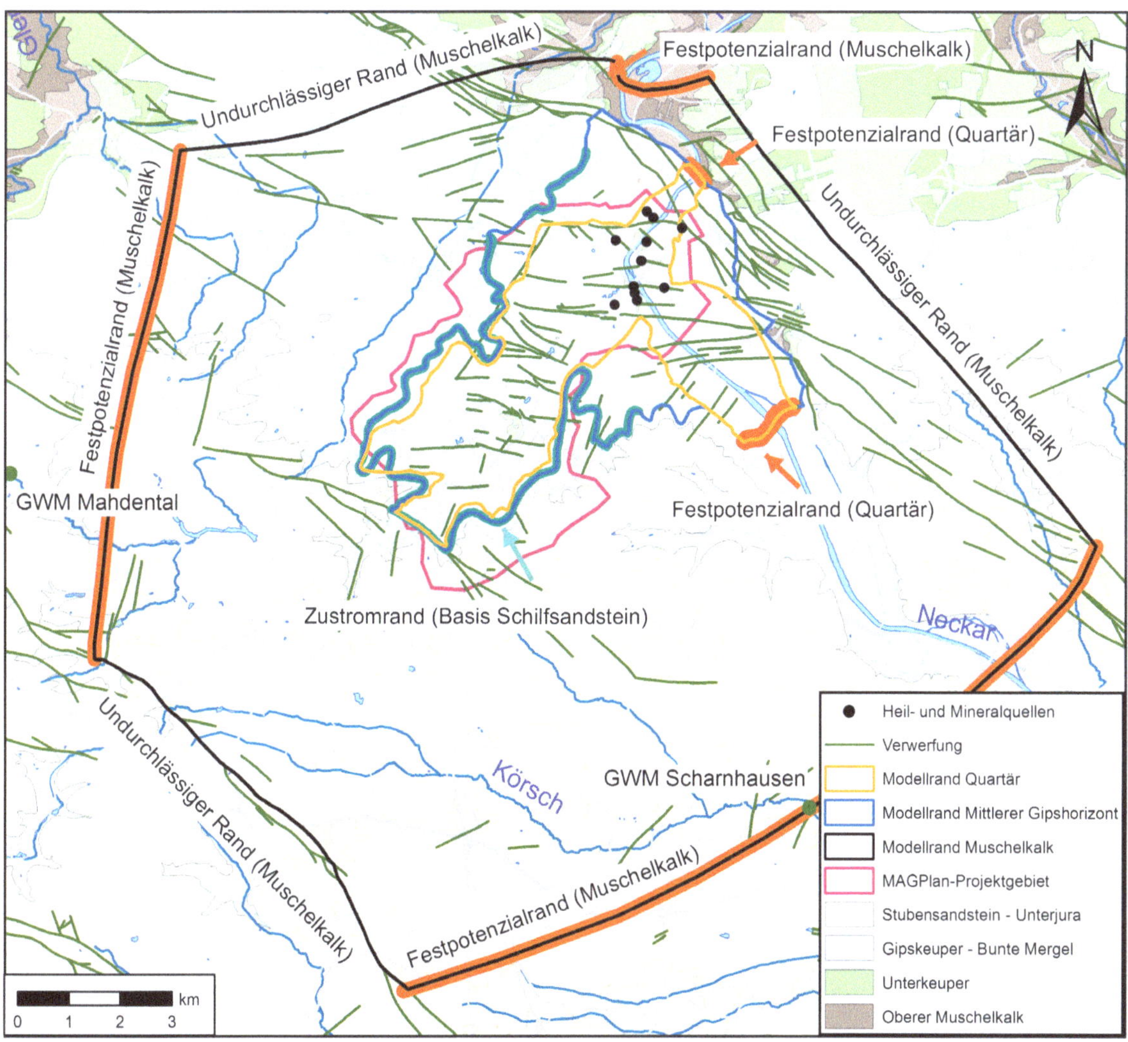

Abb. 8.5 Randbedingungen im Muschelkalk, Unterkeuper, Gipskeuper und Quartär.

8.2.3 Grundwasserentnahmen, Mineralquellen und Gewässer

Neben den Randbedingungen an den Modellrändern müssen noch die internen Randbedingungen definiert werden. Dazu zählen:

- Heil- und Mineralquellen: Der Abfluss aus den Mineral- und Heilquellen wird als Drainagerandbedingung simuliert. Dies ist eine Leakagerandbedingung, über die nur ein Abfluss erfolgen kann.
- Neckar: Der Neckar ist das einzige relevante Fließgewässer im Modellgebiet. Der Austausch mit dem Neckar wird als Leakagerandbedingung simuliert.
- Entnahmen: Im Modellgebiet liegen sowohl Entnahmen im Muschelkalk als auch Entnahmen im Keuper vor. Diese werden als Entnahmebrunnen simuliert.
- Abwasserkanäle im Stadtgebiet: Zahleiche Abwasserkanäle liegen im Einflussbereich des Grundwassers. Da diese teilweise Wasser aufnehmen, werden sie als Leakagerandbedingung simuliert.

Die Lagen der Mineralquellen, der Brunnen mit Entnahmen aus dem Muschelkalk und der Abwasserkanäle, die Grundwasser aufnehmen, sind in Abb. 8.6 dargestellt.

8.3 Kalibrierung der Grundwasserströmung und Ergebnisse

8.3.1 Vorgehensweise

Bei der Kalibrierung eines Grundwassermodells wird durch Variation der unbekannten Systemgrößen eine bestmögliche Übereinstimmung zwischen gemessenen und berechneten Zielgrößen erreicht. In der Strömungskalibrierung werden so u. a. die horizontalen und vertikalen Durchlässigkeiten sowie die speicherwirksamen Hohlraumanteile ermittelt. Basierend auf den Ergebnissen des Hydrogeologischen Modells werden die horizontalen Durchlässigkeitsstrukturen innerhalb der Bandbreiten der gemessenen Werte variiert. Für die vertikalen Durchlässigkeiten stehen kaum Messwerte zur Verfügung (▶ Kap. 8.1.4). Im Gipskeuper sind die Ergiebigkeiten zu gering, um Reaktionen in den benachbarten hydrogeologischen Einheiten zu erhalten. Lediglich aus einem Großpumpversuch, der in Zusammenhang mit der Erkundung für das Großprojekt Stuttgart 21 durchgeführt wurde, sind Strukturen und lokale vertikale Durchlässigkeiten ableitbar. Diese wurden in die vorliegende Modellierung übernommen. Da keine detaillierte instationäre Strömungskalib-

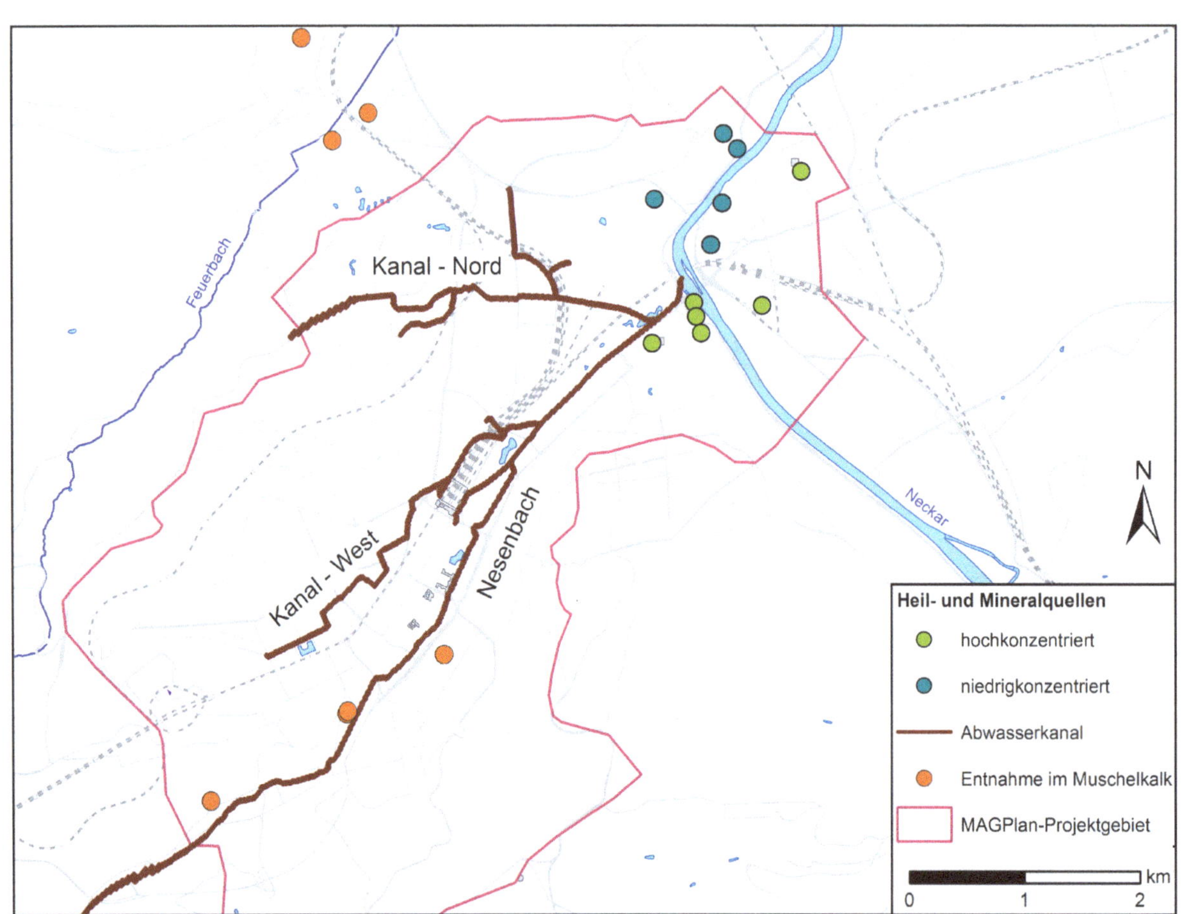

Abb. 8.6 Lage der Mineralquellen, der Brunnen mit Entnahmen aus dem Muschelkalk und der Abwasserkanäle, die Grundwasser aufnehmen.

rierung durchgeführt wurde, wurden die speichernutzbaren Hohlraumanteile entsprechend dem Hydrogeologischen Modell bzw. den Modelluntersuchungen für das Großprojekt Stuttgart 21 übernommen (Lang 2006).

Als Zielgrößen stehen die Piezometerhöhen im Modellgebiet und die Abflüsse an den Mineral- und Heilquellen zur Verfügung. Für die übrigen Abflusskomponenten (Austausch zwischen Keuper bzw. Quartär und dem Neckar oder Abstrom in die Abwasserkanäle) stehen keine Messinformationen zur Verfügung. Die Mineralwasseraufstiege in den Neckar wurden über den Temperaturunterschied des aufsteigenden Mineralwassers und des Neckars abgeschätzt (Armbruster et al. 1998).

Die Kalibrierung der Durchlässigkeiten erfolgte zunächst über den Vergleich gemessener und berechneter Piezometerhöhen. Da die Durchlässigkeitsstrukturen und insbesondere die vertikalen Austauschraten zwischen den hydrogeologischen Einheiten den Transport von Wasserinhaltsstoffen steuern, war es jedoch erforderlich, die Durchlässigkeitsstrukturen im Rahmen der Kalibrierung des LCKW-Transportmodells weiter anzupassen.

8.3.2 Bedeutung der Aquiferstrukturen

Die Strukturen der horizontalen und vertikalen Durchlässigkeitsverteilungen bestimmen maßgeblich den Stofftransport. So sind beispielsweise im Abstrom des Standorts Dornhaldenstraße 5 die vertikalen Durchlässigkeiten so angepasst worden, dass die vertikale Verlagerung der Schadstoffe aus dem Gipskeuper bis in den Muschelkalk entsprechend den Beobachtungen erfolgt. ◘ Abb. 8.7 verdeutlicht die Vertikalverlagerung von Stoffen im südlichen Untersuchungsraum. Dabei wurde das Grundwasser im Bereich des Standorts Dornhaldenstraße 5 mit einer Konzentration von 1,0 belegt und über eine Transportberechnung die Verlagerung dieses markierten Wassers aus dem Standort analysiert. Der Übergang von Wasser aus dem Unterkeuper in den Muschelkalkaquifer erfolgt hauptsächlich an Störungszonen. So weist die Störungszone westlich des Marienplatzes eine erhöhte vertikale Durchlässigkeit in den Estherienschichten (Unterkeuper) auf. Durch den Übertritt von Wasserinhaltsstoffen aus dem Keuper setzt sich ab hier im Muschelkalk eine Fahne fort.

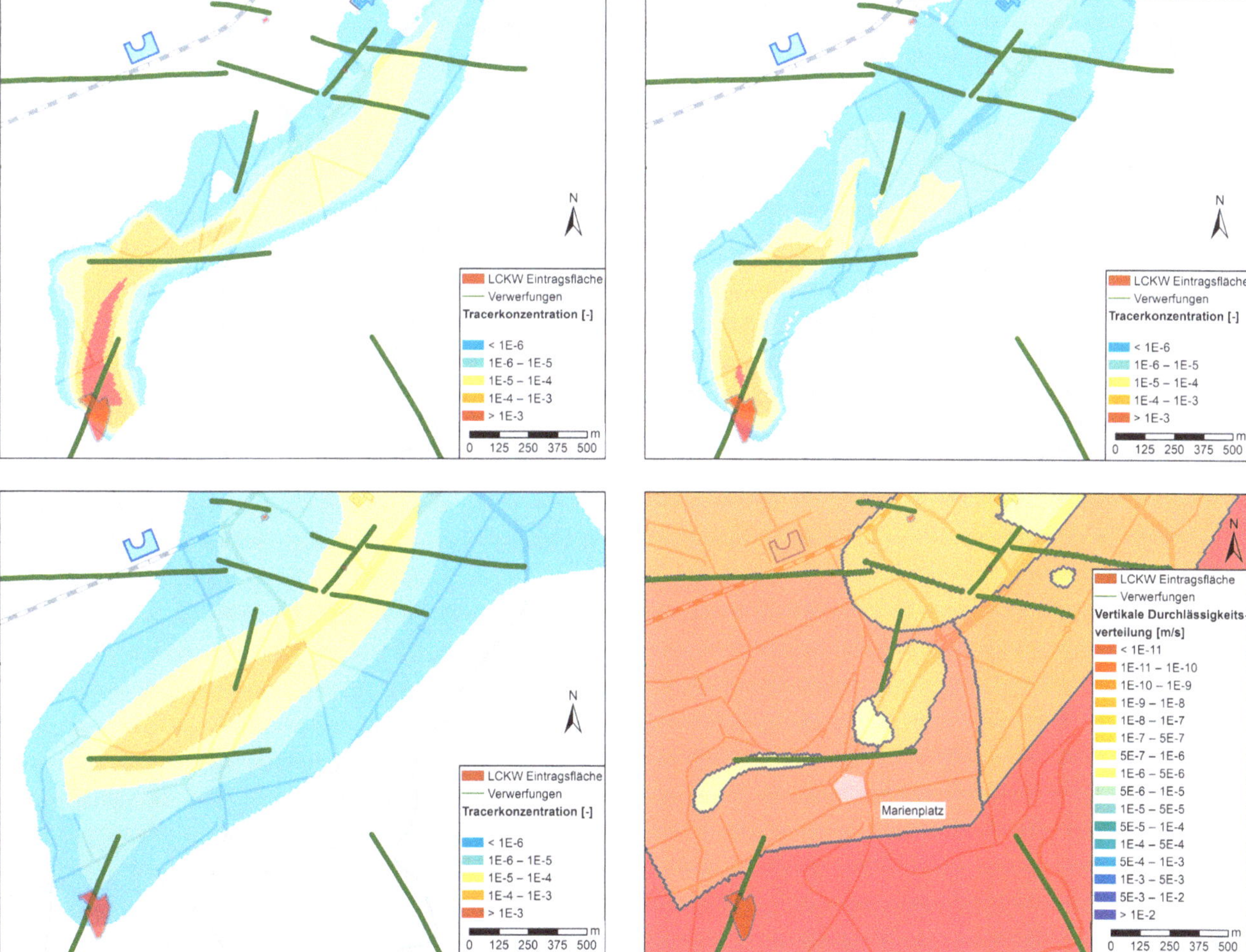

◘ **Abb. 8.7** Ausbreitung von Wasserinhaltsstoffen im südlichen Modellgebiet und vertikale Verlagerung infolge der Durchlässigkeitsverhältnisse (links oben Grenzdolomit, rechts oben Unterkeuper, links unten Trigonodusdolomit, rechts unten vertikale Durchlässigkeitsverteilung in den Estherienschichten).

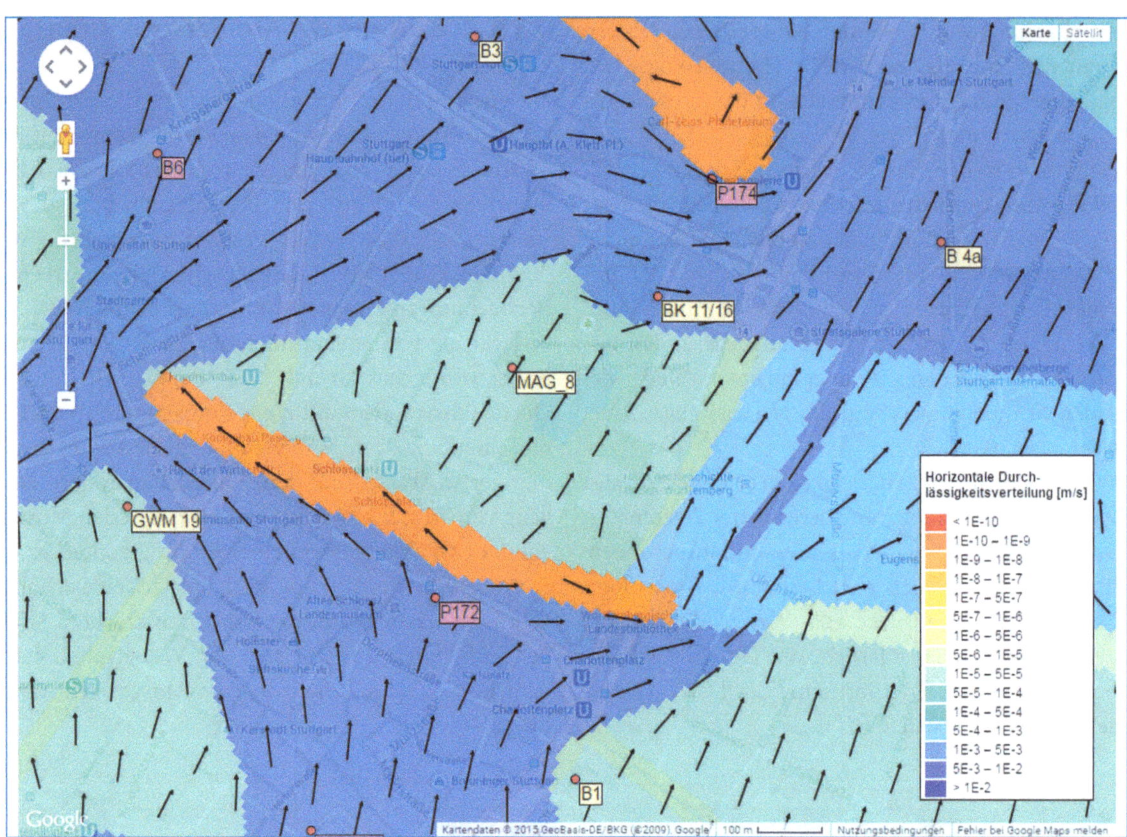

Abb. 8.8 Berechnete Strömungsvektoren und horizontale Durchlässigkeitsverteilung im Trigonodusdolomit im Bereich der Schlossstörung.

Neben der Möglichkeit einer erhöhten vertikalen Wegsamkeit kann sich durch den Vertikalversatz einzelner Störungen (z. B. im Bereich des Schlossplatzes, siehe Abb. 8.8) aber auch eine Trennwirkung in horizontaler Richtung ausbilden. Im Bereich der Messstelle P 172 führt die dort vorhandene Schlossstörung zu einer Umströmung, wie die Strömungsvektoren in Kombination mit der Durchlässigkeitsstruktur im Trigonodusdolomit aufzeigen (Abb. 8.8).

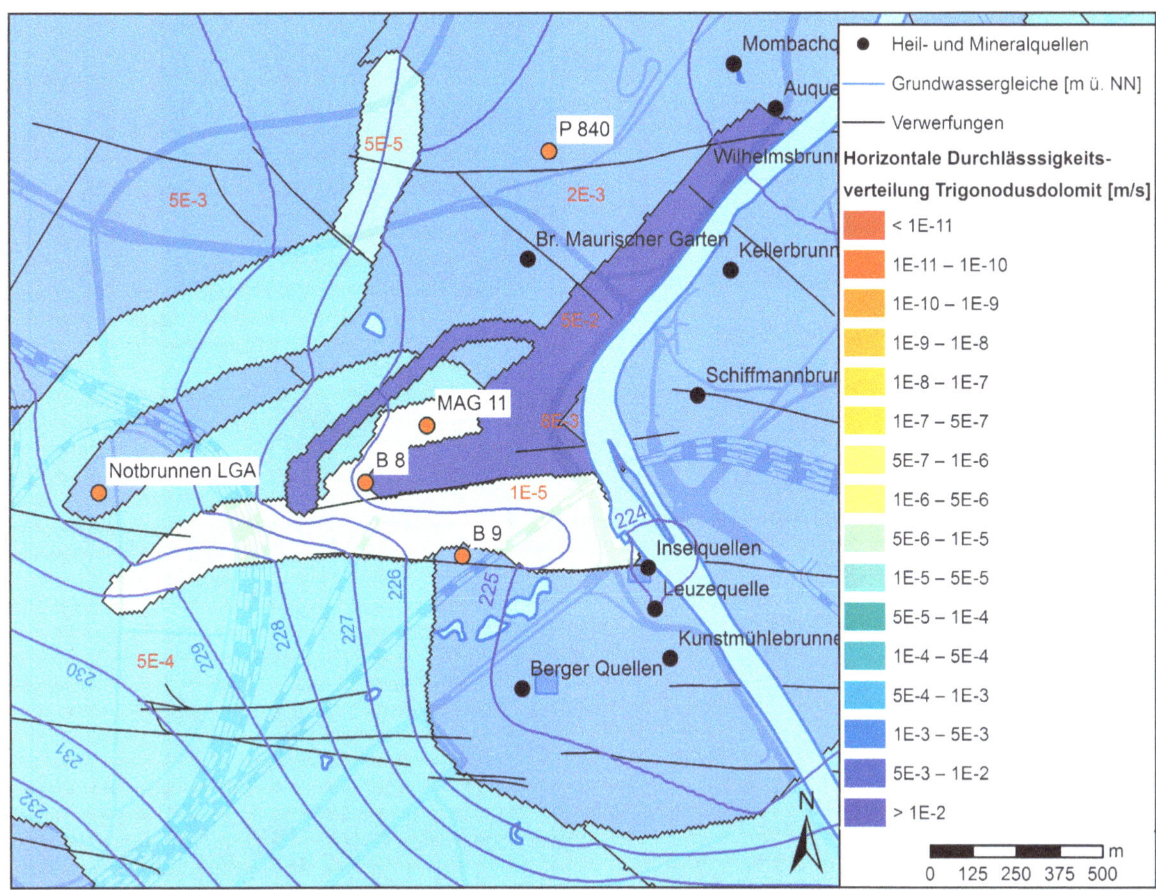

■ **Abb. 8.9** Durchlässigkeitsstruktur und Piezometerhöhen im Bereich der Messstellen B 8 und MAG 11.

Die Kombination von Strömungsinformationen aus Grundwasserständen und Markierungsversuchen erfordert im Modell die Annahme lokaler Durchlässigkeitsstrukturen, die sich nicht unbedingt an bekannten Störungen orientieren. Die Nachbildung eines vergleichsweise tiefen Grundwasserstands in der Messstelle B 8, der in etwa dem Vorflutniveau des Neckars entspricht, verlangte hier eine hoch durchlässige Zone im Modell, die das Vorflutniveau bis zur B 8 überträgt. Benachbarte Messstellen mit hohen Grundwasserständen weisen darauf hin, dass dies eine singuläre Struktur, z. B. infolge der zunehmenden Verkarstung des Muschelkalks hin zum Quellbereich, ist. Gestützt wird diese Annahme durch die Ergebnisse des Markierungsversuchs an der Messstelle MAG 11, der eine Zuströmung sowohl zum hoch- als auch niederkonzentrierten Quellsystem aufgezeigt hat. Diese Karststrukturen weisen in der Natur Querschnitte von einigen Dezimetern auf. Im Modell kann eine solche Struktur mit der Modelldiskretisierung von 10 ×10 m nur näherungsweise abgebildet werden (■ Abb. 8.9). Bei der Nachbildung des Stofftransports führt die näherungsweise Nachbildung dieser kleinräumigen Karststurkturen im gröberen Modellgitter zu einer stärkeren künstlichen Vermischung von Wasserinhaltsstoffen (■ Abb. 8.9).

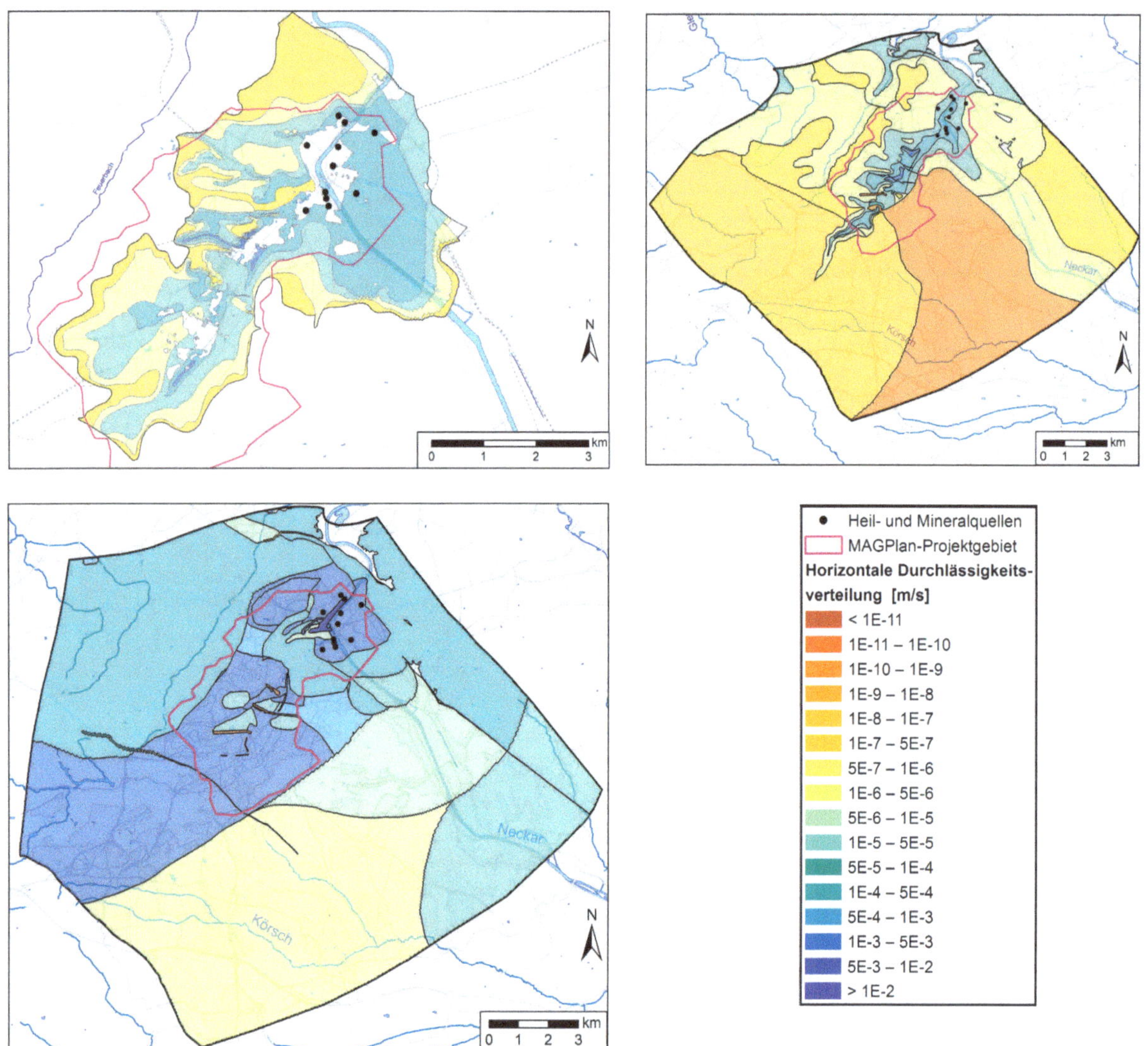

Abb. 8.10 Verteilungen der horizontalen Durchlässigkeiten im Bochinger Horizont (links oben), im Unterkeuper ohne Grenzdolomit und Grüne Mergel (rechts oben) und im Trigonodusdolomit (links unten).

8.3.3 Horizontale und vertikale Durchlässigkeitsverteilungen

Ziel der Kalibrierung war, die Durchlässigkeitsstrukturen zu ermitteln, mit denen sich die Strömungs- und Transportverhältnisse im Untersuchungsgebiet bestmöglich nachbilden lassen. Beispielhaft sind in Abb. 8.10 die Verteilungen der horizontalen Durchlässigkeiten im Bochinger Horizont, im Unterkeuper (ohne Grüne Mergel und Grenzdolomit) und im Trigonodusdolomit dargestellt. Zum Vergleich mit den aus Messwerten abgeleiteten Durchlässigkeitsstrukturen zeigt sich, dass diese im Keuper meist nur lokal verändert wurden. Die großräumigen Strukturen konnten im Rahmen der Modellkalibrierung beibehalten werden. Im Trigonodusdolomit wurden durch die Kalibrierung die aus dem Hydrogeologischen Modell bekannten Durchlässigkeitsverteilungen verfeinert. Insbesondere wurde den dichtend wirkenden Störungszonen gesonderte Durchlässigkeiten zugewiesen (Abb. 8.10).

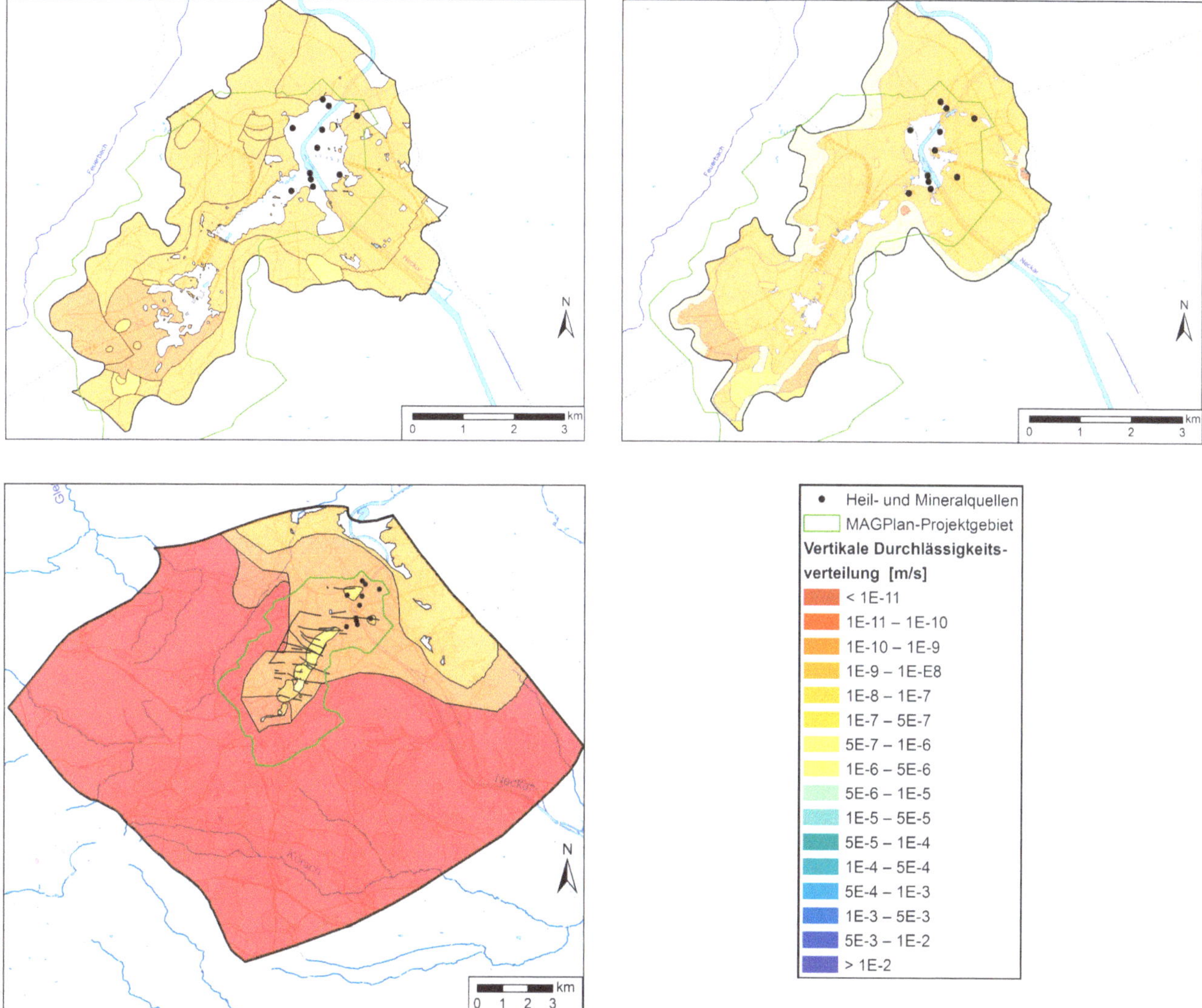

Abb. 8.11 Verteilungen der vertikalen Durchlässigkeiten in den Dunkelroten Mergeln (links oben), den Grundgipsschichten (rechts oben) und den Estherienschichten (links unten).

Die Bestimmung der vertikalen Durchlässigkeiten im Rahmen der Modellkalibrierung orientiert sich in den Grundgipsschichten vor allem am Grad der Auslaugung. Dies führt dazu, dass im Bereich aktueller Gipsauslaugung, der sich meist am Hangfuß des Nesenbachtales befindet, die größten vertikalen Durchlässigkeiten vorliegen. Im zentralen Nesenbachtal sind vergleichsweise kleine vertikale Durchlässigkeiten zu finden. In den übrigen Geringleitern wurden die vertikalen Durchlässigkeiten so angepasst, dass gleichzeitig die Piezometerhöhen und die aus den LCKW-Messwerten abgeleiteten lokalen vertikalen Verbindungen nachgebildet werden konnten. Hieraus ergaben sich die in Abb. 8.11 dargestellten vertikalen Durchlässigkeiten für die Dunkelroten Mergel, die Grundgipsschichten und die Estherienschichten (Unterkeuper). In den Estherienschichten finden sich erhöhte vertikale Durchlässigkeiten entlang der Talweglinie des Nesenbachtales. Aus den lokalen Bereichen erhöhter vertikaler Durchlässigkeit ergibt sich eine Schadstoffverlagerung aus dem Unterkeuper in den Trigonodusdolomit (Abb. 8.11).

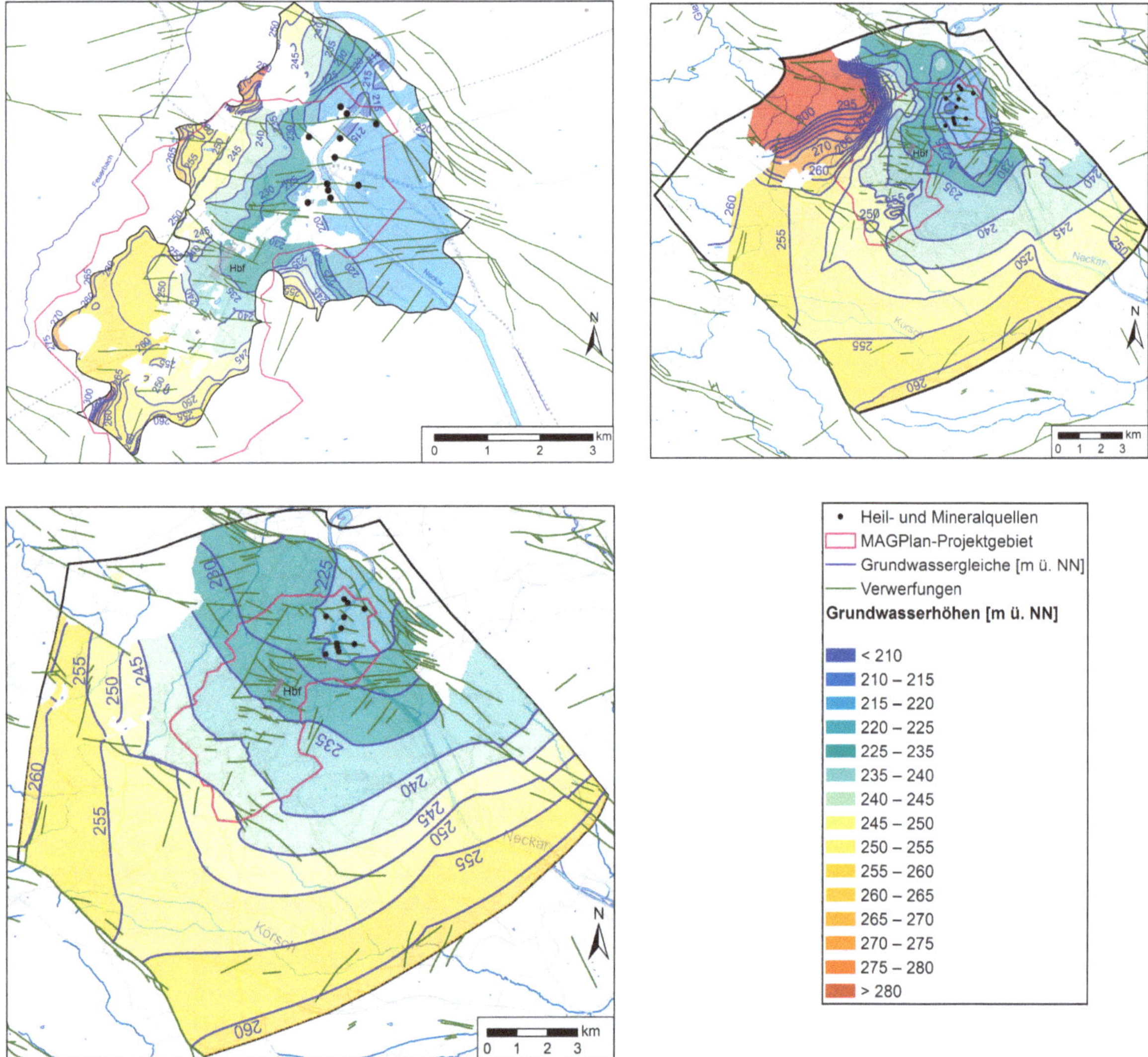

Abb. 8.12 Verteilungen der Piezometerhöhen im Bochinger Horizont (links oben), im Unterkeuper ohne Grenzdolomit und Grüne Mergel (rechts oben) und im Trigonodusdolomit mit Abgrenzung der Auf- und Abstiegsbereiche im Trigonodusdolomit (links unten).

8.3.4 Piezometerhöhenverhältnisse

Die mit dem Grundwassermodell berechneten Piezometerhöhen und die aus dem Piezometerhöhengradienten in Kombination mit den Durchlässigkeiten resultierenden Geschwindigkeiten sind die Grundlage für die Simulation des Transports von Wasserinhaltsstoffen. Beispielhaft sind die Isolinien der Piezometerhöhen im Bochinger Horizont, im Unterkeuper (ohne Grüne Mergel und Grenzdolomit) und im Trigonodusdolomit in Abb. 8.12 dargestellt. Während sich der Druckspiegel im Gipskeuper näherungsweise an der Morphologie des Nesenbachtales orientiert, zeigt die Grundwasserströmung im Trigonodusdolomit eine zweigeteilte Zuströmung zu den Heil- und Mineralquellen. Das Grundwasser im Bochinger Horizont wird in den Randbereichen von den darüber liegenden Gipskeuperschichten und dem Randzufluss alimentiert. Die Grundwasserströmung zeigt hier meist auf die Talachse hin. Im zentralen Nesenbachtal folgt die Grundwasserströmung der Talweglinie. Die vertikalen Piezometerhöhenunterschiede sind am Talrand am größten, wobei die Grundwasserströmung dort immer nach unten gerichtet ist. Dies wird auch aus den Piezometerhöhenverläufen im vertikalen Schnitt (Abb. 8.13) deutlich. Im Hangbereich bestehen vertikale Piezometerhöhenunterschiede zwischen dem Bochinger Horizont und dem Unterkeuper von bis zu 10 m, im zentralen Nesenbachtal sind diese hingegen nur noch gering. Im Trigonodusdolomit ist die hydraulische Wirkung der dichtenden Störungszonen deutlich erkennbar. Zwischen der Birkenkopfverwerfung und dem Quellgebiet fällt die Druckfläche des Muschelkalks an den

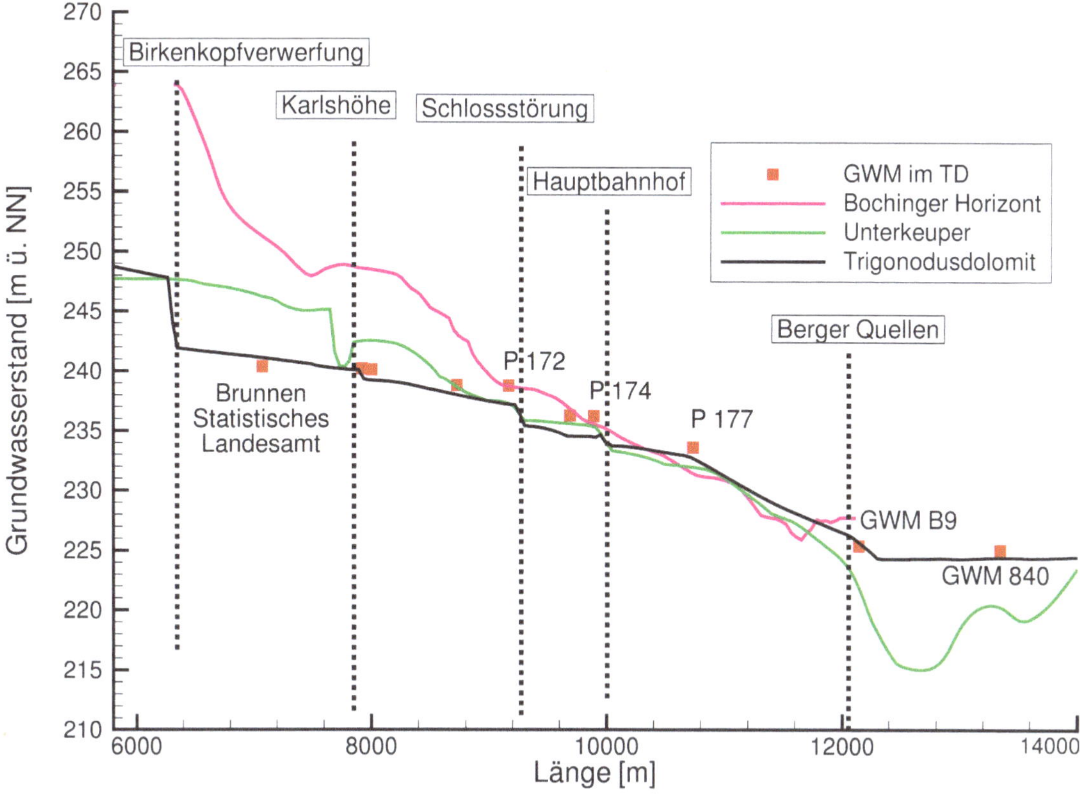

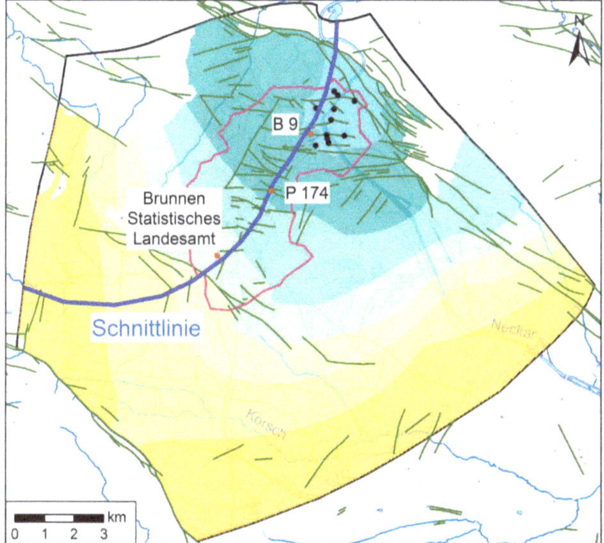

Abb. 8.13 (oben und unten) Piezometerhöhen im Bochinger Horizont, dem Unterkeuper (ohne Grenzdolomit und Grüne Mergel) und dem Trigonodusdolomit im vertikalen Schnitt.

Störungen treppenförmig ab. Bis zum Hauptbahnhof weist der Trigonodusdolomit im Schnitt tiefere Piezometerhöhen als die hangenden Schichten auf, d. h. es bestehen absteigende Druckverhältnisse. Vom Hauptbahnhof bis zu den Mineral- und Heilquellen sind im Trigonodusdolomit gegenüber dem Hangenden höhere Piezometerhöhen zu finden, d. h. es bestehen aufsteigende Druckverhältnisse. Die Grenze zwischen Gebieten mit aufsteigenden und absteigenden Druckverhältnissen verläuft vom Hauptbahnhof in etwa entlang des westlichen Randes des Rosensteinparks bis zum Hangbereich des Neckartales (Abb. 8.12 und Abb. 8.13).

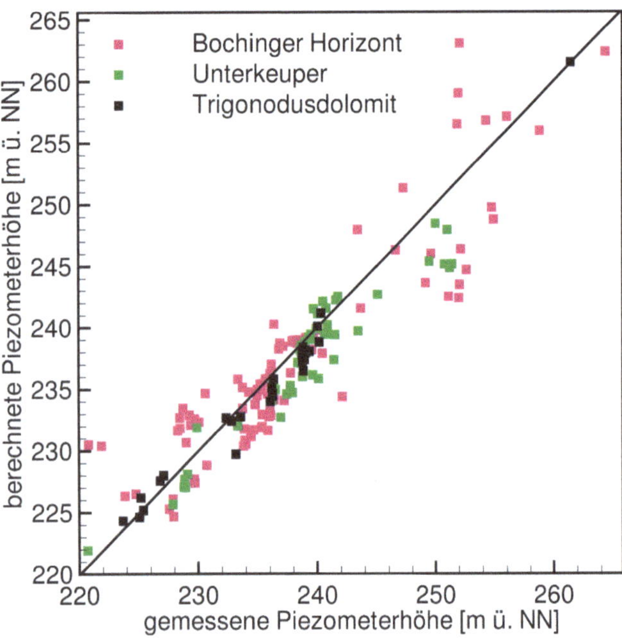

Abb. 8.14 Vergleich zwischen gemessenen und berechneten Piezometerhöhen im Modellgebiet.

Die Güte der Modellkalibrierung lässt sich aus dem Vergleich zwischen gemessenen und berechneten Piezometerhöhen ableiten. Hierfür standen ca. 300 Messwerte aus dem Gipskeuper, ca. 60 Messwerte aus dem Unterkeuper und 30 Werte aus dem Trigonodusdolomit zur Verfügung. Trägt man die beobachteten gegen die berechneten Piezometerhöhen auf, so ergibt sich der in Abb. 8.14 dargestellte Zusammenhang. Bei vollständiger Übereinstimmung zwischen gemessenen und berechneten Werten würden die Wertepaare auf der Winkelhalbierenden liegen. Wie die Auswertung zeigt, streuen die Wertepaare um die Winkelhalbierende, so dass nicht von einem systematischen Unterschied zwischen gemessenen und berechneten Piezometerhöhen auszugehen ist. Da im Gipskeuper die Strömungsverhältnisse insbesondere in den Hangbereichen des Nesenbachtales auch von der Morphologie des Geländes abhängen, sind hier die größten Piezometerhöhenunterschiede mit dem Modell abzubilden. Naturgemäß treten dort auch die größten Unterschiede zwischen Messung und Rechnung auf. Dies zeigt auch Tab. 8.3.

Neben der Auswertung des Kalibrierungsergebnisses ist in Tab. 8.3 auch noch die relative Abweichung zum Beginn der Kalibrierung eingetragen. Dabei wurden die Durchlässigkeitsstrukturen aus dem Hydrogeologischen Modell zu Grunde gelegt. Hieraus ist ersichtlich, dass die Interpretation der Durchlässigkeiten im Hydrogeologischen Modell auf Grund der gemessenen Daten die Grundwasserströmungsverhältnisse nur sehr bedingt wiedergeben. Mit einer umfangreichen Kalibrierung wird die Anpassungsgüte des Modells maßgeblich verbessert.

8.3.5 Grundwasserbilanzen

Mit Hilfe des Grundwassermodells wurde die stationäre Wasserbilanz im Modellgebiet ermittelt (Abb. 8.15). Das Quartär und der Gipskeuper erhalten ihre Zuflüsse über die lokale Grundwasserneubildung und die unterirdische Zuströmung von Neubildungswasser aus dem oberirdischen Einzugsgebiet der Talhänge des Nesenbach- und Neckartales. In der Summe beträgt dieser Zufluss entsprechend den Abschätzungen aus dem Hydrogeologischen Modell 54 l/s. Wertet man die Zu- und Abflüsse im Muschelkalkaquifer aus, so zeigt sich, dass ca. 100 l/s vom Unterkeuper in den Trigonodusdolomit absteigen. Der größte Teil des Grundwasserzuflusses im Muschelkalk erfolgt allerdings über die Modellränder. Über den westlichen Modellrand fließen vom Ausstrich des Muschelkalks, dem hauptsächlichen Neubildungsgebiet, 756 l/s zu. Der südliche, Neckar-parallele Zustrom über den Fildergraben beträgt 88 l/s. Die Schüttung der Mineral- und Heilquellen summiert sich auf 225 l/s. Über direkte Aufstiege von Muschelkalkwasser in den Neckar fließen 239 l/s im Bereich der Tiefscholle ab. Nördlich der Fildergrabenrandverwerfung liegt der Muschelkalk direkt unter dem Neckarquartär und der Neckar ist bereichsweise an den Muschelkalk angeschlossen. Hier fließen weitere 205 l/s aus dem Muschelkalk in den Neckar. Der Abfluss über

Tab. 8.3 Mittlerer Unterschied zwischen gemessenen und berechneten Piezometerhöhen im Modellgebiet

Hydrogeolog. Einheit	Mittlere absolute Abweichung [m]	Piezometerhöhen-differenz [m]	Relative Abweichung nach der Kalibrierung [%]	Relative Abweichung zum Beginn der Kalibrierung [%]
Quartär und Gipskeuper (MGH, DRM, BH)	3,07	113,20	2,71	5,80
Unterkeuper	1,80	96,30	1,87	5,06
Muschelkalk	1,07	37,80	2,83	6,59

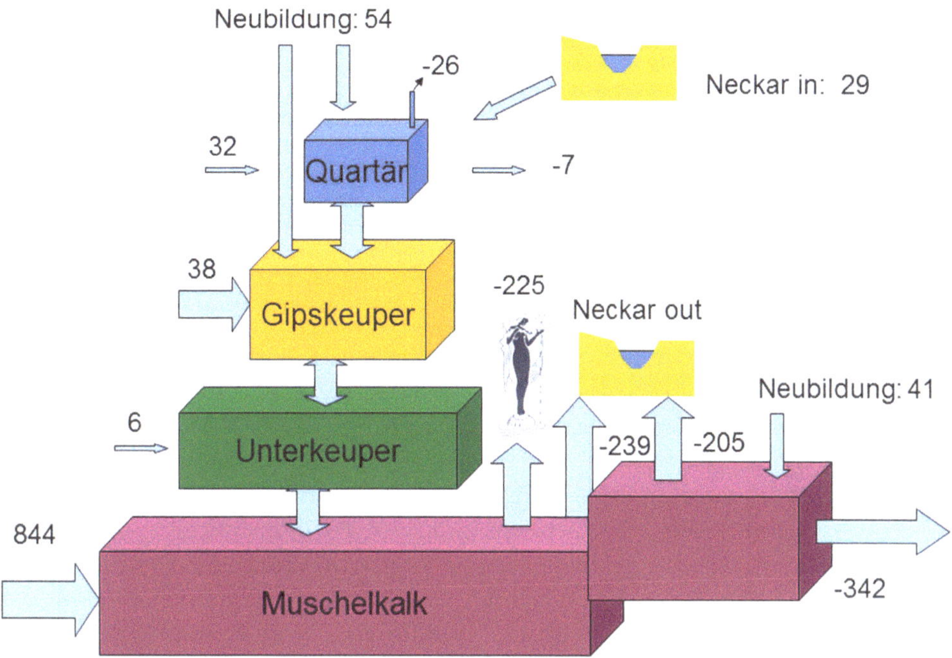

Abb. 8.15 Stationäre Wasserbilanz für das Strömungsmodell, Angaben in l/s.

den nördlichen Festpotenzialrand im Muschelkalk beträgt 342 l/s. Summiert man alle Zuflüsse auf, so ergibt sich im numerischen Modell ein Wasserumsatz in Höhe von 1.044 l/s. Dieser Umsatz entspricht auch der Summe der Abflüsse (Abb. 8.15).

8.3.6 Sensitivitätsstudie

Die Erkenntnisse aus der umfangreichen Kalibrierung des Strömungsmodells mit über 100 Varianten der Durchlässigkeitsverteilungen, die innerhalb des Kalibrierungsprozesses untersucht wurden, lassen eine Sensitivitätsanalyse zu. Danach spielen die vertikalen Durchlässigkeiten eine entscheidende Rolle für die gesamten Strömungsverhältnisse im Keuper des Nesenbachtales. Insbesondere die vertikalen Durchlässigkeiten der Estherienschichten und der Grundgipsschichten dominieren die Grundwasserströmung. Werden die vertikalen Durchlässigkeiten der Grundgipsschichten um den Faktor 5 flächig erhöht oder erniedrigt, so verändert sich die Anpassungsgüte von 2,68 m mittlerer Abweichung auf 2,75 m bzw. 4,17 m mittlerer absoluter Abweichung. Das bedeutet, dass die Durchlässigkeit der Grundgipsschichten nicht geringer sein kann als in der Kalibrierung bestimmt. Bei den Estherienschichten verschiebt sich die mittlere Abweichung von 2,68 m nach 3,00 m bei einer Erhöhung der Durchlässigkeiten um den Faktor 5. Bei einer Verringerung der vertikalen Durchlässigkeiten verschlechtert sich die mittlere absolute Abweichung auf 3,01 m. Sowohl bei Erniedrigung als auch bei Erhöhung der Durchlässigkeiten in den Estherienschichten verschlechtert sich die Anpassung. Das ermittelte Ergebnis der Kalibrierung ist demnach plausibel. Die Verteilung der horizontalen Durchlässigkeiten im Muschelkalkaquifer bestimmt die Strömungsrichtung im Muschelkalk und hat auch einen direkten Einfluss auf die Gesamtwasserbilanz im Modellgebiet, da der Durchfluss im Muschelkalk direkt proportional zu den Durchlässigkeiten zwischen den Festpotenzialrändern und dem Quellgebiet ist. Durch den Vergleich zwischen gemessenen und berechneten Quellschüttungen und den Mineralwasseraufstiegen in den Neckar konnten die Leakagekoeffizienten an den Quellen und im Neckar bestimmt werden. Die Größe der einzelnen Leakagefaktoren ist aber nicht nur von den lokalen hydraulischen Widerständen an den Quellen abhängig, sondern wird auch von den umliegenden Durchlässigkeitsstrukturen beeinflusst.

8.4 Überprüfung der Grundwasserströmung mit Transportdaten

8.4.1 Markierungsversuche

Im Untersuchungsraum fanden am Ende der 1990er-Jahre zwei Markierungsversuche und ein weiterer innerhalb der Projektlaufzeit statt. Die Markierungsversuche aus den 1990er-Jahren bestanden aus einer Eingabe in den Sarweybrunnen (Abb. 8.16) im Zustrom zu den niederkonzentrierten Mineralquellen und aus einer Eingabe in die Messstelle P 177 im Zustrom der hochkonzentrierten Mineralquellen.

Im Modell wurden die Markierungsversuche nachgebildet, um damit die maßgeblichen Transportparameter im Muschelkalk zu bestimmen. Da der Muschelkalkaquifer ein Karstgrundwasserleiter ist, sind Kluft/Matrix-Interaktionen bei der Transportmodellierung mit zu berücksichtigen. Es hat sich gezeigt, dass die für Karstaquifere typischen Durchbruchskurven mit langem Tailing nur mit Hilfe eines Doppelporositätsansatzes nachgebildet werden konnten. Hierzu wurde das Transportsystem in ein mobiles und immobiles System unterteilt und folgende Differenzialgleichung gelöst (Feelhey & Zheng 2000)

$$\Theta_m \frac{\partial C_m}{\partial t} + \Theta_{im} \frac{\partial C_{im}}{\partial t} = \frac{\partial}{\partial x_i}\left(\Theta_m D \frac{\partial C_m}{\partial x_i}\right) - \frac{\partial}{\partial x_i}(\Theta_m v C_m) + q_q C_q$$

mit

Θ_m = Porosität der mobilen Phase (Kluftsystem) [-]
Θ_m = Porosität der immobilen Phase (Matrixsystem) [-]
C_m = Konzentration der mobilen Phase (Kluftsystem) [µg/l]
C_{im} = Konzentration der immobilen Phase (Matrixsystem) [µg/l]
D_{ij} = Dispersionskoeffizient [m²/s]
v = Dracygeschwindigkeit im Kluftsystem [m/s]
q_q = Quellen und Senkenterm der Strömung [m/s]

Dabei berechnet sich der Austausch zwischen den Porositäten wie folgt:

$$\Theta_{im} \frac{\partial C_{im}}{\partial t} = \zeta\left(C_m - C_{im}\right)$$

mit

ζ = Austauschrate zwischen Kluft- und Matrixsystem [1/s]

Bei dem Markierungsversuch im Sarweybrunnen werden die in Abb. 8.16 dargestellten Durchbruchskurven an der Auquelle, der GWM 840 Züricher Straße und der Mombachquelle in der Erstankunft, dem Zeitpunkt des maximalen Durchgangs und dem Tailing abgebildet. Die gemessenen hohen Abstandsgeschwindigkeiten von bis zu 100 m/d werden mit Hilfe des Doppelporositätsansatzes ebenfalls simuliert. Die Durchbruchskurven des Markierungsversuchs zwischen der Messstelle P 177 und den hochkonzentrierten Mineralquellen sind in Abb. 8.17 dargestellt. Während an den Berger Quellen dieselben hohen Abstandsgeschwindigkeiten gemessen werden wie beim Zustrom zu den niederkonzentrierten Mineralquellen, zeigen die im Abstrom gelegenen Insel- und Leuzequelle deutlich andere Durchbruchskurven mit einem um 100 Tage späteren Durchgang der Maximalkonzentration gegenüber den Berger Quellen. Auch dies wird vom Modell abgebildet.

Beim Markierungsversuch mit Eingabe in die Messstelle MAG 11 (Abb. 8.18) wurde der Markierungsstoff erst einige Monate nach der Eingabe sowohl an der hochkonzentrierten Insel- und Leuzequelle als auch am Brunnen im Maurischen Garten, der den niederkonzentrierten Mineralquellen zuzuordnen ist, beobachtet. Offensichtlich liegt die Messstelle MAG 11 auf der Wasserscheide zwischen hoch und niedrig konzentrierten Mineralquellen. Diese besondere Lage wird auch aus dem Ergebnis der numerischen Simulation entsprechend Abb. 8.18 deutlich. Der simulierte Markierungsstoff fließt sowohl der Insel- und Leuzequelle als auch den niederkonzentrierten Quellen zu. Allerdings lässt sich mit dem Modell keine direkte Zuströmung zum Brunnen Maurischer

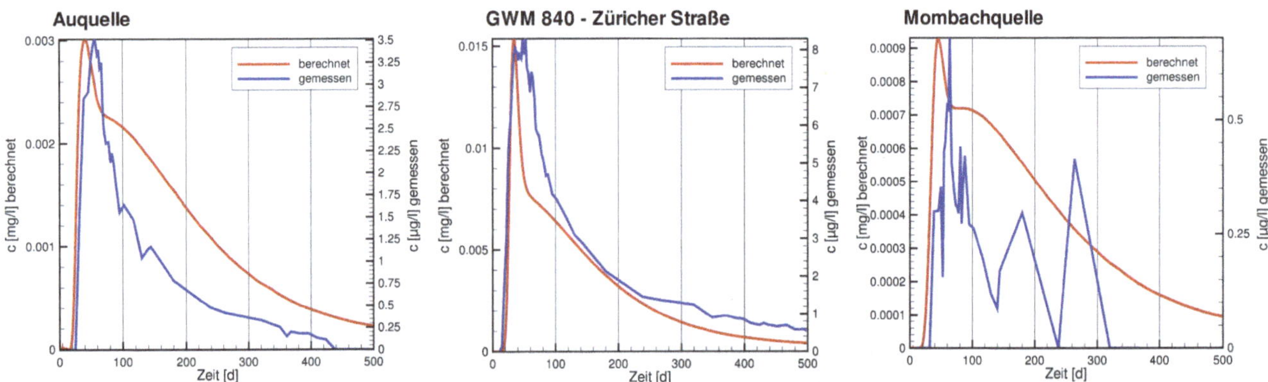

Abb. 8.16 Gemessene und berechnete Durchbruchskurven der niederkonzentrierten Mineralquellen Au- und Mombachquelle sowie der Messstelle GWM 840 Züricher Straße bei Tracereingabe in den Sarweybrunnen.

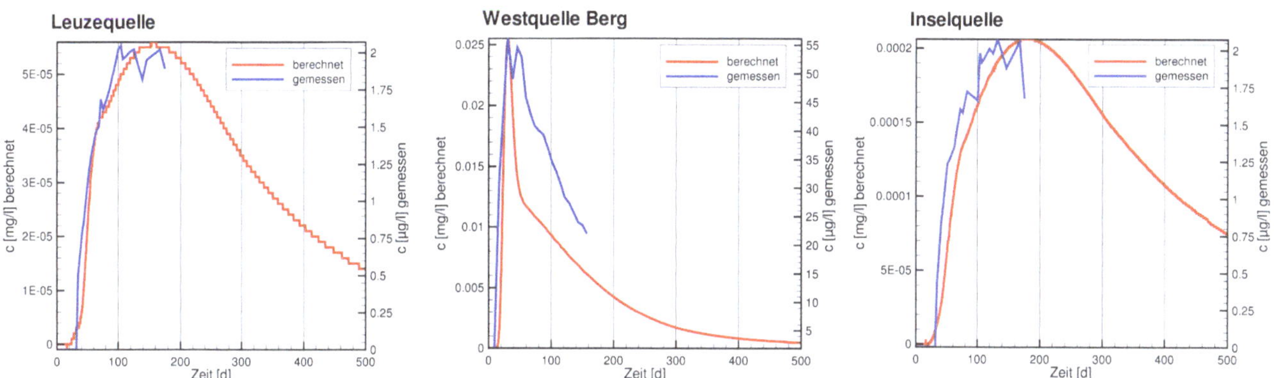

Abb. 8.17 Gemessene und berechnete Durchbruchskurven der hochkonzentrierten Mineralquellen Leuzequelle, Berger Westquelle und Inselquelle bei Tracereingabe in die Messstelle P 177.

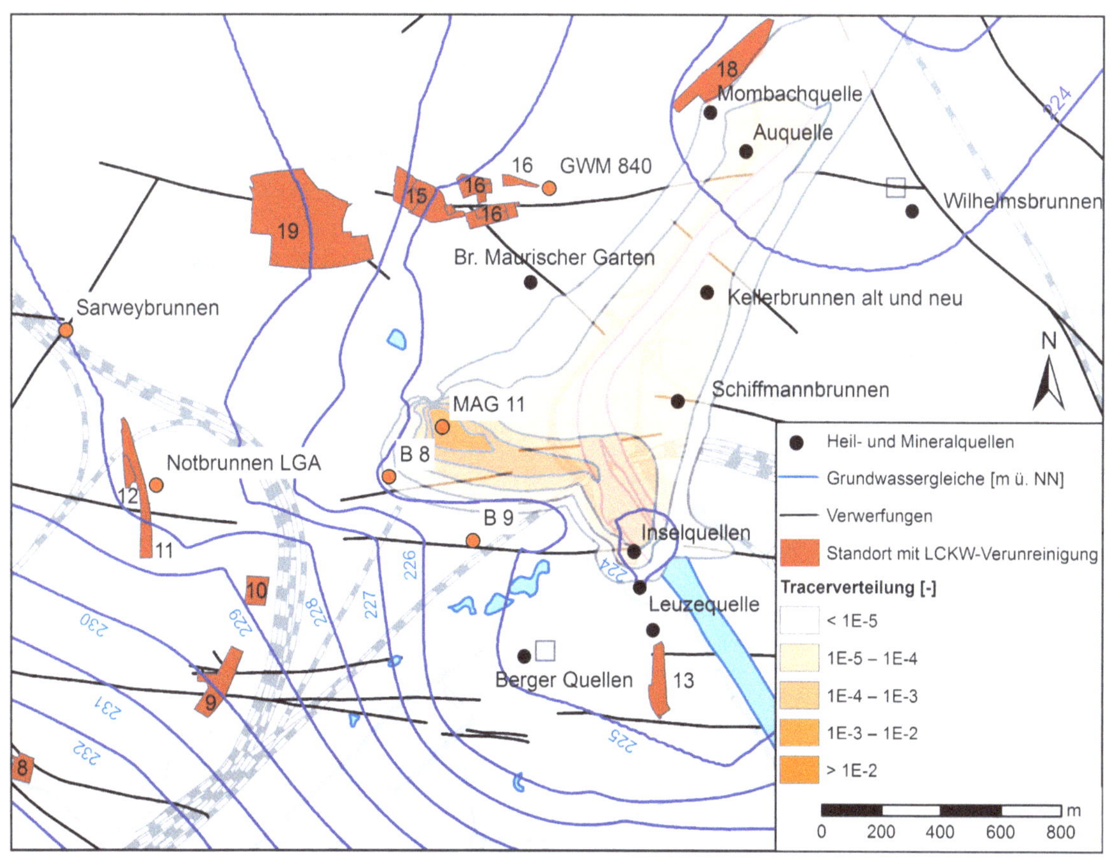

Abb. 8.18 Berechnete Konzentrationsverteilung des in MAG 11 eingegebenen Markierungsstoffs nach 3 Monaten.

Garten belegen. Dieser liegt am Rande der simulierten Markierungsstofffahne.

Aus der Nachbildung der Markierungsversuche haben sich folgende Parametrisierungen für das doppelporöse System im Muschelkalk ergeben:

- Porosität der Klüfte: 0,8 %
- Porosität der Matrix: 2,0 %
- Austauschkoeffizient zwischen Kluft und Matrix: 5×10^{-9} 1/s

Für die Nachbildung der Fahnen der Markierungsversuche und der Tracer-Durchgangskurven war die Verwendung einer Längsdispersivität von 25 m notwendig. Das Verhältnis zwischen horizontaler Längs- und Querdispersion wurde zu 1:10 gesetzt. Die vertikale Querdispersion wurde um den Faktor 10 kleiner als die Querdispersion angenommen. Diese Werte beziehen sich auf den Muschelkalk-Aquifer, in dem die Markierungsversuche stattfanden.

8.4.2 Nachbildung der hydrochemischen Parameter und der Umweltisotope

Um das kalibrierte Strömungsmodell weiter abzusichern, wurde der Transport der Parameter Tritium und SF_6 mit Hilfe des Modells nachgebildet. Tritium wurde in erhöhtem Maß über die oberirdischen Atomwaffentests in den 1960er-Jahren in die Atmosphäre eingetragen. Der Tritiumgehalt in der Atmosphäre ist bekannt und wird seit der Zeit der oberirdischen Atomwaffentests kontinuierlich beobachtet. Für die Modellierung des Tritiumtransports wurde die gemessene Zeitreihe des Tritiumgehalts im Winterniederschlag an der Messstelle Hof/Saale verwendet. Dieser ist in Abb. 8.19 dargestellt und ist im Maximum geringer als der in Abb. 4.8.

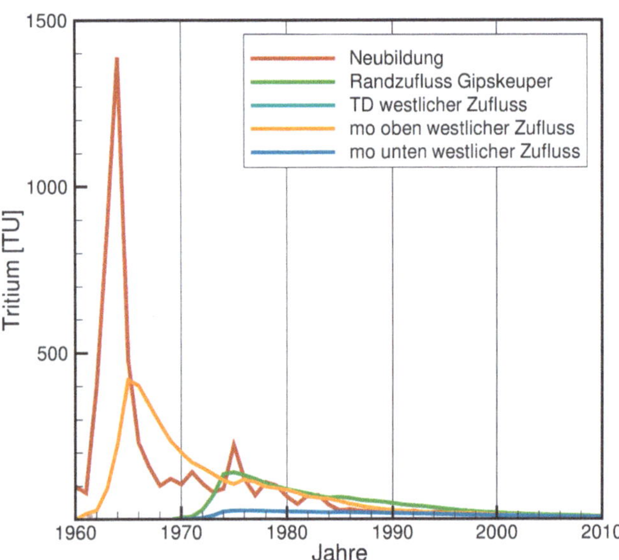

Abb. 8.19 Zeitlicher Verlauf der gemessenen Tritiumkonzentration im Winterniederschlag an der Messstelle Hof/Saale im Vergleich zu Abb. 4.8.

Der Tritiumgehalt weist ein Maximum Anfang der 1960er-Jahre auf, da hier die meisten oberirdischen Atomwaffentests stattgefunden haben. Ab Mitte der 1960er-Jahre wurden die oberirdischen Tests durch unterirdische Tests ersetzt. Tritium unterliegt einem radioaktiven Zerfall, der sich mit dem Abbau 1. Ordnung beschreiben lässt. Die Halbwertszeit von Tritium beträgt 12,28 Jahre. Aus diesem Grund ist das heutige Signal von Tritium deutlich abgeschwächt gegenüber den Verhältnissen in den 1980er-Jahren, als die ersten Tritiummessungen im Grundwasser dazu verwendet wurden, das Grundwasser zu datieren. Neben dem Tritiumeintrag über den Niederschlag erfolgt ein Tritiumeintrag im Muschelkalk über die Modellränder. Der zeitliche Verlauf der Tritiumkonzentration an diesen Modellrandbedingungen wurde mit Hilfe eines Speicher-Durchfluss-Modells bestimmt.

Die simulierten Tritiumverhältnisse lassen sich an den gemessenen Tritiumwerten an den Mineral- und Heilquellen überprüfen. In Abb. 8.20 sind beispielhaft die simulierten und gemessenen Tritiumwerte an der Auquelle und der Leuzequelle dargestellt. In der Höhe der maximalen Tritiumkonzentration lässt sich der Unterschied zwischen hoch- und niederkonzentrierten Mineralquellen deutlich erkennen. Während die Auquelle maximale Tritiumwerte von 40 TU aufweist, zeigen die hochkonzentrierten Mineralquellen Werte um 10 TU.

Im Gegensatz zum Tritium steigt die SF_6-Konzentration in der Luft seit 1970 kontinuierlich an. Aus diesem Grund kommt der SF_6-Konzentration in jüngster Zeit eine größere Bedeutung bei der Identifizierung von jungen Wässern zu als dem Tritium, bei dem der Peak aus den 60er-Jahren mittlerweile zerfallen ist. Über die Simulation von SF_6 konnte die Porosität im Gipskeuper zwischen 1 und 3 % eingegrenzt werden.

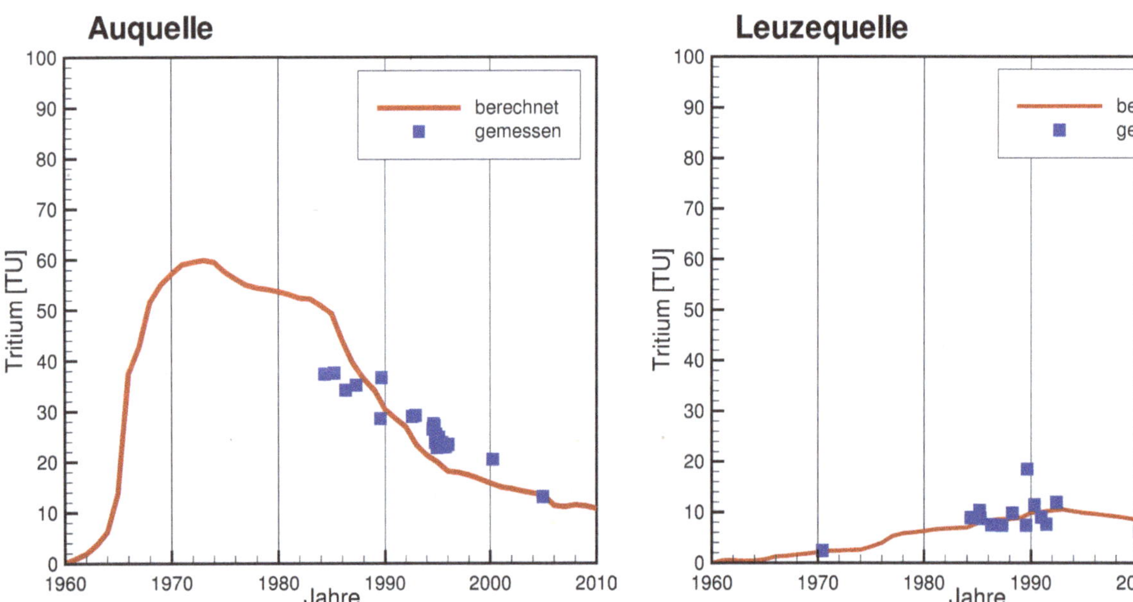

Abb. 8.20 Gemessene und berechnete Tritiumkonzentration an der Auquelle und der Leuzequelle.

8.5 Konzept des LCKW-Transports und Parametrisierung

8.5.1 Summe LCKW und Einzelspezies

Im Grundwassermodell wurde zunächst die Summe der LCKW betrachtet. Dabei wurde für die Einzelspezies die äquivalente PCE-Konzentration unter Berücksichtigung der molaren Anteile der Einzelspezies ermittelt. Darauf aufbauend wurde die Multi-Spezies-Betrachtung durchgeführt, in der die durch reduktive Dechlorierung entstehenden Einzelspezies wie folgt berücksichtigt wurden:

PCE => TCE => cDCE => VC

Während PCE und TCE in unterschiedlichen Anteilen an den Altlastenstandorten eingesetzt wurden, sind cDCE und VC reine Abbauprodukte, die unter anaeroben Verhältnissen entstehen. Bei der Transportmodellierung wurde berücksichtigt, dass die Einzelspezies nicht nur advektiv und dispersiv transportiert werden, sondern auch sorptiven Prozessen unterliegen.

Für die Nachbildung der Markierungsversuche war es notwendig, einen Doppelporositätsansatz zu verwenden. Die Parametrisierung der Markierungsversuche ergab Austauschprozesse, die auf einer Zeitskala von mehreren Monaten bis zu einem Jahr ablaufen. Da diese Zeitskala für den langfristigen LCKW-Transport über mehrere Jahrzehnte von untergeordneter Bedeutung ist, war es ausreichend, für den LCKW-Transport einen einfach porösen Ansatz zu verwenden.

Die Simulation des LCKW-Transports erfolgte auf der Basis des stationären Strömungsmodells für den Zeitraum von 1960 bis 2010. Aus numerischen Gründen musste eine Anlaufphase von 10 Jahren (1950 bis 1960) mit kleinen Zeitschrittlängen davor geschaltet werden. Der LCKW-Eintrag wurde auf Jahresbasis aufgelöst, wobei zwischen 1960 und den 1980er-Jahren keine Variation vorgenommen wurde. Die zeitliche Variation beginnt erst in den 1980er-Jahren, da hier die Sanierungsmaßnahmen begonnen haben und daraus Annahmen zur zeitlichen Änderung des Schadstoffeintrags abgeleitet werden konnten.

8.5.2 Eintragsmodell der LCKW

Der Eintrag von LCKW erfolgt als sogenannte mass-load-Randbedingung. Hierbei wird ein Massenfluss in g/d angesetzt, der nicht mit einem externen Wasserfluss gekoppelt ist. Dieser LCKW-Massenfluss beschreibt sowohl den Phasenübergang aus der Schadstoffphase ins Grundwasser an den einzelnen Standorten als auch den Eintrag über die ungesättigte Zone durch Lösung im neugebildeten Grundwasser. Für die Ermittlung der Eintragsraten wurden die Eintragsfrachten anhand der Grundwasserströmungsverhältnisse in Kontrollquerschnitten und den gemessenen Schadstoffkonzentrationen ermittelt. Die relevanten Strömungsverhältnisse an den Kontrollquerschnitten wurden aus den Durchlässigkeiten, der Schichtmächtigkeit und dem berechneten Gradienten schichtspezifisch abgeschätzt. Die Analyse der Standorte gemäß ▶ Kap. 7 hat gezeigt, dass die maßgebliche Kontamination des Grundwassers von 6 Standorten im Untersuchungsraum ausgeht. Hinzu kommen 3 weitere Standorte, an denen nicht ausgeschlossen werden kann, dass diese ebenfalls zum großräumigen Schadensbild beitragen. Für diese Standorte wurden der LCKW-Eintrag am Standort, der Austrag durch Sanierung und die verbleibende abströmende

Tab. 8.4 Aus dem hydrogeologischen Modell, den Messwerten und den Erkenntnissen zur Sanierung ermittelte LCKW-Frachten für 2010

Standort	Dornhaldenstr. 5	Rotebühlstr. 171	Johannesstr. 60	Rotebühlplatz 19	Nesenbachstr. 48	Wolframstr. 36	Rümelinstr. 24–30	Mittnachtstr. 21–25	Prag-/Löwentorstr.
Nummer	1	2	3	6	7	8	9	10	19
LCKW-Einsatz	1972–1995	1941–1976	1958–1990	1970–2005	Bis 1976	1936–1959	1939–1990	1968–1982	1950–1990
Sanierung	seit 1987	seit 2010	seit 2005	Keine	1991-1993, seit 2000	seit 1988	seit 1986	seit 1986	seit 2008
Gesamteintrag [g/d]	50	160	53	16	412	15,3	130	111	129
Gesamtaustrag Sanierung [g/d]	34	130	30	0	407	12,9	74	98	92
Gesamtrestfracht [g/d]	16	30	23	16	5	2,4	56	13	37
Speziesaufteilung in % (PCE/TCE/cDCE/VC)	14/64/22/0	100/0/0/0	100/0/0/0	63/3/32/2	98/2/0/0	92/6/2/0	15/43/42/0	45/18/37/0	56/11/33/0

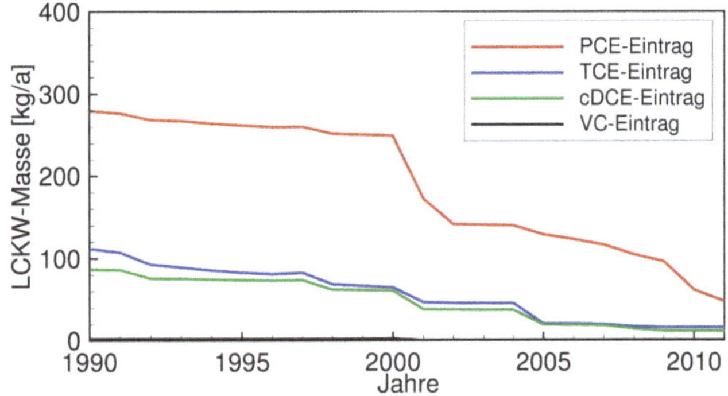

Abb. 8.21 Summarischer Eintrag der LCKW-Komponenten für alle Standorte im Modellgebiet zwischen1990 und 2010.

Fracht anhand der Messwerte entsprechend Tab. 8.4 für das PCE-Äquivalent aller Schadstoffkomponenten ermittelt. Das Verhältnis der LCKW-Komponenten wurde entsprechend den Messwerten der Sanierungsbrunnen angesetzt.

Im Modell wurden die Sanierungsmaßnahmen nicht explizit als hydraulische Randbedingungen berücksichtigt, sondern durch Reduktion der Eintragsfunktionen um die durch die jeweilige Sanierung entnommene LCKW-Austragsrate. Daraus ergibt sich die in Abb. 8.21 dargestellte summarische Eintragsrate der einzelnen LCKW-Komponenten für alle Standorte. Vor den umfangreichen Sanierungsmaßnahmen in den 1980er-Jahren lagen der PCE-Eintrag bei 300 kg/a und der Eintrag von TCE sowie cDCE bei jeweils ca. 100 kg/a. Durch die umfangreichen Sanierungsmaßnahmen konnten die Einträge um den Faktor 3 bis 4 verringert werden. Hierbei ist zu bemerken, dass in Wirklichkeit kein direkter Eintrag von cDCE und VC erfolgt, weil diese beiden LCKW-Komponenten nicht direkt gewerblich verwendet wurden. An einigen Schadensherden erfolgt die Bildung dieser Umwandlungskomponenten jedoch so unmittelbar am Standort, dass der Umbau im Modell nicht aufzulösen war und deshalb ein Ersatz-Eintrag von cDCE und/oder VC angesetzt wurde.

8.5.3 Advektiv dispersiver Transport

Der advektive Transport wird durch das Strömungsfeld bestimmt. Dabei ist zu beachten, dass dieser dreidimensional im Untersuchungsraum stattfindet. Die LCKW-Komponenten werden horizontal innerhalb der hydrogeologischen Einheiten transportiert und über den vertikalen Austausch zwischen den Schichten in der Vertikalen verlagert. Im natürlichen System ist insbesondere der vertikale Transport vor allem an Kluftwegsamkeiten und im Unterkeuper bzw. Muschelkalkaquifer auch an Störungszonen orientiert. Im numerischen Modell sind zwar bei bekannten lokalen vertikalen Verlagerungen entsprechende Durchlässigkeitsstrukturen eingeführt worden, aber dennoch findet der vertikale Transport dort auch flächenhaft statt. Dies kann im numerischen Modell dazu führen, dass sich die LCKW-Fahnen infolge der Tiefenverlagerung verbreitern. Dies ist insbesondere dann der Fall, wenn die Strömung in einer überlagernden Schicht quer zur Strömungsrichtung im darunter liegenden Aquifer verläuft.

Beim horizontalen Transport ist zu beachten, dass dieser ebenfalls an das Kluftsystem gebunden ist. Dabei findet der Transport in Klüften des Unterkeupers oder Muschelkalks mit Öffnungsweiten von wenigen Zentimetern bis Dezimetern statt. Mit dem gewählten Kontinuumsansatz wird das äquivalente Kluftsystem beschrieben, bei dem davon ausgegangen wird, dass innerhalb einer Modellzelle ausreichend Kluftstrukturen vorhanden sind, die eine Äquivalanzbetrachtung zulassen. Auf Grund des großräumigen Maßstabs des Projektgebietes wurde eine horizontale Auflösung von 10 ×10 m gewählt. Das bedeutet, dass das Modell immer nur einen integralen Wert für eine Modellzelle liefern kann. Dies muss beim Vergleich mit den Messwerten berücksichtigt werden.

Neben dem advektiven Transport wird auch der dispersive Transport berücksichtigt. Dieser wird über den Dispersivitätstensor beschrieben. Für den Muschelkalk wurden die Dispersivitäten aus der Auswertung der Markierungsversuche verwendet (α_L=25 m, α_T=2,5 m). Für die Modellschichten des Quartärs wurden Längsdispersivitäten von 10 m angenommen. In den Grundwasserleitern des Gipskeupers Mittlerer Gipshorizont, Dunkelrote Mergel und Bochinger Horizont, wurde davon ausgegangen, dass eine engständige Klüftung mit gleichmäßiger Hohlraumstruktur vorliegt. Deshalb wurde mit 2 m eine vergleichsweise kleine Längsdispersivität verwendet. In den Grundgipsschichten und im Unterkeuper wurde eine heterogene Klüftigkeit bzw. Hohlraumstruktur bei aktiver Gipsauslaugung angenommen, der eine Längsdispersivität von 5 m zugeordnet wurde.

Auf Grund der Zellgrößen von 10 ×10 m ist davon auszugehen, dass scharfe Fronten, wie sie insbesondere im Gipskeuper bei den LCKW-Fahnen zu erwarten sind, nur näherungsweise abgebildet werden können. Hier führt die numerische Dispersion zu einem Abflachen der scharfen Fronten.

8.5.4 Sorption

Generell führen Sorptionsprozesse zu einer Speicherung im Aquifer und damit zu einer Retardierung des Stofftransports. Falls die Sorption irreversibel ist, kommt es sogar zu einer dauerhaften Entfernung der LCKW aus dem Grundwasser.

Im einfachsten Fall wird der Zusammenhang zwischen gelöster und adsorbierter Konzentration über eine lineare Isotherme beschrieben:

$$c_a = k_d \times c_g$$

mit

c_a = Konzentration des Stoffes an der Aquifermatrix [µg/kg]
c_g = gelöste Konzentration des Stoffes [µg/l]
k_d = Adsorptionskoeffizient oder Verteilungskoeffizient [l/kg]

Für den linearen Fall lässt sich ein Retardierungsfaktor *R* definieren:

$$R = 1 + \left(\frac{\rho_b \times k_d}{n_e} \right)$$

mit

R = Retardierungsfaktor [-]
ρ_b = Lagerungsdichte des Gesteins [kg/l]
n_e = effektive (transportwirksame) Porosität [-]

Anschaulich bedeutet der Retardierungsfaktor, dass der Transport eines retardierten Stoffes bezüglich der Abstandsgeschwindigkeit des Grundwassers um den Faktor R verzögert ist. Die einzelnen LCKW-Bestandteile weisen eine unterschiedlich starke Tendenz zur Sorption auf. Ihre Ausbreitungsgeschwindigkeit ist damit mehr oder weniger stark retardiert.

Für viele organische Schadstoffe wurden empirische Beziehungen zwischen physikalisch-chemischen Stoffeigenschaften und Verteilungskoeffizienten bzw. Retardierungsfaktoren im Aquifer aufgestellt. Beispielsweise gibt es aus Laborversuchen abgeleitete Abschätzungen für den Verteilungskoeffizienten k_{OC} eines organischen Schadstoffs zwischen der organischen Matrix des Gesteins und Wasser (Karickhoff et al. 1979, Briggs 1981, Schwarzenbach & Westall 1981). Die k_{OC}-Werte sind auf die organische Matrix des Aquifers bezogen. Man erhält den Verteilungskoeffizienten k_d, wenn man den k_{OC}-Wert mit dem C_{org}-Gehalt multipliziert:

$$k_d = C_{org} \times k_{OC}$$

Diese Näherung ist nur für C_{org}-Gehalte ab 0,1% gültig. Bei geringerem Gehalt des Aquifers an organischem Material werden Wechselwirkungen der organischen Wasserinhaltsstoffe mit der mineralischen Matrix, insbesondere mit Tonmineralien, maßgebend.

Tab. 8.5 zeigt Sorptionskoeffizienten und Retardierungsfaktoren für ausgewählte LCKW und für unterschiedliche C_{org}-Werte. Die k_{OC}-Werte wurden aus Grandel & Dahmke (2008) übernommen. Als effektive Porosität wurde 1 % gewählt.

Die Tab. 8.5 macht deutlich, dass für C_{org}-Werte um 1 %, wie sie in mehreren Proben aus dem Unterkeuper und dem Oberen Muschelkalk gefunden wurden (▶ Kap. 7), mit einer sehr starken Retardierung des LCKW-Transports gerechnet werden müsste. Insbesondere für PCE und TCE ergäben sich enorme Retardierungsfaktoren von weit über 100, während die Verzögerung des Transports von cDCE und VC ca. zehn- bis hundertfach geringer wäre.

Selbst bei Annahme einer Porosität von 10 % ergäben sich noch sehr hohe Retardierungsfaktoren. In jedem Fall wäre der Transport in Gesteinsschichten mit hohem C_{org} so stark verzögert, dass PCE und TCE die Mineralquellen eigentlich noch gar nicht erreicht haben dürften.

Das Auftreten von PCE und TCE in den Mineralquellen seit mindestens 30 Jahren zeigt, dass die effektive Retardierung im Untergrund offensichtlich deutlich geringer ist, als es die hohen C_{org}-Werte erwarten lassen. Ein Grund für diese Diskrepanz könnte sein, dass die gelösten LCKW während ihres Transports nur mit einem kleinen Anteil der Gesteinsmatrix in Kontakt kommen, da der Hauptdurchfluss in den Klüften und den benachbarten Auflockerungszonen des Gesteins erfolgt. Dieser Bereich wird maximal 10% des gesam-

Tab. 8.5 Verteilungskoeffizienten und Retardierungsfaktoren für ausgewählte LCKW und unterschiedliche C_{org}-Werte
n_e = 1 %
ρ_b = 2,3 kg/l

		C_{org} = 0,1 %		C_{org} = 1 %		C_{org} = 3,5 %	
LCKW	k_{oc} [l/kg]	k_d [l/kg]	*R* [-]	k_d [l/kg]	*R* [-]	k_d [l/kg]	*R* [-]
PCE	269	0,269	64	2,69	630	9,42	2.220
TCE	182	0,182	44	1,82	427	6,37	1.500
cDCE	24	0,024	6,6	0,24	57	0,84	200
VC	2,5	0,0025	1,6	0,025	7	0,0875	21

ten Aquifervolumens ausmachen. Dadurch würden die LCKW auch nur mit 10% des C_{org} im Aquifer in Berührung kommen.

In der Modellierung wurde davon ausgegangen, dass die Gehalte an C_{org} im Gipskeuper vernachlässigbar klein sind, so dass im Gipskeuper keine Sorption angesetzt wurde. Für den Unterkeuper und den Muschelkalk wurden dieselben Verteilungskoeffizienten verwendet. In gesonderten eingrenzenden Simulationen wurden Werte für die Sorption bestimmt, die im vorliegenden Fall realistisch sind. Wie die ◘ Tab. 8.6 zeigt, sind diese Werte deutlich geringer als diejenigen, die aus den hohen C_{org}-Gehalten der Unterkeuper- und Muschelkalk-Gesteine ableitbar wären. Eine räumliche Differenzierung der Sorptionsparameter innerhalb der einzelnen Aquifereinheiten des Modells wurde nicht vorgenommen.

Aus den unterschiedlichen Hohlraumanteilen von 2 % im Unterkeuper und 2,8 % im Muschelkalk ergeben sich die in ◘ Tab. 8.6 zusammengestellten Retardierungsfaktoren. Danach weisen PCE und TCE eine deutliche Retardierung mit einer Verzögerung der advektiven Geschwindigkeit um den Faktor 3 bis 5 auf. Die Verlangsamung der Transportgeschwindigkeit für cDCE und VC ist auf Grund der geringen Sorption eher vernachlässigbar. Verglichen mit den aus den C_{org} ableitbaren Retardierungsfaktoren ist die für die Nachbildung des LCKW-Transports relevante Sorption um ein Vielfaches geringer als die in ◘ Tab. 8.6 abgeschätzten Retardierungsfaktoren.

◘ Tab. 8.6 Verteilungskoeffizienten und Retardierungsfaktoren für die simulierten LCKW im Muschelkalk und Unterkeuper

LCKW	Verteilungskoeffizient k_d [l/kg]	Retardierungsfaktor Unterkeuper R [-]	Retardierungsfaktor Muschelkalk R [-]
PCE	$2{,}5 \cdot 10^{-5}$	3,88	3,05
TCE	$3{,}7 \cdot 10^{-5}$	5,26	4,04
cDCE	$4{,}9 \cdot 10^{-6}$	1,56	1,40
VC	$5{,}0 \cdot 10^{-7}$	1,06	1,04

8.5.5 Abbau und Umbau

Modellansatz

Zur Simulation der Reaktionsprozesse im Modell wurden zwei grundsätzliche unterschiedliche Umsetzungen der LCKW berücksichtigt. Einmal ist dies der oxidative Abbau, auch Mineralisation genannt, bei dem die LCKW zu umweltverträglichen Endprodukten wie Kohlendioxid bzw. Hydrogenkarbonat und Chlorid-Ionen abgebaut werden.

Außerdem wird angenommen, dass in Teilen des Modellgebiets eine Umwandlung der LCKW über die sogenannte reduktive Dechlorierung erfolgt. Dieser Prozess ist, wie der oxidative Abbau, mikrobiell katalysiert, setzt aber, im Gegensatz zum oxidativen Umbau, ein reduzierendes bzw. anaerobes Redoxmilieu im Untergrund voraus.

PCE wird durch Entfernung eines Chloratoms zu TCE reduziert, dieses wiederum zu cDCE und schließlich zu VC. Grundsätzlich ist auch eine Reduktion über VC hinaus zu Ethen möglich. Im Modell wird dieser letzte Reduktionsschritt vernachlässigt, weil für VC, das im Modellgebiet sowieso kaum auftritt, der oxidative Abbau sehr viel bedeutender ist.

Die reduktiven Umwandlungsprozesse verlaufen mit sehr unterschiedlicher Kinetik. Am schnellsten wird PCE zu TCE umgewandelt, und auch die Reduktion von TCE zu cDCE verläuft meist relativ zügig. Die weitere Reduktion von cDCE und VC zeigt typischerweise eine deutlich langsamere Kinetik, deshalb können sich im reduzierenden Untergrund cDCE oder VC anreichern.

Zur Simulation des Abbaus bzw. der Umwandlung der LCKW wurden Reaktionen erster Ordnung verwendet. Für den Abbau der LCKW gilt, dass die Abbaurate proportional zur Stoffkonzentration ist. Die Reaktionsrate wird außerdem durch die Vorgabe einer Ratenkonstante gesteuert:

$$\frac{dc}{dt} = -\lambda c$$

mit

c = LCKW-Konzentration [µg/l]
λ = Ratenkonstante des Abbaus [1/d]

Anstelle der Ratenkonstante wird häufig auch ihr Kehrwert, die sog. Halbwertszeit $t_{\frac{1}{2}}$, angegeben:

$$t_{\frac{1}{2}} = \frac{ln\,2}{\lambda}$$

Zur Nachbildung der reduktiven Dechlorierung im Modell wird analog vorgegangen, zusätzlich zum Abbau eines Stoffes wird aber auch die Entstehung des Umwandlungsprodukts bilanziert. Im Fall der Umwandlung von PCE zu TCE wird beispielsweise folgende Reaktionskette angesetzt:

$$\frac{dPCE}{dt} = -\lambda_{PCE} PCE$$

$$\frac{dTCE}{dt} = k - \frac{dPCE}{dt} = k\lambda_{PCE} PCE$$

mit

λ_{PCE} = Ratenkonstante des PCE-Abbaus [1/d]

k = Stöchiometriefaktor für die Umwandlung von PCE in TCE [-]

Analog zur Umwandlung von PCE nach TCE erfolgen die weiteren Dechlorierungsschritte mit den in Tab. 8.7 zusammengestellten Stöchiometriefaktoren.

Tab. 8.7 Stöchiometriefaktoren der Umwandlungsprozesse von PCE bis zum VC unter anaeroben Bedingungen

	PCE → TCE	TCE → cDCE	cDCE → VC
Stöchiometriefaktor	0,79	0,74	0,64

Mithilfe des Stöchiometriefaktors wird z. B. bei der Umwandlung von PCE nach TCE berücksichtigt, dass aus 1 g PCE infolge der Abspaltung eines Chlor-Atoms nur 0,79 g TCE entstehen.

Abbauzonen

Die Festlegung der Zonen mit aerobem LCKW-Abbau oder reduktiver Dechlorierung im Modellgebiet erfolgte anhand der Milieukarten, die im Zusammenhang mit der Entwicklung des Schadstoffmodells erstellt worden waren (▶ Kap. 7.1).

Bei der Kartierung der Milieuzonen wurden die Verbreitung von Redox-Indikatoren wie Sauerstoff- und Nitratgehalt, das Auftreten von cDCE und VC und die isotopische Zusammensetzung der LCKW berücksichtigt. Dabei wurden drei Zonen ausgegliedert:

- Zone 1 mit stark anaeroben Milieubedingungen
- Zone 2 mit mäßig stark anaeroben (post-oxischen) Milieubedingungen
- Zone 3 mit aeroben Bedingungen

In der Zone 1 ist mit reduktiver Dechlorierung zu rechnen, in der Zone 2 sowohl mit reduktiver Dechlorierung als auch mit oxidativem Abbau (Mineralisation) und in der Zone 3 ausschließlich mit oxidativem Abbau.

Die Verbreitung der Redoxzonen wurde zunächst unverändert aus den Milieukarten in das numerische Modell übernommen. Im Zuge der Modellkalibrierung war zwar teilweise eine Modifizierung der Verteilung erforderlich, angepasst wurden aber vor allem die Ratenkonstanten der Reaktionsprozesse, d. h. im numerischen Modell erfolgte die Quantifizierung der qualitativen Vorgaben aus dem Schadstoffmodell.

Zone 1 (stark anaerobe Milieubedingungen)

Stark anaerobe Bedingungen und damit einhergehend eine reduktive Dechlorierung der LCKW wurde fast ausschließlich erst ab dem Unterkeuper angenommen, d. h. in den Modellschichten 12–17. Für die hangenden Schichten wurde vereinfachend angenommen, dass die Redoxverhältnisse durchgängig aerob sind und dass deshalb fast keine reduktive Dechlorierung stattfinden kann. Lediglich für den Standort 5 Seiden-/Forst-/Breitscheidstraße wurden auch für den Gipskeuper sehr lokal anaerobe Bedingungen angenommen.

In der Zone 1 wurden im Rahmen der Modellkalibrierung folgende Abbauraten bzw. Halbwertszeiten ermittelt:

Tab. 8.8 Abbauraten und Halbwertszeiten für die Zone 1 (stark anaerobe Bedingungen) im Modell

LCKW	Abbaurate [1/d]	Halbwertszeit [d]	Prozess
PCE	$2{,}8 \cdot 10^{-2}$	25	rD
TCE	$2{,}8 \cdot 10^{-2}$	25	rD
cDCE	$3{,}5 \cdot 10^{-3}$	200	rD
VC	0	–	

rD: reduktive Dechlorierung

Die Zone ist somit durch intensive Umwandlung von PCE zu TCE und eine ebenso schnelle Umwandlung des TCE in cDCE gekennzeichnet. Die Ratenkonstante für die weitere Umwandlung von cDCE zu VC erreicht nur knapp ein Zehntel derjenigen für PCE und TCE. Für VC wurde keine reduktive Dechlorierung angesetzt.

Beim Durchströmen von LCKW-haltigem Grundwasser durch Bereiche, die der Zone 1 zugeordnet sind, kommt es im Modell daher zu einer Anreicherung von cDCE.

Zusätzlich wurde im Bereich des Schlossplatzes und der Schlossstörung eine lokale Zone mit nochmals stärkerer reduktiver Dechlorierung angesetzt, um die Auswirkungen der Heizölversickerung aus dem Jahr 1988 nachzubilden. Diese Zone wurde im Rahmen einer gesonderten Transportberechnung abgegrenzt. Dabei wurde mit Hilfe eines konservativen Tracers die mögliche Fahne des MKW-Schadensfalles simuliert, bei dem 40.000 Liter Heizöl versickert sind, von denen lediglich ein Drittel durch die anschließende Sanierung wieder entnommen werden konnte.

Zone 2 (mäßig anaerobe Milieubedingungen)

Die Zone 2 stellt einen Übergangsbereich zwischen der Zone 1 und der Zone 3 (s. u.) dar. Die Redoxbedingungen weisen zwar auf reduzierende Verhältnisse hin (z. B. keine oder geringe Nitratgehalte), aber cDCE als typischer LCKW-Vertreter bei Vorherrschen von reduktiver Dechlorierung tritt nicht oder nur in Spuren auf.

Die Redoxbedingungen, die im Modell für die Zone 2 angenommen wurden, werden häufig auch als post-oxisch bezeichnet, was auf die Stellung dieser Zone zwischen einem aeroben (oxischen) und anaeroben Zustand hinweist.

Wie im Fall der Zone 1 wurden auch die Bedingungen für den Abbau unter mäßig anaeroben Bedingungen erst ab der Modellschicht 12 (Unterkeuper) angesetzt.

Die im Modell verwendeten Abbauraten bzw. Halbwertszeiten zeigt die Tab. 8.9.

Tab. 8.9 Abbauraten und Halbwertszeiten für die Zone 2 (mäßig anaerobe Bedingungen) im Modell

LCKW	Abbaurate [1/d]	Halbwertszeit [d]	Prozess
PCE	$1{,}4 \cdot 10^{-2}$	50	rD
TCE	$6{,}9 \cdot 10^{-3}$	100	rD
cDCE	$1{,}3 \cdot 10^{-2}$	53	Ox
VC	$3{,}3 \cdot 10^{-2}$	21	Ox

rD: reduktive Dechlorierung, Ox: Oxidation

In der Zone 2 treten sowohl reduktive Dechlorierung (für PCE und TCE) als auch oxidative Abbauprozesse (für cDCE und VC) auf. Die Ratenkonstanten für die reduktive Dechlorierung sind allerdings kleiner als in der Zone 1.

Zone 3 (aerober Abbau)

Aerober Abbau herrscht im Modell überall dort, wo laut Milieu-Kartierung deutlich oxidative Bedingungen vorliegen. Diese sind u.a. gekennzeichnet durch erhöhte Sauerstoff- und Nitratgehalte im Grundwasser.

Für die Modellschichten 7 bis 11 (Bochinger Horizont bis Grüne Mergel) werden aerobe Bedingungen angesetzt. Eine Ausnahme bildet das o.g. ehemalige Industrieareal am Standort 5 Seiden-/Forst-/Breitscheidstraße, in dessen Bereich auf Grund der vorhandenen MKW-Verunreinigungen lokal ein anaerober Abbau angenommen wurde. Ab dem Unterkeuper sind auf Grund der Milieuverhältnisse großflächig sowohl aerobe als auch anaerobe Bereiche anzunehmen. Für die obersten Modellschichten (Quartär bis Dunkelrote Mergel) sind zwar, ebenso wie für die Modellschichten 7 bis 11, durchweg aerobe Verhältnisse zu erwarten, dort wurde jedoch vereinfachend kein LCKW-Abbau angenommen.

Die Abbauraten und Halbwertszeiten für die aeroben Zonen sind in Tab. 8.10 aufgelistet.

Tab. 8.10 Abbauraten und Halbwertszeiten für die Zone 3 (aerobe Bedingungen) im Modell

LCKW	Abbaurate [1/d]	Halbwertszeit [d]	Prozess
PCE	0	-	
TCE	$1{,}7 \cdot 10^{-3}$	400	Ox
cDCE	$1{,}4 \cdot 10^{-2}$	50	Ox
VC	$3{,}5 \cdot 10^{-2}$	20	Ox

Ox: Oxidation

PCE ist unter aeroben Bedingungen stabil, es wird nur über den Weg der reduktiven Dechlorierung aus dem Modellsystem entfernt (s.o.). Für TCE hingegen wurde ein, wenn auch langsamer, aerober Abbau angesetzt. Diese Annahme wird durch die neuesten Untersuchungen zum aeroben TCE-Abbau gestützt (Schmidt et al. 2014).

Sowohl cDCE als auch VC sind unter aeroben Bedingungen gut abbaubar.

8.6 Kalibrierung des LCKW-Transports und Ergebnisse

8.6.1 Kalibrier- und Vergleichsgrößen

Im Rahmen der Kalibrierung des Multispeziesmodells für den LCKW-Transport wurden einerseits die Strömungsverhältnisse weiter variiert, andererseits die Abbauraten der LCKW-Komponenten innerhalb der zuvor dargestellten unterschiedlichen Milieuzonierungen ermittelt. Darüber hinaus erfolgte auch eine zeitliche Variation der Eintragsraten an den relevanten Standorten vor 2010. Für das Jahr 2010 wurden die Eintragsraten entsprechend den hydrogeologischen Auswertungen zum Abstrom aus den Schadstoffherden gemäß ◘ Tab. 8.4 angesetzt.

Die berechneten LCKW-Konzentrationen wurden mit den Messwerten an den Messstellen verglichen. Dabei wurden insbesondere die gemessenen Ganglinien mit mehrjährigen Messreihen meist ab den 1980er-Jahren herangezogen.

8.6.2 LCKW-Ganglinien

Zunächst wurden die LCKW-Ganglinien im Abstrom der Schadstoffherde analysiert und überprüft, ob mit den getroffenen Annahmen zum aktuellen Eintrag und der zeitlicher Entwicklung die gemessenen Verhältnisse abgebildet werden können. Beispielhaft sind hierzu die Abstromverhältnisse folgender Standorte dargestellt:

Standort Dornhaldenstraße 5 im Mittleren Gipshorizont: An der Messstelle B 6 im unmittelbaren Abstrom eines der Schadstoffherde ist die Wirkung der Sanierungsmaßnahmen deutlich zu erkennen (◘ Abb. 8.22). Nach der Sanierung nehmen die anfänglich sehr hohen TCE-Konzentrationen von ca. 10.000 µg/l deutlich ab. Eine Sanierungspause Mitte der 1990er-Jahre hat zu einem Wiederanstieg der Konzentrationen geführt. Nach der Fortführung der Sanierung Ende der 1990er-Jahre sind die Konzentrationen im Abstrom wieder zurückgegangen.

Standort Nesenbachstraße 48 im Unterkeuper: An der 180 m vom Standort entfernten Messstelle GWM 12 ist der Einfluss der Sanierung ab 2000 deutlich erkennbar, siehe ◘ Abb. 8.23. Die maximalen PCE-Konzentrationen von 900 µg/l fallen auf Werte unter 100 g/l. Dieser schnelle Rückgang zeigt auch, dass sorptive Prozesse in diesem Bereich im Unterkeuper keine signifikante Rolle spielen, da der Konzentrationsrückgang unmittelbar mit Einsetzen der Sanierung erfolgt und innerhalb weniger Jahre eine Restkonzentration von unter 100 µg/l erreicht wird.

Standort Mittnachtstraße 21–25 im Bochinger Horizont: Die Messstelle GWM 213 liegt 400 m nordöstlich des Standorts und zeigt die Abstromverhältnisse aus dem Standort, siehe ◘ Abb. 8.24. Da an dieser Messstelle nur Messwerte nach 2000 vorliegen, kann die Wirkung der Sanierung nur näherungsweise aus den Messwerten abgeleitet werden. Die Simulationsergebnisse zeigen dagegen deutlich, dass hier eine umfangreiche Entfrachtung stattgefunden haben muss, da sich der abgeschätzte Austrag gemäß ◘ Tab. 8.4 durch die Sanierung deutlich verringert hat.

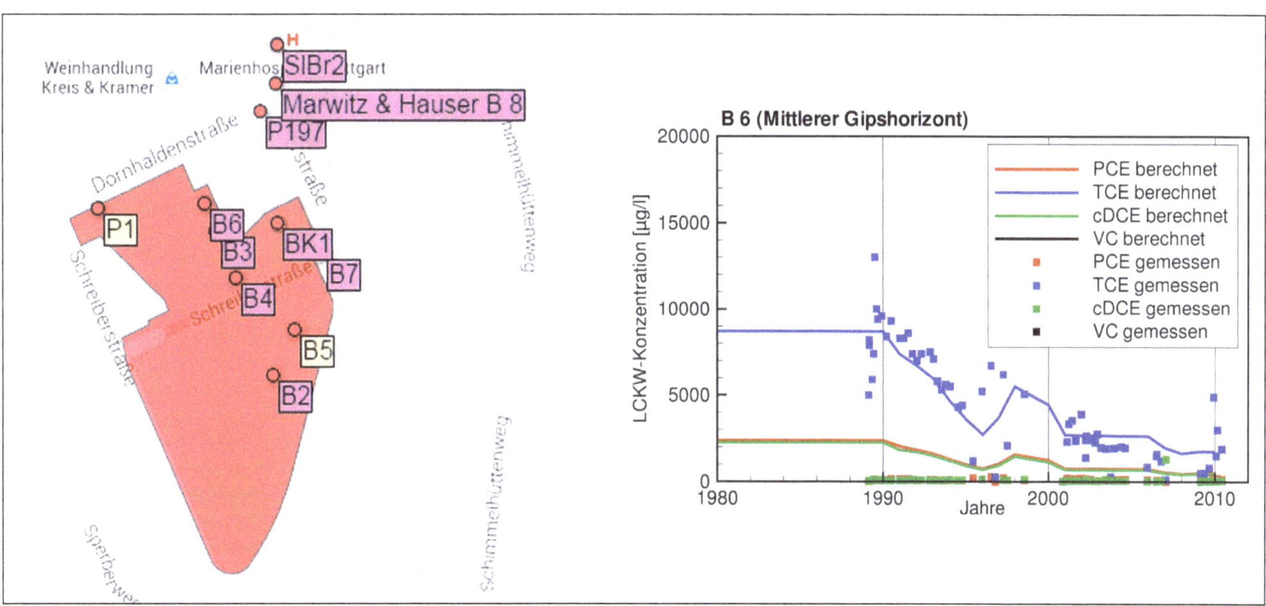

◘ **Abb. 8.22** Berechnete und gemessene LCKW-Konzentrationen im Abstrom vom Standort Dornhaldenstraße 5.

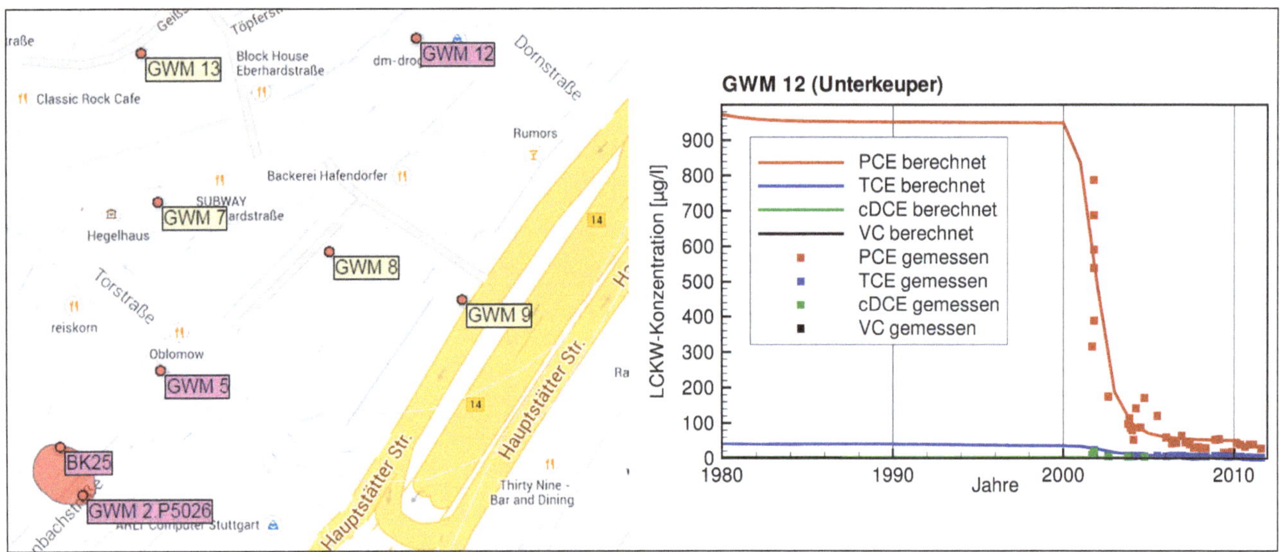

Abb. 8.23 Berechnete und gemessene LCKW-Konzentrationen im Abstrom vom Standort Nesenbachstraße 48.

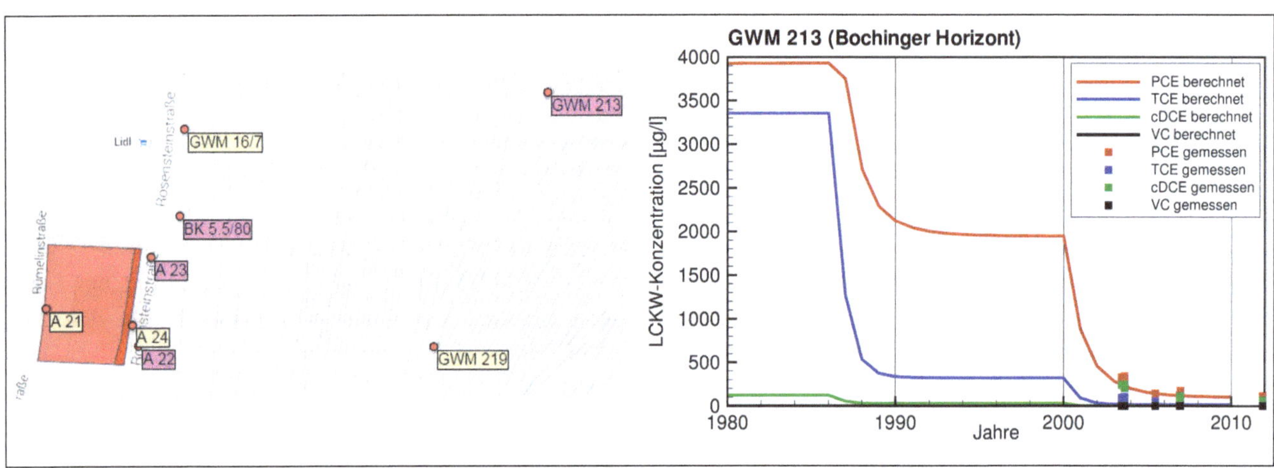

Abb. 8.24 Berechnete und gemessene LCKW-Konzentrationen im Abstrom vom Standort Mittnachtstraße 21–25.

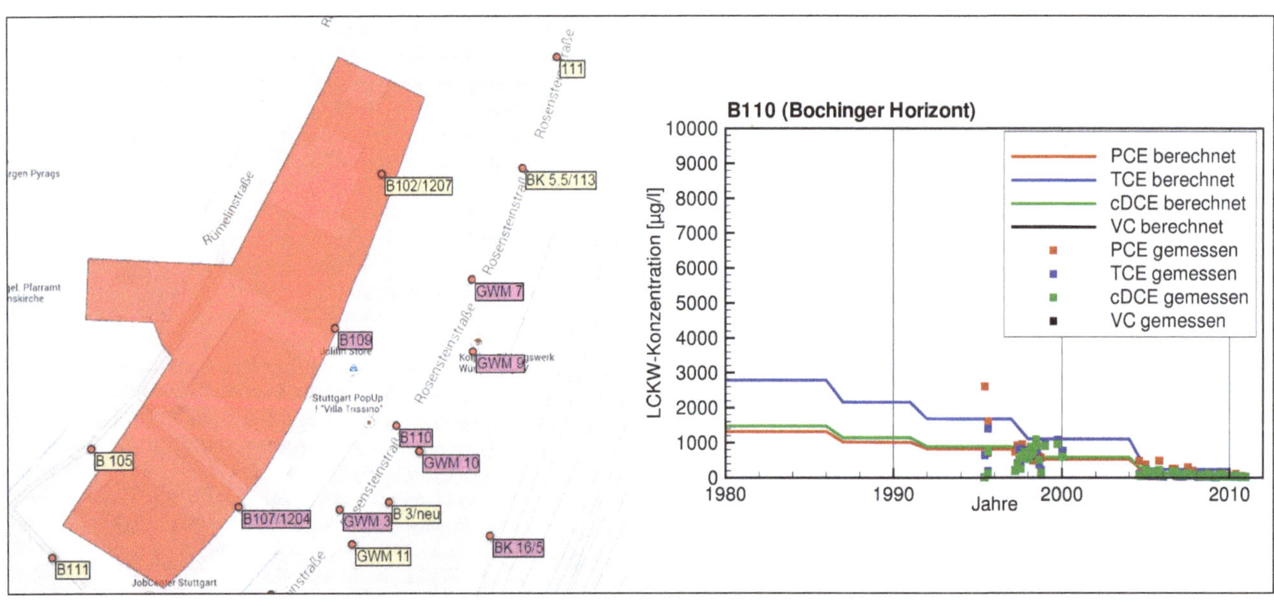

Abb. 8.25 Berechnete und gemessene LCKW-Konzentrationen im Abstrom vom Standort Rümelinstraße 24–30.

Standort Rümelinstraße 24–30 im Bochinger Horizont: An der Messstelle B 110 ergibt sich aus den im Modell angenommenen Sanierungsstufen ein treppenartiges Absinken der Abstromkonzentrationen, wobei der hohe Anteil von cDCE auf standortnahe Abbauprozesse zurückzuführen ist, die im Modell berücksichtigt wurden, siehe ▫ Abb. 8.25.

Nachdem mithilfe der Abstrommessstellen die LCKW-Eintragsverhältnisse an den Standorten nachgebildet werden konnten, lassen sich mit den Messstellen im Muschelkalk die Verhältnisse im genutzten Mineralwasseraquifer differenziert analysieren. Hierzu wurden die in ▫ Abb. 8.26 dargestellten Messstellen und Mineralquellen verwendet.

Im südlichen Teil des Projektgebietes liegen die Brauchwasserbrunnen in der Tübinger Straße, die insbesondere in den 1980er-Jahren vergleichsweise hohe LCKW-Konzentrationen aufgewiesen haben. Diese hohen TCE-Konzentrationen wurden im Modell abgebildet. Das Abfallen der Konzentrationen ist auf die Sanierungsmaßnahmen am Standort Dornhaldenstraße 5 zurückzuführen. Die aktuellen Messwerte von ca. 10 µg/l PCE und TCE werden vom Modell ebenfalls abgebildet. Lediglich die hohen PCE-Werte vor der Sanierung am Standort Dornhaldenstraße 5 werden im Modell nicht reproduziert. Der Einfluss der Sanierung des Standortes Dornhaldenstraße 5 lässt sich ab der Messstelle GWM 10 nicht mehr erkennen. An der Messstelle P 172 ist eine PCE-Dominanz zu erkennen, die vom Modell etwas überschätzt wird. Diese resultiert aus dem innerstädtischen Standort Nesenbachstraße 48, der insbesondere vor dem Beginn der Sanierung im Jahr 2000 zu einem massiven Eintrag in den Muschelkalk geführt hat. Auf Grund der anaeroben Abbauprozesse im Unterstrom der Messstelle P 172, die im Wesentlichen durch den Ölschadensfall in der Königstraße im Jahr 1988 initiiert wurden, nimmt die PCE-Dominanz bis zur Messstelle P 174 ab. Hier treten insbesondere ab den 1990er-Jahren erhöhte cDCE-Werte auf und die PCE- bzw. TCE-Kontaminationen verschwinden vollständig. Dies ist auch im Modell zu erkennen, wo der ab 1988 angesetzte anaerobe Abbau zur verstärkten Bildung von cDCE führt. Da an den Quellen lediglich Spuren von cDCE zu beobachten sind, ist davon auszugehen, dass sich die LCKW-Fahnen aus der Innenstadt im Bereich des Hauptbahnhofes auflösen und die in den Mineral- und Heilquellen beobachteten LCKW-Belastungen nicht auf die Standorte in der Innenstadt und dem südlichen Projektgebiet zurückführen lassen (▫ Abb. 8.27).

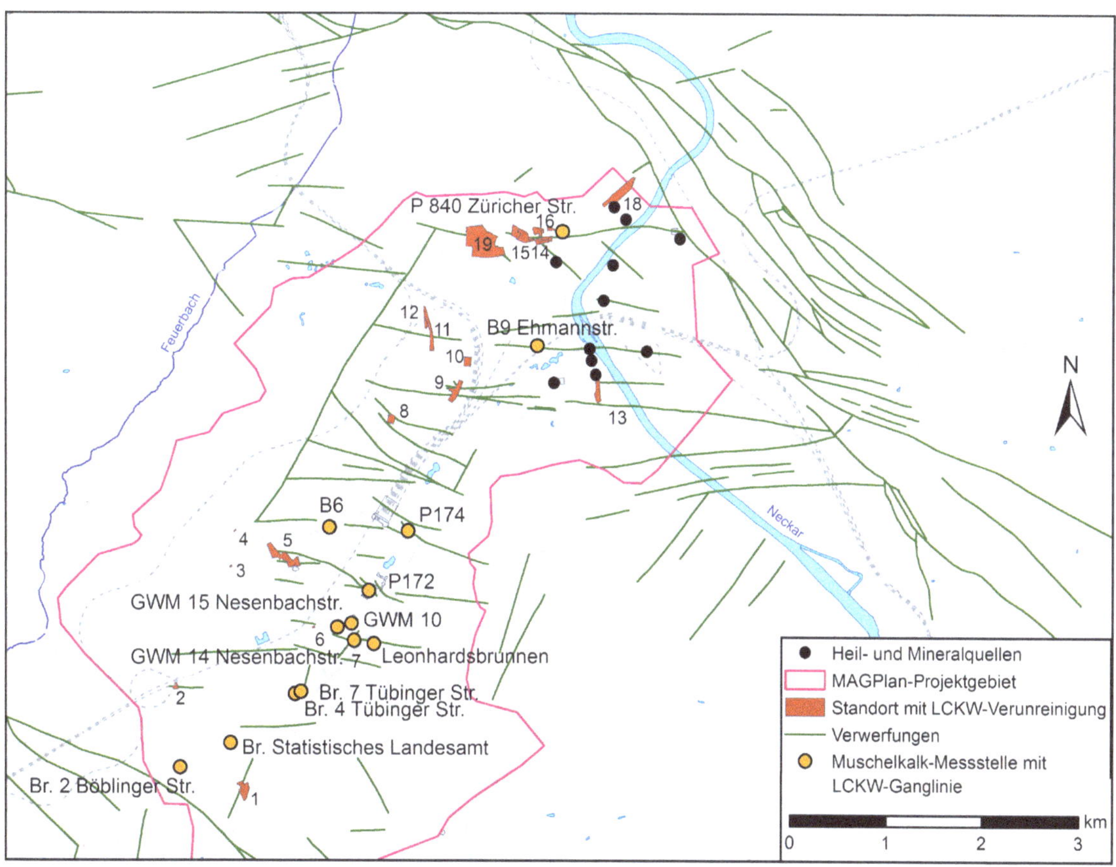

▫ **Abb. 8.26** Lage der Messstellen im Trigonodusdolomit, an denen sich die LCKW-Konzentration anhand von langjährigen Ganglinien analysieren lässt.

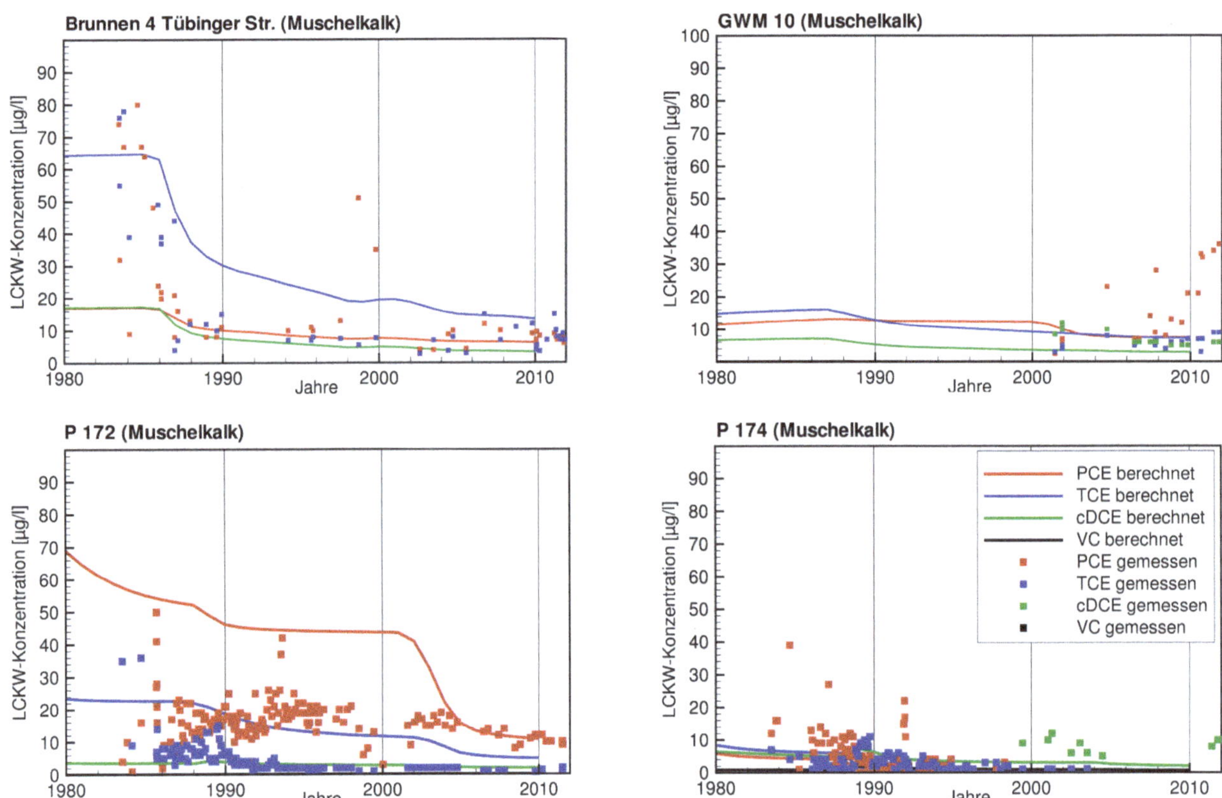

Abb. 8.27 Berechnete und gemessene LCKW-Ganglinien an ausgewählten Messstellen im Nesenbachtal.

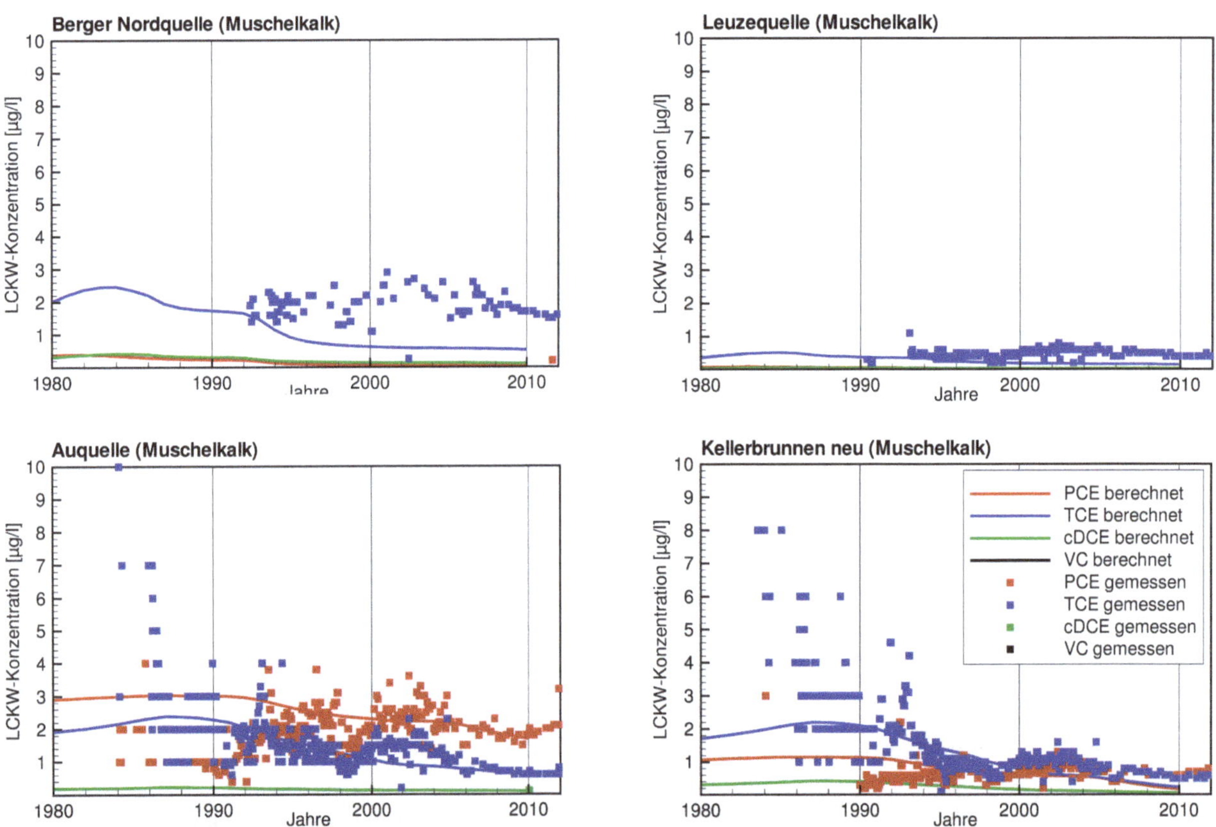

Abb. 8.28 Berechnete und gemessene LCKW-Ganglinien an ausgewählten Mineralquellen.

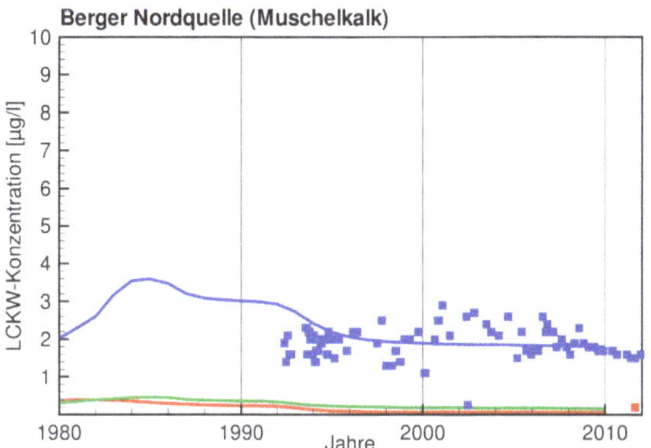

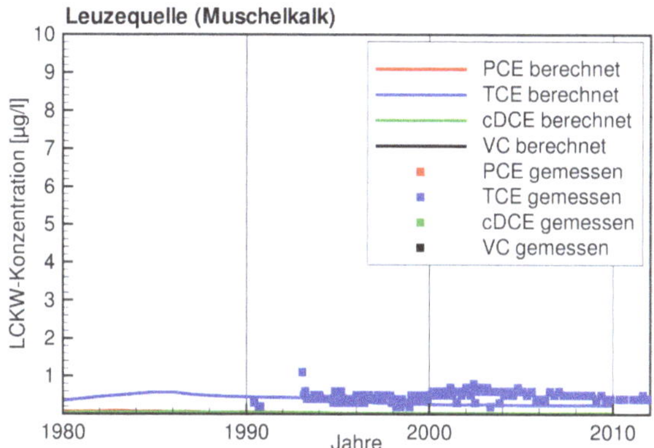

Abb. 8.29 Berechnete und gemessene LCKW-Ganglinien an ausgewählten hochkonzentrierten Mineralquellen mit direktem Schadstoffeintrag im Muschelkalk durch den Standort Rümelinstraße 24–30.

An den hoch- und niederkonzentrierten Mineralquellen ergeben sich die in Abb. 8.28 dargestellten gemessenen und berechneten Ganglinien. An den hochkonzentrierten Mineralquellen Berger Nordquelle und Leuzequelle werden die TCE-Konzentrationen vom Modell nach 1990 unterschätzt. Da, wie zuvor erläutert, nur die quellnahen Standorte für die aktuelle Kontamination in den hochkonzentrierten Mineralquellen in Frage kommen, ist insbesondere der Standort Rümelinstraße 24–30 zu analysieren. Hier hat insbesondere in der Vergangenheit ein vergleichsweise hoher Eintrag im Gipskeuper stattgefunden. Dieser Eintrag lässt sich aber weder messtechnisch noch mit dem Modell bis in den Muschelkalk verfolgen. Aus diesem Grund wird davon ausgegangen, dass an diesem Standort ein tiefer Eintrag bis in den Muschelkalk stattgefunden hat, der sich z. B. an Störungszonen im Umfeld orientiert. Da sich diese lokalen vertikalen Verlagerungen nicht mit dem Grundwassermodell simulieren lassen, wurde hier ersatzweise ein zusätzlicher Eintrag direkt in den Trigonodusdolomit angenommen (Abb. 8.29). Mit einer täglichen Fracht von 8,6 g lassen sich dann die Konzentrationen in den Mineral- und Heilquellen nachbilden.

In den niederkonzentrierten Mineralquellen lassen sich an der Auquelle die beobachteten LCKW-Konzentrationen bis auf die stark erhöhten Werte in den 1980er-Jahren mit dem Modell erklären. Der hierfür relevante Eintrag erfolgte durch den Standort Mittnachtstraße 21–25. Die aktuellen Messwerte von PCE und TCE werden sehr gut abgebildet. Auch am Kellerbrunnen werden die gemessenen LCKW-Konzentrationen näherungsweise abgebildet. Die anfängliche beobachtete TCE-Dominanz ist auch im Modell mittlerweile verschwunden. Dies wurde dadurch erreicht, dass die Anteile von eingetragenem TCE in der Vergangenheit größer angenommen wurden als derzeit. Dies lässt sich mit der größeren Löslichkeit von TCE gegenüber PCE erklären, so dass zunächst mehr TCE am Standort Mittnachtstraße 21–25 ausgetragen wird. Seit den 1990er-Jahren nimmt der TCE-Anteil ab.

Wie die exemplarischen Ganglinien aus dem Keuper- und dem Muschelkalkaquifer zeigen, werden mit Hilfe des Modells sowohl das zeitliche Verhalten der LCKW-Konzentrationen als auch die Relationen zwischen PCE, TCE und cDCE abgebildet.

8.6.3 LCKW-Verteilungen

Die mit dem Modell berechneten PCE- und TCE-Verteilungen für das Jahr 2010 im Gipskeuper sind exemplarisch für den Bochinger Horizont in Abb. 8.30 und Abb. 8.31 dargestellt. Für PCE ergeben sich sehr hohe Konzentrationen im südlichen Projektgebiet. Die Fahne wird bestimmt durch den jahrzehntelangen Eintrag am Standort Rotebühlstraße 171. Die abströmende PCE-Fahne strömt einerseits nach Osten und andererseits werden auch PCE-Anteile nach Norden transportiert. Im Bereich des Hauptbahnhofes liegen die PCE-Konzentrationen immer noch über 10 µg/l, während dort aktuell kein PCE gemessen wird. Die erhöhten PCE-Werte im Modell rühren möglicherweise daher, dass der vertikale Austausch in Wirklichkeit wahrscheinlich an Störungszonen gebunden ist, wo er zu einer vollständigen lokalen Verlagerung führt, während im Kontinuums-Modell ein eher flächenhafter vertikaler Austausch simuliert wird.

Die simulierten TCE-Fahnen im Bochinger Horizont beginnen beim Standort Dornhaldenstraße 5 und strömen am östlichen Talrand ab. Vom Stuttgarter Westen entwickelt sich eine zweite TCE-Fahne aus dem Abbaubereich auf dem Standort Forst-, Seiden-, Breitscheidstraße. Weitere Fahnen gehen von den Standorten Rümelinstraße 24–30 und Mittnachtstraße 21–25 aus.

Im Unterkeuper setzt sich die PCE-Fahne vom Standort Rotebühlstraße 171 aus dem Gipskeuper im südlichen Untersuchungsraum fort. Diese mischt sich im Innenstadtbereich mit der berechneten PCE-Fahne aus dem Standort Johannesstraße 60. Da südlich des Hauptbahnhofes eine großflächige Zone mit anaerobem Abbau im Unterkeuper

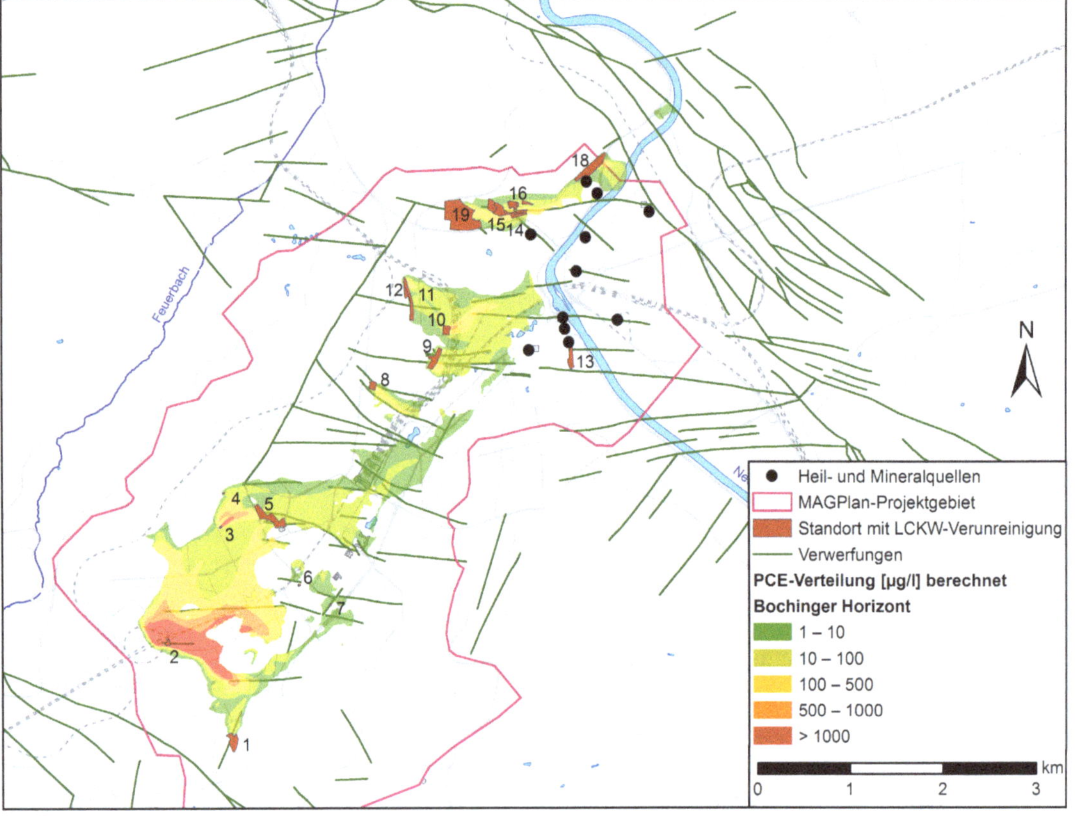

Abb. 8.30 Berechnete PCE-Verteilung im Bochinger Horizont für das Jahr 2010.

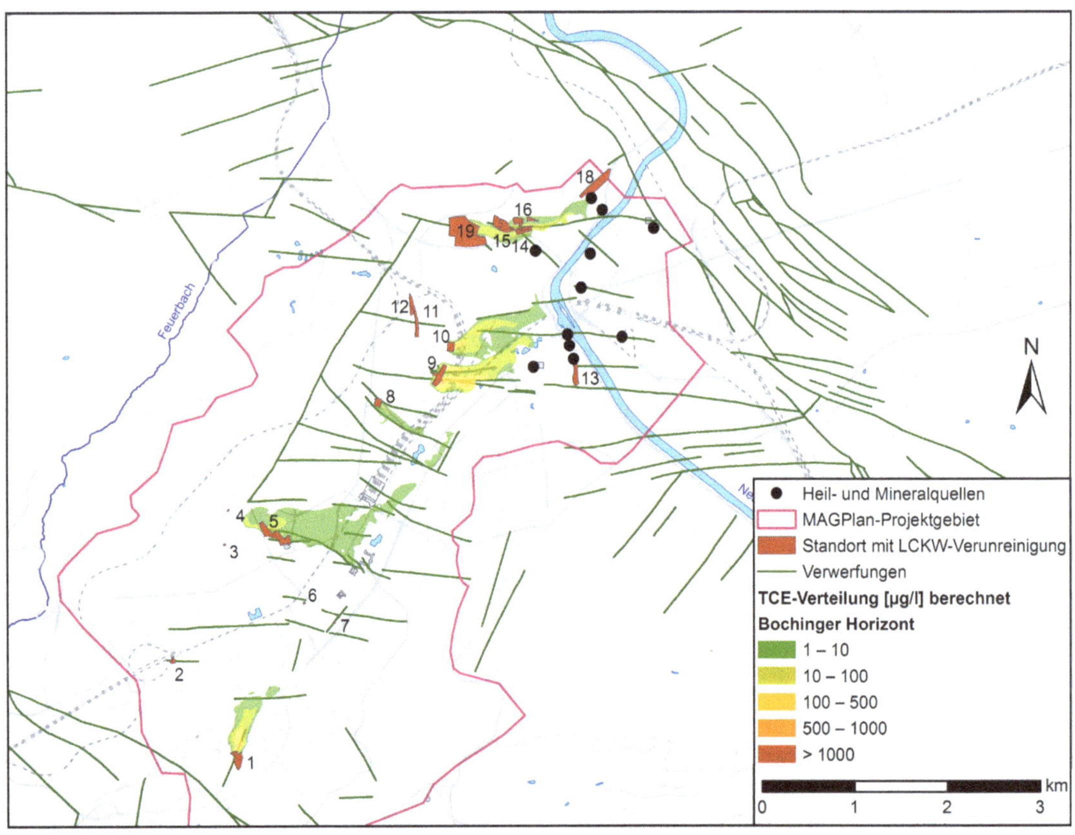

Abb. 8.31 Berechnete TCE-Verteilung im Bochinger Horizont für das Jahr 2010.

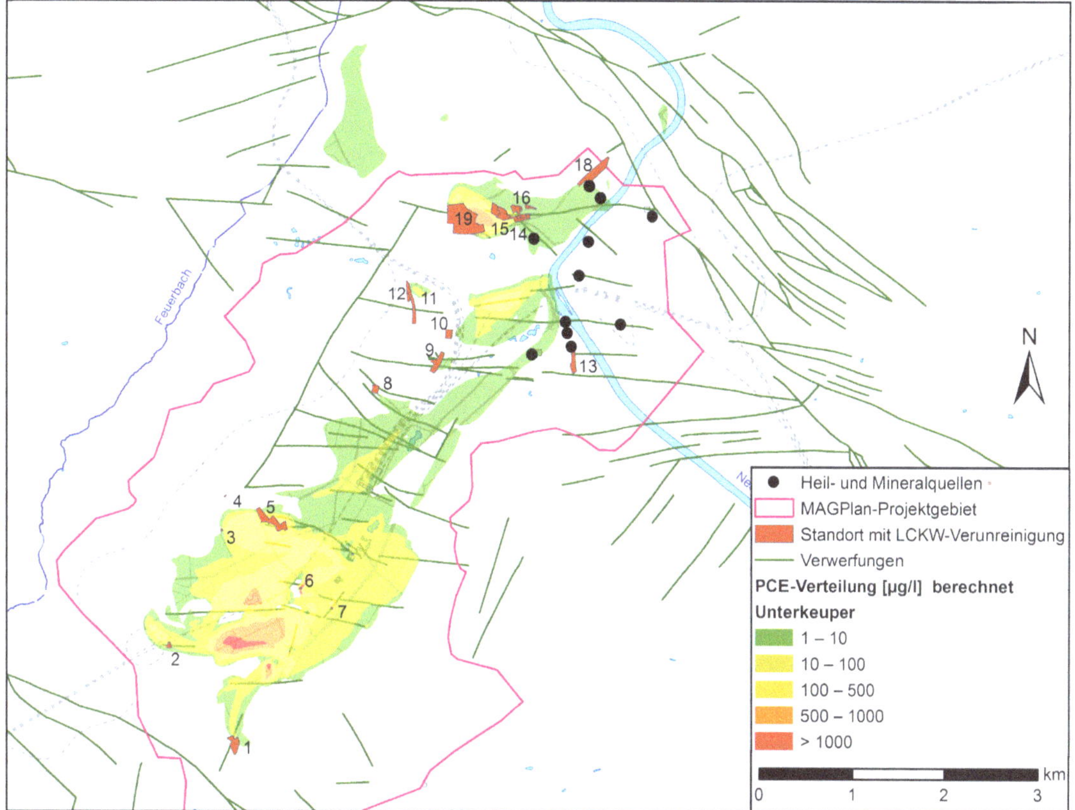

Abb. 8.32 Berechnete PCE-Verteilung im Unterkeuper für das Jahr 2010.

identifiziert wurde, werden hier auch die hohen PCE-Konzentrationen weiter abgebaut. Im Unterstrom dieser Zone sind im Unterkeuper wieder erhöhte PCE-Konzentrationen zu finden, da hier aus dem Grenzdolomit PCE belastetes Grundwasser zuströmt (Abb. 8.32).

Die simulierten TCE-Fahnen im Unterkeuper beginnen beim Standort Dornhaldenstraße 5 und strömen am östlichen Talrand ab, siehe Abb. 8.33. Aus der PCE-Fahne vom Standort Rotebühlstraße 171 entwickelt sich infolge des anaeroben Abbaus eine weitere TCE-Fahne.

Die berechnete PCE-Verteilung im Trigonodusdolomit ist in Abb. 8.34 dargestellt. Die höchsten Konzentrationen mit Werten zwischen 10 und 50 µg/l liegen im Stuttgarter Süden bis auf Höhe des Schlossplatzes vor. Die in Abb. 8.34 gezeigten Fahnen resultieren aus den Schadstoffherden Rümelinstraße 24–30, Rotebühlstraße 171 und Nesenbachstraße 48. Hinzu kommt eine PCE-Fahne durch den vergleichsweise hoch angenommenen Eintrag aus dem Standort Johannesstraße 60. Diese Fahne vermischt sich mit der anströmenden PCE-Fahne aus dem Stuttgarter Süden.

Auf Grund der reduzierenden Verhältnisse verschwindet die PCE-Kontamination auf Höhe des Hauptbahnhofes fast vollständig. Aus der Verteilung der PCE-Konzentration ist auch die sperrende Wirkung der Schlossstörung erkennbar. Diese wird von der PCE-Fahne sowohl westlich als auch östlich umströmt. Im Bereich der Mineralquellen entwickeln sich PCE-Fahnen vom Standort Prag-/Löwentorstraße und im Abstrom des Standortes Mittnachtstraße 21–25. Beide Fahnen strömen dem Neckar bzw. den niederkonzentrierten Mineralquellen zu.

Die berechnete TCE-Fahne entwickelt sich aus der Vertikalverlagerung der TCE-Fahne vom Standort Dornhaldenstraße 5 und zu gewissen Anteilen aus der reduktiven Dechlorierung der PCE-Fahne vom Standort Rotebühlstraße 171 im Bereich der Brunnen Tübinger Straße (Abb. 8.35). Die höchsten Konzentrationen an TCE sind deshalb zwischen den Brunnen Tübinger Straße und dem Innenstadtbereich zu finden. Auch an der TCE-Fahne ist die hydraulische Wirkung der Schlossstörung zu erkennen. Die von Süden anströmende TCE-Fahne teilt sich nach Westen und Osten auf. Die Isokonze mit 0,5 µg/l TCE reicht bis auf Höhe der Berger Quellen. Vom Standort Rümelinstraße 24–30 ist infolge des Eintrags in den Unterkeuper eine kleine Fahne zu erkennen. Diese reicht allerdings nicht bis zu den hochkonzentrierten Mineralquellen, da der Eintrag in den Unterkeuper mit 2 g/d zu gering ist, um sich durch vertikale Verlagerung bis in den Muschelkalk durchpausen zu können. Vom Standort Prag-/Löwentorstraße entwickelt sich auf Grund der reduzierenden Verhältnisse in diesem Bereich eine TCE-Fahne, die bis zur Au- und Mombachquelle reicht. Davon wird auch der Brun-

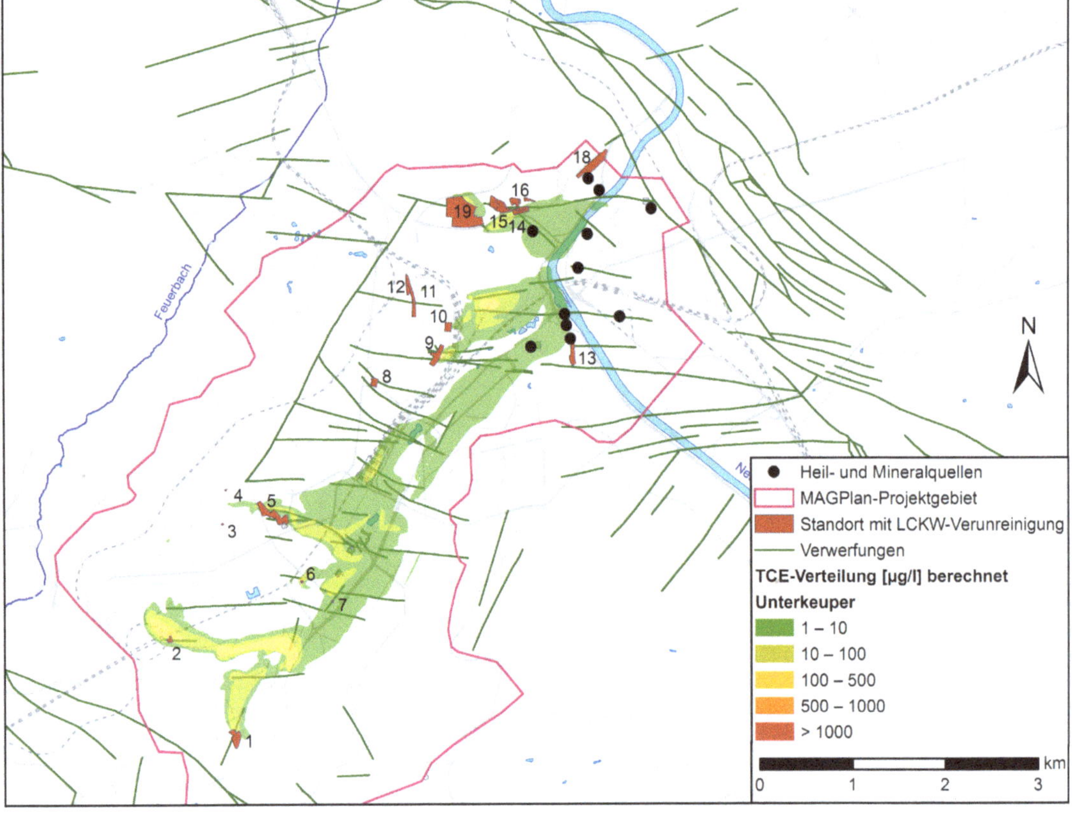

Abb. 8.33 Berechnete TCE-Verteilung im Unterkeuper für das Jahr 2010.

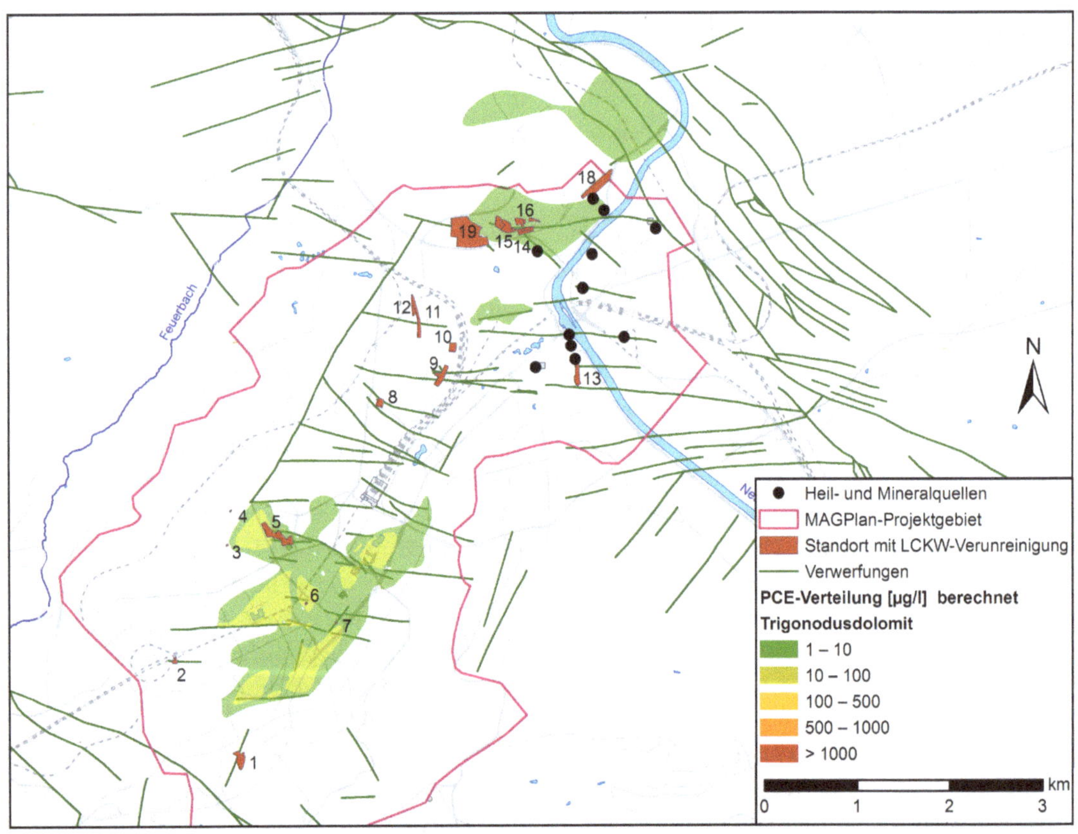

Abb. 8.34 Berechnete PCE-Verteilung im Trigonodusdolomit für das Jahr 2010.

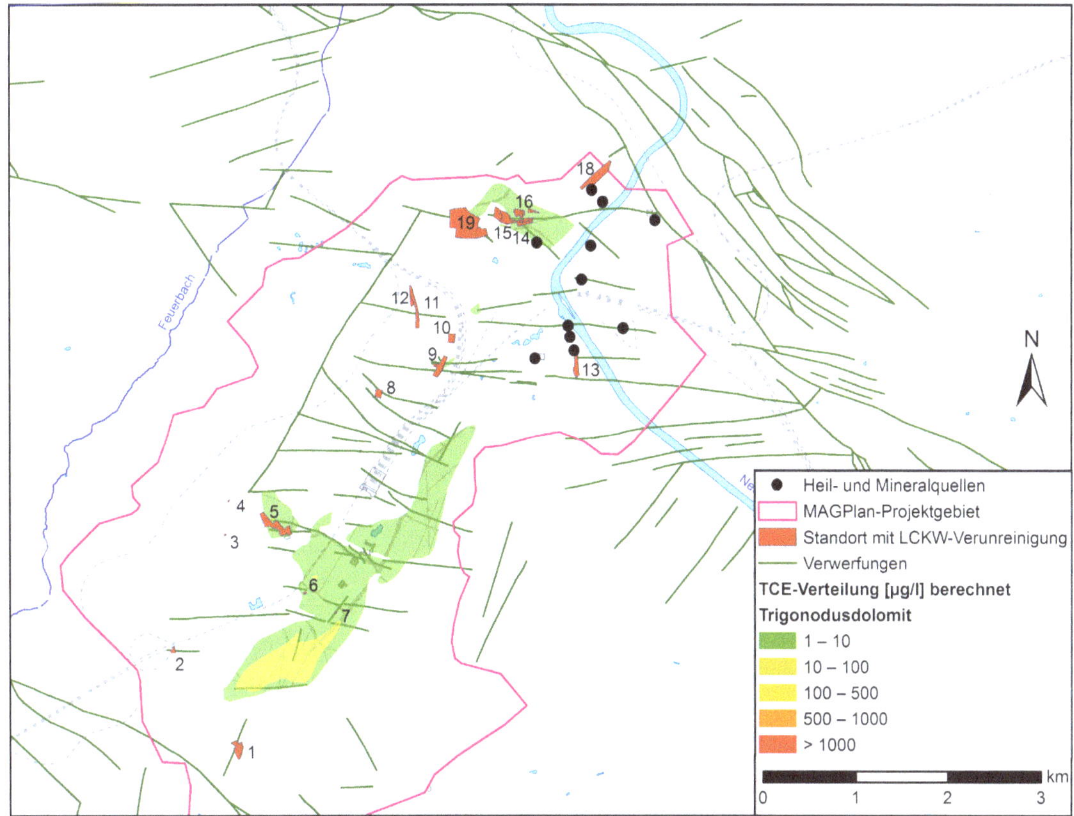

Abb. 8.35 Berechnete TCE-Verteilung im Trigonodusdolomit für das Jahr 2010.

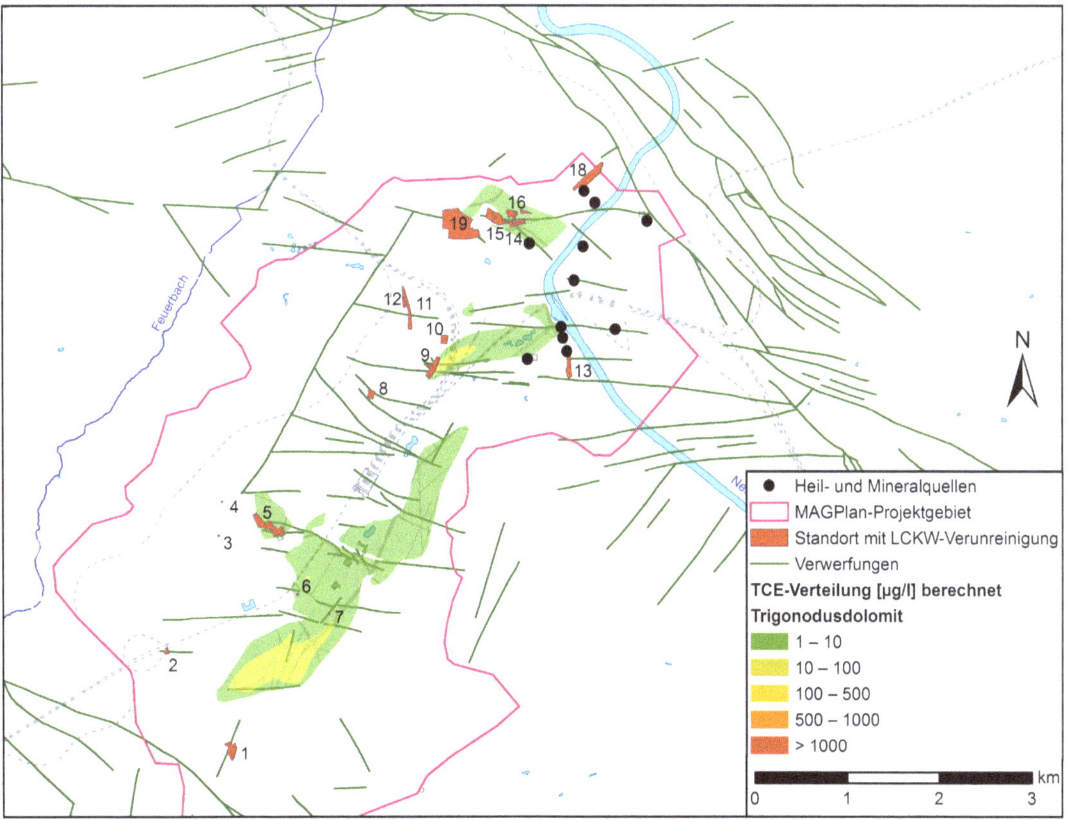

Abb. 8.36 Berechnete TCE-Verteilung im Trigonodusdolomit mit Schadstoffeintrag im Muschelkalk durch den Standort Rümelinstraße 24–30 für das Jahr 2010.

nen im Maurischen Garten tangiert. Die massive TCE-Fahne im Unterkeuper im Bereich des Rosensteinparks, die aus dem Eintrag vom Standort Mittnachtstraße 21–25 resultiert, ist auch im Trigonodusdolomit ansatzweise erkennbar. Diese strömt dem Neckarknie zu.

Nimmt man beim Standort Rümelinstraße 24–30 einen Eintrag von 8,6 g/d TCE direkt in den Trigonodusdolomit an, so entwickelt sich hier eine deutliche TCE-Fahne gemäß ◘ Abb. 8.36, die bis zur hochkonzentrierten Leuze- und Inselquelle sowie zu den Berger Quellen reicht. Nur mit diesem Eintrag direkt in den Muschelkalk waren auch die vergleichsweise hohen TCE-Konzentrationen in den Ganglinien der Berger Quellen zu erklären (◘ Abb. 8.29). Direkt im Abstrom des Standortes Rümelinstraße 24–30 führt der direkte Eintrag zu einer maximalen Konzentration von 40 µg/l TCE im Trigonodusdolomit. Diese maximale TCE-Konzentration wird durch Dispersion bis zu den Berger Quellen deutlich reduziert. Hinzu kommt, dass jeder einzelnen der hochkonzentrierten Mineralquellen zu großen Anteilen auch unbelastetes Muschelkalkwasser zuströmt, so dass sich in den Mineralquellen eine deutliche Verdünnung ergibt.

Da sich die LCKW-Konzentrationen an den hochkonzentrierten Mineralquellen nur mit einem Tiefeneintrag im Muschelkalk erklären lassen, werden die Prognosebetrachtungen (▶ Kap. 10.3) auf der Basis dieses Tiefeneintrags durchgeführt.

8.6.4 Massenbilanz

Ein wichtiges Ergebnis der Modellierung des LCKW-Transports ist die Massenbilanz der einzelnen LCKW-Komponenten. Da allerdings der Transport von Wasserinhaltsstoffen transient ist, lässt sich eine geschlossene Massenbilanz nur für die über die Zeit integrierten Massen ermitteln. Die sich daraus ergebenden Größen sind allerdings nur bedingt geeignet, um die Transportverhältnisse im Detail zu verstehen. Aus diesem Grund wurden folgende Größen aus der Modellierung ermittelt, mit denen sich die Entwicklung des Schadstoffinventars und der Schadstoffbilanz erkennen lässt:

- Masse der LCKW-Komponenten in kg im Gesamtmodell und nach folgenden hydrogeologischen Einheiten getrennt:
  - Quartär
  - Gipskeuper vom Mittleren Gipshorizont bis zum Bochinger Horizont
  - Grundgipsschichten und Grenzdolomit
  - Restlicher Unterkeuper
  - Muschelkalk
- Eintrag an LCKW über die Schadstoffherde in g/d
- Vertikale Massenflüsse über die Schichtgrenzen der hydrogeologischen Einheiten in g/d
- Austrag über die Randbedingungen in kg/a
- Umbau und Mineralisation der LCKW-Komponenten gemäß dem Abbaumodell mit reduktiver Dechlorierung (Umbau) und aerobem Abbau (Mineralisation) in kg/a.

Der hauptsächliche Eintrag über die Schadstoffherde an den Standorten erfolgt durch PCE. Der Eintrag nimmt von 280 g/d bis auf 60 g/d im Jahr 2010 ab. Der TCE-Eintrag beträgt 1990 noch 120 g/d und nimmt dann bis auf 20 g/d ab. Der Eintrag von cDCE liegt in derselben Größenordnung wie der von TCE. Dies liegt an den Haupteintragsstellen auf den Standorten Mittnachtstraße 21–25, Dornhaldenstraße 5 und Prag-/Löwentorstraße, an denen jeweils ca. 30% der eingetragenen Masse auf Grund der standortspezifischen Verhältnisse aus cDCE besteht (◘ Tab. 8.4)

Der zeitliche Verlauf der im Modellgebiet gespeicherten LCKW-Massen ist in ◘ Abb. 8.21 dargestellt. Danach besteht die Hauptmasse aus PCE, die zwischen 1990 und 2010 nur geringfügig von 2.900 bis auf 2.000 kg abnimmt. Der hauptsächliche PCE-Anteil ist gelöst. Lediglich 600 kg sind sorbiert. Die sorbierte Masse nimmt zwischen 1990 und 2010 nicht ab, sondern eher zu. Die Masse an TCE ist mit 600 bis 100 kg um ein Vielfaches geringer als die PCE-Gesamtmasse. Dies liegt daran, dass die hauptsächliche Masse an PCE im Gipskeuper gespeichert ist. Hier sind die Strömungsgeschwindigkeiten vergleichsweise klein und es findet kein Abbau von PCE statt. Der Anteil an TCE-Masse ist am Ende

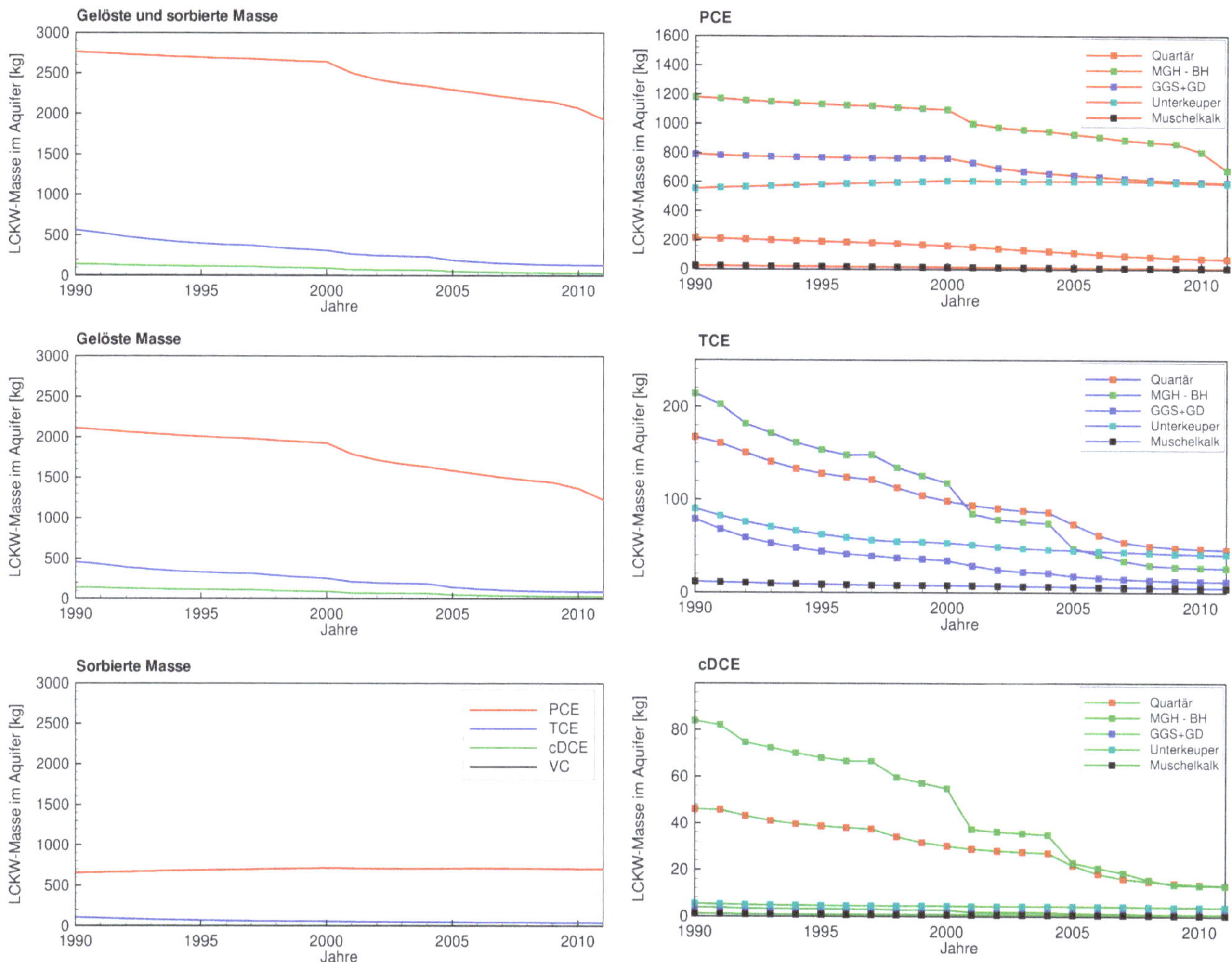

Abb. 8.37 Zeitlicher Verlauf der gelösten und sorbierten LCKW-Massen innerhalb des Modellgebiets.

Abb. 8.38 Zeitlicher Verlauf der LCKW-Massen innerhalb der hydrogeologischen Einheiten.

der Simulationszeit vor allem im Unterkeuper vergleichsweise hoch. Eine deutliche Abnahme ist im Gipskeuper auf Grund des Rückgangs der Eintragsfunktion zu erkennen. Die Masse an cDCE weist im Gipskeuper einen deutlichen Rückgang auf. Dies ist auf die Standorte Dornhaldenstraße 5 und Mittnachtstraße 21–25 zurückzuführen, deren Eintrag deutlich zurückgeht. Im Unterkeuper ist dieser Rückgang aus den Schadstoffherden nicht zu erkennen (Abb. 8.37 und Abb. 8.38).

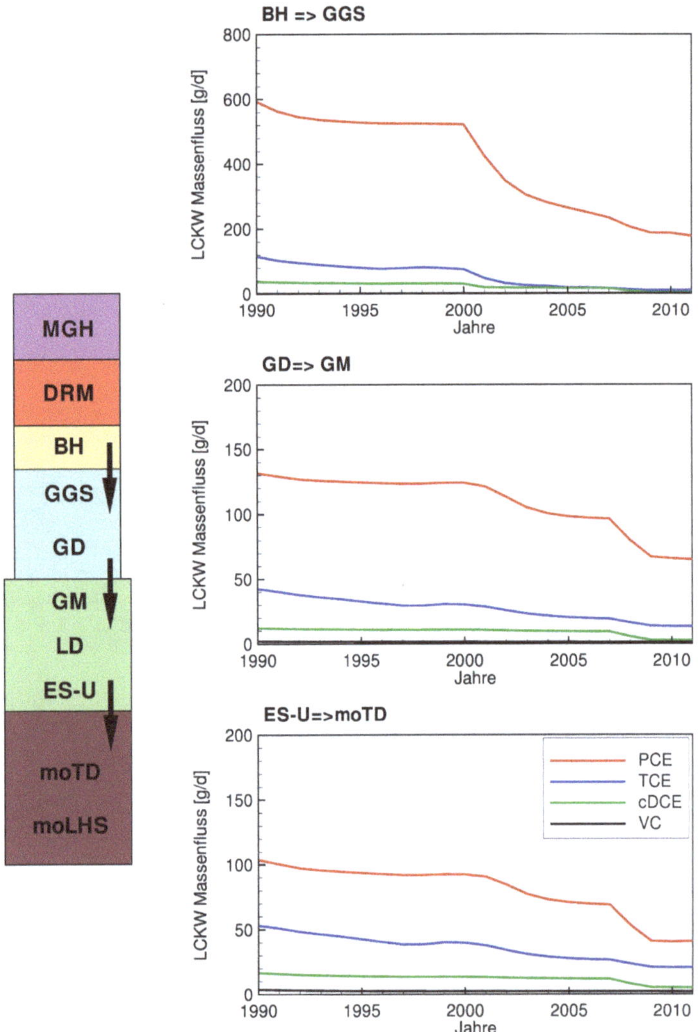

Abb. 8.39 Zeitlicher Verlauf der vertikalen LCKW-Frachten zwischen den hydrogeologischen Einheiten.

Die vertikale Verlagerung der LCKW-Massen ist in Abb. 8.39 dargestellt. Danach nimmt die vertikale Verlagerung aller LCKW-Komponenten auf Grund des Rückgangs der Einträge deutlich ab. Dass die vertikale Verlagerung der Massen über die Sohle des Bochinger Horizonts deutlich größer ist als die weitere vertikale Verlagerung in den Unterkeuper, liegt an der summarischen Auswertung, bei der absteigende Massen positiv und aufsteigende Massen negativ aufsummiert werden.

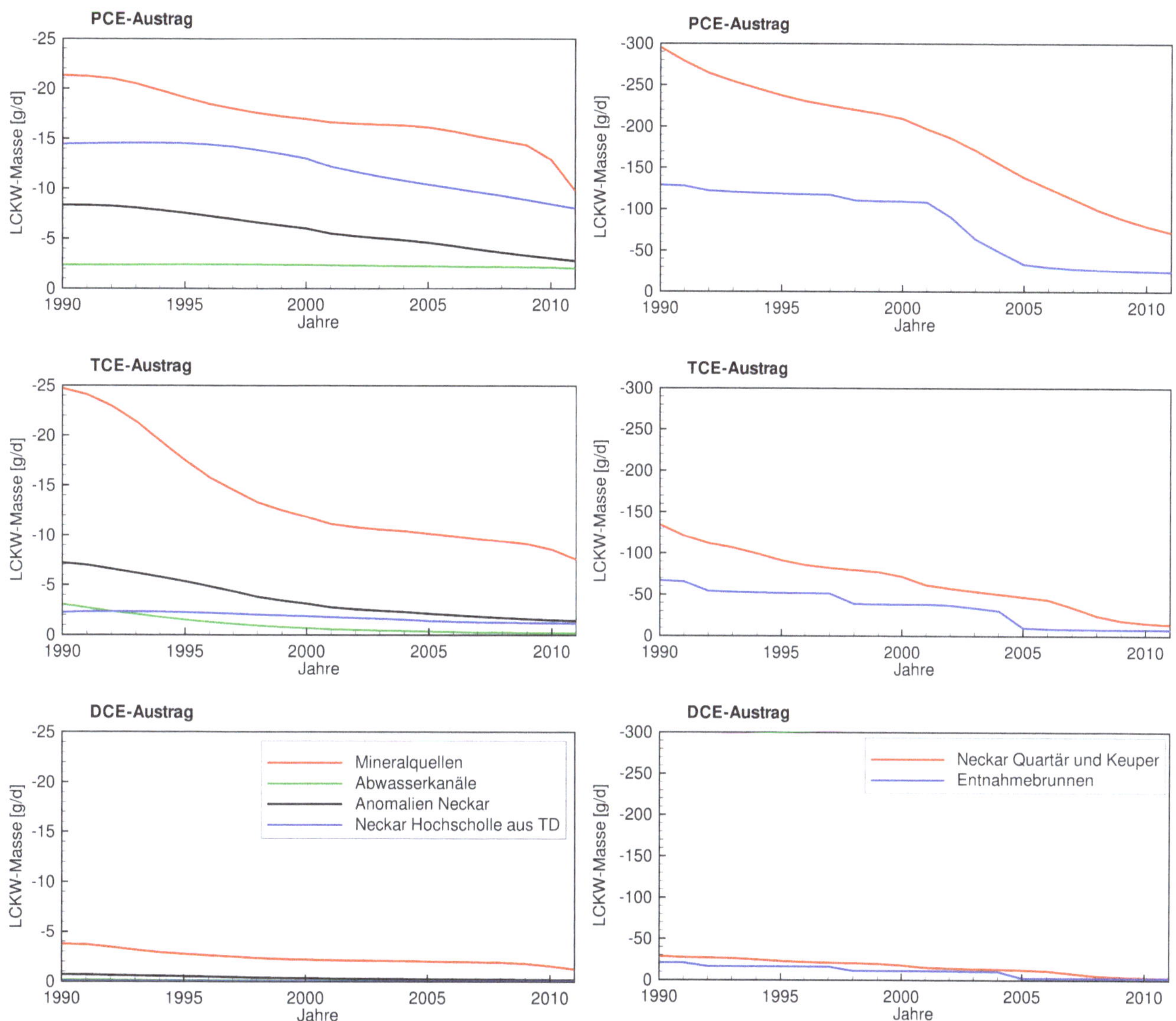

Abb. 8.40 Zeitlicher Verlauf des LCKW-Austrags über die Randbedingungen des Modells.

Der hauptsächliche Austrag der LCKW-Massen erfolgt über den Gipskeuper und das Quartär in den Neckar (Abb. 8.40). Die Brauchwasserbrunnen und Bauwerksdrainagen aus dem Keuper und dem Muschelkalk haben ebenfalls einen großen Anteil am Austrag von LCKW aus dem Gesamtsystem. Die LCKW werden zu 20 % an den Brauchwasserbrunnen und zu 60 % am Neckar ausgetragen. Dabei sind die Anteile für TCE und PCE näherungsweise gleich. Der weitere Austrag über die Mineralquellen liegt für PCE bei 10 % und für TCE bei 20%. Da der Neckar auf der Hochscholle in direktem Kontakt mit dem Muschelkalkaquifer steht, ist hier ebenfalls ein nennenswerter Austrag zumindest von PCE vorhanden, das in diesem Bereich über den Standort Prag-/Löwentorstraße in den Muschelkalk gelangt.

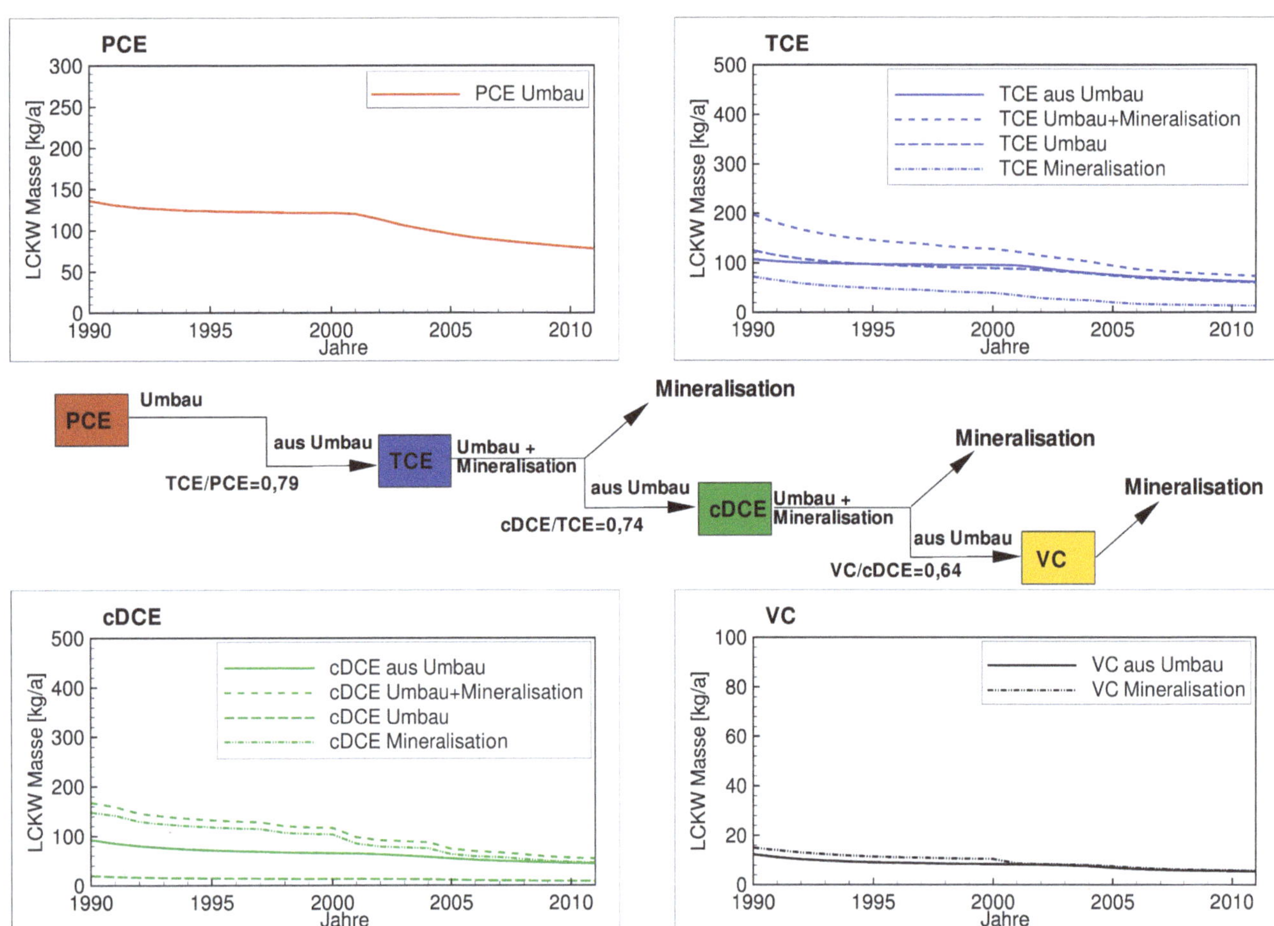

Abb. 8.41 Zeitlicher Verlauf des Umbaus und der Mineralisation der LCKW-Komponenten im Modellgebiet.

Auf Grund des Abbaumodells findet im Gesamtsystem sowohl ein Umbau der LCKW-Komponenten als auch eine Mineralisation statt. Der zeitliche Verlauf ist in Abb. 8.41 dargestellt. Für PCE ergibt sich nur ein Umbau zu TCE. Im gesamten Modellgebiet werden zwischen 135 kg/a im Jahr 1990 und 80 kg/a im Jahr 2010 PCE nach TCE umgewandelt. Entsprechend dem stöchiometrischen Verhältnis von TCE/PCE von 0,79 entstehen dadurch 105 bis 60 kg/a TCE. Von der Gesamtmasse an TCE werden wiederum 60 kg/a im Jahr 2010 nach cDCE umgebaut und 13 kg/a vollständig durch aeroben Abbau mineralisiert. Aus dem TCE-Umbau entstehen 45 kg/a cDCE im Jahr 2010. Da cDCE vergleichsweise gut aerob abgebaut wird, werden 45 kg/a im Jahr 2010 vollständig mineralisiert. Diese Mineralisierungsrate lag im Jahr 1990 noch bei 148 kg/a. Da der hauptsächliche Anteil von cDCE mineralisiert wird, entsteht nur wenig VC. Im Jahr 2010 sind dies noch 5 kg/a. Gleich viel an VC wird im Jahr 2010 auch mineralisiert.

8.6.5 Sensitivitätsstudien

Um die Bedeutung der einzelnen Transportparameter auf den Schadstofftransport zu identifizieren, wurden die im Folgenden dargestellten Parameter im Rahmen von Sensitivitätsstudien systematisch variiert. Ausgangsbasis war dabei jeweils das zuvor beschriebene kalibrierte Modell.

Dispersion

Die Grundwasserstockwerke im Modellgebiet sind hydraulisch z. T. deutlich voneinander getrennt. Dadurch kann auch die Strömungsrichtung an einem Ort in den verschiedenen Stockwerken unterschiedlich ausgeprägt sein. Bei einer Verlagerung über die Stockwerksgrenzen hinweg (z. B. an Schwächezonen mit lokal erhöhter vertikaler Durchlässigkeit) kommt es deshalb typischerweise zu einer Aufweitung der Fahnen. Die schmale Fahne aus dem oberen Stockwerk würde dann entlang ihrer ursprünglichen Längsachse eine breite Fahne im liegenden Stockwerk erzeugen.

Insgesamt führt die Tiefenverlagerung in Kombination mit den unterschiedlichen Strömungsrichtungen in den Stockwerken generell zu relativ breiten Fahnen in den tieferen Stockwerken des Unterkeupers und besonders des Muschelkalks. Dieser Prozess bedeutet letztlich eine starke großskalige Dispersion im Modell. Die Sensitivitätsstudien zeigten deshalb auch, dass die Auswirkungen der kleinskaligen Dispersion, die im Modell im Gegensatz zur großskaligen Dispersion nicht explizit aufgelöst ist und mithilfe der Dispersionskoeffizienten parametrisiert wird, gering sind im Vergleich zur Vermischungswirkung durch die o. g. vertikale Stoffverlagerung über die Aquifer-Stockwerke hinweg.

Sorption

Im ▸ Kap. 8.5.4 wurde erläutert, dass die Sorptionskoeffizienten, die sich aus der Modellkalibrierung ergaben, deutlich geringer sind als die theoretisch möglichen Sorptionskoeffizienten, die aus den teilweise sehr hohen C_{org}-Gehalten der Gesteinsproben abgeleitet werden könnten.

In den ◻ Abb. 8.42 wird anhand der Messstelle Brunnen 4 Tübinger Straße aufgezeigt, wie sich eine Halbierung bzw. eine Verdopplung der im kalibrierten Modell verwendeten Sorptionskoeffizienten (◻ Tab. 8.6) auf die berechneten LCKW-Konzentrationen auswirkt. Dabei zeigt das oberste Bild das Ergebnis für das kalibrierte Modell, darunter folgen dann die Ergebnisse für eine Berechnung ohne und mit verdoppelter Sorptionswirkung im Aquifer.

Es fällt auf, dass der Konzentrationsrückgang Mitte der 1980er-Jahre ohne Berücksichtigung der Sorption schneller verläuft als im kalibrierten Modell mit Sorption, während eine Verdopplung der Sorptionskoeffizienten zu einem entsprechend langsameren Konzentrationsrückgang im Modell führt. Zum Ende des Simulationszeitraums hin wirken sich die unterschiedlichen Annahmen zur Sorption nur noch schwach auf die berechneten Konzentrationen aus. Dies ist eine Folge davon, dass die zeitliche Dynamik der Konzentrationsentwicklung ab den 1990er-Jahren generell deutlich nachlässt und deshalb die Bedeutung der Sorption, die diese Dynamik beeinflusst, geringer wird.

Brunnen 4 Tübinger Straße zeigt aber nicht nur stellvertretend für die übrigen Messstellen, dass sich eine Variation der gewählten Sorptionskoeffizienten nur begrenzt auf die Ergebnisse auswirkt. Sie verdeutlicht vielmehr auch, dass die

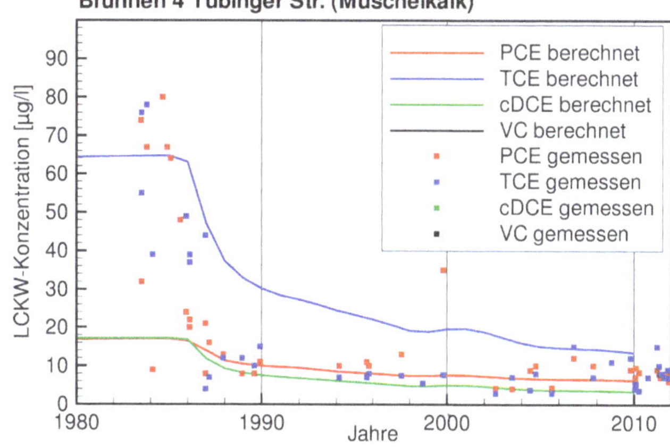

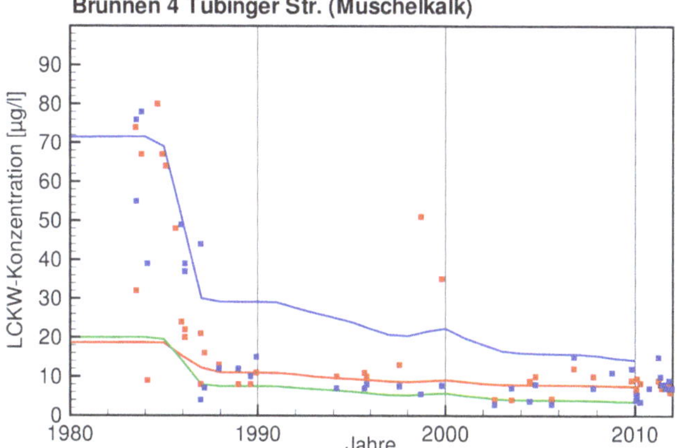

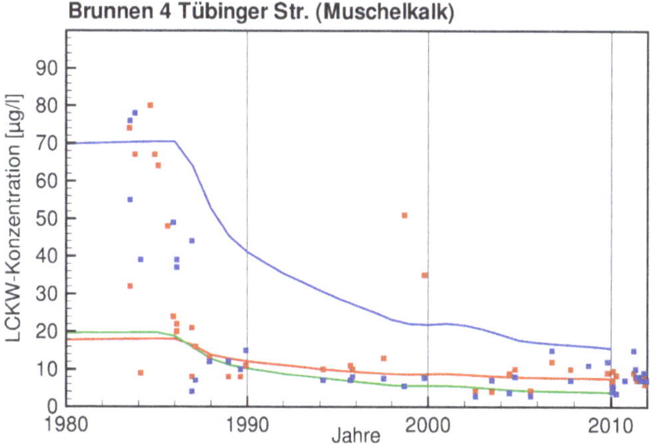

◻ **Abb. 8.42** Vergleich zwischen gemessenen und berechneten LCKW-Konzentrationen am Brunnen 4 Tübinger Straße für das kalibrierte Modell (oben), für die Variante ohne Sorptionskoeffizienten (Mitte), und für die Variante mit verdoppelter Sorption (unten).

Annahme einer sehr viel stärkeren Sorptionswirkung, wie sie aus den hohen C_{org}-Gehalten der Gesteinsproben abgeleitet werden könnte, nicht plausibel ist. In diesem Fall wäre nämlich der spätestens seit den 1990er-Jahren zu beobachtende generelle Konzentrationsrückgang in den meisten Messstellen im Modell nicht nachgebildet worden. Stattdessen wären die berechneten Konzentrationen auch heute noch auf dem hohen Niveau, das bis in die 80er-Jahre hinein vorlag.

Abbau

Im Gegensatz zu den zuvor diskutierten Prozessen Dispersion und Sorption spielen Um- und Abbauprozesse eine ganz entscheidende Rolle für die Ausbreitung der LCKW im Modell.

Wie schon weiter oben dargestellt, wurden im Modell die reduktive Dechlorierung von PCE über TCE und cDCE zu VC und der aerobe Abbau (Oxidation bzw. Mineralisierung) von TCE, cDCE und VC berücksichtigt. Um die Auswirkung dieser Prozesse auf die berechneten LCKW-Konzentrationen zu veranschaulichen, wurden auf Basis des kalibrierten Modells zwei zusätzliche Simulationsläufe gerechnet, bei denen einmal alle Um- und Abbauprozesse abgeschaltet worden waren und einmal die reduktive Dechlorierung beibehalten und nur der aerobe (oxidative) Abbau abgeschaltet worden war. Alle übrigen Modellparameter einschließlich der Grundwasserströmung und der Eintragsverteilung blieben unverändert.

Die Auswirkungen werden beispielhaft für die Auquelle (niederkonzentrierte Quelle) und die Berger Nordquelle (hochkonzentrierte Quelle) gezeigt. Die beiden Quellen wurden ausgewählt, weil sie am Ende des Grundwasser-Transportwegs stehen und die Um- und Abbauprozesse im Aquifer deshalb sehr lange auf die LCKW einwirken konnten. Die Umwandlungsprozesse wirken sich zwar auch auf viele andere Messstellen aus, generell gilt aber, dass die Auswirkungen mit zunehmender Stockwerkstiefe und Transportstrecke größer werden.

Ohne jegliche Umwandlungsprozesse (mittlere Grafik in ◻ Abb. 8.43) sind die berechneten PCE, TCE und cDCE-Konzentrationen in der Auquelle viel höher als im kalibrierten Modell und damit auch viel höher als die Messwerte. Die an den verschiedenen Standorten freigesetzten LCKW erreichen ungehindert die Mineralquellen, es tritt lediglich eine Verdünnung infolge der Vermischung mit LCKW-freiem Grundwasser auf. Dass auch ohne Berücksichtigung der reduktiven Dechlorierung cDCE auftritt, liegt daran, dass an einigen Standorten bereits unmittelbar am Eintragsort Reduktionsprozesse wirksam sind. Daher wurde dort im Modell eine cDCE-Freisetzung angesetzt (▶ Kap. 3, ◻ Tab. 3.11).

Wenn im Modell nur die aeroben (oxidativen) Abbauprozesse abgeschaltet werden (untere Grafik in ◻ Abb. 8.43), entspricht die berechnete PCE-Konzentration derjenigen aus dem kalibrierten Modell (obere Grafik in ◻ Abb 8.43, geringe Abweichungen entstehen durch numerische Effekte bei der Gleichungslösung), weil PCE einzig durch die reduktive Dechlorierung umgesetzt wird, die im zweiten Sensitivitätslauf unverändert geblieben war. Dadurch wird in diesem Lauf auch relativ viel cDCE und VC erzeugt und in Richtung Mi-

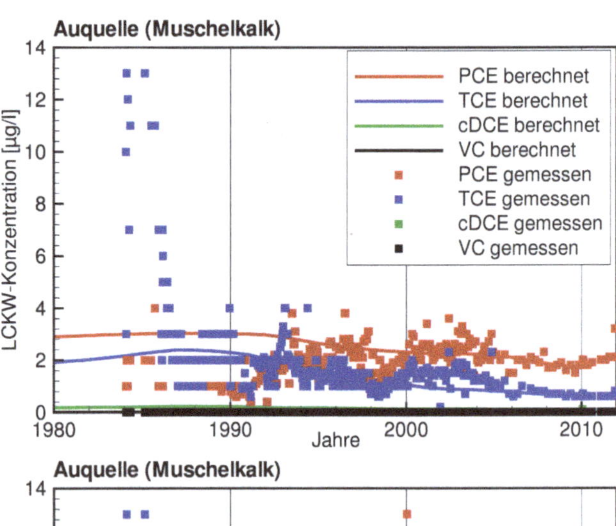

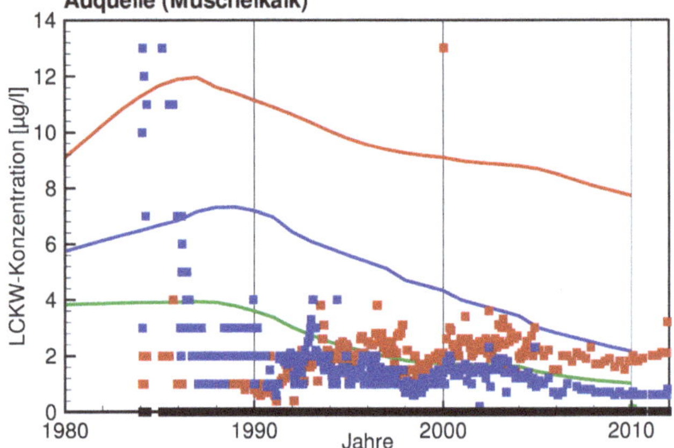

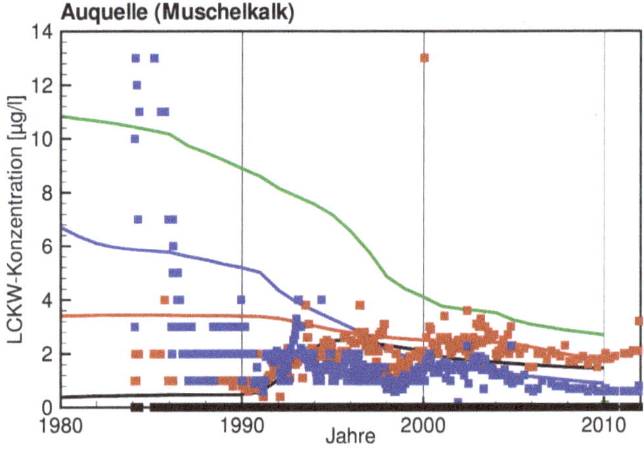

◻ **Abb. 8.43** Berechnete LCKW-Ganglinien an der Auquelle für das kalibrierte Modell (oben), den Sensitivitätslauf ohne Um- und Abbauprozesse (Mitte), und den Lauf mit reduktiver Dechlorierung, aber ohne aeroben (oxidativen) Abbau (unten).

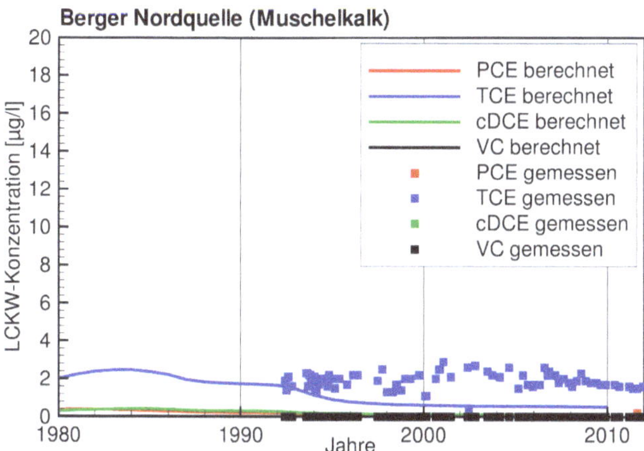

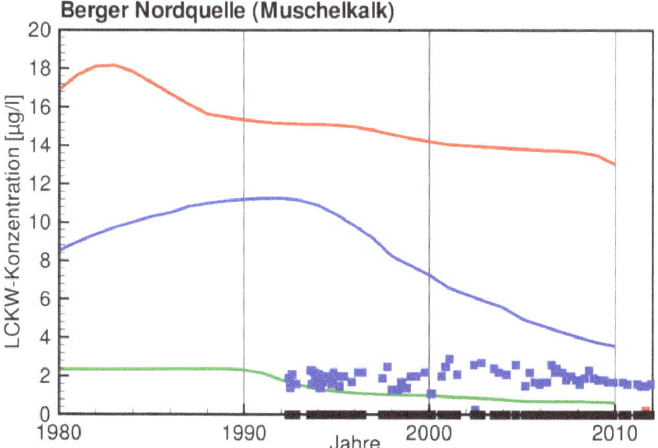

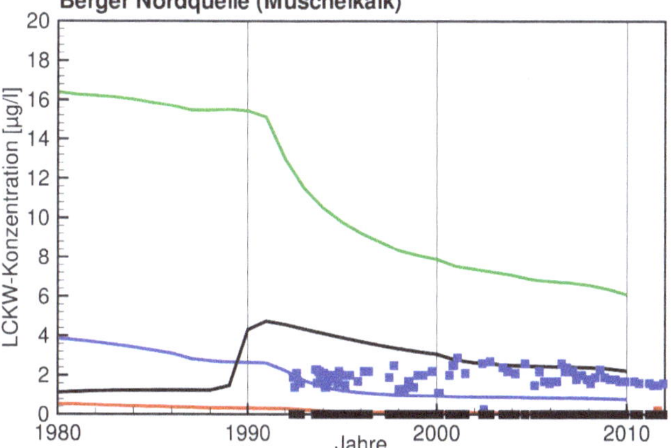

Abb. 8.44 Berechnete LCKW-Ganglinien an der Berger Nordquelle für das kalibrierte Modell (oben), den Sensitivitätslauf ohne Um- und Abbauprozesse (Mitte), und den Lauf mit reduktiver Dechlorierung, aber ohne aeroben (oxidativen) Abbau (unten).

neralquellen verfrachtet, denn die oxidativen Abbauprozesse, die im kalibrierten Modell zum Abbau von cDCE und VC führen, waren im zweiten Sensitivitätslauf ja abgeschaltet worden.

Ein aerober TCE-Abbau findet im Modell statt, allerdings in begrenztem Umfang. Deshalb ist die berechnete TCE-Konzentration bei Wegfall des aeroben Abbaus zwar noch etwas höher als im kalibrierten Modell, die Erhöhung fällt jedoch weniger stark aus als bei cDCE oder VC.

Ein ähnliches Bild ergibt sich für die Berger Nordquelle (Abb. 8.44). Ohne jegliche Um- und Abbauprozesse im Modell sind die berechneten LCKW-Konzentration sehr viel höher als im kalibrierten Modell und sie überschätzen auch die Messwerte erheblich (mittlere Grafik in Abb. 8.44, die berechnete PCE-Konzentration ist immer höher als 10 µg/l und kann bei der gewählten Skala nicht dargestellt werden).

Wird nur der aerobe (oxidative) Abbau im Modell weggelassen (untere Grafik in Abb. 8.44), ist die berechnete PCE-Konzentration wieder identisch mit derjenigen aus dem kalibrierten Modell, und auch die berechnete TCE-Konzentration ist ähnlich (d. h. der aerobe TCE-Abbau spielt für diese Messstelle kaum eine Rolle). Deutlich höher sind aber die Konzentrationen von cDCE (in der unteren Grafik von Abb. 8.44 teilweise höher als 10 µg/l und damit außerhalb der Skala) und VC, weil diese beiden LCKW zwar im Zuge der reduktiven Dechlorierung erzeugt werden, deren aerober Abbau in diesem Szenario jedoch weggelassen worden war. Offensichtlich ist der aerobe cDCE- und VC-Abbau im Modell entscheidend dafür, dass diese beiden LCKW in den hochkonzentrierten Quellen nicht gefunden werden.

Die Sensitivitätsberechnungen zu den Um- und Abbauprozessen legen damit nahe, dass das Schadstoffpotenzial im Einzugsgebiet der Mineralquellen auch heute noch sehr hoch ist und dass die im Untergrund natürlicherweise ablaufenden Umwandlungsprozesse ganz erheblich zur LCKW-Entfrachtung des Mineralwasser-Aquifers beitragen.

8.7 Visualisierung der Modellergebnisse mit Hilfe von MAG-IS

8.7.1 Zielsetzung

Im Rahmen des Projektes wurde das Visualisierungstool MAG-IS (Management Informationssystem) entwickelt (Lang et al. 2014). Es ermöglicht, die Modellergebnisse individuell auszuwerten und mit Modelleingangsinformationen kombiniert zu visualisieren. Außerdem war die Anforderung, dass diese Modellanalyse auch ohne die Spezialkenntnis der numerischen Grundwassermodellierung möglich ist. Weiterhin sollte mit dem Visualisierungstool eine gemeinsame Datenbasis geschaffen werden, auf die über das Internet zugegriffen werden kann. Das Erfordernis hierzu hat sich aus der Bearbeitung in der Projektgruppe ergeben. Verschiedene Bearbeiter und Institutionen sollen auf die Ergebnisse zugreifen können und diese einfach, aber individuell visualisieren und analysieren können. Für die Umsetzung dieser Anforderungen haben sich die Google-Maps-Dienste angeboten, da damit auch nach dem Projektabschluss Möglichkeiten zur Präsentation der Ergebnisse gegeben sind.

8.7.2 Funktionsweise und eingesetzte Techniken

In MAG-IS sind die Darstellung von Modelleingangsgrößen, Modellergebnissen und Erkundungsergebnissen möglich. Diese Daten werden auf verschiedenen Servern vorgehalten und mit unterschiedlichen Techniken visualisiert. Ein gemeinsamer Bestandteil der Visualisierung ist die kartographische Darstellung in Google Maps. Dabei wird der Google-Maps-Server zur Navigation mit den bekannten Möglichkeiten zum Zoomen oder Datenabruf über Klicken in die Karte genutzt. Die MAG-IS-Seite selbst basiert auf der PHP-Technik, in die Java-Anwendungen für spezielle Auswertungen eingebettet sind. Die Berechnungsergebnisse sind in Tabellen der Google-Dienste gespeichert. Dabei wird auf drei verschiedene Aggregierungsstufen abhängig von der Zoomstufe zurückgegriffen. In diesen Tabellen sind nicht nur die Modellergebnisse Konzentrationen und Piezometerhöhen gespeichert, sondern auch die Schichtlagerung, die eine individuelle Schnittdarstellung ermöglicht. Darüber hinaus liegen die Modelleingangsgrößen als KML-Dateien vor und können der Karte überlagert werden. Die jeweiligen Informationen der Daten können durch Anklicken abgerufen werden. Der gesamte Datenfluss ist in ◘ Abb. 8.45 dargestellt.

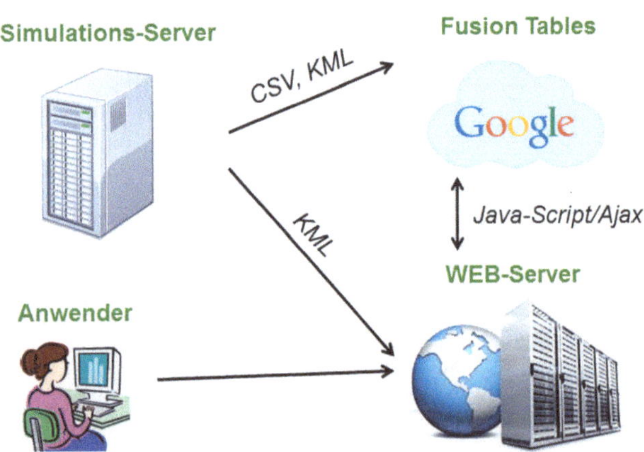

◘ **Abb. 8.45** Schemabild der Datenhaltung zur Visualisierung der Modellergebnisse und Eingangsgrößen.

8.7.3 Kombinierte Darstellungen

Das MAG-IS bietet wie ein Geographisches Informationssystem die Möglichkeit der kombinierten Darstellung von Ergebnissen. Dabei können folgende Daten visualisiert werden:

- Standorte der Haupt-Schadstoffherde (LCKW und MKW) mit Eintragsraten der LCKW
- Messstellen mit gemessenen LCKW-Konzentrationen
- Messstellen mit Ganglinien von gemessenen und berechneten LCKW-Konzentrationen
- Störungszonen

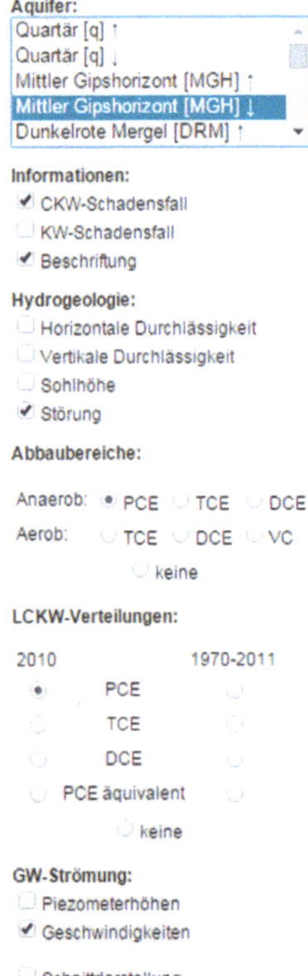

◘ **Abb. 8.46** Navigation von MAG-IS.

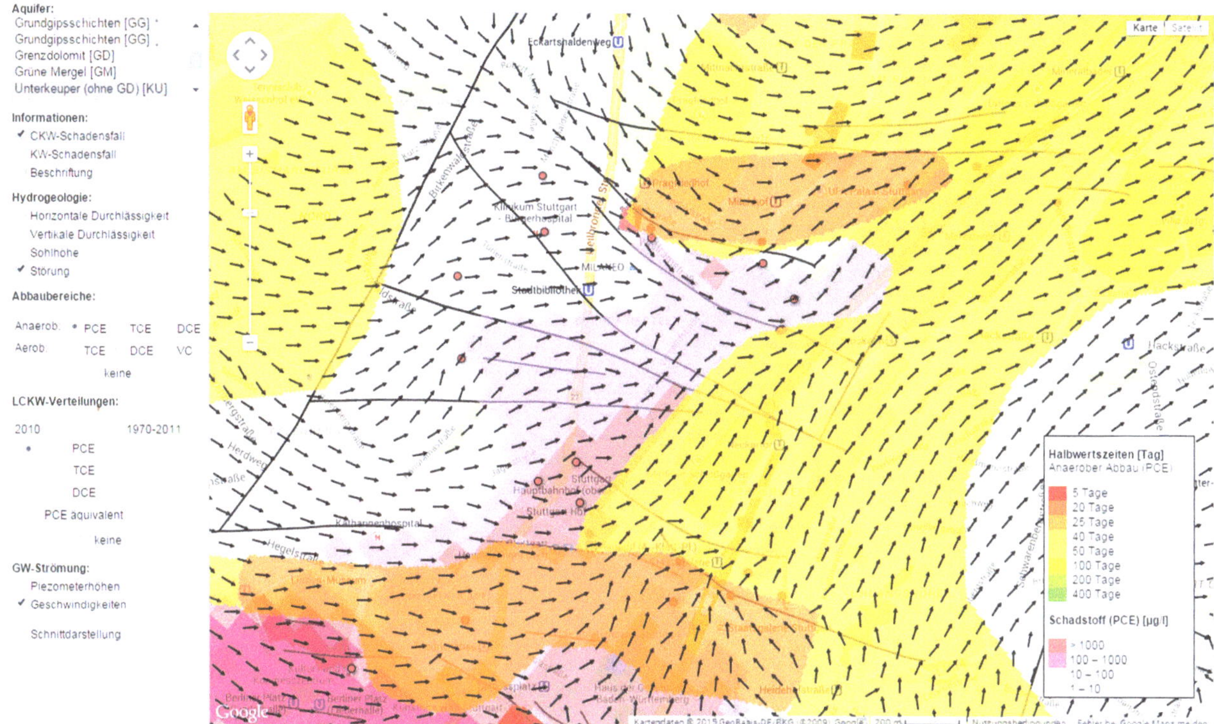

Abb. 8.47 Beispielhafte kombinierte Darstellung der PCE-Fahne, des anaeroben Abbaus von PCE und der Geschwindigkeitsvektoren.

- Horizontale und vertikale Durchlässigkeiten
- Aerobe und anaerobe Abbauraten für PCE, TCE, cDCE, VC
- Schichtlagerung
- Piezometerhöhen
- Fließgeschwindigkeiten mit Richtung
- LCKW-Konzentrationen für PCE, TCE und cDCE und PCE-Äquivalent
- Strömungsgeschwindigkeiten und Richtungen
- Schnitte mit LCKW-Konzentrationsverteilung und hydrogeologischen Einheiten

Auf der linken Seite der Web-Seite ist die Navigation enthalten (Abb. 8.46). In der obersten Auswahlliste muss die Modellschicht bzw. die hydrogeologische Einheit gewählt werden. Alle weiteren Daten lassen sich kombiniert darstellen und die Darstellung erfolgt immer automatisch für die ausgewählte Modellschicht. Für die Darstellung der LCKW-Konzentrationen gibt es zwei Möglichkeiten. Die LCKW-Konzentrationen lassen sich entweder modellzellenscharf für das Jahr 2010 darstellen oder als Isoflächen für die Isokonzen 1, 10, 100, 500 und 1.000 µg/l. Bei der modellzellenscharfen Darstellung lassen sich die berechneten Werte durch Anklicken der Modellzellen erheben. Bei der Isokonzendarstellung ist eine Visualisierung der Berechnungsergebnisse ab 1970 für jedes Berechnungsjahr möglich. Hierbei kann auch der zeitliche Verlauf der LCKW-Fahnen über einen Film visualisiert werden. Da die Daten für jeden Zeitschritt geladen werden müssen, ist die zeitliche Abfolge der Verteilungen abhängig von der zur Verfügung stehenden Internetanbindung.

Als Beispiel für eine kombinierte Darstellung ist in Abb. 8.47 die Konzentrationsverteilung von PCE zusammen mit dem anaeroben PCE-Abbau und den Geschwindigkeitsvektoren im Unterkeuper dargestellt. Anhand der Geschwindigkeitsvektoren lässt sich die Strömungsrichtung ableiten. Der Abbaubereich von PCE zeigt an, in welchen Bereichen sich die PCE-Konzentration verringert.

8.7.4 Individuelle Schnittdarstellung

Da die Grundwasserströmung und der Transport von Wasserinhaltsstoffen im Nesenbachtal nicht nur horizontal stattfinden, sondern die vertikale Verlagerung der Schadstoffe insbesondere für die Fahnenverfolgung eine wichtige Rolle spielt, wurde eine interaktive und individuelle Schnitterstellung in MAG-IS implementiert. Die Schnittführung kann dabei nicht nur in einer Linie, sondern über Stützpunkte in variierenden Richtungen erfolgen. Damit ist es möglich, den Schnitt entlang einer angenommenen Stromlinie in einem Grundwasserleiter zu setzen. Hierzu könnten die Geschwindigkeitsvektoren dargestellt und der Schnitt entlang der Strömungsvektoren geführt werden. In vertikaler Richtung erfolgt die Schnittdarstellung über alle Modellschichten. Dabei ist zu beachten, dass unterschiedliche horizontale Strömungsrichtungen in den geologischen Einheiten vorliegen können. Eine in den oberen Schichten ausgewählte Schnittführung entlang der Strömungsrichtung kann beispielsweise in den tieferen Stockwerken senkrecht dazu verlaufen. Ein Beispiel für die Schnittdarstellung zeigt ◘ Abb. 8.48.

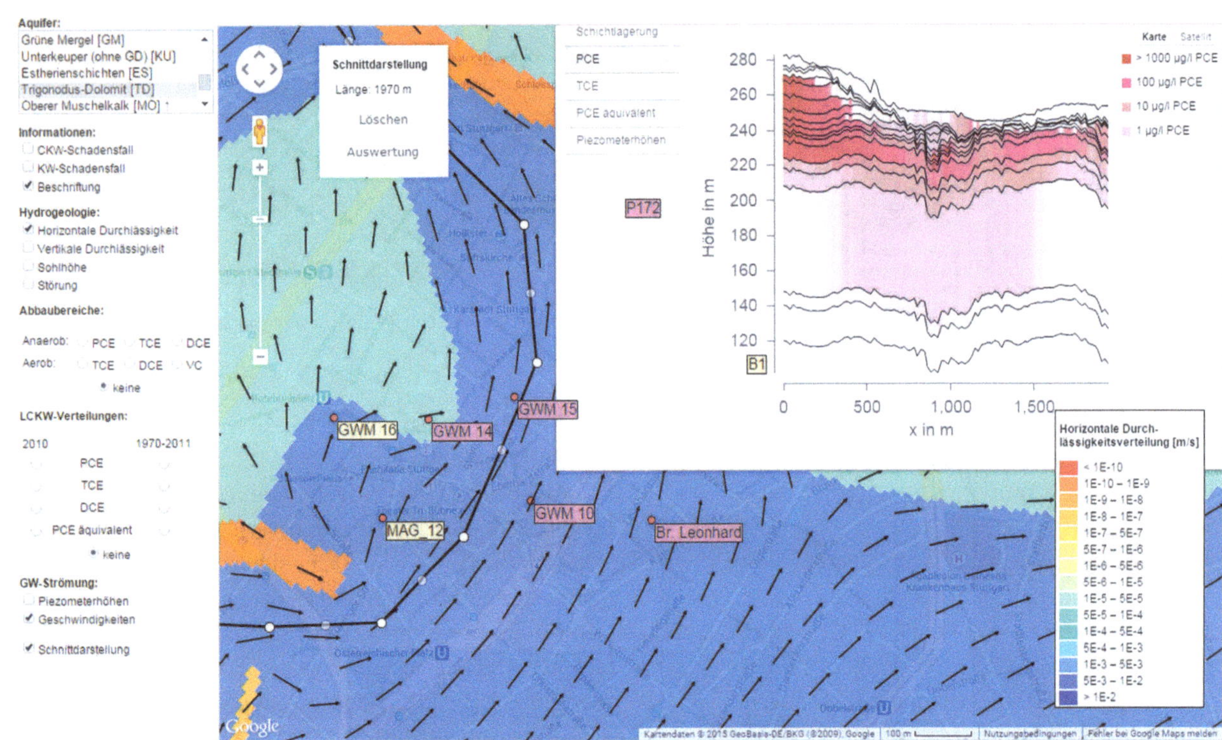

◘ **Abb. 8.48** Beispiel einer Schnittdarstellung mit Hilfe von MAG-IS.

Gesamtschauliche Auswertung

Ulrich Lang, Wolfgang Schäfer, Wolfgang Ufrecht

Die gesamtschauliche Auswertung fasst die Ergebnisse der Hydrogeologischen und der numerischen Modellierung (▶ Kap. 7 und ▶ Kap. 8) zusammen und wertet sie unter dem Aspekt der Wirkungsweise der Einzelstandorte auf den Raum aus. Stellt sich eine gute Übereinstimmung zwischen beiden Modellen heraus, so können die Ergebnisse geprüft und validiert bei der weiteren Bearbeitung verwendet werden. Ergeben sich Widersprüche zwischen Hydrogeologischem und numerischem Modell, so bedürfen diese einer Überprüfung, Analyse und Diskussion nach folgenden Kriterien:

- Bestehen systemrelevante Verständnis- oder Kenntnislücken? Sind Einflüsse auf die Grundwasserströmung, wie z. B. durch Strukturen, nicht verstanden?
- Sind wichtige Stoffprozesse im Aquifer (Abbau, Umbau, Sorption) nicht oder nur teilweise verstanden?

Bei Widersprüchen in beiden Fällen empfiehlt sich eine Sensitivitätsbetrachtung, mit deren Hilfe die Tragweite des Widerspruchs besser beurteilt werden kann. Im Ergebnis kann das dazu führen, dass

- die vorliegenden Bandbreiten der Abweichungen akzeptiert werden können,
- eine der Varianten im Hinblick auf die Auswirkung auf den Raum oder den Rezeptor akzeptiert werden kann, sofern es sich um eine Worst-Case-Abschätzung handelt, oder
- zusätzliche Untersuchungen notwendig sind, um die Widersprüche aufzulösen.

9.1 Rückkopplung zwischen Raum und Einzelstandort am Beispiel des Standorts Johannesstraße 60

Bei der Kalibrierung des Transportmodells (▶ Kap. 8.6) war die grundsätzliche Vorgehensweise so, dass zunächst vor allem die Freisetzungsraten aus den einzelnen Standorten angepasst worden waren. Ziel war dabei, die gemessenen LCKW-Konzentrationen in denjenigen Messstellen nachzubilden, die im direkten Abstrom der jeweiligen Standorte liegen. Dabei wurden auch die Angaben zu den Frachtraten berücksichtigt, die unabhängig vom Modell aus den Konzentrationen und den Grundwasserständen im Umfeld des Schadensherds abgeschätzt worden waren. Bei diesen Abschätzungen war auch die Frachtreduzierung durch die Sanierungsmaßnahmen eingerechnet worden.

Im nächsten Schritt wurde dann die Auswirkung der Schadstofffreisetzung in den einzelnen Standorten auf die berechneten Konzentrationen im weiteren Abstrom und in den übrigen Stockwerken betrachtet.

Dabei ergab sich zum Teil die Situation, dass zwar die Messwerte in den unmittelbar im Abstrom der Standorte gelegenen Messstellen zufriedenstellend nachgebildet werden konnten, dass sich in einigen Messstellen im weiteren Abstrom im Modell jedoch unplausible Konzentrationsverläufe ergaben, d. h. die Auswirkung des Einzelstandorts auf den Raum offensichtlich nicht richtig nachgebildet wurde. Insbesondere relativ weit im Oberstrom des Modellgebiets gelegene Standorte mit hohen Freisetzungsraten können eine erhebliche Raumwirkung entfalten.

Diskrepanzen zwischen im Modell berechneten Konzentrationen im weiteren Abstrom und den dort beobachteten Konzentrationswerten können u. a. folgende Ursachen haben:

- Die zugrunde liegende Grundwasserströmung bildet die Abstromsituation nicht korrekt ab.
- Die Messstellen im unmittelbaren Abstrom sind möglicherweise nicht repräsentativ für den Gesamt-Abstrom aus dem Standort.
- Die LCKW unterliegen Abbau- oder Umwandlungsprozessen, die im Modell noch nicht oder noch nicht ausreichend berücksichtigt werden.

Im ersten Fall wäre ein Rückgriff auf das Strömungsmodell erforderlich, z. B. indem vertikale Austauschvorgänge oder Durchlässigkeitsverteilungen innerhalb der einzelnen Stockwerke angepasst werden (▶ Kap. 8.6). Dies wurde im Rahmen der Kalibrierung mit über 100 Modellsimulationen praktiziert.

Im zweiten Fall würden die Austragsraten im Modell angepasst, um die berechneten Abstromkonzentrationen besser nachbilden zu können. Dabei muss möglicherweise in Kauf genommen werden, dass eine oder mehrere Messstellen im unmittelbaren Abstrom zugunsten eines verbesserten Gesamtbildes schlechter als bisher abgebildet werden.

Im dritten Fall müsste die Lage der Abbaubereiche oder die dort verwendeten Abbauraten angepasst werden. Wie bereits in ▶ Kap. 7 dargestellt, wurde die großräumige Verteilung der Abbaubereiche anhand der Milieubedingungen an den Messstellen zumindest grob aus dem Stoffmodell abgegrenzt, so dass bei der Kalibrierung des numerischen Modells vor allem die konkreten Zahlenwerte für die Abbauraten anzupassen waren.

Bei allen Maßnahmen ist zu beachten, dass die vorgenommene Anpassung keine Widersprüche bei anderen Parametern oder Beobachtungen hervorruft. Beispielsweise ist es nicht sinnvoll, zu hoch berechnete Konzentrationen in einem bestimmten Aquiferabschnitt dadurch zu reduzieren, dass der Abschnitt im Modell umströmt wird, während die Pumpversuchsauswertungen dort hohe Durchlässigkeiten ergeben hatten. Ebenso wenig sollten zu hoch berechnete Konzentrationen durch Annahme eines Schadstoffabbaus verringert werden, wenn die Isotopenverhältnisse der LCKW nahelegen, dass Abbauvorgänge keine Rolle spielen.

In jedem Fall ist die Kalibrierung des Grundwassermodells ein vielschichtiger und iterativer Prozess, bei dem immer auch die Auswirkungen lokaler Anpassungen auf den

Gesamtraum im Auge behalten werden müssen. Am Beispiel des Standorts Johannesstraße 60 soll dieser Prozess veranschaulicht werden.

Der Standort befindet sich auf der Westseite des Nesenbachtals, ca. 1,5 km westsüdwestlich des Hauptbahnhofs. Der LCKW-Eintrag ins Grundwasser erfolgt in den Dunkelroten Mergeln und im Bochinger Horizont. Der Mittlere Gipshorizont ist dort abgetragen, und die quartären Schichten sind nicht wasserführend. Relevant für die Festlegung der Freisetzungsraten waren die unmittelbar im Abstrom des Standorts gelegenen Messstellen (◘ Abb. 7.37a) GWM 1 (Dunkelrote Mergel) und GWM 4 (Bochinger Horizont). Es wird ausschließlich PCE freigesetzt.

Der Abstrom erfolgt zunächst in den Dunkelroten Mergeln und im Bochinger Horizont, und zwar in nordöstlicher Richtung. Gleichzeitig kommt es im Modell auch zu einer relativ raschen vertikalen Ausbreitung der LCKW bis in den Unterkeuper hinein (mehrere hundert µg/l LCKW), in geringerem Umfang wird im Modell auch der Muschelkalk erreicht (mehrere Zehner µg/l).

Die Abstromsituation für PCE im Jahr 2010 ist in der ◘ Abb. 9.1 dargestellt. Für diese Darstellung wurde ein spezieller Simulationslauf verwendet, bei dem ausschließlich der Eintrag am Standort Johannesstraße 60 angesetzt worden war (vgl. auch ▶ Kap. 9.2.3). Dadurch ist es möglich, die Abstromfahne aus dem Standort ohne die in Wirklichkeit stattfindende Überlagerung durch andere Fahnen zu verdeutlichen.

Etwa 500 m nordöstlich, d. h. im Abstrom des Standorts, wurde im Rahmen der Bearbeitung des Schadstoffmodells eine kleinere Zone mit anaeroben Milieubedingungen in den Dunkelroten Mergeln und im Bochinger Horizont identifiziert und in das Modell implementiert. Infolge der reduktiven Dechlorierung, die in dieser Zone angesetzt wird, kommt es im Modell lokal zur Bildung von TCE und cDCE. Ansonsten ist das Grundwasser in den Gipskeuperschichten im Abstrom des Schadensherds aerob. In diesen aeroben Bereichen kann sich PCE ausbreiten, ohne dass es Ab- oder Umbauprozessen unterliegt (▶ Kap. 7.2).

Zur Nachbildung der PCE-Konzentrationen in den oben genannten Messstellen GWM 1 und GWM 4 wurde eine konstante Freisetzungsrate im Schadensherd von 53 g PCE/d bis zum Jahr 2005 (Beginn einer hydraulischen Sa-

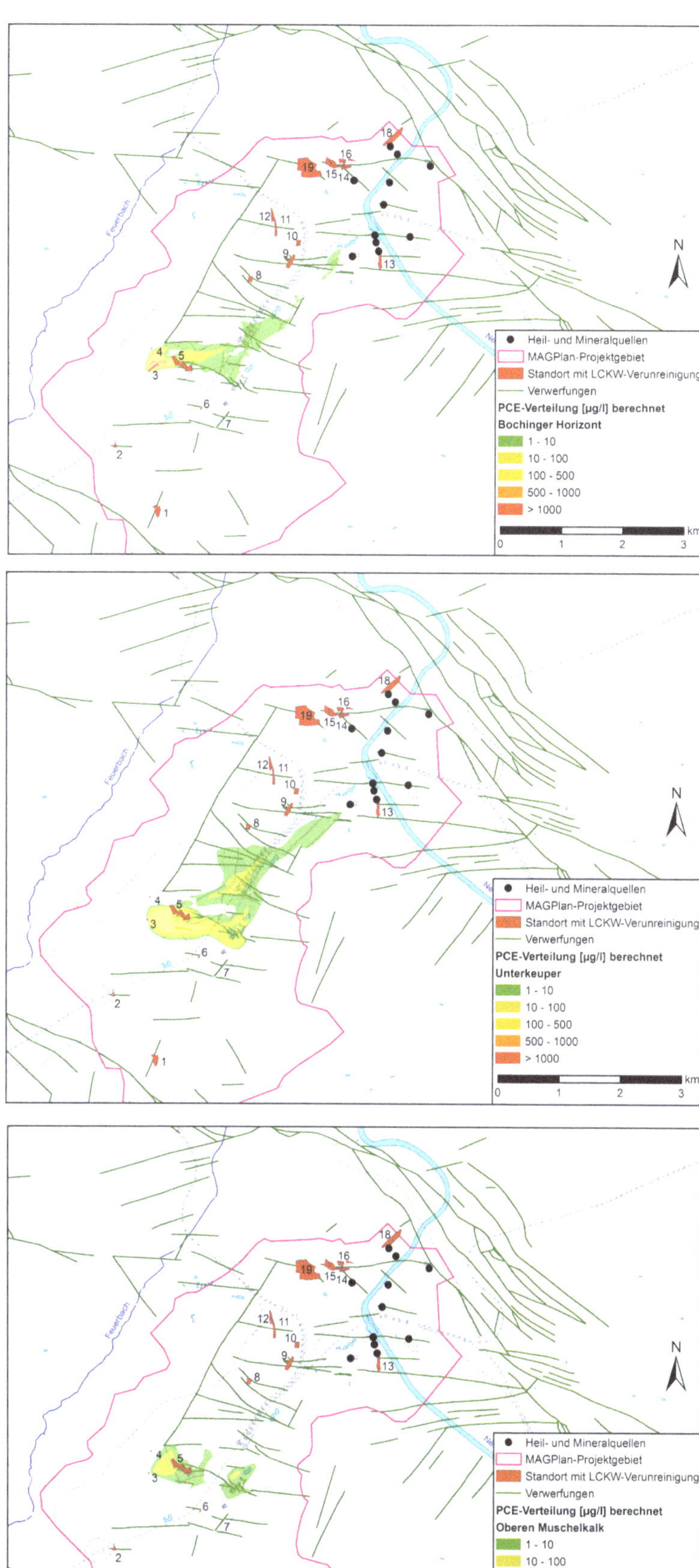

◘ **Abb. 9.1** Berechnete Verteilung für PCE im Jahr 2010 im Abstrom des Standorts Nr. 3 Johannesstraße 60 für den Bochinger Horizont (oben), für den Unterkeuper (Mitte), und für den Trigonodusdolomit des Muschelkalks (unten).

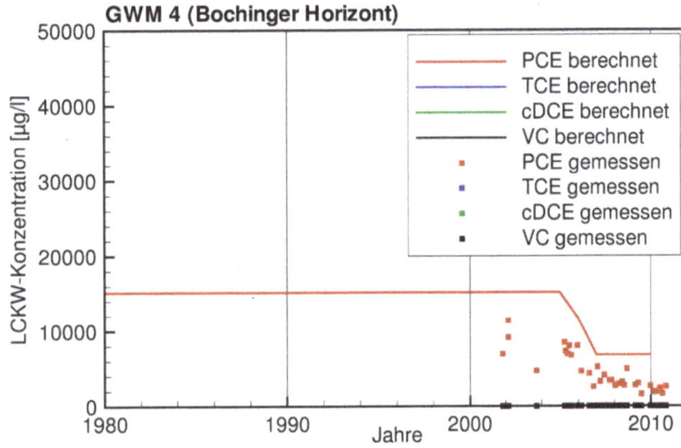

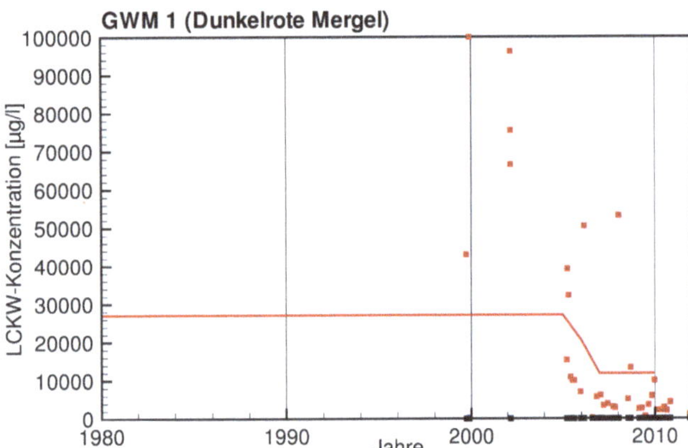

Abb. 9.2 Vergleich zwischen gemessenen und berechneten Konzentrationen für die Messstellen GWM 4 (oberes Bild) und GWM1 (unteres Bild) im unmittelbaren Abstrom des Standorts Johannesstraße 60. Deutlich zu erkennen ist der Konzentrationsrückgang infolge der Aufnahme des Sanierungsbetriebs am Standort im Jahr 2005.

nierungsmaßnahme) angesetzt. Die Entfrachtung durch diese Sanierungsmaßnahme beträgt 30 g PCE/d, d. h., nach 2005 verbleibt eine Freisetzungsrate aus dem Standort von 23 g PCE/d.

Der Vergleich zwischen gemessenen und berechneten PCE-Konzentrationen an den beiden Messstellen ist in der Abb. 9.2 dargestellt.

Entsprechend der vereinfachend als zeitlich konstant angesetzten Freisetzungsrate (▶ Kap. 8.6) sind auch die berechneten Konzentrationen bis zum Jahr 2005 konstant, wobei das Konzentrationsniveau in der Messstelle GWM 1 mit ca. 27.000 µg/l höher ist als in der Messstelle GWM 4, wo im Modell ca. 15.000 µg/l erreicht werden. Im Jahr 2005 wurde der Sanierungsbetrieb am Standort aufgenommen, wodurch sich die Netto-Freisetzung aus dem Schadensherd und damit auch die berechnete Konzentration im Grundwasser um etwa zwei Drittel verringerten (s. o.).

Wie aus den Abbildungen zu erkennen ist, werden die gemessenen PCE-Konzentrationen in der Messstelle GWM 4 im Bochinger Horizont mit der gewählten Freisetzungsrate für den gesamten dargestellten Zeitraum etwas überschätzt. In der Messstelle GWM 1 in den Dunkelroten Mergeln sind die Messwerte zunächst deutlich höher als in der Messstelle GWM 4. Vor Beginn der Sanierungsmaßnahme unterschätzt das Modell die gemessenen Konzentrationen, danach sind zwar einzelne Messwerte immer noch höher als das berechnete Konzentrationsniveau, die Übereinstimmung ist aber besser als vor Sanierungsbeginn.

Höhere berechnete Konzentrationen und damit eine bessere Übereinstimmung mit den Messwerten an der Messstelle GWM 1 wären durch eine Erhöhung der Freisetzungsrate am Standort zu erreichen gewesen. In der Folge hätte sich dann aber auch eine entsprechend stärkere Fahne ausgebildet, wodurch die berechneten Abstromkonzentrationen im Unterkeuper und im Muschelkalk ebenso angestiegen wären. Die betroffenen Messstellen im weiteren Abstrom (z. B. im Bereich westlich des Hauptbahnhofs) weisen jedoch seit vielen Jahren nur sehr geringe LCKW-Belastungen auf oder sind sogar gänzlich unbelastet. Auch die generelle Überschätzung der Messwerte durch das Modell in den Messstellen GWM 4 und GWM 1 ab dem Jahr 2007 deutet darauf hin, dass zumindest die aktuelle Schadstofffreisetzung am Standort zu hoch angesetzt ist.

Beim Vergleich zwischen den gemessenen und berechneten Konzentrationen an der Messstelle GWM 1 ist zu bemerken, dass die Messwerte sehr stark streuen. Eine mögliche Erklärung hierfür ist, dass die Dunkelroten Mergel am Standort nur wenig Wasser führen und dass sich deshalb bei den Probenahmen kurzfristige Variationen im Schadstoffeintrag (z. B. durch einzelne Phasetröpfchen) unmittelbar auf die Grundwasserkonzentrationen durchschlagen. Solche sehr kleinskaligen Prozesse können im Modell nicht aufgelöst werden. Ziel der Modellierung kann es deshalb auch nicht sein, jeden einzelnen Messwert nachzubilden. Eine der räumlichen Auflösung und Prozess-Abstraktion angemessenen Vorgehensweise zielt deshalb vielmehr darauf ab, mittlere Konzentrationsniveaus und längerfristige Konzentrationstrends im Modell zu reproduzieren.

Die ◘ Abb. 9.3 zeigt den Vergleich zwischen der berechneten PCE-Verteilung im Unterkeuper für die Eintragssituation im kalibrierten Modell mit der Verteilung, die sich bei Annahme eines erhöhten Eintrags am Standort Johannesstraße 60 ergeben würde.

Es ist zu erkennen, dass die Annahme einer erhöhten PCE-Freisetzung am Standort zu einer stärker ausgeprägten Abstromfahne im Unterkeuper führen würde, wo die berechneten LCKW-Konzentrationen sowieso schon tendenziell höher sind als die Messwerte. An dieser Stelle ergibt sich somit ein Konflikt zwischen der Nachbildung der lokalen Situation unmittelbar am Standort und derjenigen für den Raum in dessen Abstrom.

Die durch eine Erhöhung der Freisetzungsrate verursachte Überschätzung der Schadstoffbelastung im Bereich des Bahnhofs hätte aber noch weitreichendere Folgen, denn das LCKW-haltige Grundwasser aus diesem Bereich würde im Modell letztlich die hochmineralisierten Quellen (z. B. Berger Heilquellen) erreichen. Der Standort Johannesstraße 60 würde damit einen merklichen Beitrag zur LCKW-Belastung der Mineralquellen leisten.

Ein solcher Beitrag ist in Wirklichkeit jedoch unwahrscheinlich, u. a. weil, wie zuvor erwähnt, der Bereich des Hauptbahnhofs, den die LCKW auf dem Weg vom Schadensherd zu den Mineralquellen in jedem Fall passieren müssten, nahezu schadstofffrei ist.

Um einen erhöhten Schadstoffeintrag im Schadensherd annehmen und damit die Messstelle GWM 1 besser nachbilden zu können ohne gleichzeitig die LCKW-Belastung im weiteren Abstrom zu überschätzen, hätte im Modell im Bereich des Hauptbahnhofs eine Zone mit erheblichem LCKW-Abbau angenommen werden können. Dieser Abbau müsste dabei so stark sein, dass er entweder der PCE bis über VC hinaus reduziert hätte, oder es hätte eine sehr kleinräumige Abfolge von reduzierenden (zur Reduktion von PCE und TCE) und oxidierenden Bedingungen (zur Eliminierung der Reduktionsprodukte cDCE und VC) angenommen werden müssen. Die in ▸ Kap. 7.1 diskutierte Milieucharakterisierung lässt es jedoch höchst unwahrscheinlich erscheinen, dass eine der beiden oben beschriebenen Abbaubedingungen im weiteren Abstrom des Standorts vorliegt.

Im Modell wurde die Schadstofffreisetzung am Standort Johannesstraße 60 letztlich doch nicht erhöht. Damit wurde zwar in Kauf genommen, dass das Modell die Konzentration in der schadensherdnahen Messstelle GWM 1 unterschätzt. Im Gegenzug wurde aber erreicht, dass die Raumwirkung des Herds plausibel nachgebildet wird, und es wurde vermieden, dem Standort einen höchstwahrscheinlich fälschlichen Beitrag zur LCKW-Belastung der Mineralquellen zuzuschreiben.

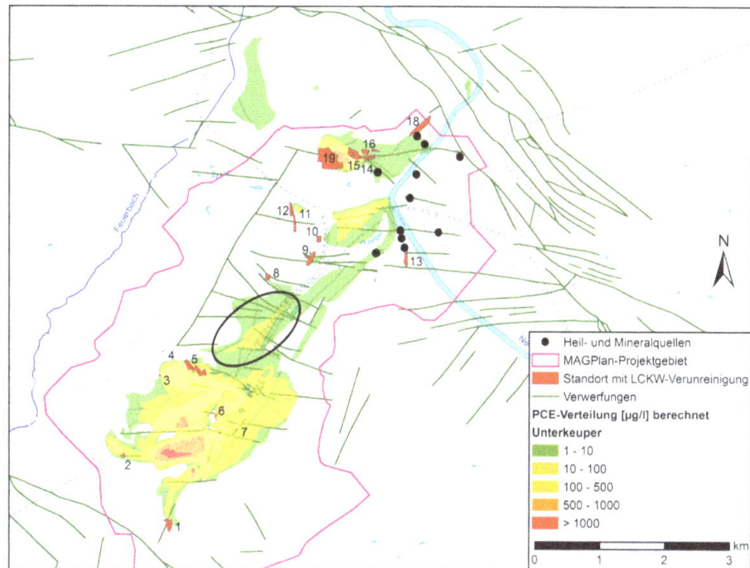

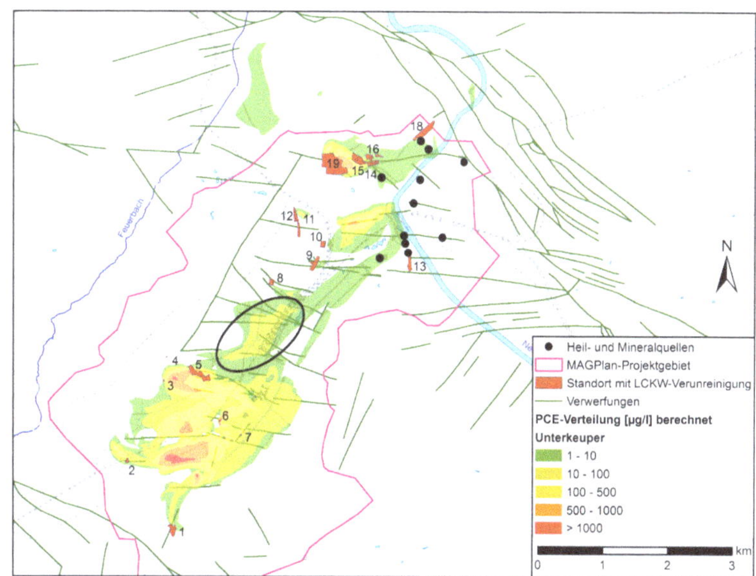

◘ **Abb. 9.3** Berechnete PCE-Verteilung im Unterkeuper für das Jahr 2010 im kalibrierten Modell (oben) und für eine Simulation mit einem erhöhten Eintrag am Standort Nr. 3 Johannesstraße 60 (unten). Schwarz umrandet ist der relevante Abstrombereich des Standorts.

9.2 Analyse der Standorte und Schadstoffherde

Für die Analyse der Hauptschadstoffherde und die Identifizierung der Relevanz der einzelnen Standorte wurde die LCKW-Ausbreitung von 1960 bis heute für jeden Standort separat berechnet, d. h. die LCKW-Fahnen, die sich im Modellgebiet in Wirklichkeit überlagern, wurden mithilfe des Modells einzeln simuliert.

Über diese Einzelfallbetrachtung lassen sich nicht nur die Schadstofffahnen für jeden Standort separat bestimmen, sondern auch die individuellen Anteile der einzelnen Standorte an den Schadstoffkonzentrationen der Messstellen und Mineralquellen. Hinzu kommt, dass sich über diese Simulationen jeweils eigene Massenbilanzen erstellen lassen, aus denen die Bedeutung der einzelnen Standorte für das Grundwassersystem hinsichtlich der LCKW-Massen quantifiziert werden kann. Mit den Simulationen für die Einzelstandorte lassen sich die relevanten Prozesse, wie Ab- bzw. Umbau, in den Fahnen quantifizieren. Hinzu kommt die Identifizierung der Austragsstellen aus dem System.

9.2.1 Standort Dornhaldenstraße 5

Am Standort war bis 1995 ein metallverarbeitender Betrieb angesiedelt. Die LCKW-Freisetzungsrate wurde bis zum Beginn der hydraulischen Sanierung auf 50 g/d abgeschätzt, die Rest-Freisetzungsrate bei Sanierung auf 16 g/d. Branchentypisch wurde hier überwiegend TCE eingesetzt, der Anteil im Grundwasser beträgt 64 %. Eine reduktive Dechlorierung führt zu einem cDCE-Anteil von 22 %. Die restlichen 14 % der abströmenden LCKW sind PCE.

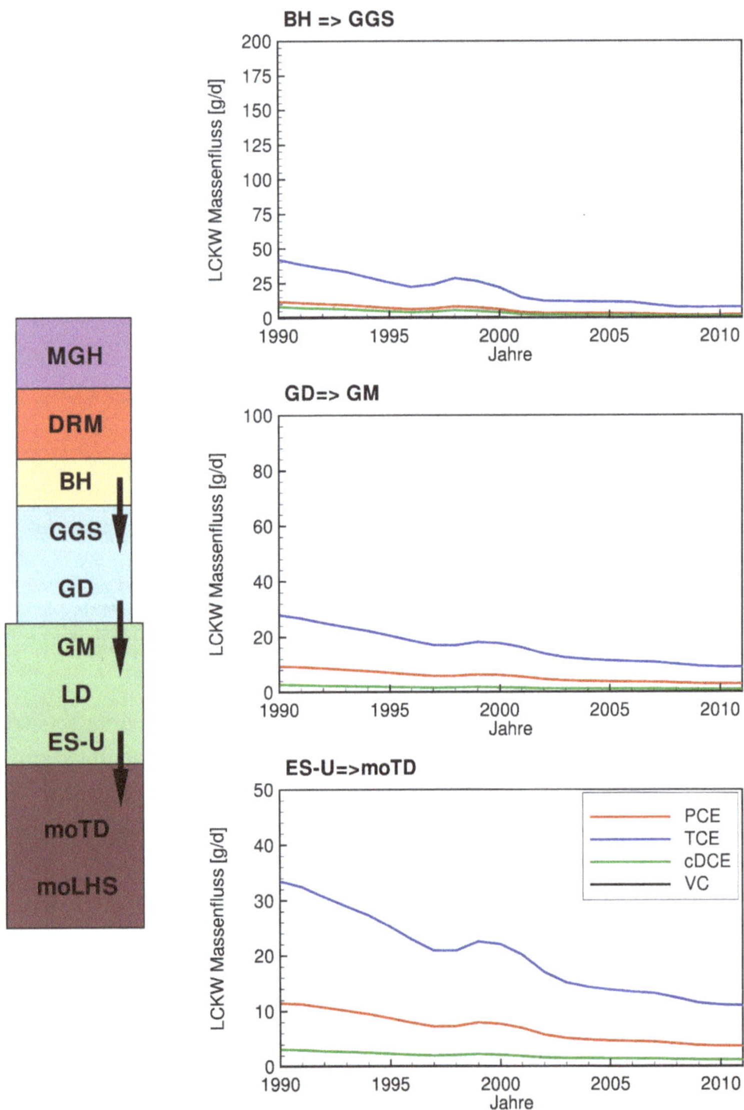

■ **Abb. 9.4** Massenflüsse für den Standort Dornhaldenstraße 5 vom Bochinger Horizont in die Grundgipsschichten (oben), vom Gipskeuper in den Unterkeuper (Mitte) und vom Unterkeuper in den Oberen Muschelkalk (unten).

Die Bilanzierung der vertikalen Massenströme in ■ Abb. 9.4 zeigt, dass ein erheblicher Teil der am Standort freigesetzten LCKW zunächst in die Grundgipsschichten und von dort über den Unterkeuper bis in den Oberen Muschelkalk gelangt.

Die Fahnen, die sich im Abstrom des Standorts im Zuge der Vertikalverlagerung im Unterkeuper und im Muschelkalk ausbilden, sind in ■ Abb. 9.5 anhand der berechneten TCE-Verteilung zu erkennen. Während die Unterkeuper-Fahne bereits unmittelbar am Standort beginnt, kommt es erst einige hundert Meter weiter im Abstrom zur Vertikalverlagerung und Fahnenbildung im Muschelkalk. Die Fahne im Muschelkalk trägt laut Modell in entscheidendem Maß zur TCE-Belastung der Brunnen Tübinger Straße bei (■ Abb. 9.5).

Das numerische Modell bildet die konzeptionellen Vorstellungen zum Schadstoffaustrag am Standort Dornhaldenstraße gut ab. Die im Mittleren Gipshorizont beginnende Abstromfahne, die sich treppenartig in die tieferen Stockwerke verlagert, sowie der frühere Eintrag über den damals stockwerksübergreifend ausgebauten Brunnen führen zu einer LCKW-Emission von 20 g/d im Grenzdolomit und Unterkeuper. Im weiteren Abstrom kann die LCKW-Ausbreitung in den tieferen Stockwerken nur in den zwei Messstellen BMH 1 und BMH 2 (Unterkeuper, ■ Abb. 7.24) nachvollzogen werden. Die dort bei Immissionspumpversuchen berechneten Frachten von 1 g/d (bei Annahme einer Abstrombreite von 90 m) zeigen aber, dass diese nicht den Hauptabstrom erfassen, sondern nur am Rand der Fahne liegen. Da der Obere Muschelkalk in diesem Raum die Vorflut für die Hangendstockwerke darstellt, verlagert sich die LCKW-Fahne vollständig in den Oberen Muschelkalk und gelangt so in die Brunnen Tübinger Straße und in den Notwasserbrunnen Silberburganlage (Abb. 3.2). Der Konzentrationsgang der LCKW-Einzelstoffe ist in den drei Brunnen aufgrund unterschiedlichen Ausbaus ähnlich, aber nicht gleich. Der LCKW-Konzentrationsgang kann daher mit dem Modell nicht in gleicher Qualität für alle Brunnen nachgebildet werden.

Der mit dem Modell erbrachte Nachweis einer hydraulischen Verbindung zwischen dem Standort Dornhaldenstraße 5 und den Brunnen Tübinger Straße wird durch die LCKW-Isotopie bestätigt, indem die Brunnen eine Isotopen-Mischsignatur sowohl aus dem Eintrag über den Tiefbrunnen als auch aus dem direkten Abstrom vom Schadstoffherd erreicht. Der Abstrom im Mittleren Gipshorizont, der stark durch reduktive Dechlorierung geprägt ist, erklärt die Isotopensignatur in den Brunnen allein nicht.

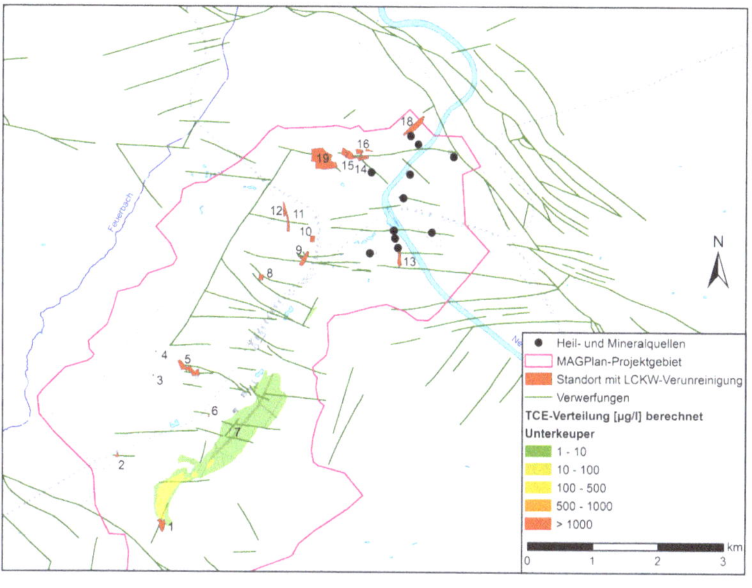

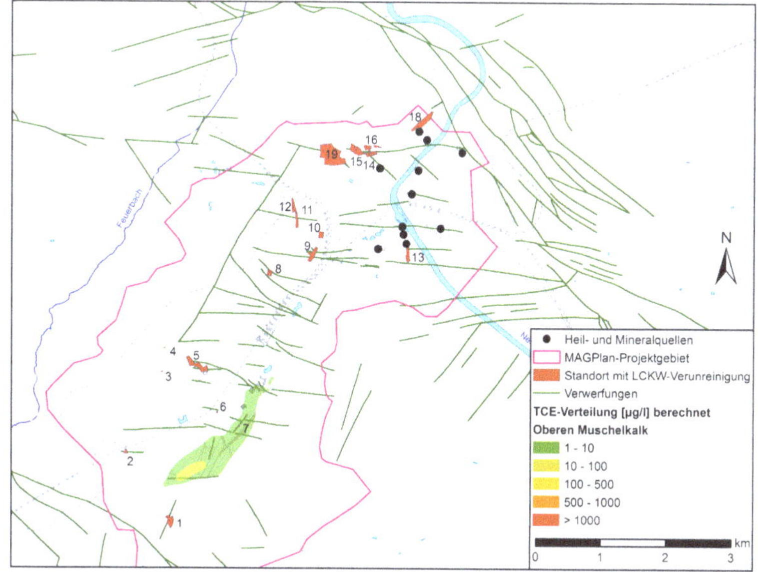

Abb. 9.5 Berechnete LCKW-Verteilung im Jahr 2010 für den Unterkeuper und Oberen Muschelkalk, bedingt durch den Eintrag am Standort Nr. 1 Dornhaldenstraße 5.

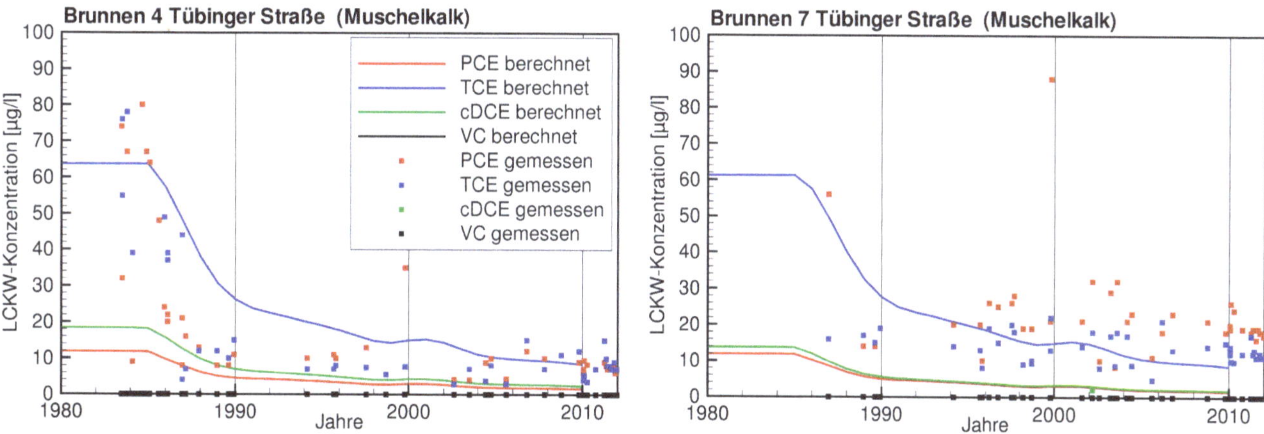

Abb. 9.6 Ganglinie der LCKW-Konzentration im Brunnen 4 und Brunnen 7 Tübinger Straße. Die berechneten Konzentrationen stammen in diesem Modelllauf ausschließlich vom Standort Dornhaldenstraße 5.

9.2.2 Standort Rotebühlstraße 171

Am Standort wurde von 1901 bis 1976 eine Chemische Reinigung betrieben. Die LCKW-Freisetzungsrate lag vor Beginn der hydraulischen Sanierung bei 160 g/d. Seit Sanierungsbeginn liegt die Restfracht noch bei 30 g/d. Abbauvorgänge sind herdnah nicht zu beobachten, das Ausgangsinventar besteht daher zu 100 % aus PCE.

Wertet man die Einzelsimulation am Standort Rotebühlstraße 171 aus, so zeigt sich für die Ganglinien an den relevanten Rezeptoren, dass dieser Standort an den Brunnen in der Tübinger Straße zu erhöhten Konzentrationen führt. Der Einfluss liegt hier bei den aktuellen Kontaminationen in etwa bei der Hälfte der dort gemessenen LCKW-Konzentrationen.

Dass durch den Standort Rotebühlstraße 171 eine massive Verunreinigung des Grundwasserleiters im Unterkeuper und im Muschelkalk entsteht, ist aus ◘ Abb. 9.7 und 9.8 ersichtlich. Die erhöhten LCKW-Werte von bis zu 50 µg/l an den Unterkeuper-Messstellen in der Innenstadt werden zu einem erheblichen Anteil von diesem Standort verursacht.

Wertet man die am Standort Rotebühlstraße 171 vorherrschende Gesamtmasse an LCKW aus, so zeigt sich, dass hier sehr viel PCE gespeichert ist. Verglichen mit dem Modelllauf, bei dem alle Schadensherde betrachtet wurden, hat der Standort Rotebühlstraße 171 einen Anteil von über 50 % der im Untersuchungsraum gespeicherten Gesamtmasse zum Ende des Simulationszeitraums 2011. Der Hauptteil der PCE-Masse ist im Gipskeuper gespeichert (Mittlerer Gipshorizont bis Bochinger Horizont, ◘ Abb. 9.8). Hier hatte sich bis zum Beginn der Sanierung im Jahr 2010 ein stationärer Zustand eingestellt und die gespeicherte Schadstoffmasse nahm im Verlauf der Berechnung nicht mehr weiter zu. Im Unterkeuper ist bis 2010 eine leichte Zunahme der gespeicherten Masse zu erkennen. Der Beginn der Sanierung macht sich bisher nur im Gipskeuper oberhalb der Grundgipsschichten deutlich bemerkbar, wo die LCKW-Masse seit Beginn der Sanierung abnimmt. Die PCE-Fahne des Standorts Rotebühlstraße 171 unterliegt in den tieferen Stockwerken deutlichen Umbau- und Abbauprozessen. Die PCE-Masse wird mit einer Rate von 40 bis 50 kg/a zunächst in TCE umgewandelt. Dieses TCE wird im Zuge der reduktiven Dechlorierung ganz überwiegend in cDCE umgewandelt. Erst die aeroben Zonen im Muschelkalk führen dann zu einer Mineralisation des cDCE in der Größenordnung von 20 kg/a.

Die konzeptionellen Vorstellungen hinsichtlich der vom Standort Rotebühlstraße 171 ausgehenden Stoffausbreitung stützen sich sehr wesentlich auf strukturelle Elemente und hydraulische Fenster. Mit Messwerten aus Bohrungen lässt sich deren Existenz und Bedeutung für die vertikale Stoffverlagerung zwar interpretieren, jedoch sind die Geometrien dieser Elemente und deren Wirkungsweise unbekannt. Dadurch stößt auch die strikte Umsetzung des darauf aufgebauten Hydrogeologischen Modells in das numerische Modell an Grenzen. Dennoch erscheint das erzeugte Gesamtbild der Stoffausbreitung – gemessen an den wenigen Stützstellen – plausibel. Die großräumige Verunreinigung des Unterkeupers und Oberen Muschelkalks, die sich im Unterkeuper bis in die Innenstadt und im Oberen Muschelkalk mit etwa 1 µg/l PCE an der Fahnenspitze sogar bis zum Hauptbahnhof auswirkt, wird gut nachgebildet. Das großräumig erzeugte Schadensbild deckt sich gut mit den Mustern der F11-Kon-

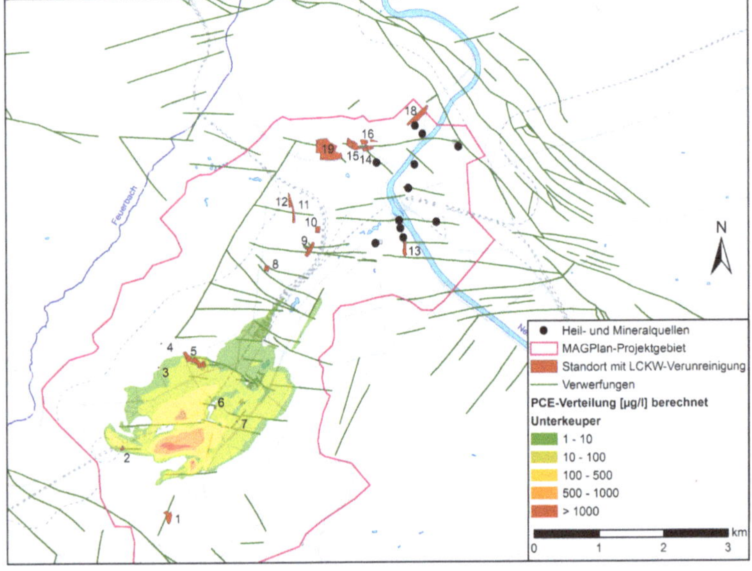

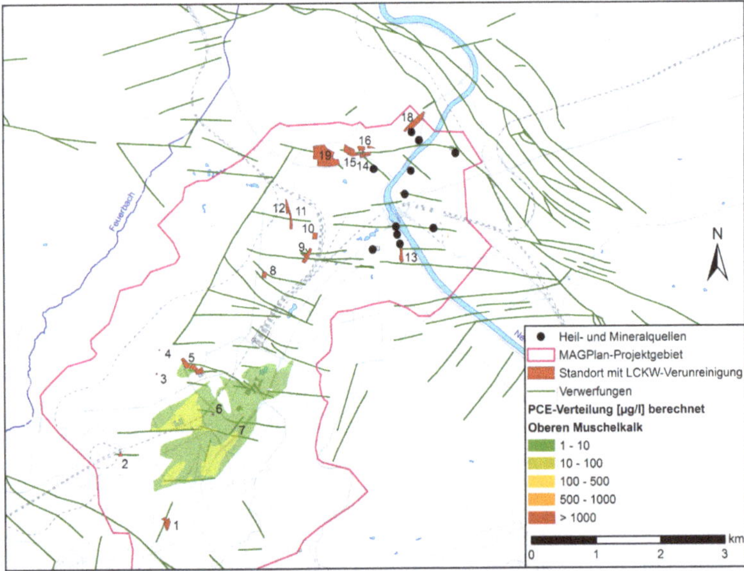

◘ **Abb. 9.7** Berechnete LCKW-Verteilung im Jahr 2010 für den Unterkeuper und Oberen Muschelkalk, bedingt durch den Eintrag am Standort Nr. 2 Rotebühlstraße 171.

zentration und der $\delta^{13}C_{PCE}$-Isotopensignatur in diesem Raum und stützt damit den Zusammenhang der Verunreinigung mit dem Standort Rotebühlstraße 171. Das Schadensbild in den Brunnen Tübinger Straße erklärt sich in Übereinstimmung von Hydrogeologischem und numerischem Modell als Überlagerung von zwei PCE- bzw. TCE-dominierten Schadstofffahnen, die ihren Ursprung in den Standorten Dornhaldenstraße 5 und Rotebühlstraße 171 haben. Beide Standorte haben einen großräumigen Einfluss auf das Schadensbild im Unterkeuper und Oberen Muschelkalk.

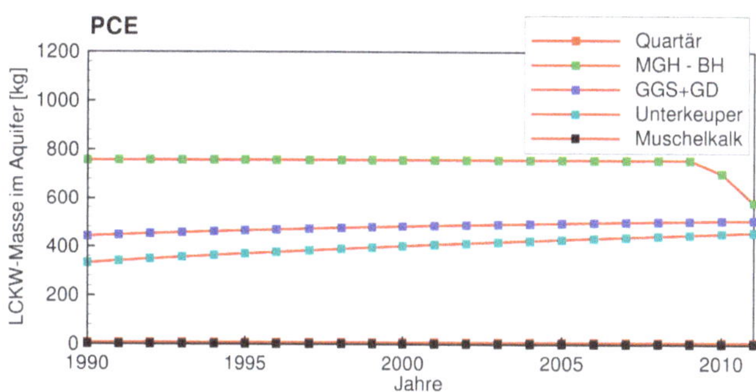

Abb. 9.8 Zeitlicher Verlauf der gelösten und sorbierten PCE-Masse in den hydrogeologischen Einheiten, die durch den Standort Rotebühlstraße 171 in das Modellgebiet emittiert wird.

9.2.3 Johannesstraße 60

An diesem Standort wurde von 1958 bis 1992 eine Chemische Reinigung betrieben. Das LCKW-Spektrum besteht daher zu 100 % aus PCE. Die Modellkalibrierung am Standort und deren Auswirkung auf den Abstrombereich sind bereits im ▶ Kap. 9.1 ausführlich vorgestellt worden. Im Folgenden werden daher nur noch die Verlagerungs- und Umsetzungsprozesse für den Standort ergänzt. Der Eintrag erfolgt in den Dunkelroten Mergeln und im Bochinger Horizont als reiner PCE-Eintrag, und zwar in Höhe von 53 g/d vor Sanierungsbeginn im Jahr 2005 und 23 g/d danach. Das Modellergebnis zeigt, dass ein erheblicher Teil des eingetragenen PCE zunächst in die liegenden Grundgipsschichten verfrachtet wird. Von dort gelangt ein weiterer Teil über die Grünen Mergel in den Unterkeuper. In geringem Umfang findet dann noch eine Verlagerung in den Muschelkalk statt.

Die Abb. 9.9 veranschaulicht, dass das eingetragene PCE im Modellgebiet nahezu vollständig reduziert wird, denn die Reduktionsrate ist 1990 mit 19 kg/a fast identisch

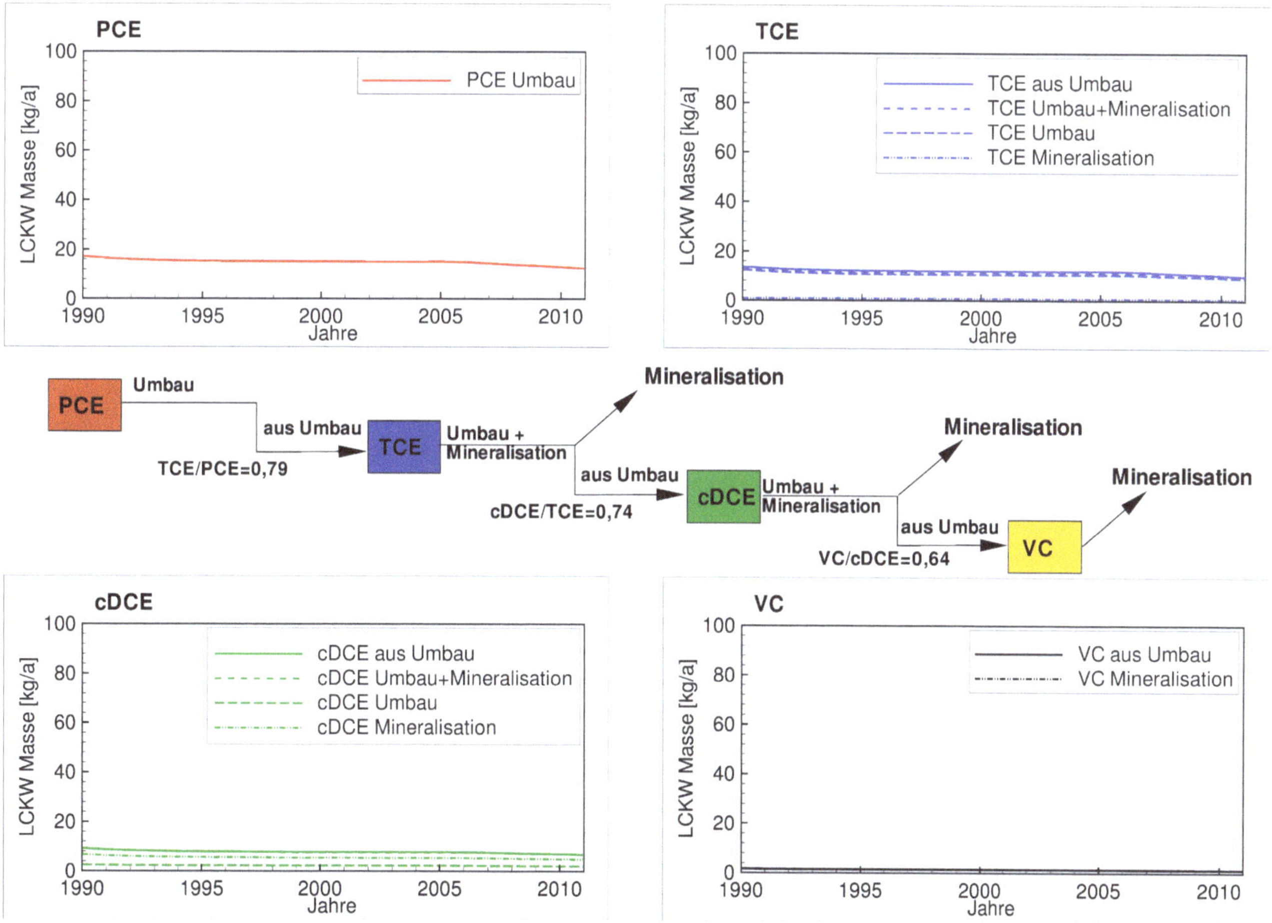

Abb. 9.9 Massenbilanz für die Umwandlungsprozesse, denen die LCKW aus dem Standort Johannesstraße 60 unterliegen.

mit der Freisetzungsrate. Das TCE wiederum wird über die reduktive Dechlorierung weiter in cDCE umgewandelt, welches dann überwiegend mineralisiert wird. Wie im Fall Nesenbachstraße 48 liegt hier also ein stufenweiser Umbau des eingetragenen PCE zu cDCE vor. Durch dessen Mineralisation wird das PCE dann letztlich aus dem System entfernt.

Da die Zonen der reduktiven Dechlorierung nur im Muschelkalk und lokal auch im Unterkeuper im Modell vorhanden sind, erzeugt die vom Standort ausgehende Fracht im numerischen Modell lange Schadstofffahnen im Unterkeuper und Oberen Muschelkalk. Hier entstehen Widersprüche zu den konzeptionellen Vorstellungen der Schadstoffausbreitung sowie zu den Messwerten in Grundwasseraufschlüssen. Die im direkten Abstrom stehende Messstelle GWM 7 (Abb. 7.37a) bestätigt die Verlagerung von PCE in den Unterkeuper, die nur wenig entfernte Muschelkalkmessstelle ist dagegen frei von LCKW. Die Messstellen im Unterkeuper zwischen dem Kultur- und Kongresszentrum und im Unterkeuper und Oberen Muschelkalk im Umfeld des Hauptbahnhofs zeigen entweder nur LCKW in Spurenkonzentrationen oder sie sind schadstofffrei. Das deutet darauf hin, dass im numerischen Modell zumindest die aktuelle Schadstofffreisetzung am Standort zu hoch angesetzt ist. Die Überschätzung des Austrags kann dennoch als Worst-Case-Szenario angesehen werden im Hinblick auf eine verstärkte Ausbreitung der PCE im Unterkeuper und Oberen Muschelkalk. Sie reicht auch bei diesem Ansatz nicht über den Hauptbahnhof nach Norden hinaus. In der Gesamtabwägung ist eine signifikante Beeinträchtigung des Unterkeupers durch die Schadstofffreisetzung am Standort Johannesstraße 60 nur für den direkten Abstrom im Unterkeuper nachgewiesen.

9.2.4 Standort Rotebühlplatz 19

Die LCKW-Eintragsrate am Standort Rotebühlplatz 19 (ehem. Chemische Reinigung) beträgt 16 g/d. Entsprechend sind die LCKW-Fahnen hier auch deutlich kürzer.

In der Abb. 9.10 ist die Abstromfahne aus diesem Standort zu erkennen, die sich im Unterkeuper ausgebildet hat. Im Bereich des Standorts liegen lokal anaerobe Bedingungen vor. Deshalb treten dort neben 63 % PCE auch TCE (3 %), cDCE (32 %) und VC (2 %) auf. Im weiteren Abstrom ist der Aquifer aber wieder aerob, so dass TCE, cDCE und VC relativ schnell wieder verschwinden.

Die Um- und Abbauprozesse am Standort und in dessen Abstrom führen somit zu einer Eliminierung der LCKW auf einer relativ kurzen Transportstrecke.

Von der vom Standort Rotebühlplatz 19 abgehenden Fracht kann im numerischen Modell nur die nach Osten im Unterkeuper abströmende Komponente betrachtet werden, die auch eine etwas längere Fahne erzeugt. Die numerisch nachgebildete Ausbreitung deckt sich mit dem F113-Verteilungsmuster im Unterkeuper. Im Oberen Muschelkalk ist diese Signatur nicht erkennbar. Die dortige PCE-Vormacht in den Muschelkalk-Messstellen kann daher nicht von der ehemaligen chemischen Reinigung am Rotebühlplatz 19 stammen. Dies deckt sich mit der Beobachtung, dass die direkt unterstromig des Standorts liegenden Muschelkalk-Aufschlüsse GWM 14 und 16 (Abb. 7.24) nahezu schadstofffrei sind.

Die im Hydrogeologischen Modell abgeleitete Schadstoffausbreitung in den Abwasserkanälen und den höher durchlässigen wieder verfüllten Arbeitsräumen sowie in Bauwerksdrainagen kann im numerischen Modell nicht ab-

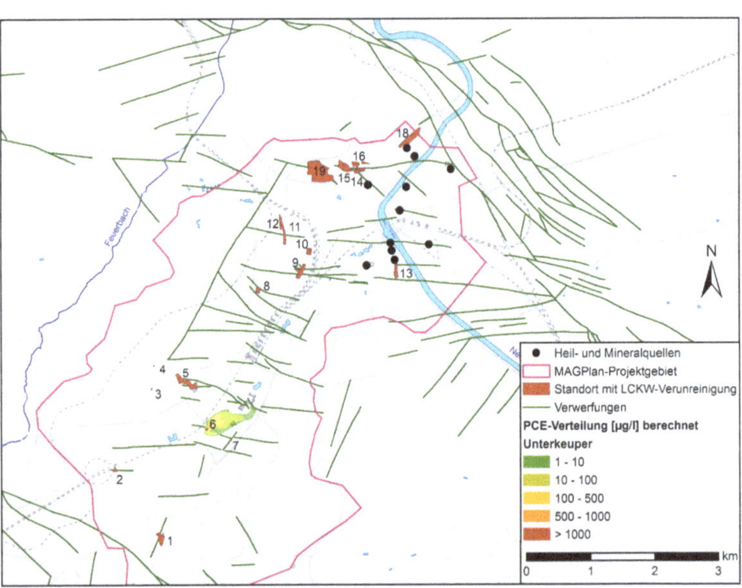

Abb. 9.10 Berechnete LCKW-Verteilung im Jahr 2010 für den Unterkeuper, bedingt durch den Eintrag am Standort Nr. 6 Rotebühlplatz 19.

gebildet werden, da sie entgegen der Grundwasserströmung ausgerichtet ist. Die Versickerungen in den Unterkeuper aus dem Kanalbett erzeugen eine deutliche Verunreinigung mit PCE, die in ihrer räumlichen Auswirkung jedoch nicht beurteilbar ist. Insgesamt erscheint die Beurteilung des Standorts so, dass eine Kontamination des Unterkeupers mit weitreichender PCE-Fahne gegeben ist. Der Obere Muschelkalk wird jedoch vom Standort Rotebühlplatz 19 nicht mit PCE beaufschlagt.

9.2.5 Nesenbachstraße 48

Der Standort der ehemaligen chemischen Reinigung Nesenbachstraße 48 wies bis zum Jahr 2000 die höchste LCKW-Freisetzung im Modellgebiet auf. Die damalige Freisetzungsrate wird auf 412 g/d geschätzt, davon 98 % PCE und 2 % TCE. Die gemessenen Konzentrationen und Frachten sind nur durch große Mengen an LCKW-Phase im Schadstoffherd zu erklären. Mit Aufnahme einer hydraulischen Sanierungsmaßnahme reduzierte sich die Freisetzungsrate um 99 %. Die Freisetzungsrate für 2010 wird auf 5 g/d abgeschätzt.

Der Schadstoffeintrag geschieht vor allem in den Grundgipsschichten, die am Standort die oberste wasserführende Schicht repräsentieren. Der Abstrom erfolgt in nordöstlicher Richtung, wobei eine vertikale Verlagerung bis in den Muschelkalk erfolgt.

Die Auswirkungen des Standorts auf die LCKW-Konzentrationen in den Grundgipsschichten, im Unterkeuper und im Muschelkalk sind in ◻ Abb. 9.11 für ausgewählte Messstellen dargestellt.

In der relativ nahe am Schadensherd gelegenen Messstelle GWM 5 (◻ Abb. 7.32a) sind die berechneten Konzentrationen nach Sanierungsbeginn niedriger als die Messwerte. In der weiter im Abstrom gelegenen Messstelle GWM 12 hingegen passen Modell und Messwerte gut zusammen. Nach wie vor bestehen die LCKW nahezu ausschließlich aus PCE, d. h. Umwandlungsprozesse sind kaum wirksam.

Anders sieht das in der Messstelle P 172 im Muschelkalk aus. Hier sind die Konzentrationen um mehr als eine Größenordnung niedriger, aber sowohl im Modell als auch in den Messungen taucht im Muschelkalk TCE auf. Da die LCKW im gezeigten Modelllauf ausschließlich aus dem Standort Nesenbachstraße 48 stammen und dort fast nur PCE freigesetzt wird, muss TCE auf dem Weg zwischen Standort und Messstelle durch reduktive Dechlorierung im Aquifer entstanden sein oder es entstammt der vom Standort Dornhaldenstraße ausgehenden TCE-Fahne.

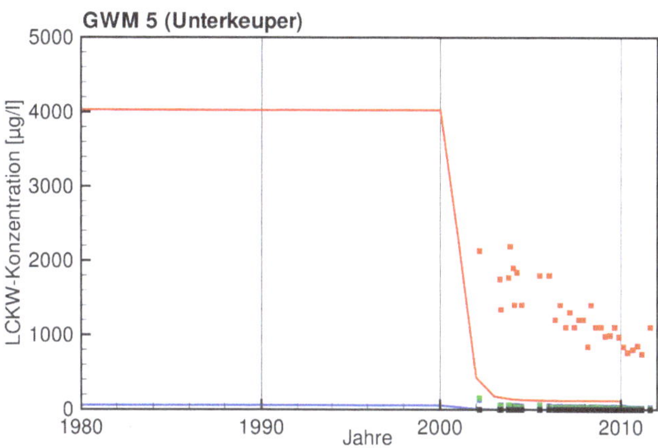

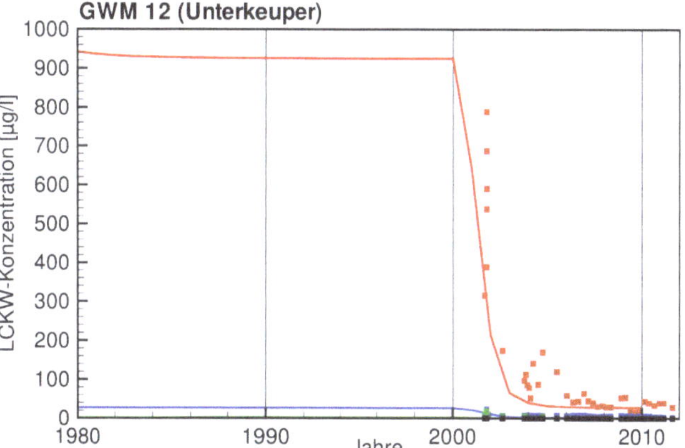

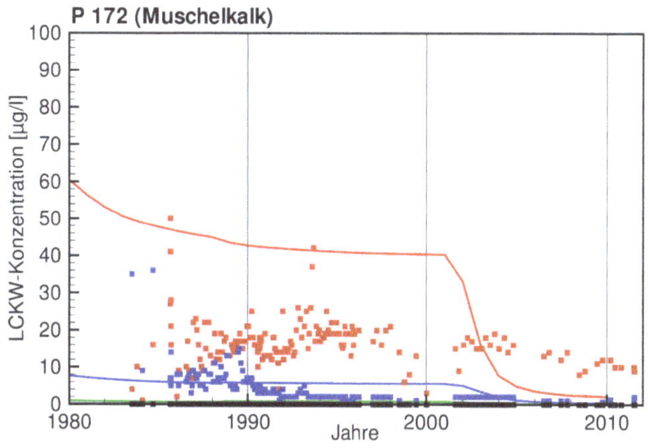

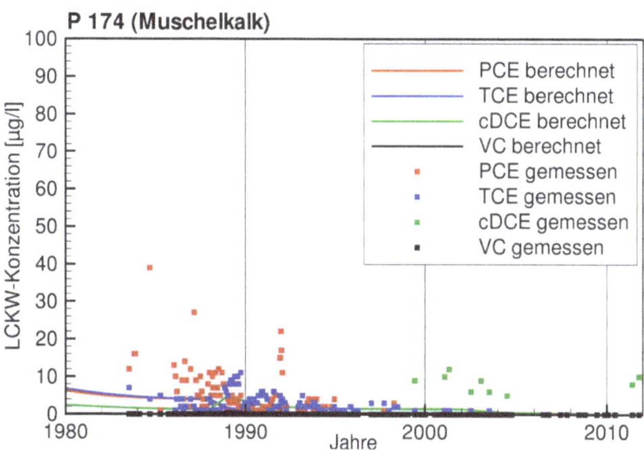

◻ **Abb. 9.11** Durch den Standort Nesenbachstraße 48 hervorgerufene LCKW-Konzentrationen in den im Abstrom gelegenen Messstellen GWM 5, GWM 12 und P 172. In P 174 sind nur vor 1995 PCE nachweisbar.

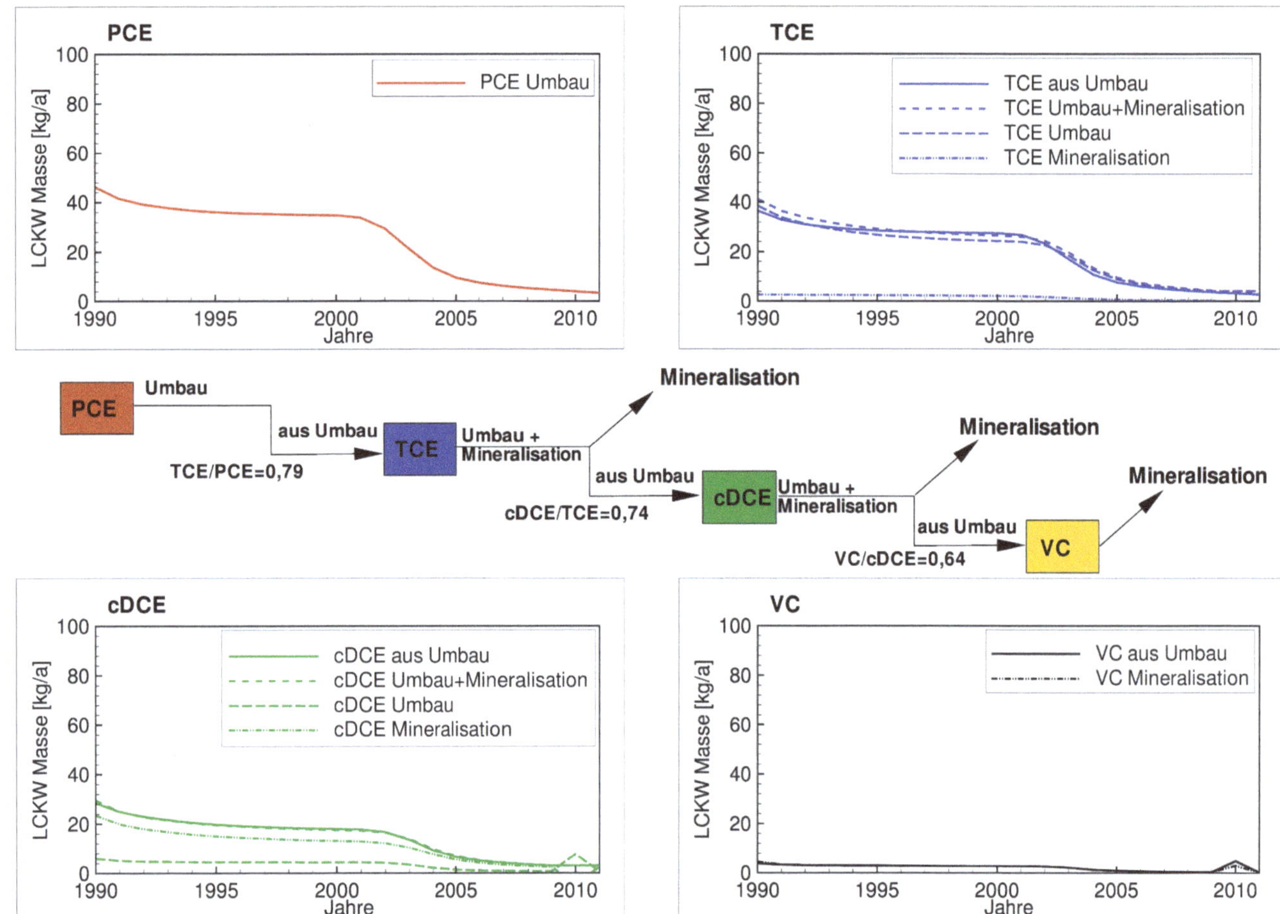

Abb. 9.12 Massenbilanz für die Umwandlungsprozesse, denen die LCKW aus dem Standort Nesenbachstraße 48 unterliegen.

Die Wirkung der Umwandlungs- und Abbauprozesse zeigt sich auch in der Massenbilanz für den Standort (Abb. 9.12).

Vor Beginn der Sanierung werden im Modell ca. 40 kg PCE/a in TCE umgewandelt. Das gebildete TCE wird nahezu quantitativ zu cDCE reduziert. cDCE hingegen erfährt einen erheblichen Abbau durch Mineralisation. Über den stufenweisen Abbauprozess wird ein Teil des Ausgangsschadstoffs PCE letztlich aus dem System entfernt (Abb. 9.13).

Der Standort Nesenbachstraße 48 wirkt sich nach den mit dem numerischen Modell erzeugten Fahnen massiv auf die tieferen Stockwerke Unterkeuper und Oberer Muschelkalk aus. Trotzdem reichen diese über den mit Messstellen gut belegten Bereich des Hauptbahnhofs nicht hinaus. P 174 am Hauptbahnhof zeigt für den Zeitraum vor der Sanierung am Standort PCE (Abb. 3.7), das danach durch TCE und später nur noch sporadisch durch cDCE ersetzt wurde. In der noch weiter unterstromig liegenden P 177 (Abb. 3.2 und Abb. 3.7) traten in der Vergangenheit nur vereinzelt PCE-Spuren auf. Insofern ist das in P 172 am Alten Schloss nachgewiesene PCE der einzige konkrete Hinweis auf die Reichweite der Schadstoffausbreitung. Allerdings kann das PCE aus mehreren Schadstoffeinträgen aufsummiert sein. Abb. 9.11 zeigt, dass der vom Standort Nesenbachstraße 48 abströmende Anteil der gewichtigste ist.

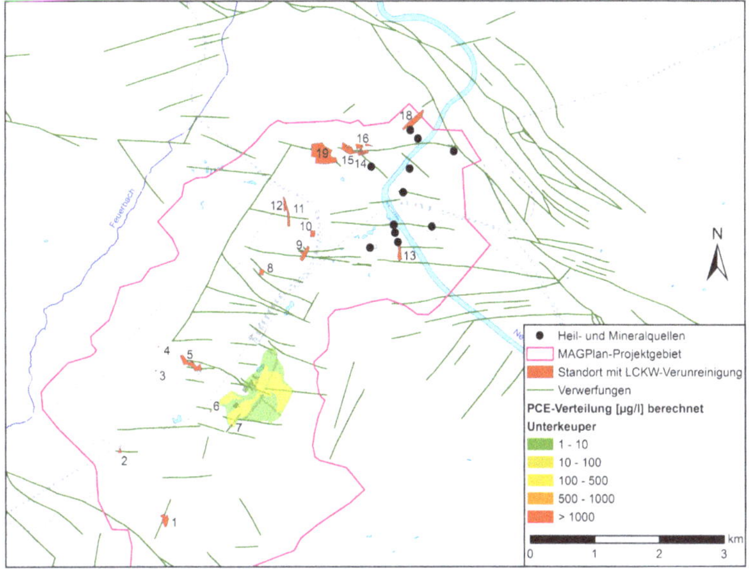

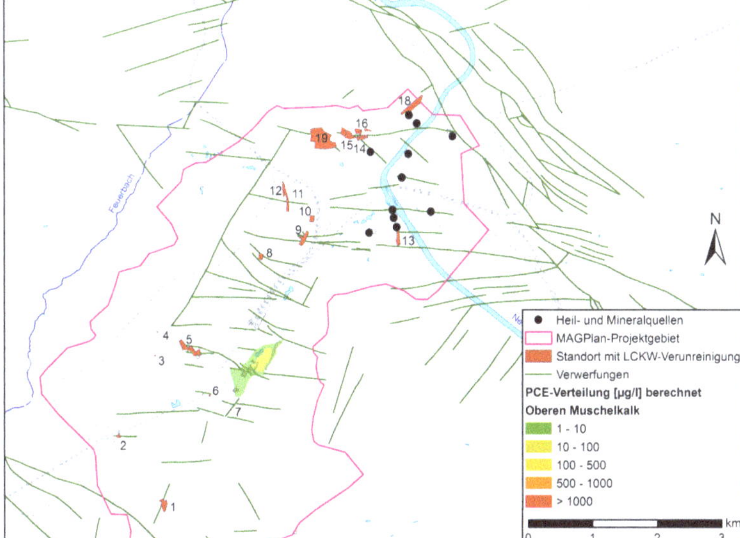

Abb. 9.13 Berechnete LCKW-Verteilung im Jahr 2010 für den Unterkeuper und Oberen Muschelkalk, bedingt durch den Eintrag am Standort Nr. 7 Nesenbachstr. 48.

Die berechnete PCE-Konzentration für P 172 im Vergleich zu den Messwerten lässt den Schluss zu, dass vor der hydraulischen Sanierung am Standort der Schadstoffaustrag im Muschelkalk eher überschätzt wurde, für den Zeitraum mit laufender Sanierung ab dem Jahr 2000 aber unterschätzt wird. In der Konsequenz ergibt sich daraus aber nicht, dass die PCE-Fahne früher wesentlich weiter in den Abstrom gereicht haben muss als heute. Das belegen die PCE-Zeitreihen in P 174 wie auch in den hochkonzentrierten Mineralquellen selbst, die eine konstante Verunreinigung mit TCE zeigen. Auch durch eine Kombination verschiedenster Abbauvorgänge ist eine Anreicherung von TCE aus einem primären PCE-Eintrag unwahrscheinlich. Der Standort Nesenbachstraße 48 verursacht einen wesentlichen LCKW-Eintrag in den Oberen Muschelkalk.

9.2.6 Wolframstraße 36

An diesem Standort nördlich des Hauptbahnhofs wurde bis 1959 eine Chemikalienhandlung betrieben. Der LCKW-Eintrag wurde für den Zeitraum vor Beginn einer hydraulischen Sanierungsmaßnahme auf 15 g/d abgeschätzt, danach auf nur noch 2,4 g/d. Die LCKW-Einzelstoffe werden zu 92 % PCE, 6 % TCE und 2 % cDCE bestimmt.

Der Eintrag erfolgte in den Dunkelroten Mergeln und im Bochinger Horizont. Bis 1988 wurde vor allem TCE freigesetzt, danach wurde die Freisetzung immer mehr durch PCE dominiert. Dieses zeitliche Verhalten wurde im Modell mithilfe einer zeitlich variablen Zusammensetzung der freigesetzten LCKW nachgebildet.

Der Vergleich zwischen berechneten und gemessenen Konzentrationen an den Messstellen P 246 (Bochinger Horizont) und GG 2 (Grundgipsschichten) zeigt, dass sich beide Messstellen im unmittelbaren Abstrom des Standorts befinden (Lageplan ◘ Abb. 7.38a). Entsprechend der vergleichsweise geringen Freisetzungsraten sind auch die LCKW-Konzentrationen im Grundwasser nur mäßig stark erhöht. In den Grundgipsschichten hat sich eine ca. 2 km lange PCE-Fahne aus dem Standort entwickelt. Die vertikale Verlagerung der LCKW ist gering, so dass sich im Unterkeuper nur eine kurze und schmale Fahne ausbilden konnte (◘ Abb. 9.14).

Die mit dem numerischen Modell abgebildeten Schadstofffahnen decken sich mit den konzeptionellen Vorstellungen der Stoffausbreitung. Da die bis ins Nesenbachtal ausgebreiteten Schadstoffe in Grundgipsschichten und Grenzdolomit entgegen der Druckgradienten nicht mehr in tiefere Stockwerke verlagert werden können, strömen sie in das Neckartal ab. Wahrscheinlich überlagert sich die LCKW-Fahne vor der Einmündung ins Neckartal mit der vom Standort Nr. 9 Rümelinstraße 24-30 ausgehenden Fahne (◘ Abb. 9.15). Spurenstoff-Untersuchungen zeigen, dass der Stoffaustrag vom Standort Rümelinstraße 24–30 die Fahne überprägt.

Befunde aus Grundwassermessstellen unmittelbar unterstromig des Standorts und im weiteren Abstrom geben für eine Kontamination des Unterkeupers keine Hinweise. Der Standort Wolframstraße 36 hat daher trotz der starken tektonischen Beanspruchung des Standortumfelds keine Auswirkung auf die tieferen Stockwerke unterhalb des Grenzdolomits.

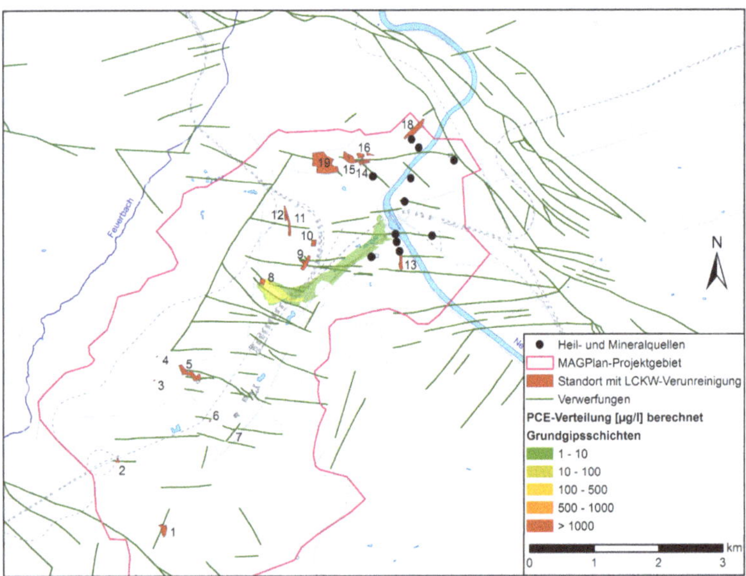

◘ **Abb.9.14** Berechnete LCKW-Verteilung im Jahr 2010 für die Grundgipsschichten, bedingt durch den Eintrag am Standort Nr. 8 Wolframstraße 36.

9.2.7 Standort Rümelinstraße 24–30

Ein großer Chemikalienhandel war von 1912 bis 1992 auf dem Standort Rümelinstraße 24–30 tätig. Im Grundwasser werden LCKW-Anteile von 15 % PCE, 43 % TCE und 42 % cDCE gemessen. Trotz Sanierung emittiert der Standort 56 g/d LCKW, ohne Sanierung sind es 130 g/d. Wie die Auswertung der berechneten LCKW-Ganglinien zeigt, hat der Standort einen dominierenden Einfluss auf die LCKW-Konzentrationen in den hoch mineralisierten Quellen. Dies ist entsprechend ◘ Abb. 9.15 auf den angenommenen tiefen Eintrag von TCE direkt am Standort in den Trigonodusdolomit zurückzuführen. Die Kontamination im Gipskeuper muss hier lokal an Störungszonen eine Schadstoffverlagerung bis in den Muschelkalk erfahren haben, da die Fahnen aus den Kontaminationsherden im Gipskeuper und Unterkeuper in Richtung Neckartal abströmen.

Die Analyse der Schadstofffahnen und der LCKW-Massen zeigt, dass der Standort in der Vergangenheit wie heute große Frachten freisetzt (◘ Abb. 9.16). Diese hohen Freisetzungsraten haben jedoch im Abstrom zu keiner Anreicherung geführt. Die LCKW-Masse wird mit der Grundwasserströmung über das Nesenbachtal bis in das Neckartal transportiert und über den Neckar ausgetragen. Zusätzlich findet ein Abstrom von LCKW-haltigem Grundwasser über die Quelle am Schwefelsee im Schlossgarten statt. Im Schadstoffherd findet eine intensive reduktive Dechlorierung statt. Im Abstrom sind hingegen keine maßgeblichen Zonen mit anaerobem Abbau vorhanden. Da der Abstrom aus dem Standort im Unterkeuper über eine aerobe Abbauzone führt, wird ein Teil des TCE und des cDCE aus dem Standort mineralisiert (◘ Abb. 9.17).

Obwohl durch TCE geprägt und dadurch als potenzielle Quelle für die Verunreinigung der Heilquellen geeignet, ist das vom Unterkeuper ausgehende Frachtsignal mit etwa 1 g/d zu gering, um in den Heilquellen Konzentrationen von 1 bis 3 µg/l TCE zu erzeugen. Die Ursache für die geringe Fracht könnte an den besonderen Standortgegebenheiten liegen. Mehrere

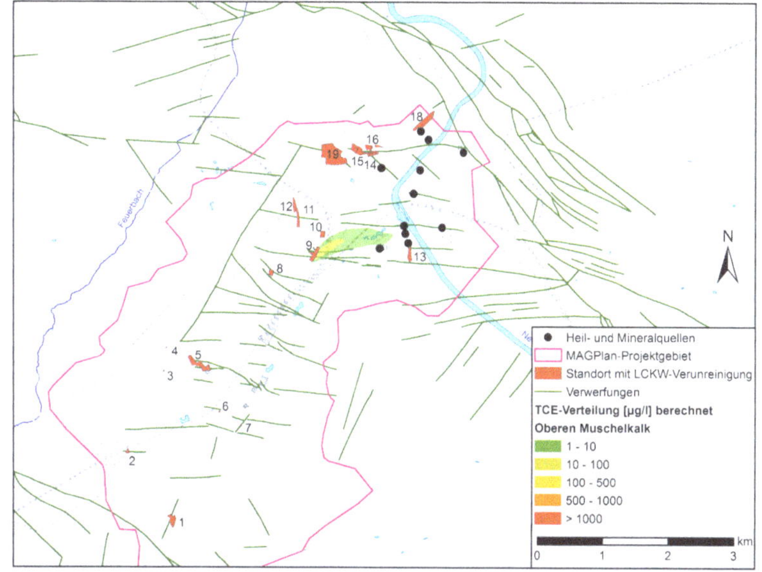

◘ **Abb. 9.15** Berechnete LCKW-Verteilung im Jahr 2010 für den Oberen Muschelkalk, bedingt durch den Eintrag am Standort Nr. 9 Rümelinstraße 24–30.

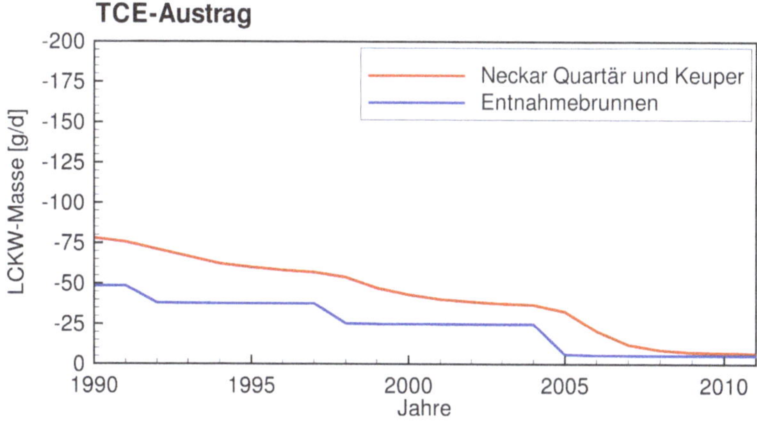

◘ **Abb. 9.16** Berechneter zeitlicher Verlauf des Austrags der LCKW über den Neckar und die als Entnahmen definierten Randbedingungen.

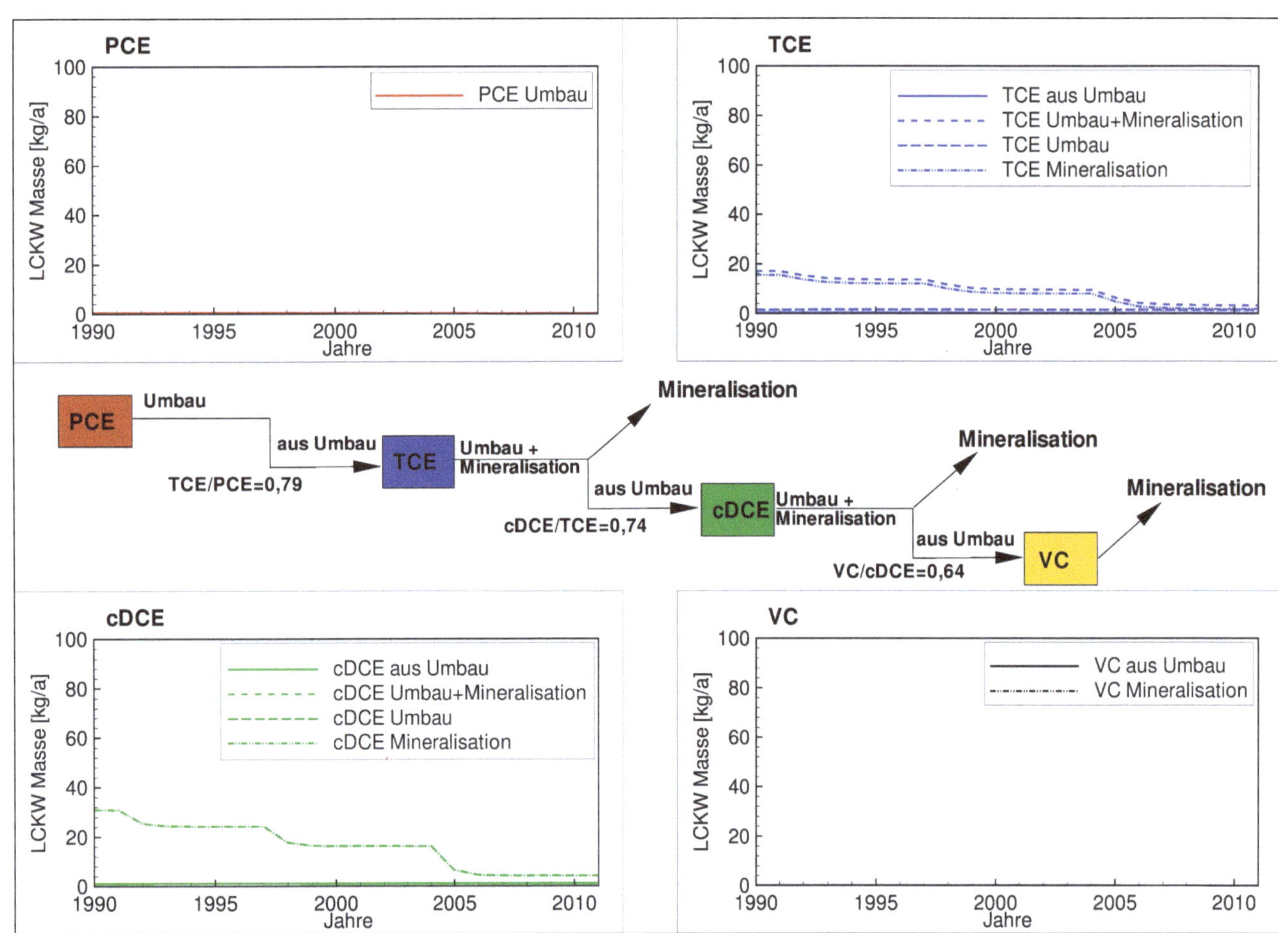

Abb. 9.17 Massenbilanz für die Umwandlungsprozesse, denen die LCKW aus dem Standort Rümelinstraße 24–30 unterliegen.

Verwerfungen queren den Standort. So besteht die Vorstellung, dass der vertikale Verlagerungspfad in den Muschelkalk gegenüber dem horizontalen Abstrom im Unterkeuper größer ist. Daher ist zu erwarten, dass auch der Muschelkalk eine Fahne mit TCE-Signatur entsendet, die zu den Berger Quellen sowie zur Insel- und Leuzequelle abströmt. Nach Berechnungen mit dem Modell würde am Standort ein Eintrag von 8,6 g/d in den Muschelkalk ausreichen, um die TCE-Konzentration in den Heilquellen nachzubilden. Isotopisch gleichen sich die $\delta^{13}C_{TCE}$-Signaturen des Tiefeneintrags am Standort und standortnahen Abstrom im Unterkeuper. Der Vergleich mit den Isotopenwerten der Heilquellen stützt die Vorstellung, dass die LCKW der Heilquellen vom Standort Rümelinstraße stammen. So spricht alles dafür, dass der Standort Rümelinstraße 24-30 den wesentlichen Beitrag zur Verunreinigung der hochkonzentrierten Mineralquellen liefert. Mit der Bohrung MAG 16N wurden in den Dolomithorizonten des Unterkeupers TCE-Konzentrationen von 30 bis 640 µg/l, im Oberen Muschelkalk dagegen nur 2 µg/l nachgewiesen.

9.2.8 Mittnachtstraße 21–25

An diesem Standort befand sich seit 1919 eine Chemikalienhandlung mit Tanklager. 1982 wurde der Betrieb eingestellt. Der LCKW-Austrag vor Sanierungsbeginn wird auf 111 g/d abgeschätzt. Seit Inbetriebnahme einer hydraulischen Sanierungsmaßnahme hat sich der Austrag laut Abschätzung auf 13 g/d reduziert. Im Modell wird angenommen, dass sowohl PCE (45 %) als auch TCE (18 %) und cDCE (37 %) freigesetzt werden. TCA wurde nicht modelliert. Die cDCE-Freisetzung im Modell bedeutet, dass unmittelbar am Standort eine reduktive Dechlorierung mit Bildung von cDCE ablaufen muss.

Der Standort leistete laut Modell bis ca. 2005 einen erheblichen Beitrag zur LCKW-Belastung in den niederkonzentrierten Mineralquellen Auquelle, Kellerbrunnen und Schiffmannbrunnen. Stellvertretend für diese drei Quellen sind in Abb. 9.18 die gemessenen und die berechnete LCKW-Konzentrationen für die Auquelle dargestellt.

Wie Abb. 9.18 zeigt, besteht die LCKW-Belastung an der Auquelle vor allem aus PCE und TCE, d.h. das ebenfalls freigesetzte cDCE wurde im Modell auf dem Weg zwischen dem Standort Mittnachtstraße 21–25 und den niederkonzentrierten Mineralquellen abgebaut.

Wohin die nicht abgebauten LCKW gelangen, zeigen die Abb. 9.19 und Abb. 9.20. Ein kleinerer Teil erreicht die Mineralquellen oder strömt direkt aus dem Muschelkalk in den Neckar ab (Abb. 9.21), der größte Teil jedoch erreicht den Neckar über den Abstrom im Quartär und im Keuper.

Hydrogeologisches und numerisches Modell zeigen in der Darstellung des kontaminierten Abstroms im Bochinger Horizont und Grenzdolomit eine gute Übereinstimmung. Für die vertikale Verlagerung der Fahnen bis in den Muschelkalk gibt es sowohl über die Verteilungsmuster des Spurenstoffs F11 als auch der δ^{13}C-Isotopensignaturen eindeutige Hinweise. Danach waren auch die niederkonzentrierten Mineralquellen vom kontaminierten Abstrom aus dem Standort Mittnachtstraße betroffen. Für den Ort der vertikalen Schadstoffverlagerung in den Unterkeuper und von dort aus in den Oberen Muschelkalk ergeben sich keine klaren Hinweise. Insofern kann dieser Verlage-

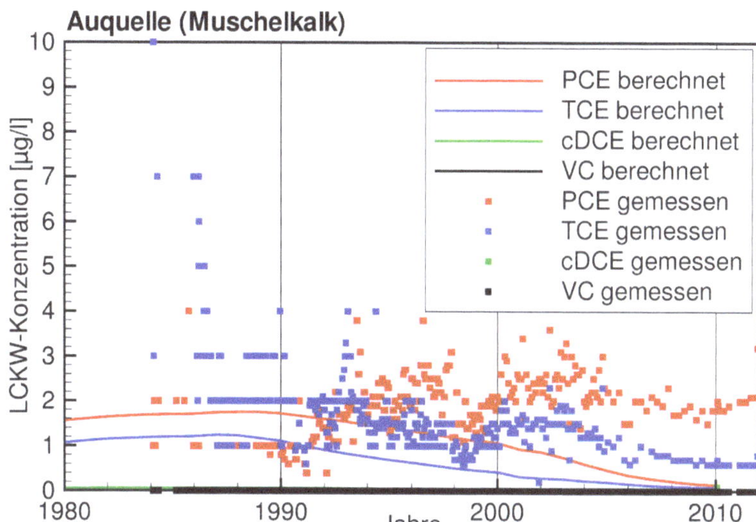

Abb. 9.18 Gemessene LCKW-Konzentrationen an der Auquelle und die Konzentrationsganglinie, die sich laut Modell aus dem Austrag am Standort Mittnachtstraße 21–25 ergibt.

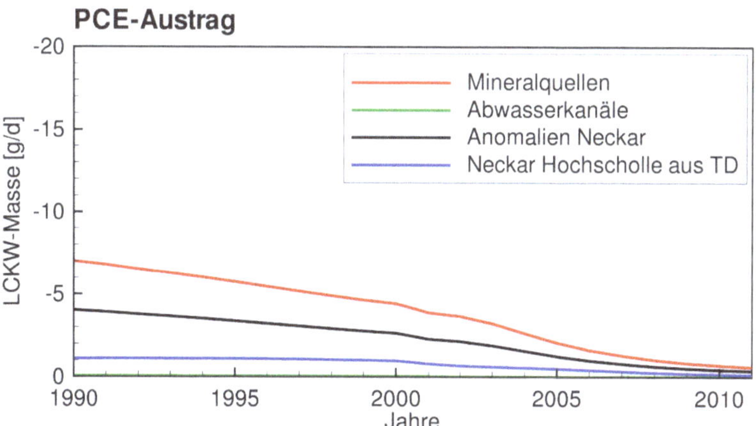

Abb. 9.19 Berechnete Austragsraten der LCKW im Muschelkalk, die am Standort Mittnachtstraße 21–25 freigesetzt wurden.

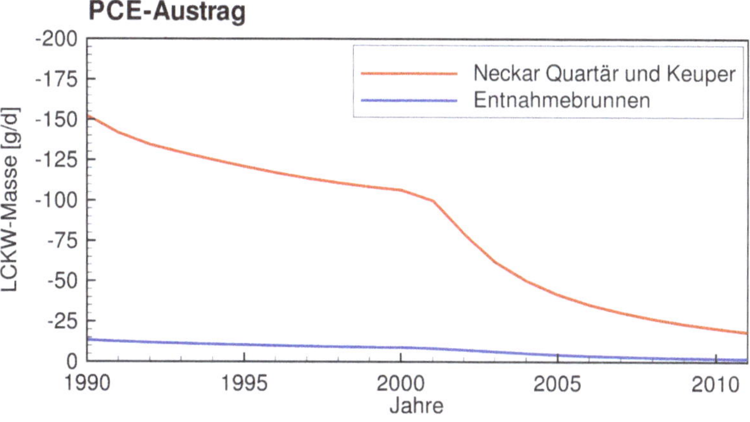

Abb. 9.20 Berechnete Austragsraten der LCKW im Quartär und im Keuper, die am Standort Mittnachtstraße 21–25 freigesetzt wurden.

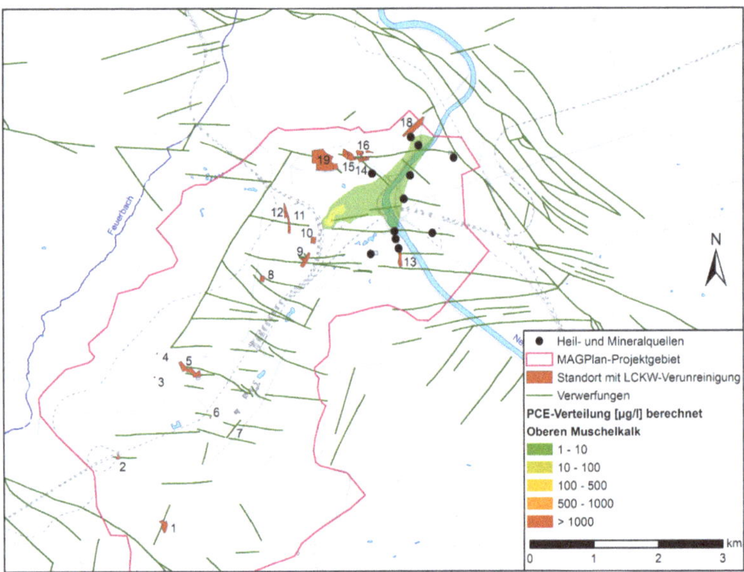

Abb. 9.21 Berechnete LCKW-Verteilung im Jahr 1990 (vor Beginn der hydraulischen Sanierung) für den Oberen Muschelkalk, bedingt durch den Eintrag am Standort Nr. 10 Mittnachtstraße 21-25.

rungspfad im numerischen Modell nur sehr abstrahiert nachgebildet werden. Die Umsetzung der Stoffverlagerung über eine strukturell gebundene höhere vertikale Wegsamkeit ist geeignet, die LCKW-Fahnen in den Oberen Muschelkalk zu verlagern, von wo aus die Schadstoffe zu Kellerbrunnen, Schiffmannbrunnen und Auquelle gelangen. Die Auquelle zeigt zusätzlich TCA, das sehr wahrscheinlich vom Standort Mittnachtstraße 21–25 stammt. Obwohl das Stoffspektrum insgesamt gut abgebildet wird, kann die Konzentrationshöhe in der Auquelle nicht allein mit dem Abstrom aus dem Standort Mittnachtstraße 21–25 erreicht werden und gibt so den Hinweis auf die Mitwirkung eines zweiten LCKW-Standorts.

Die numerische Modellierung zeigt, dass die am Standort laufende hydraulische Sanierung zu einer starken Entfrachtung des Grundwassers führt. Der Vergleich der Schadstofffahne im Muschelkalk vor Beginn der Sanierung (1990) und im Jahr 2010 zeigt die Wirkung im Raum (Abb. 9.15 und Abb. 9.21). Danach ist der vom Standort ausgehende Einfluss auf die niederkonzentrierten Mineralquellen deutlich rückgängig.

9.2.9 Standort Prag-/Löwentorstraße

Hier war in den Jahren 1910 bis 2002 ein metallverarbeitender Betrieb angesiedelt. Vor Sanierungsbeginn belief sich die geschätzte LCKW-Austragsrate auf 129 g/d, danach verblieb eine Rest-Freisetzungsrate von 37 g/d. Der Austrag erfolgte in einer Zusammensetzung von 56 % PCE, 11 % TCE und 33 % cDCE.

Der LCKW-Eintrag in den Aquifer erfolgt zwar im Gipskeuper, eine an eine Störung gebundene Vertikalverlagerung in den Unterkeuper und teilweise auch in den Muschelkalk unmittelbar am Standort ist jedoch anzunehmen (Abb. 9.22).

Dadurch bilden sich laut Modell im Unterkeuper und im Oberen Muschelkalk Fahnen aus, die bis zum Neckar reichen (Abb. 9.22). Über diesen Pfad trägt der Standort zu der berechneten LCKW-Verteilung in der Auquelle bei (Abb. 9.23). Der hauptsächliche Beitrag erfolgt erwartungsgemäß in Form von PCE, aber infolge von einer im Modell angesetzten Zone mit reduktiver Dechlorierung im Muschelkalk kommt es auch zur Bildung von TCE.

Die hydrogeologische Modellvorstellung, die eine maßgebliche vertikale Verlagerung von Schadstoffen am Standort bis in den Oberen Muschelkalk über ein hydraulisches Fenster beschreibt, ist im numerischen Modell nur schwer nachvollziehbar. Zudem würde die Fahne im Muschelkalk ohne Eingriff in die Durchlässigkeitsverteilung ausschließlich in den Brunnen Maurischer Garten gelangen, der jedoch nur vereinzelt mit Spuren von TCE beaufschlagt ist. Im Vergleich zum LCKW-Konzentrationsgang im Brunnen Maurischer

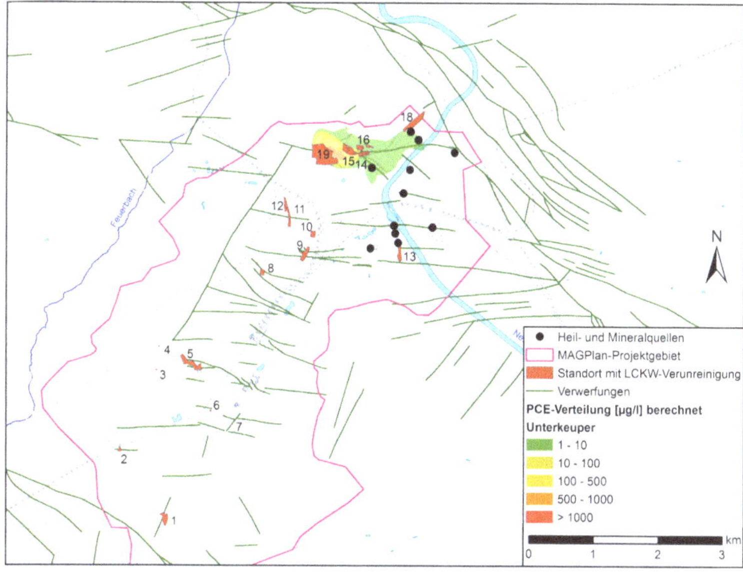

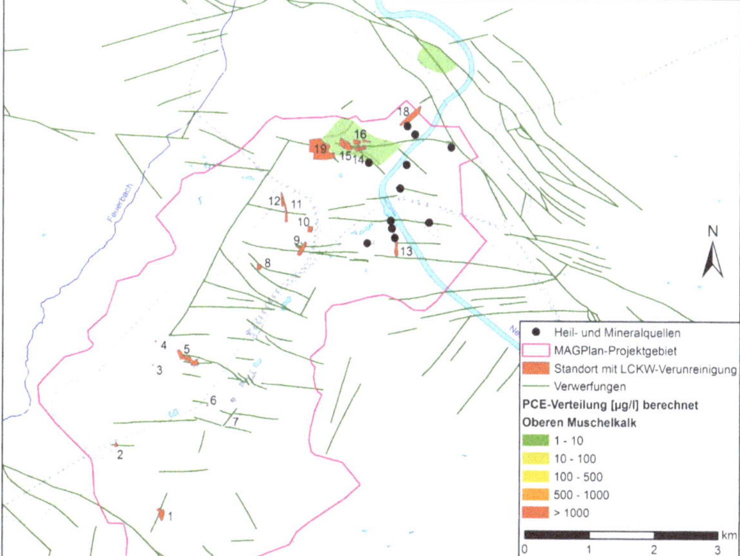

Abb. 9.22 Berechnete LCKW-Verteilung im Jahr 2010 für den Unterkeuper und Oberen Muschelkalk, bedingt durch den Eintrag am Standort Prag-/Löwentorstraße

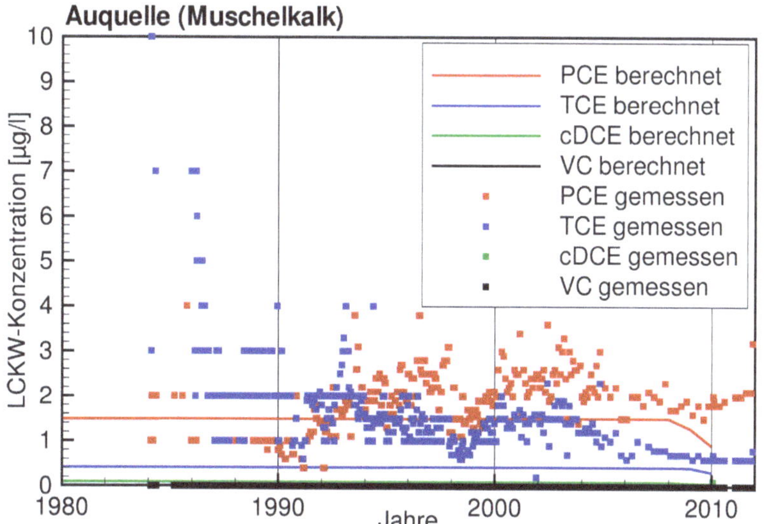

Abb. 9.23 Gemessene und berechnete LCKW-Konzentrationen in der Auquelle. Die berechneten Konzentrationen stammen bei dem vorgestellten Modelllauf ausschließlich vom Standort Prag-/Löwentorstraße.

Garten wäre die LCKW-Freisetzung am Standort Prag-/Löwentorstraße völlig überbewertet. Eine Anpassung der Grundwasserströmung im Muschelkalk unter Berücksichtigung der Ergebnisse eines Markierungsversuchs führt dazu, dass die LCKW-Fahne zur Auquelle gelangt. In der Summe bildet diese und die aus dem Standort Mittnachtstraße zuströmende Fahne das Schadensbild in der Auquelle ausreichend ab. Trotzdem besteht die Möglichkeit, dass aufgrund der lückenhaften Standortinformationen der Austrag aus dem Standort Prag-/Löwentorstraße überschätzt wird, da in der berechneten Fahne liegende Aufschlüsse (zwei im Unterkeuper, eine im Oberen Muschelkalk) schadstofffrei sind. Daher sind zur Einschränkung der Freiheitsgrade in diesem Raum die Mechanismen der Tiefenverlagerung an diesem Standort eingehender zu untersuchen.

9.3 Folgerungen

Mit dem zuvor erfolgten Abgleich von hydrogeologischem Modellverständnis und numerischer Umsetzung und Quantifizierung sind die Qualität des abgebildeten Systems und der darin ablaufenden Prozesse überprüfbar. Es zeigt, in welcher Weise einzelne Standorte in ihrer räumlichen Auswirkung abstrahiert naturgetreu abgebildet oder aber über- bzw. unterschätzt werden. Der Befund einer Überschätzung kann in Hinblick auf seine räumliche Wirkungsweise als Worst-Case-Betrachtung angesehen werden und zeigt maximal mögliche Reichweiten von Fahnen oder die maximal mögliche Tiefenverlagerung. Eine Unterschätzung muss weitere Untersuchungen auslösen, um eine bislang nicht erkannte Stofffreisetzung bei einer Modellfortschreibung berücksichtigen zu können.

Auf das Gesamtsystem bezogen sind der Schadstofftransport und der von den Milieubedingungen abhängige Stoffabbau bzw. -umbau gut wiedergegeben. An einigen Standorten erfolgt eher eine Überschätzung der Schadstofffreisetzung. Legt man das hydrogeologische Modellverständnis, die Kenntnis der Stoffausbreitung und Prozesse und schließlich deren Quantifizierung mit dem numerischen Modell zugrunde, so ist in der Synopsis das Gefährdungspotenzial jedes Einzelstandorts in Hinblick auf eine stoffliche Beeinträchtigung des Grundwassers der tiefen Grundwasserstockwerke abzuleiten. Alle Standorte haben zunächst eine Schlüsselfunktion bei der Frage nach der Herkunft tiefer LCKW-Einträge im Projektgebiet. Bei einer weiteren Differenzierung des Tiefeneintrags ist festzustellen, dass die folgenden fünf der insgesamt neun betrachteten Standorte LCKW in den Oberen Muschelkalk emittieren:

- Dornhaldenstraße 5
- Rotebühlstraße 171
- Nesenbachstraße 48
- Rümelinstraße 24-30
- Mittnachtstraße 21-25

Von den übrigen vier wirken sich die drei Standorte Johannesstraße 60, Rotebühlplatz 19 und Wolframstraße 36 lediglich maximal bis in den Unterkeuper aus. Beim Standort Prag-/Löwentorstraße besteht zur Konkretisierung der Auswirkungen des LCKW-Eintrags noch Untersuchungsbedarf. Eine Beteiligung an der Verunreinigung der niederkonzentrierten Mineralquellen ist aber wahrscheinlich.

Von den Standorten des Stadtzentrums und des südlichen Stadtteils gelangen die Schadstofffahnen im Oberen Muschelkalk trotz der zum Teil großen Länge von bis zu 3.400 m nur bis in die Innenstadt auf Höhe des Hauptbahnhofs. Dies gilt auch für den Zeitraum vor Beginn der hydraulischen Sanierungsmaßnahmen an den Standorten. Das zeigt, dass die Standorte der Innenstadt zu keinem Zeitpunkt das Schadensbild in den Mineral- und Heilquellen erzeugen konnten. Vielmehr sind hierfür die wesentlich näher zum Quellaufstiegsgebiet liegenden Standorte Rümelinstraße 24-30 und Mittnachtstraße 21-25 verantwortlich.

Von den Standorten des Stadtzentrums und des südlichen Stadtteils gelangen die Schadstofffahnen im Oberen Muschelkalk trotz der zum Teil großen Länge nur bis in die Innenstadt auf Höhe des Hauptbahnhofs. Dies gilt auch für den Zeitraum vor Beginn der hydraulischen Sanierungsmaßnahmen an den Standorten. Die Fahnenlängen betragen:

- Standort Rotebühlstr. 171 bis Altes Schloss 2,3 km
- Standort Dornhaldenstr. 5 bis Altes Schloss 2,6 km
- Nesenbachstr. 41 bis Altes Schloss 0,5 km

Die Standorte der Innenstadt haben zu keinem Zeitpunkt das Schadensbild in den Mineral- und Heilquellen erzeugen können. Vielmehr sind hierfür die wesentlich näher zum Quellaufstiegsgebiet liegenden Standorte Rümelinstraße 24–30 und Mittnachtstraße 21–25 verantwortlich, die Fahnenlängen zu den hochkonzentrierten Mineralquellen von 1,5 km und zu den niederkonzentrierten Mineralquellen von 2 km erzeugen.

Grundwassermanagementplan für Stuttgart

Hermann J. Kirchholtes, Achim Carle, Sandra Vasin

Der Grundwassermanagementplan liefert der Stadt eine Grundlage für die zukünftige Arbeit im Grundwasserschutz, insbesondere bei der Bekämpfung der LCKW-Verunreinigungen in den Mineral- und Heilquellen und im Karstgrundwasservorkommen des Oberen Muschelkalks. Er liegt in Form eines umfangreichen Werkes vor, das aus Berichten, Karten, Datenbanken und einem EDV-Visualisierungswerkzeug besteht, das den Zugang zu den Daten erleichtert. In einem kurzen Bericht zusammengefasst wird er dem Gemeinderat vorgelegt.

Der Grundwassermanagementplan fasst die Ergebnisse der integralen Grundwasser- und Altlastenuntersuchung und die zur Sicherstellung des guten Grundwasserzustandes in Stuttgart notwendigen Maßnahmen zusammen (◻ Abb. 10.1).

Die Untersuchungen und Modellierungen werden in der gesamtschaulichen Auswertung zusammengeführt. Der Grundwassermanagementplan beschreibt die hydrogeologischen Verhältnisse in Berichten und Karten. Die numerische Modellierung kann mit dem Visualisierungsverfahren MAG-IS nachverfolgt werden. Mit Hilfe eines Bewertungsansatzes werden Priorisierungen und Sanierungszieldefinitionen vorgeschlagen. Auf dieser Grundlage werden Sanierungs- und Monitoringkonzepte entwickelt, in denen notwendige Maßnahmen beschrieben werden. Die Umsetzung von Sanierung und Monitoring erfordert die Klärung der Finanzierung und bedarf der Zustimmung der Beteiligten. Die Elemente und Aspekte, die der Grundwassermanagementplan abdeckt, sind in den ▶ Kap. 10.1 bis ▶ 10.6 beschrieben. Erarbeitung und Umsetzung des Grundwassermanagementplans sind von einer qualifizierten Öffentlichkeitsarbeit begleitet (▶ Kap. 11).

10.1 Visualisierung der Untersuchungs- und Modellierungsergebnisse

Das Hydrogeologische Modell beschreibt die Strömungs- und Transportvorgänge nach Datenlage in einem Aquifer- und einem Stoffmodell. Es stellt die Kalibrierungsgrößen für das numerische Strömungs- und Transportmodell zur Verfügung (▶ Kap. 7). Um diese Größen und die Ergebnisse der numerischen Modellierung georeferenziert nachvollziehen zu können, wird das neu entwickelte 3D-Visualisierungswerkzeug MAG-IS eingesetzt (▶ Kap. 8.7). Mit Hilfe dieses Werkzeugs können die Zusammenhänge zwischen der Grundwasserströmung, dem Eintrag, dem Transport, der Sorption bzw. dem Rückhalt, dem Um- und Abbau sowie dem Austrag der Schadstoffe nachvollzogen werden. Eine modellzellenscharfe Auswertung der LCKW-Konzentrationen und eine Darstellung des LCKW-Konzentrationsverlaufs für den Zeitraum 1960 bis 2010 sind ebenfalls möglich.

Die geografische Verortung erfolgt auf der Basis digitaler Karten bzw. alternativ orthogonaler Luftbilder. MAG-IS wurde mit Google Maps® entwickelt, das sowohl die geografischen und kartographischen Grundlagen als auch die notwendigen Auswertungswerkzeuge bereitstellt (▶ Kap. 8.7).

Die Darstellung erfolgte projektbegleitend für den jeweils bereitgestellten Kalibrierungslauf. MAG-IS hat sich während der Projektbearbeitung als effizientes Darstellungswerkzeug bewährt. Dadurch wurden die interdisziplinäre Zusammenarbeit und die Kommunikation zwischen den Beteiligten wirkungsvoll unterstützt. Am Ende des Projekts zeigt MAG-IS die finale Kalibrierungskonstellation.

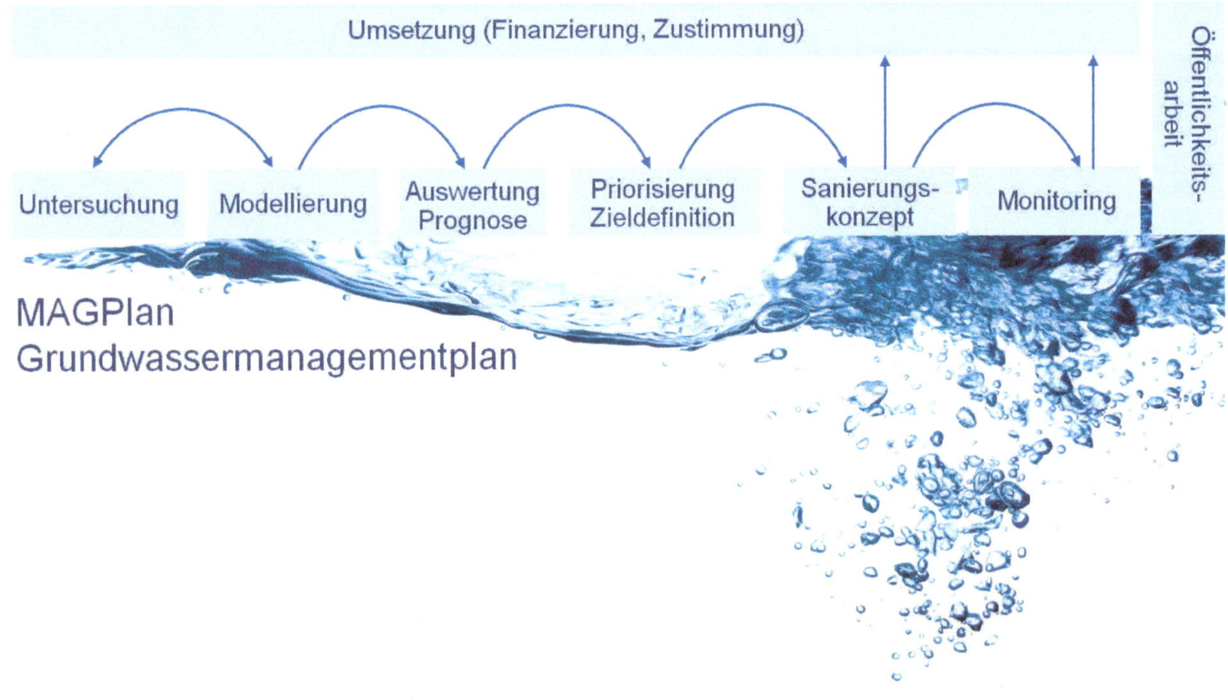

◻ **Abb. 10.1** Elemente des Grundwassermanagementplans für Stuttgart.

Der Umgang mit MAG-IS erfordert keine speziellen Kenntnisse und Erfahrungen im Umgang mit geografischen Informationssystemen oder Modellierungsprogrammen. Alle zum Verständnis notwendigen Erkenntnisse sind somit zugänglich und können im Internet bereitgestellt werden. Die Wasserbehörde kann auf die Rauminformationen zur Hydrogeologie und zur LCKW-Verteilung im Projektgebiet jederzeit zugreifen und diese bei ihrer Arbeit verwenden.

Einschränkend ist anzumerken, dass die Daten nur für Auswertungen in der großräumigen Maßstabsebene verwendet werden dürfen. Auf Grund der verwendeten Modelldiskretisierung und der daraus resultierenden minimalen Skala von 10 Metern ist es nicht möglich, in die Modellierungsergebnisse hinein zu zoomen, also kleinräumigere Strömungs- und Transportvorgänge abzuleiten.

Das numerische Modell soll bei der künftigen Arbeit verwendet und fortgeschrieben werden. Durch die Transformation dieser Fortschreibungen in MAG-IS bleibt auch der Zugriff auf die aktualisierten Datenbestände gewährleistet.

10.2 Bearbeitungsprioritäten und Prüfkriterien

Allgemein erfolgt die Festlegung des weiteren Bearbeitungsbedarfs, d.h. des Untersuchungs- und Sanierungsbedarfs, unter Beachtung der ordnungsrechtlichen Grundlagen des Wasserrechts und des Bodenschutz- bzw. Altlastenrechts.

Da in Stuttgart wegen der herausragenden Bedeutung der Mineral- und Heilquellen ein besonderer Schwerpunkt auf der Sicherstellung der Qualität des Karstgrundwassers im Oberen Muschelkalk liegt, orientieren sich die Bearbeitungsprioritäten ergänzend an den Erfordernissen des Heil- und Mineralquellenschutzes. Dies stellt in Verbindung mit der Verordnung des Regierungspräsidiums Stuttgart zum Schutz der staatlich anerkannten Heilquellen in Stuttgart-Bad Cannstatt und Stuttgart-Berg aus dem Jahr 2002 eine Festlegung der unteren Wasserbehörde dar, die das baden-württembergische Priorisierungs- und Bewertungsverfahren (LUBW 2012b) ergänzt. Die Prioritätensetzung dient dazu, die wichtigsten Ziele der Verringerung der LCKW-Konzentration im Mineralwasseraquifer des Oberen Muschelkalks und in den Mineral- und Heilquellen in absehbarer Zeit erreichen zu können.

Das Grundwasser stellt bei der Altlastenbearbeitung Schutzgut und Rezeptor dar. Die beschriebene Schwerpunktsetzung führt beim Grundwassermanagementplan zu einer Differenzierung in drei Rezeptoren:

- Rezeptor Heilquellen.
- Rezeptor Mineralquellen und Karstgrundwasser im Oberen Muschelkalk.
- Rezeptor Grundwasser über dem Oberen Muschelkalk (Quartär bis Unterkeuper).

Alle Rezeptoren unterliegen den Anforderungen des gesetzlichen Grundwasserschutzes. Dem Schutz der Heilquellen, der Mineralquellen und des Karstgrundwassers im Oberen Muschelkalk wird jedoch eine besondere Dringlichkeit beigemessen. Dies führt zur Definition von Prioritäten, da nicht alle notwendigen Maßnahmen gleichzeitig ergriffen werden können. Mit der Prioritätensetzung wird eine zeitliche Abfolge von Maßnahmen vorgeschlagen. Hoch prioritäre Maßnahmen sollten vor minder prioritären Maßnahmen in Angriff genommen werden. Die Prioritätensetzung hat jedoch keine Auswirkung auf bereits begonnene oder in Angriff genommene Maßnahmen. Diese werden im auf den Einzelfall bezogenen Umfang weiter geführt.

Bei der Ermittlung von Sanierungserfordernis und Sanierungszielen werden auch der natürliche Schadstoffabbau und die natürliche Schadstoffrückhaltung im Aquifersystem zwischen Schadstoffherd und Rezeptor berücksichtigt. Bei allen Berechnungen mit dem numerischen Stofftransportmodell wurden diese Aspekte einbezogen.

Entsprechend der Bedeutung für die Mineral- und Heilquellen werden drei Bearbeitungsprioritäten unterschieden, denen in Tab. 10.1 jeweils spezifische Prüfkriterien und Sanierungsziele zugeordnet werden. Im Ergebnis entsteht eine Prioritätenliste der weiteren Maßnahmen. Für jeden Standort ist zu überprüfen, welche der Bearbeitungsprioritäten im Einzelfall zutreffen.

Tab. 10.1 Festlegung von Bearbeitungsprioritäten für Standorte im Projektgebiet

Priorität	Beeinträchtigtes Schutzgut	Prüfmaßstab und Sanierungsziel
1	Heilquellen	Standort beeinflusst Heilquelle Sanierungsziel ist die vollständige Unterbindung des Eintrags in den mo
2	Mineralquellen Karstgrundwasser im mo	Konzentration im Schutzgut Σ LCKW < 5 µg/l Einzelspezies < 1 µg/l
3	Grundwasser über dem mo (höhere Grundwasserstockwerke)	Emission und Immission eines Schadstoffherds Σ LCKW < 20 g/d Σ LCKW < 10 µg/l

mo: Oberer Muschelkalk

Bei der Anerkennung und Nutzung von natürlichem Mineralwasser sind die „Verwaltungsvorschrift über die Anerkennung und Nutzungsgenehmigung von natürlichem Mineralwasser" („Verwaltungsvorschrift", siehe A.A. 2001a), die „Mineral- und Tafelwasserverordnung" (A.A. 1984) und die „Trinkwasserverordnung" (A.A. 2001b) zu beachten. In der Verwaltungsvorschrift und der Trinkwasserverordnung werden die LCKW als Untersuchungsparameter benannt, deren Konzentration zum Schutz der menschlichen Gesundheit zu begrenzen ist.

Die Trinkwasserverordnung definiert hierzu einen Grenzwert von 0,010 mg/l (10 µg/l) für Tetrachlorethen

(PCE) und Trichlorethen (TCE) als „Summe der nachgewiesenen und mengenmäßig bestimmten Einzelstoffe". Auf diese Anforderung bezieht sich auch die Verwaltungsvorschrift, ergänzt jedoch „Orientierungswerte für Belastungsstoffe in natürlichen Mineralwässern als Kriterien für die ursprüngliche Reinheit". Als ein Kriterium werden „flüchtige organische Halogenverbindungen mit 5 µg/l" (Summe) als Orientierungswert genannt. Unter die Gruppe der flüchtigen organischen Halogenverbindungen fallen auch die leichtflüchtigen chlorierten Kohlenwasserstoffe (LCKW) mit den chlorierten Ethenen PCE, TCE, cDCE und VC. Ergänzend schlägt Quentin in Käss & Käss (2008) als Prüfkriterium für die natürliche Reinheit natürlicher Mineralwässer den Wert 1 µg/l für jede Einzelspezies, d. h. jeweils für PCE, TCE, cDCE und VC vor.

In den „Qualitätsstandards für die Prädikatisierung von Kurorten, Erholungsorten und Heilbrunnen" empfiehlt der Deutsche Heilbäderverband e. V. (Gilles et al. 2011) den Betreibern von Heilbrunnen, „die gesetzlichen Vorschriften über den Umweltschutz … im Sinne von Mindestanforderungen …" anzuwenden.

Aus den genannten Vorschriften und Empfehlungen leiten sich die vergleichsweise strengen Prüfmaßstäbe und Sanierungsziele der ◘ Tab. 10.1 für die Mineral- und Heilquellen und das Karstgrundwasser im Oberen Muschelkalk (Prioritäten 1 und 2) für Stuttgart ab.

Die Priorität 1 zielt darauf ab, dass keine LCKW mehr in die Heilquellen gelangen (Qualitätsziel Heilquellen). Alle Standorte, die einen Einfluss auf die Qualität der Heilquellen haben, d. h. Schadstoffherde, deren LCKW-Emissionen – unabhängig von der Konzentration – zu einer Beeinträchtigung der Heilquellen führen, müssen mit dem Ziel saniert werden, die LCKW-Emission in den Oberen Muschelkalk vollständig zu unterbinden.

Mit Priorität 2 sollten die Schadstoffherde bearbeitet werden, die einen Einfluss auf die niederkonzentrierten Mineralquellen oder das Karstgrundwasser des Oberen Muschelkalks haben (Qualitätsziel Mineralquellen und Karstgrundwasser). Ein Bearbeitungsbedarf wird ausgelöst, wenn die Summe der LCKW 5 µg/l bzw. die Einzelsubstanzen je 1 µg/l überschreiten. Falls mehrere Standorte für die Überschreitung der vorgenannten Werte verantwortlich sind, soll die Emission bei jedem Schadstoffherd soweit begrenzt werden, dass der lokale Eintrag in den Oberen Muschelkalk die Konzentration von 5 µg/l in der Summe und von 1 µg/l in der Einzelsubstanz dauerhaft unterschreitet.

Die Priorität 3 entspricht der für jeden Standort in Baden-Württemberg in allen Aquiferen gültigen Definition der „einzelfallbezogenen Mindestanforderung" (LUBW 2008). Diese Mindestanforderung dient der Herstellung einer guten Grundwasserqualität in jedem Grundwasservorkommen (Gewässer) gemäß Wasserhaushaltsgesetz bzw. Grundwasserverordnung (Qualitätsziel Grundwasser).

Für die standortspezifischen Sanierungsziele gilt damit an jedem sanierungsbedürftigen Standort dasjenige der drei Kriterien, das zu den strengsten Sanierungsanforderungen führt. In der Regel sind mehrere Aquifere betroffen, für die spezifische Sanierungsziele und Maßnahmen abgeleitet werden. Die Sanierungskonzepte orientieren sich an der Dekontaminierung der Schadstoffherde. Technisch ist die Abstromsanierung nicht mehr möglich, wenn die Schadstoffe in den Karstaquifer des Oberen Muschelkalks vorgedrungen sind.

Bei allen Sanierungszieldefinitionen gilt der Grundsatz der Verhältnismäßigkeit der Mittel. Dieser hat zur Folge, dass das Sanierungskonzept zu überprüfen ist, sofern die Sanierungsziele nicht mit verhältnismäßigem Aufwand erreicht werden können (vgl. LUBW 2012a).

10.3 Prognose der Entwicklung des Schadstofftransports

Das numerische Transportmodel bietet die Möglichkeit, verschiedene Sanierungsszenarien zu betrachten und variantenbezogene Prognosen für die zukünftige Schadstoffausbreitung abzugeben. Ein großer Vorteil besteht darin, dass diese Betrachtung für isolierte Standorte durchgeführt werden kann. Dadurch kann die Konzentrationsentwicklung in einem ausgewählten, für einen Grundwasserleiter (Rezeptor) repräsentativen Grundwasseraufschluss für unterschiedliche Sanierungsszenarien bestimmt werden. Für die Heilquellen kann es sich hierbei um die Heilquelle selbst handeln.

◘ Abb. 10.2 zeigt beispielhaft die Konzentrationsentwicklung in einem im Abstrom eines Schadstoffherdes gelegenen Grundwasseraufschluss bei verschiedenen Prognoseläufen. Bei ◘ Abb. 10.2 A steigt die Konzentration im Grundwasseraufschluss und dem von ihm repräsentierten Rezeptor an, sofern die laufende Sanierung im Schadstoffherd beendet wird. Der Einfluss des Raumes zwischen Schadstoffherd und Grundwasseraufschluss auf die Abschaltung der Sanierung äußert sich in einem verzögerten Anstieg der Konzentration unmittelbar nach Abschaltung der Sanierung.

Bleibt die Konzentration im Grundwasseraufschluss trotz einer Verbesserung der Sanierung im Schadstoffherd auf Dauer annähernd konstant (◘ Abb. 10.2 B), so ist das simulierte Sanierungsszenario wirkungslos und das Sanierungskonzept zu überdenken. In ◘ Abb. 10.2 C stellt sich zunächst eine Abnahme der Konzentration ein, die jedoch auf einem Niveau oberhalb des Sanierungsziels verharrt. Es ist nicht zu erwarten, dass das Sanierungsziel in absehbarer Zeit erreicht werden wird. Daher besteht auch in diesem Fall ein Optimierungsbedarf.

Der Raum zwischen Schadstoffherd und Rezeptor kann von erheblicher Bedeutung sein, wenn dieser als Schadstoffspeicher fungiert. In diesem Fall reagiert die Konzentration in dem Grundwasseraufschluss nur sehr langsam auf die

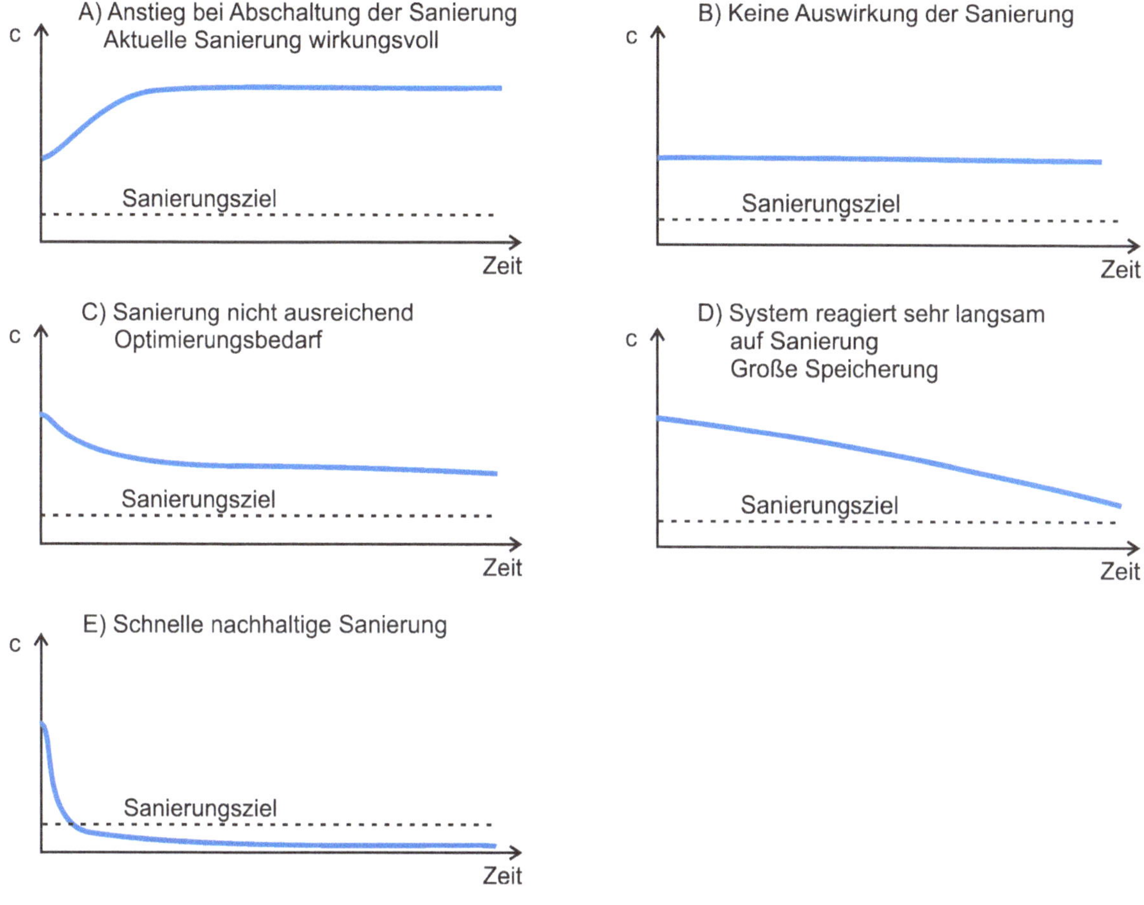

Abb. 10.2 Beispielhafte Konzentrationsentwicklungen über die Zeit in einem Grundwasseraufschluss im Abstrom eines Schadstoffherdes. Simulation unterschiedlicher Sanierungsszenarien.

Herdsanierung (Abb. 10.2 D). Eine Verbesserung der Schadstoffherdsanierung ist hier nicht wirkungsvoll, da der überwiegende Schadstoffanteil z. B. durch Desorption auf dem Fließweg zwischen Herd und Grundwasseraufschluss eingetragen wird.

Eine optimale und nachhaltige Sanierung ist in Abb. 10.2 E dargestellt. Das Sanierungsziel wird in diesem Fall schnell erreicht, der Raum hat keine erheblichen negativen Auswirkungen.

Das numerische Stofftransportmodell wurde aufgrund der beobachteten Entwicklung der Schadstoffeinträge und Grundwasserkonzentrationen der 50 Jahre 1960 bis 2010 kalibriert. Mit Unterstützung dieses Modells können unter der ungünstigsten Annahme, dass die Schadstoffemissionen in den 50 Prognosejahren 2010 bis 2060 konstant bleiben werden, die Sanierungsszenarien der Tab. 10.2 unterschieden werden.

Szenario a) Keine Sanierung: Alle laufenden Sanierungsmaßnahmen an den Standorten werden abgeschaltet (ungünstigstes Szenario). Die Schadstoffherde emittieren gleichbleibend die maximale Schadstofffracht.

Szenario b) Emission 2010: Alle laufenden Sanierungsmaßnahmen (Sanierung 2010) werden unverändert fortgesetzt. Emittiert werden die Schadstoffe, welche von der Sanierung nicht erfasst werden.

Szenario c) 50 % der Emission 2010: Die laufenden Sanierungsmaßnahmen werden so optimiert, dass zukünftig nur noch 50 % der Schadstoffemissionen gemäß b) aus den Schadstoffherden emittiert werden (Optimierungsszenario).

Szenario d) Keine Emission: Die Schadstoffemission wird vollständig unterbunden (100 % Sanierung der Schadensherde, selten erreichtes optimales Szenario).

Auf die Standorte angewendet ergeben sich die in Tab. 10.2 zusammengestellten Emissionen (Frachten in Gramm pro Tag). Die Simulation erfolgt für relevante Standorte mit hohen Schadstoffeinträgen.

Tab. 10.2 Emittierte Schadstofffrachten für die relevanten Standorte bei den Szenrien a) bis d)

Nr.	Standort / Prognoselauf	Szenario a) keine Sanierung	Szenario b) Emission 2010	Szenario c) 50 % der Emission 2010	Szenario d) keine Emission
		PCE-Äquivalent [g/d]			
1	Dornhaldenstraße 5	50	16	8	0
2	Rotebühlstraße 171	160	30	15	0
3	Johannesstraße 60	53	23	11,5	0
6	Rotebühlplatz 19	16	16	8	0
7	Nesenbachstraße 48	412	5	2,5	0
8	Wolframstraße 36	15	2,4	1,2	0
9	Rümelinstraße 24–30	130	56	28	0
10	Mittnachtstraße 21–25	111	13	6,5	0
19	Prag-/Löwentorstraße	129	37	16,5	0
	ALLE Summe [g/d]	**1.076**	**198**	**99**	**0**
	Summe [%]	**100**	**18**	**9**	**0**

Bei den Prognoseläufen des numerischen Modells für die Jahre 2010 bis 2060 werden unterschiedliche Standortszenarien simuliert:

- Prognoselauf ALLE: Alle Standorte bleiben aktiv und emittieren Schadstoffe.
- Prognoselauf 1 bis 19: Jeder der Standorte mit Steckbrief-Nummern 1 bis 3, 6 bis 10 und 19 wird einzeln untersucht, wobei jeweils alle anderen Schadstoffherde ausgeblendet sind (d. h. nicht mehr emittieren). Dadurch kann jede standortspezifische Emission (jeder Schadstoffherd) für sich allein betrachtet werden.

Für die einzelnen Prognoseläufe werden alle vier Emissions-Szenarien a) bis d) modelliert. Es wird jeweils ein repräsentativer Grundwasseraufschluss, d. h. eine Heil- oder Mineralquelle, ein Brunnen oder eine Grundwassermessstelle als Repräsentant ausgewählt. An den Konzentrationsentwicklungen wird deutlich, wie sich das jeweilige Sanierungsszenario auf den Grundwasseraufschluss und damit auf den repräsentierten Rezeptor auswirkt. Modelliert werden die LCKW-Einzelstoffe.

Die Ergebnisse der Prognoseläufe werden im weiteren Text anhand von vier Grundwasseraufschlüssen erläutert: der Berger Nordquelle als Repräsentant für die hochkonzentrierten Heilquellen, der Auquelle für die niederkonzentrierten Mineralquellen, des Brunnens 4 Tübinger Straße für das Karstwasser des Oberen Muschelkalks im Süden des Projektgebietes und der GWM 12 als Repräsentant für den Unterkeuper in der Mitte des Projektgebiets (Lageplan Abb. 7.24).

10.3.1 Prognose für die Heilquellen

Die von der LCKW-Verunreinigung betroffenen Heilquellen in Stuttgart-Berg werden durch die Berger Nordquelle repräsentiert. Diese Auswahl ist damit begründet, dass die Konzentrationsentwicklung in den Heilquellen in diesem Bereich annähernd parallel verläuft und an der Berger Nordquelle ein ausgeprägtes LCKW-Signal gemessen wird. Die Quelle wies in der Vergangenheit 0,3 bis 2,9 µg/l LCKW auf (Abb. 3.4 und Tab. 3.3).

In Abb. 10.3 sind die LCKW-Konzentrationsentwicklungen für die Jahre 2010 bis 2060 in der Berger Nordquelle für die Szenarien a) bis d) bei der Standortkonstellation ALLE (alle Schadstoffherde emittieren) für TCE, PCE und cDCE dargestellt. Die LCKW-Konzentration in der Berger Nordquelle wird (wie in allen hochkonzentrierten Heilquellen) vorrangig durch TCE verursacht mit einem Mittelwert 1,7 µg/l für das Jahr 2010. Alle anderen Einzelstoffe spielen bei Konzentrationen von meist kleiner 0,1 µg/l keine Rolle.

Analog wird in Abb. 10.4 die LCKW-Konzentrationsentwicklung für den Einzelstandort 9 Rümelinstraße 24–30 abgebildet.

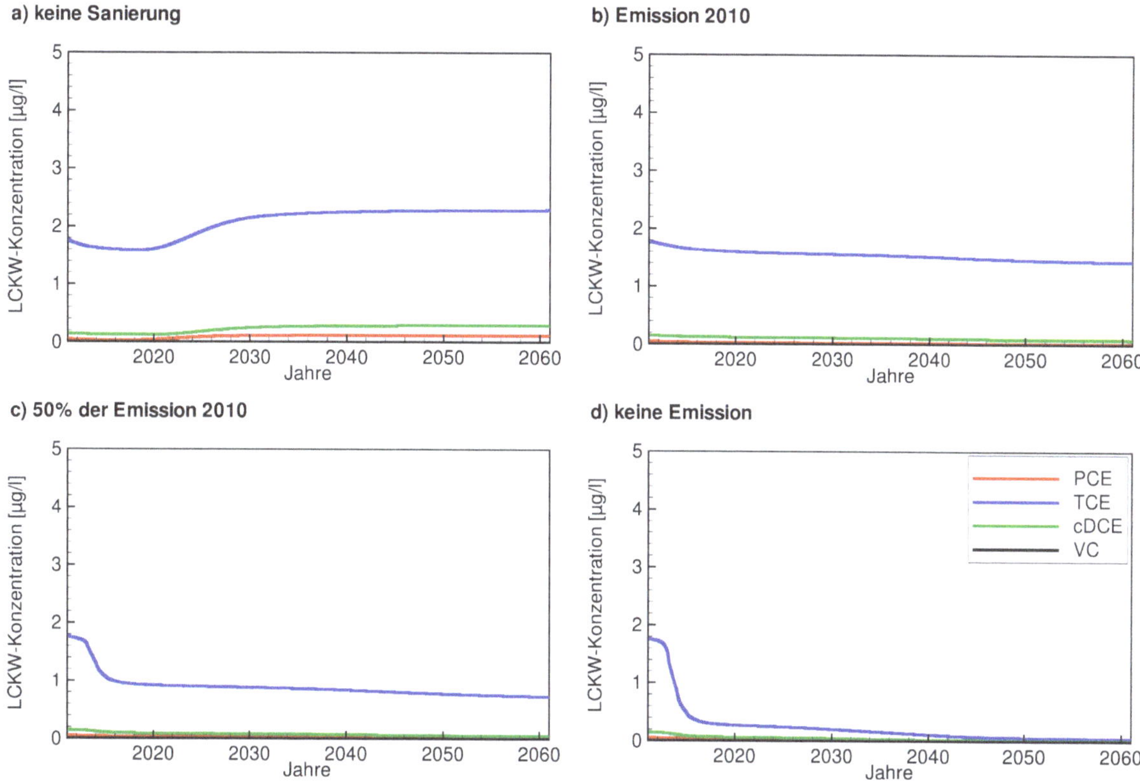

Abb. 10.3 Entwicklung der LCKW-Konzentrationen in der Berger Nordquelle für die Szenarien a) bis d) aufgrund der Emissionen aller Standorte (Prognoselauf ALLE).

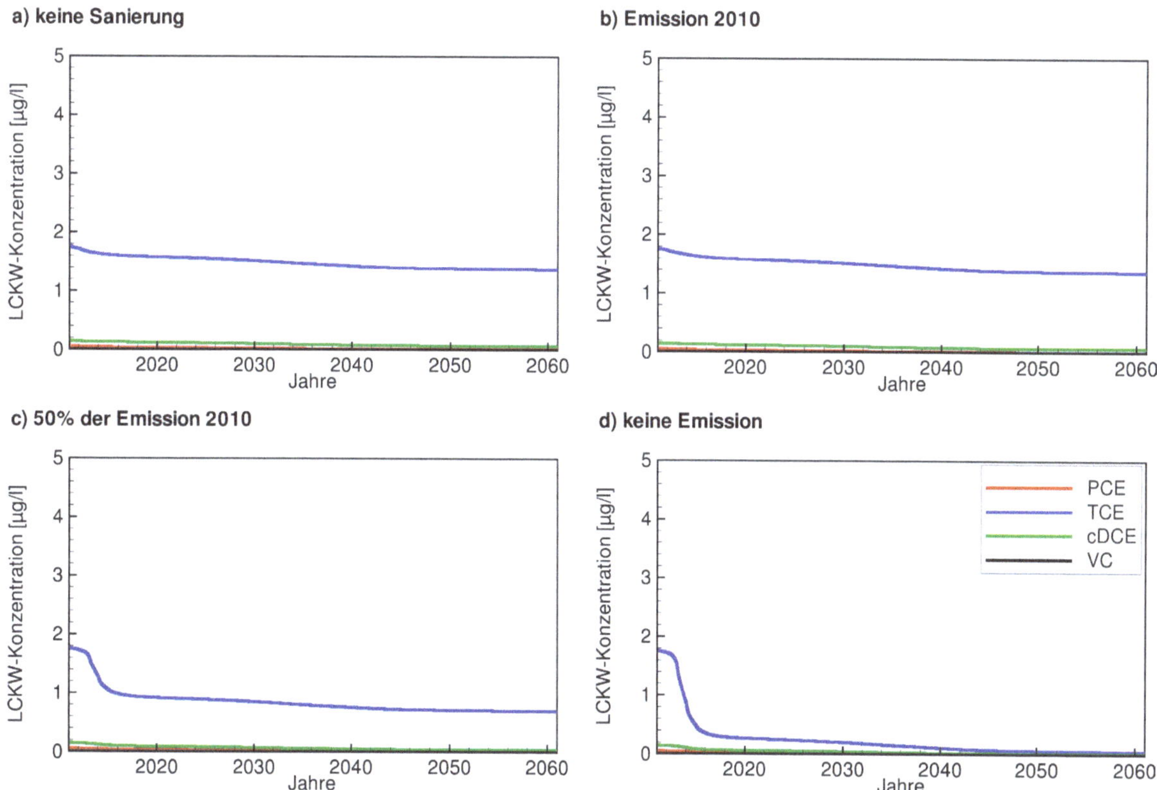

Abb. 10.4 Entwicklung der LCKW-Konzentrationen in der Berger Nordquelle für die Szenarien a) bis d) aufgrund der Emission des Standortes Rümelinstraße 24–30 (Prognoselauf 9).

Der Vergleich der Abb. 10.3 und Abb. 10.4 zeigt, dass die sich entsprechenden Sanierungsszenarien zu ähnlichen Konzentrationsentwicklungen führen. Dies unterstreicht die Einschätzung, dass die TCE-Verunreinigung in den Heilquellen hauptsächlich auf den Standort 9 (Rümelinstraße 24–30) zurückzuführen ist. Ferner wird deutlich, dass die Sanierung des Standorts Rümelinstraße 24–30 ganz maßgeblich für den deutlichen Konzentrationsrückgang in den Heilquellen verantwortlich ist (Abb. 10.3 c) und d) und Abb. 10.4 c) und d)).

Die Unterschiede im Szenario a) zwischen der Emission aller Schadstoffherde (ALLE) und des Standorts 9 zeigen aber auch, dass die Berger Nordquelle in geringem Umfang auch von anderen Standorten beeinflusst wird. Abb. 10.4 d) belegt, dass bei Beibehaltung der Sanierung der anderen Standorte (bei b) Emissionsbegrenzung 2010) eine vollständige Unterbrechung des Schadstoffeintrags beim Standort Rümelinstraße 24–30 ausreicht, um eine vollständige Sanierung der Heilquellen zu erzielen.

Der in ▶ Kap. 9.2.7 beschriebene Tiefeneintrag in den Oberen Muschelkalk ist wesentlich für die LCKW-Verunreinigung in den Berger Heilquellen. In Abb. 10.4 b) zeichnet sich kein Sanierungserfolg ab, da der Tiefeneintrag von den bisher durchgeführten Sanierungsmaßnahmen nicht berührt wurde. Die in den Gipskeuper-Stockwerken Dunkelrote Mergel und Bochinger Horizont durchgeführten Sanierungen sind offensichtlich für die Konzentrationsentwicklung in den Berger Heilquellen nicht vorrangig relevant.

Als Schlussfolgerung wird deutlich, dass eine möglichst vollständige Unterbindung des Tiefeneintrags von LCKW am Standort 9 (Rümelinstraße 24–30) notwendig ist, um eine weitere Befrachtung der Berger Heilquellen durch LCKW vom Standort zu unterbinden. Sanierungen in anderen Standorten sind weiterzuführen, haben jedoch nur annähernd so positive Auswirkungen auf die Berger Heilquellen.

Dieses Beispiel macht deutlich, dass die Wirksamkeit von Sanierungsalternativen in komplexen Fällen nur mit Hilfe einer Grundwassermodellierung festgestellt werden kann, die bei der Detailplanung und Durchführung der Sanierungsmaßnahmen zum Einsatz kommt.

10.3.2 Prognose für die niederkonzentrierten Mineralquellen

Die Auquelle repräsentiert die niederkonzentrierten Mineralquellen in Stuttgart-Bad Cannstatt. Diese Quelle ist seit Mitte der 1990er-Jahre vorrangig mit PCE verunreinigt (2 bis 4 μg/l), untergeordnet mit TCE (1 bis 2 μg/l), in Spuren auch mit TCA (Abb. 3.5). Im Jahr 2010 wurden in der Auquelle Mittelwerte von 0,6 μg/l TCE und der Mittelwert 1,9 μg/l PCE gemessen.

In Abb. 10.5 sind die LCKW-Konzentrationsentwicklungen (Prognoseläufe 2010 bis 2060) für die Auquelle für die Szenarien a) bis d) beim Prognoselauf ALLE (alle Schadstoffherde emittieren) dargestellt.

Der Vergleich der Szenarien a) und b) zeigt, dass ein Abbruch der Sanierung (keine Sanierung) bei den für die niederkonzentrierten Mineralquellen verantwortlichen Standorten 10 (Mittnachtstraße 21–25) und 19 (Prag-/Löwentorstraße) zu einem schnellen Konzentrationsanstieg in den niederkonzentrierten Quellen führen würde. Die Sanierungen sind daher fortzusetzen gemäß Szenario b).

Aus Abb. 10.5 ist für die beiden relevanten Standorte Nr. 10 und 19 zu entnehmen, dass mit Hilfe der aktuell laufenden Sanierungsmaßnahmen ein wirkungsvoller LCKW-Rückgang in der Auquelle und damit vermutlich auch den übrigen niederkonzentrierten Mineralquellen innerhalb der nächsten 5 Jahre zu erwarten ist. Infolge dieser Entwicklungen besteht dann kein zusätzlicher Sanierungsbedarf nach Priorität 2.

Es bestehen jedoch noch Unsicherheiten in der Einschätzung des Standorts 19 (Prag-/Löwentorstraße). Falls von diesem Standort, wie vermutet, aber noch nicht nachgewiesen, ein Direkteintrag von LCKW in den Oberen Muschelkalk erfolgt, so ist die Prognose für diesen Standort mit Hilfe des entsprechend angepassten numerischen Modells erneut zu überprüfen.

Unabhängig davon sind weitere Maßnahmen in Abhängigkeit von den Anforderungen der einzelfallbezogenen Mindestanforderung zum allgemeinen Grundwasserschutz standortspezifisch festzulegen.

10.3.3 Prognose Muschelkalk-Brunnen Tübinger Straße

Die Brunnen Tübinger Straße, die den Rezeptor Karstaquifer im Oberen Muschelkalk im Süden des Projektgebietes repräsentieren, werden von den beiden Standorten Nr. 1 Dornhaldenstraße 5 und Nr. 2 Rotebühlstraße 171 beeinflusst.

Der als Repräsentant ausgewählte Brunnen 4 Tübinger Straße war im Jahr 2010 mit 3,5 bis 12 μg/l TCE und 6 bis 9,5 μg/l PCE verunreinigt (Abb. 3.6) und fällt somit unter die Priorität 2.

In Abb. 10.6 sind die LCKW-Konzentrationsentwicklungen (Prognoseläufe 2010 bis 2060) für die Szenarien a) bis d) beim Prognoselauf ALLE (alle Schadstoffherde emittieren) dargestellt.

Die Prognosen für die Entwicklung der LCKW-Konzentrationen zeigen, dass beide Anforderungen, nämlich sowohl die Summe LCKW kleiner 5 μg/l als auch die Einzelspezies kleiner 1 μg/l, für den Oberen Muschelkalk nur dann eingehalten werden können, wenn die relevanten Schadstoffherde weitgehend saniert werden, d.h. die Schadstoffreduktion

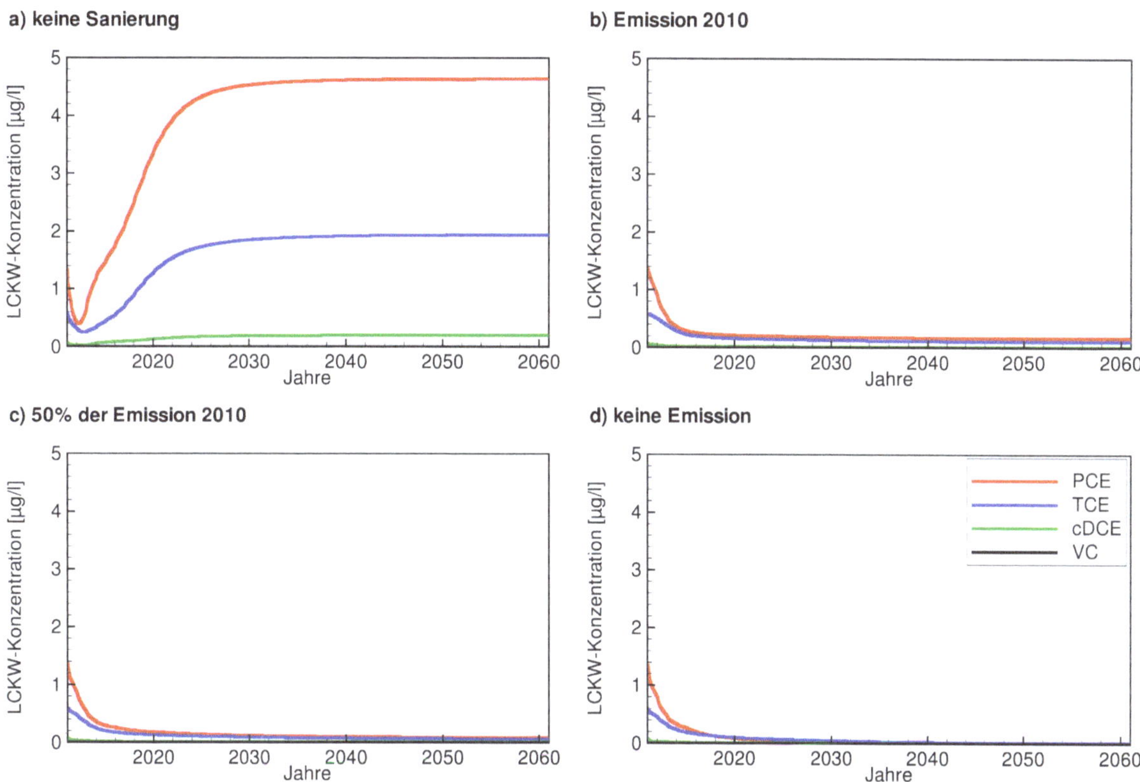

Abb. 10.5 Entwicklung der LCKW-Konzentrationen in der Auquelle für die Szenarien a) bis d) aufgrund der Emission aller Standorte (Prognoselauf ALLE).

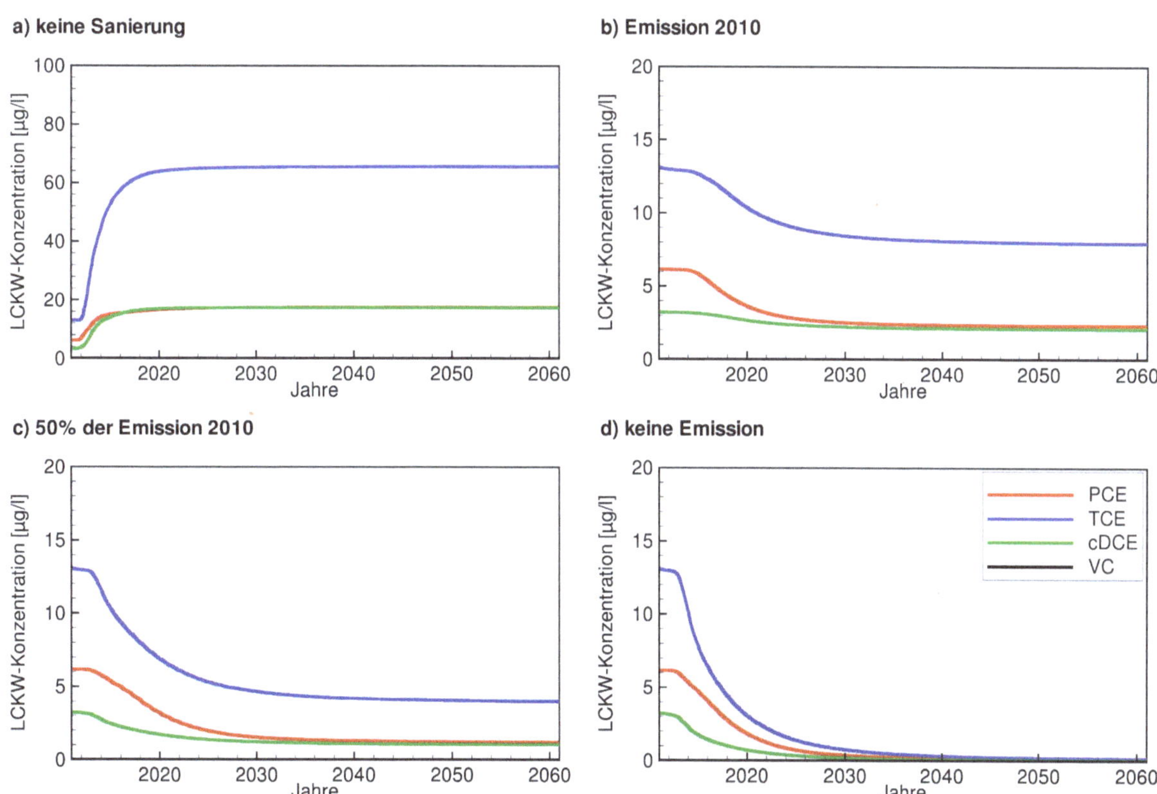

Abb. 10.6 Entwicklung der LCKW-Konzentrationen in Brunnen 4 Tübinger Straße für die Szenarien a) bis d) aufgrund der Emissionen aller Standorte (Prognoselauf ALLE).

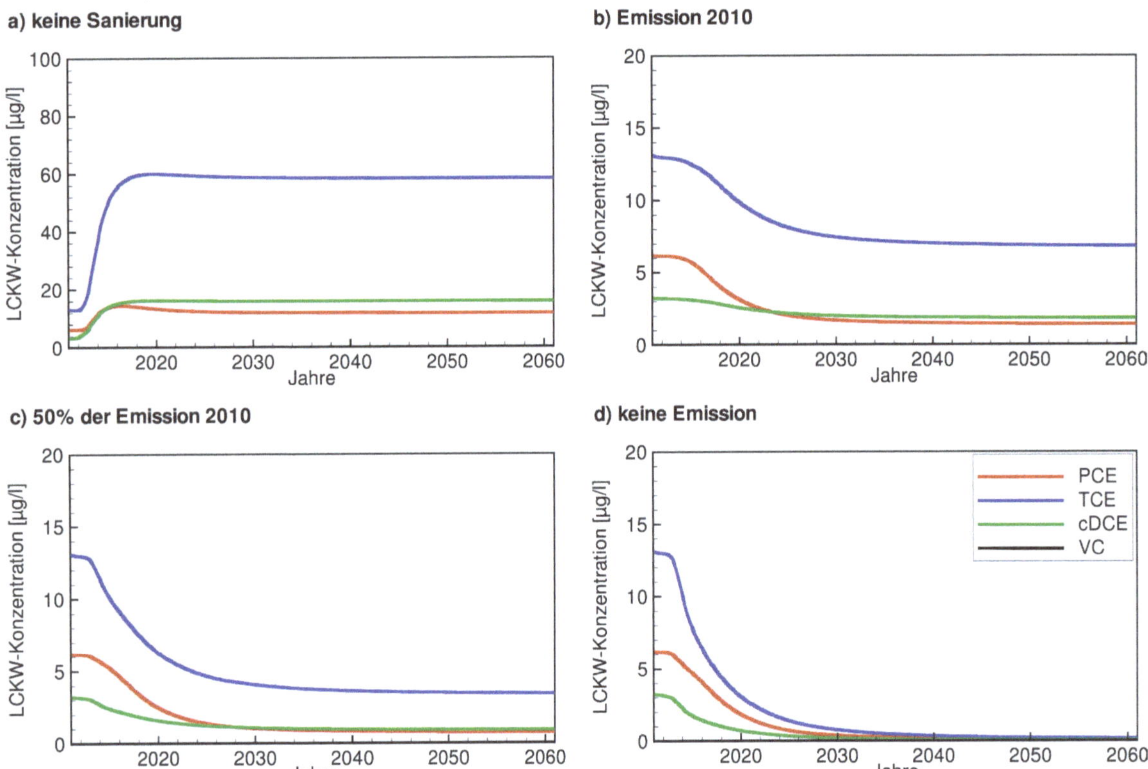

Abb. 10.7 Entwicklung der LCKW-Konzentrationen in Brunnen 4 Tübinger Straße für die Szenarien a) bis d) aufgrund der Emission des Standortes Dornhaldenstraße 5 (Prognoselauf 1).

größer als 50 % ist. Außerdem zeigen die Kurvenverläufe, dass unabhängig vom Sanierungserfolg in den Schadstoffherden mit einer relativ langen Reaktionszeit von mehr als 20 Jahren bis zum Eintritt des Sanierungserfolges im Brunnen 4 zu rechnen ist. Es zeigt sich insofern ein deutlicher Unterschied in der Systemreaktion zu den Rezeptoren der hochkonzentrierten Heilquellen (▶ Kap. 10.3.1) und der niederkonzentrierten Mineralquellen (▶ Kap 10.3.2). Dieser Unterschied ist darauf zurückzuführen, dass das Keuper-System im Zustrom zu den Brunnen Tübinger Straße ein großes Speichervermögen für LCKW besitzt. Dieser Speicher wird – selbst bei Sanierung der Schadstoffherde, die eine weitere Befrachtung des Speichers unterbindet – noch über viele Jahre hinweg LCKW emittieren. Dieses Verhalten ist bei der Gestaltung des Monitoring-Programms zu berücksichtigen.

Die Auswirkung der Sanierung des Standortes 1 (Dornhaldenstraße 5), der neben dem Standort 2 (Rotebühlstraße 171) für die LCKW-Verunreinigungen der Brunnen Tübinger Straße verantwortlich ist, veranschaulicht beispielhaft die LCKW-Konzentrationsentwicklung der Abb. 10.7.

Die Diagramme in Abb. 10.7 zeigen, dass die Anforderung eines nachhaltigen Schadstoffrückgangs der Einzelstoffe unter 1 µg/l eine sehr weitgehende Sanierung des Standortes – d. h. eine sehr effektive Unterbindung der Herdemissionen – erfordert.

Die Relevanz des Standorts Rotebühlstraße 171 für die Verunreinigung in den Brunnen Tübinger Straße, aber auch für andere Bereiche des Oberen Muschelkalks (z. B. MAG 12) ergibt sich auch aus dem Hydrogeologischen Modell (▶ Kap. 7.4.4). Damit besteht für beide Standorte ein Sanierungsbedarf nach Priorität 2. Um die notwendigen Erfolge zu erzielen, muss dabei die jeweilige Sanierung einen LCKW-Eintrag in den Karstgrundwasserleiter Oberer Muschelkalk weitestgehend verhindern.

10.3.4 Prognose Unterkeuper-GWM 12 Eberhardstraße

Die Grundwassermessstelle GWM 12 in der Eberhardstraße erschließt den Unterkeuper in der Mitte des Projektgebietes. Durch Untersuchungen wurde nachgewiesen, dass GWM 12 insbesondere die LCKW-Fahne des Standorts Nesenbachstraße 48 repräsentativ erfasst. Die Entwicklung der LCKW-Konzentration in der GWM 12 wird vom numerischen Modell gut nachgebildet. Sie war in der Vergangenheit mit 15 bis 787 µg/l (PCE) und mit 1 bis 24 µg/l TCE verunreinigt (Abb. 10.8). Im Jahr 2010 wurden noch Konzentrationen von 39 µg/l PCE und 4 µg/l TCE gemessen. Im starken Rückgang der LCKW-Gehalte in der GWM 12 dokumentiert sich

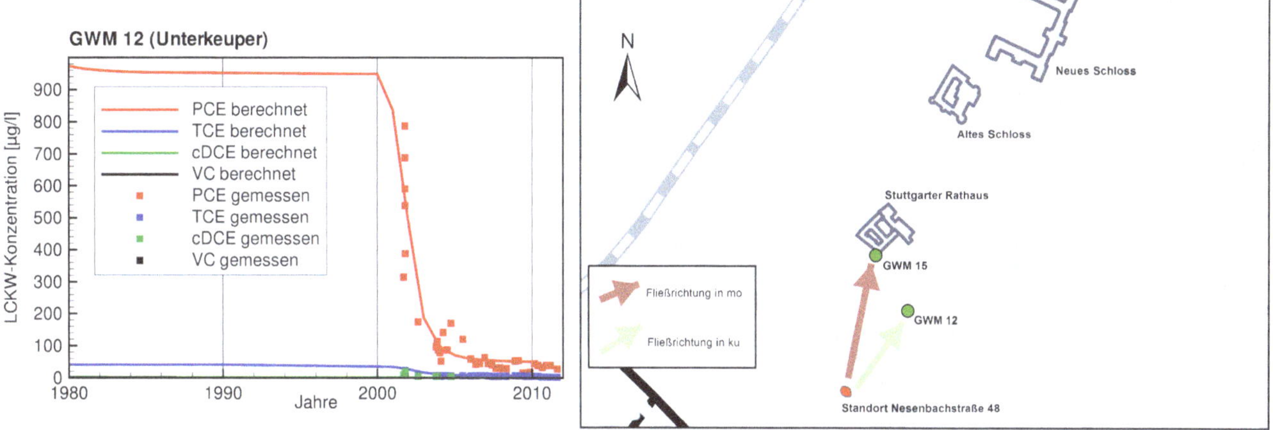

Abb. 10.8 Ganglinie für die Messstelle GWM 12 (links) und Lageplan mit Fließrichtungen in Oberen Muschelkalk und Unterkeuper (rechts).

die hohe Sanierungswirkung, die im Zuge der Maßnahmen am Standort Nesenbachstraße 48 im Unterkeuper erzielt wurde.

In Abb. 10.9 sind die LCKW-Konzentrationsentwicklungen (Prognoseläufe 2010 bis 2060) für die Grundwassermessstelle GWM 12 Eberhardstraße für die Szenarien a) bis d) beim Prognoselauf ALLE (alle Schadstoffherde emittieren) dargestellt.

Bei Szenario a) zeigt sich, dass sich durch Ausschaltung der Sanierung aller Standorte bei GWM 12 in kurzer Zeit eine LCKW-Konzentration von rund 1.750 µg/l wieder einstellen wird. Die notwendige Weiterführung der Sanierung führt längerfristig zu einem allerdings nur geringfügigen weiteren Konzentrationsrückgang, der dann auf einem immer noch unbefriedigenden Niveau von > 20 µg/l stagnieren wird (Szenario b). Selbst bei vollständiger Sanierung aller Standorte stellt sich erst nach 30 Jahren ein unter 20 µg/l LCKW liegendes Konzentrationsniveau ein (Szenarien c) und d)). Zum Vergleich werden in Abb. 10.10 die Prognoseläufe mit den Auswirkungen des Standorts Nesenbachstraße 48 bei Aus-

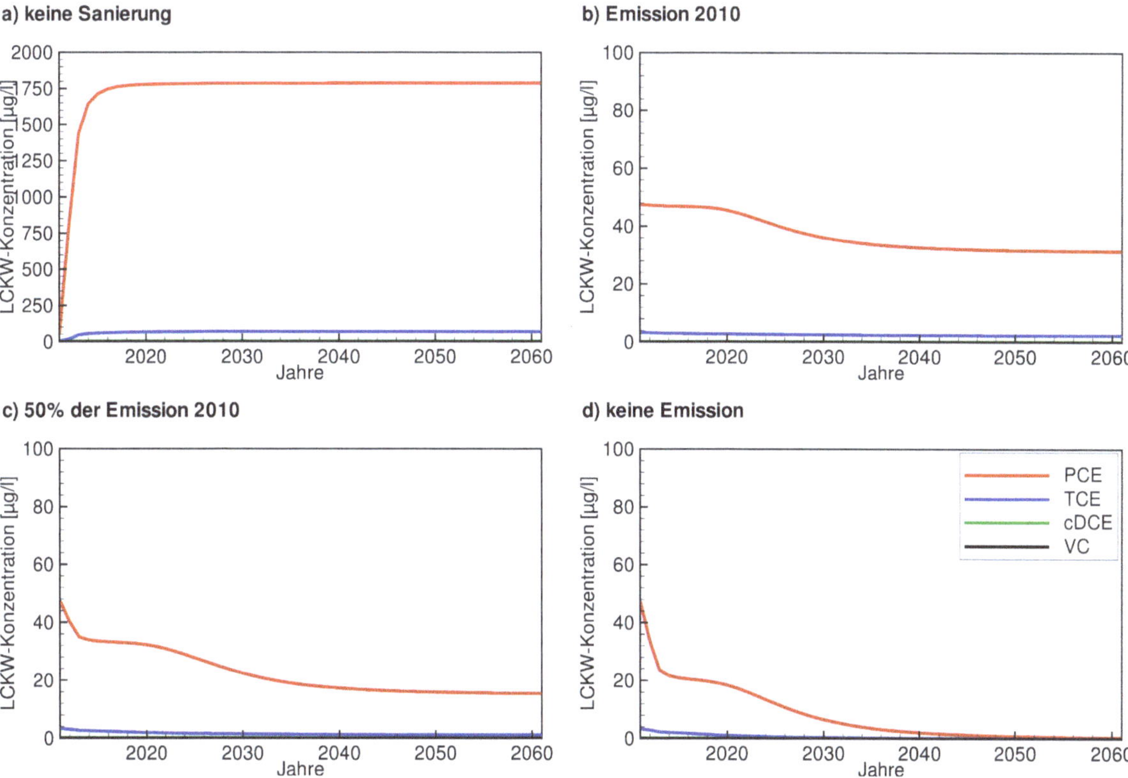

Abb. 10.9 Entwicklung der Summe der PCE-Äquivalente in GWM 12 bei den Fallgruppen a) bis d) aufgrund der Emission aller relevanten Standorte (Emissionsszenario A).

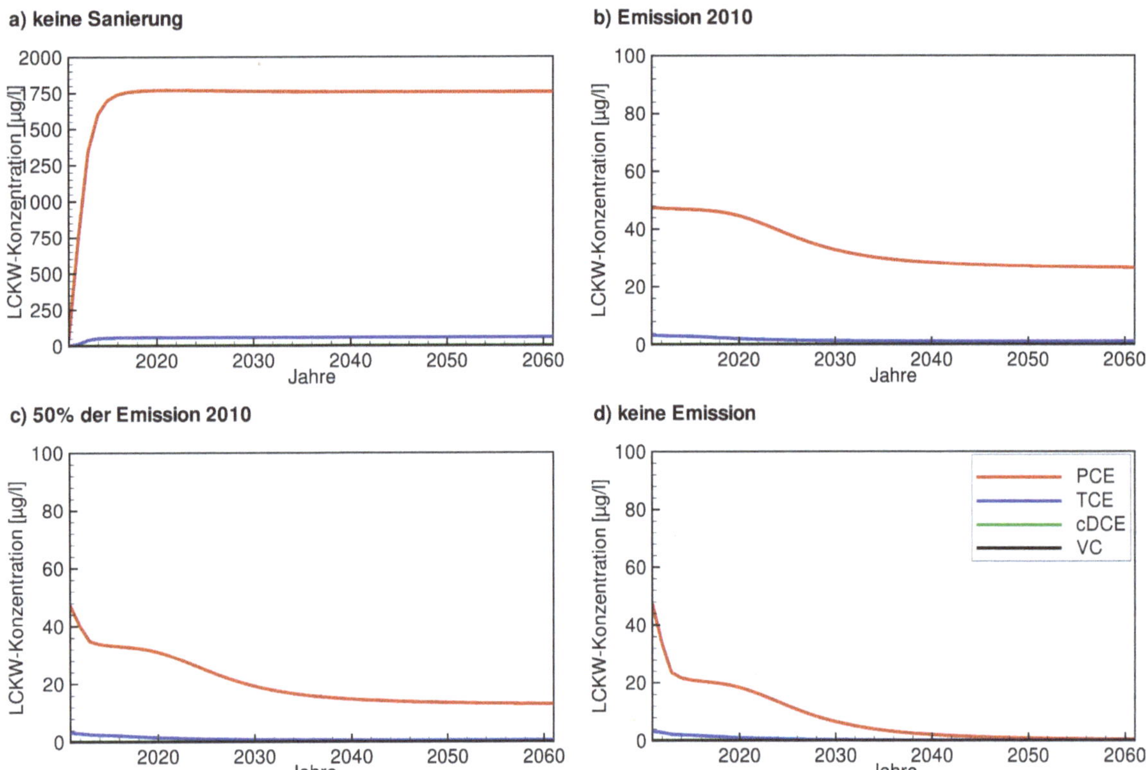

Abb. 10.10 Entwicklung der Summe der PCE-Äquivalente bei den Fallgruppen a) bis d) aufgrund der Emission des Standortes Nesenbachstraße 48 (Prognoselauf 7).

schaltung aller anderen Emittenten abgebildet.

Der Vergleich der Abb. 10.9 und Abb. 10.10 zeigt, dass der Standort Nesenbachstraße 48 die maßgebliche Ursache für die LCKW-Kontamination des Grundwassers im Unterkeuper ist. Der langsame Rückgang der Konzentration bei den Szenarien b) bis d) im Konzentrationsbereich kleiner 40 µg/l kann in beiden Fällen jedoch nicht auf unzureichende Maßnahmen am Standort selbst zurückgeführt werden. Auch scheidet eine Speicherung im Unterkeuper auf der kurzen Distanz zwischen Standort und GWM 12 und wegen des geringen Sorptionsvermögens des Unterkeupers aus. Das Phänomen kann mit einem LCKW-Zustrom auf den Standort erklärt werden, der sich als eine Art „Grundlast" von rund 20 µg/l in der GWM 12 bemerkbar macht und der durch die Standortsanierung nicht beeinflusst werden kann.

Zur Beurteilung des Standortes Nesenbachstraße 48 ist auch die Grundwassermessstelle GWM 15 beim Rathaus von großer Bedeutung, die den Oberen Muschelkalk erschließt (Abb. 10.8 rechts). Die GWM 15 war im Jahr 2010 mit 90 µg/l PCE und 8 µg/l TCE verunreinigt (Abb. 3.6 und Tab. 3.5). Die GWM 15 wird vom Modell jedoch aufgrund der in ▶ Kap. 8 geschilderten Kalibrierungsproblematik nicht angemessen nachgebildet.

Die besondere Problematik des Standorts Nesenbachstraße 48 besteht darin, dass durch eine geologische Störung im Unterstrom ein direkter Schadstoffeintrag in den Oberen Muschelkalk erfolgt. Dieser wird auch in GWM 15 nachgebildet. Da die PCE-Kontamination spätestens im Bereich Hauptbahnhof nicht mehr nachgewiesen wird, ist der Standort für die Heilquellen (d. h. bzgl. Priorität 1) irrelevant. Der Einfluss auf das Karstgrundwasser des Oberen Muschelkalks hingegen ist erheblich. Die hohe PCE-Konzentration in GWM 15 zeigt, dass die beiden Anforderungen, sowohl die Summe LCKW kleiner 5 µg/l als auch die Einzelspezies-Anforderung kleiner 1 µg/l für den Oberen Muschelkalk, nur dann einzuhalten sind, wenn der Schadstoffherd Nesenbachstraße 48 wirkungsvoller saniert wird. Trotz guter Sanierungsraten ist die Sanierung am Standort Nesenbachstraße 48 daher nach Priorität 2 zu optimieren.

Die Bewertung von Standort 6 (Rotebühlplatz 19) erfolgt in der Kenntnis, dass bisher in keiner im Abstrom liegenden Grundwassermessstelle im Oberen Muschelkalk ein LCKW-Signal gemessen wurde, das dem Standort 6 eindeutig zuzuordnen ist. Standort 6 wird daher der Bearbeitungspriorität 3 zugeordnet.

10.3.5 Schlussfolgerungen aus den Prognoseläufen

Die Auswertung der LCKW-Konzentrations-Prognoseläufe der ◘ Abb. 10.3 bis ◘ Abb. 10.10 zeigt, dass erst Prognoseläufe der numerischen Stofftransportmodellierung die Identifizierung und Charakterisierung von Standorten mit hoher Bearbeitungspriorität wie folgt ermöglichen:

- Identifizierung der Standorte mit besonders hoher Bearbeitungspriorität, um die Mineral- und Heilquellen und das Karstaquifersystem des Oberen Muschelkalks wirkungsvoll vor einer anhaltenden LCKW-Befrachtung zu schützen (insbesondere Standort Rümelinstraße 24–30).
- Einbeziehung der Wechselwirkungen im Transportraum zwischen den Schadstoffherden und den Rezeptoren in die Gefährdungsabschätzung und die Bewertung von Standorten. Damit können auch zeitliche Entwicklungen der Sanierungserfolge an einem Standort und dessen Auswirkung auf den Rezeptor vergleichsweise gut beurteilt werden (Beispiel Nesenbachstraße 48, GWM 12).
- Bereiche, die aufgrund lokaler Besonderheiten (Stockwerksverbindungen und hoch durchlässige Karstwegsamkeiten) im numerischen Modell nicht gut nachgebildet werden können (Beispiel GWM 15 Rathaus).

Durch Beibehaltung der Sanierung (Szenario b)) an allen betrachteten Standorten wird ein Sanierungsgrad von 82 % im Hinblick auf den veranschlagten zugehörigen Gesamt-LCKW-Eintrag erreicht (▶ Kap. 3.6). Die Prognoseläufe zeigen in Kombination mit dem konzeptionellen Stoffmodell, dass diese Sanierungsanstrengungen trotz eines relativ guten Gesamtwirkungsgrads lokal – d. h. im Einzelfall – nicht ausreichen, um den gewünschten Rückgang der LCKW-Konzentrationen in den Mineral- und Heilquellen und im Karstaquifersystem des Oberer Muschelkalks zu erwirken. Daher sind an einzelnen Standorten vielmehr noch gezielte zusätzliche Maßnahmen notwendig:

- Am Standort 9 (Rümelinstraße 24–30) besteht die höchste Bearbeitungspriorität 1. Die aktuelle Sanierung wirkt sich nicht unmittelbar auf den Ausbreitungspfad zu den Heilquellen aus. Daher ist eine zusätzliche Sanierungskomponente unverzichtbar, die den LCKW-Eintrag in den Oberen Muschelkalk vor Ort wirksam unterbindet.
- Für den Standort 1 (Dornhaldenstraße 5) wird Bearbeitungspriorität 2 abgeleitet. Dieser Standort wirkt sich vorwiegend auf die Brunnen Tübinger Straße aus. Auch an diesem Standort ist eine Verbesserung der laufenden Sanierung in den höheren Grundwasserstockwerken im Gipskeuper nicht ausreichend. Es sind vielmehr gezielte Sanierungsmaßnahmen im Hinblick auf die Tiefenauswirkungen auf den Oberen Muschelkalk anzustreben. Diese Einschätzung ergibt sich analog für Standort 2 (Rotebühlstraße 171).
- Auch für den Standort 7 (Nesenbachstraße 48) ergibt sich ein Handlungsbedarf nach Bearbeitungspriorität 2. An diesem Standort sind gezielte Optimierungsmaßnahmen im Hinblick auf den Tiefeneintrag in den Oberen Muschelkalk zu ergreifen.

◘ **Tab. 10.3** Sanierungserfordernis bei den relevanten Standorten

Nr.	Standort	Fallgruppe a) Sanierung aus	Fallgruppe b) Emission 2010	Bewertung
		PCE-Äquivalent [g/d]		
1	Dornhaldenstraße 5	50	16	Priorität 2: Eintrag in den mo gezielt vermindern
2	Rotebühlstraße 171	160	30	Priorität 2: Eintrag in den mo gezielt vermindern
3	Johannesstraße 60	53	23	Priorität 3: Standortspezifische Bewertung
6	Rotebühlplatz 19	16	16	Priorität 3: Standortspezifische Bewertung
7	Nesenbachstraße 48	412	5	Priorität 2: Eintrag in den mo gezielt vermindern
8	Wolframstraße 36	15	2,4	Priorität 3: Standortspezifische Bewertung
9	Rümelinstraße 24–30	130	56	Priorität 1: Eintrag in den mo gezielt verhindern.
10	Mittnachtstraße 21–25	111	13	Wird in 5 Jahren zu Priorität 3: Standortspezifische Bewertung
19	Prag-/Löwentorstraße	129	37	Noch zu klären: Untersuchungsergebnis abwarten

Dunkelblau: Priorität 1, blau: Priorität 2, hellblau: Priorität 3, mo = Oberer Muschelkalk

Für den Standort 19 (Prag-/Löwentorstraße) reichen die vorliegenden Kenntnisse noch nicht aus. Hier sind zusätzliche Untersuchungen erforderlich, um die mögliche Beeinflussung der niederkonzentrierten Mineralquellen beurteilen zu können.

Alle anderen Standorte können auch in Zukunft aufgrund einer einzelfallbezogenen Bewertung nach Priorität 3 bearbeitet werden. Die Ergebnisse sind in Tab. 10.3 zusammengestellt.

10.4 Rahmensanierungskonzept Stuttgart

Das Rahmensanierungskonzept beschreibt die Maßnahmen, die ergriffen werden müssen, um die in ▶ Kap. 10.2 beschriebenen Sanierungsziele der Prioritäten 1 und 2 erreichen zu können. Es wird für die Standorte entwickelt, für die sich aufgrund der Prognoseläufe (▶ Kap. 10.3) ein entsprechender zusätzlicher Untersuchungs- und Sanierungsbedarf ergibt:

- Standort 9 (Rümelinstraße 24–30) mit der Priorität 1 und
- Standorte 1 (Dornhaldenstraße 5), 2 (Rotebühlstraße 171) und 7 (Nesenbachstraße 48) mit der Priorität 2.

Das Rahmensanierungskonzept ergänzt die Einzelfallbewertungen der genannten Standorte, es ersetzt diese jedoch nicht. Es wird ermittelt, welche technischen Optionen einer Untersuchung oder Sanierung bestehen. Die einzelnen Optionen werden nichtmonetär mit 23 Beurteilungskriterien und monetär mit Kostenschätzungen für alternative Sanierungsverfahren bewertet (LfU 1994). Auf dieser Grundlage wird eine Empfehlung für den nächsten Bearbeitungsschritt ausgesprochen. Sofern noch ergänzender Untersuchungsbedarf besteht (z. B. wenn eine Schadensherdabgrenzung erforderlich wird), werden dazu geeignete Untersuchungsmaßnahmen skizziert und Untersuchungskosten abgeschätzt. Die Ergebnisse des Rahmensanierungskonzeptes sind auszugsweise in Tab. 10.4 zusammengestellt.

Für den Standort 9 (Rümelinstraße 24–30) wird vorgeschlagen, den Einsatz einer mikrobiologischen In-situ-Sanierung zu prüfen. Es handelt sich um eine im Vergleich zu Pump&Treat wirtschaftlich günstigere Option. Positiv zu bewerten ist, dass diese Sanierungsoption auf eine Dekontaminierung des Schadstoffherdes abzielt. Sanierungsziel ist, die Schadstoffemission in den Muschelkalk soweit technisch möglich zu reduzieren. Die numerische Modellierung zeigt, dass der Direkteintrag von TCE in den Oberen Muschelkalk am Standort Rümelinstraße 24–30 um deutlich mehr als 50 % reduziert werden muss, um die Sanierungszielwerte des „guten Gewässerzustands" in den Heilquellen zu erreichen.

Da dieser Standort außerordentlich sensibel ist, muss sichergestellt werden, dass durch eine mikrobiologische Sanierung keine zusätzliche Schadstoffmobilisierung stattfindet, die auf ihrem Weg in den Oberen Muschelkalk nicht mehr zurückgehalten werden kann. Daher kann diese Sanierungsoption nur nach erfolgreich durchgeführten Vorversuchen weiterverfolgt werden. Qualifizierte Aussagen zur Einsetzbarkeit der Verfahren, deren Risiken und deren Erfolgsaussichten können erst auf Grundlage der Pilotversuche gemacht werden.

Insgesamt trifft der Vorbehalt, dass über die Eignung und Zulässigkeit der vorgeschlagenen Sanierungstechniken nur

Tab. 10.4 Zusammenfassung des Rahmensanierungskonzepts für Standorte der Prioritäten 1 und 2

Standort-Nr. und Bezeichnung	9 (Rümelinstraße 24–30)	1 (Dornhaldenstraße 5)	2 (Rotebühlstraße 171)	7 (Nesenbachstr. 48)
Priorität	1	2	2	2
Schadstoffpotenzial [Tonnen]	2,4	0,9	2,9	7,5
Schadstoffemission gesamt in PCE-Äquivalenten [g/d]	130	50	160	412
Schutzgutrelevanz	Heilquellen	Oberer Muschelkalk Brunnen Tübinger Straße	Oberer Muschelkalk	Oberer Muschelkalk GWM 15
Untersuchungsbedarf	Schadstoffherdabgrenzung durch Bohrungen und Grundwassermessstellen	Untersuchung des Pfades ku – mo durch Bohrungen, danach ergänzende Bohrungen am Schadstoffherd	Schadstoffherdabgrenzung durch Bohrungen und Grundwassermessstellen	Untersuchung des Pfades ku – mo durch Bohrungen und Grundwassermessstellen
Sanierungsoption	Mikrobiologische Sanierung	Mikrobiologische Sanierung	ISCO	Thermische Sanierung
Untersuchungskosten [€]	900.000	280.000	640.000	900.000
Sanierungskosten [€]	3.500.000	keine Aussage möglich	1.300.000	5.000.000

auf der Grundlage von Pilotanwendungen entschieden werden kann, bei allen vier Standorten zu.

Für die Standorte 1 (Dornhaldenstraße 5), 2 (Rotebühlstraße 171) und 7 (Nesenbachstraße 48) besteht aber zusätzlich zunächst noch weiterer Untersuchungsbedarf. Die bisher betriebenen Sanierungen wirken sich zwar an den Standorten auf die Keuperstockwerke aus (beim Standort 7 sogar sehr deutlich mit einem hohen Wirkungsgrad), verhindern jedoch nicht einen Übertritt der Schadstoffe in den Oberen Muschelkalk. Hier wie auch in den anderen Fällen ist der Weg des Übertritts in den Oberen Muschelkalk zu untersuchen. Erst wenn Art und Ort dieses Schadstofftransfers bekannt sind, kann die Sanierung gezielt so optimiert werden, dass diese Übertritte in Zukunft unterbunden werden. Die bisher betriebenen Sanierungen sind grundsätzlich fortzusetzen, um eine Verschlechterung des Grundwasserzustandes zu verhindern.

10.5 Monitoringprogramm

Die Untersuchung der hydrogeologischen Verhältnisse im Projektgebiet, des Schadstoffeintrags an den untersuchten Standorten, des Stofftransports, des Abbaus und der Rückhaltung der Schadstoffe in den komplexen Aquifersystemen ist – wenngleich aufgrund technischer und finanzieller Grenzen nicht bis ins letzte Detail, so doch in dem für eine Beurteilung hinreichenden Umfang – gelungen. Zusätzliche Untersuchungen können zwar lokale Kenntnisdefizite vermindern, eine vollständige und umfassende detaillierte Systembeschreibung wird jedoch aus technischen und wirtschaftlichen Gründen auch in Zukunft nicht möglich sein. Daher sind die begrenzten Ressourcen so einzusetzen, dass ein möglichst optimaler Nutzen erzielt werden kann.

Um die Wirksamkeit der Maßnahmen des Rahmensanierungskonzeptes zu überprüfen, ist es notwendig, die Auswirkungen und Erfolge der Sanierungsmaßnahmen mit Hilfe eines Monitoringprogramms zu überwachen. Das numerische Transportmodell ermöglicht es in vielen Bereichen, die Entwicklung der Schadstoffkonzentrationen an ausgewählten Grundwassermessstellen in Prognoseläufen vorher zu

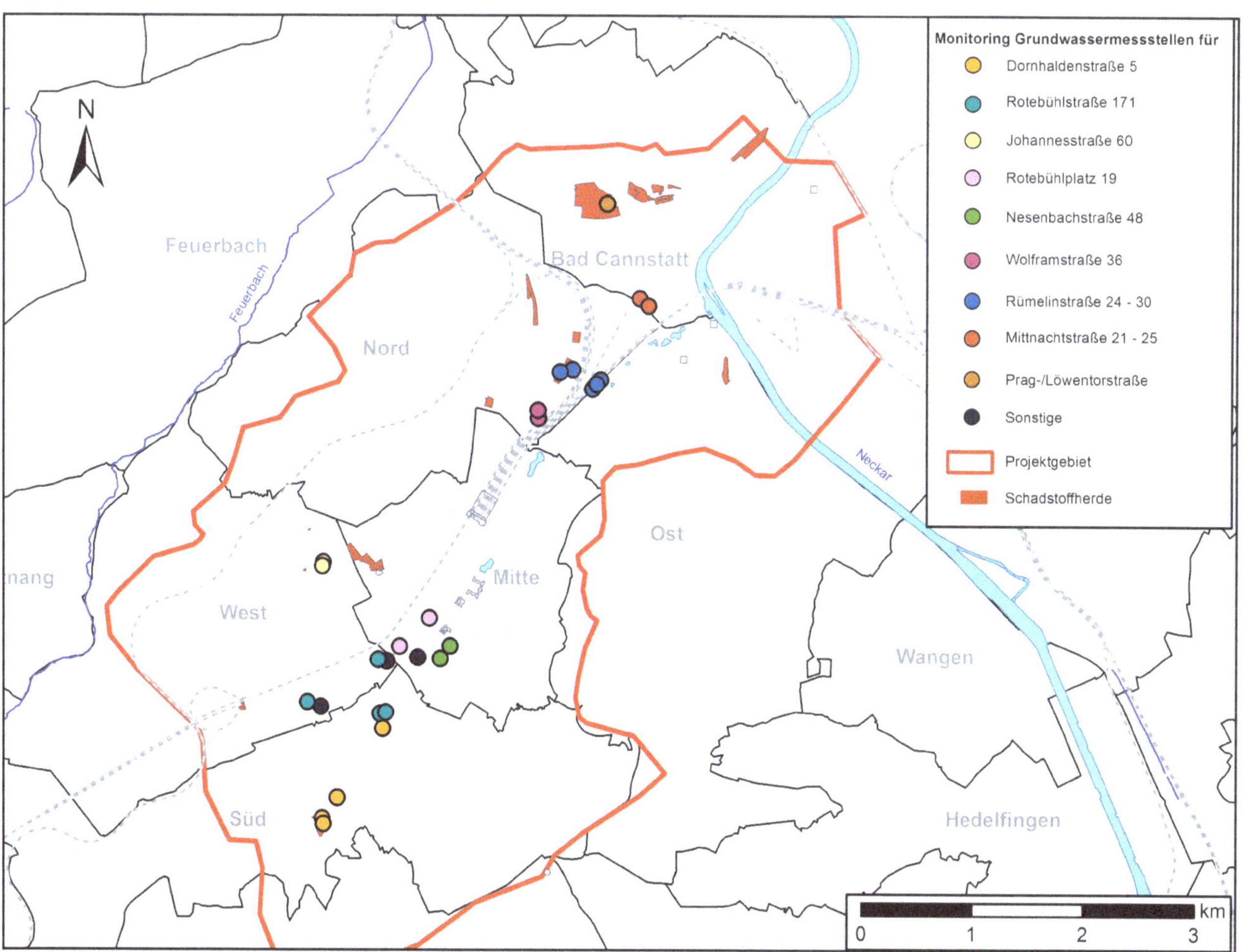

Abb. 10.11 Grundwasser-Monitoring-Messnetz mit 27 Grundwassermessstellen im Projektgebiet.

bestimmen. Wird die berechnete Entwicklung in Abhängigkeit von den vollzogenen Sanierungsmaßnahmen tatsächlich beobachtet, so ist wahrscheinlich, dass das System in diesem Bereich verstanden wurde und die ergriffenen Maßnahmen angemessen sind.

Weicht die gemessene Entwicklung jedoch erheblich von der berechneten ab, so sind entweder die durchgeführten Sanierungsmaßnahmen nicht wirkungsvoll oder systemrelevante Gegebenheiten noch nicht in ausreichendem Maße verstanden. In diesem Fall ist zu prüfen, welche weiteren Maßnahmen zur Optimierung der Sanierung oder zur Verbesserung des Systemverständnisses zu ergreifen sind.

Die Auswahl der Monitoring-Messstellen erfolgt nach folgenden Kriterien:

- Vorrangig sind die Schadstoffemissionen zu überwachen, die sich auf den Aquifer Oberer Muschelkalk auswirken.
- Jeder Grundwasserleiter mit unzulässigen Emissionen sollte mit mindestens einer Grundwassermessstelle erfasst werden.
- Bestehende Grundwassermessstellen sind vorrangig zu verwenden. Es ist wichtig, dass diese GWM Auswirkungen der Schadstoffeinträge auf die betroffenen Aquifere gut erfassen und auf Änderungen des Schadstoffeintrags schnell reagieren. Sofern die bestehenden GWM diese Anforderung nicht erfüllen, sind neue GWM zu errichten.

In ◻ Abb. 10.11 ist ein mögliches Monitoring-Netz dargestellt. Es umfasst 27 Grundwassermessstellen, die in vier verschiedenen Horizonten ausgebaut sein müssen. Die Grundwassermessstellen sind auf die Schadstoffherde abgestimmt. Es handelt sich um ein Mindestprogramm, das ggf. ergänzt werden muss.

In ◻ Abb. 10.12 sind exemplarisch die Monitoring-Grundwassermessstellen für den Standort Rümelinstraße 24–30 abgebildet. Hier sollten eine GWM im Grenzdolomit, zwei GWM im Unterkeuper und eine GWM im Oberen Muschelkalk beobachtet werden.

Vierundzwanzig der Monitoring-Messstellen sind den einzelnen Schadstoffherden zugeordnet. Für jede einzelne Messstelle wird ein Beprobungsprogramm festgelegt. Die Beprobungsmethoden und Intervalle für die Untersuchungen an den GWM sollten auf das laufende Monitoringprogramm für die Mineral- und Heilquellen abgestimmt sein. (◻ Tab. 10.5).

◻ **Abb. 10.12** Beispiel der Anordnung der Monitoring-Messstellen beim Standort Rümelinstraße 24–30.

Tab. 10.5 Monitoringprogramm exemplarisch für eine GWM

GWM	MAG 16N, Abstrom mo Standort 9 (Rümelinstraße 24–30)
Funktion	Überwachung der LCKW-Konzentrationsentwicklung und des Sanierungserfolgs im Hinblick auf den Abstrom im mo von Standort 9
Probenahmeintervall	jährlich
Beprobungstiefe	20 Meter unter GOK
Beprobung	Kurzer Pumpversuch, Entnahme ca. 5 l/s, Probenahme zu Beginn, nach 1 Std., nach 2 Std., nach 4 Std. und nach 6 Std.
Untersuchungsparameter	elektr. Leitfähigkeit, pH, O_2, Cl, SO_4, NO_3, LCKW

mo: Oberer Muschelkalk

10.6 Umsetzung

Der Erfolg des Grundwassermanagementplans misst sich an der Verbesserung der Grundwasserqualität in Stuttgart. Dafür ist maßgeblich, dass die notwendigen Maßnahmen, d.h. die Untersuchungs- und Sanierungsmaßnahmen und das Monitoringprogramm, praktisch umgesetzt werden.

Um diese Umsetzung sicher zu stellen, sind insbesondere folgende Voraussetzungen zu schaffen:

- Abstimmung der Untersuchungs- und Sanierungsmaßnahmen mit der zuständigen Behörde.
- Aufstellung eines Maßnahmen- und Finanzierungsplans für die kommenden fünf Jahre (Planungszeitraum: 2016 bis 2020).
- Klärung der Zuständigkeit bei der Durchführung der notwendigen Maßnahmen.
- Sofern es sich um einen Standort in kommunaler Verantwortung handelt bzw. um eine kommunale Altlast nach Förderrichtlinien Altlasten, ist ein Bewertungsvorschlag für die Altlasten-Bewertungskommission zu erarbeiten und die Bewertung durchzuführen.
- Auf dieser Grundlage sind für kommunale Maßnahmen Anträge auf Förderung zu stellen und erste Schritte der technischen Umsetzung vorzubereiten.
- Parallel dazu sind kommunale Maßnahmen zum städtischen Finanzhaushalt anzumelden, um die Finanzierung sicherzustellen.
- Bei Standorten in privater Zuständigkeit ist die Maßnahmenbeschreibung der zuständigen Behörde zu übergeben, die sie dann im Rahmen ihrer Tätigkeit umsetzt (durch Verhandlungen mit bzw. Anordnung gegenüber dem Störer).
- Der Maßnahmen- und Finanzierungsplan und die Vorgehensweise werden in einer Vorlage zusammengefasst und dem Gemeinderat zur Kenntnisnahme vorgelegt.

Maßnahmen zur Sanierung des Grundwassers werden im Rahmen des geltenden Rechtsrahmens durch die zuständige Behörde festgelegt und durchgesetzt. Der Gemeinderat hat für die Altlastensanierung von Standorten in städtischer Zuständigkeit eine Rückstellung im Haushalt gebildet.

Kommunikation und Öffentlichkeitsarbeit

Ulrike Schweizer und Hermann J. Kirchholtes

Die Öffentlichkeitsarbeit bildet einen wichtigen Teil des Managementplans. Sie dient dazu, die von der Umsetzung der notwendigen Maßnahmen betroffene Öffentlichkeit frühzeitig zu informieren. Dazu werden Einblicke in die Schadenssituation gewährt und die Öffentlichkeit erfährt, was die Stadtverwaltung zur Sicherung der Reinheit der Mineral- und Heilquellen plant und durchführt. Nach Abschluss des Projekts wird die Öffentlichkeit über die Ergebnisse unterrichtet. Danach wird die Umsetzung der Sanierungsmaßnahmen in Grundwasserberichten dokumentiert.

In Zeiten eines Bürgerhaushalts ist es wichtig, dass die Bürger auch über die Projekte der Verwaltung zum Schutz der natürlichen Ressourcen informiert sind. Allerdings erfüllt die Verwaltung einen gesetzlichen Auftrag. Daher bedürfen die Maßnahmen im Einzelfall keiner politischen Zustimmung.

11.1 Kommunikationsstrategie

Die jüngsten Erfahrungen mit Großprojekten zeigen, wie wichtig es ist, regelmäßig über ein Projekt und seinen Status zu berichten. Denn das Informationsbedürfnis der betroffenen Gruppen ist deutlich gestiegen. Daher ist es Aufgabe der Kommunikationsstrategie, jeweils passende Aktivitäten zu konzipieren und durchzuführen, um die relevanten Zielgruppen zu erreichen.

Für das Projekt zur Aufstellung des Managementplans wurden bei Projektbeginn folgende Zielgruppen identifiziert:

- Stuttgarter Bevölkerung (im Fokus: die Besucher der Mineralbäder)
- Jugendliche mit ihren speziellen Kommunikationswegen
- Ingenieurbüros/technische Experten
- Wissenschaftler (Umwelt, Wasser, Geologie)
- Medien (Fach- und Tagespresse)
- Gewerbe/Industrie (im Fokus: Altlastenbesitzer)

Den Rahmen für die projektbegleitende Kommunikation bilden die Kommunikationsziele. Diese leiten sich aus den übergeordneten Projektzielen sowie den fachlichen Inhalten des Projekts ab:

- Regelmäßige Information der Zielgruppen über Projektinhalte, -verlauf und Zwischenergebnisse, denn gut informierte Zielgruppen reagieren in der Regel verständnisvoller auf schwierige Themen als weniger gut informierte Personen.
- Akzeptanz für Maßnahmen (z. B. Bohrungen) zum Grundwasserschutz in der Stuttgarter Bevölkerung und bei den Betroffenen (z. B. der Industrie) schaffen.
- Bewusstsein für das Thema Grundwasserschutz in der breiten Öffentlichkeit schaffen und auf die aktive Rolle der Umweltverwaltung hinweisen.
- Interesse und darüber hinaus Eigenverantwortung und Begeisterung bei allen Zielgruppen für den Grundwasserschutz wecken.
- Information über wissenschaftliche Ergebnisse und methodische Entwicklungen im Rahmen des Projekts.
- Bereitstellung von Arbeitshilfen für technische Experten in Ingenieurbüros und Umweltverwaltung.

Alle kommunikationsstrategischen Überlegungen münden in einen Kommunikationsplan, aus dem sich die weiteren kommunikativen Maßnahmen ableiten. Die zeitliche Ablaufplanung wird konkretisiert sowie die Verantwortlichkeiten festgelegt. Ein Medienverteiler, der die relevante Fach- und Publikumspresse auflistet, ist Teil dieser Matrix.

11.2 Maßnahmen zur Projektkommunikation

Medium für fachliche Zielgruppen: Newsletter

Ein Newsletter lässt sich – sowohl in elektronischer als auch in gedruckter Form – schnell und günstig verbreiten und sorgt somit für eine große Reichweite. Auf Basis einer strukturierten Vorlage, die die vorhandenen Grundwasserthemen zu einem interessanten Mix vereint, werden aktuelle Projektinformationen zusammengefasst. Dabei werden Themen wie laufende Projektaktivitäten genauso berücksichtigt wie die Aufbereitung der Untersuchungsergebnisse in verständlichen Schaubildern. Außerdem kommen die Projektbeteiligten zu Wort und neueste wissenschaftliche Erkenntnisse werden diskutiert (■ Abb. 11.1).

Medium für öffentliche Zielgruppen: Schichtenmodell „Der Gläserne Aquifer"

Unter dem Motto „Vielfalt der Gesteine – Hydrogeologie des Stuttgarter Talkessels" visualisiert das Schichtenmodell den geologischen Aufbau und die Grundwasserführung unter dem Stadtgebiet mit Gesteinsbohrkernen (■ Abb. 11.2). Diese stammen überwiegend aus Bohrungen im Innenstadtbereich. Dargestellt sind die Gesteine des Gipskeupers, des Unterkeupers und Oberen Muschelkalks, die im Talkessel an den Talflanken und bis etwa 100 Meter unter der Talsohle zu finden sind. In Schubladen an der Seite des Schichtenmodells finden Interessierte die fachlichen Details zur Hydrogeologie sowie Grafiken und Fotos zum Projekt und von Gesteinsaufschlüssen. Auf einem kleinen Bildschirm, der in das Schichtenmodell integriert ist, läuft der Projektfilm „Spurensuche".

Medium für jugendliche Zielgruppen: Online-Microsite mit Quiz

Passend zur Online-Affinität der Jugendlichen (13 bis 18 Jahre) wurde eine Microsite aufgesetzt (■ Abb. 11.3), die sowohl über die Projekt-Website (www.sauberes-grundwasser-stuttgart.de) als auch direkt über www.grundwasser-quiz.de ansteuerbar ist.

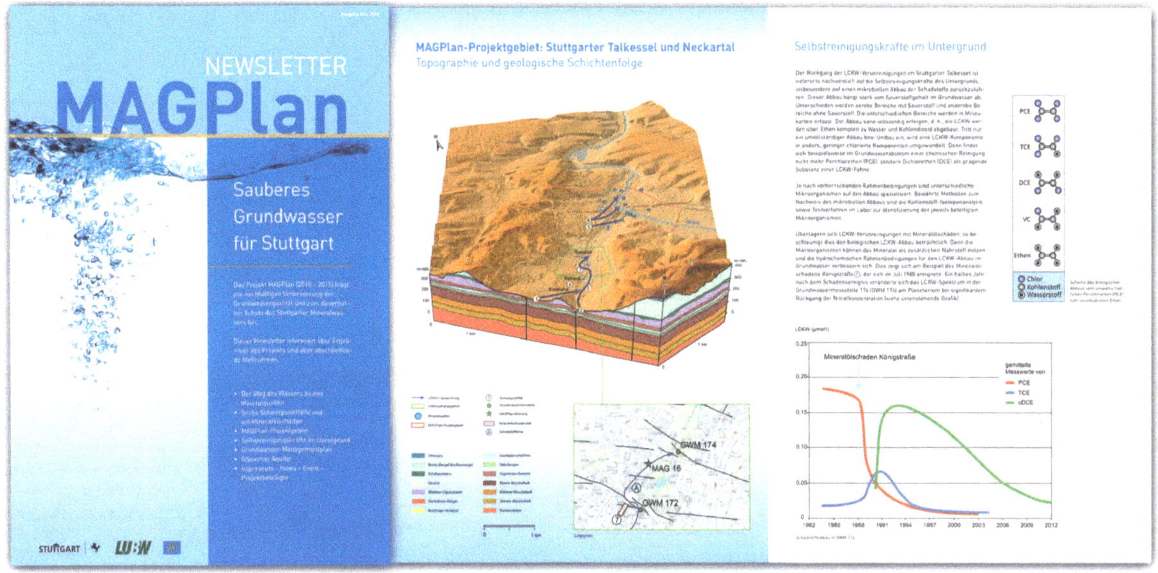

Abb. 11.1 MAGPlan-Newsletter Mai 2014.

Abb. 11.2 Schichtenmodell „Der Gläserne Aquifer".

Zur jungen Zielgruppe passende Illustrationen ziehen sich wie ein roter Faden durch die Gestaltung. Mithilfe der Zeichnungen lassen sich selbst schwer verständliche Sachverhalte gut erfassen und verstehen. Zudem erklärt ein Animationsfilm am Anfang der Seite das Grundwassersystem. Ein Quiz führt die Jugendlichen mit zielgruppengerechten Fragen spielerisch an das Thema heran. Alle weiterführenden Informationen befinden sich auf einer Seite und sind dank des linearen Seitenaufbaus durch Scrollen oder eine Navigation erreichbar. Die Seite ist responsive (reaktionsfähig) umgesetzt und somit auf Tablets und Smartphones nutzbar.

Abb. 11.3 Gestaltungsbeispiel der Microsite für die Zielgruppe Jugendliche.

Medium zur zielgruppenübergreifenden Kommunikation: Projektfilme

Um allen Zielgruppen die Projektinhalte und die entsprechenden Aufgaben veranschaulichen zu können, wurden zwei Projektfilme gedreht, die neben der Integration auf der Website und auf YouTube bei vielen offiziellen Anlässen von den Projektbeteiligten vorgeführt wurden.

Der erste Film „Spurensuche – Sauberes Grundwasser für Stuttgart" zeigt, wie gebohrt wird, wie die Bohrkerne gewonnen und welche Schlüsse aus den erbohrten Schichten gezogen werden. Er informiert über das MAGPlan-Konzept und zeigt Werkzeuge und Methoden, wie die Hydrogeologen den Transport von Schadstoffen im Untergrund entschlüsseln.

Beim zweiten Film, der zum Abschluss des Projekts entstand, lag der Fokus auf der historischen Beleuchtung der Schadensfälle und den bei dem Projekt eingesetzten forensischen Untersuchungsverfahren. Zudem erfahren die Zuschauer, wie die Qualität des Stuttgarter Grund- und Mineralwassers mithilfe des Grundwassermanagementplans in Zukunft weiter verbessert werden wird. Die Filme sind unter www.sauberes-grundwasser-stuttgart.de verfügbar.

Kommunikation nach Projektabschluss

Die Ergebnisse des Projekts werden in einem finalen Newsletter veröffentlicht. Die wichtigsten Dokumente und Präsentationen werden auf einer Website bereitgestellt, die auch nach Projektabschluss zur Verfügung steht. Die weitere Öffentlichkeitsarbeit während der Umsetzungsphase der im Grundwassermanagementplan vorgesehenen Maßnahmen erfolgt über die bestehenden Kommunikationskanäle der Stadtverwaltung, z. B. durch Berichterstattung in öffentlichen Sitzungen des Gemeinderates, in Heften der Schriftenreihe des Amtes für Umweltschutz, im Internet unter www.stuttgart.de sowie durch Pressemitteilungen der Stadt. Insbesondere die Berichterstattung im Gemeinderat dokumentiert die erzielten Fortschritte und beschreibt erforderliche Ergänzungen des Managementplans.

Das Instrument des Grundwassermanagementplans in der Praxis

Thomas Ertel und Hermann J. Kirchholtes

Die zusammenfassende Bewertung der Praxiserfahrungen mit dem neuen Instrument „Grundwassermanagementplan“ erfolgt vor dem Hintergrund der FFH-Richtlinie, der die Struktur mit den drei Kernelementen entliehen wurde: Zustandsbeschreibung, Entwicklungsziele und Entwicklungsmaßnahmen.

Die Zustandsbeschreibung, eine zusammenfassende Darstellung der Ausgangssituation, erfolgt mit den Ergebnissen der integralen Untersuchung (LUBW 2014). Die Kapitel 2 bis 9 befassen sich ausführlich mit der Darstellung der Ausgangssituation, der Vorgehensweise und den Ergebnissen im Rahmen des Projektes MAGPlan. Das Instrument der integralen Untersuchung fand erstmals Anwendung für ein großes Betrachtungsgebiet von 26,6 km^2 und mehreren Aquiferen. In dieser großräumigen Betrachtung kommt gesamtschaulichen Auswertungen, räumlich integrierenden Untersuchungsmethoden, Übersichtsdarstellungen und Modellen gegenüber Einzeluntersuchungen eine starke Bedeutung zu. Insbesondere die Kapitel 4 und 7 bis 9 zeigen, welche Methoden hierzu wirkungsvoll eingesetzt werden können und für welche Fragestellungen sich diese eignen.

Der außerordentlich große Umfang von Daten und Informationen erfordert ein stringentes Datenmanagement und eine Aufbereitung und Abstrahierung in Modellvorstellungen. Die notwendigen Generalisierungen engen zwar die lokale Aussagekraft der Ergebnisse ein, sie sind jedoch unvermeidlich, um das Projektziel einer gesamtschaulichen Auswertung und des darauf aufbauenden übergeordneten Sanierungskonzepts zu erreichen.

Das Zusammenwirken verschiedenartiger bewährter und innovativer Untersuchungsmethoden und der Modellbearbeitung konnte insbesondere bei der Klärung des Schadstoffabbaus exemplarisch dargestellt werden. Der Einsatz von Übersichtsdarstellungen der Schadstoffverteilung und der Milieuzonen im Projektgebiet hat sich als hilfreiche Methode bewährt, um erste Anhaltpunkte für räumlich wirksame Abbauprozesse zu gewinnen.

Kenntnislücken lassen sich angesichts der Größe des Projektgebietes nur in begrenztem Umfang durch weitere Untersuchungen schließen. Daher kommt der Optimierung der Informationen aus bestehenden Aufschlüssen durch tiefer gehende Auswertungen bestehender Daten und Zeitreihen eine große Bedeutung zu. So können Zeitreihenbetrachtungen der LCKW-Einzelstoffe weitere Hinweise zu Abbauprozessen liefern. Mit Isotopenuntersuchungen lässt sich der LCKW-Abbau weiter charakterisieren. Mikrobielle Abbauversuche erlauben letztendlich die lokale Verifizierung. Lassen sich die Auswirkungen dieser Prozesse mit hinreichender Genauigkeit im numerischen Modell nachbilden, so kommt dies einer Plausibilitätsprüfung gleich. In diesem Zusammenhang sind wesentliche zusätzliche Produkte und methodische Ergebnisse des MAGPlan-Projektes zu nennen:

- LUBW-Leitfaden „Ermittlung fachtechnischer Grundlagen zur Vorbereitung der Verhältnismäßigkeitsprüfung von langlaufenden Pump-and-Treat-Maßnahmen“ (LUBW 2012a).
- Leitfaden zur Ermittlung und Interpretation isotopischer Fingerabdrücke (Haderlein & Buchner 2014). Anwendung der Kohlenstoffisotopie bei LCKW-Verunreinigungen mit Standards zur Durchführung und Bewertung der bisher nicht normierten Isotopenuntersuchungen.
- Erstmaliger Nachweis großräumig wirksamer aerober Abbaumechanismen für TCE und cDCE (Schmidt & Thiem 2014).
- Benutzerhandbuch MAG-IS (Lang et al. 2014).

Großmaßstäbliche integrale Untersuchungen erfordern eine iterativ-adaptive Herangehensweise bei der Durchführung von Untersuchungen und bei der konzeptionellen und numerischen Modellierung. Die im Projekt gewonnenen Erfahrungen haben gezeigt, wie wichtig ein fortwährender Dialog zwischen der das Projekt steuernden Stadtverwaltung und den an der Untersuchung beteiligten Institutionen und Beratern ist. Die genannten Modelle und das Tool MAG-IS, das die Ergebnisse der numerischen Modellierung visualisiert, sind hierzu unverzichtbare Kommunikationshilfen. Der Dialog mündet in eine kontinuierliche Verbesserung der Modellvorstellungen. Die numerische Modellierung hat sich bei der Überprüfung des konzeptionellen Ansatzes und der großräumigen Interpretationen von Untersuchungsergebnissen – auch angesichts des hohen Grades der Komplexität – als Werkzeug bewährt. So können iterativ die Auswirkungen der Schadstoffherde auf den Grundwasserkörper eingeschätzt und bewertet werden. Die Vorgehensweise erlaubt auch eine Einschätzung der Qualität der Ergebnisse. Es wird deutlich, inwieweit Standorte hinsichtlich ihrer räumlichen Auswirkungen naturgetreu abgebildet oder über- bzw. unterschätzt werden.

Ein wichtiges Ergebnis dieses Prozesses ist beispielsweise die Erkenntnis, dass die Standorte der Innenstadt trotz ihrer massiven LCKW-Einträge zu keinem Zeitpunkt das Schadensbild in den Mineral- und Heilquellen erzeugen konnten. Die Schadstoffemittenten konnten auf wesentlich näher zum Quellaufstiegsgebiet liegenden Standorten identifiziert werden.

Entwicklungsziele. Das zweite Kernelement des Grundwassermanagementplans besteht aus der wirkungsorientierten Bewertung und Festlegung von Sanierungszielen für die Schadstoffherde. Dies führt zur Ermittlung effizienter Maßnahmen zum Schutz des Grundwassers im Projektgebiet. Mit Festlegung von Qualitätszielen für den Rezeptor ist es einer Gebietskörperschaft möglich, für klar eingegrenzte Projektgebiete eigene, die landesweit vorgegebenen Bewertungsgrundlagen ergänzende Regelungen zur Prioritätensetzung zu definieren.

Ein weiteres Element in MAGPlan ist die Einbeziehung der Wirksamkeit des Raumes zwischen Schadstoffherd und Rezeptor in die Bewertung. Hierbei stellen sich die Sorption und der Ab- und Umbau von Schadstoffen als wichtige Faktoren heraus. Auch eine gegenseitige Beeinflussung von Schadstoffherden und der von ihnen ausgehenden Grundwasserverunreinigungen sowie das Zusammenwirken von Maßnahmen werden dabei berücksichtigt. Die Prioritätensetzung auf Basis definierter Qualitätsziele für das Grundwasser ermöglicht die Konzentration auf das Wesentliche und ein effektives Verwaltungshandeln.

Als **Entwicklungsmaßnahmen** des Grundwassermanagementplans sind das Rahmensanierungs- und das Monitoringkonzept zu nennen. Die Wirksamkeit von Sanierungsszenarien auf die Grundwassersituation und das großräumige Schadensbild im Projektgebiet lassen sich mit dem numerischen Grundwassermodell prognostizieren. Trotz der zu berücksichtigenden Grenzen der deterministischen Nachbildung der realen Verhältnisse im Modell ergeben die Prognoseläufe klare Tendenzen hinsichtlich der Wirksamkeit von Sanierungsszenarien. Es wird vor allem ersichtlich, an welchen Standorten durch gezielte Maßnahmen für einzelne, eindeutig identifizierte Aquifere nennenswerte Dekontaminierungserfolge erzielt werden können.

Die prognostische Szenarienmodellierung mit Hilfe des numerischen Modells gestattet eine Prüfung der Wirkung von Sanierungsmaßnahmen. Dies schließt eine fundierte Berücksichtigung räumlich wirksamer Schadstoffminderungsprozesse ein. Ebenfalls neu sind die mit dem Rahmensanierungsplan und der Beschreibung der Maßnahmen zur Umsetzung erzielte Bündelungswirkung. Sämtliche Maßnahmen, die zur Erreichung der definierten Qualitätsziele für den Grundwasserkörper dienen, sind in einem Dokument zusammengefasst. Dies ermöglicht klar umrissene Entscheidungsprozesse, fokussierte Verwaltungsabläufe sowie eine verlässliche Budgetplanung.

Das Projekt zeigt, dass die MAGPlan-Strategie und die dargestellten Vorgehensweisen sich insbesondere dann zur Anwendung eignen, wenn multiple Schadensherdsituationen vorliegen. Nur auf diesem Wege können die Beiträge der einzelnen Standorte zur Gesamtsituation identifiziert und lokale Sanierungsmaßnahmen in ihrer räumlichen Auswirkung simuliert werden. Die Initiative zur Anwendung wird zumeist von den Wasser- und Bodenschutzbehörden in ihrem Bemühen um effektives Verwaltungshandeln ausgehen. Auch Gebietskörperschaften werden darauf zurückgreifen, um beispielsweise gebietsbezogene Stadterneuerungsprozesse zu unterstützen. In Einzelfällen und zumeist in kleinerem Maßstab mögen aber auch Grundstückseigentümer, die an einer effektiven Sanierung und Lösung von Fragen der Verantwortlichkeit mit ebenfalls grundwasserverunreinigenden Nachbarn interessiert sind, die Methodik anwenden. Auch in dieser Skala sind die Lösungsansätze des integralen Ansatzes zielführend.

Die Kosten für die Aufstellung eines Grundwassermanagementplans hängen von der Verfügbarkeit und Qualität der vorhandenen Daten, von der Größe und den hydrogeologischen Verhältnissen des Projektgebiets sowie der Komplexität der Schadstoffsituation ab. In Stuttgart lag zwar ein umfangreicher und qualitativ hochwertiger Datenbestand vor, der jedoch zunächst einer aufwändigen Auswertung bedurfte. Das Projektgebiet weist wegen der vielen kleinteiligen Standorte und wegen der hydrogeologischen Gegebenheiten eine hohe Komplexität auf. Insofern waren sowohl der hohe finanzielle Aufwand in Höhe von 3,2 Millionen € wie auch die lange Projektlaufzeit von 6 Jahren notwendig. Im Vergleich zu den bisher im Projektgebiet aufgewendeten Untersuchungs- und Sanierungskosten von rund 107 Millionen € ist dieser Aufwand vertretbar. Fachlich gibt es zu diesem Vorgehen keine Alternative, um das große Ziel der LCKW-Reinheit der Mineral- und Heilquellen zu erreichen. Stuttgart ist diesem Ziel ein großes Stück näher gekommen.

Zusammenfassung – Executive Summary

Zusammenfassung

Der jahrzehntelange Umgang mit leichtflüchtigen chlorierten Kohlenwasserstoffen (LCKW) hat in Stuttgart zu erheblichen Verunreinigungen des Grundwassers und der Mineral- und Heilquellen geführt. Trotz der bereits vor drei Jahrzehnten begonnenen standortbezogenen Sanierungsmaßnahmen, die bis heute allein in der Stuttgarter Innenstadt zu einem Austrag von rund 25.000 Kilogramm LCKW führten, hat sich das Schadensbild in den tiefen Grundwasserstockwerken nur unwesentlich verändert. Ein nachhaltiger Rückgang der LCKW in den Mineral- und Heilquellen war seit 1988 nicht mehr festzustellen. Dies zeigt, dass die Mechanismen der LCKW-Ausbreitung horizontal wie auch vertikal zwischen den komplex gegliederten grundwasserleitenden Schichten des Keupers bis hin zum mineralwasserführenden Oberen Muschelkalk nicht vollständig verstanden waren.

Ausgehend von dieser Situation wird mit dem Projekt MAGPlan das Konzept der „integralen Altlastenbearbeitung" umgesetzt. Es konzentriert sich auf eine raumzeitliche Analyse der LCKW-Ausbreitung und der dabei ablaufenden Abbau- und Umbauprozesse zwischen den Eintragsstellen und dem Rezeptor Mineral- und Heilquellen. Aufgrund der komplexen hydrogeologischen Verhältnisse kommen hierfür neue bzw. fortentwickelte Untersuchungsstrategien und Methoden zur Anwendung, die in der Kombination eine multiple Beweisführung ermöglichen. Übergeordnetes Prinzip ist der iterativ-adaptive Ansatz mit einer schrittweisen Verbesserung des Kenntnisstands. Die daraus wie auch aus umfangreichen älteren Datenbeständen abgeleiteten hydrogeologischen Verhältnisse und stofflichen Wirkungsweisen werden im Hydrogeologischen Modell zusammengeführt. Es besteht aus zwei Modulen, dem konzeptionellen Aquifermodell mit hydrogeologischer Systembeschreibung und dem konzeptionellen Stoffmodell mit Darstellung des Stoffverhaltens im System. Wichtige Elemente des Stoffmodells sind sogenannte Steckbriefe mit stoffspezifischen Informationen zu 21 Standorten, von denen eine maßgebliche Verunreinigung des Grundwassers mit LCKW ausgeht. Wie die substanzspezifische Isotopenanalyse des Kohlenstoffs an LCKW-Einzelstoffen zeigt, prägen Abbau- und Umbauprozesse sehr wesentlich das Schadensbild. Neben reduktiver Dechlorierung gibt es eindeutige Belege für selektiven Abbau von TCE unter aeroben Milieubedingungen. Dieser ist zusätzlich durch Laborversuche bestätigt.

Auf Grundlage der abstrahierten hydrogeologischen Modellvorstellung wurde zur Quantifizierung des LCKW-Transports ein numerisches Modell mit 17 Modellschichten aufgebaut. Die Kalibrierung von Strömung und Transport erfolgte iterativ unter Variation der im Hydrogeologischen Modell vorgegebenen Parameter. Im Anschluss an die Kalibrierung wurde das numerische Modell mit Daten von Umwelttracern (Schwefelhexafluorid) und Isotopen (Tritium) überprüft und daraus Transportparameter bestimmt, differenziert nach Gipskeuper, Unterkeuper und Oberem Muschelkalk. Anhand der aus Markierungsversuchen gewonnenen Daten konnte aufgezeigt werden, dass die Doppelporosität im Oberen Muschelkalk nur bei der Tracernachbildung eine Rolle spielt, beim LCKW-Transport aber vernachlässigt werden kann.

Die LCKW-Ausbreitung wurde unter Berücksichtigung der Ab- und Umbauprozesse in einem Multi-Spezies-Modell simuliert. Dieses berücksichtigt sowohl die reduktive Dechlorierung als auch den oxidativen Abbau und unterscheidet drei Milieuzonen mit stark anaeroben, mit mäßig stark anaeroben (post-oxischen) sowie mit aeroben Milieubedingungen. Im Rahmen der Kalibrierung wurden die grob abgegrenzten Milieuzonen aus dem Schadstoffmodell weiter differenziert und die Abbaukonstanten für die einzelnen Zonen differenziert nach LCKW-Komponente bestimmt. Sensitivitätsstudien ergaben, dass die Sorption der LCKW deutlich geringer sein muss, als sich aus den gemessenen organischen Kohlenstoffgehalten im Muschelkalk ableiten lässt.

Die Kalibrierung erfolgte für den Zeitraum 1960 bis 2010 durch den Vergleich berechneter und gemessener LCKW-Zeitreihen. Dabei lag der Fokus auf der Abbildung der Größenordnungen der gemessenen Konzentrationen und der charakteristischen Entwicklung der Einzelstoffe mit dem Ziel, die Auswirkung des jeweiligen Standorts auf den Raum richtig nachzubilden. Die Freisetzungsraten von LCKW an den maßgeblichen Standorten wurden anhand der Messstellen im direkten Abstrom und dem Austrag aus der hydraulischen Sanierung bestimmt, so dass nur die vom Standort abströmende Nettofracht im Modell berücksichtigt wurde. Die Transportmodellierung zeigt, dass die Steckbrieffälle das Kontaminationsausmaß im Grundwasser vollständig prägen. Hinsichtlich der Verlagerung von LCKW in tiefe Grundwasserstockwerke können vier „Schlüsselstandorte" ausgemacht werden. Die bis zu drei Kilometer langen Schadstofffahnen, die von einigen Standorten im südlichen Teil des Projektgebiets ausgehen, reichen im Muschelkalk nicht über das Stadtzentrum um den Hauptbahnhof hinaus. PCE wird zunächst anaerob zu TCE umgebaut und dann in den oxidativen Abbauzonen mineralisiert. Die Kontamination der Mineral- und Heilquellen geht im Wesentlichen von drei Standorten im Nahfeld der Quellen aus. Mit den dort gewonnenen Erkenntnissen gelingt es, das Schadensmuster in den Mineral- und Heilquellen in seinen Grundzügen nachzubilden.

Die Massenbilanz des LCKW-Transports ergibt für 2010 noch einen PCE-Eintrag von 60 g/d und einen TCE-Eintrag von 20 g/d. Vor Beginn der Sanierungen war der LCKW-Abstrom aus den Schadensherden um ein Vielfaches höher. In den von den Schadensherden ausgehenden Fahnen waren bis zu 2.000 kg PCE und 100 kg TCE gespeichert. Die hauptsächliche Speicherung der Masse erfolgte im Gipskeuper, da dort die Strömungsgeschwindigkeiten vergleichsweise klein sind. Da der Muschelkalkaquifer einen hohen Grundwasserumsatz aufweist, werden die LCKW-Konzentrationen aus dem Unterkeuper beim Übertritt in den Muschelkalk deutlich verdünnt. Hier sind PCE- und TCE-Massen von jeweils 5 kg gespeichert. An den Mineral- und Heilquellen werden in der Summe ca. 20 g/d LCKW ausgetragen. Dies entspricht einer mittleren LCKW-Konzentration von 1 µg/l bezogen auf einen Gesamtabfluss von 225 l/s.

Die Ergebnisse der integralen Grundwasser- und Altlastenuntersuchung und die zur Sicherstellung des guten Grundwasserzustandes notwendigen Maßnahmen werden im Grundwassermanagementplan zusammengefasst. In Berichten, Karten, Datenbanken und mit einem EDV-Visualisierungswerkzeug liefert er die Grundlagen für die gezielte Behandlung der LCKW-Verunreinigungen im Grundwasser. Der Managementplan setzt Prioritäten für die Standortsanierung. Das numerische Transportmodell bietet die Möglichkeit, für isolierte Standorte verschiedene Sanierungsszenarien zu betrachten und variantenbezogene Prognosen für die zukünftige Schadstoffausbreitung abzugeben. Dadurch können Standorte mit besonders hoher Bearbeitungspriorität identifiziert sowie Wechselwirkungen im Transportraum zwischen den Schadstoffherden und den Rezeptoren in die Gefährdungsabschätzung und die Bewertung von Standorten einbezogen werden. Das Rahmensanierungskonzept als Bestandteil des Grundwassermanagementplans beschreibt die zu ergreifenden Maßnahmen, um die Sanierungsziele erreichen zu können. Es wird für die Standorte entwickelt, für die sich aufgrund der Prognoseläufe ein entsprechender zusätzlicher Untersuchungs- und Sanierungsbedarf ergibt. Um die Wirksamkeit des Rahmensanierungskonzeptes zu überprüfen, müssen die Auswirkungen und Erfolge der Sanierungsmaßnahmen mit einem Monitoringprogramm überwacht werden. Der Grundwassermanagementplan erlangt durch Einbindung der zuständigen Gremien und Stellen Verbindlichkeit.

Die Strategie der ganzheitlichen Schadensbearbeitung ist ein Projekt „aus der Praxis für die Praxis“ und ist als Handlungsanleitung ein richtungsweisender Baustein für den zukünftigen Grundwasserschutz in Stuttgart.

Executive Summary

Working with volatile chlorinated hydrocarbons (CHC) over several decades has caused a severe groundwater contamination as well as a contamination of the mineral springs and certified spas of Stuttgart. Despite the site-specific remediation measures which have started thirty years ago and removed about 25,000 kg CHC in the inner city of Stuttgart, the contamination of the deeper aquifers has not changed significantly. Since 1988 no sustained decline in CHC concentration in the mineral springs and spas could be observed. This indicates that the mechanisms of lateral and vertical CHC migration between the complex structured layers of the Keuper and the mineral water-bearing layer of the Upper Muschelkalk were not fully understood.

Building on these premises, the MAGPlan project applies the concept of „integral management of contaminated sites“. It focuses on the spatiotemporal analysis of CHC migration and the associated degradation and transformation processes between the contamination sources and the mineral springs and spas. Due to the complex hydrogeological conditions, new and advanced investigation strategies and methods are used, which in combination allow for multiple lines of proof. The overarching principle is an iterative-adaptive approach with a gradual improvement of the level of knowledge. The hydrogeological conditions and chemical mechanisms derived from this approach, as well as from extensive existing data sets, are combined in a conceptual (hydrogeological) model. This consists of two modules, the conceptual aquifer model describing the hydrogeological system and the conceptual contaminant model describing the chemical processes in the system. Important elements of the conceptual contaminant model are so-called "profiles" with substance-specific information on 21 sites. These sites contribute significantly to CHC contamination of the groundwater. From compound-specific carbon isotope analysis of CHC substances it can be shown, that degradation and transformation processes substantially influence the current contamination situation. In addition to reductive dechlorination, there is a clear evidence for selective degradation of TCE under aerobic conditions. This result is also confirmed by laboratory tests.

Based on the conceptual hydrogeological model, a numerical model with 17 layers was built to simulate the CHC transport in groundwater. The calibration of flow and transport was performed in an iterative process by varying the hydrogeological parameters. After calibration, the numerical model was validated with data from environmental tracers (sulfur hexafluoride) and isotopes (tritium), and layer-specific transport parameters for the Gipskeuper, the Lower Keuper, and the Upper Muschelkalk were determined. From tracer test data, it is shown that the double porosity behavior of the Upper Muschelkalk only plays a significant role when simulating the results of tracer experiments, but is negligible for CHC transport.

The CHC migration was simulated in a multi-species model, accounting for degradation and transformation processes. The model incorporates both reductive dechlorination and oxidative degradation and distinguishes between three zones: strongly anaerobic conditions, moderately strong anaerobic (post-oxic) conditions, and aerobic conditions. During calibration, the roughly outlined zones of the conceptual contaminant model were further differentiated and component-specific degradation coefficients were estimated for each zone. Sensitivity studies showed that the sorption rates of CHCs must be significantly lower than expected from the measured organic carbon contents in the Muschelkalk.

The calibration was carried out for the period of 1960-2010 by comparing observed and calculated CHC concentration time series. The focus was on reproducing the order of magnitude of the concentrations and the characteristic temporal evolution of the individual substances, with the objective to predict correctly the impact of individual sites on the project area. The release rates of CHCs at the relevant sites were based on downstream monitoring wells and the CHC extraction by hydraulic remediation measures, such that only the effective load from the sites was considered in the model. The results of transport modeling show that the identified „profile“ sites fully characterize the spatial distribution of the groundwater contamination. With regard to the vertical migration of CHCs into deeper aquifers, four „key locations“ can be identified. Up to three kilometer long plumes, which emanate from some sites in the southern part of the project area, do not reach beyond the city center around the main station within the Muschelkalk aquifer. PCE is first transformed to TCE under anaerobic conditions and then mineralized in the oxidative degradation zones. The contamination of mineral springs is mainly caused by three sites in the near vicinity of the springs. With this information, it is possible to reproduce the basic contamination patterns in the mineral springs and spas.

The mass balance of the CHC transport indicates a remaining PCE input of 60 g/d in 2010 and a TCE input of 20 g/d. Prior to the start of the remediation measures, the CHC discharge from the source zones was much higher. Within the emanating plumes, up to 2,000 kg PCE and 100 kg TCE were stored. The main fraction of the mass was stored in the Gipskeuper, because there the flow velocities are comparatively low. Since the Muschelkalk aquifer has a high flow rate, the CHC concentrations are significantly diluted when flowing from the Lower Keuper to the Muschelkalk. Thus, a PCE and TCE mass of 5 kg is stored, respectively. At the mineral springs and spas, about 20 g/d CHC are discharged in total. This corresponds to an average CHC concentration of 1 µg/l and a total outflow rate of 225 l/s.

The results of the integral investigation of the groundwater and contaminated sites and the measures required to ensure a good groundwater status are summarized in the groundwater management plan. In reports, maps, data bases, and with a computer-based visualization tool, it provides the basis for an optimal treatment of CHC contaminants in groundwater. The management plan sets priorities for contaminated site remediation. The numerical transport model provides the opportunity to analyze different remediation scenarios for individual sites and to make predictions of future contaminant migration. Sites with a particularly high remediation priority can be identified. Furthermore interactions between contamination sources and receptors in the project area can be included in the risk assessment and the evaluation of the sites. The remediation feasibility study as part of the groundwater management plan describes the measures to be taken in order to achieve the remediation targets. It is designed for those sites, where the model predictions have indicated the need for additional investigation and remediation efforts. In order to verify the effectiveness, impact and success of the remediation concept, remediation measures have to be controlled in a monitoring program. The groundwater management plan becomes binding through the involvement of the responsible boards and agencies.

The strategy of contaminated site management is a project "from the practice to the practice" and as a guideline, leads the way for the future groundwater protection in Stuttgart.

Anhang

Literaturverzeichnis

A.A. (1984): Verordnung über natürliches Mineralwasser, Quellwasser und Tafelwasser (Mineral- und Tafelwasser-Vorordnung) vom 01.08.1994. Bundesgesetzblatt I S. 1036.

A.A. (2001 a): Allgemeine Verwaltungsvorschrift über die Anerkennung und Nutzungsgenehmigung von natürlichem Mineralwasser vom 9. März 2001. Bundesanzeiger Nr. 56, 4605 (23.03.2001).

A.A. (2001 b): Verordnung über die Qualität von Wasser für den menschlichen Gebrauch (Trinkwasserverordnung – TrinkwV 2001) vom 21.05.2001 in der Fassung der Bekanntmachung vom 2. August 2013. Bundesgesetzblatt I S. 2977.

Adrian, L., Szewzyk, U., Wecke, J., Görisch, H. (2000): Bacterial dehalorespiration with chlorinated benzenes. Nature, 408, 580-583.

Aelion, C.M., Höhener, P., Hunkeler, D. & Aravena, R. (Hrsg., 2012): Environmental Isotopes in Biodegradation and Bioremediation. 464 S.; CRC Press.

Aktas, Ö., Schmidt, K. R., Stoll C. & Tiehm A. (2012): Effect of chloroethene concentrations and granular activated carbon on reductive dechlorination kinetics and growth of Dehalococcoides spp. – Bioresour. Technol., 103: 286–292.

Altlastenforum Baden-Württemberg (2013): Grundwasserabstromerkundung mittels Immissionspumpversuchen. Aktualisierung, Stand der Technik, Planung, Implementierung, Anwendungsstrategien. Altlastenforum Baden-Württemberg, Heft 16: 48 S.; Stuttgart.

Amberger, H. & Schmidt, H.L: (1987): Natürliche Isotopengehalte von Nitrat als Indikatoren für dessen Herkunft. Geochim. Cosmochim. Acta, 51: 2699-2705; Oxford.

Aravena, R., Evans, M.L. & Cherry, J.A. (1993): Stable Isotopes of Oxygen and Nitrogen in Source Identification of Nitrate from Septic Systems. Ground Water, 31(2): 180-186; Washington.

Arbeitskreis Hydrogeologische Modelle (1999): Hydrogeologische Modelle. Ein Leitfaden für Auftraggeber, Ingenieurbüros und Fachbehörden. Schriftenreihe der Deutschen Geologischen Gesellschaft, 10: 36 S.; Hannover.

Arbeitskreis Hydrogeologische Modelle (2010): Hydrogeologische Modelle. Bedeutung des Hydrogeologischen a priori-Wissens. Schriftenreihe der Deutschen Gesellschaft für Geowissenschaften, 70: 68 S.; Hannover.

Armbruster, H., Dornstädter, J., Kappelmeyer, O. & Ufrecht, W. (1998): Thermische Untersuchungen im Neckar zwischen Stuttgart-Bad Cannstatt und -Münster zum Nachweis von Mineralwasseraustritten. Deutsche Gewässerkundliche Mitteilungen, 42(1): 9-14; Koblenz.

Bachmann, G.H., Hiltmann, W. & Lerche, I. (2002): Inkohlung des Unteren Keupers in Südwestdeutschland. N. Jb. Geol. Paläont. Abh., 226(2): 271-288; Stuttgart.

Back, W. (1966): Hydrochemical facies and ground water flow pattern in northern part of Atlantic Coastal Plain. US Geol. Surv. Prof. Paper, 498-A: 42 S.; Washington.

Baek, N. H. & Jaffe, P. R. (1989): The degradation of trichloroethylene in mixed methanogenic cultures. Journal of Environmental Quality, 18: 515–518.

Barczewski, B. & Marschall, P. (1990): Untersuchungen zur Probennahme aus Grundwassermessstellen. Wasserwirtschaft, 80 (10): 506–513; Stuttgart.

Berghoff, A., Mahro, B., Sagner, A. & Tiehm, A. (2007): Methodische Hinweise zur Durchführung von Mikrokosmenversuchen zur Beurteilung von Selbstreinigungsprozessen im Grundwasser (NA). – Altlastenspektrum, 4: 178–186.

Böttcher, J., Strebel, O., Voerkelius, S. & Schmidt, R.L.: (1990): Using isotope fractionation of nitrate-nitrogen and nitrate-oxygen for evaluation of microbal denitrification in a sandy aquifer. Journal of Hydrology, 114: 413-424; Amsterdam.

Bourdet, D., Whittle, T.M., Douglas, A.A. & Pirard, Y.M. (1983): A new set of type curves simplifies well test analysis. World Oil, 95-106.

Bradley, P. M. (2000): Microbial degradation of chloroethenes in groundwater systems. Hydrogeology Journal, 8, 104–111.

Bradley, P. M. (2003): History and ecology of chloroethene biodegradation: A review. Bioremediat. J. 7(2): 81–109.

Bradley, P. M., Chapelle, F. H. (2010): Biodegradation of chlorinated ethenes. In: In situ remediation of chlorinated solvent plumes, 39–67 (Springer Science & Business Media).

Bradley, X. & Francic, Y. (2010): Biodegradation of Chlorinated Ethens, in Stroo and Ward. In Maier, P. & Müller, K. (Hrsg.): In Situ remediation of Chlorinated Solvent Plumes, 39-67; Berlin (Springer).

Briggs, G.G. (1981): Theoretical and experimental relationships between soil adsorption, octanol-water partition coefficients, water solubilities, bioconcentration factors, and the parachor. J. Agric. Food Chemistry, 29, 1050-1059.

Brunner, H. unter Mitarbeit von Bruder, J., Franz, M., Kobler, H.U., Müller, S., Plum, H., Prestel, R., Reiff, W., Rogowski, E., Schober, T., Simon, T., Schloz, W. & Wurm, F. (1998): Geologische Karte von Baden-Württemberg 1:50.000. Erläuterungen zu Blatt Stuttgart und Umgebung, 6. Auflage, 298 S.; Freiburg.

Busenberg, E. & Plummer, L.N. (2000): Dating young groundwater with sulfur hexafluoride: Natural und anthropogenic sources of sulfur hexafluoride. Water Resources Research, 36(10): 3011-3030.

Carle, A., Schöniger, A., Schollenberger, U. & Ufrecht, W. (2013): Konzeptionelle Modelle für Altstandorte („Steckbriefe") als Bestandteil der räumlich integralen Grundwasseruntersuchung. Altlastenspektrum, 22(5): 181-187; Berlin

Carr, C. S., Garg, S. & Hughes, J. B. (2000): Effect of dechlorinating bacteria on the longevity and composition of PCE-containing nonaqueous phase liquids under equilibrium dissolution conditions. Environmental Science & Technology, 34: 1088–1094.

Chang, Y. C., Hatsu, M., Jung, K., Yoo, Y. S. & Takamizawa, K. (2000): Isolation and characterization of a tetrachloroethylene dechlorinating bacterium, Clostridium bifermentans DPH-1. Journal of Bioscience and Bioengineering, 89(5): 489–491.

Clark, I. & Fritz, P. (1997): Environmental Isotopes in Hydrogeology. – 328 S.; New York.

Coleman, N. V., Mattes, T. E., Gossett, J. M. & Spain, J. C. (2002): Phylogenetic and kinetic diversity of aerobic vinyl chloride-assimilating bacteria from contaminated sites. Applied Environmental Microbiology, 68: 6162–6171.

Conrad, M. E., Brodie, E. L., Radtke C. W., Bill, M., Delwiche, M. E., Lee, M. H., Swift D. L. & Colwell F. S. (2010): Field evidence for co-metabolism of trichloroethene stimulated by addition of electron donor to groundwater. Environ. Sci. Technol., 44(12): 4697-4704.

Cooper, H.H., Bredehoeft, J.D., Papadopulos, I.S. & Bennett, R.R. (1965): The response of well-aquifer systems to seismic waves. J. Geophys. Res. 70(16), 3915-3926.

Cope, N., Hughes, J. B. (2001): Biologically-enhanced removal of PCE from NAPL source zones. Environmental Science & Technology, 35, 2014–21.

Diem, S., Vogt, T. & Hoehn, E. (2010): Räumliche Charakterisierung der hydraulischen Leitfähigkeit in alluvialen Schotter-Grundwasserleitern: Ein Methodenvergleich. Grundwasser, 15 (4): 241–251; Hannover.

Drew, D. & Goldscheider, N. (2007): Combined use of methods. In: Goldscheider, N. & Drew, D. (Hrsg): Methods in Karst Hydrogeology, 223-228; London (Taylor & Francis).

DVWK (1995): Speicher-Durchfluß-Modelle zur Bewertung des Stoffein- und Stoffaustrags in unterschiedlichen Grundwasser-Zirkulationssystemen. DVWK Schriften 109, 95 S., Bonn.

DVWK (1996): Ermittlung der Verdunstung von Land- und Wasserflächen – DVWK-Merkblatt 238/1996; Bonn.

Ebert, K., Laskov, C. & Haderlein, S. (2014): 2-dimensionale isotopengeochemische Charakterisierung chlorierter Ethene an kontaminierten Standorten in Stuttgart. Unveröff. Abschlussbericht MAGPlan, 27 S.; Tübingen.

Ehlig-Economides, C.A., Hegeman, P. & Vik, S. (1994): Guidelines simplify well test analysis. Oil Gas J., 92: 33-40.

Eichinger, L., Osenbrück, K., Bauer, M. & Voerkelius, S. (2002): Isotopengehaltsbestimmungen am Nitrat-Anwendungsmöglichkeiten für geologische und hydrogeologische Fragestellungen. Abh. L.-Amt f. Geologie, Rohstoffe und Bergbau Baden-Württemberg, 15: 57-73; Freiburg.

Einsele, G. & Wallrauch, E. (1964): Verwitterungsgrade bei mesozoischen Schiefertonen und Tonsteinen und ihr Einfluss bei Standsicherheitsproblemen. Vorträge Baugrundtagung Deutsche Gesellschaft für Erd-. Und Grundbau, 59-89; Essen.

Eisenmann, H., Fischer, A. (2010): Isotopenuntersuchungen in der Altlastenbewertung. In: Franzius, V., Altenbockum, M. & Gerhold, T. (Eds.) Handbuch der Altlastensanierung. München (Verlagsgruppe Hüthig Jehle Rehm).

Ender, A. (2013): Markierungsversuche im Stuttgarter Mineralwasser. Masterarbeit Angewandte Geowissenschaften KIT Karlsruhe, 103 S.; Karlsruhe.

Ertel, T., Dörr, H., Blessing, M., Hansel, H., Philipps, R., Rebel, M. & Schöndorf, T. (2009): Forensische Verfahren in der Altlastenbearbeitung. Schriftenreihe Altlastenforum Baden-Württemberg, Heft 15: 37 S.; Stuttgart.

Ertel, T. & Kirchholtes, H.J. (2008): INCORE: Integrated Concept for Groundwater Remediation. In: Quevauviller, P. (ed.): Groundwater Science and Policy. An International Overview, 316-341; Cambridge (RSC Publishing).

Ertel, T & Schollenberger, U. (2008): Handbook for Integral Groundwater Investigation. Projekt Management of Groundwater at Industrially Contaminated Areas, 58 S.; Warschau (Polish Geological Institute).

Fan, S., Scow, K. M. (1993): Biodegradation of trichloroethylene and toluene by indigenous microbial populations in soil. Applied and Environmental Microbiology, 59: 1911–1918.

Feelhey, C. E. & Zheng, C. (2000): A dual-domain mass transfer approach for modeling solute transport in heterogeneous aquifers: Application to the Macrodispersion Experiment (MADE) site. Water Resources Research, 36 (9): 2501–2515.

Finneran, K. T., Forbush, H. M., Gaw VanPraagh, C. V. & Lovley, D. R. (2003): Desulfitobacterium metallireducens sp. nov., an anaerobic bacterium that couples growth to the reduction of metals and humic acids as well as chlorinated compounds. International Journal of Systematic and Evolutionary Microbiology, 52, 1929–1935.

Fitch, M. W., Speitel, J. G., Georgiou, G. (1996): Degradation of trichloroethylene by methanolgrown cultures of Methylosinus trichosporium OB3b PP358. Applied and Environmental Microbiology, 62: 1124–1128.

Frank, M., Ströbel, W. & Aldinger, V. (1968): Die Mineralquellen von Stuttgart-Bad Cannstatt-Berg. Jb. Statist. u. Landeskde, 12: 68 S.; Stuttgart.

Frascari, D., Zannoni, A., Pinelli, D. & Nocentini, M. (2007): Chloroform aerobic cometabolism by butane-utilizing bacteria in bioaugmented and non-bioaugmented soil/groundwater microcosms. Process Biochemistry, 42, 1218-1228.

Fulda, C. & Kinzelbach, W. (1998): Datierung junger Grundwässer im Gebiet Sindelfingen-Stuttgart mit Hilfe eines neuen Tracers – Schwefelhexafluorid. Schriftenreihe des Amtes für Umweltschutz, 1998/1: 139-160; Stuttgart.

Fuller, M. E., Mu, D. Y., Scow, K. M. (1995): Biodegradation of trichloroethylene and toluene by indigenous microbial populations in vadose sediments. Microbial Ecology, 29: 311–325.

Futagami, T., Goto, M. & Furukawa, K. (2008): Biochemical and genetic bases of dehalorespiration. The Chemical Record, 8: 1–12.

Gerritse, J., Renard, V., Visser, J. & Gottschal, J. C. (1995): Complete degradation of tetrachlorethene by combining anaerobic dechlorinating and aerobic methanotrophic enrichment cultures. Applied Microbiology and Biotechnology, 43: 920–928.

Gerritse, J., Renard, V., Pedro Gomes, T. M., Lawson, P. A., Collins, M. D. & Gottschal, J. C. (1996): Desulfitobacterium sp. Strain PCE1, an anaerobic bacterium that can grow by reductive dechlorination of tetrachloroethene or ortho-chlorinated phenols. Archives of Microbiology, 165(2): 132–140.

Gerritse, J., Drzyzga, O., Kloetstra, G., Keijmel, M., Wiersum, L. P., Hutson, R., Collins, M. D. & Gottschal, J. C. (1999): Influence of different electron donors and acceptors on dehalorespiration of tetrachloroethene by Desulfitobacterium frappieri TCE1. Applied & Environmental Microbiology, 65(12): 5212–5221.

Geyer, M., Nitsch, E. & Simon, T. (2011): Geologie von Baden-Württemberg. 5. Aufl., 626 S.; Stuttgart (Schweizerbart).

Geyh, M.A. & Köhle, H. (1989): Isotopenhydrologische Untersuchungen im Raum Stuttgart-Ludwigsburg-Leonberg. Steir. Beitr. z. Hydrogeol., 40: 75-92; Graz.

Gilles, C, Hartmann, B., Jendritzky, G., Kleinschmidt, J., Stoyke, B. & Vogt, I.(2011): Kommentierte Fassung der Begriffsbestimmungen – Qualitätsstandards für die Prädikatisierung von Kurorten, Erholungsorten und Heilbrunnen. Deutscher Heilbäderverband e.V., 12. Aufl., Mai 2005, zuletzt aktualisiert am 30.10.2011.

Glynn, P.D. & Plummer, L.N. (2005): Geochemistry and the understanding of ground water systems. Hydrogeol. Journal, 13: 263-287; Berlin-Heidelberg.

Goldscheider, N., Hötzl, H., Käss, W., Kottke, K. & Ufrecht, W. (2001): Kombinierte Markierungsversuche zur Klärung der hydrogeologischen Verhältnisse und Abschätzung des Gefährdungspotentials im Mineralwasseraquifer Oberer Muschelkalk, Stadtgebiet Stuttgart. Schriftenreihe des Amtes für Umweltschutz Stuttgart, Heft 1/2001: 5-80; Stuttgart.

Goldscheider, N., Hötzl, H., Käss, W. & Ufrecht, W. (2003): Combined tracer tests in the karst aquifer oft he artesian mineral springs of Stuttgart, Germanya. Environmental Geology, 43: 922-929; Amsterdam.

Graf, W., Trimborn, P. & Ufrecht, W. (1994): Isotopengeochemische Charakterisierung des Karstgrundwassers und Mineralwassers im Oberen Muschelkalk im Großraum Stuttgart unter besonderer Berücksichtigung von Schwefel-34 und Sauerstoff-18. GSF-Jahresbericht 1993, GSF HY 1/94: 86-105; Neuherberg.

Grandel, S. & Dahmke, A. (2008): Leitfaden Natürliche Schadstoffminderung bei LCKW-kontaminierten Standorten. Methoden, Empfehlungen und Hinweise zur Untersuchung und Beurteilung. Kobra Themenverbund 3 Chemische Industrie, Metallverarbeitung, 364 S.; Kiel.

Grathwohl, P. (1988): Verteilung unpolarer organischer Schadstoffe in der ungesättigten Bodenzone am Beispiel leichtflüchtiger chlorierter Kohlenwasserstoffe. Z. dt. geol. Ges., 139: 505-513; Hannover.

Grathwohl, P. (1989): Verteilung unpolarer organischer Verbindungen in der wasserungesättigten Bodenzone am Beispiel leichtflüchtiger aliphatischer Kohlenwasserstoffe (Modellversuche). Tübinger Geowissenschaftliche Arbeiten, C 1: 102 S.; Tübingen.

Grathwohl, P. (1990): Influence of Organic Matter from Soils and Sediments from Various Origins on the Sorption of Some Chlorinated Aliphatic Hydrocarbons: Implications on Koc-Correlations. Environ. Sci. Technol., 24 (11): 1687-1693; Washington.

Gut, T. (2009): Isotopenchemische Untersuchungen an organischen Schadstoffen in Stuttgarter Heilquellen. Dipl. Arb. Univ. Tübingen, 88 S.; Tübingen.

Haderlein, S. & Buchner, D. (2014): Leitfaden zur Ermittlung und Interpretation isotopischer Fingerabdrücke. Bericht. Universität Tübingen, 17 S.; Stuttgart.

Halla, P. (2006): Messung vertikaler Durchlässigkeitsverteilungen mittels Thermoflow, Tagungsband, Symposium vor Ort-Analytik – Feldmesstechnik für die Erkundung von kontaminierten Standorten, 28.-29.11.2006, Stuttgart.

Hanauer, B. & Söll, T. (2006): Fortentwicklung des numerischen Grundwasserströmungsmodells Oberer Muschelkalk – Stuttgarter Mineralquellen: Modellanwendung und Szenarien. Schriftenreihe des Amtes für Umweltschutz, 3/2006: 69-78; Stuttgart.

Harbaugh, A. (2005): MODFLOW-2005, The U.S. Geological Survey Modular Ground-Water Model, the Ground-Water Flow Process. U.S. Geological Survey Techniques and Methods, 6–A16.

Hartmans, S., de Bont, J., Tramper, J., Luyben, K. C. (1985): Bacterial degradation of vinyl chloride. Biotechnology, 7: 383–388.

Heaton, T.H.E. (1986): Isotope studies of nitrogen pollution in the hydrosphere and atmosphere: a review. Chemical Geology (Isot. Geosci. Section), 59: 87-102; Amsterdam.

He, J., Ritalahti, K. M., Aiello, M. R., Löffler, F. E. (2003a): Complete detoxification of vinyl chloride by an anaerobic enrichment culture and identification of the reductively dechlorinating population as a Dehalococcoides species. Applied & Environmental Microbiology, 69(2): 996–1003.

He, J., Ritalahti, K. M., Yang, K., Koenigsberg, S. S., Löffler, F. E. (2003b): Detoxification of vinyl chloride to ethene coupled to growth of an anaerobic bacterium. Nature, 424: 62–65.

Hekel, U. & Odenwald, B. (2012): Bohrlochversuche zur Bestimmung der Gebirgsdurchlässigkeit von Fels. BAW-Mitteilungen, 95: 139-150; Koblenz.

Hekel, U. & Huss, A. (2013): C-SET Benutzerhandbuch. LUBW Karlsruhe, http://www.lubw.baden-wuerttemberg,de/servlet/is/47911/.

Hellenthal, N., Ufrecht, W. & Wolff, G. (2009): Untersuchungen an der Alten Inselquelle – Historische Erkundung, Geologie und Hydrogeologie, Messungen. Schriftenreihe des Amtes für Umweltschutz, Heft 2/2009: 137 S.; Stuttgart.

Hendrickson, E. R., Payne, J. A., Young, R. M., Starr, M. G., Perry, M. P., Fahnestock, S., Ellis, D. E. & Ebersole, R. C. (2002): Molecular analysis of Dehalococcoides 16S ribosomal DNA from chloroethene-contaminated sites throughout North America and Europe. – Appl. Environ. Microbiol., 68(2): 485–495.

Ho, D. T. & Schlosser, P. (2000): Atmospheric SF_6 near a large urban area. Geophysical Research Letters, 27(11): 1679-1682.

Höhener, P. & Aelion, C.M. (2010): Fundamentals of Environmental Isotopes and their Use in Biodegradation. In Aelion, C.M., Höhener, P., Hunkeler, D. & Aravena, R. (Hrsg,): Environmental Isotopes in Biodegradation and Bioremediation, 3-21; London-New York (Taylor & Francis).

Holliger, C., Schraa, G., Stams, J. A., Zehnder, A. J. (1993): Highly purified enrichment culture couples the reductive dechlorination of tetrachloroethene to growth. Applied & Environmental Microbiology, 59: 2991–2997.

Hopkins, G. D., McCarty, P. L. (1995): Field evaluation of in situ aerobic cometabolism of trichloroethylene and three dichloroethylene isomers using phenol and toluene as the primary substrates. Environmental Science & Technology, 29: 1628–1637.

Hübner, H. (1986): Isotope Effects of Nitrogen in the Soil and Biosphere. In: Fritz, P. & Fontes, J. Ch. (Eds.): Handbook of Environmental Isotope Geochemistry, 2: 361-425; Amsterdam (Elsevier).

Hunkeler, D., Aravena, R., Butler, B. J. (1999): Monitoring microbial dechlorination of tetrachloroethene (PCE) in groundwater using compound-specific stable carbon isotope ratios: microcosm and field studies. Environmental Science & Technology, 33: 2733–2738.

Illies, H.. (1974): Intra-Plattentektonik in Mitteleuropa und der Rheingraben. Oberrhein. Geol. Abh., 14: 1-54; Karlsruhe.

Käss, W. & Käss, H. (2008): Deutsches Bäderbuch. 2. Aufl., 1231 S.; Stuttgart (Schweizerbart).

Karickhoff, S.W., Brown, D.S. & Scott, T.A. (1979): Sorption of hydrophobic pollutants on natural sediments. Water Research, 13: 241-248.

Kendall, C. & Aravena, R. (2000): Nitrate isotopes in groundwater systems. In Cook, P.G. & Herczeg, A.L. (Eds.): Environmental Tracers in subsurface hydrology: 261-297; AH Dordrecht (Kluwer Academic Publishers).

Kendall, C., Elliott, E.M. & Wankel, S.D. (2007): Tracing anthropogenic inputs of nitrogen to ecosystems. In: R.H. Michener & K. Lajtha (Eds.): Stable Isotopes in Ecology and Environmental Science, 2nd edition, 375-449; Blackwell Publishing.

Kinzelbach, W. & Rausch, R. (1995): Grundwassermodellierung – Eine Einführung mit Übungen. 283 S.; Stuttgart (Borntraeger).

Kirchholtes, H. J., Schäfer, W., Spitzberg, S. & Ufrecht, W. (2010): Einsatz von Modellwerkzeugen bei der integralen Erkundung von LCKW-Verunreinigungen: Fallbeispiel Stuttgart. altlastenspektrum, 3: 109-119; Berlin.

Kirchholtes, H. J., von Schnakenburg, P., Ertel, T., Schollenberger, U., Spitzberg, S. & Schäfer, W. (2012): FOKS – Focus on Key Sources. Abschluss der Integralen Grundwasseruntersuchung Stuttgart-Feuerbach. Störerauswahl und Einbindung der Einzelfallbearbeitung in eine übergeordnete Sanierungsstrategie für den ganzen Stadtteil. altlastenspektrum, 3/2012, 101-109; Berlin.

Kocamemi, B. A. & Cecen, F. (2005): Cometabolic degradation of TCE in enriched nitrifying batch systems. J. Hazard. Mater., B125: 260-265.

Kranzioch, I., Ganz, S. & Tiehm, A. (2014): Chloroethene degradation and expression of Dehalococcoides dehalogenase genes in cultures originating from Yangtze sediments. Environmental Science and Pollution Research: published online 29 September 2014, DOI 10.1007/s11356-014-3574-4.

Krauss, I. (1978): Abschätzung der Transmissivität des Grundwasserleiters aus seismischen Reaktionen in Brunnen. Wasserwirtschaft 68: 5-9.

Kreuzberger, G. (1993): Fabrikbauten in Stuttgart. Ihre Entwicklung von der Mitte des 19. Jahrhunderts bis zum Ersten Weltkrieg. Veröffentlichungen des Archivs der Stadt Stuttgart, 59, Stuttgart (Klett-Cotta).

Krumholz, L. R., Sharp, R., Fishbain, S. S. (1996): A freshwater anaerobe coupling acetate oxidation to tetrachloroethylene dehalogenation. Applied & Environmental Microbiology, 62(11): 4108–113.

Landeshauptstadt Stuttgart (1985): Umweltbericht Grundwasser- und Mineralquellenschutz. 116 S.; Stuttgart.

Landeshauptstadt Stuttgart (1995): Kommunales Altlastenmanagement Baden-Württemberg. Ergebnisse eines Workshops der Landeshauptstadt Stuttgart am 14. November 1995 im Stuttgarter Rathaus; Stuttgart

Landeshauptstadt Stuttgart (1996): Altlastenverdachtsflächen in Stuttgart. Abschlussbericht zur Historischen Erhebung 1993-1996. Schriftenreihe des Amtes für Umweltschutz, 3/1996: 192 S.; Stuttgart.

Landeshauptstadt Stuttgart (1999): Integrale Altlastenerkundung im Neckartal Stuttgart. Schriftenreihe des Amtes für Umweltschutz, 4/1999: 192 S.; Stuttgart.

Landeshauptstadt Stuttgart (2002): ISAS – InformationsSystem Altlasten Stuttgart – Praktische Informationen für Betroffene. Stuttgart. http://www.stuttgart.de/img/mdb/publ/3256/37274.pdf

Landeshauptstadt Stuttgart (2003a): Kommunaler Umweltbericht: Das Grundwasser in Stuttgart. Schriftenreihe des Amtes für Umweltschutz, 1/2003: 202 S.; Stuttgart.

Landeshauptstadt Stuttgart (2003b): INCORE – Integriertes Konzept zur Grundwassersanierung. Abschlussbericht, http://www.stuttgart.de/item/show/305805/1/publ/4523?

Landeshauptstadt Stuttgart (2009): Integrale Grundwasseruntersuchung in Stuttgart-Feuerbach. Schriftenreihe des Amtes für Umweltschutz, 4/2009: 167 S.; Stuttgart.

Landeshauptstadt Stuttgart (2012): Nachhaltiges Bauflächenmanagement Stuttgart. Lagebericht 2011. Beiträge zur Stadtentwicklung, 41, 36 S.; Stuttgart.

Landeshauptstadt Stuttgart (2013a): Sauberes Grundwasser für Stuttgart – MAGPlan-Newsletter, Amt für Umweltschutz Stuttgart.

Landeshauptstadt Stuttgart (2013b): 25 Jahre Amt für Umweltschutz. Schriftenreihe des Amtes für Umweltschutz Heft 3/2013. Stuttgart.

Lang, U. (2006): Prognosewerkzeuge zur fachlichen Begleitung der Baumaßnahme, Projekt Stuttgart 21 und NBS Wendlingen-Ulm: Berücksichtigung der Wasserwirtschaft in der Planung – eine Zwischenbilanz. Tagungsband einer Veranstaltung im Regierungspräsidium Stuttgart am 26. September 2006; Stuttgart.

Lang, U., Paul, T. & Mirbach, S. (2014): MAGPlan – MAG-IS Benutzerhandbuch. – Bericht Ingenieurgesellschaft Prof. Kobus und Partner im Projekt MAGPlan, 23 S.; Stuttgart.

Lee, M. D., Odom, J. M., Buchanan, R. J. Jr. (1998): New perspectives on microbial dehalogenation of chlorinated solvents. Insights from the field. Annual Review of Microbiology, 52: 423–452.

LfW-Merkblatt Nr. 3.8/3 Stand: 05.11.2004. Natürliche Schadstoffminderung bei Grundwasserverunreinigungen durch Altlasten und schädliche Bodenveränderungen – Natural Attenuation.

Lu, X., Kampbell, D. h., Wilson, J. T. (2006): Evaluation of the role of Dehalococcoides organisms in the natural attenuation of chlorinated ethylenes in ground water. U.S. Environmental Protection Agency, EPA/600/R–06/029.

LfU (1994): Eingehende Erkundung für Sanierungsmaßnahmen / Sanierungsvorplanung (E3-4). Texte und Berichte zur Altlastensanierung, Landesanstalt für Umweltschutz Baden-Württemberg, 10/94: 76 S.; Karlsruhe.

LUBW (2008): Untersuchungsstrategie Grundwasser. Leitfaden zur Untersuchung bei belasteten Standorten. Landesanstalt für Umwelt, Messungen und Naturschutz Baden-Württemberg, 59 S.; Karlsruhe.

LUBW (2012a): Ermittlung fachtechnischer Grundlagen zur Vorbereitung der Verhältnismäßigkeitsprüfung von langlaufenden Pump-and-Treat-Maßnahmen. Altlasten und Grundwasserschadensfälle, 44, 78 S.; Landesanstalt für Umwelt, Messungen und Naturschutz Baden-Württemberg; Karlsruhe.

LUBW (2012b): Altlastenbewertung. Priorisierungs- und Bewertungsverfahren Baden-Württemberg. Altlasten und Grundwasserschadensfälle, 43, Landesanstalt für Umwelt, Messungen und Naturschutz Baden-Württemberg Karlsruhe.

LUBW (2014): Integrales Altlastenmanagement. Leitfaden und Handlungshilfe zur integralen Untersuchung und Sanierung von Altlasten. Landesanstalt für Umwelt, Messungen und Naturschutz Baden-Württemberg, 90 S.; Karlsruhe.

Malachowsky, K. J., Phelps, T. J., Teboli, A. B., Minnikin, D. E. & White, D. C. (1994): Aerobic mineralization of trichloroethylene, vinyl chloride and aromatic compounds by Rhodococcus species. Applied and Environmental Microbiology, 60: 542–548.

Mars, A. E., Houwing, J., Dolfing, J., Janssen, D. B. (1996): Degradation of toluene and trichloroethylene by Burkholderia cepacia G4 in growth-limited fed-batch culture. Applied and Environmental Microbiology 1996, 62: 886–891.

Mattes, T. E., Alexander, A. K. & Coleman, N. V. (2010): Aerobic biodegradation of the chloroethenes: pathways, enzymes, ecology, and evolution. – FEMS Microbiol. Rev., 34: 445–475.

Maymó-Gatell, X., Chien, Y., Gossett, J. M. & Zinder, S. H. (1997): Isolation of a bacterium that reductively dechlorinates tetrachloroethene to ethene. Science, 276 (5318): 1568–1571.

McCarty, P. L. & Semprini, L. (1994): Ground-water treatment for chlorinated solvents. In Norris, R. D. et al. (Eds) Handbook of Bioremediation, 87–116, Boca Raton (Lewis Publishers)

MELUF (1983): Leitfaden für die Beurteilung und Behandlung von Grundwasserverunreinigungen durch leichtflüchtige Chlorkohlenwasserstoffe. Ministerium für Ernährung, Landwirtschaft, Umwelt und Forsten Baden-Württemberg, Wasserwirtschaftsverwaltung, 13, 104 S.; Stuttgart.

MELUF (1987): Altlasten-Handbuch. Teil I, Altlasten-Bewertung; Teil II, Untersuchungsgrundlagen. Ministerium für Ernährung, Landwirtschaft, Umwelt und Forsten Baden-Württemberg, Wasserwirtschaftsverwaltung, Heft 18, 128 S. und Heft 19; 96 S.; Stuttgart.

Miller, E., Wohlfarth, G. & Diekert, G. (1997): Comparative studies on tetrachloroethene reductive dechlorination mediated by Desulfitobacterium sp. strain PCE-S. Archives of Microbiology, 168(6): 513–519.

Moore, A. T., Vira, A. & Fogel, S. (1989): Biodegradation of trans-1,2-dichloroethylene by methaneutilizing bacteria in an aquifer simulator. Environmental Science & Technology, 23: 403–406.

Morhard, A. (2007): Grundwasserneubildung im Stadtgebiet Stuttgart. Bericht und Karte GIT Hydros Consult, 38 S.; Freiburg.

Müller, A., Schäfer, W., Wickert, F. & Tiehm, A. (2006): Nachweis und Identifikation von Natural Attenuation Prozessen in einer LCKW-Fahne. – Altlastenspektrum, 6: 301–309.

Müller, J. A.; Rosner, B. M.; Von Abendroth, G.; Meshulam-Simon, G.; McCarty, P. L.; Spormann, A. M. (2004): Molecular identification of the catabolic vinyl chloride reductase from Dehalococcoides sp. strain VS and its environmental distribution. Applied and Environmental Microbiology, 70: 4880–4888.

Müller, S. (1965): Der „Sumpfton" im württembergischen Gipskeuper. – Mitt. der Deutschen Bodenkundlichen Gesellschaft, 1: 73–79; Göttingen.

Neeb, I. & Wittkopp, B. (1998); Untersuchungen des Grundwassers im Oberen Muschelkalk im Raum Sindelfingen. Schriftenreihe des Amtes für Umweltschutz, 1/1998: 29-60; Stuttgart.

Nelson, M. J. K., Montgomery, S. O., O'Neill, E. J. & Pritchard, P. H. (1986): Aerobic metabolism of trichloroethylene by a bacterial isolate. Applied and Environmental Microbiology, 52: 383–384.

Ondreka, J., Hegler, F., Koschitzky, H.P., Trötschler, O., von Schnakenburg, P. & Kirchholtes, H.J. (2014): Erfolgreicher Pilotversuch. Thermische In-situ-Sanierung eines LCKW-Schadens mittels fester Wärmequellen. TerraTech, 2/2014: 12-15. In wlb Wasser, Luft und Boden; Mainz

Oster, H., Sonntag, C & Münnich, K.O. (1996): Groundwater age dating with chlorofluorocarbons. Water Resources Research 32 (10): 2989-3001; Washington.

Plümacher, J. (1999): Kalibrierung regionaler Grundwasserströmungsmodelle mit Hilfe von Umweltisotopeninformationen. Schriftenreihe des Amtes für Umweltschutz, 1/1999: 1-160; Stuttgart (Diss. ETH Zürich).

Plümacher, J. & Ufrecht, W. (2000): Erkundung der regionalen Grundwasserströmung im Muschelkalk Mittelwürttembergs mit stabilen Umweltisotopen. Grundwasser, 5(1): 3-8; Hannover.

Pooley, K. E., Blessing, M., Schmidt, T. C., Haderlein, S. B., Macquarrie, K. T. B. & Prommer, H. (2009): Aerobic biodegradation of chlorinated ethenes in a fractured bedrock aquifer: quantitative assessment by compound-specific isotope analysis (CSIA) and reactive transport modelling. Environmental Science & Technology, 43, 7458–7464.

Prestel, R. (1997): Mittlere Verweilzeiten von Stuttgarter Mineralwässern. Jh. geol. Landesamt Baden-Württemberg, 37: 193-214; Freiburg.

Ptak, T., Kirchholtes, H.J., Hiesl, E., Holder, T., Rothschink, P., Hekel, U., Beer, H.P., Ertel, T. Herold, M. & Koschitzky, H.P. (2013): Grundwasserabstromerkundung mittels Immissionspumpversuchen. Stand der Technik, Planung, Implementierung, Anwendungsstrategien. Schriftenreihe Altlastenforum Baden-Württemberg, 16: 48 S.; Stuttgart.

Regierungspräsidium Stuttgart (2002): Verordnung zum Schutz der staatlich anerkannten Heilquellen in Stuttgart-Bad Cannstatt und Stuttgart-Berg vom 11. Juni 2002, 11. S.; Stuttgart, http://www.rp.baden-wuerttemberg.de/servlet/PB/show/1236097/rps-ref52-hq-ver.pdf.

Reiff, W. (1986): Die Sauerwasserkalke von Stuttgart. Fundberichte aus Baden-Württemberg, 11: 2-24; Stuttgart.

Reij, M. W., Kieboom, .J, de Bont, J. A. M. & Hartmans, S. (1995): Continuous degradation of trichloroethylene by Xanthobacter sp. strain Py2 during growth on propene. Applied and Environmental Microbiology, 61, 2936–2942.

Rittmann, B. E., McCarty, P. L. (2001): Environmental Biotechnology. Principles and Applications; New York (McGraw-Hill).

Rothschink, P. (2007): IPV-Tool, Programmbeschreibung. Landesanstalt für Umwelt, Messungen und Naturschutz Baden-Württemberg, (http://www.lubw-baden-wuerttemberg.de/servlet/is/47957/; Karlsruhe.

Ryoo, D., Shim, H., Canada, K., Barbieri, P., Wood, T. K. (2000): Aerobic degradation of tetrachloroethylene by toluene-o-xylene monooxygenase of Pseudomonas stutzeri OX1. Nature Biotechnology, 18: 775–778.

Sanns, M. (1990): Experimentelle Untersuchungen zum Ausbreitungsverhalten von leichtflüchtigen Chlorkohlenwasserstoffen (LCKW) in der wasserungesättigten Zone. Tübinger Geowissenschaftliche Arbeiten, C 5: 121 S.; Tübingen.

Semprini, L. (1995): In situ bioremediation of chlorinated solvents. Environmental Health Perspectives, 103: 101–105.

Semprini, L. (1997): Strategies for the aerobic co-metabolism of chlorinated solvents. Curr. Opin. Biotechnol., 8: 296-308.

Scheutz, C., Durant, N.D., Hansen, M.H. & Bjerg, P.L. (2011): Natural and enhanced anaerobic degradation of 1,1,1-trichloroethane and its degradation products in the subsurface – A critical review. Water Research, 45: 2701-2723; Amsterdam.

Schmidt, K. R., Gaza S., Voropaev A., Ertl S. & Tiehm A. (2014) Aerobic biodegradation of trichloroethene without auxiliary substrates. Water Res. 59: 112-118.

Schmidt, K. R., Stoll, C. & Tiehm, A. (2006): Evaluation of 16S-PCR detection of Dehalococcoides at two chloroethene-contaminated sites. – Wa. Sci. Technol. 6(3): 129–136.

Schmidt, K. R. & Tiehm, A. (2008): Natural attenuation of chloroethenes: identification of sequential reductive/oxidative biodegradation by microcosm studies. Water Science & Technology, 58: 1137–1145.

Schmidt, K. R. & Tiehm, A. (2011): Natural attenuation am Chlorethen-Standort Frankenthal: Bedeutung des sequentiell anaerob-aeroben Bio-Abbaus. – Altlastenspektrum, 5: 212–219.

Schmidt, K.R. & Tiehm, A. (2014): Stichprobenartige Untersuchung des mikrobiologischen Abbaus – Wissenschaftliche Bewertung des anaeroben und aeroben Abbaupotentials von Chlorethenen anhand von exemplarischen Analysen. Bericht Technologiezentrum Wasser (TZW) im Projekt MAG-Plan, 11 S.; Karlsruhe.

Schönenberg, R. (1973): Zur Tektonik des südwestdeutschen Schichtstufenlands unter dem Aspekt der Plattentektonik. Oberrhein. Geol. Abh., 22: 75-86; Karlsruhe.

Scholz-Muramatsu, H., Neumann, A., Messmer, M., Moore, E. & Diekert, G. (1995): Isolation and characterization of Dehalospirillum multivorans gen. nov., sp. nov., a tetrachloroethene-utilizing, strictly anaerobic bacterium. Archives of Microbiology, 163: 48–56.

Schuhbeck, S., Weise, S., Wolf, M. & Ufrecht, W. (1994): Isotopenhydrologische Studie zur altersmäßigen Klassifizierung ausgewählter Karst- und Mineralwässer aus dem Raum Stuttgart-Bad Cannstatt. Schriftenreihe des Amtes für Umweltschutz, 2/1994: 117-132; Stuttgart.

Schwarzenbach, R.P. & Westall, J. (1981): Transport of nonpolar organic compounds from surface water to groundwater. Environ. Sci. Techn., 15(11), 1360–1367.

Shim, H., Ryoo, D., Barbieri, P. & Wood, T. K. (2001): Aerobic degradation of mixtures of tetrachlorethylene, trichloroethylene, dichloroethylenes, and vinyl chloride by toluene-o-xylene monooxygenase of Pseudomonas stutzeri OX1. Applied Microbiology & Biotechnology, 56: 265–269.

Singh, H., Löffler, F. E. & Fathepure, B. Z. (2004): Aerobic biodegradation of vinyl chloride by a highly enriched mixed culture. – Biodegradation, 15: 197–204.

Slater, G. F., Dempster, H. S., Sherwood Lollar, B. & Ahad, J. (1999): Headspace analysis: A new application for isotopic characterization of dissolved organic contaminants. Environmental Science & Technology, 33(1): 190–194.

Sorenson, K. S. Jr., Peterson, L. N., Hinchee, R. E. & Ely, R. L. (2000): An evaluation of aerobic trichloroethene attenuation using first-order rate estimation. Bioremediation Journal, 4: 337–357.

Spitzberg, S., Schollenberger, U., Carle, A. & Ufrecht, W. (2006): Schadstofftransfer im System Keuper-Muschelkalk in der Stuttgarter Innenstadt. Schriftenreihe des Amtes für Umweltschutz, Heft 3/2006: 129-151; Stuttgart.

Spitzberg, S. & Ufrecht, W. (2014a): Hydraulische Charakterisierung eines urbanen Karstgrundwasserleiters mit Pumpversuchen. Grundwasser, 19 (1): 5-16; Hannover.

Spitzberg, S. & Ufrecht, W. (2014b): Hydraulische Charakterisierung eines urbanen Karstgrundwasserleiters auf Basis unkontrollierter Drucksignale. Grundwasser, 19 (1): 17-27; Hannover.

Sturchio, N. C., Clausen, J. L., Heraty, L. J., Huang, L., Holt, B. D. & Abrajano, T. A. Jr. (1998): Chlorine isotope investigation of natural attenuation of trichloroethene in an aerobic aquifer. Environmental Science & Technology, 32: 3037–3042.

Sung, Y., Ritalahti, K. M., Sanford, R. A., Urbance, J. W., Flynn, S. J., Tiedje, J. M. & Löffler, F. E. (2003): Characterization of two tetrachloroethene (PCE)-reducing, acetate-oxidizing anaerobic bacteria, and their description as Desulfuromonas michiganensis sp. nov. Applied & Environmental Microbiology, 69(5): 2964–2974.

Suyama, A., Yamashita, M., Yoshino, S. & Furukawa, K. (2002): Molecular characterization of the PceA reductive dehalogenase of Desulfitobacterium sp. strain Y51. Journal of Bacteriology, 184(13): 3419–3425.

Teutsch, G., Ptak, T., Schwarz, R. & Holder, T. (2000): Ein neues integrales Verfahren zur Quantifizierung der Grundwasseremission: 1. Beschreibung der Grundlagen. Grundwasser, 4(5): 170-175; Hannover.

Tiehm, A. & Schmidt, K. R. (2007): Methods to evaluate biodegradation at contaminated sites. – In: Knödel, K., Lange, G. & Voigt, H. J. (Eds.): Environmental geology – Handbook of field methods and case studies, 876–911, Berlin, Heidelberg.

Tiehm, A. & Schmidt, K. R. (2011): Sequential anaerobic/aerobic biodegradation of chloroethenes – aspects of field application. Current Opinions in Biotechnology, 22, 415-421.

Tiehm, A., Schmidt, K. R., Pfeifer B., Heidinger M. & Ertl, S. (2008): Growth kinetics and carbon isotope fractionation during aerobic degradation of cis-1,2-dichloroethene and vinyl chloride. – Water Res., 42 (10–11): 2431–2438.

Tiehm, A., Schmidt, K. R., Stoll, C., Müller, A., Lohner, S., Heidinger, M., Wickert, F. & Karch, U. (2007): Assessment of natural microbial dechlorination. – Italian Journal of Engineering Geology and Environment, Special Issue 1: 71–77.

Toth, J. (2009): Gravitational Systems of Groundwater Flow. Theory, Evaluation, Utilization. 297 S.; Cambridge (Cambridge University Press).

Tsien, H. C., Brusseau, G. A., Hanson, R. S., Wackett, L. P. (1989): Biodegradation of trichloroethylene by Methylosinus trichosporium OB3b. Applied and Environmental Microbiology, 55: 3155–3161.

Ufrecht, W. (1994): Das Mineral- und Heilwasser von Stuttgart-Bad Cannstatt und Berg – eine Einführung in die Geologie, Geohydraulik und Hydrochemie des Systems. In Ufrecht, W. & Einsele, G. (Hrsg.): Das Mineral- und Heilwasser von Stuttgart. Schriftenreihe des Amtes für Umweltschutz, 2/1994: 13-48; Stuttgart.

Ufrecht, W. (1998a): Wechselwirkungen zwischen den Grundwasserstockwerken im Umfeld der Stuttgarter Mineralquellen. Schriftenreihe des Amtes für Umweltschutz, 1/1998: 73-92; Stuttgart.

Ufrecht, W. (1998b): Das Forschungsprogramm „Stuttgarter Mineralwassersystem". Schriftenreihe des Amtes für Umweltschutz, 1/1998: 13-28; Stuttgart.

Ufrecht, W. (1999): Geologie und Hydrogeologie des Neckartals zwischen Stuttgart-Münster und Stuttgart-Untertürkheim. Schriftenreihe des Amtes für Umweltschutz, 4/1999: 10-30; Stuttgart.

Ufrecht, W. (2006a): Zusammensetzung und Herkunft der Gase in den Säuerlingen von Stuttgart-Bad Cannstatt und -Berg. Schriftenreihe des Amtes für Umweltschutz, 3/2006: 103-114; Stuttgart.

Ufrecht, W. (2006b): Alter und Entwicklung des Gipskarstes im Stadtgebiet Stuttgart. Laichinger Höhlenfreund, Zeitschrift für Karst- und Höhlenkunde, 41: 3–18; Laichingen.

Ufrecht, W. & Harlacher, C. (1998): Hydrogeologisches Systemmodell Stuttgart. Feuerbacher Tal, Stuttgarter Talkessel, Neckartal. Unveröff. Bericht Amt für Umweltschutz, 70 S.; Stuttgart.

Ufrecht, W. & Hölzl, S. (2006): Salinare Mineral- und Thermalwässer im Oberen Muschelkalk (Trias) im Großraum Stuttgart – Rückschlüsse auf Herkunft und Entstehung mit Hilfe der 87Sr/86Sr-Strontium-Isotopie. Z. dt. Ges. Geowiss., 157(2): 299-316; Stuttgart.

Ufrecht, W. & Renner, S (1996): Hydrogeologisches Modell Stuttgarter Talkessel (Nesenbachtal). – Bericht Amt für Umweltschutz, 45 S.; Stuttgart.

Ufrecht, W. & Wolff, G. (2013): Das Stuttgarter Heilquellenschutzgebiet. Jh. Ges. Naturkde. Württemberg, Sonderband Walter Carlé, 37-65; Stuttgart.

University of Minnesota (2013). Whittaker, M., Monroe, D.,Oh, D. J., Anderson, S.: http://umbbd.ethz.ch/tce/tce_map.html.

University of Minnesota (2011): www.umbbd.msi.umn.edu/tce/tce_image_map.html.

Vannelli, T., Logan, M., Arciero, D. M & Hooper, A. B. (1990): Degradation of halogenated aliphatic compounds by the ammonium-oxidizing bacterium Nitrosomonas europaea. Applied and Environmental Microbiology, 56: 1169–1171.

Verce, M. F., Ulrich, R. L. & Freedman, D. L. (2001): Transition from cometabolic to growth-linked biodegradation of vinyl chloride by a Pseudomonas sp. isolated on ethene. Environmental Science & Technology, 35: 4242–4251.

Verce, M. F., Gunsch, C. K., Danko, A. S., Freedman, D. L. (2002): Cometabolism of cis-1,2-dichlorethene by aerobic cultures grown on vinyl chloride as the primary substrate. Environmental Science & Technology, 36: 2171–2177.

Vilaplana, M., Marco-Urrea, E., Gabarrell, X., Sarra, M. & Caminal, G. (2008): Required equilibrium studies for designing a three-phase bioreactor to degrade trichloroethylene (TCE) and tetrachloroethylene (PCE) by Trametes versicolor. Chemical Engineering Journal 2008, 144: 21–27.

Villinger, E. (1982): Grundwasserbilanzen im Karstaquifer des Oberen Muschelkalks im Oberen Gäu (Baden-Württemberg). Geol. Jb., C 32: 43-61; Hannover.

Voerkelius, S. (1990): Isotopendiskriminierungen bei der Nitrifikation und Denitrifikation; Grundlagen und Anwendungen der Herkunfts-Zuordnung von Nitrat und Distickstoffmonoxid. Diss. TU München, 120 S.; München.

Von Zimmermann, J. (2006): Stuttgart und seine Mineral- und Heilquellen – Kulturgut – Wirtschaftsgut – Schutzgut. Schriftenreihe des Amtes für Umweltschutz, 3/2006: 9-18; Stuttgart.

Weber, W.J., McGinley, P.M. & Katz, L.E. (1992): A distribution reactivity model for sorption by soils and sediments. 1. Conceptual basis and equilibrium assessments. Environmental Science and Technology, 26(10): 1955-1962; Washington.

Widory, D., Petelet-Giraud, E., Negrel, P. & Ladouche, B. (2005): Tracking the Sources of Nitrate in Groundwater Using Coupled Nitrogen and Boron Isotopes: A Synthesis. Environ. Sci. Technol., 2005, 39(2): 539-548;

Zheng, C. (1990): MT3D – A Modular Three-Dimensional Transport Model for Simulation of Advection, Dispersion and Chemical Reactions of Contaminants in Groundwater Systems, Report to the U.S. Environmental Protection Agency, Robert S. Kerr Environmental Research Laboratory, Ada; Oklahoma.

Zheng, C. & Papadopulos, S. S. (1999): M3D99 – a modular 3d multispecies transport simulator, user's guide.

Zinz, R., Kirchholtes, H.J. & Noé, K. (2013): Revitalisierung des Schoch-Areals in Stuttgart – Integraler Ansatz für Rückbau, Sanierung und städtebauliche Entwicklung. Altlastensymposium ITVA 2013, Tagungsband, 111-120; Karlsruhe.

Abkürzungsverzeichnis

AACD ageing-associated cognitive decline
α_L Längsdispersion [m]
α_T Querdispersion [m]
AC Acrodus-Corbula-Horizont (Gipskeuper)
AB Albertibank (Unterkeuper)
AD Anoplophoradolomit (Unterkeuper)
AK Anthrakonitbank (Unterkeuper)

BBodSchG Bundesbodenschutzgesetz
BBS Bleiglanzbank
BH Bochinger Horizont (Gipskeuper)
BL Bodenluft
BLA Bodenluftabsauganlage
BLS Bleiglanzbankschichten (Gipskeuper)
BMM Binäres Mischungsmodell
BOISS Bohrdaten-Informationssystem Stuttgart
Br. Brunnen
BTEX Leichtflüchtige aromatische Kohlenwasserstoffe nach BBodSchV

cDCE cis-1,2-Dichlorethen
CE Chlorierte Ethene
Corg organischer Kohlenstoff
CSIA Compound-specific stable isotope analysis

DCM Dichlormethan
DNAPL Dense Non-Aqueous Phase Liquid
DOC Dissolved Organic Carbon
DRM Dunkelrote Mergel (Gipskeuper)

EM Exponentialmodell
EPA US-Umweltschutzbehörde (Environmental Protection Agency)
EPM Exponential-Piston-Flow-Modell
EST Estherienschichten des Gipskeupers
ES-U Estherienschichten des Unterkeupers
F11 Freon 11, Trichlorfluormethan
F12 Freon 12, Dichlordifluormethan
F113 Freon 113, 1,1,2-Trichlor-1,2,2-Trifluorethan

FCKW Fluorchlorkohlenwasserstoffe
fmol Femtomol, 10^{-15} mol
FOKS Fokus on Key Sources

GD Grenzdolomit (Unterkeuper)
GGS Grundgipsschichten (Gipskeuper)
GM Grüne Mergel (Unterkeuper)
GWM Grundwassermessstelle
GW Grundwasser

INCORE Integrated Concept for Groundwater Remediation
IPV Immissionspumpversuch
ISAS Informationssystem Altlasten Stuttgart

K Permeabilität [D]
k_f Durchlässigkeit [m/s]
k_{fh} horizontale Durchlässigkeit [m/s]
k_{fv} vertikale Durchlässigkeit [m/s]
km1 Gipskeuper
k_{OC} Verteilungskoeffizient eines organischen Schadstoffs
ku Unterkeuper

LCKW Leichtflüchtige chlorierte Kohlenwasserstoffe
LD Linguladolomit (Unterkeuper)
LUBW Landesanstalt für Umwelt, Messungen und Naturschutz Baden-Württemberg

MAGIC Management of Groundwater at Industrially Contaminated Areas
MAG-IS Management Informationssystem
MAGPlan Bewirtschaftungsplan zur Sicherstellung eines guten chemischen Grundwasserzustands durch Vermeidung von Schadstoffeinträgen aus Altlasten (Managementplan for clean groundwater in Stuttgart)
MGH Mittlerer Gipshorizont (Gipskeuper)
MKW Mineralölkohlenwasserstoffe
mo Oberer Muschelkalk
moHS Hassmersheimer Schichten
moLHS Oberer Muschelkalk unterhalb der Hassmersheimer Schichten
moTD Trigonodusdolomit
MTBE Methyltertbutylether
MVZ Mittlere Verweilzeit

n.n. nicht nachweisbar
n_e effektive (transportwirksame) Porosität

PAK Polyzyklische aromatische Kohlenwasserstoffe
PCE Tetrachlorethen
PCM Tetrachlormethan
PCR Polymerase-Kettenreaktion (Polymerase Chain Reaction)
pmol Pikomol, 10^{-12} mol

OKS Oberes Karstgrundwasserstockwerk
PFM Piston-Flow-Modell
q Quartär

R Retardierungsfaktor [-]

S Speicherkoeffizient [-]
S_s Spezifischer Speicherkoeffizient [1/m]
SF_6 Schwefelhexafluorid

T Transmissivität [m^2/s]
TCA 1,1,1-Trichlorethan
TCE Trichlorethen
TCM Trichlormethan (Chloroform)
TD Trigonodusdolomit
TOC gesamter organischer Kohlenstoff (Total Organic Carbon)

UKS Unteres Karstgrundwasserstockwerk

VC Vinylchlorid
V-CDT Vienna Canyon Diablo Troillit Standard
V-PDB Vienna Pee Dee Belemnite Standard
V-SMOW Vienna Standard Mean Ocean Water-Standard
V_{max} Abstandsgeschwindigkeit [m/s]

Projektpartnerschaft und Projektbeteiligte

Projektpartnerschaft

- Amt für Umweltschutz, Landeshauptstadt Stuttgart (Projektleitung)
- Landesanstalt für Umwelt, Messungen und Naturschutz Baden-Württemberg (Kooperationspartner)

Projektbeteiligte	Art der Beteiligung
Alenco Environmental Consult GmbH	Immissionspumpversuche
ARCADIS Deutschland GmbH	Erstellung eines Leitfadens (Verhältnismäßigkeit von Sanierungsmaßnahmen)
Berghof Analytik + Umweltengineering GmbH	Thermoflow-Messungen
BoSS Consult GmbH	Hydrogeologisches Modell Konzeptionelles Stoffmodell Standortgutachten Immissionspumpversuche, Auswertung Erstellung von Projektberichten
Heinz Burkhardt GmbH & Co. KG	Bohrarbeiten
CDM Smith Consult GmbH	Grundwasserprobenahmen
drillexpert GmbH	Bohrarbeiten
Drees & Sommer AG	Öffentlichkeitsarbeit
Dr. Lux – Geophysikalische Fachberatung GbR	Bohrlochgeophysik
Dr. Stupp Consulting GmbH	Erstellung eines Leitfadens (Verhältnismäßigkeit von Sanierungsmaßnahmen)
et environment and technology – Dr. Thomas Ertel	Projektmanagement Gutachten zur Sanierungsplanung Erstellung von Projektberichten
Geo-Bohrtechnik GmbH	Bohrarbeiten
GeoConcept-Systeme GbR	Datenbankmanagement
geon Planungsgesellschaft für Wasser und Boden mbH	Bohrbetreuung Grundwasserprobenahmen
Geozentrum Nordbayern, Fachgruppe Paläoumwelt, Friedrich-Alexander-Universität Erlangen-Nürnberg	Petrophysikalische und mikrofazielle Bohrkernuntersuchungen
Göritz – Büro für Geotechnik	Grundwasserprobenahmen
herzog kommunikation GmbH	Online-Spiel
HPC AG	Erstellung eines Leitfadens (Altlastenmanagement) Bohrbetreuung Pumptests Grundwasserprobenahmen
Hydroisotop GmbH	Laboranalytik Umweltisotope
HydroTest KARCH	Immissionspumpversuche Grundwasserprobenahmen
HAGELAUER+SCHEUERER GeoConsult GmbH (hsg)	Graphiken, Karten
ID Works	Erstellung eines Schichtenmodells
igi CONSULT GmbH	Grundwasserprobenahmen
Isodetect Umweltmonitoring GmbH	Laboranalytik Umweltisotope

Projektbeteiligte	Art der Beteiligung
Ingenieurgesellschaft Prof. Kobus und Partner GmbH (kup)	Numerisches Grundwasserströmungs- und Transportmodell
Karlsruher Institut für Technologie (KIT), Institut für Angewandte Geowissenschaften, Abteilung Hydrogeologie	Markierungsversuche mit Fluoreszenztracer
Klinger und Partner GmbH	Bohrbetreuung Immissionspumpversuche Pumptests Grundwasserprobenahmen
Kunze und Partner	Gesteinspräparationen
meta Messtechnische Systeme GmbH, Dresden	Online-Messungen mit mobilem Gaschromatographen
SCHAWA Media GmbH	Filmproduktion
SES-Zentrallabor der Landeshauptstadt Stuttgart	LCKW-Analytik hydrochemische Analytik
Spurenstofflabor Dr. Harald Oster	Laboranalytik Spurenstoffe SF6-Markierungsversuch
Steinbeis GmbH & Co. KG für Technologietransfer	Numerisches Grundwasserströmungs- und Transportmodell
DVGW – Technologiezentrum Wasser (TZW), Abteilung Umweltbiotechnologie und Altlasten	Mikrobiologische Abbauversuche
Terrasond GmbH & Co. KG	Bohrarbeiten
UTec-Schade Umwelttechnik	SF6-Markierungsversuch Pumptests Grundwasserprobenahmen
Zentrum für Angewandte Geowissenschaften (ZAG), Universität Tübingen	Erstellung eines Leitfadens, Chlorisotopie

Autorenverzeichnis

Dipl. Ing. (FH) Achim Carle

Studium der Chemie an der Fachhochschule Aalen. Von 1991 bis 1995 Altlastenbearbeitung im Amt für Wasserwirtschaft und Bodenschutz Besigheim, seit 1995 bei der Landeshauptstadt Stuttgart, Amt für Umweltschutz: Fachtechnische Altlastenbearbeitung in Stuttgart. Mitwirkung bei den Forschungsprojekten Neckartalaue/INCORE und OLES.

Dr. Thomas Ertel

Studium der Geologie an der Universität Tübingen (Diplom 1988), Promotion in Stuttgart (1996). Zuletzt als Prokurist und Leiter der Abteilung Altlastensanierung / Geotechnik in einem Ingenieurbüro von 1988–2005 tätig. Seit 2005 selbstständig mit dem Ingenieurbüro environment and technology, Schwerpunkte im Bereich Projektmanagement und Abwicklung von Förderprojekten in Europäischen Förderprogrammen. Seit 1996 ö. b. u. v. Sachverständiger für Erkundung, Gefährdungsabschätzung und Sanierung von Deponien, kontaminierten Standorten und Grundwasserverunreinigungen. Mitglied des Fachgremiums über die Anerkennung von Sachverständigen nach § 18 BBodSchG in Baden-Württemberg. Schatzmeister und Mitglied des geschäftsführenden Vorstands des Ingenieurtechnischen Verbands Altlasten ITVA sowie im Lenkungsausschuss des Fortbildungsverbunds Boden und Altlasten Baden-Württemberg.

Dipl. Ing. Hermann Josef Kirchholtes

Studium des Bauingenieurwesens an der Universität Karlsruhe, Schwerpunkt Siedlungswasserbau (Diplom 1980). 1983 Regierungsbaumeisterprüfung in der baden-württembergischen Wasserwirtschaftsverwaltung. Fünf Jahre Projektingenieur im Siedlungswasserbau bei Ingenieurbüros. Fünf Jahre Tätigkeit im Wasserwirtschaftsamt Besigheim (Grundwasserschadensfälle) und Regierungspräsidium Stuttgart (Abfallwirtschaft). Seit 1992 Leitung des Sachgebiets Kommunale Altlasten beim Amt für Umweltschutz der Landeshauptstadt Stuttgart. Seit 2000 internationale Projekte im integralen Altlasten- und Flächenmanagement. Lehrauftrag Flächenrecycling und Altlastensanierung an der Hochschule Biberach.

Dr.-Ing. Ulrich Lang

Studium des Bauingenieurwesens an der Universität Stuttgart, Schwerpunkte Hydromechanik, Wasserversorgung und Abwasser (Diplom 1988), Promotion am Institut für Wasserbau der Universität Stuttgart (1995). Seit 1995 Geschäftsführer der Ingenieurgesellschaft Prof. Kobus und Partner GmbH, seit 2005 Lehrbeauftragter an der Hochschule für Technik in Stuttgart.

Arbeitsschwerpunkte: Numerische Modellierung im Grundwasser für regionale und überregionale Fragestellungen, Modellierung von hydrodynamischen Prozessen in Seen, Klimafolgenabschätzungen für natürliche Grundwasserressourcen, Visualisierung und Management von Umweltinformations- und Simulationsdaten.

Dr.-Ing. Wolfgang Schäfer

Studium der Geoökologie an der Universität Bayreuth (Diplom 1987), Promotion an den Universitäten Stuttgart und Kassel (1992). Habilitation an der Universität Karlsruhe (1998) und Lehrbefugnis für das Fach „Angewandte Geologie".

Von 1993 bis 2003 wissenschaftlicher Angestellter am Institut für Umweltphysik und am Interdisziplinären Zentrum für Wissenschaftliches Rechnen der Universität Heidelberg. Seit 2003 selbstständiger Grundwassermodellierer und Leiter des Steinbeis-Transferzentrums Grundwassermodellierung in Wiesloch.

Regelmäßige Vorlesungen zum Thema Strömungs- und Transportmodellierung als Privatdozent am Institut für Angewandte Geowissenschaften des Karlsruher Instituts für Technologie und als Dozent der Sommeruniversität Bremen. Autor zahlreicher Publikationen und zweier Lehrbücher zum Thema Grundwassermodellierung.

Grundwassermodellierung vor allem in den Bereichen Wasserwirtschaft und Altlasten. Schwerpunkt der Tätigkeit ist die Simulation gekoppelter Transport- und Reaktionsvorgänge im Grundwasser.

Dr. Uli Schollenberger

Studium der Geologie an den Universitäten Würzburg und Stuttgart. Promotion in Tübingen (1992). Wissenschaftlicher Angestellter an der Universität Tübingen. Von 1992–2005 tätig in einem Ingenieurbüro; ab 1994 als Leiter der Niederlassung Stuttgart. Seit 2005 Mitgeschäftsführer und -gesellschafter der BoSS Consult GmbH.

Umfangreiche Erfahrungen in der Gefährdungsabschätzung kontaminierter Standorte sowie in der Sanierungsplanung und -optimierung. Ein Schwerpunkt ist die Bewertung von Rückhalt- und Abbauprozessen. Mitarbeit bei mehreren internationalen Projekten (INCORE, MAGIC, FOKS, MAGPlan).

Dipl.-Betriebsw. Ulrike Schweizer

Studium der Betriebswirtschaftslehre an der Hochschule Pforzheim, Schwerpunkt Marketing (Abschluss 2004). Bis 2008 Tätigkeit in zwei Werbe- und Eventagenturen. Seit 2008 stellvertretende Marketingleitung bei Drees & Sommer. Schwerpunkte: Konzeption, Budgetplanung, Koordination und Produktion interner und externer Kommunikationskampagnen.

Dipl.-Geol. Stefan Spitzberg

Studium der Geologie an den Universitäten Würzburg und Darmstadt, Schwerpunkt Hydrogeologie (Diplom 1991). Bis 2005 Projektleiter in zwei Stuttgarter Ingenieurbüros, seit 2005 Mitgeschäftsführer und Gesellschafter der BoSS Consult GmbH. Seit 2010 nebenberuflich Anfertigung einer Doktorarbeit an der Universität Tübingen. Schwerpunkte: Auswertung hydraulischer Tests und Interpretation anthropogener Spurenstoffe im Grundwasser.

Prof. Dr. Wolfgang Ufrecht

Studium der Geologie an der Universität Stuttgart (Diplom 1984), Promotion in Stuttgart (1987).

Von 1986 bis 1988 Hydrogeologe am Landesamt für Geologie, Rohstoffe und Bergbau Baden-Württemberg. Seit 1988 Aufbau und Leitung des Sachgebiets Geologie und Kommunaler Heilquellenschutz im Amt für Umweltschutz der Landeshauptstadt Stuttgart, Abteilung Wasserbehörde. Schwerpunkte: Hydrogeologie von Festgesteinen, Hydrogeologie und Genese des Stuttgarter Mineralwassersystems, Karst und Karsthydrogeologie. Seit 1997 Lehrtätigkeit am Institut für Geowissenschaften der Universität Tübingen.

Dr.-Ing. Sandra Vasin

Studium des Bauingenieurwesens an der Universität Belgrad, Schwerpunkt Wasserbau (2002). Promotion zum Dr.-Ing. 2009. Von 2002 bis 2003 Mitarbeiterin am Institut für Wasserbau „Jaroslav Cerni" in Belgrad. Von 2003 bis 2008 wissenschaftliche Mitarbeiterin am Institut für Wasser- und Umweltsystemmodellierung, Universität Stuttgart. 2005 Beginn der Mitarbeit in verschiedenen internationalen Projekten. Seit 2012 Projektarbeit im Amt für Umweltschutz der Landeshauptstadt Stuttgart.

Stichwortverzeichnis

A

B

C

D

E

F

G

H

I

K

L

M

N

O

P

R

S

T

U

Z

Zeitfracht Medien GmbH
Ferdinand-Jühlke-Straße 7
99095 Erfurt, Deutschland
produktsicherheit@kolibri360.de